高等学校土木工程专业规划教材

▶最新版

（第二版）

土木工程施工

Tumu Gongcheng Shigong

（内附施工录像光盘）

孙 震 穆静波 主编

教学幻灯片 施工现场录像

大量例题 习题 试题

课程设计任务书 指导书

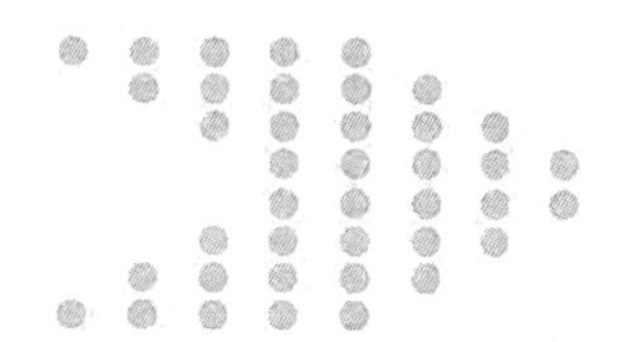

内 容 提 要

本书以最新施工及验收规范为依据，对土木工程各主要分部分项工程的施工方法、机械化施工原理以及单位工程施工组织设计、施工组织总设计，进行了全面的介绍。在内容上既吸收了传统的施工做法，也包括了最近几年土木工程施工发展的新技术、新工艺。

全书共14章，主要内容包括：土方工程、深基础工程、砌体工程、混凝土结构工程、预应力混凝土工程、结构安装工程、路桥施工、防水工程、装饰工程、施工组织概论、流水施工原理、网络计划技术、单位工程施工组织设计以及施工组织总设计等。

本书是按照高等学校土木工程专业指导委员会制定的《土木工程施工》课程教学大纲编写的。在内容的取舍上也考虑到电大、职大、夜大、函大等教育的教学、自学的需要。

本书通俗易懂，自学性强，可作为土木工程专业本、专科教材、自学考试有关专业的教科书，也可作为施工技术人员应试前的备考用书及岗位培训教材。

本书附有教学光盘一张。内容有教学幻灯片及64段施工现场录像，并附有大量例题、习题、试题及课程设计任务书、指导书。

图书在版编目(CIP)数据

土木工程施工／孙震，穆静波主编. —2版. —北京：人民交通出版社，2014.6

ISBN 978-7-114-11396-3

Ⅰ. ①土… Ⅱ. ①孙… ②穆… Ⅲ. ①土木工程—工程施工 Ⅳ. ①TU7

中国版本图书馆CIP数据核字(2014)第086366号

高等学校土木工程专业规划教材

书　　名：土木工程施工(第二版)
著 作 者：孙　震　穆静波
责任编辑：赵瑞琴
出版发行：人民交通出版社
地　　址：(100011)北京市朝阳区安定门外外馆斜街3号
网　　址：http://www.ccpress.com.cn
销售电话：(010)59757973
总 经 销：人民交通出版社发行部
经　　销：各地新华书店
印　　刷：大厂回族自治县正兴印务有限公司
开　　本：787×1092　1/16
印　　张：27.75
插　　页：1
字　　数：700千
版　　次：2005年2月第1版　2014年8月第2版
印　　次：2019年8月第5次　总第22次印刷
书　　号：ISBN 978-7-114-11396-3
印　　数：69001—72000册
定　　价：58.00元

前言

《土木工程施工》是土木工程专业学生的必修专业课之一。它是研究土木工程各主要工种工程施工技术和施工组织计划的一般规律,是一门实践性强、涉及面广、技术发展迅速的学科。

本教材是依据教育部颁布的《普通高等学校本科专业目录和专业介绍》及高等学校土木工程专业指导委员会制定的《土木工程施工》课程教学大纲编写的。编写中力求既适宜课堂教学,又满足在职人员的自学要求,并适应生产实践的需要。在全面系统地介绍土木工程施工的基本知识、基本理论和决策方法的基础上,力求科学地反映当前土木工程施工新工艺、新技术。培养学生解决土木工程施工技术和施工组织计划等问题的能力,以及运用国家现行施工规范、规程、标准的能力,加强对土木工程施工理论与应用的研究,以促进我国土木工程施工学科技术的发展。

本书可作为土木工程专业本、专科教材、自学考试有关专业的教科书,也可作为施工技术人员的参考用书。

为方便教师的教学和学生的自学,本书附有教学光盘一张。盘中除教学幻灯片外,还有64段施工现场录像,以增加学生的感性认识。盘中附有大量例题、习题、试题及课程设计任务书、指导书。

本书由北京建筑大学孙震、穆静波教授任主编,各章编写人员如下:

第二、三、四、六章——北京建筑大学孙震教授;

第一、八、九、十、十一、十二、十三、十四章——北京建筑大学穆静波教授;

第七章——北京建筑大学张新天教授;

第五章——清华大学陈广峰教授。

本书自2004年出版以来,受到广大读者的青睐,经多次印刷而畅销不衰,为满足读者要求,此书于2014年改版,结合新规范和教学实践增删了部分内容。

限于时间和业务水平,书中难免有不足之处,恳切希望读者批评指正。

目录

第一章

土方工程

第一节 概 述

土方工程是土木工程施工中首先进行的一项重要内容。它主要包括场地平整、基坑及堑槽开挖、路基填筑及基坑回填等工程,同时往往还需进行排水、降水、土壁支护等辅助性工程加以配合。

一、土方工程的特点与施工要求

1. 土方工程施工的特点

(1)面广量大、劳动繁重。建筑工地的场地平整,面积往往很大,某些大型工矿企业工地,土方工程面积可达数平方公里,甚至数十平方公里。在场地平整、大型基坑开挖中,土方工程量可达几百万立方米以上;路基、堤坝施工中土方量更大,若采用人工开挖、运输、填筑压实时,劳动强度很大。

(2)施工条件复杂。土方工程施工多为露天作业,土又是一种天然物质,成分较为复杂,且地下情况难以确切掌握,因此,施工中直接受到地区、气候、水文和地质等条件及周围环境的影响。

2. 组织土方工程施工的要求

(1)尽可能采用机械化或半机械化施工,以减轻体力劳动、缩短工期。

(2)要合理安排施工计划,尽量避开冬季、雨季施工,否则应做好相应的准备工作。

(3)统筹安排,合理调配土方,降低施工费用,减少运输量和占用农田。

(4)在施工前要做好调查研究,了解土的种类,施工地区的地形、地质、水文、气象资料及工程性质、工期和质量要求,拟定合理的施工方案和技术措施,以保证工程质量和安全,加快施工进度。

二、土的工程分类及性质

(一)土的工程分类

土的分类方法较多,在施工中按开挖的难易程度将土分为8类,如表1-1所示。

土的工程分类 表1-1

类别	土的名称	开挖方法	密度(t/m^3)	可松性系数	
				K_s	K'_s
一类(松软土)	砂,粉土,冲积砂土层,种植土,泥炭(淤泥)	用锹、锄头挖掘	0.6~1.5	1.08~1.17	1.01~1.04
二类土(普通土)	粉质黏土,潮湿的黄土,夹有碎石、卵石的砂,种植土,填筑土和粉土	用锹、锄头挖掘,少许用镐翻松	1.1~1.6	1.14~1.28	1.02~1.05
三类土(坚土)	软及中等密实黏土,重粉质黏土,粗砾石,干黄土及含碎石、卵石的黄土、粉质黏土、压实的填土	主要用镐,少许用锹、锄,部分用撬棍	1.75~1.9	1.24~1.30	1.04~1.07
四类土(砾砂坚土)	重黏土及含碎石、卵石的黏土,粗卵石,密实的黄土,天然级配砂石,软泥灰岩及蛋白石	主要用镐、撬棍,部分用楔子及大锤	1.9	1.26~1.37	1.06~1.09
五类土(软石)	硬石炭纪黏土,中等密实的页岩、泥灰岩、白垩土,胶结不紧的砾岩,软的石灰岩	用镐或撬棍、大锤,部分用爆破方法	1.1~2.7	1.30~1.45	1.10~1.20
六类土(次坚石)	泥岩,砂岩,砾岩,坚实的页岩、泥灰岩,密实的石灰岩,风化花岗岩、片麻岩	用爆破方法,部分用风镐	2.2~2.9	1.30~1.45	1.10~1.20
七类土(坚石)	大理岩,辉绿岩,玢岩,粗、中粒花岗岩,坚实的白云岩、砾岩、砂岩、片麻岩、石灰岩,风化痕迹的安山岩、玄武岩	用爆破方法	2.5~3.1	1.30~1.45	1.10~1.20
八类土(特坚石)	安山岩,玄武岩,花岗片麻岩,坚实的细粒花岗岩、闪长岩、石英岩、辉长岩、辉绿岩、玢岩	用爆破方法	2.7~3.3	1.45~1.50	1.20~1.30

(二)土的工程性质

土有多种工程性质,其中对施工影响较大的有土的质量密度、含水率、渗透性和可松性等。

1. 土的质量密度

土的密度分天然密度和干密度。土的天然密度,是指土在天然状态下单位体积的质量,用 ρ 表示。土的干密度,是指单位体积土中固体颗粒的质量,用 ρ_d 表示,它是检验填土压实质量的控制指标。

2. 土的含水率

土的含水率 w 是土中水的质量与土粒质量之比,以百分数表示:

$$w=\frac{G_{湿}-G_{干}}{G_{干}}\times100\% \tag{1-1}$$

土的含水率影响土方的施工方法选择、边坡的稳定和回填土的质量。如土的含水率超过25%~30%时,机械化施工就难以进行。在填土中需保持"最佳含水率",方能在夯压时获得最大干密度。如砂土的最佳含水率为8%~12%,而黏土则为19%~23%。

3. 土的渗透性

土的渗透性是指土体中水可以渗流的性能,一般以渗透系数 K 表示。从达西地下水流动

速度公式 $v = KI$,可以看出渗透系数 K 的物理意义,即:当水力坡度 I(图 1-1 中水头差 Δh 与渗流距离 L 之比)为 1 时地下水的渗透速度。K 值大小反映土渗透性的强弱。不同土质,其渗透系数有较大的差异,如黏土的渗透系数小于 0.1m/d,细砂为 5～10m/d,而砾石则为 100～200m/d。

在排水降低地下水时,需根据土层的渗透系数确定降水方案和计算涌水量;在土方填筑时,也需根据不同土料的渗透系数确定铺填顺序。

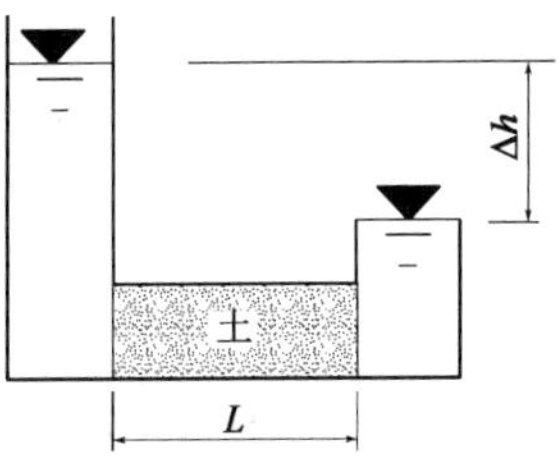

图 1-1　水力坡度示意图

4. 土的可松性

土具有可松性,即自然状态下的土经过开挖后,其体积因松散而增加,以后虽经回填压实,仍不能恢复其原来的体积。土的可松性程度用可松性系数表示,即:

$$\text{最初可松性系数}\ K_s = \frac{\text{土经开挖后的松散体积}\ V_1}{\text{土在天然状态下的体积}\ V_2} \tag{1-2}$$

$$\text{最后可松性系数}\ K_s' = \frac{\text{土经回填压实后的体积}\ V_3}{\text{土在天然状态下的体积}\ V_1} \tag{1-3}$$

土的可松性对土方量的平衡调配、确定运土机具的数量及弃土坑的容积,以及计算填方所需的挖方体积、确定预留回填用土的体积和堆场面积等均有很大的影响。

土的可松性与土质及其密实程度有关,其相应的可松性系数可参考表 1-1。

【例 1-1】 某建筑物外墙为条形毛石基础,基础平均截面面积为 2.5m²。基槽深 1.5m,底宽为 2.0m,边坡坡度为 1∶0.5。地基为粉土,$K_s = 1.25$,$K_s' = 1.05$。计算 100m 长的基槽挖方量、需留填方用松土量和弃土量。

【解】 挖方量 $V_1 = \frac{2 + (2 + 2 \times 1.5 \times 0.5)}{2} \times 1.5 \times 100 = 412.5\text{m}^3$

填方量 $V_3 = 412.5 - 2.5 \times 100 = 162.5\text{m}^3$

填方需留松土体积 $V_{2\text{留}} = \frac{V_3}{K_s'} \cdot K_s = \frac{162.5 \times 1.25}{1.05} = 193.5\text{m}^3$

弃土量(松散) $V_{2\text{弃}} = V_1 K_s - V_{2\text{留}} = 412.5 \times 1.25 - 193.5 = 322.1\text{m}^3$

三、土方边坡坡度

多数情况下,土方开挖或填筑的边缘都要保留一定的斜面,称土方边坡。边坡的形式如图 1-2所示,边坡坡度常用 1∶m 表示,即:

$$\text{土方边坡坡度} = \frac{H}{B} = \frac{1}{B/H} = 1 : m \tag{1-4}$$

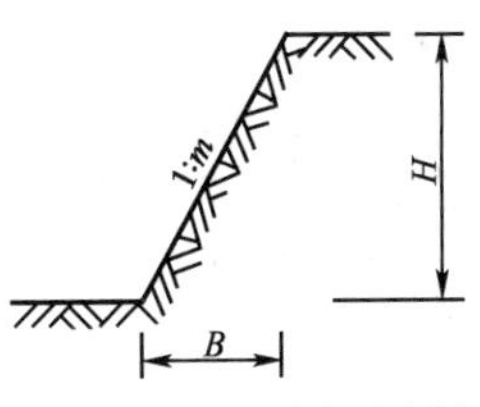

图 1-2　边坡坡度示意图

式中,$m = B/H$,称坡度系数。其意义为:当边坡高度已知为 H 时,其边坡宽度 B 则等于 mH。

土方边坡坡度确定一定要合理,以满足安全和经济方面的要求。土方开挖时,若边坡太陡,易造成土体失稳而发生塌方事故;边坡太缓将占用较多场地且使土方量增加。

四、土方施工的准备工作

土方工程施工前应做好如下准备工作：

(1)拟定施工方案。根据勘察文件、工程特点及现场条件等，确定场地平整、降水排水、土壁稳定与支护、开挖顺序与方法、土方调配与存放的方案，并绘制施工平面布置图，编制施工进度计划。

(2)场地清理。包括清理地面及地下各种障碍，如拆除旧房，拆除或改建通信、电力设备，地下管线及构筑物，迁移树木，做好古墓及文物的保护或处理，清除耕植土及河塘淤泥等。

(3)排除地面水。场地内低洼地区的积水必须排除，同时应注意雨水的排除，使场地保持干燥，以利土方施工。一般采用排水沟排水，必要时还需设置截水沟、挡水土坝等防洪设施。

(4)修筑好临时道路及供水、供电等临时设施。

(5)做好材料、机具、物资及人员的准备工作。

(6)设置测量控制网，打设方格网控制桩，进行建筑物、构筑物的定位放线等。

(7)根据土方施工设计做好边坡稳定、基坑(槽)支护、降低地下水位等辅助工作。

第二节　土方计算与调配

土方工程施工前，需进行土方工程量计算。由于建筑体形复杂，常采用近似计算法。

一、基坑、基槽和路堤的土方量计算

当基坑上口与下底两个面平行时(图1-3)，其土方量可按似柱体法计算，即：

$$V = \frac{H}{6}(F_1 + 4F_0 + F_2) \tag{1-5}$$

式中：H——基坑深度(m)；

F_1、F_2——基坑上下两底面积(m^2)；

F_0——F_1 与 F_2 之间的中截面面积(m^2)。

当基槽和路堤沿长度方向断面呈连续性变化时(图1-4)，其土方量可以分段计算，即：

$$V_1 = \frac{L_1}{6}(F_1 + 4F_0 + F_2) \tag{1-6}$$

式中：V_1——第一段的土方量(m^3)；

L_1——第一段的长度(m)。

将各段土方量相加即得总土方量。

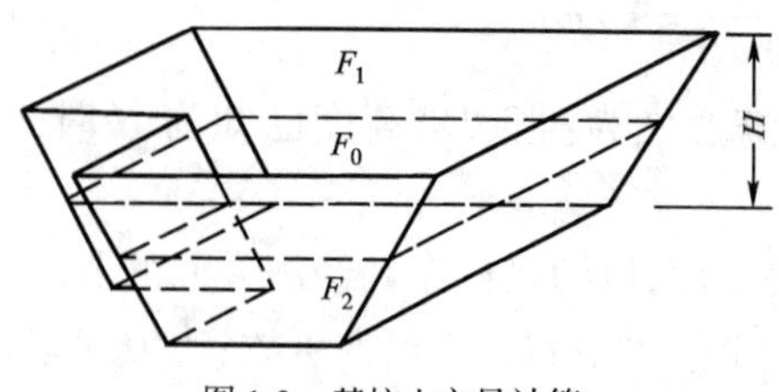

图1-3　基坑土方量计算

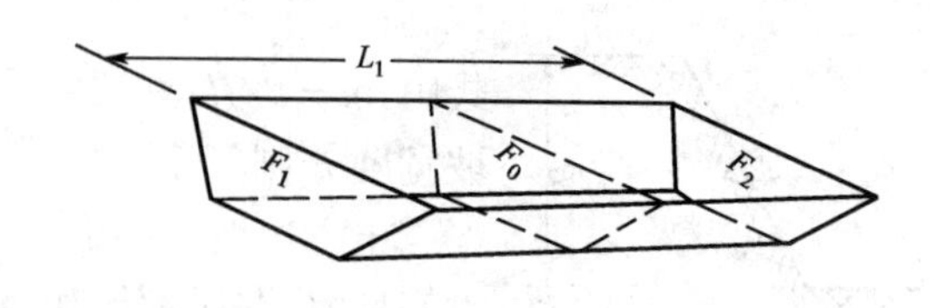

图1-4　基槽土方量计算

二、场地平整标高与土方量

场地平整前，要确定场地的设计标高，计算挖方和填方的工程量，然后确定挖方和填方的平衡调配方案，再选择土方机械，拟定施工方案。

对较大面积的场地平整，选择设计标高具有重要意义。选择设计标高时应遵循以下原则：要满足生产工艺和运输的要求；尽量利用地形，以减少挖填方数量；争取场地内挖填方平衡，使土方运输费用最少；要有一定泄水坡度，满足排水要求。

场地设计标高一般应在设计文件上规定。若未规定时，对中小型场地可采用"挖填平衡法"确定；对大型场地宜作竖向规划设计，采用"最佳设计平面法"确定。下面主要介绍"挖填平衡法"的原理和步骤。

（一）确定场地设计标高

1. 初步设计标高

本着场地内总挖方量等于总填方量的原则确定初步设计标高。

首先将场地划分成有若干个方格的方格网，其每格的大小依据场地平坦程度确定，一般边长为10～40m，见图1-5a)，然后找出各方格角点的地面标高。当地形平坦时，可根据地形图上相邻两等高线的标高，用插入法求得。当地形起伏或无地形图时，可用仪器测出。

按照挖填方平衡的原则，如图1-5b)所示，场地设计标高即为各个方格平均标高的平均值，可按下式计算：

$$H_0 = \frac{\sum(H_{11} + H_{12} + H_{21} + H_{22})}{4N}$$

式中：H_0——所计算的场地设计标高(m)；

N——方格数量；

$H_{11},\cdots,H_{22}$——任一方格的四个角点的标高(m)。

从图1-5a)可以看出，H_{11}系一个方格的角点标高，H_{12}及H_{21}系相邻两个方格的公共角点标高，H_{22}系相邻四个方格的公共角点标高。如果将所有方格的四个角点全部相加，则它们在上式中分别要加1次、2次、4次。

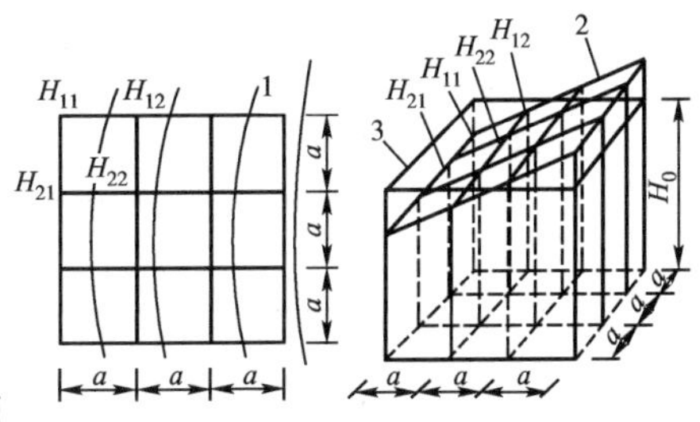

a)方格网划分　　b)场地设计标高示意图

图1-5　场地设计标高 H_0 计算示意图

1-等高线；2-自然地面；3-场地设计标高平面

如令H_1表示1个方格仅有的角点标高，H_2表示2个方格共有的角点标高，H_3表示3个方格共有的角点标高，H_4表示4个方格共有的角点标高，则场地设计标高H_0可改写成：

$$H_0 = \frac{\sum H_1 + 2\sum H_2 + 3\sum H_3 + 4\sum H_4}{4N} \tag{1-7}$$

2. 场地设计标高的调整

按公式(1-7)计算的场地设计标高H_0为一理论值，尚需考虑以下因素进行调整：

1)土的可松性影响

由于土具有可松性，一般填土会有剩余，需相应地提高设计标高。由图1-6可看出，考虑土的可松性引起设计标高的增加值Δh，得：

$$\Delta h = \frac{V_W(K'_s - 1)}{F_T + F_W K'_s} \tag{1-8}$$

式中：V_W——按理论标高计算出的总挖方体积；

F_W、F_T——按理论设计标高计算出的挖方区、填方区总面积；

K_s'——土的最后可松性系数。

调整后的设计标高值：

$$H_0' = H_0 + \Delta h \tag{1-9}$$

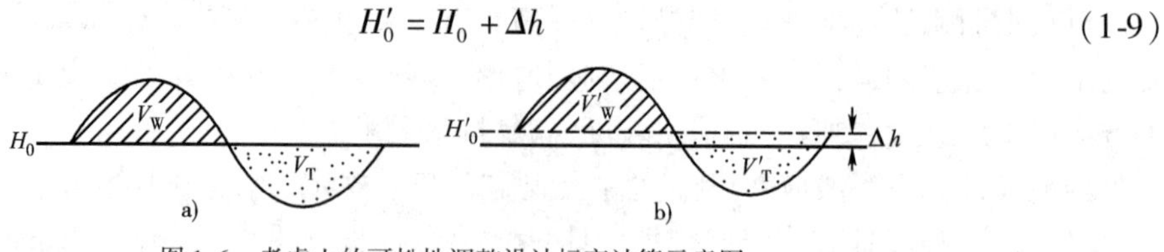

图 1-6 考虑土的可松性调整设计标高计算示意图

2）场内挖方和填土的影响

由于场内大型基坑挖出的土方、修筑路基填高的土方、场地周围挖填放坡的土方，以及经过经济比较，而将部分挖方就近弃于场外或将部分填方就近从场外取土，均会引起场地挖或填方量的变化。必要时也需调整设计标高。

3）场地泄水坡度的影响

按上述计算的标高进行场地平整时，场地将是一个水平面。但实际上场地均需有一定的泄水坡度，因此需根据排水要求，确定出各方格角点实际的设计标高。

（1）单向泄水时各方格角点的设计标高。当场地只向一个方向泄水时［图 1-7a）］，应以计算出的设计标高 H_0（或调整后的设计标高 H_0'）作为场地中心线的标高，场地内任一点的设计标高为：

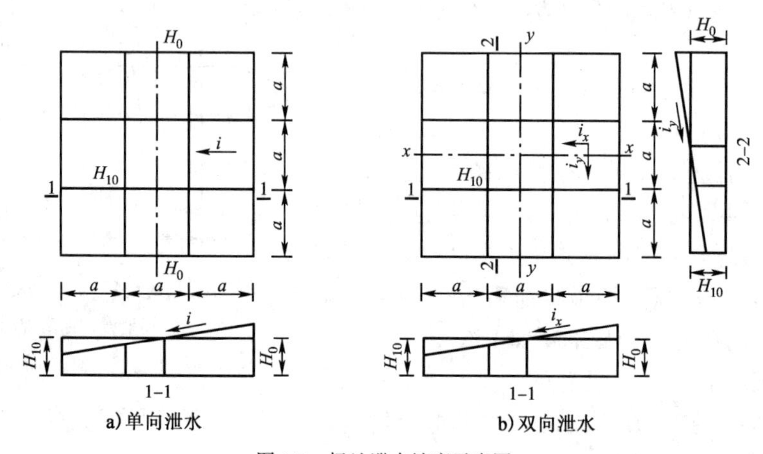

图 1-7 场地泄水坡度示意图

$$H_n = H_0 \pm li \tag{1-10}$$

式中：H_n——场地内任意一方格角点的设计标高（m）；

l——该方格角点至场地中心线的距离（m）；

i——场地泄水坡度（一般不小于 0.2%）；

±——该点比 H_0 高则用“+”，反之用“-”。

例如图 1-7a）中，角点 10 的设计标高为：

$$H_{10} = H_0 - 0.5ai$$

（2）双向泄水时各方格角点的设计标高。当场地向两个方向泄水时［图 1-7b）］，应以计算出的设计标高 H_0（或调整后的标高 H_0'）作为场地中心点的标高，场地内任意一点的设计标高为：

$$H_n = H_0 \pm l_x i_x \pm l_y i_y \tag{1-11}$$

式中：l_x、l_y——该点于 $x-x$、$y-y$ 方向上距场地中心点的距离；

i_x、i_y——场地在 $x-x$、$y-y$ 方向上的泄水坡度。

例如图 1-7b）中，角点 10 的设计标高：

$$H_{10} = H_0 - 0.5ai_x - 0.5ai_y$$

【例 1-2】 某建筑场地方格网、自然地面标高如图 1-8，方格边长 $a=20\text{m}$，泄水坡度 $i_x = 2‰$，$i_y = 3‰$，不考虑土的可松性及其他影响，试确定方格各角点的设计标高。

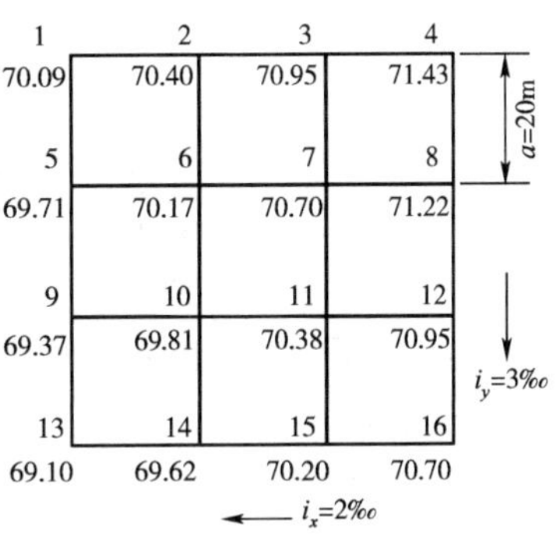

图 1-8　某场地方格网

【解】 （1）初算设计标高

$$H_0 = (\sum H_1 + 2\sum H_2 + 3\sum H_3 + 4\sum H_4)/4M$$

$$= [70.09 + 71.43 + 69.10 + 70.70 + 2 \times (70.40 + 70.95 + 69.71 + 71.22 + 69.37 + 70.95 + 69.62 + 70.20) + 4 \times (70.17 + 70.70 + 69.81 + 70.38)]/(4 \times 9) = 70.29(\text{m})$$

（2）调整设计标高

$$H_n = H_0 \pm l_x i_x \pm l_y i_y$$

$$H_1 = 70.29 - 30 \times 2‰ + 30 \times 3‰ = 70.32(\text{m})$$

$$H_2 = 70.29 - 10 \times 2‰ + 30 \times 3‰ = 70.36(\text{m})$$

$$H_3 = 70.29 + 10 \times 2‰ + 30 \times 3‰ = 70.40(\text{m})$$

其他见图 1-9。

除考虑排水坡度外，由于土具有可松性，填土会有剩余，也需相应地提高设计标高。场内挖方和填土以及就近借、弃土，均会引起场地挖或填方量的变化，必要时也需调整设计标高。

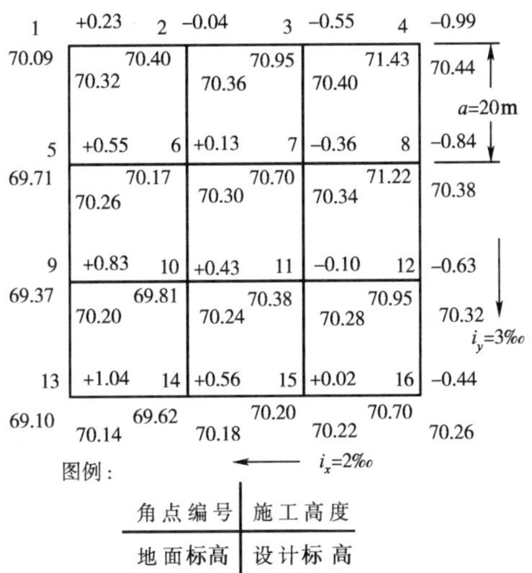

图 1-9　方格网角点设计标高及施工高度

（二）场地土方量计算

场地平整土方量的计算方法通常有方格网法和断面法两种。方格网法适用于地形较为平坦、面积较大的场地，断面法多用于地形起伏变化较大的地区。

用方格网法计算时，先根据每个方格角点的自然地面标高和实际采用的设计标高，算出相应的角点填挖高度，然后计算每一个方格的土方量，并算出场地边坡的土方量，这样即可得到整个场地的挖方量、填方量。其具体步骤如下：

1. 计算场地各方格角点的施工高度

各方格角点的施工高度（即挖、填方高度）h_n

$$h_n = H_n - H'_n \tag{1-12}$$

式中：h_n——该角点的挖、填高度，以“+”为填方高度，以“−”为挖方高度（m）；

H_n——该角点的设计标高(m);

H_n'——该角点的自然地面标高(m)。

2. 绘出“零线”

零线是场地平整时,施工高度为“0”的线,是挖、填的分界线。确定零线时,要先找到方格线上的零点。零点是在相邻两角点施工高度分别为“+”、“-”的格线上,是两角点之间挖填方的分界点。方格线上的零点位置见图1-10,可按下式计算:

$$x = \frac{ah_1}{h_1 + h_2} \tag{1-13}$$

式中:h_1、h_2——相邻两角点挖、填方施工高度(以绝对值代入);

a——方格边长;

x——零点距角点A的距离。

参考实际地形,将方格网中各相邻零点连接起来,即成为零线。零线绘出后,也就划分出了场地的挖方区和填方区。

3. 场地土方量计算

计算场地土方量时,先求出各方格的挖、填土方量和场地周围边坡的挖、填土方量,把挖、填土方量分别加起来,就得到场地挖方及填方的总土方量。

各方格土方量计算,常用“四方棱柱体法”和“三角棱柱体法”两种方法。下面仅介绍四方棱柱体法。

1)全挖全填格

方格四个角点全部为挖方(或填方),如图1-11所示,其挖或填的土方量为:

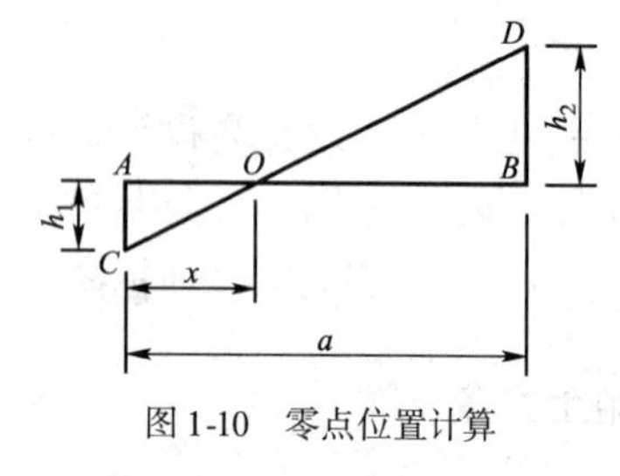

图1-10 零点位置计算

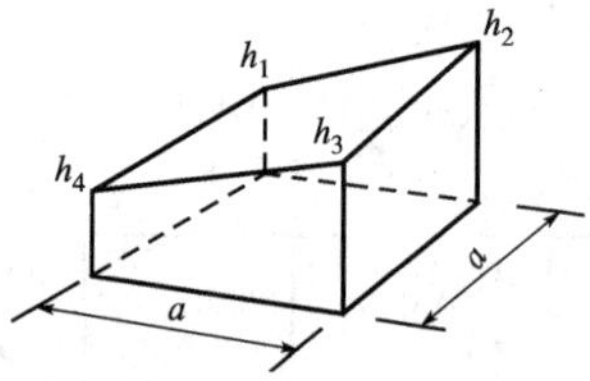

图1-11 全挖(全填)格

$$V = \frac{a^2}{4}(h_1 + h_2 + h_3 + h_4) \tag{1-14}$$

式中: V——挖方或填方的土方量(m^3);

h_1、h_2、h_3、h_4——方格四个角点的挖填高度(m),以绝对值代入。

2)部分挖部分填格

方格的四个角点中,有的为挖方,有的为填方(图1-12、图1-13)时,该格的挖方量或填方量为:

$$V_{挖} = \frac{a^2}{4}\frac{(\sum h_{挖})^2}{\sum h} \tag{1-15}$$

$$V_{填} = \frac{a^2}{4}\frac{(\sum h_{填})^2}{\sum h} \tag{1-16}$$

式中:$V_{挖}$、$V_{填}$——挖方或填方的土方量(m^3);

$\sum h_{挖}$、$\sum h_{填}$——挖方或填方各角点的施工高度之和;

$\sum h$——方格四个角点的施工高度绝对值之和(m)。

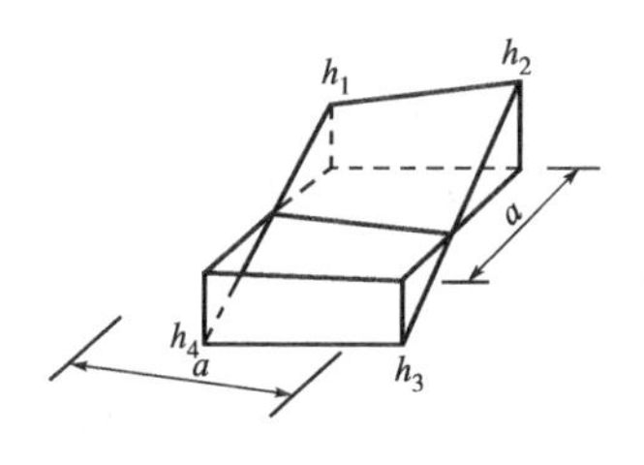

图 1-12　两挖两填格

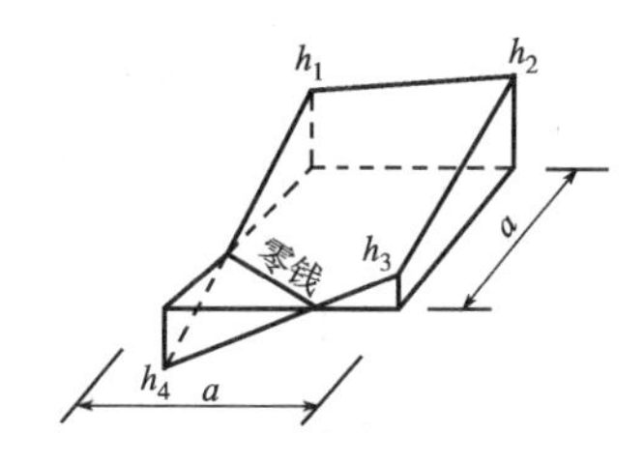

图 1-13　三挖一填格

三、土方调配与优化

土方调配是大型土方工程施工设计的一个重要内容，其目的是在使土方总运输量（$m^3 \cdot m$）最小或土方运输成本最低的条件下，确定填挖方区土方的调配方向和数量，从而达到缩短工期和降低成本的目的。其步骤如下：

（一）土方调配区划分及平均运距和土方施工单价的计算

1. 调配区的划分

进行土方调配时，首先要划分调配区。划分调配区应注意下列几点：

（1）调配区的划分应该与工程建（构）筑物的平面位置相协调，并考虑它们的开工顺序、分期施工的要求，使近期施工与后期利用相协调；

（2）调配区的大小应该满足土方施工主导机械（如铲运机、推土机等）的技术要求；

（3）调配区的范围应该和方格网协调，通常可由若干个方格组成一个调配区；

（4）有就近取土或弃土时，则每个取土区或弃土区均作为一个独立的调配区；

（5）调配区划分还应尽量与大型地下建筑物的施工相结合，避免土方重复开挖。

某场地调配区划分如图 1-14 所示。

2. 平均运距的确定

平均运距一般是指挖方区土方重心至填方区土方重心的距离。当填、挖方调配区之间距离较远，采用汽车等运土工具沿工地道路或规定线路运土时，其运距应按实际情况进行计算。

3. 土方施工单价的确定

如果采用汽车或其他专用运土工具运土时，调配区之间的运土单价可根据预算定额确定。当采用多种机械施工时，需考虑运、填配套机械的施工单价，确定一个综合单价。

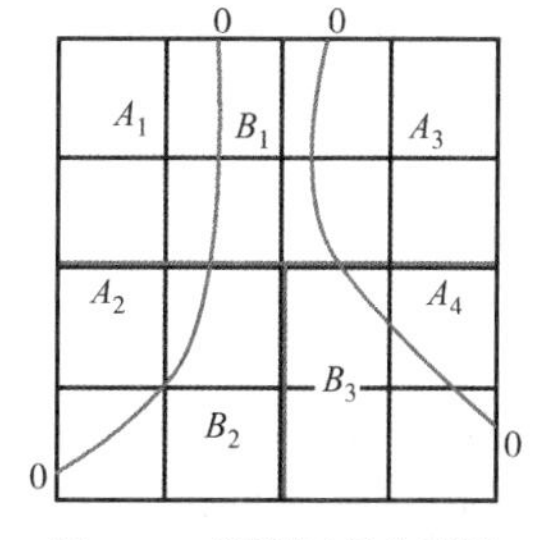

图 1-14　调配区划分示例

将上述平均运距或土方施工单价的计算结果填入土方平衡表内。

（二）最优调配方案的确定

确定最优调配方案，是以线性规划为理论基础，常用“表上作业法”求解。现结合示例介绍。

已知某场地有四个挖方区和三个填方区，各区的挖填土方量和各调配区之间的运距如图 1-15所示。以下是利用“表上作业法”进行调配的步骤。

1. 编制初始调配方案

采用“最小元素法”进行就近调配，即先在运距表中找一个最小数值，如 $C_{22} = C_{43} = 40$（任取其中一个,现取 C_{22}),先确定 X_{22} 的值,使其尽可能的大,即将 W_2 挖方区的土方全部调到 T_2 填方区,所以 X_{21} 和 X_{23} 都等于零。此时,将 500 填入 X_{22} 格内,同时将 X_{21}、X_{23} 格内画上一个"×"号。然后在没有填上数字和"×"号的方格内再选一个运距最小的方格,即 $C_{43}=40$,便可确定 $X_{43}=400$,同时使 $X_{41}=X_{42}=0$。此时,又将 400 填入 X_{43} 格内,并在 X_{41}、X_{42} 格内画上"×"号。重复上述步骤,依次确定其余 X_{ij} 的数值,最后得出表 1-2 所示的初始调配方案。

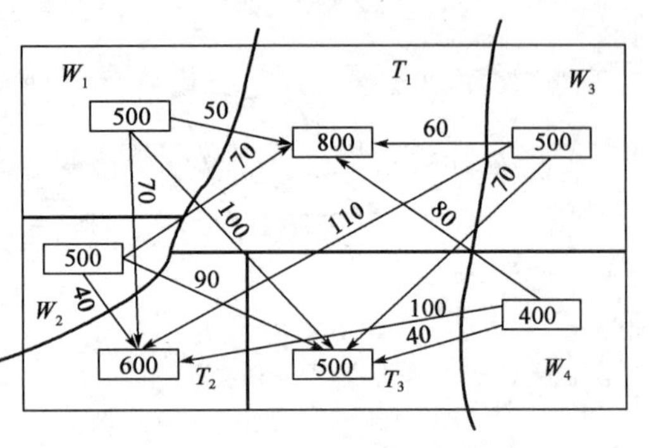

图 1-15　各调配区土方量和平均运距

土方初始调配方案　　表 1-2

填 挖	T_1	T_2	T_3	挖方量
W_1	500 [50]	× [70]	× [100]	500
W_2	× [70]	500 [40]	× [90]	500
W_3	300 [60]	100 [110]	100 [70]	500
W_4	× [80]	× [100]	400 [40]	400
填方量	800	600	500	1900

土方的总运输量为:

$Z_0=500\times50+500\times40+300\times60+100\times110+100\times70+400\times40=97000(\mathrm{m}^3\cdot\mathrm{m})$。

2. 最优方案判别

利用"最小元素法"编制初始调配方案,其总运输量是较小的,但不一定是总运输量最小,因此还需判别它是否为最优方案。判别的方法有"闭回路法"和"位势法",其实质相同,都是用检验数 λ_{ij} 来判别。只要所有的检验数 $\lambda_{ij}\geqslant0$,则该方案即为最优方案,否则,不是最优方案,尚需进行调整。

为了使线性方程有解,要求初始方案中调动的土方量要填够 $m+n-1$ 个格(m 为行数,n 为列数),不足时可在任意格中补"0"。

如:表 1-2 中已填 6 个格,而 $m+n-1=3+4-1=6$,满足要求。

下面介绍用"位势法"求检验数。

1)求位势 U_i 和 V_j

位势数就是在运距表的行或列中用运距(或单价)C_{ij} 同时减去的数,目的是使有调配数字的格检验数 λ_{ij} 为零,而对调配方案的选取没有影响。

计算方法:将初始方案中有调配数方格的 C_{ij} 列出,然后按下式求出两组位势数 $U_i(i=1,2,\cdots,m)$ 和 $V_j(j=1,2,\cdots,n)$。

$$C_{ij}=U_i+V_j \tag{1-17}$$

式中:C_{ij}——平均运距(或单位土方运价或施工费用);

U_i、V_j——位势数。

例如,本例两组位势数计算如下:

设 $U_1=0$，

则 $V_1=C_{11}-U_1=50-0=50$；

$U_3=C_{31}-V_1=60-50=10$；

$V_2=110-10=100$；

……

如表 1-3 所示。

位势计算表 表 1-3

挖 \ 填	位势数	T_1	T_2	T_3
位势数	U_i \ V_j	$V_1=50$	$V_2=100$	$V_3=60$
W_1	$U_1=0$	500 [50]	[70]	[100]
W_2	$U_2=-60$	[70]	500 [40]	[90]
W_3	$U_3=10$	300 [60]	100 [110]	100 [70]
W_4	$U_4=-20$	[80]	[100]	400 [40]

2)求检验数 λ_{ij}

位势数求出后,便可根据下式计算各空格的检验数:

$$\lambda_{ij}=C_{ij}-U_i-V_j \tag{1-18}$$

$\lambda_{11}=50-0-50=0$(有土方格的检验数必为零,其他不再计算)

空格的检验数:

$\lambda_{12}=70-0-100=-30$,

$\lambda_{13}=100-0-60=40$,

$\lambda_{21}=70-(-60)-50=80$

……

各格的检验数见表 1-4。

求检验数表 表 1-4

挖 \ 填	位势数	T_1	T_2	T_3
位势数	U_i \ V_j	$V_1=50$	$V_2=100$	$V_3=60$
W_1	$U_1=0$	0	-30 [70]	+40 [100]
W_2	$U_2=-60$	+80 [70]	0	+90 [90]
W_3	$U_3=10$	0	0	0
W_4	$U_4=-20$	+50 [80]	+20 [100]	0

因 λ_{12}为"$-$"值,故初始方案不是最优方案,应对其进行调整。

3. 方案的调整

(1)在所有负检验数中选取最小的一个(本例中为 C_{12}),把它所对应的变量 X_{12}作为调整的对象。

(2)找出 X_{12}的闭回路:从 X_{12}出发,沿水平或竖直方向前进,遇到调配土方数字的格,则可以作 90°转弯,然后依次继续前进,直至回到出发点,形成一条闭回路(表 1-5)。

找 X_{12} 的闭回路　　表 1-5

挖＼填	T_1	T_2	T_3
W_1	500 ←	X_{12}	
W_2	↓	↑500	
W_3	300 →	100	100
W_4			400

(3)从空格 X_{12} 出发,沿着闭回路方向,在各奇数次转角点的数字中挑出一个最小的土方量(本表即为 500、100 中选 100),将它调到空格中(即由 X_{32} 调到 X_{12} 中)。

(4)同时将闭回路上其他奇数次转角上的数字都减去该调动值($100m^3$),偶次转角上数字都增加该调动值,使得填、挖方区的土方量仍然保持平衡,这样调整后,便得到了新的调配方案,见表 1-6 中括号内数字。

方案调整表　　表 1-6

挖＼填	T_1	T_2	T_3
W_1	(400) 500 ←	(100) X_{12}	
W_2	↓	↑500	
W_3	300 → (400)	100 (0)	100
W_4			400

对新调配方案,再用"位势法"进行检验,看其是否为最优方案。若检验数中仍有负数出现,则仍按上述步骤调整,直到求得最优方案为止。

表 1-7 中所有检验数均不小于零,故该方案即为最优方案。其土方的总运输量为:

$Z=400\times50+100\times70+500\times40+400\times60+100\times70+400\times40=94000(m^3\cdot m)$。较初始方案 $Z_0=97000m^3\cdot m$ 减少了 $3000m^3\cdot m$。

位势及检验数计算表　　表 1-7

挖＼填	位势数	T_1		T_2		T_3	
位势数	U_i＼V_j	$V_1=50$		$V_2=100$		$V_3=60$	
W_1	$U_1=0$	0	50	0	70	+40	100
W_2	$U_2=-30$	+50	70	0	40	+60	90
W_3	$U_3=10$	0	60	+30	110	0	70
W_4	$U_4=-20$	+50	80	+50	100	0	40

值得注意的是,土方调配最优方案不一定是唯一的,它们在调配区或调配土方量等方面可能不同,但其目标函数 Z 都是相等的。最优方案越多,提供的选择余地就越大。当土方调配区数量较多时,使用"表上作业法"工作量较大,应采用计算机程序进行优化。

4. 绘制土方调配图

根据调配方案,将土方调配方向、数量以及每对挖填调配区之间的平均运距,在土方调配图上标明,如图 1-16 所示。

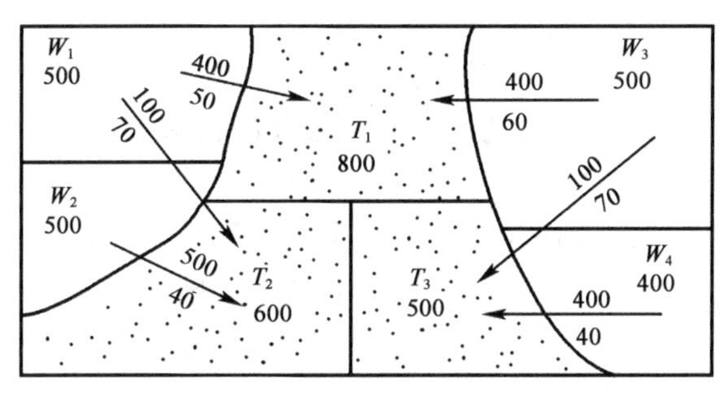

图 1-16　土方调配图

注:箭线上方为土方量(m^3),箭线下方为运距(m)

第三节　排水与降水

在土方开挖过程中,当基坑(或沟槽)底面标高低于地下水位时,地下水会不断渗入坑内,降雨或地面水也可能流入基坑,如不采取措施,不但会使施工条件恶化,更可能会造成边坡塌方和地基承载能力下降。因此,在基坑土方开挖前和开挖过程中,必须采取措施排除地面水、降低地下水位或截堵地下水。

一、地面排水

排除地面水(包括雨水、施工用水、生活污水等)常采用在基坑周围设置排水沟、截水沟或筑土堤等办法,并尽量利用原有的排水系统,或将临时性与永久性排水设施结合使用。

二、集水井排水或降水

基坑排水常用明沟或暗沟(盲沟)排水法,其原理均是通过沟槽将水引入集水井,再用水泵排出。下面主要介绍明沟集水井法。

明沟集水井法是在基坑开挖过程中,沿坑底的周围或中央开挖排水沟,并在基坑边角处设置集水井。将水汇入集水井内,用水泵抽走(图 1-17)。这种方法可用于基坑排水,也可用于降低水位。

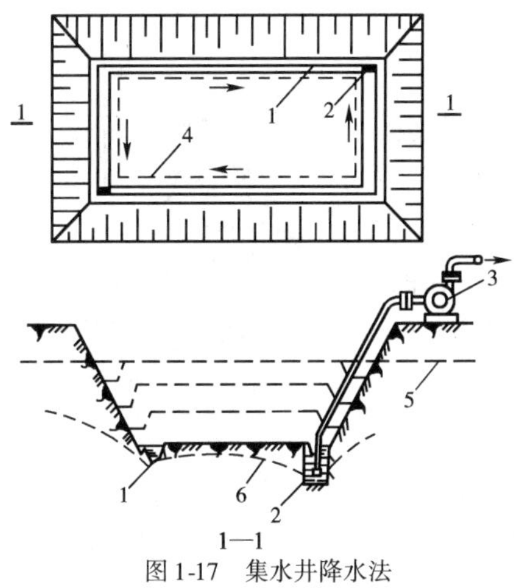

图 1-17　集水井降水法

1-排水沟;2-集水井;3-离心式水泵;4-基础边线;5-原地下水位线;6-降低后地下水位线

1. 排水沟的设置

排水沟底宽应不小于 0.3m,沟底设有不小于 0.3% 的纵坡,使水流不致阻塞。在开挖阶段,排水沟深度应始终保持比挖土面低 0.3 ~ 0.5m;在基础施工阶段,排水沟宜距拟建基础及基坑边坡坡脚均不小于 0.4m。

2. 集水井的设置

集水井应设置在基础范围以外的边角处。间距应根据水量大小、基坑平面形状及水泵能力确定,一般为 30 ~ 50m。集水井的直径一般为 0.6 ~ 0.8m。其深度要随着挖土的加深而加深,保持井底低于挖土面 0.8 ~ 1.0m。井壁可用竹、木或钢筋笼等进行简易加固。当基坑挖至设计标高后,井底应低于基坑底 1 ~ 2m,并铺设碎石滤水层,以减少泥砂损失和扰动井底土。

3. 水泵性能与选用

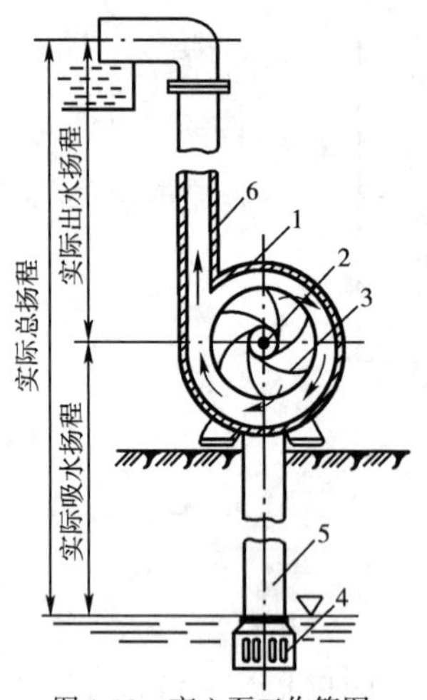

图 1-18 离心泵工作简图

1-泵壳；2-泵轴；3-叶轮；4-滤网与底阀；5-吸水管；6-出水管

排水用的水泵主要有离心泵、潜水泵和软轴水泵等。

(1)离心泵。离心泵的构造如图 1-18 所示。其抽水原理是利用叶轮高速旋转时所产生的离心力，将轮心部分的水甩往轮边，沿出水管压向高处。此时叶轮中心形成部分真空，这样，水在大气压力作用下，就能源源不断地从吸水管自动上升进入水泵。

水泵的主要性能指标包括：流量、总扬程、吸水扬程和功率等。流量是指水泵单位时间内的出水量。吸水扬程表示水泵能吸水的最大高度，从理论上说能达到 10.3m，但限于水泵构造关系，离心泵的最大吸水扬程一般为 3.5 ~ 8.5m。由于吸水扬程还要扣除吸水管路阻力损失和水泵进口处的流速水头损失，实际吸水扬程可按性能表上的最大吸水扬程减去 1.2m 估算。常用离心泵性能见表 1-8。

离心泵的选择，主要根据需要的流量和扬程而定。对基坑来说，离心泵的流量应大于基坑的涌水量，一般选用吸水口径 2 ~ 4in(51 ~ 102mm)的离心泵；离心泵的扬程在满足总扬程的前提下，主要是考虑吸水扬程是否能满足降水深度要求，如果不够，则可将水泵安装位置降低至坑壁台阶或坑底上或另选水泵。

常用离心泵性能 表 1-8

型　号	流量(m^3/h)	总扬程(m)	吸水扬程(m)	电动机功率(kW)	重量(kg)
2B19	11 ~ 25	21 ~ 16	8.0 ~ 6.0	2.2	19.0
2B31	10 ~ 30	34.5 ~ 24.0	8.2 ~ 5.7	4.0	37.0
3B19	32.4 ~ 52.2	21.5 ~ 15.6	6.2 ~ 5.0	4.0	23.0
3B33	30 ~ 55	35.5 ~ 28.8	6.7 ~ 3.0	7.5	40.0
4B20	65 ~ 110	22.6 ~ 17.1	5.0	10.0	51.6
4B91	65 ~ 135	98 ~ 72.5	7.1 ~ 4.0	55.0	89.0

注：2B19 表示进水口直径为 2in(51mm)、总扬程为 19m(最佳工作时)的单级离心泵。

离心泵安装时，要特别注意吸水管接头不漏气，并保证吸水口在水面以下不少于 0.5m，以免吸入空气，影响水泵正常进行。

离心泵使用时，要先向泵体与吸水管内灌满水，排除空气，然后开泵抽水。为了防止所灌的水漏掉，在底阀内装有单向阀门。离心泵在使用中要防止漏气及脏物堵塞等。

(2)潜水泵。潜水泵是由立式水泵与电动机组合而成，工作时完全浸在水中。其构造如图 1-19 所示。水泵装在电动机上端，叶轮可制成离心式或螺旋桨式；电动机设有密封装置。

这种泵具有体积小、重量轻、移动方便、安装简单和开泵时不需引水等优点，因此在基坑排水及深管井井点降水中常被采用。

使用潜水泵时，不得脱水运转或陷入泥中，以防电机损坏，也不得排灌含泥量较高或含有杂物的水，以免叶轮被堵塞。

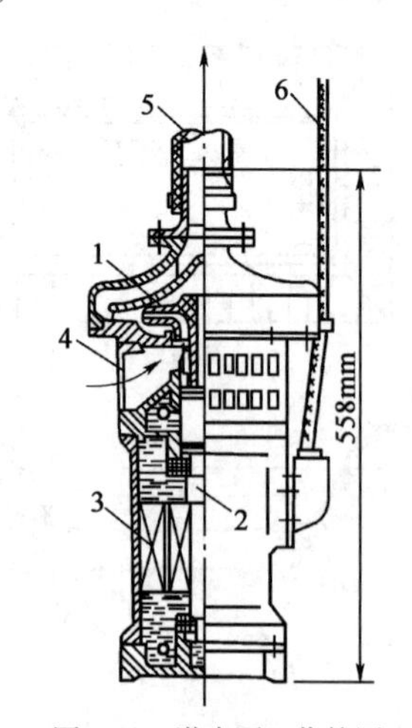

图 1-19 潜水泵工作简图

1-叶轮；2-轴；3-电动机；4-进水口；5-出水胶管；6-电缆

明沟集水井法设备简单、排水方便，费用较低，宜用于粗粒土层和渗水量小的黏性土。当土层为细砂和粉砂时,地下水渗流会带走细粒,易导致边坡坍塌或流砂现象。当地下水位较高且基底为黏土层时,易引起坑底隆起。

三、流砂及其防治

当基坑开挖到地下水位以下时,有时坑底土会进入流动状态,随地下水涌入基坑,这种现象称为流砂现象。此时,基底土完全丧失承载能力,土边挖边冒,施工条件恶化,严重时会造成边坡塌方,甚至危及邻近建筑物。

1. 流砂发生的原因

动水压力是流砂发生的重要条件。地下水流动受到土颗粒的阻力,而水对土颗粒具有冲动力,这个力即称为动水压力。动水压力 $G_D = \gamma_w I = \gamma_w \cdot \Delta H/L$,它与水力坡度 I 成正比,水位差越大,动水压力越大;而渗透路程 L 越长,则动水压力越小。动水压力的方向与水流方向一致。处于基坑底部的土颗粒,不仅受到水的浮力,而且受动水压力的作用,有向上举的趋势,见图 1-20。当动水压力等于或大于土的浸水密度时,土颗粒处于悬浮状态,并随地下水一起流入基坑,即发生流砂现象。

流砂现象一般发生在细砂、粉砂及亚砂土中。在粗大砂砾中,因孔隙大,水在其间流过时阻力小,动水压力也小,不易出现流砂。而在黏性土中,由于土粒间黏聚力较大,不会发生流砂现象,但有时在承压水作用下会出现整体隆起现象。

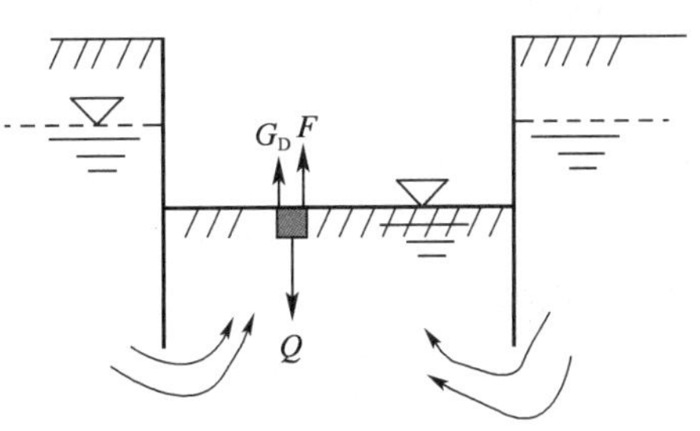

图 1-20　流砂现象原理示意

2. 流砂的防治

防治流砂的主要途径是减小或平衡动水压力或改变其方向。具体措施为:

(1)加深挡墙法:通过在基坑周围设置一定深度的截水挡墙,增加地下水流入坑内的渗流路程,从而减小动水压力。

(2)水下挖土法:采用不排水施工,使坑内水压与坑外地下水压相平衡,抵消动水压力。

(3)井点降水法:通过降低地下水位改变动水压力的方向,这是防止流砂的有效措施。

(4)截水封闭法:将基坑周围挡水墙体做至坑底以下具有足够厚度的不透水层或注浆封底层内,避免地下水向开挖后的基坑内渗流,从而消除动水压力,杜绝流沙现象。

四、井点降水设计与施工

井点降水就是在坑槽开挖前,预先在其四周埋设一定数量的滤水管(井),利用抽水设备从中抽水,使地下水位降落到坑槽底标高以下,并保持至回填完成或地下结构有足够的抗浮能力为止。其优点是,可使开挖的土始终保持干燥状态,从根本上防止流砂发生,避免地基隆起、改善工作条件、提高边坡的稳定性或降低了支护结构的侧压力,并可加大坡度而减少挖土量。此外,还可以加速地基土的固结,保证地基土的承载力,以利于提高工程质量。其缺点是可能造成周围地面沉降和影响环境。

降水井点的类型有轻型井点、喷射井点、管井井点、深井井点及电渗井点等,可根据土的渗透系数、降低水位的深度、工程特点及设备条件等参照表 1-9 选择。其中轻型井点、管井井点、深井井点应用较广。基坑内的设计降水水位应低于基坑底面 0.5m。

井点类型、适用范围及主要原理　　表 1-9

井点类型	土层渗透系数(m/d)	降低水位深度(m)	最大井距(m)	主要原理
轻型井点	0.1~20	3~6	1.6~2	地上真空泵或喷射嘴真空吸水
多级轻型井点		6~10		
喷射井点	0.1~20	8~20	2~3	水下喷射嘴真空吸水
电渗井点	< 0.1	5~6	1(极距)	钢筋阳极加速渗流
管井井点	20~200	3~5	20~50	单井离心泵排水
深管井井点	10~250	25~30	30~50	单井深井潜水泵排水
水平辐射井点	大面积降水		平管引水至大口井排出	
引渗井点	不透水层下有渗存水层		打透不透水层,引水至基底以下存水层	

(一)轻型井点

轻型井点是沿基坑的四周将许多直径较小的井点管埋入地下蓄水层内,井点管的上端通过弯联管与总管相连接,利用抽水设备将地下水从井点管内不断抽出,以达到降水目的,如图1-21所示。

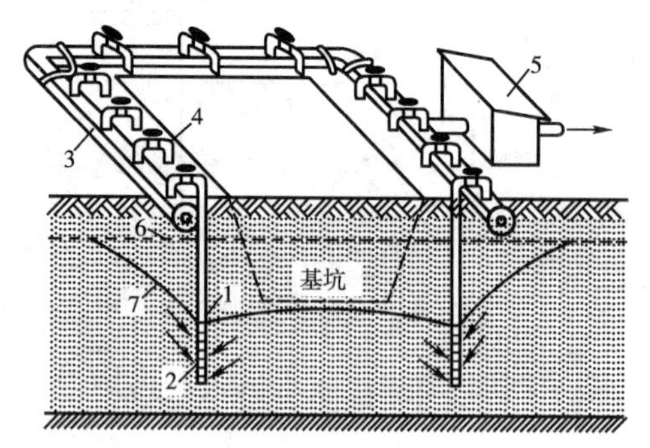

图1-21　轻型井点降低地下水位全貌图
1-井管;2-滤管;3-总管;4-弯联管;5-水泵房;6-原有地下水位线;7-降低后地下水位线

1. 轻型井点设备

轻型井点设备是由管路系统和抽水设备组成。管路系统包括:井点管(由井管和滤管连接而成)、弯联管及总管等。

滤管是井点设备的一个重要部分,其构造是否合理,对抽水效果影响较大。滤管可采用直径38~110mm的金属管,长度为1.0~1.5m。管壁上渗水孔直径为12~18mm,呈梅花状排列,孔隙率应大于15%。滤管外包两层滤网(图1-22),内层采用30~80目的金属网或尼龙网,外层采用3~10目的金属网或尼龙网。为使水流畅通,在管壁与滤网间缠绕塑料管或金属丝隔开,滤网外应再绕一层粗金属丝。滤管的下端为一铸铁堵头,上端用管箍与井管连接。

井点管宜采用直径为38mm或51mm的钢管,其长度为5~7m,上端用弯联管与总管相连。弯联管常用带钢丝衬的橡胶管;用钢管时可装有阀门,便于检修;也可用塑料管。

总管宜采用直径为100mm或127mm的钢管,每节长度为4m,其上每隔0.8m、1m或1.2m设有一个与井点管连接的短接头。

抽水设备常用的有真空泵、射流泵和隔膜泵井点设备。现仅就真空泵和射流泵井点设备的工作原理简介于下:

1)真空泵式抽水设备

真空泵式抽水设备由真空泵、离心泵和水气分离箱等组成(图1-23)。其工作原理是:开动真空泵19,将水气分离箱10内部抽成一定程度的真空度,在真空吸力作用下,地下水经滤管1、井管2吸上,进入总管5,再经过滤管8过滤泥砂进入水气分离箱10。水气分离箱内有一浮筒11沿中间导杆升降,当箱内的水使浮筒上升,即可开动离心泵24将水排出,浮筒则可关闭阀门12,避免水被吸入真空泵。副水气分离器16也是为了避免将空气中的水分吸入真空泵。为对真空泵进行冷却,特设一冷却循环水泵23。

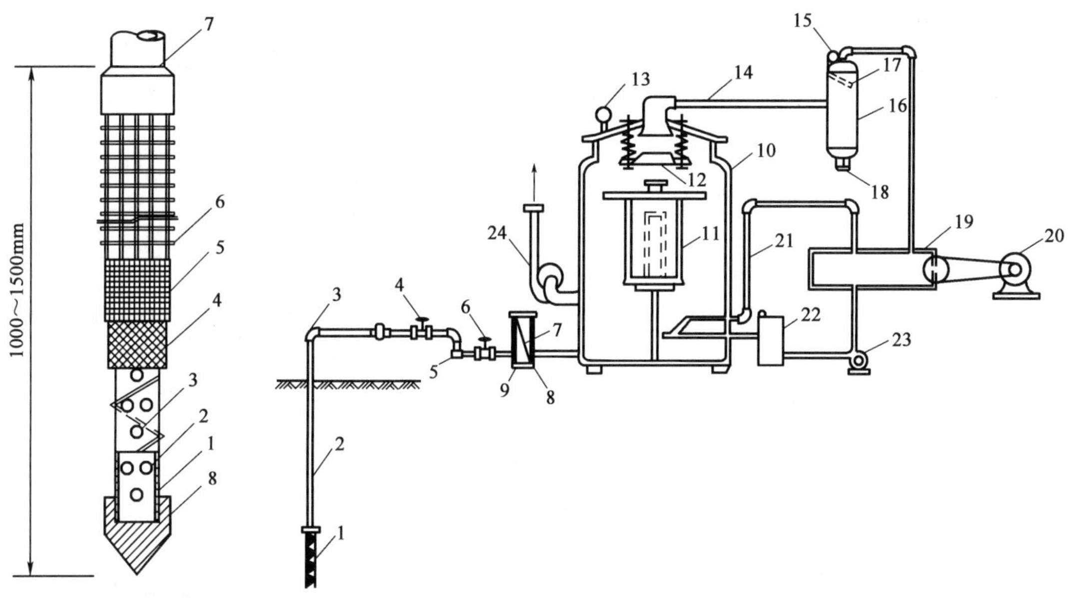

图1-22　滤管构造

1-钢管;2-管壁上的小孔;3-缠绕的塑料管;4-细滤网;5-粗滤网;6-粗铁丝保护网;7-井管;8-铸铁头

图1-23　真空泵轻型井点设备工作原理简图

1-滤管;2-井管;3-弯管;4-阀门;5-集水总管;6-闸门;7-滤网;8-过滤室;9-淘砂孔;10-水气分离器;11-浮筒;12-单向阀;13-真空计;14-进水管;15-真空计;16-副水气分离器;17-挡水板;18-放水口;19-真空泵;20-电动机;21-冷却水管;22-冷却水箱;23-循环水泵;24-离心水泵

该种设备真空度较高,降水深度较大。一套抽水设备能负荷的总管长度为100～120m,但设备较复杂,耗电较多。

2)射流泵式抽水设备

射流泵式抽水设备由射流器、离心泵和循环水箱组成,见图1-24。

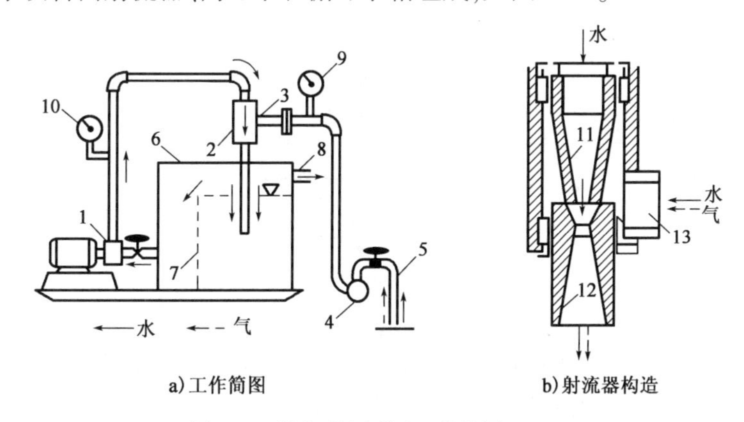

a)工作简图　　b)射流器构造

图1-24　射流泵抽水设备工作简图

1-离心水泵;2-射流器;3-进水管;4-总管;5-井点管;6-循环水箱;7-隔板;8-泄水口;9-真空表;10-压力表;11-喷嘴;12-喷管;13-接进水管

射流泵抽水设备的工作原理是:利用离心泵将循环水箱中的水变成压力水送至射流器内由喷嘴喷出,由于喷嘴断面收缩而使水流速度骤增,压力骤降,使射流器空腔内产生部分真空,从而把井点管内的气、水吸上来进入水箱。水箱内的水滤清后一部分经由离心泵参与循环，多余部分由水箱上部的泄水口排出。

射流泵井点设备的降水深度可达6m，但一套设备所带井点管仅25～40根，总管长度30～50m。若采用两台离心泵和两个射流器联合工作，能带动井点管70根，总管长度100m。这种设备具有结构简单、制造容易、成本低、耗电少、使用检修方便等优点，适于在粉砂、轻亚黏土等渗透系数较小的土层中降水。常用设备的技术性能见表1-10。

ϕ50mm 型射流泵轻型井点设备规格技术性能 表1-10

名　称	型号与技术性能	数　量	备　注
离心泵	3BL—9型，流量45m^3/h，扬程32.5m	1台	供给工作水
电动机	JQ_2－42－2，功率7.5kW	1台	水泵的配套动力
射流泵	喷嘴ϕ50mm，空载真空度100kPa，工作水压力0.15～0.3MPa，工作水流455m^3/h，生产率10～35m^3/h	1个	形成真空
水箱	长×宽×高＝1100mm×600mm×1000mm	1个	循环用水

2. 轻型井点布置

轻型井点系统的布置，应根据基坑平面形状及尺寸、基坑的深度、土质、地下水位及流向、降水深度要求等确定。

(1)平面布置。当基坑或沟槽宽度小于6m，且降水深度不超过5m时，可采用单排井点，布置在地下水流的上游一侧，其两端的延伸长度不应小于基坑(槽)宽度(图1-25)。当基坑宽度大于6m或土质不良，则宜采用双排井点。当基坑面积较大时，宜采用环形井点(图1-26)。当有预留运土坡道等要求时，环形井点可不封闭，但要将开口留在地下水流的下游方向处。井点管距离坑壁一般不宜小于0.7～1.0m，以防局部发生漏气。井点管间距应根据土质、降水深度、工程性质等按计算或经验确定。在靠近河流及总基坑转角部位，井点应适当加密。

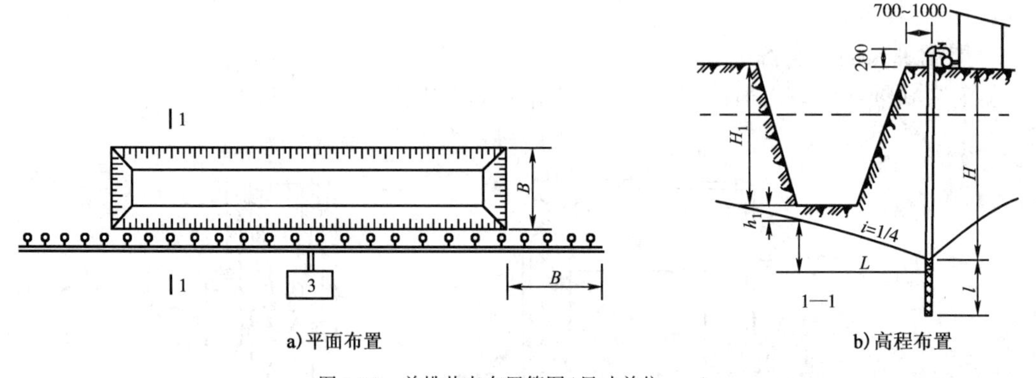

图1-25　单排井点布置简图(尺寸单位：mm)

采用多套抽水设备时，井点系统要分段设置，各段长度应大致相等。其分段地点宜选择在基坑角部，以减少总管弯头数量和水流阻力。抽水设备宜设置在各段总管的中部，使两边水流平衡。采用封闭环形总管时，宜装设阀门将总管断开，以防止水流紊乱。对多套井点设备，应在各套之间的总管上装设阀门，既可独立运行，也可在某套抽水设备发生故障时开启阀门，借助邻近的泵组来维持抽水。

(2)高程布置。轻型井点多是利用真空原理抽吸地下水，理论上的抽水深度可达10.3m。但由于土层透气及抽水设备的水头损失等因素，井点管处的降水深度往往不超过6m。

井管的埋置深度H_A，可按下式计算(图1-26)：

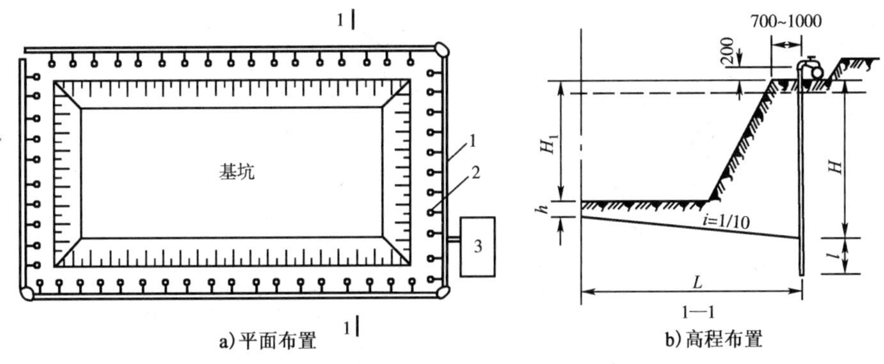

图1-26　环形井点布置简图(尺寸单位:mm)

$$H_A \geqslant H_1 + h + iL \quad (m) \tag{1-19}$$

式中:H_1——总管平台面至基坑底面的距离(m);

h——基坑中心线底面至降低后的地下水位线的距离,一般取0.5~1.0m;

i——水力坡度,根据实测:环形井点为1/10,单排线状井点为1/4;

L——井点管至基坑中心线的水平距离(m)。

当计算出的H_A值大于降水深度6m时,则应降低总管安装平台面标高,以满足降水深度要求。此外在确定井管埋置深度时,还要考虑井管的长度(一般为6m),且井管通常需露出地面为0.2~0.3m。在任何情况下,滤管必须埋在含水层内。

为了充分利用设备抽吸能力,总管平台标高宜接近原有地下水水位线(要事先挖槽),水泵轴心标高宜与总管齐平或略低于总管。总管应具有0.25%~0.5%的坡度坡向泵房。

当一级轻型井点达不到降水深度要求时,可先用集水井法降水,然后将总管安装在原有地下水位线以下;或采用二级(二层)轻型井点,如图1-27。

3.轻型井点计算

轻型井点的计算内容包括涌水量计算、井点数量与井距的确定,以及抽水设备选用等。由于受水文地质和井点设备等多种因素影响,计算出的涌水量只能是近似值。

1)井型判定

井点系统涌水量计算是按水井理论进行的。根据井底是否达到不透水层,水井分为完整与不完整井。凡井底到达含水层下面的不透水层的井称为完整井,否则称为不完整井。根据所抽取的地下水层有无压力,又分为无压井与承压井,如图1-28所示。各类井的涌水量计算方法都不同,其中以无压完整井的理论较为完善。

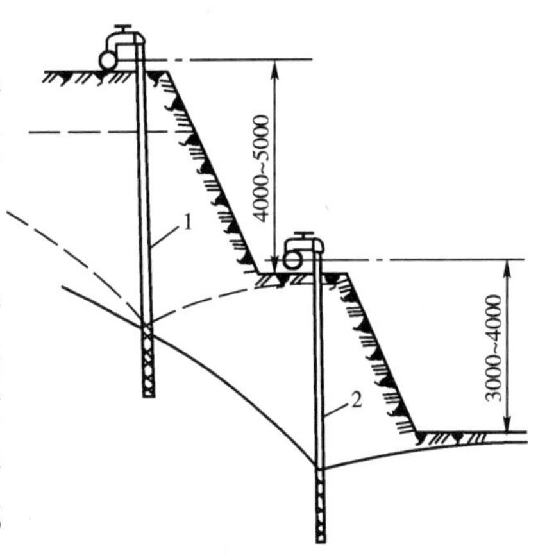

图1-27　二级轻型井点(尺寸单位:mm)
1-第一层井点管;2-第二层井点管

2)涌水量计算

(1)无压完整涌水量。无压完整井抽水时,水位的变化如图1-29a)所示。当抽水一定时间后,井周围的水面最后将会降落成渐趋稳定的漏斗状曲面,称之为降落漏斗。水井轴至漏斗外缘的水平距离称为抽水影响半径R。

根据达西定律以及群井的相互干扰作用,可推导出无压完整井群井的涌水量为:

$$Q = 1.366K\frac{(2H - S)S}{\lg(R + x_0) - \lg x_0} \qquad (m^3/d) \tag{1-20}$$

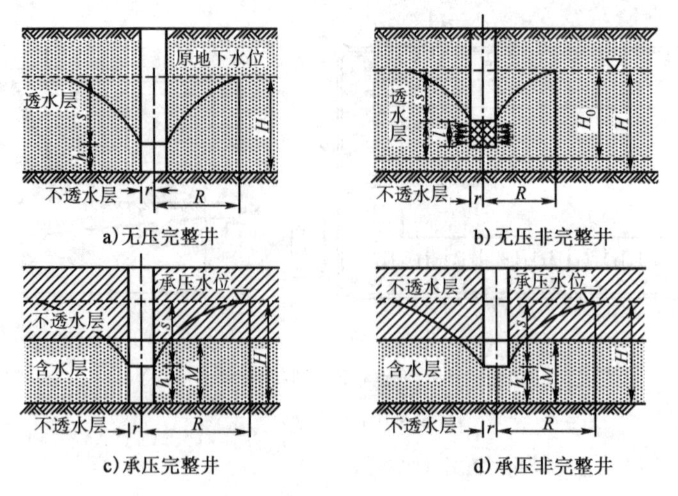

图1-28　水井的分类

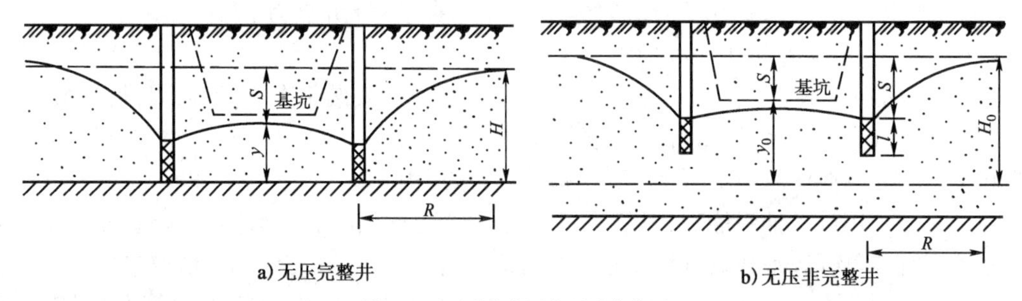

图1-29　环形井点涌水量计算简图

式中：K——渗透系数(m/d)；

H——含水层厚度(m)；

S——水位降低值(m)；

R——抽水影响半径(m)，取 $R=1.95S\sqrt{HK}$；

x_0——环形井点的假想半径(m)：

当基坑长宽比 $A/B\leqslant 2.5$ 时，$x_0=\sqrt{\dfrac{F}{\pi}}$；当基坑长宽比 $A/B>2.5$ 时，$X_0=\eta(A+B)/4$；

F——基坑周围井点管所包围的面积(m^2)；

η——调整系数(表1-11)。

调整系数 η 取值　　表1-11

A/B	0	0.2	0.4	0.6	0.8	1.0
η	1.0	1.12	1.14	1.16	1.18	1.18

渗透系数 K 值准确与否，对计算结果影响较大。其测定方法有现场抽水试验和实验室试验两种。对重大的工程，宜采用现场抽水试验，以获得较为准确的渗透系数值。方法是在现场设置抽水孔，并距抽水孔为 x_1 与 x_2 处设两个观测井(三者在同一直线上)，根据抽水稳定后，观测井的水深 y_1 与 y_2 及抽水孔相应的抽水量 Q，可按下式计算 K 值。

$$K=\frac{Q\cdot\lg(x_1/x_2)}{1.366(y_2^2-y_1^2)}\qquad(\mathrm{m/d})\tag{1-21}$$

表 1-12 列出几种土层的渗透系数 K 值，仅供参考。

土的渗透系数 K 值 表 1-12

土的种类	黏土及粉质黏土	粉 土	粉 砂	细 砂	中 砂	粗 砂	粗砂夹石	砾 石
K(m/d)	<0.1	0.1～1.0	1.0～5.0	5～10	10～25	25～50	50～100	100～200

注：①含水层含泥量多，或颗粒不均匀系数大于 2 时取小值。

②表中数值为试验室中理想条件下获得，有时与实际出入较大，采用时宜根据具体情况调整。

抽水影响半径 R，与土的渗透系数、含水层厚度、水位降低值及抽水时间等因素有关。一般在抽水 2～5d 后，水位降落漏斗基本稳定。

(2)无压非完整井涌水量。在实际工程中，常会遇到无压非完整井井点系统(图 1-29b)，其涌水量计算较为复杂。为了简化计算，仍可采用公式(1-18)，但需将式中含水层厚度 H 换成有效深度 H_0，即：

$$Q = 1.366K\frac{(2H_0 - S)S}{\lg R - \lg x_0} \quad (\mathrm{m^3/d}) \tag{1-22}$$

其中有效深度 H_0 系经验数值，可查表 1-13 得到。须注意，在计算抽水影响半径 R 时，也需以 H_0 代入。

有效深度 H_0 值 表 1-13

$S'/(S'+l)$	0.2	0.3	0.5	0.8
H_0	$1.3(S'+l)$	$1.5(S'+l)$	$1.7(S'+l)$	$1.85(S'+l)$

注：表中 S' 为井管内水位降低深度；l 为滤管长度。

(3)承压完整井涌水量。承压完整井环形井点涌水量计算公式为：

$$Q = 2.73K\frac{MS}{\lg R - \lg x_0} \quad (\mathrm{m^3/d}) \tag{1-23}$$

式中：M——承压含水层厚度(m)；

K、R、x_0、S——与公式(1-20)相同。

3)确定井点管数量与井距

(1)单井最大出水量：

单井的最大出水量 q，主要取决于土的渗透系数、滤管的构造与尺寸，按下式确定：

$$q = 65\pi d \cdot l \cdot \sqrt[3]{K} \quad (\mathrm{m^3/d}) \tag{1-24}$$

式中：d——滤管直径(m)；

l——滤管长度(m)；

K——渗透系数(m/d)。

(2)最少井数计算：

$$n_{\min} = 1.1\frac{Q}{q} \quad (根) \tag{1-25}$$

式中：1.1——备用系数，考虑井点管堵塞等因素；

其他符号同前。

(3)最大井距计算：

$$D_{max} = \frac{L}{n_{min}} \quad (m) \tag{1-26}$$

式中:L——总管长度(m)。

确定井点管间距时,还应注意:

①井距必须大于15倍管径,以免彼此干扰大,影响出水量。

②在渗透系数小的土中井距宜小些,否则水位降落时间过长。

③靠近河流处,井点宜适当加密。

④井距应能与总管上的接头间距相配合。

根据实际采用的井点管间距,最后确定所需的井点管根数。

4.轻型井点的施工

轻型井点的施工,主要包括施工准备和井点系统的埋设与安装、使用、拆除。

(1)准备工作包括井点设备、动力、水源及必要材料的准备,排水沟的开挖,附近建筑物的标高观测以及防止附近建筑物沉降措施的实施。

(2)埋设井点的程序是:放线定位→打井孔→埋设井点管→安装总管→用弯联管将井点管与总管接通→安装抽水设备。

(3)轻型井点的井孔常采用回转钻成孔法、水冲法或套管水冲法成孔。孔径一般为200~300mm,孔深宜超过滤管底0.5m左右,以保证井管周围有足够厚度的砂滤层。

井孔成孔后,应立即居中插入井点管,并在井点管与孔壁之间迅速填灌砂滤层,以防孔壁塌土。砂滤层宜选用干净粗砂,填灌均匀,并至少填至滤管顶部1~1.5m以上,以保证水流畅通。上部须用黏土封口,以防漏气。冲孔与埋管方法见图1-30。

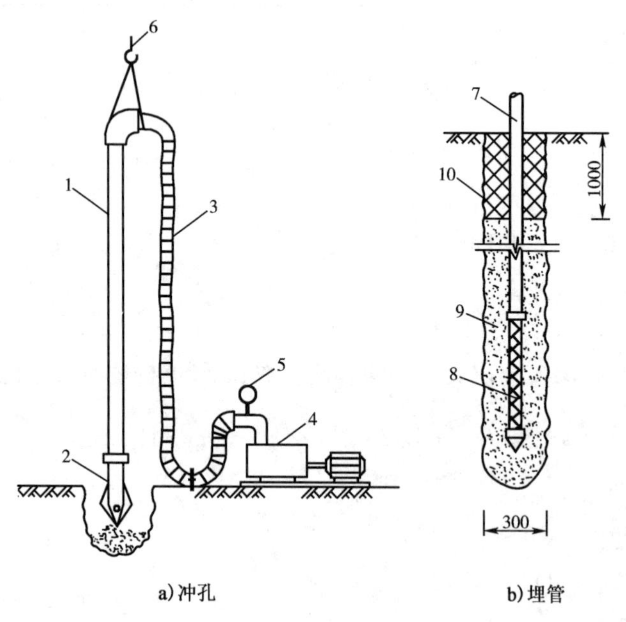

图1-30 井点管的埋设(尺寸单位:mm)

1-冲管;2-冲嘴;3-胶皮管;4-高压水泵;5-压力表;6-起重吊钩;7-井点管;8-滤管;9-填砂;10-黏土

对于土质较差的地区,可以采用套管水冲法。它是用直径150~200mm钢管随冲水随下沉,沉至要求深度后插入井点管,并随填砂滤层逐步拔出套管。

井点系统全部安装完毕后,需进行试抽,以检查有无漏气现象。正式抽水后不应停抽,以防堵塞滤网或抽出土粒。抽水过程中应按时检查观测井中水位下降情况，随时调节离心泵的出水阀，控制出水量，保持水位面稳定在要求位置。经常观测真空表的真空度，发现管路系统漏气应及时采取措施。

井点降水时，尚应对周围地面及附近的建筑物进行沉降观测，如发现沉陷过大，应及时采取防护措施。

5. 轻型井点系统设计示例

某工程地下室，基坑底的平面尺寸为40m×16m，底面标高－7.0m(地面标高为±0.000)。已知地下水位面为－3m，土层渗透系数 $K=15\text{m/d}$，－15m以下为不透水层，基坑边坡需为1∶0.5。拟用射流泵轻型井点降水，其井管长度为6m，滤管长度待定，管径为38mm；总管直径100mm，每节长4m，与井点管接口的间距为1m。试进行降水设计。

【解】

1)井点的布置

(1)平面布置。基坑宽为16m，且面积较大，采用环形布置。

(2)高程(竖向)布置。

基坑上口宽为：$16+2\times7\times0.5=23(\text{m})$；

井管埋深：$H=7+0.5+12.5\times1/10=8.75(\text{m})$；

井管长度：$H+0.2=8.95(\text{m})>6\text{m}$，不满足要求(图1-31)。

若先将基坑开挖至－2.9m，再埋设井点，如图1-32所示。

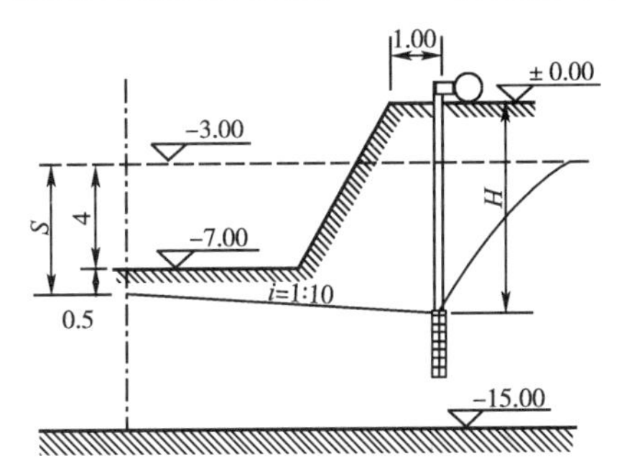

图1-31　井点高程布置(尺寸单位：m)

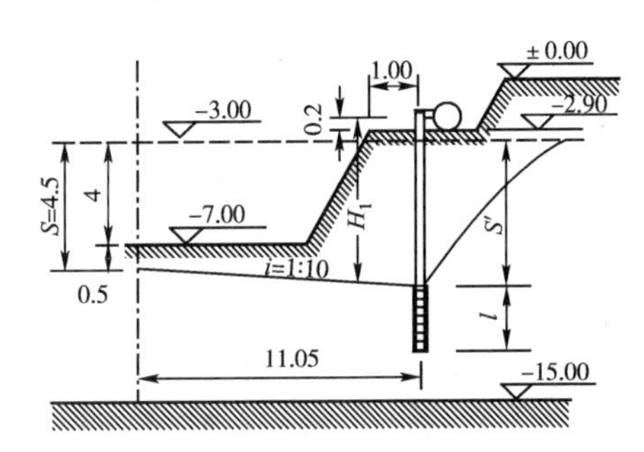

图1-32　降低埋设面后的井点高程(尺寸单位：m)

此时需井管长度为：

$H_1=0.2+0.1+4.5+(8+4.1\times0.5+1)\times1/10=5.905(\text{m})\approx6\text{m}$，满足。

2)涌水量计算

(1)判断井型：取滤管长度 $l=1.4\text{m}$，则滤管底可达到的深度为：

$$2.9+5.8+1.4=10.1(\text{m})<15\text{m}$$

未达到不透水层，此井为无压非完整井。

(2)计算抽水有效影响深度：

$$S'=6-0.2-0.1=5.7(\text{m})$$

$$S'/(S'+l)=5.7/(5.7+1.4)=0.8$$

经查表1-13知：

$H_0=1.85(S'+l)=1.85(5.7+1.4)=13.14(\text{m})>$含水层厚度 $H_{水}=15-3=12(\text{m})$

故按实际情况取 $H_0=H_{水}=12\text{m}$。

(3)计算井点系统的假想半径：

井点管包围的面积：

$F=46.1\times22.1=1018.8(m^2)$，且长宽比≤2.5，所以

$$X_0=(F/\pi)^{1/2}=(1018.1/\pi)^{1/2}=18(m)$$

(4)计算抽水影响半径 R：

$$R=1.95S(H_0\cdot K)^{1/2}=1.95\times4.5(12\times15)^{1/2}=117.7(m)$$

(5)计算涌水量 Q：

$$Q=1.366K\frac{(2H_0-S)S}{\lg(R+X_0)-\lg X_0}=1.366\times15\frac{(2\times12-4.5)\times4.5}{\lg(117.7+18)-\lg18}=2049(m^3/d)$$

3)确定井点管数量及井距

(1)单管的极限出水量。井点管的单管的极限出水量为：

$$q=65\pi dl(K)^{1/3}=65\times\pi\times0.038\times1.4\times(15)^{1/3}=26.8(m^3/d)$$

(2)需井点管最少数量：

$$n_{min}=1.1\frac{Q}{q}=1.1\times\frac{2049}{26.8}=84.1\text{(根)}$$

(3)最大井距 D_{max}。

井点包围面积的周长

$$L=(46.1+22.1)\times2=136.4(m)$$

井点管最大间距

$$D_{max}=L/n_{min}=136.4\div84.1=1.62(m)$$

(4)确定井距及井点数量。按照井距的要求，并考虑总管接口间距为1m，则井距确定为1.5m(接2堵1)。

故实际井点数为：$n=136.4\div1.5\approx91$(根)

取长边每侧31根，短边每侧15根；共92根。

4)井点及抽水设备的平面布置

井点平面布置如图1-33所示。

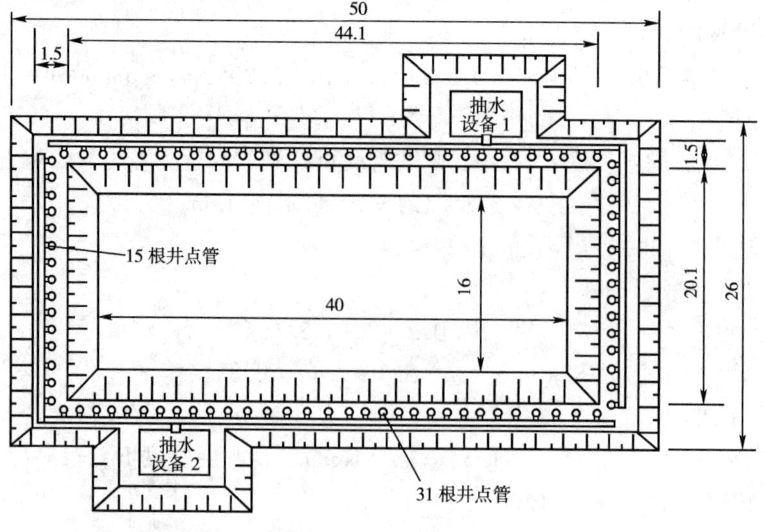

图1-33 井点平面布置图(尺寸单位：m)

(二)喷射井点

当基坑开挖较深,降水深度要求较大时,可采用喷射井点降水,其降水深度可达8~20m,可用于渗透系数为0.1~20m/d的砂土、淤泥质土层。

喷射井点设备主要是由喷射井管、高压水泵和管路系统组成(图1-34a)。喷射井管1由内管8和外管9组成,在内管下端装有喷射扬水器与滤管2相连(图1-34b)。在高压水泵5作用下,高压水(0.7~0.8MPa)经外管与内管之间的环形空间,并经扬水器的侧孔流向喷嘴10。由于喷嘴截面的突然缩小,流速急剧增加,压力水由喷嘴以很高流速喷入混合室11(该室与滤管相通),将喷嘴口周围空气吸入,被急速水流带走,因而该室压力下降而造成一定真空度。此时地下水被吸入喷嘴上面的混合室,与高压水汇合,流经扩散管12时,由于截面扩大,流速减低而转化为高压,沿内管上升经排水总管排于集水池6内。此池内的水一部分用水泵7排走,另一部分供高压水泵压入井管继续循环,将地下水逐步降低。

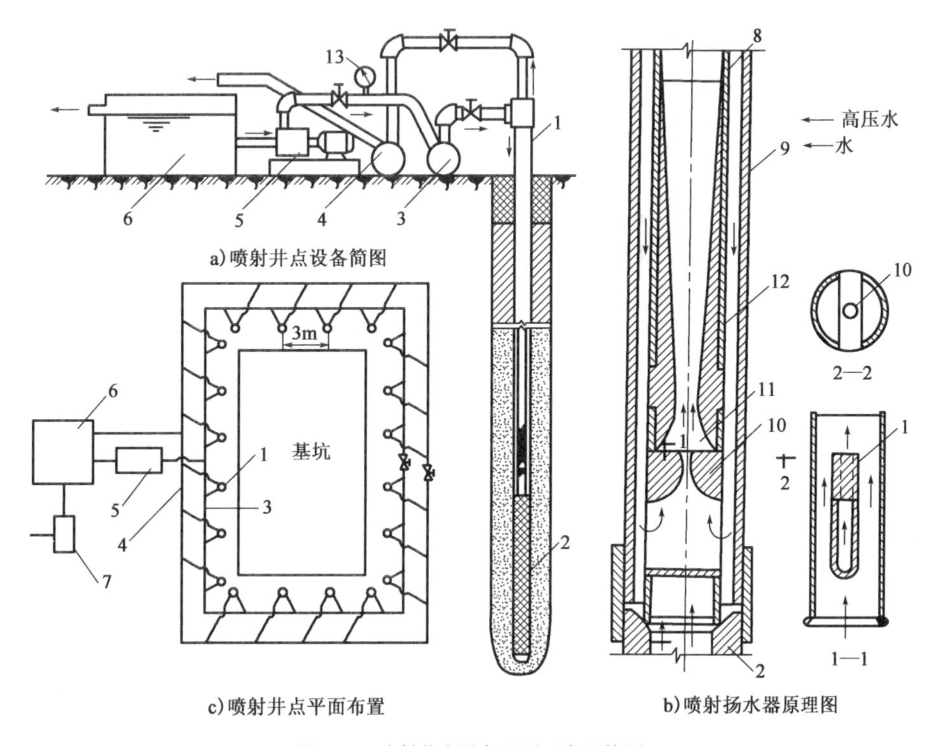

图1-34 喷射井点设备及平面布置简图

1-喷射井管;2-滤管;3-进水总管;4-排水总管;5-高压水泵;6-集水池;7-水泵;8-内管;9-外管;10-喷嘴;11-混合室;12-扩散管;13-压力表

喷射井点施工顺序是:安装水泵设备及泵的进出水管路;铺设进水总管和回水总管;沉设井点管(包括成孔及灌填砂滤料等),接通进水总管后及时进行单根试抽、检验;全部井点管沉设完毕后,接通回水总管,全面试抽,检查整个降水系统的运转状况及降水效果。

进水、回水总管同每根井点管的连接管均需安装阀门,以便调节使用和防止不抽水时发生回水倒灌。井点管路接头应安装严密。

喷射井点的型号以井点外管直径(单位:in)表示,一般有2.5型、4型和6型三种,其外管直径分别为2.5in、4in、6in(1in=25.4mm),应根据不同的土层渗透系数和排水量要求选择。

(三)管井井点

管井井点就是沿基坑每隔一定距离设置一个管井,每个管井单独用一台水泵不断抽水来降低地下水位。在土的渗透系数大的土层中,宜采用管井井点。

管井井点的设备主要是由管井、吸水管及水泵组成。管井可用钢管或混凝土管做井管。井管直径应根据含水层的富水性及水泵性能确定,且外径不宜小于200mm,内径宜比水泵外径大50mm;井管外侧的滤水层厚度不得少于100mm。井点构造如图1-35所示。水泵可采用2~4in(5.1~10.2cm)潜水泵或单级离心泵。

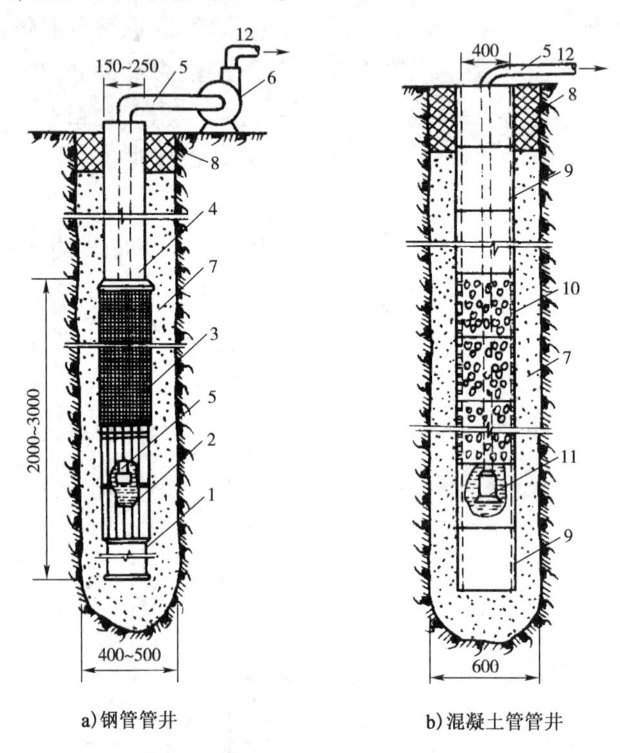

图1-35 管井井点(尺寸单位:mm)

1-沉砂管;2-钢筋焊接骨架;3-滤网;4-管身;5-吸水管;6-离心泵;7-小砾石过滤层;8-黏土封口;9-混凝土实管;10-无砂混凝土管;11-潜水泵;12-出水管

管井的间距,一般为10~15m,管井的深度为8~15m。井内水位降低可达6~10m,两井中间水位则可降低3~5m。

(四)深井井点

当要求井内降水深度超过10m时,可在管井中使用深井泵抽水。这种井点称为深井井点(或深管井井点),一般可降低水位达30~40m,常用间距为10~30m。抽水常用深井潜水泵,其形式类似于图1-19所示,但泵体有多级叶轮。

五、降水对周围地面的影响及预防措施

降低地下水位时,由于土颗粒流失或土体压缩固结,易引起周周地面沉降。由于土层的不均匀性和形成的水位呈漏斗状,地面沉降多为不均匀沉降,可能导致周围的建筑物倾斜、下沉,

道路开裂或管线断裂。因此,井点降水时,必须采取防沉措施,以防造成危害。

(一)回灌井点法

该方法是在降水井点与需保护的建筑物、构筑物间设置一排回灌井点,在降水的同时,通过回灌井点向土层内灌入适量的水,使原建筑物下仍保持较高的地下水位,以减小其沉降程度,如图1-36a)。

为确保基坑施工安全和回灌效果,同层回灌井点与降水井点之间应保持小于6m的距离,且降水与回灌应同步进行。同时,在回灌井点两侧要设置水位观测井,监测水位变化,调节控制降水井点和回灌井点的运行以及回灌水量。

(二)设置止水帷幕法

在降水井点区域与原建筑之间设置一道止水帷幕,使基坑外地下水的渗流路线延长,从而使原建筑物的地下水位基本保持不变。止水帷幕可结合挡土支护结构设置,也可单独设置,如图1-36b)所示。常用的止水帷幕的做法有深层搅拌法、压密注浆法、冻结法等。

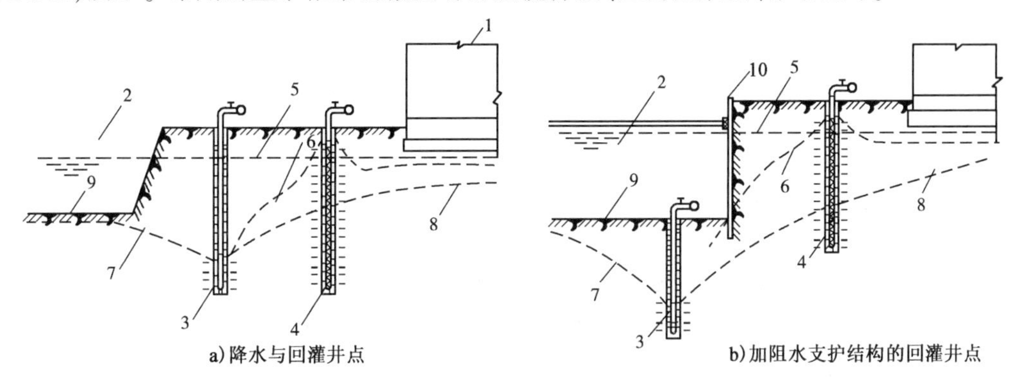

图1-36 回灌井点布置示意图

1-原有建筑物;2-开挖基坑;3-降水井点;4-回灌井点;5-原有地下水位线;6-降灌井点间水位线;7-降水后的水位线;8-不回灌时的水位线;9-基坑底;10-支护

(三)减少土颗粒损失法

降水应严格控制出水含砂量。稳定抽水8h后的含砂量,土层为粗砂时不得超过1/50000,中砂为1/20000,粉细砂为1/10000。为减少土颗粒随水流带出,可采用加长井点,调小水泵阀门,减缓降水速度;选择适当的滤网,加大砂滤层厚度等方法。

第四节 土方边坡与土壁支护

土方工程施工过程中,主要是依靠土体的内摩擦力和黏结力来平衡土体的下滑力,保持土壁稳定。一旦土体在外力作用下失去平衡,就会出现土壁坍塌或滑坡,不仅妨碍土方工程施工,造成人员伤亡事故,还会危及附近建筑物、道路及地下管线的安全,后果严重。

为了防止土壁坍塌或滑坡,对挖方或填方的边缘一般需做成一定坡度的边坡。由于条件限制不能放坡时,常需设置土壁支护结构,以确保施工安全。

一、土方边坡

合理地选择基坑、沟槽、路基、堤坝的断面和留设土方边坡，是在保证安全的前提下减少土方量的有效措施。

（一）边坡稳定条件及其影响因素

边坡稳定条件是在土体的重力及外部荷载作用下所产生的剪应力小于土体的抗剪强度。如图1-37所示，该边坡稳定的条件是，作用在土体上的下滑力 T 小于该块土体的抗剪力 C。

土体的下滑力 T，主要由下滑土体重力的分力构成，它受坡上荷载、含水率、静水及动水压力的影响。而土体的抗剪力 C，主要由土质决定，且受气候、含水率及动水压力的影响。因此，在确定土方边坡坡度时应考虑土质、挖方深度或填方高度、边坡留置时间、排水情况、边坡上的荷载情况以及土方施工方法等因素。

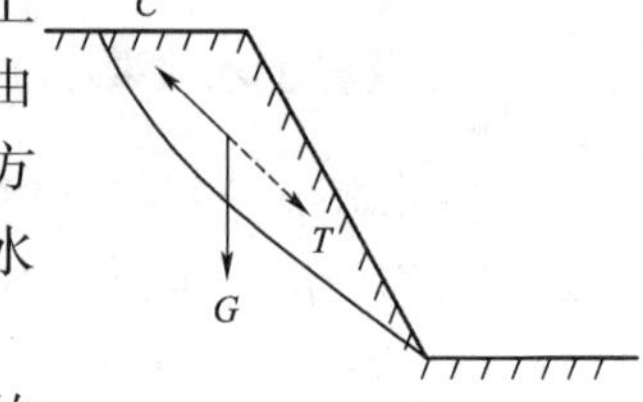

图1-37 边坡稳定条件示意

在土质均匀、含水率正常、开挖范围内无地下水、施工期较短的情况下，当开挖较密实的砂土或碎石土不超过1m、粉土或粉质黏土不超过1.25m、黏土或碎石土不超过1.5m、坚硬黏土不超过2.0m时，一般可垂直下挖，且不加设支撑。

（二）边坡坡度的确定

坑（槽）开挖不满足留设直壁的条件或对填方的坡脚，应按要求放坡。边坡形式见图1-38。边坡坡度应根据不同的挖填高度、土的性质及工程的特点而定，几种不同情况的边坡坡度要求如下：

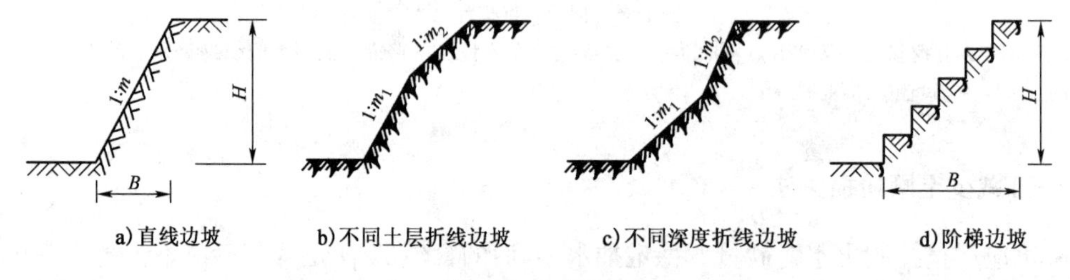

图1-38 土方边坡

（1）场地开挖。在坡体整体稳定、地质条件良好、土质较均匀、高度在10m以内的临时性挖方边坡应按表1-14规定；挖方中有不同的土层或深度超过10m时，其边坡可做成折线形或台阶形，如图1-38b）、c）、d），以减少土方量。

土质边坡坡度允许值 表1-14

土的类别	密实度或状态	坡度允许值（高：宽）	
		坡高在5m以内	坡高为5～10m
碎石土	密实	1:0.35～1:0.50	1:0.50～1:0.75
	中密	1:0.50～1:0.75	1:0.75～1:1.00
	稍密	1:0.75～1:1.00	1:1.00～1:1.25

续上表

土的类别	密实度或状态	坡度允许值(高:宽)	
		坡高在5m以内	坡高为5~10m
黏性土	坚硬	1:0.75~1:1.00	1:1.00~1:1.25
	硬塑	1:1.00~1:1.25	1:1.25~1:1.50

(2)浅基坑、基槽和管沟。当坡体整体稳定、地质条件良好、土质均匀且无地下水、挖方深度在3m以内时,不加支撑的边坡坡度应符合表1-15的规定。

临时性挖方边坡的坡度 表1-15

土的类别		边坡坡度
砂土	不包括细砂、粉砂	1:1.25~1:1.50
一般黏性土	坚硬	1:0.75~1:1.10
	硬塑	1:1.00~1:1.25
碎石类土	密实、中密	1:0.50~1:1.00
	稍密	1:1.00~1:1.50

(3)对于永久性挖方或填方边坡,则均应进行设计计算,按设计要求施工。

(三)边坡的保护

当边坡的使用时间较长时,应在开挖后及时做好坡面的保护。常用方法包括覆盖法;挂网法;挂网抹面法;土袋、砌砖压坡法及喷射混凝土法等。

二、土壁支护

开挖基坑(槽)时,如地质条件及周围环境许可,采用放坡开挖是较经济的。但在建筑稠密地区施工,放坡不能保证安全或现场无放坡条件时,就需要进行基坑(槽)支护,以保证施工的顺利和安全,并减少对相邻建筑、道路、管线等的不利影响。

基坑(槽)支护结构有多种形式,根据受力状态可分为非重力式和重力式支护结构。支护结构一般由挡土结构和支撑结构组成。其中挡土结构按有无隔水功能,可分为透水挡土结构和止水挡土结构。

(一)基槽支护结构

开挖较窄的沟槽,多用横撑式土壁支撑。根据挡土板的设置方向不同,横撑式土壁支撑分为水平挡土板式(图1-39a)以及垂直挡土板式(图1-39b)两类。前者挡土板的布置又分为间断式和连续式两种。对含水率小的黏性土,当开挖深度小于3m时,可用间断式水平挡土板支撑;对松散的土宜用连续式水平挡土板支撑,挖土深度可达5m。对松散和含水率很大的土,可用垂直挡土板支撑,随挖随撑,其挖土深度不限。

横撑式土壁支撑适用于沟槽宽度较小、且内部施工操作较简单的工程。

(二)基坑支护结构

基坑支护结构一般根据地质条件、基坑开挖深度、对周边环境保护要求及降排水情况等选用。在支护结构设计中首先要考虑周围环境的安全可靠性,其次要满足本工程地下结构施工的要求,并应尽可能降低造价和便于施工。

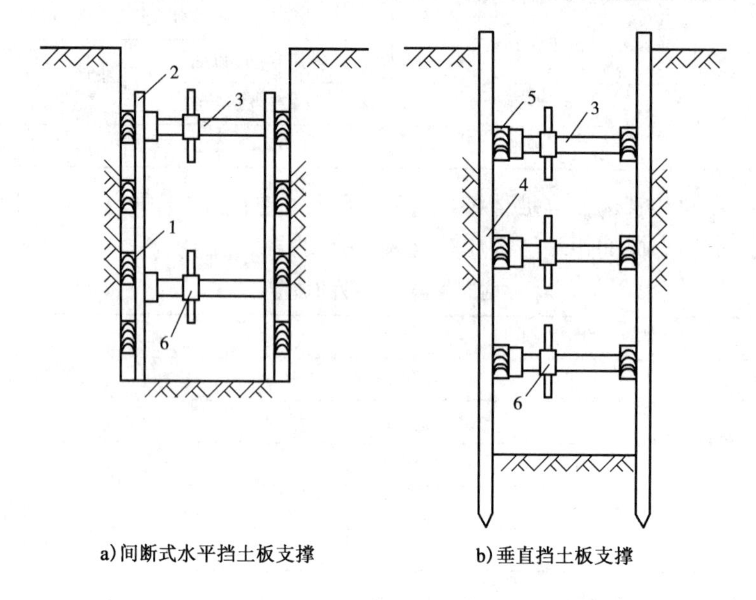

图1-39　横撑式支撑

1-水平挡土板;2-立柱;3-工具式横撑;4-垂直挡土板;5-横楞木;6-调节螺栓

1. 水泥土挡墙

水泥土挡墙是通过沉入地下设备将喷入的水泥与土进行掺和,形成柱状的水泥加固土桩,并相互搭接而成(图1-40),具有挡土、截水双重功能。一般靠自重和刚度进行挡土,属重力式挡墙,适用于深度为4~6m的基坑,最大可达7~8m。

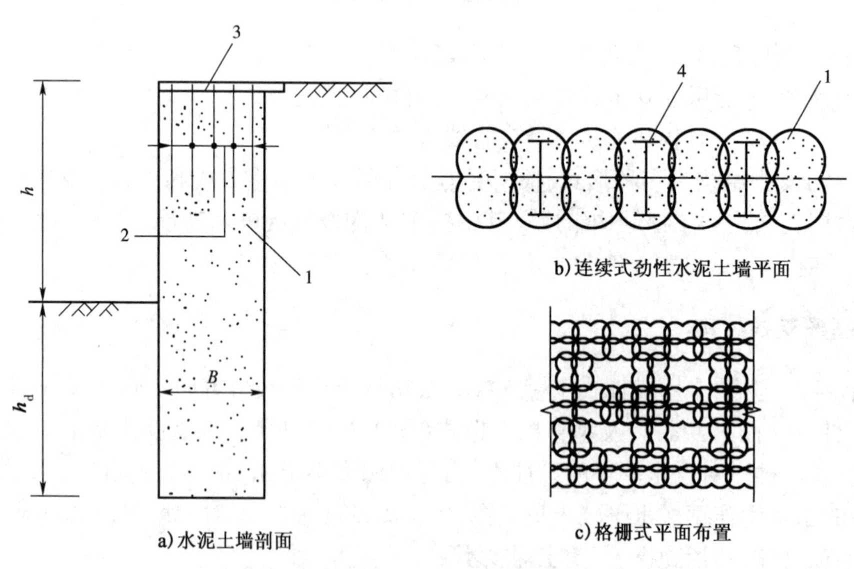

图1-40　水泥土墙的一般构造

1-搅拌桩;2-插筋;3-面板;4-H型钢

1)构造要求

水泥土挡墙支护的截面多采用连续式和格栅形。在软土地区,当基坑开挖深度 $h \leqslant 5\text{m}$ 时,可按经验取墙体宽度 $B=(0.6 \sim 0.8)h$,嵌入基底下的深度 $h_d=(0.8 \sim 1.2)h$。水泥土桩之间的搭接宽度不宜小于200mm。

水泥土加固体强度随水泥掺入比而异，一般掺入比取12% ~14%，采用32.5级的普通硅酸盐水泥。可掺加木钙、三乙醇胺等外加剂，改善水泥土的性能和提高早期强度。其30d强度不应低于0.8MPa。

为了提高水泥土墙的刚度和抗弯能力，可在顶部插入钢筋。也可插入H型钢(图1-40b)，并将水泥掺入比提高至20%，构成劲性水泥土搅拌桩(或称SMW工法)。该法可用于8~10m深的基坑支护。

2)水泥土挡墙的施工

按施工机具和方法不同，分为深层搅拌法、旋喷法等。深层搅拌水泥土墙的施工工艺见图1-41。旋喷法是利用专用钻机，把带有特殊喷嘴的注浆管钻至预定位置后，将高压水泥浆液高速喷入四周土体，并随钻头旋转和提升切削土层，使其混合掺匀。水泥土挡墙的施工要点如下：

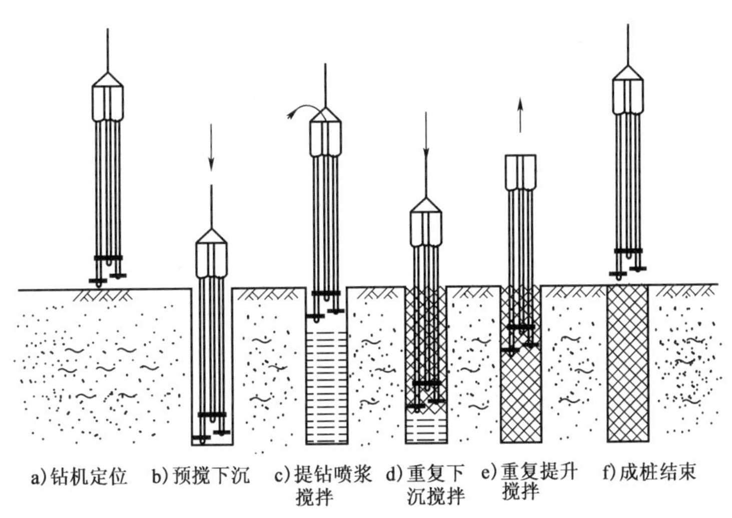

图1-41 搅拌水泥土墙施工流程

(1)为保证水泥土墙搭接可靠，相邻桩的施工时间间隔不宜大于10h。

(2)施工前，应进行成桩工艺及水泥渗入量或水泥浆的配合比试验。搅拌桩的水泥掺入比宜为15% ~18%；旋喷桩的水灰比宜为1.0~1.5。

(3)当设置插筋或H型钢时，应在桩顶搅拌或旋喷完成后及时进行，插入长度和露出长度等均应按计算和构造要求确定。H型钢靠自重力下插至设计标高。

(4)挡墙水泥土应达到设计强度要求后，方能进行基坑开挖。

3)特点与适用范围

水泥土墙支护具有挡土、挡水双重功能，坑内无支撑，便于机械化挖土作业，施工机具较简单，成桩速度快，使用材料单一，节省三材，造价较低；但相对位移较大，不宜用于深基坑；当基坑长度大时，要采取中间加墩、起拱等措施，以减少位移。

水泥土墙支护适用于淤泥、淤泥质土、黏土、粉质黏土、粉土、具有薄夹砂层的土、素填土等地基承载力标准值不大于150kPa的土层，作为基坑截水及较浅基坑的支护。

2. 土钉墙与喷锚支护

土钉墙与喷锚支护均属于边坡稳定型支护，是利用土钉或预应力锚杆加固基坑侧壁土体与喷射的钢筋混凝土保护面板组成的支护结构。由于费用较低，近几年在较深基坑中得到广泛应用。

1）土钉墙支护

土钉墙支护，系在开挖边坡表面每隔一定距离埋设土钉，并铺钢筋网喷射细石混凝土面板，使其与边坡土体形成共同工作的复合体，从而有效提高边坡的稳定性，增强土体破坏的延性，对边坡起到加固作用。

（1）构造要求。土钉墙支护的构造如图1-42、图1-43所示，墙面的坡度不宜大于1∶0.2。当基坑较深、土的抗剪强度较低时，宜采取较小坡度。土钉是在土壁钻孔后插入钢筋、注入水泥浆或水泥砂浆而成，也可打入带有压浆孔的钢管后，再压浆而形成“管锚”。土钉长度宜为基坑开挖深度的0.5～1.2倍，水平间距和竖向间距宜为1～2m，且呈梅花形布置。土钉倾角宜为5°～20°。土钉钻孔直径宜为70～120mm，插筋宜采用直径16～32mm的HRB335或400级钢筋。墙面由喷射厚度为80～100mm、强度不低于C20的混凝土形成。混凝土面板内应配置直径6～10mm、间距150～250mm的钢筋网，钢筋网间的搭接长度应大于300mm。为使面层混凝土与土钉有效连接，应设置承压板或加强钢筋与土钉钢筋焊接或螺栓连接，加强钢筋的直径宜取14～20mm。在土钉墙的顶部，墙体应向平面延伸不少于1m，并在坡顶和坡脚设挡排水设施，坡面上可根据具体情况设置泄水管，以防混凝土面板后积水。

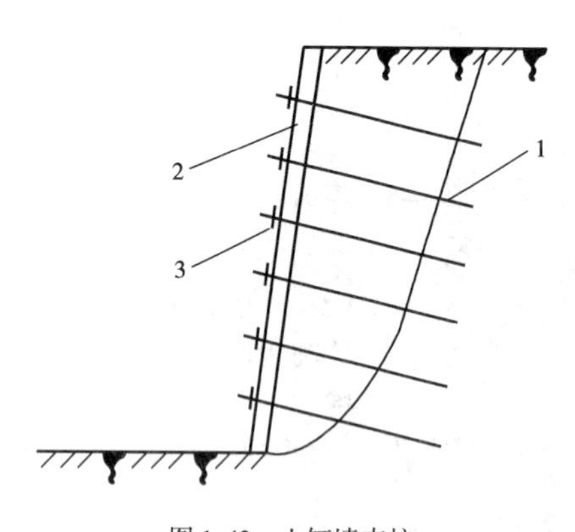

图1-42　土钉墙支护

1-土钉；2-喷射混凝土面层；3-垫板

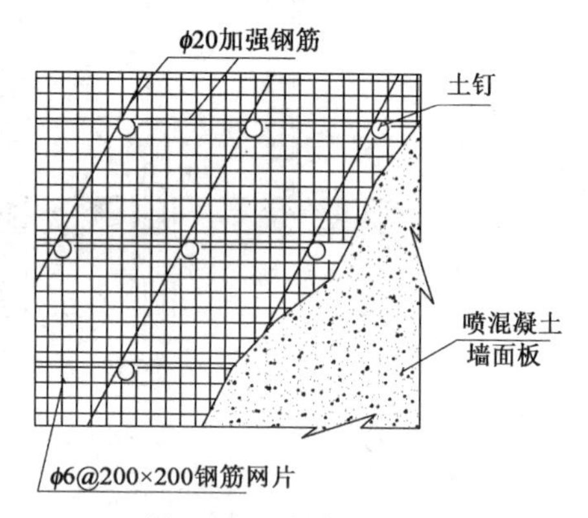

图1-43　土钉墙立面构造

（2）土钉墙支护的施工。土钉墙的施工顺序为：

按设计要求自上而下分段、分层开挖工作面，修整坡面→埋设喷射混凝土厚度控制标志，喷射第一层混凝土→钻孔，安设土钉钢筋→注浆，安设连接件→绑扎钢筋网，喷射第二层混凝土→设置坡顶、坡面和坡脚的排水系统。

若土质较好亦可采取如下顺序：开挖工作面、修坡→绑扎钢筋网→成孔→安设土钉→注浆、安设连接件→喷射混凝土面层→开挖下一个工作面。

①基坑开挖应按设计要求分层分段进行，每层开挖高度由土钉的竖向距离确定，每层挖至土钉以下不大于0.5m；分段长度一般为10～20m。

②钻孔可用螺旋钻、地质钻机等，当土质较好、深度不大时亦可用洛阳铲成孔。

③土钉钢筋应设置定位支架再插入孔内，支架间距2.5m，以保证土钉位于孔的中央。注浆时，注浆管端部至孔底的距离不宜大于200mm，孔口部位宜设置止浆塞及排气管。

④土钉注浆采用水泥浆时，其水灰比宜取0.5～0.55；采用水泥砂浆时，其水灰比宜取0.40～0.45，灰砂比宜取0.5～1.0。浆体应拌和均匀，随拌随用。

⑤喷射混凝土面层的混凝土强度等级不宜低于C20，优先选用不低于32.5MPa的普通硅

酸盐水泥。细集料宜选用中粗砂,含泥量应小于3%;粗集料宜选用粒径不大于20mm的级配砾石。水泥与砂石的质量比宜为1:4~1:4.5,砂率宜为45%~55%,水灰比0.40~0.45。喷射作业应分段进行,同一分段内喷射顺序应自下而上,一次喷射厚度宜为30~80mm。喷射混凝土时,喷头与受喷面应保持垂直,距离宜为0.6~1.0m。喷射混凝土的回弹率不应大于15%;喷射表面应平整,呈湿润光泽,无干斑、流淌现象。喷射混凝土终凝2h后应及时喷水养护3~7d。

⑥面层中的钢筋网应在喷射第一层混凝土后铺设,钢筋网与土层坡面的间隙应大于20mm。上下钢筋网之间搭接长度应不小于300mm。钢筋网用插入土中的钢筋固定,与土钉应连接牢固。

(3)适用范围。土钉墙支护具有结构简单、施工方便快速、节省材料、费用较低等优点,适用于淤泥、淤泥质土、黏土、粉质黏土、粉土等土质,且地下水位较低、深度在12m以内的基坑。

当基坑深度较大、侧壁存在软弱夹层或侧压力较大或时,可在局部采用预应力锚杆代替土钉拉结土体,形成复合土钉墙支护(图1-38b),其允许基坑深度不大于15m。

2)喷锚网支护

喷锚网支护简称喷锚支护,其形式与土钉墙支护相似。它是在开挖边坡的表面铺钢筋网、喷射混凝土面层后成孔,但不是埋设土钉,而是埋设预应力锚杆,借助锚杆与滑坡面以外土体的拉力,使边坡稳定。

(1)构造要求。喷锚支护由预应力锚杆、钢筋网、喷射混凝土面层和被加固土体等组成,如图1-44所示。墙面可做成直立壁或1:0.1的坡度,锚杆应与面层连接,并设置锚板、加强钢筋或型钢梁。喷射混凝土面层厚度:对一般土层为100~200mm,对风化岩不小于60mm。混凝土等级不低于C20,钢筋网一般不宜小于ϕ6@200mm×200mm。面板顶部应向水平面延伸1.0~1.5m,以保护坡顶。向下伸至基坑底以下不小于0.2m,以形成护脚。在坡顶和坡脚应做好防水。锚杆宜用钢绞线束作拉杆,锚杆长度应根据边坡土体稳定情况由计算确定,间距一般为2.0~2.5m,钻孔直径宜为80~150mm。注浆材料同土钉。

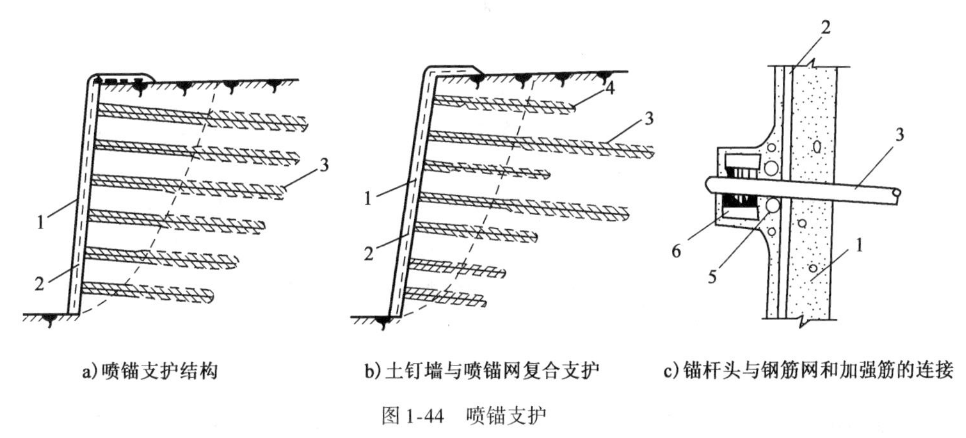

图1-44 喷锚支护

1-喷射混凝土面层;2-钢筋网层;3-锚杆头;4-锚杆(土钉);5-加强筋;6-锁定筋二根与锚杆双面焊接

(2)施工要点。喷锚支护施工顺序及施工方法与前述土钉墙支护基本相同。区别在于,每个开挖层的土壁面层喷射混凝土后须经养护、对锚杆进行预应力张拉、锚定后再开挖下层土。

锚杆的钢筋或钢绞线束拉杆其直径和长度及制作应符合设计要求,一般自由端长度以伸过土体破裂面1m为宜。拉杆的自由段应套塑料管,以防止注浆材料对其产生约束。

(3)特点与适用范围。喷锚支护具有结构简单,承载力高,安全可靠;可用于多种土层,适应性强;施工机具简单,施工灵活;污染小,噪声低,对邻近建筑物影响小;可与土方开挖同步进行,不占绝对工期;不需要打桩,支护费用低等优点,适用于土质不均匀、稳定土层、地下水位较低、埋置较深,开挖深度在18m以内的基坑。对硬塑土层,可适当放宽;对风化泥岩、页岩开挖深度可不受限制。但不宜用于有流砂土层或淤泥质土层的工程。

3. 排桩式挡墙

排桩式支护结构常用钻孔灌注桩、挖孔灌注桩、预制钢筋混凝土桩及钢管桩等作为挡土结构,其支撑方式有悬臂式、拉锚式、锚杆式和水平横撑式。排桩式支护结构挡土能力强、适用范围广,但一般无阻水功能。下面主要介绍钢筋混凝土桩排挡土结构。

钢筋混凝土桩排挡土结构常采用灌注桩形式。它是在待开挖基坑的周围用钻机钻孔或人工挖孔,下钢筋笼,现场灌注混凝土成桩,形成桩排作挡土支护。桩的排列形式有间隔式、连续式和双排式等(图1-45)。间隔式系每隔一定距离设置一桩,通过冠梁连成整体共同工作,桩间土起土拱作用,将土压传到桩上。双排桩系将桩前后或呈梅花形按两排布置,通过冠梁形成门式刚架,以提高桩墙的抗弯刚度,增强抵抗土压力的能力,减小位移。为防止桩间土塌落流失,可在桩排表面固定钢丝网并喷射水泥砂浆或混凝土加以保护。

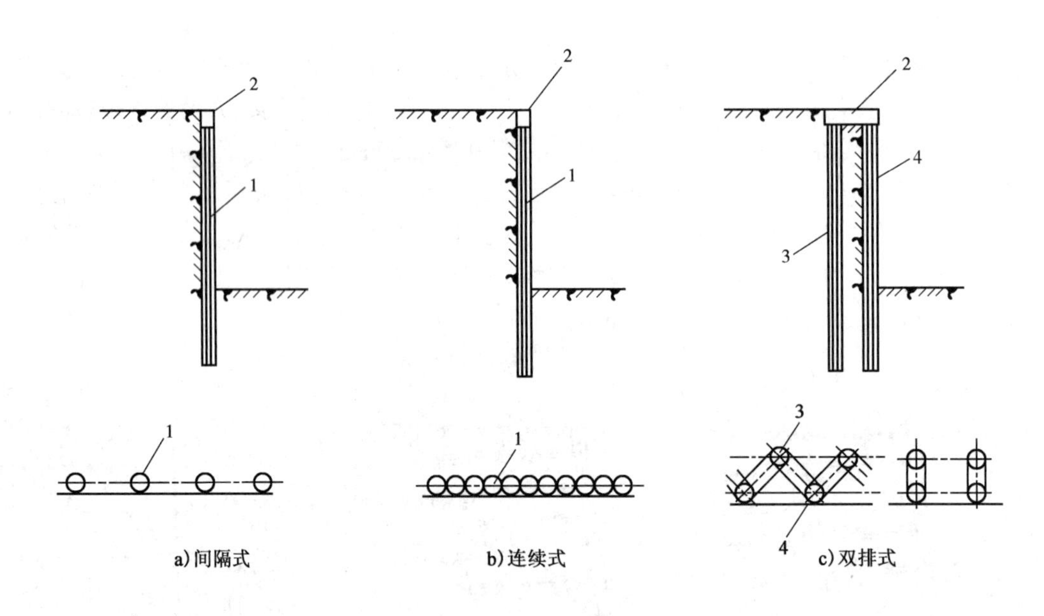

图1-45 挡土灌注桩支护形式

1-挡土灌注桩;2-冠梁;3-后排桩;4-前排桩

灌注桩间距、桩径、桩长、埋置深度根据基坑开挖深度、土质、地下水位高低以及所承受的土压力经计算确定。对悬臂式排桩,支护桩的桩径宜大于或等于600mm;对锚拉式排桩或支撑式排桩,支护桩的桩径宜大于或等于400mm;排桩的中心距不宜大于桩直径的2.0倍。桩身混凝土强度等级不宜低于C25。桩配筋根据侧向荷载由计算而定,纵向受力钢筋宜选用HRB400、HRB335级钢筋,单桩的纵向受力钢筋不宜少于8根,净间距不应小于60mm。纵向受力钢筋的保护层厚度不应小于35mm,水下灌注混凝土时,不宜小于50mm。桩的施工方法见第二章。

挡土灌注桩支护,具有桩体刚度较大,抗弯强度高,变形较小,安全度好,设备简单,施工方便,噪声低,振动小等优点。但一次性投资较大,桩不能回收利用;止水性能差。当地下水较旺时,需在桩间或桩后加水泥土桩形成帷幕封闭。

挡土灌注桩支护适于黏性土、砂土、开挖面积较大、深度大于6m的基坑,以及邻近有建筑物,不允许附近地基有较大下沉、位移时采用。土质较好时,外露悬臂高度可达到7~8m;若顶部设拉杆、中部设锚杆时,可用于10~30m深基坑的支护。

4. 板桩挡墙

1)型钢横挡板挡墙

用作基坑护壁的型钢桩主要是工字钢、槽钢或H形型钢。土质好时,在桩间可以不加挡板,桩的间距根据土质和挖深等条件而定。当土质比较松散时,在型钢间需随挖土随加挡土板,以防止砂土流散,见图1-46。

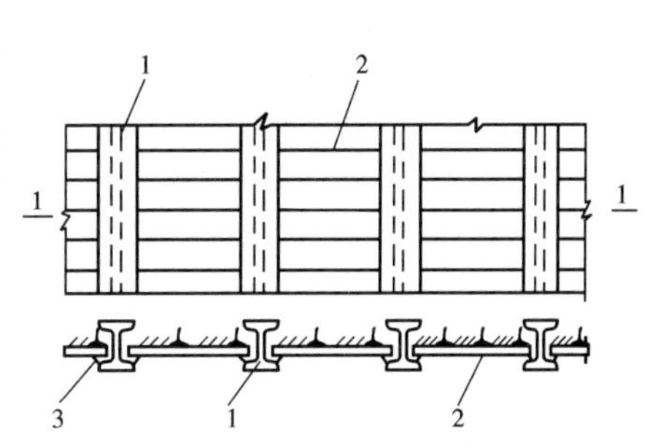

图1-46 型钢桩横挡板支护
1-型钢桩;2-横向挡土板;3-木楔

这种支护的优点是:结构简单,成本低;材料可以回收利用;但不能止水。必要时可在挡土板背后的地基中采取注浆止水措施。适用于土质较好,地下水位较低,深度不很大的黏性土、砂土基坑中使用。当地下水位较高时,要与降低地下水位措施配合使用。

2)钢板桩挡墙

钢板桩的截面形状有一字形、"U"形和"Z"形,由带锁口或钳口的热轧型钢制成,打设方便,承载力较大,可重复使用。钢板桩互相联结地打入地下,形成连续钢板桩墙,既能挡土又能起到止水帷幕的作用,见图1-47。

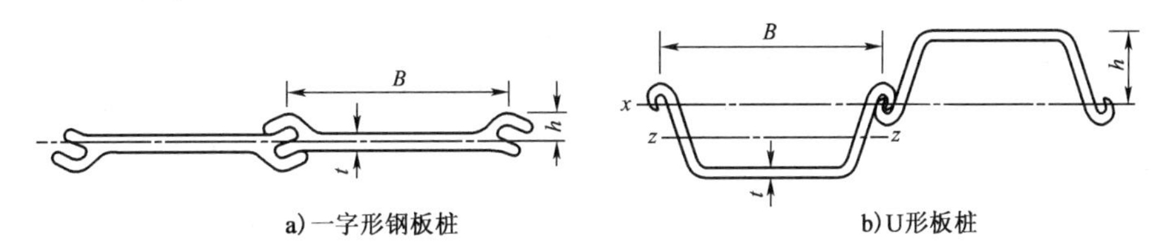

图1-47 常用钢板桩截面形式

钢板桩可作为坑壁支护、防水围堰等,有较好经济效益。但其需用大量特制钢材,一次性投资较高;且刚度较小,沉桩时易产生噪声。

钢板桩按固定方法分为无锚板桩和有锚板桩。无锚板桩即悬臂式(自立式)板桩,依靠入土部分的土压力维持其稳定,悬臂长度不得大于5m。有锚板桩是在板桩中上部用锚杆或拉锚加以固定,以提高板桩的支护能力,可用于5~10m深的基坑。

5. 板墙式挡墙

该类支护结构是指现浇或预制的地下连续墙。它是在坑、槽开挖前,先在地下修筑一道连续的钢筋混凝土墙体,以满足开挖及地下施工过程中的挡土、截水防渗要求,并可作为地下结构的一部分,适用于深度大、土质差、地下水位高或降水效果不好的工程。详见第二章的有关内容。

6. 逆作拱墙支护

逆作拱墙支护,是在开挖过程中,随开挖深度分段,浇筑平面为闭合的圆形、椭圆形钢筋混凝土墙体,其壁厚不小于400~500mm,混凝土强度等级不低于C25,总配筋率不小于0.7%。竖向分段高度不得超过2.5m。适用于基坑面积、深度不大,平面为圆形、方形或接近方形的基坑支护。

7.挡墙的支撑结构

挡墙的支撑结构按构造特点可分为自立式(悬臂式)、斜撑式、锚拉式、锚杆式、坑内支撑式等几种,其中坑内支撑又可分为水平支撑、桁架支撑及环梁支撑等,如图1-48所示。

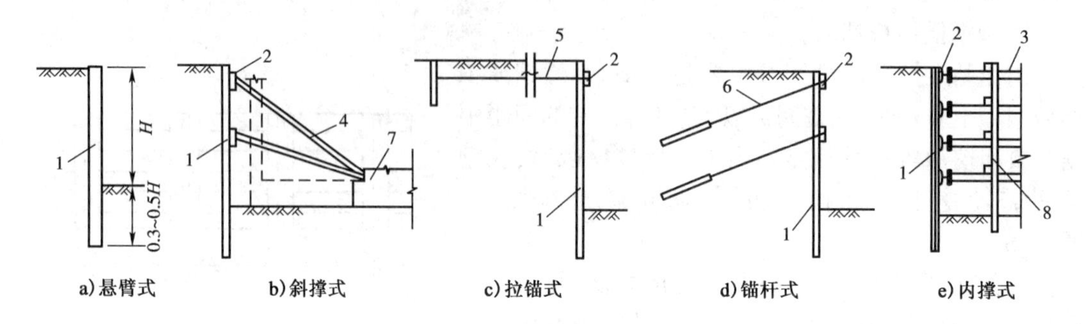

图1-48 挡土灌注桩支护形式

1-挡墙;2-围檩(连梁);3-水平支撑;4-斜撑;5-拉锚;6-锚杆;7-先施工的基础;8-支承柱

(1)悬臂支撑形式的挡墙,嵌固能力较差,要求埋深大;且挡墙承受的弯矩和剪力较大且集中,受力形式差,易变形,不适于深基坑。

(2)斜撑式支撑构造简单,挡墙受力较合理;但挡墙根部的土需滞后开挖,对基础施工有一定影响;并需注意做好后期的换撑工作。

(3)拉锚式支撑由拉杆和锚桩组成,抗拉能力强,挡墙位移小、受力较合理;锚桩长度一般不少于基坑深度的0.3~0.5倍;其打设位置应距基坑有足够远的距离,因此需有足够的场地;且由于拉锚只能设置在地面附近,基坑深度一般不超过12m。

(4)土层锚杆。土层锚杆是埋设在地面以下较深部位的受拉杆体,由设置在钻孔内的钢绞线或钢筋与注浆体组成。钢绞线或钢筋一端与支护结构相连,另一端伸入稳定土层中承受由土压力和水压力产生的拉力,维护支护结构稳定。

土层锚杆按使用要求分为临时性锚杆和永久性锚杆,按承载方式分为摩擦承载锚杆和支压承载锚杆,按施工方式分为钻孔灌浆锚杆(一般灌浆、高压灌浆锚杆)和直接插入式锚杆以及预应力锚杆。

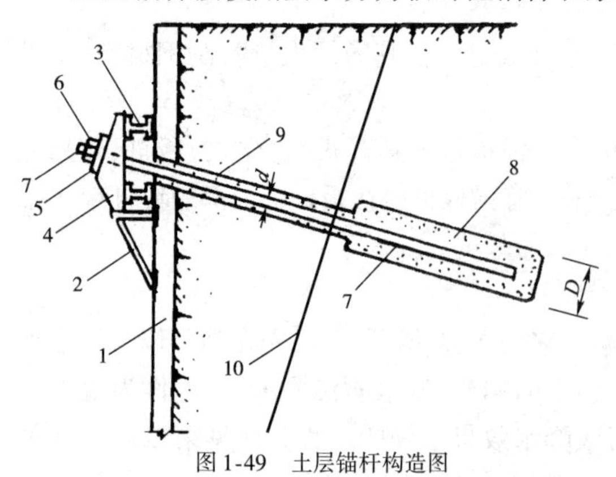

图1-49 土层锚杆构造图

1-挡墙;2-承托支架;3-横梁;4-台座;5-承压垫板;6-锚具;7-钢拉杆;8-水泥浆或砂浆锚固体;9-非锚固段;10-滑动面;D-锚固体直径;d-拉杆直径

①土层锚杆的构造。土层锚杆由锚头、拉杆和锚固体组成。锚头由锚具、承压板、横梁和台座组成;拉杆采用钢筋、钢绞线制成;锚固体是由水泥浆或水泥砂浆将拉杆与土体连接成一体的抗拔构件,见图1-49。

锚杆以土的土体滑动面为界,分为非锚固段(自由段)和锚固段。非锚固段处在可能滑动的不稳定土层中,可以自由伸缩,其作用是将锚头所承受的荷载传递到主动滑动面外的锚固段。锚固段处在稳定土层中，与周围土层牢固结合，将荷载分散到稳定土体中去。锚杆长度满足计算要求外，还应满足下列构造要求：锚杆自由段长度不应小于5m，且穿过潜在滑动面进入稳定土层的长度不应小于1.5m；钢绞线、钢筋杆体在自由段应设置隔离套。土层中的锚杆锚固段长度不宜小于6m。

锚杆的埋置深度要使最上层锚杆上面的覆土厚度不小于4m，以避免地面出现隆起现象。锚杆的层数根据基坑深度和土压力大小设置一层或多层。上下层垂直间距不宜小于2m，水平间距不宜小于1.5m，避免产生群锚效应而降低单根锚杆的承载力。

锚杆的倾角宜为15°~25°，但不应大于45°，不应小于10°。在允许的倾角范围内根据地层结构，应使锚杆的锚固体置于较好的土层中。锚杆钻孔直径一般为100~150mm。

②土层锚杆的施工。土层锚杆施工需在挡墙施工完成、土方开挖过程中进行。当每层土挖至土层锚杆标高后，施工该层锚杆，待预应力筋张拉后再挖下层土，逐层向下设置，直至完成。

土层锚杆的施工程序为：土方开挖→放线定位→钻孔→清孔→插钢筋（或钢绞线）及灌浆管→压力灌浆→养护→上横梁→张拉→锚固。

土层锚杆的成孔机具设备，使用较多的有螺旋式钻孔机、气动冲击式钻孔机和旋转冲击式钻孔机、履带全行走全液压万能钻孔机，亦可采用改装的普通地质钻机成孔。

注浆是土层锚杆施工的重要工序，分一次注浆法和二次注浆法。一次注浆法宜选用灰砂比0.5~1.0、水灰比0.40~0.45的水泥砂浆或水灰比0.50~0.55的水泥浆。采用高压注浆，压力宜控制在2.5~5.0MPa。一次注浆法用一根注浆管，二次注浆法用两根注浆管。第一次注浆的浆体达到5MPa后进行第二次高压注浆。由于高压注浆，使浆液冲破第一次的浆体向锚固体与土的接触面间扩散，提高了锚杆的承载力。

预应力锚杆张拉锚固应在锚固段浆体强度大于15MPa，并达到设计强度等级的75%后方可进行。张拉顺序应考虑对邻近锚杆的影响，采取分级加载，取设计拉力值的10%~20%预张拉1~2次，使各部位接触紧密，锚筋平直，再张拉至设计拉力值的0.9~1.0倍，按设计要求锁定。锚杆的张拉控制应力不应超过锚杆杆体强度标准值的0.75倍。

锚固段钢拉杆周围的浆体保护层厚度不得小于10mm，自由段涂润滑油或防腐漆，外套塑料管，锚头采用沥青防腐。

采用土层锚杆挡墙的支撑，其优点是承受拉力大，土壁稳定，通过施加预应力，可有效控制邻近建筑物的变形量；支护结构简单，适应性强，施工机械小，所需场地少，经济效益显著；有利于机械化挖土作业，不影响基础施工。

土层锚杆适用于大面积、深基坑、各种土层的坑壁支护；但不适于在地下水较大或含有化学腐蚀物的土层或在松散、软弱的土层内使用。

（5）坑内水平支撑。对深度较大、面积不太大、地基土质较差的基坑，可在基坑内设置支撑结构，以减少挡墙的悬臂长度或支座间距，使挡墙受力合理和减小变形，保证土壁稳定。

内支撑结构可采用型钢、钢管或钢筋混凝土制作。其优点是：安全可靠，易于控制挡墙的变形。但内支撑的设置给坑内挖土和地下结构的施工带来不便，需要通过不断换撑来加以克服。适用于各种不易设置锚杆的松软土层及软土地基支护。

第五节　土方机械与施工

土方工程机械主要包括挖掘机械(单斗或多斗挖土机)、挖运机械(推土机、铲运机、装载机)、运输机械(自卸汽车、皮带运输机等)和密实机械(压路机、蛙式夯、振动夯等)四大类。应依据工程特点、现有情况、配套要求、并考虑经济效益合理选用。

一、场地平整施工

场地平整是综合性施工过程,它由土方的开挖、运输、填筑、压实等多项内容组成。大面积的场地平整,宜采用推土机、铲运机或挖土机配合自卸汽车施工。

(一)推土机施工

推土机由拖拉机和推土铲刀组成,按行走的方式分履带式和轮胎式;按铲刀的操作方式分为索式和液压式;按铲刀的安装方式又分为固定式和回转式。

推土机是一种自行式的挖土、运土工具,适于运距在100m以内的平土或移挖作填,以30~60m为最佳。一般可挖运一~三类土。推土机的特点是操作灵活,运输方便,所需工作面较小,行驶速度较快,易于转移,且具有多种用途。

为了提高推土机的工作效率,常用以下几种作业方法:

(1)下坡推土法。推土机顺地面坡势进行下坡推土,可以借机械本身的重力作用,增加铲刀的切土力量和运土能力(图1-50),因而可提高生产效率,在推土丘、回填管沟时,均可采用。

(2)分批集中,一次推送法。当挖方区的土较硬时,推土机的切土深度较小,一次铲土不多,可分批集中,再整批地推送到卸土区。应用此法,可提高运土效率,缩短运输时间,提高生产效率12%~18%。

(3)槽形推土法。就是沿第一次推过的原槽推土,前次推土所形成的土埂能有效阻止土的散失,从而增加推运量,缩短运土时间,见图1-51。

图1-50　下坡推土法

图1-51　槽形推土法

(4)并列推土法。在较大面积的平整场地施工中,采用两台或三台推土机并列推土,能减少土的散失面,一般可使每台推土机的推土量增加20%,提高运土效率。但需注意,相邻两台推土机的铲刀应保持150~300mm间距,避免相互影响;且并列台数不宜超过四台,见图1-52。

(5)斜角推土法。将回转式铲刀斜装在支架上,与推土机前进方向形成一定倾斜角度进行推土,可减少机械来回行驶,提高效率。适于在基槽、管沟回填时采用,见图1-53。

(二)铲运机施工

铲运机是一种能独立完成挖土、运土、卸土、填筑等工作的土方机械,按有无动力设备分为拖式和自行式两种。拖式铲运机需由拖拉机牵引及操纵，自行式铲运机的行驶和工作，都靠本身的动力设备完成，见图1-54。

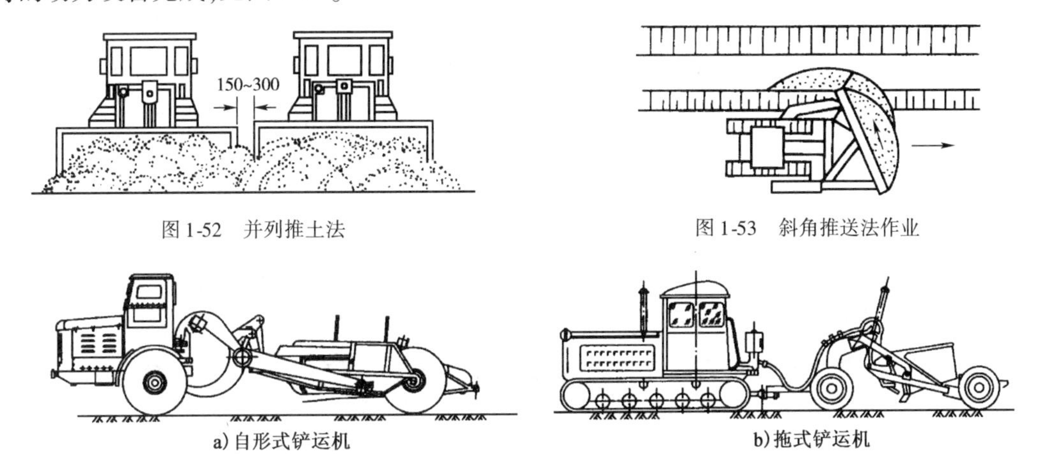

图1-52 并列推土法

图1-53 斜角推送法作业

a)自形式铲运机

b)拖式铲运机

图1-54 铲运机

铲运机的工作装置是铲斗，铲斗前方有一个能开启的斗门，铲斗前设有切土刀片。切土时斗门打开，铲斗下降，刀片切入土中。铲运机前进时，被切下的土挤入铲斗。装满后提起铲斗，放下斗门，开始运土。至卸土地点后，提起斗门，边走边卸土并刮平。适宜在松土、普通土且地形起伏不大（坡度在20°以内）、运距为60～800m的大面积场地上施工。

1. 铲运机的开行路线

根据挖填区分布等具体条件，合理选择铲运路线，对生产率影响很大。根据实践，铲运机的开行路线有以下几种：

（1）环形路线。对施工地段较短、地形起伏不大的挖、填工程，适宜采用环形路线，如图1-55a）、b）所示。当挖土和填土交替，而挖填之间距离又较短时，则可采用大环形路线，见图1-55c）。大环形路线减少了铲运机的转弯次数，可提高工作效率。

（2）“8”字形路线。当挖、填相邻，地形起伏较大，且工作地段较长时，可采用“8”字路线，见图1-55d）。其特点是行驶一个循环能完成两次作业，而每次铲土只需转弯一次，比环形路线可缩短运行时间，提高生产效率。同时，一个循环中两次转弯方向不同，机械磨损较均匀。

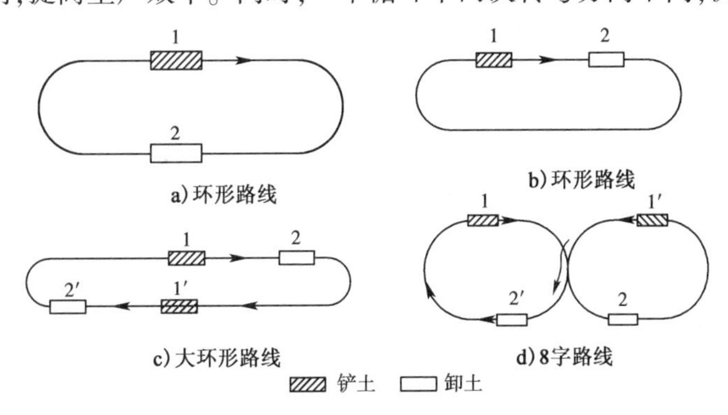

a)环形路线

b)环形路线

c)大环形路线

d)8字路线

图1-55 铲运机开行路线

2. 铲运机的施工方法

为了提高铲运机的装土效率，可采用下列方法：

(1)下坡铲土。利用铲运机的重力来增大牵引力，使铲斗切土加深，缩短装土时间，从而提高生产率。一般地面坡度以5°~7°为宜。如果自然条件不允许，可在施工中逐步创造一个下坡铲土的地形。

(2)助铲法。在地势平坦、土质较坚硬时，可采用推土机助铲(图1-56)，以缩短铲土时间。一般每3~4台铲运机配1台推土机助铲。推土机在助铲的空隙时间，可做松土或其他零星的平整工作，为铲运机施工创造条件。

图1-56　助铲法示意图

1-铲运机;2-推土机

当铲运机铲土接近设计标高时，为了正确控制标高，宜沿平整场地区域每隔10m左右配合水平仪抄平，先铲出一条标准槽，以此为准，使整个区域平整达到设计要求。

3. 挖土机施工

当场地起伏高差较大、土方运输距离超过1km，且工程量大而集中时，可采用挖土机挖土，配合自卸汽车运土，并在卸土区配备推土机整平土堆。

二、坑 槽 开 挖

(一)单斗挖土机施工

单斗挖土机是土方开挖的常用机械，按行走装置的不同，分为履带式和轮胎式两类；按传动方式分为索具式和液压式两种；根据工作装置分为正铲、反铲、拉铲和抓铲四种，见图1-57。土方开挖作业时，需自卸汽车配合运土。

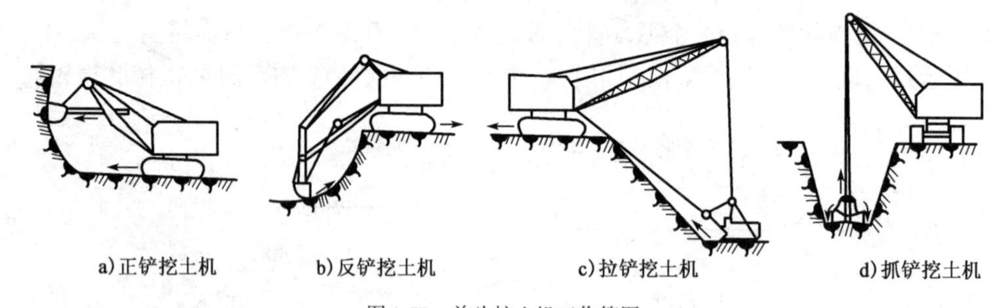

图1-57　单斗挖土机工作简图

1. 正铲挖土机

正铲挖土机的挖土特点是："前进向上，强制切土"。其挖掘力大，生产效率高，易与汽车配合，能开挖停机面以上的一~四类土，宜用于开挖掌子面高度大于2m，土的含水率小于27%的较干燥基坑。但需设置坡度不大于1∶6的坡道。

(1)开挖方式。分为正向挖土侧向卸土和正向挖土后方卸土两种。前者是挖土机沿前进方向挖土，运输工具停在侧面装土。此法挖土机卸土时，动臂回转角度小，运输工具行驶方便，生产率高，应用较广，见图1-58a)。

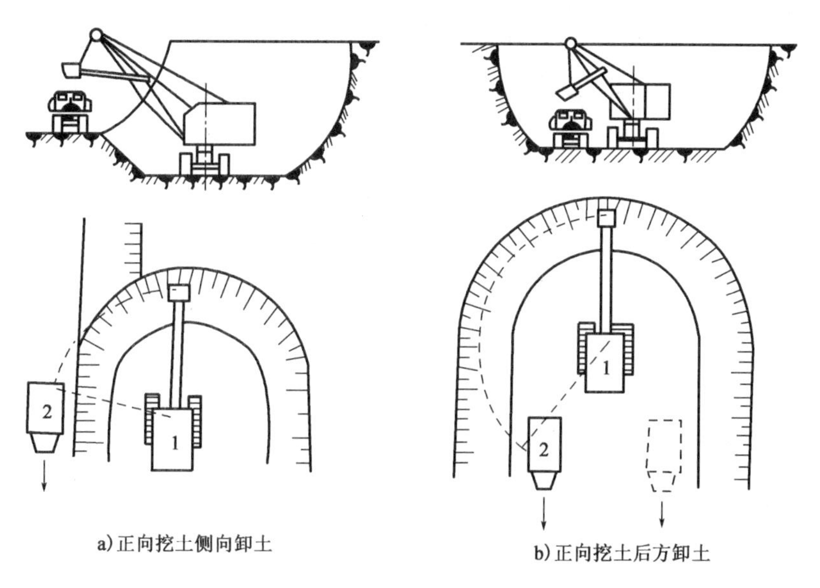

图1-58　正铲挖土机开挖方式

1-正铲挖土机;2-自卸汽车

后者是挖土机沿前进方向挖土,运输工具停在挖土机后面装土。此法所挖的工作面较大,但回转角度大,生产率低,运输工具倒车开入,一般只用来开挖施工区域的进口处,以及工作面狭小且较深的基坑见图1-58b)。

(2)开挖顺序。根据挖土机的工作参数与基坑的横断面尺寸,就可划分挖土机的开行通道。

图1-59是某基坑开行通道划分情况,共分三条开挖。第Ⅰ次开行,采用正向挖土后方卸土方式,一次开挖到底;第Ⅱ、Ⅲ次开行都用正向挖土侧向卸土方式,一次开挖到底。进出口坡道的坡度为1∶8。开挖较深的基坑时,应分层划分开行通道,逐层下挖。

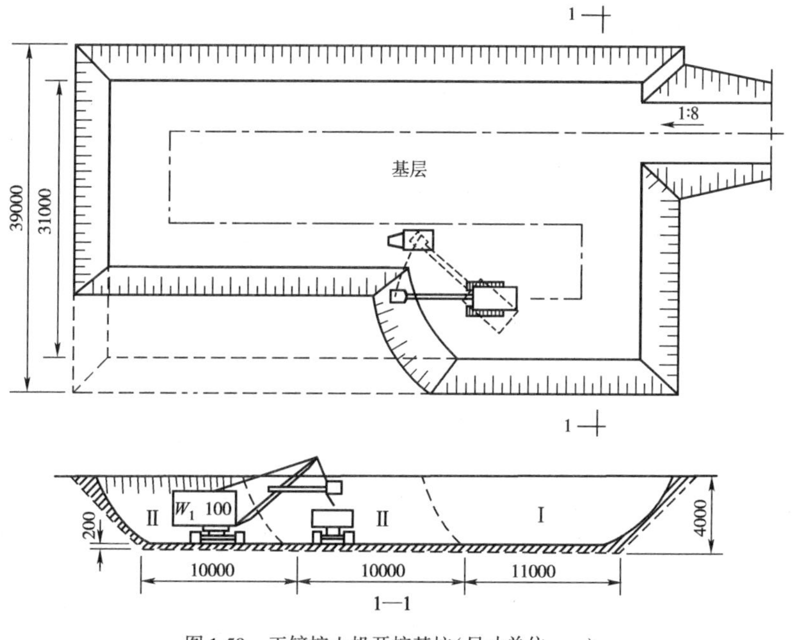

图1-59　正铲挖土机开挖基坑(尺寸单位:mm)

2. 反铲挖土机

反铲挖土机的挖土特点是:“后退向下,强制切土”。其挖掘力比正铲小,适于开挖停机面以下的一~三类土的基坑、基槽或管沟,每层的开挖深度宜为1.5~3.0m。几种反铲挖土机的技术性能见表1-16。

反铲挖土机技术性能 表1-16

项次	工作项目	符号	W_1-50	WY-40	WYL-60	WY-100	WY-160
1	动臂倾角	α	45° 60°	—	—	—	—
2	最终卸土高度(m)	H_2	5.2 6.1	3.76	6.36	5.4	5.83
3	装卸车半径(m)	R_3	5.6 4.4	—	—	—	—
4	最大挖土深度(m)	H	5.56	4	6.36	5.4	5.83
5	最大挖土半径(m)	R	9.2	7.19	8.2	9	10.6

反铲挖土机的开挖方式,可分为沟端开挖与沟侧开挖。

(1)沟端开挖。挖土机停在沟端,向后倒退挖土,汽车停在两旁装土,见图1-60a)。该方法因挖土方便、效率高、稳定性好,开挖深度和宽度较大而较多采用。每次挖宽宜为0.7~1.7R。当开挖大面积的基坑时,可分段开挖;当开挖深基坑时,可分层开挖。

(2)沟侧开挖。挖土机沿沟一侧直线移动挖土,见图1-60b)。此法能将土弃于距沟边较远处,但挖土宽度受限制,一般为0.5~0.8R,且不能很好地控制边坡,机身停在沟边而稳定性较差,因此只有在无法采用沟端开挖或所挖的土不需运走时采用。

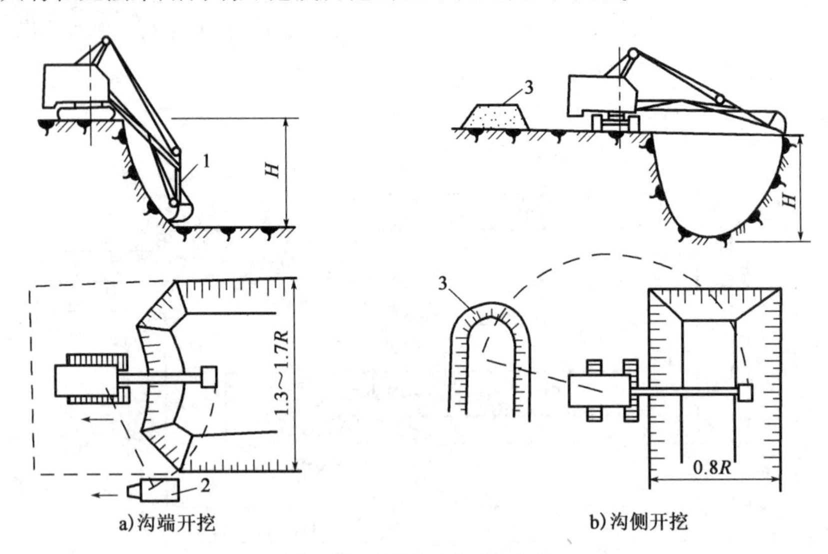

图1-60 反铲挖土机开挖方式

1-反铲挖土机;2-自卸汽车;3-弃土堆

3. 拉铲挖土机

拉铲挖土机的挖土特点是:“后退向下,自重切土”。其挖土半径和挖土深度较大,能开挖停机面以下的一~二类土。工作时,利用惯性力将铲斗甩出去,涉及范围大,但灵活准确性较差,与汽车配合较难。宜用于开挖较深较大的基坑(槽)、沟渠或水中挖土,以及填筑路基、修筑堤坝,更适于河道清淤。其开挖方式也分为沟端开挖和沟侧开挖。

4. 抓铲挖土机

索具式抓铲挖土机的挖土特点是:“直上直下,自重切土”。其挖掘力较小,能开挖一~二类土,适于施工面狭窄而深的基坑、深槽、沉井等开挖和清理河泥等工程,最适于水下挖土。目前,液压式抓铲挖土机得到了较多应用,可强制切土,性能大大优于索具式。

对于小型基坑,抓铲挖土机可立于一侧进行抓土作业;对较宽的基坑(槽),需在两侧或四周抓土,施工时应离开基坑足够的距离,并增加配重。

(二)开挖施工要点

(1)应根据地下水位、机械条件、进度要求等合理选用施工机械,以充分发挥机械效率,节省机械费用,加快工程进度。

(2)土方开挖前应拟定开挖方案,绘制开挖图,包括确定开挖路线、顺序、范围、基底标高、边坡坡度、排水沟、集水井位置以及挖出的土方堆放地点等。

(3)基底标高不一时,可采取先整片挖至一平均标高,然后再挖较深部位。当一次开挖深度超过挖土机最大挖掘高度时,宜分层开挖,并修筑坡道,以便挖土及运输车辆进出。

(4)应有人工配合修坡和清底,将松土清至机械作业半径范围内,再用机械掏取运走。大基坑宜另配一台推土机清土、送土、运土。

(5)挖掘机、运土汽车进出基坑的运输道路,应尽量利用基础一侧或地下车库坡道部位作为运输通道,以减少挖土量。

(6)软土地基或在雨期施工时,大型机械在坑下作业需铺垫钢板或铺路基箱垫道。

(7)对某些面积不大、深度较大的基坑,应尽量不开或少开坡道,采用机械接力挖运土方,并使人工与机械合理地配合挖土,最后用搭枕木垛的方法,使挖土机开出基坑。

(8)机械开挖应由深而浅,基底及边坡应预留一层200~300mm厚土层用人工清底、修坡、找平,以保证基底标高和边坡坡度正确,避免超挖和土层遭受扰动。

(9)基坑挖好后,应紧接着进行下一工序,尽量减少暴露时间。否则,基坑底部应保留100~200mm厚的土暂时不挖,作为保护,待下一工序开始前再挖至设计标高。

第六节　土 方 填 筑

一、土料选择与填筑方法

为了保证填土工程的质量,必须正确选择土料和填筑方法。

碎石类土、砂土、爆破石渣及含水率符合压实要求的黏性土均可作为填方土料。冻土、淤泥、膨胀性土及有机物含量大于8%的土、可溶性硫酸盐含量大于5%的土均不能做填土。填方土料为黏性土时,应检验其含水率是否在控制范围内,含水率大的黏土不宜做填土用。

填方应尽量采用同类土填筑。当采用透水性不同的土料时,不得掺杂乱倒,应分层填筑,并将透水性较小的土料填在上层,以免填方内形成水囊或浸泡基础。

填方施工宜采用水平分层填土、分层压实,每层铺填的厚度应根据土的种类及使用的压实机械而定。当填方位于倾斜的地面时,应先将斜坡挖成阶梯状,台阶高×宽=(0.2~0.3)m×1m,然后分层填筑,以防填土横向移动。

二、填土压实方法

填土压实方法有:碾压法、夯实法及振动压实法,如图 1-61 所示。

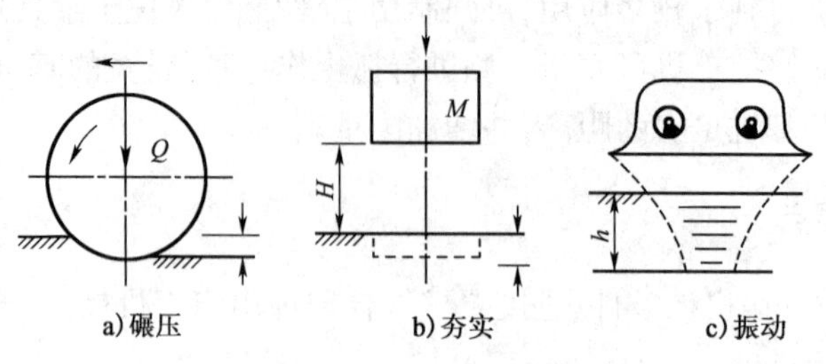

图 1-61　填土压实方法

平整场地等大面积填土多采用碾压法,小面积的填土工程多用夯实法,而振动压实法主要用于非黏性土的密实。

(一)碾压法

碾压法是利用机械滚轮的压力压实土壤,适用于大面积工程。碾压机械有平碾、羊足碾及各种压路机等(图 1-62)。压路机是一种以内燃机为动力的自行式碾压机械,重量 6 ~ 15t,有钢轮式和胶轮式。平碾、羊足碾一般都没有动力,靠拖拉机牵引。羊足碾虽与填土接触面积小,但压强大,对黏性土压实效果好;不适于砂性土碾压。

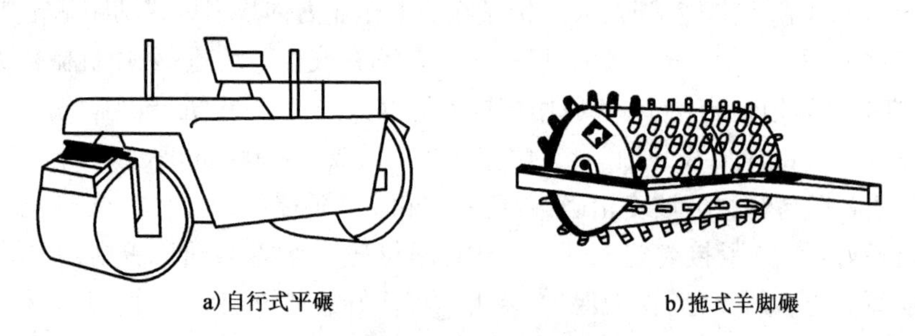

图 1-62　碾压机械

碾压时,应先用轻碾压实,再用重碾压实会取得较好效果。碾压机械行驶速度不宜过快,一般平碾不应超过 2km/h;羊足碾不应超过 3km/h。

(二)夯实法

夯实法是利用夯锤自由下落的冲击力来夯实土壤,主要用于小面积回填土。夯实法分机械夯实和人工夯实两种。人工夯实所用的工具有木夯、石夯等;常用的夯实机械有夯锤、内燃夯土机、电动冲击夯和蛙式打夯机等(图 1-63)。

(三)振动压实法

振动压实法是将振动压实机放在土层表面,借助振动机构使压实机振动,土颗粒发生相对位移而达到紧密状态。振动压路机是一种振动和碾压同时作用的高效能压实机械,比一般压路机提高功效 1 ~ 2 倍,可节省动力 30%。这种方法适于填料为爆破石渣、碎石类土、杂填土和粉土等非黏性土的密实。平板振动机见图 1-64。

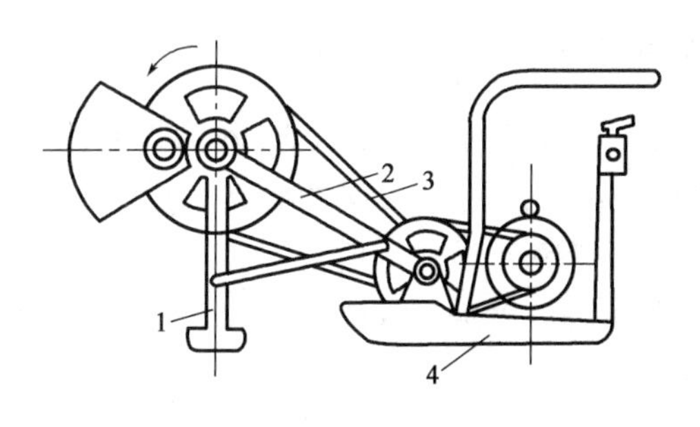

图 1-63　蛙式打夯机

1-夯头;2-夯架;3-三角皮带;4-托盘

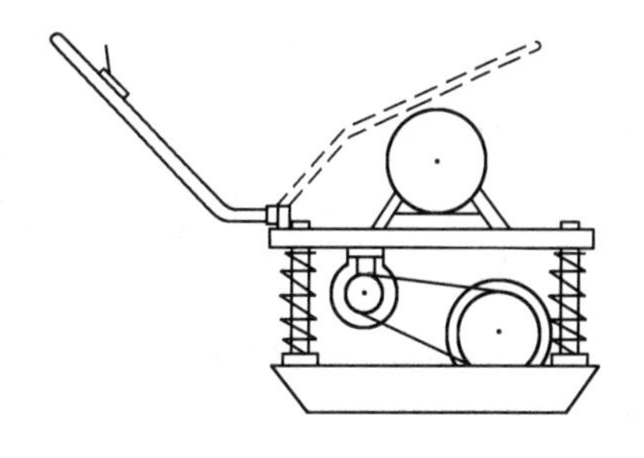

图 1-64　平板振动机

三、影响填土压实的因素

填土压实质量与许多因素有关,其中主要影响因素为:压实功、土的含水率以及每层铺土厚度。

1. 压实功的影响

填土压实质量与压实机械所做的功成正比。压实功包括机械的吨位(或冲击力、振动力)及压实遍数(或时间)。土的干密度与所耗功的关系见图 1-65。在开始压实时,土的干密度急剧增加,待到接近土的最大干密度时,压实功虽然增加许多,而土的干密度几乎没有变化。因此,在实际施工中,不要盲目过多地增加压实遍数。

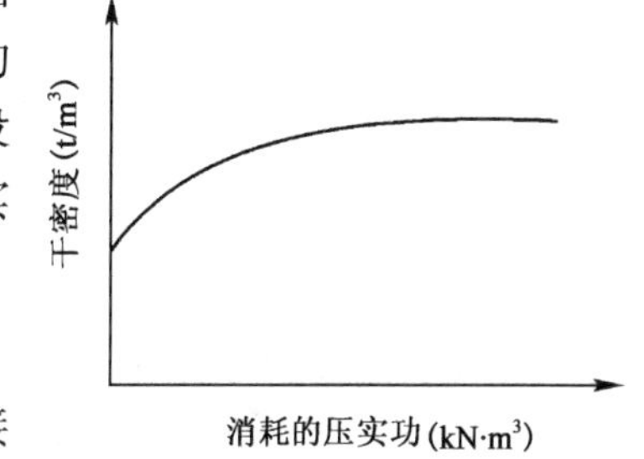

图 1-65　土的密度与压实功的关系示意

2. 含水率的影响

在同一压实功条件下,填土的含水率对压实质量有直接影响。较为干燥的土,由于颗粒间的摩阻力较大而不易压实;含水率过高的土,又易压成"橡皮土"。当含水率适当时,水起了润滑和黏结作用,从而易于压实。各种土壤都有其最佳含水率,在这种含水率条件下,同样的压实功可得到最大干密度。各种土的最佳含水率和所能获得的最大干密度,可由击实试验确定,也可参考表 1-17 的数据。

土的最佳含水率和最大干密度参考值　　表 1-17

土的种类	最佳含水率(质量比)(%)	最大干密度(t/m^3)	土的种类	最佳含水率(质量比)(%)	最大干密度(t/m^3)
砂土	8 ~ 12	1.80 ~ 1.88	粉质黏土	12 ~ 15	1.85 ~ 1.95
粉土	16 ~ 22	1.61 ~ 1.80	黏土	19 ~ 23	1.58 ~ 1.70

3. 铺土厚度的影响

土在压实功的作用下,压应力随深度增加而急剧减小(图 1-66),其影响深度与压实机械、土的性质及含水率等有关。铺土厚度应小于压实机械的有效作用深度,但其中还有最优土层厚度问题。铺得过厚,要压很多遍才能达到规定的密实度。铺得过薄,则也要增加机械的总压实遍数。恰当的铺土厚度(参考表 1-18)能使土方压实而机械的功耗最少。

四、填土压实的质量检验

填土压实后必须达到要求的密实度，密实度应按设计规定的压实系数 λ_C 作为控制标准。压实系数 λ_C 为土的控制干密度与最大干密度之比（即 $\lambda_C=\rho_d/\rho_{max}$）。压实系数一般由设计根据工程结构性质、使用要求以及土的性质确定。例如，作为承重结构的地基，在持力层范围内，其压实系数 λ_C 应大于0.96；在持力层范围以下，应在0.93～0.96之间；一般场地平整压实系数应为0.9左右。

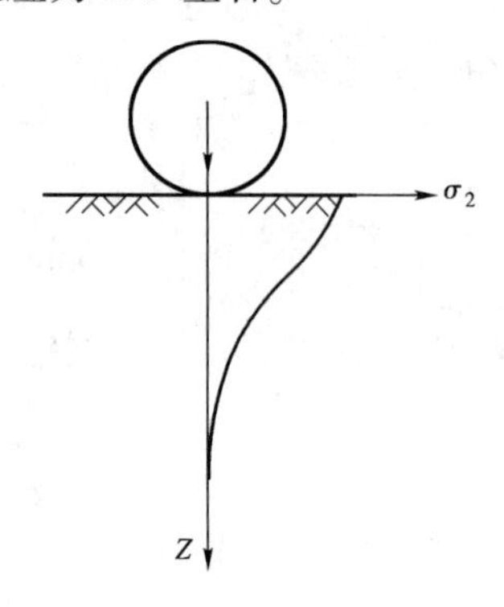

图1-66　压实作用沿深度的变化

填方每层的铺土厚度和压实遍数　　表1-18

压实机械	每层铺土厚度(mm)	每层压实遍数
平碾	250～300	6～8
羊足碾	200～350	8～16
振动压实机	250～350	3～4
蛙式打夯机	200～250	3～4
人工打夯	<200	3～4

填土压实后的干密度，应有90%以上符合设计要求，其余10%的最低值与设计值的差不得大于$0.08g/mm^3$，且应分散，不得集中。

检查土的实际干密度，可采用环刀法取样，其取样组数为：

基坑回填及室内填土，每层按100～500m^2取样一组（每个基坑不少于一组）；

基槽或管沟回填，每层按长度20～50m取样一组；

场地平整填土，每层按400～900m^2取样一组。

取样部位在每层压实后的下半部。试样取出后，测定其实际干密度ρ'_d，应满足：

$$\rho'_d \geqslant \lambda_C \times \rho_{max} \quad (g/cm^3) \tag{1-27}$$

式中：ρ_{max}——土的最大干密度（g/cm^3）；

λ_C——要求的压实系数。

第二章

深基础工程

随着高层建筑物和高耸构筑物的发展,深基础也应用得越来越广泛了。深基础施工不但要考虑护坡,而且要考虑到降水,这给施工带来很大的难度。为克服以上困难,人们常采用桩基础、地下连续墙、沉井基础、墩基础等作为深基础的主要形式。其中最常用的是桩基础,它既不需要护坡,也不需要降水,可以将上部建筑物的荷载传递到深处承载力较大的土层上,或使软弱土层挤压,以提高土层的承载力和密实度,从而保证建筑物的稳定性和减少地基沉降。

桩基础具有承载力高、沉降量小而均匀、沉降速度缓慢,能承受竖向力、水平力、上拔力、振动力等特点,因此在工业建筑、高层民用建筑和构筑物,以及地震设防建筑中应用较广。当上部建筑物的荷载比较大,地基软弱,采用天然地基沉降量过大,或建筑物较为重要,不容许有过大的沉降时,可采用桩基础。

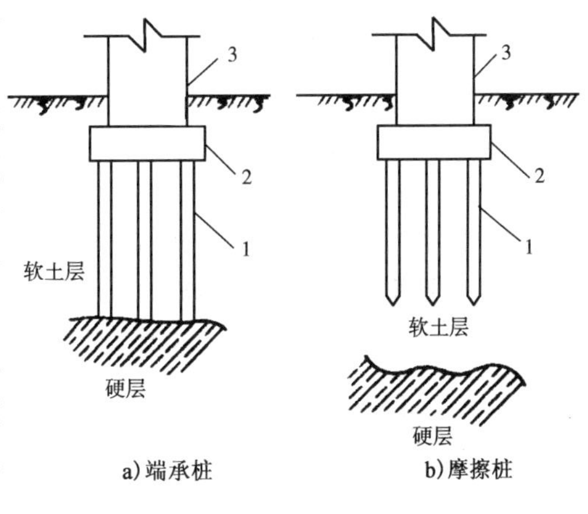

图 2-1　桩基础

1-桩;2-承台;3-上部结构

按桩的传力及作用性质的不同,可分为端承桩和摩擦桩两种。端承桩是穿过软弱土层并将建筑物的荷载直接传递给坚硬土层的桩,见图 2-1a);摩擦桩是把建筑物的荷载传布到桩四周土中及桩尖下土中的桩,但荷载的大部分靠桩四周表面与土的摩擦力来支承,见图 2-1b)。

按施工方法的不同,桩身可分为预制桩和灌注桩两大类。

第一节　钢筋混凝土预制桩施工

预制桩按使用材料可分为钢筋混凝土桩、钢桩、木桩等;按形状可分为方桩、管桩、钢管桩和锥形桩等;按沉桩方法可分为锤击沉桩、振动沉桩和静力沉桩等。其中最常用的是锤击钢筋混凝土方桩。

下面以钢筋混凝土方桩为例介绍预制桩的制作及沉桩施工工艺。

一、钢筋混凝土预制桩的制作、运输和堆放

（一）桩的制作

较短的钢筋混凝土预制桩一般在预制厂制作，较长的桩在施工现场预制。混凝土预制桩的截面边长不应小于200mm；预应力混凝土预制实心桩的截面边长不宜小于350mm。预制桩的混凝土强度等级不宜低于C30；预应力混凝土实心桩的混凝土强度等级不应低于C40；预制桩纵向钢筋的混凝土保护层厚度不宜小于30mm。

预制桩的桩身配筋应按吊运、打桩及桩在使用中的受力等条件计算确定。采用锤击法沉桩时，预制桩的最小配筋率不宜小于0.8%；静压法沉桩时，最小配筋率不宜小于0.6%，主筋直径不宜小于ϕ14。打入桩桩顶以下4～5倍桩身直径长度范围内箍筋应加密，并设置钢筋网片（图2-2）。

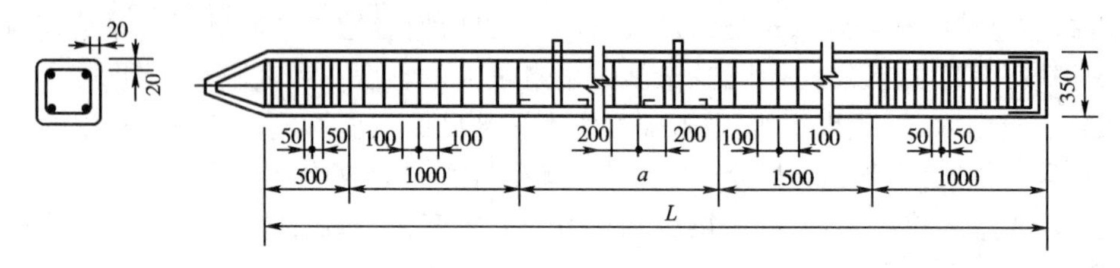

图2-2　钢筋混凝土预制桩（尺寸单位：mm）

预制桩的分节长度应根据施工条件及运输条件确定；每根桩的接头数量不宜超过3个。确定桩的单节长度时应符合下列规定：

（1）满足桩架的有效高度、制作场地条件、运输与装卸能力；

（2）避免在桩尖接近或处于硬持力层中时接桩。

预制桩的桩尖可将主筋合龙焊在桩尖辅助钢筋上；对于持力层为密实砂和碎石类土时，宜在桩尖处包以钢钣桩靴，加强桩尖。

钢筋骨架的主筋连接宜采用对焊和电弧焊。当钢筋直径不小于20mm时，宜采用机械接头连接。主筋接头配置在同一截面内的数量，应符合下列规定：当采用对焊或电弧焊时，对于受拉钢筋，不得超过50%；相邻两根主筋接头截面的距离应大于35d_g（主筋直径），并不应小于500mm。

钢筋混凝土预制桩的混凝土浇筑工作应连续进行，严禁中断。宜从桩顶开始灌筑，并应防止另一端的砂浆积聚过多。锤击预制桩的混凝土骨料粒径宜为5～40mm。桩顶和桩尖处不得有蜂窝、麻面、裂缝和掉角。桩的制作偏差应符合规范的规定。

重叠法制作预制桩时，应保证桩与邻桩及底模之间的接触面不得粘连；上层桩或邻桩的浇注，必须在下层桩或邻桩的混凝土达到设计强度的30%以上时方可进行；桩的重叠层数不应超过4层。

锤击预制桩，应在强度与龄期均达到要求后，方可锤击。

（二）桩的起吊、运输和堆放

钢筋混凝土预制桩应在混凝土达到设计强度的70%方可起吊；达到设计强度的100%才能运输和打桩。如提前吊运，应采取相应措施并经验算强度合格后方可进行。

桩在起吊和搬运时,吊点应符合设计规定。吊点位置的选择随桩长而异,并应符合起吊弯矩最小的原则(图2-3)。

水平运输时,应做到桩身平稳放置,严禁在场地上直接拖拉桩体。运输过程中支点应与吊点位置一致。

桩在施工现场的堆放场地必须平整、坚实。堆放时应设垫木,垫木的位置与吊点位置相同,各层垫木应上、下对齐。

二、锤击沉桩的施工

(一)打桩机械

打桩机主要包括:桩架、桩锤和动力装置三个部分。

在选择打桩机具时,应根据地基土质的性质、工程的大小、桩的种类、动力供应条件和现场情况确定。

桩架——主要由底盘、导向杆、斜撑、滑轮组等组成。桩架应能前后左右灵活移动,以便于对准桩位(图2-4)。桩架的作用是将桩吊到打桩位置,并在打桩过程中引导桩的方向,保证桩锤能沿要求的方向冲击;

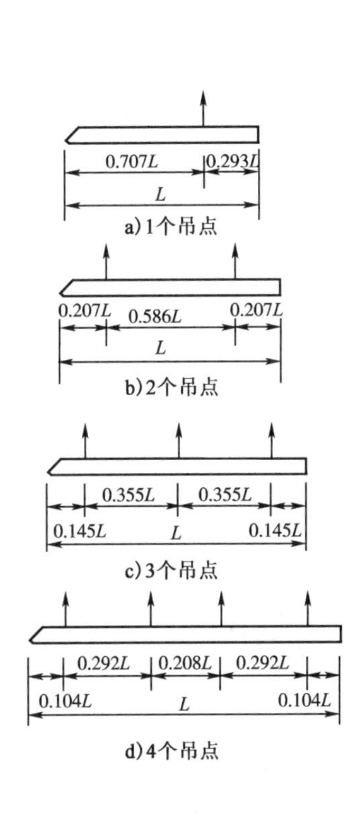

图2-3 桩的吊点位置

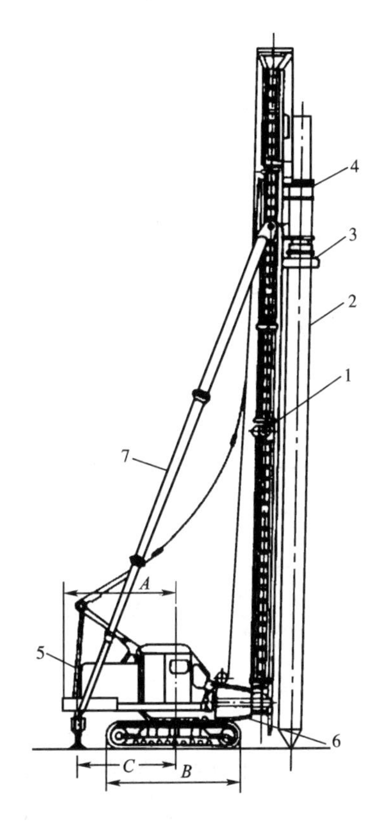

图2-4 柴油打桩机外形图

1-立柱;2-桩;3-桩帽;4-桩锤;5-机体;6-支撑;7-斜撑

桩锤——施工中常用的桩锤有落锤、单动汽锤、双动汽锤、柴油桩锤和振动桩锤。桩锤是对桩施加冲击力,将桩打入土中的机具。桩锤的适用范围及优缺点见表2-1。

桩锤适用范围 表2-1

桩锤种类	适用范围	优缺点	附注
落锤	1. 宜打各种桩; 2. 土、含砾石的土和一般土层均可使用	构造简单,使用方便,冲击力大,能随意调整落距,但锤击速度慢,效率较低	落锤是指桩锤用人力或机械拉升,然后自由落下,利用自重力夯击桩顶
单动汽锤	适宜打各种桩	构造简单,落距短,对设备和桩头不宜损坏,打桩速度及冲击力较落锤大,效率较高	利用蒸汽或压缩空气的压力将锤头上举,然后由锤头的自重向下冲击沉桩
双动汽锤	1. 宜打各种桩,便于打斜桩; 2. 用压缩空气时,可在水下打桩; 3. 可用于拔桩	冲击次数多,冲击力大,工作效率高,可不用桩架打桩,但设备笨重,移动较困难	利用蒸汽锤或压缩空气的压力将锤头上举及下冲,增加夯击能量
柴油桩锤	1. 宜用于打木桩、钢筋混凝土桩、钢板桩; 2. 适于在过硬或过软的土层中打桩	附有桩架、动力等设备,机架轻、移动便利,打桩快,燃料消耗少,重量轻和不需要外部能源。但在软弱土层中,起锤困难,噪声和振动大,存在油烟污染公害	利用燃油爆炸,推动活塞,引起锤头跳动
振动桩锤	1. 适宜于打钢板桩、钢管桩、钢筋混凝土桩和木桩; 2. 宜用于砂土、塑性黏土及松软砂黏土; 3. 在卵石夹砂及紧密黏土中效果较差	沉桩速度快,适应性大,施工操作简易安全,能打各种桩并帮助卷扬机拔桩	利用偏心轮引起激振,通过刚性连接的桩帽传到桩上
液压桩锤	1. 适宜于打各种直桩和斜桩; 2. 适用于拔桩和水下打桩; 3. 适宜于打各种桩	不需外部能源,工作可靠操作方便,可随时调节锤击力大小,效率高,不损坏桩头,低噪声,低振动,无废气公害。但构造复杂,造价高	一种新型打桩设备,冲击缸体由液压油提升和降落。并且在冲击缸体下部充满氮气,用以延长对桩施加压力的过程获得更大的贯入度

动力装置——为驱动桩锤用的动力设备,如卷扬机、锅炉、空气压缩机等,其作用是提供沉桩的动力。

1)桩锤的选择

桩锤应根据地质条件、桩的类型、桩的长度、桩身结构强度、桩群密集程度以及施工条件等因素来确定,其中尤以地质条件影响最大。土质不同所需桩锤的冲击能量可能相差很大。当桩锤重大于桩重的1.5~2倍时,沉桩效果较好。

2)桩架的选择

桩架的选择应考虑桩锤类型、桩的长度和施工现场的条件等因素。

桩架的高度=桩长+桩锤高度+滑轮组高+起锤移位高度+安全工作间隙

3)动力装置的选择

动力装置的选择应根据桩锤的类型来确定。当选用蒸汽锤时，则应配备蒸汽锅炉。

(二)沉桩前的准备工作

(1)清除地上、地下障碍物，对场地进行平整并做好排水工作。

(2)放出桩的基准线并定出桩位，在不受打桩影响的适当位置设置水准点，以便控制桩的入土深度。

(3)接通现场的水、电管线，准备好施工机具；做好对桩的质量检验。

(4)进行打桩试验，以便检验设备和工艺是否符合要求。按照规范的规定，试桩不得少于2根。

(5)确定打桩顺序。打桩顺序要求应符合下列规定：

①对于密集桩群，自中间向两个方向或四周对称施打；

②当一侧毗邻建筑物时，由毗邻建筑物处向另一方向施打；

③根据基础的设计标高，宜先深后浅；根据桩的规格，宜先大后小，先长后短。

在确定打桩顺序时，应考虑桩对土体的挤压位移会造成后续打桩下沉的困难，并对附近建筑物产生一定的影响。一般情况下，桩的中心距小于4倍桩的直径(或边长)时，就要拟定打桩顺序，桩距大于或等于4倍桩的直径(或边长)时，打桩顺序与土体挤压情况关系不大。

打桩顺序一般分为：逐排打、自边缘向中央打、自中央向边缘打和分段打等四种(图2-5)。

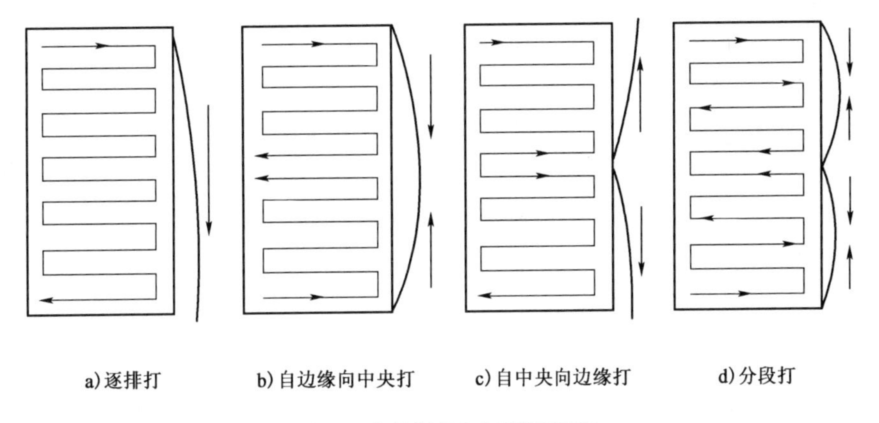

图2-5　打桩顺序和土壤挤压情况

a. 逐排打。桩架单向移动，桩的就位与起吊均很方便，故打桩效率较高。但它会使土体向一个方向挤压，导致土体挤压不均匀，后面桩的打入深度因而逐渐减小，最终会引起建筑物的不均匀沉降。

b. 自边缘向中央打。中间部分土体挤压较密实，不仅使桩难以打入，而且在打中间桩时，还有可能使外侧各桩被挤压而浮起。

c. 自中央向边缘打。可减缓打桩对土体挤压不均匀的影响。

d. 分段打。可分散打桩对土体的挤压力，但打桩机要经常移位，影响打桩效率。

前两种打法均适用于桩距较大，即桩的中心距大于或等于4倍桩的直径(或边长)时的施工。后两种打法均适用于桩距较小，即桩的中心距小于4倍桩的直径(或边长)时的施工。

（三）打入桩的施工工艺

打入桩的施工程序为：桩机就位→吊桩→打桩→接桩→送桩→截桩。

1）桩机就位

桩机就位时桩架应垂直，导杆中心线与打桩方向一致，校核无误后将其固定。

2）吊桩

桩机就位后，将桩锤和桩帽吊升起来，其高度超过桩顶，再吊起桩身，送至导杆内，对准桩位调整垂直偏差，合格后，将桩帽或桩箍在桩顶固定，并将桩锤缓落到桩顶上，在桩锤的重力作用下，桩沉入土中一定深度达到稳定位置，再校正桩位及垂直度，此谓定桩。

3）打桩

桩打入时应符合下列规定：

（1）桩帽或送桩帽与桩周围的间隙应为5～10mm；

（2）锤与桩帽、桩帽与桩之间应加设硬木、麻袋、草垫等弹性衬垫；

（3）桩锤、桩帽或送桩帽应和桩身在同一中心线上；

（4）桩插入时的垂直度偏差不得超过0.5%。

打桩开始时，用短落距轻击数锤至桩入土一定深度后，观察桩身与桩架、桩锤是否在同一垂直线上，然后再以全落距施打。桩的施打原则是“重锤低击”，这样可使桩锤对桩头的冲击小，回弹也小，桩头不易损坏，大部分能量都能用于沉桩。

桩基是隐蔽工程，应做好打桩记录。开始打桩时需统计桩身每沉落1m所需锤击的次数。当桩下沉接近设计标高时，则应实测其最后贯入度。最后贯入度值，为每10击桩入土深度的平均值。施工中所控制的贯入度是以合格的试桩数据为准。

打入桩（预制混凝土方桩、预应力混凝土空心桩、钢桩）的桩位偏差，应符合表2-2的规定。斜桩倾斜度的偏差不得大于倾斜角正切值的15%（倾斜角系桩的纵向中心线与铅垂线间夹角）。

打入桩桩位的允许偏差（mm） 表2-2

项目	允许偏差
带有基础梁的桩：（1）垂直基础梁的中心线； （2）沿基础梁的中心线	$100mm+0.01H$ $150mm+0.01H$
桩数为1～3根桩基中的桩	100mm
桩数为4～16根桩基中的桩	1/2桩径或边长
桩数大于16根桩基中的桩：（1）最外边的桩； （2）中间桩	1/3桩径或边长 1/2桩径或边长

注：表中H为施工现场地面标高与桩顶设计标高的距离。

桩终止锤击的控制应符合下列规定：

（1）当桩端位于一般土层时，应以控制桩端设计标高为主，贯入度为辅；

（2）当桩端达到坚硬、硬塑的黏性土、中密以上粉土、砂土、碎石类土及风化岩时，应以贯入度控制为主，桩端标高为辅；

（3）当贯入度已达到设计要求而桩端标高未达到时，应继续锤击3阵，并按每阵10击的贯入度不应大于设计规定的数值确认。必要时，施工控制贯入度应通过试验确定。

当遇到贯入度剧变，桩身突然发生倾斜、位移或有严重回弹，桩顶或桩身出现严重裂缝、破碎等情况时，应暂停打桩，并分析原因，采取相应措施。

4)接桩

当设计桩较长时,需分段施打,并在现场进行接桩。常用的接桩方法有:焊接法结合、管式结合、硫磺砂浆钢筋结合和管桩螺栓结合(图2-6)。

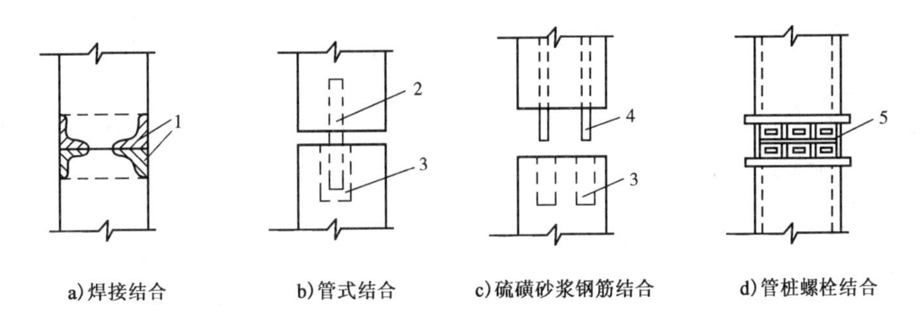

图2-6　桩的接头形式

1-∟150×100×10;2-预埋钢管;3-预留孔洞;4-预埋钢筋;5-法兰螺栓连接

5)送桩

当桩顶设计标高低于自然地面,则需用送桩管将桩送入土中,桩与送桩管的纵轴线应在同一直线上。

6)截桩

为使桩身和承台连为整体,构成桩基础,因此,当打完桩后经过有关人员验收,即可开挖基坑(槽),按设计要求的桩顶标高,将桩头多余部分凿去,但不得打裂桩身混凝土,并保证桩顶嵌入承台梁内的长度不小于50mm;当桩主要承受水平力时,不小于100mm。

(四)打桩过程中常见的问题

在打桩过程中要随时注意观察,凡发生贯入度突变、桩身突然倾斜、移位或有严重回弹、桩顶或桩身出现严重裂缝等情况,应暂停施工,并及时与有关单位研究处理。

施工中常遇到的问题是:

(1)桩顶、桩身被打坏。这与桩头钢筋设置不合理、桩顶与桩轴线不垂直、混凝土强度不足、桩尖通过过硬土层、锤的落距过大、桩锤过轻等有关。

(2)桩位偏斜。主要原因是:桩顶不平、桩尖偏心、接桩不正、土中有障碍物等。因此施工时应严格检查桩的质量并按施工规范的要求采取适当措施,保证施工质量。

(3)桩打不下。施工时,桩锤严重回弹,贯入度突然变小,则可能与土层中夹有较厚砂层、硬土层以及障碍物有关。当桩顶或桩身已被打坏,锤的冲击能不能有效传给桩时,也会发生桩打不下的现象。有时由于打桩间歇,土产生固结,也会造成桩打不下。所以打桩施工中,必须保证打桩的连续进行。

(4)一桩打下邻桩升起。桩贯入土中,使土体受到急剧挤压和扰动,其靠近地面的部分将在地表隆起和水平移动。当桩较密,打桩顺序又欠合理时,就会发生一桩打下,周围土体带动邻桩上升的现象。

三、静 力 压 桩

静力压桩(图2-7)是借助压桩机及其配重将桩压入土中。此法适用于软弱土层。压桩与打桩相比,由于避免了锤击应力,桩的混凝土强度及其配筋只要满足吊装弯矩和使用期受力要求就可以，因而桩的断面和配筋可以减少。这种沉桩方法无振动、无噪声，对周围环境影响小，适合在城市中施工。

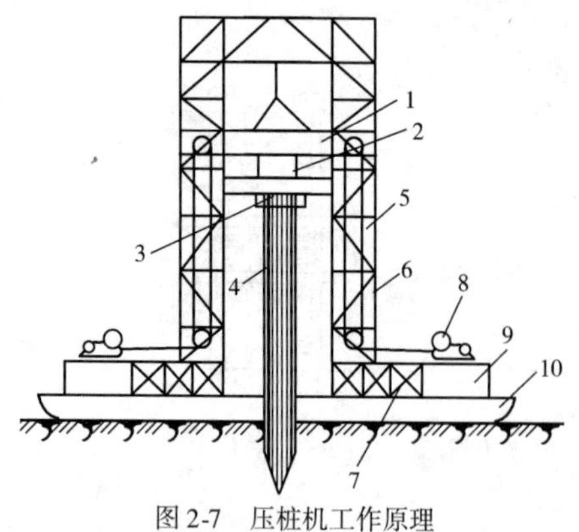

图 2-7　压桩机工作原理

1-活动压梁；2-油压表；3-桩帽；4-桩；5-加压钢丝滑轮组；6-桩架；7-加重物仓；8-卷扬机；9-底盘；10-轨道

(一)静力压桩的施工工艺

静力压桩的施工，一般都采取分段压入、逐段接长的方法，其施工程序为：

测量定位→压桩机就位→吊桩、插桩→桩身对中调直→静压沉桩→接桩→再静压沉桩→送桩→终止压桩→截桩。

静压预制桩施工前的准备工作、桩的制作、起吊、运输、堆放、施工流水、测量放线、定位等均同锤击法沉桩。

压桩的工艺程序如图 2-8 所示。施工时，先将第一节桩压入土中，当其上端与压桩机操作平台齐平时，进行接桩。接桩的方法与锤击沉桩同。接桩后，将第二节桩继续压入土中。每节桩的长度根据压桩架的高度而定，一般高为 12m 以内。

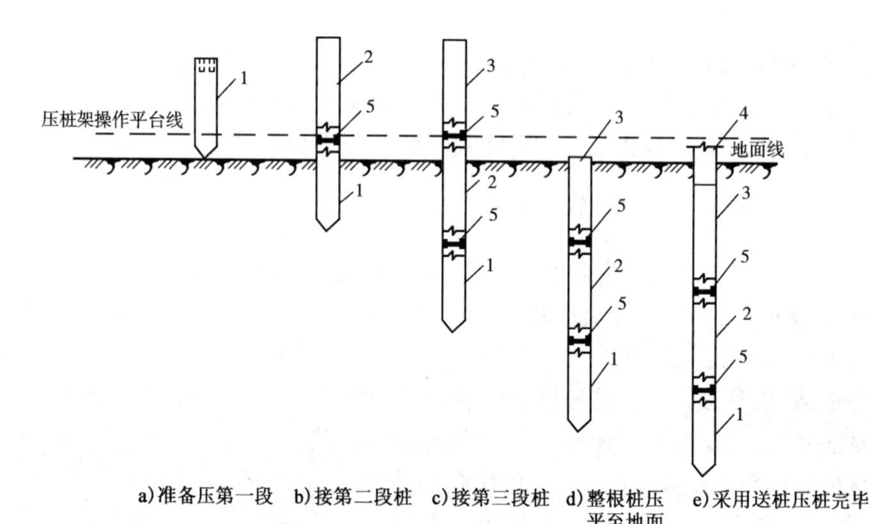

图 2-8　静力压桩工作程序

1-第一段桩；2-第二段桩；3-第三段桩；4-送桩；5-接桩处

(二)施工注意事项

(1)压桩施工时应随时注意使桩保持轴心受压，接桩时也应保证上下接桩的轴线一致，并使接桩时间尽可能地缩短。否则，间歇时间过长会由于土体固结导致压不下去的事故。

(2)当桩接近设计标高时，不可过早停压，否则，在补压时也会发生压不下去或压入过少的现象。

(3)压桩过程中，当桩尖碰到夹砂层时，压桩阻力可能突然增大，可采取停车再开、忽停忽开的办法，使桩缓慢下沉穿过砂层。如果工程中有少量桩确实不能压至设计标高而又相差不多时，可以采取截桩的办法。压桩顺序宜根据场地工程地质条件确定，并应符合下列规定：

①对于场地地层中局部含砂、碎石、卵石时，宜先对该区域进行压桩；

②当持力层埋深或桩的入土深度差别较大时，宜先施压长桩后施压短桩。

四、预制桩的其他施工方法

（一）振动沉桩

振动沉桩是利用固定在桩顶部的振动器所产生的激振力，通过桩身使土颗粒受迫振动，改变其排列组织，产生收缩和位移，这样桩表面与土层间的摩擦力就减小，桩在自重力和振动力共同作用下沉入土中（图2-9）。适用于在黏土、松散砂土、黄土和软土中沉桩，更适合于打钢板桩；借助起重设备也可以拔桩。

振动箱安装在桩头，用夹桩器将桩与振动箱固定。振动箱内装有两组偏心振动块；在电动机带动下，偏心块反向同步旋转产生离心力。离心力的水平分力大小相等，方向相反，相互抵消。而垂直分力大小相等，方向相同，相互叠加，使振动箱产生垂直方向的振动，致桩与土层摩擦力减小，桩逐渐沉入土中。

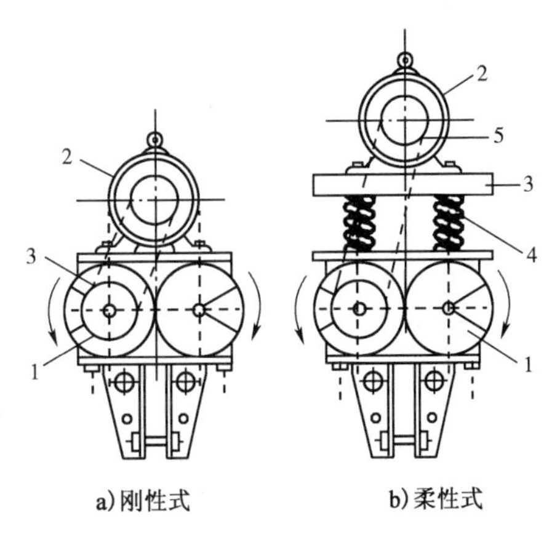

图2-9　振动桩锤构造示意图

1-激振器；2-电动机；3-传动带；4-弹簧；5-加荷板

可以通过调整振动桩锤的振动频率使其与桩体自振频率一致而产生共振，如此可大大减小摩擦力，以最小功率、最快的速度打桩；还可使振动对周围环境的影响减至最小。

振动沉桩施工应控制最后3次振动，每次5min或10min，以每分钟平均贯入度满足设计要求为准。摩擦桩以桩尖进入持力层深度为准。

（二）射水沉桩法

射水法沉桩又称水冲法沉桩，是将射水管附在桩身上，用高压水流束将桩尖附近的土体冲松液化，以减小土对桩端的正面阻力，同时水流及土的颗粒沿桩身表面涌出地面，减小了土与桩身的摩擦力，使桩借自重力（或稍加外力）沉入土中（图2-10）。

射水法沉桩的特点是：当在坚实的砂土中沉桩，桩难以打下或久打不下时，使用射水法可防止将桩打断，或桩头打坏；比锤击法可提高工效2～4倍，节省时间，加快工程进度。

水冲法沉桩大多与锤击或振动相辅使用，视土质情况可采取先用射水管冲桩孔，然后将桩身随之插入（锤可置于桩顶，以增加下沉的重力）；或一面射水，一面锤击（或振动）；或射水锤击交替进行或以锤击或振动为主，射水为辅等方式。一般多采取射水与锤击联合使用的方式，以加速下沉；亦可采取用射水管冲孔至离桩设计深度约1m左右，再将桩吊入孔内，用锤击打入到设计深度。

射水法沉桩设备包括：射水嘴、射水管、连接软管、高压水泵等。射水喷嘴有圆形、梅花形、扁形等形式，它的作用是将水泵送来的高压水流经过缩小直径以增加流速和压力，可起到强力冲刷的效果。射水管上端用橡皮软管连于高压（耐压2.0MPa以上）水泵上，管子用滑车组吊起，可顺着桩身上下自由升降，能在任何高度上冲刷土体。高压水泵用电动离心式，水压0.5～2.0MPa，出水量0.2～2.0m^3/min。水冲法所需用射水管的数目、直径、水压及消耗水量等数

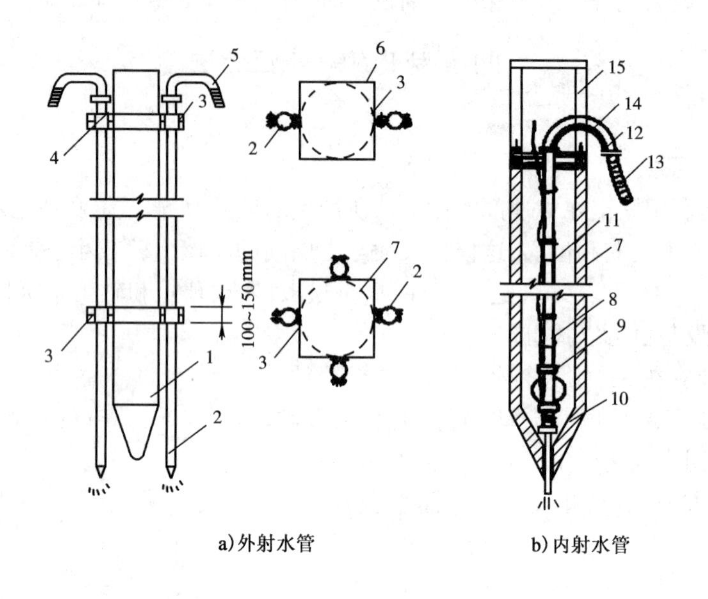

图2-10　射水法沉桩装置

1-预制实心桩;2-外射水管;3-夹箍;4-木楔打紧;5-胶管;6-两侧外射水管夹箍;7-管桩;8-射水管;9-导向环;10-挡砂板;11-保险钢丝绳;12-弯管;13-胶管;14-电焊圆钢加强;15-钢送桩

值,一般根据桩的断面、土的种类及入土深度等数据而定。

射水沉桩法最适用于坚实砂土或砂砾石土层上的支承桩,在黏性土中亦可使用。

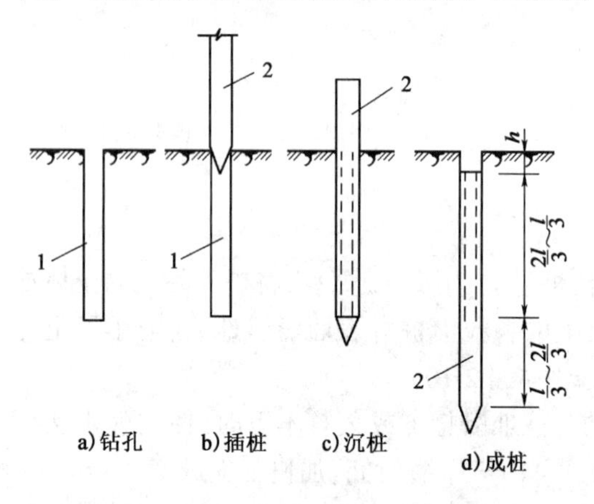

图2-11　钻孔植桩法工艺流程

1-钻孔;2-混凝土预制桩;l-桩长;h-桩基深度

(三)植桩法沉桩

植桩法沉桩又称钻孔植桩法,它是为防止在软土地区打长桩对邻近建筑物和地下管线造成隆起和位移等危害的一种有效方法。

植桩法沉桩是在沉桩部位按设计要求的孔径和孔深先用钻机钻孔,钻出的土体通过湿法或干法排出地面外运,在孔内再插入预制钢筋混凝土桩,然后采用锤击或振动锤打入法,将桩打入设计持力层标高,即先钻孔,后植桩(图2-11)。一般钻孔深度为桩总长的1/3 ~ 2/3之间,使保持一定的锚固长度和击入深度,确保单桩承载力。

植打桩顺序为:先打长桩,后打短桩;先打外围桩,后打中间桩,以防止土体位移对四周建筑物及各种设施造成的影响。一般宜采用钻一孔植打一孔的流水施工方法,尽量保持钻孔和打桩机同步。对超软土宜间隔钻孔施打。

沉桩时应随时检查钻孔质量、桩身垂直度、沉桩沉度、最后贯入度以及超孔隙水压力上升、土体隆起等对周围建筑物的影响等情况,发现异常现象,应及时采取相应措施解决处理。

第二节　灌注桩施工

灌注桩是在施工现场的桩位上就地成孔，然后在孔内灌注混凝土或钢筋混凝土而成。根据成孔方法的不同可以分为干作业成孔、泥浆护壁成孔、套管成孔、人工挖孔灌注桩等。其适用范围如表 2-3 所示。

灌注桩适用范围　　表 2-3

项次	项　目		适用范围
1	干作业成孔	螺旋钻	地下水位以上的黏性土、砂土及人工填土
		钻孔扩底	地下水位以上的坚硬、硬塑的黏性土及中密以上的砂土
		机动洛阳铲	地下水位以上的黏性土，稍密及松散的砂土
2	泥浆护壁成孔	冲抓 冲击 回转钻	碎石土、砂土、黏性土及风化岩
		潜水钻	黏性土、淤泥、淤泥质土及砂土
3	套管成孔	锤击 振动	可塑、软塑、流塑的黏性土，稍密及松散的砂土
4	爆扩成孔		地下水位以上的黏性土、黄土、碎石土及风化岩石

灌注桩与预制桩相比，由于避免了锤击应力，桩的混凝土强度及配筋只要满足使用要求就可以，因而具有节省钢材、降低造价、无需接桩及截桩等优点。但也存在着不能立即承受荷载，操作要求严，在软土地基中易出现缩颈、断裂等质量问题，在冬期施工较困难等缺点。故应严格按规定施工，并加强施工质量的检验。

一、干作业成孔灌注桩

干作业成孔灌注桩适用于成孔深度内没有地下水的情况，成孔时不必采取护壁措施而直接取土成孔。

干作业成孔一般采用螺旋钻机（图 2-12），由螺旋钻头切削土体，切下的土随钻头旋转并沿螺旋叶片上升而排出孔外。钻机钻至设计标高时，在原位空转清土，钻出的土及时清除，不可堆在孔口。钢筋骨架绑好后，一次整体吊入孔内。如过长亦可分段吊，两段焊接后再徐徐沉入孔内。钢筋笼吊放完毕，应及时灌注混凝土，灌注时应分层捣实。

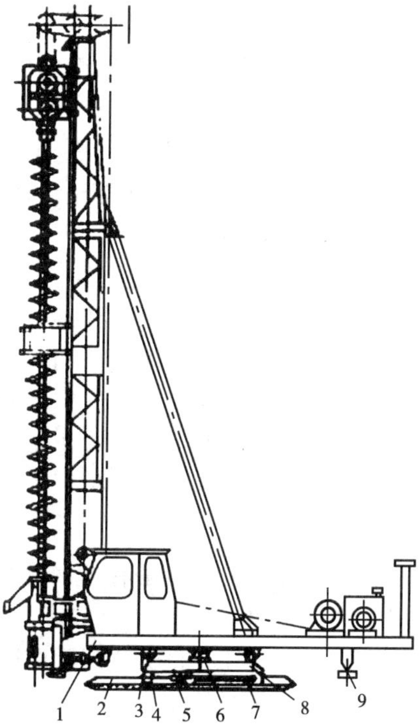

图 2-12　步履式螺旋钻机

1-上盘；2-下盘；3-回转滚轮；4-行车滚轮；5-行车滚轮；6-回转中心轴；7-行车油缸；8-中盘；9-支盘

二、泥浆护壁成孔灌注桩

采用泥浆护壁成孔能够解决施工中地下水带来的

孔壁塌落,钻具磨损、发热及沉渣等问题。常用的湿作业成孔机械有冲抓锥成孔机、冲击式钻孔机、回转钻机等。其施工程序,如图2-13所示。

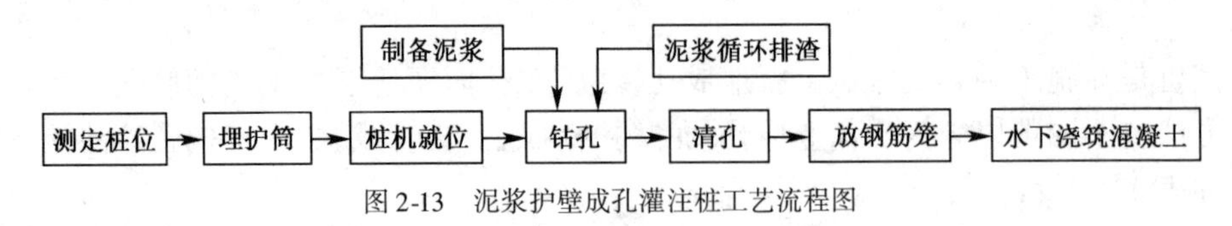

图2-13 泥浆护壁成孔灌注桩工艺流程图

(一)埋设护筒

1. 护筒的作用

护筒作用是固定桩孔位置,保护孔口,防止塌孔,增加桩孔内水压。

2. 护筒的埋设

护筒由3~5mm钢板制成,其内径比钻头直径大100 mm,埋在桩位处,其顶面应高出地面400~600mm,上部留有1~2个溢浆口,护筒周围用黏土填实,以防漏水。护筒的埋没深度一般为1.0~1.5m。并应保持孔内泥浆面高于地下水位1m以上,防止塌孔。

(二)泥浆的制备

为保证成孔质量,应在钻孔过程中随时补充泥浆并调整泥浆的相对密度。

1. 护壁泥浆的作用

(1)护壁。泥浆在桩孔内吸附在孔壁上,将孔壁上空隙填塞密实,防止漏水。由于孔内的水位大于孔外的水位,同时泥浆密度大于水的密度,因此孔内的水压大于孔外的水压,护壁泥浆起到液体支撑的作用,可以稳固土壁、防止塌孔。

(2)携砂。泥浆具有一定的黏度和密度,通过泥浆的循环可将切削下的泥渣悬浮后排出,起到携砂、排土的作用。

(3)冷却。泥浆对钻头有冷却的作用。

(4)润滑。泥浆对钻头切削土体有润滑的作用,可减小切削阻力。

2. 泥浆的制备

制备泥浆的方法可根据钻孔土质确定。在黏性土和粉质黏土中成孔时,可采用自配泥浆。泥浆的制备通常在挖孔前搅拌好,钻孔时输入孔内;有时也采用向孔内输入清水,一边钻孔,一边使清水与钻削下来的泥土拌和形成泥浆。在砂土或其他土中钻孔时,应采用高塑性黏土或膨润土加水配制护壁泥浆。泥浆的性能指标如相对密度、黏度、含砂量、pH值、稳定性等要符合规定的要求。泥浆的选料既要考虑护壁效果,又要考虑经济性,尽可能使用当地材料。

(三)成孔

泥浆护壁成孔的方法有:潜水钻机成孔、回旋钻机成孔、冲击钻成孔、冲抓锥成孔等。

1. 潜水钻机成孔

潜水钻机的工作部分由封闭式防水电机、减速机和钻头组成。因其工作部分潜入水中,故而得名。这种钻机体积小、重量轻、桩架轻便、移动灵活,钻进速度快、噪声小,钻孔直径600~1500mm,钻孔深度可达50m。适用于在地下水位高的淤泥质土、黏性土、砂土等土层中成孔。

2. 回转钻机成孔

回转钻机是由动力装置带动钻机的回转装置转动,从而使钻杆带动钻头转动,由钻头切削土体。这种钻机性能可靠,噪声和振动小,效率高、质量好,适用于各种地质条件。

3. 冲击钻成孔

冲击钻是把带钻刃的重钻头(又称冲爪)提高,靠自由下落的冲击力来削切土层或岩层,排出碎渣成孔。它适用于碎石土、砂土、黏性土及风化岩层等。

4. 冲抓锥成孔

冲抓锥成孔是将冲抓锥头提升到一定高度,锥斗内有压重铁块和活动抓片,下落时抓片张开,钻头自由下落冲入土中,然后开动卷扬机拉升钻头,此时抓片闭合抓土,将冲抓锥整体提升至地面卸土,依次循环成孔(图 2-14)。冲抓锥成孔适用于松散土层。

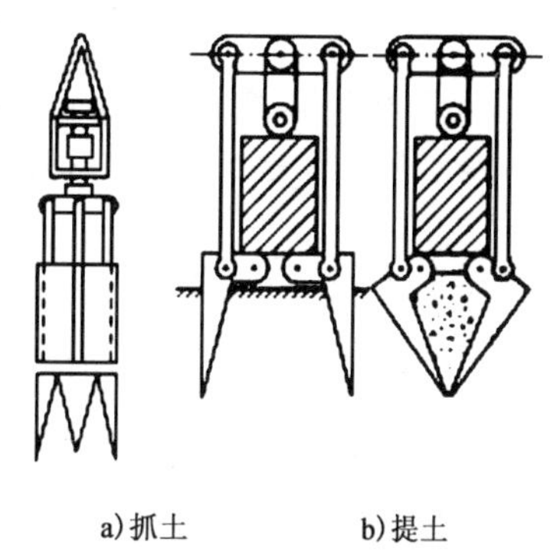

图 2-14　冲抓锥斗

(四)泥浆循环排渣

泥浆循环排渣可分为正循环排渣和反循环排渣法。

正循环排渣法是泥浆由钻杆内部沿钻杆从底部喷出,携带土渣的泥浆沿孔壁向上流动,由孔口将土渣带出流入沉淀池,经沉淀的泥浆流入泥浆池,再由泵注入钻杆,如此循环,如图 2-15 所示。

反循环排渣法是泥浆由孔口流入孔内,同时泥浆泵通过钻杆底部吸渣,使钻下的土渣由钻杆内腔吸出并排入沉淀池,沉淀后流入泥浆池。反循环排渣法较正循环排渣法排渣效率高,如图 2-16 所示。

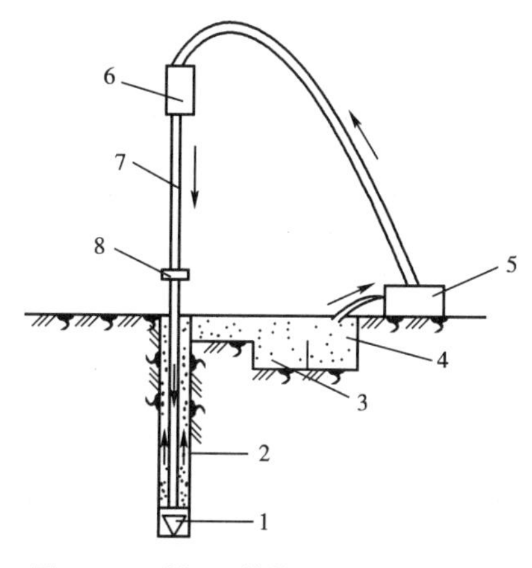

图 2-15　正循环回转钻机成孔工艺原理图
1-钻头;2-泥浆循环方向;3-沉淀池;4-泥浆池;5-泥浆泵;6-水龙头;7-钻杆;8-钻机回转装置

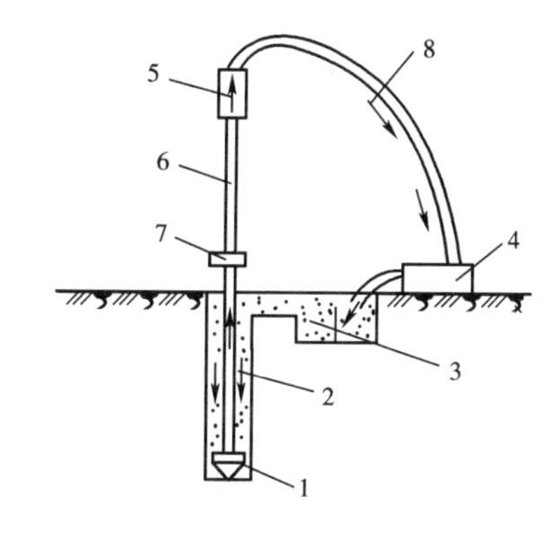

图 2-16　反循环回转钻机成孔工艺原理图
1-钻头;2-新泥浆流向;3-沉淀池;4-砂石泵;5-水龙头;6-钻杆;7-钻机回转装置;8-混合液流向

(五)清孔

钻孔达到要求的深度后要清除孔底沉渣,以防止灌注桩沉降过大、承载力降低,这个过程称为清孔。当孔壁土质较好,不易塌孔时,可用空气吸泥机清孔,同时注入清水,清孔后泥浆相对密度应控制在 1.1 左右;孔壁土质较差时,宜用反循环排渣法清孔,清孔后的泥浆相对密度控制在 1.15 ~ 1.25 之间。施工及清孔过程中应经常测定泥浆的相对密度。钻孔达到设计深度，灌注混凝土之前，孔底沉渣厚度指标应符合下列规定：

(1)对端承型桩，不应大于50mm；

(2)对摩擦型桩，不应大于100mm；

(3)对抗拔、抗水平力桩，不应大于200mm。

清孔满足要求后，应立即安放钢筋笼，准备灌注混凝土。

(六)水下灌注混凝土

水下混凝土灌注最常用的是导管法。导管法是将密封连接的钢管作为水下混凝土的灌注通道，混凝土倾落时沿竖向导管下落。导管的作用是隔离环境水，使其不与混凝土接触。导管底部以适当的深度埋在灌入的混凝土拌和物内，导管内的混凝土在一定的落差压力作用下，压挤下部管口的混凝土在已浇的混凝土层内部流动、扩散，以完成混凝土的灌注工作，形成连续密实的混凝土桩身(图2-17)。钢筋骨架固定之后，应抓紧浇筑混凝土。

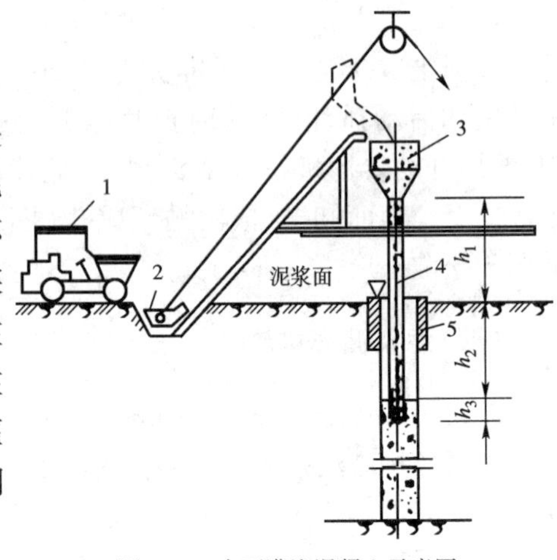

图2-17　水下灌注混凝土示意图

1-翻斗车；2-料斗；3-贮料漏斗；4-导管；5-护筒

水下灌注的混凝土应符合下列规定：

(1)水下灌注混凝土必须具备良好的和易性，配合比应通过试验确定；坍落度宜为180～220mm；水泥用量不应少于360kg/m^3(当掺入粉煤灰时水泥用量可不受此限)。

(2)水下灌注混凝土的含砂率宜为40%～50%，并宜选用中粗砂；粗骨料的最大粒径应小于40mm，其骨料粒径不得大于钢筋间距最小净距的1/3；粗骨料可选用卵石或碎石。

(3)水下灌注混凝土宜掺外加剂。

混凝土保护层厚度不应小于50mm。导管最大外径应比钢筋笼内径小100mm以上。

灌注混凝土前，先将导管吊入桩孔内，并连接漏斗，底部距桩孔底0.3～0.5m，导管内设隔水栓，用细钢丝悬吊在导管下口，隔水栓可用预制混凝土块四周加橡皮封圈、橡胶球胆或软木球做成。

灌注混凝土时，先在漏斗内灌入足够量的混凝土，保证混凝土下落后能将导管下端埋入混凝土不小于800mm。然后剪断铁丝，隔水栓下落，混凝土在自重力的作用下，随隔水栓冲出导管下口，并把导管底部埋入混凝土内，用橡胶球胆或木球做的隔水栓浮出水面后可回收重复使用，然后连续灌注混凝土。

灌注水下混凝土的质量控制应满足下列要求：

(1)导管埋入混凝土深度宜为2～6m。严禁将导管提出混凝土灌注面，并应控制提拔导管速度，应有专人测量导管埋深及管内外混凝土灌注面的高差，填写水下混凝土灌注记录。

(2)灌注水下混凝土必须连续施工，每根桩的灌注时间应按初盘混凝土的初凝时间控制，对灌注过程中的故障应记录备案。

(3)应控制最后一次灌注量，超灌高度宜为0.8～1.0m，凿除泛浆高度后必须保证暴露的桩顶混凝土强度达到设计等级。

（七）常见质量问题及处理方法

1）塌孔

在成孔过程中或成孔后，有时在排出的泥浆中不断出现气泡，有时护筒内的水位突然下降，这是塌孔的迹象。其形成原因主要是土质松散、泥浆护壁不得力。如发生塌孔，应探明塌孔位置，将砂和黏土混合物回填到塌孔位置以上1～2m；如塌孔严重，应全部回填，等回填物沉积密实后再重新钻孔。

2）缩孔

是指钻孔后孔径小于设计孔径的现象。是由于塑性土膨胀或软弱土层挤压造成的，处理时可用钻头反复扫孔，以扩大孔径。

3）斜孔

成孔后发现垂直偏差过大，是由于护筒倾斜和位移、钻杆不垂直、钻头导向性差、土质软硬不一或遇上孤石等原因造成。斜孔会影响桩基质量，并会给后面的施工造成困难。处理时可在偏斜处吊住钻头，上下反复扫孔，直至把孔位校直；或在偏斜处回填砂黏土，待沉积密实后再钻。

三、套管成孔灌注桩

套管成孔灌注桩是利用锤击或振动方法将带有桩尖（桩靴）的桩管（钢管）沉入土中成孔。当桩管打到要求深度后，放入钢筋骨架，边灌注混凝土边拔出桩管而成桩。其施工工艺过程，如图2-18所示。套管成孔灌注桩使用的机具设备与预制桩施工设备基本相同。按其沉管方式不同，可分为：锤击沉管灌注桩、静压沉管灌注桩和振动、冲击沉管灌注桩等。下面以锤击沉管灌注桩为例介绍沉管灌注桩的施工。

沉管灌注桩的施工工艺主要包括：就位→沉钢管→放钢筋笼→灌注混凝土→拔钢管

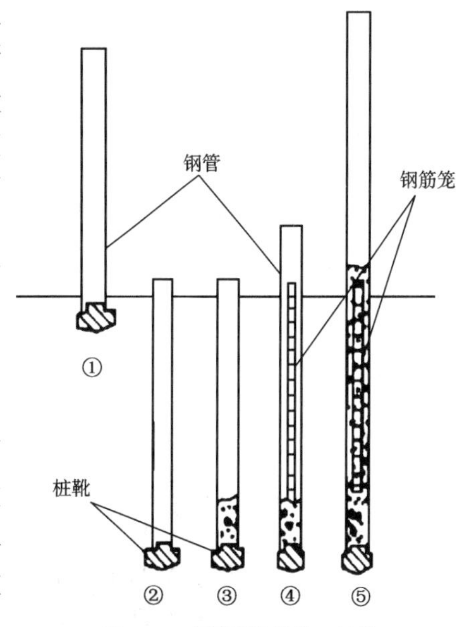

图2-18　套管灌注桩施工过程

①-就位；②-沉套管；③-初灌混凝土；④-放钢筋笼；⑤-拔管成桩

（一）桩靴与桩管

桩靴可分为活瓣式桩靴和钢筋混凝土预制桩靴两种（图2-19），其作用是阻止地下水进入桩管，并且能在灌注混凝土的压力下自动开启。因此，要求桩靴应具有足够强度，开启灵活，并与桩管贴合紧密。活瓣式桩靴与套管连成一体，可多次重复使用。

（二）成孔

常用的成孔机械有振动沉管机和锤击沉桩机。由于成孔不排土，而靠沉管时把土体挤压密实，所以群桩基础或桩中心距小于3～3.5倍的桩径，应拟定合理的施工顺序，以免影响相邻桩的质量。

（三）混凝土浇筑与拔管

当桩管沉到设计标高后，停止锤击或振动，检查管内无泥浆或水进入后，即放入钢筋骨架，边灌注混凝土边进行拔管。拔管时必须边打(振)边拔,以确保混凝土振捣密实。拔管速度必须严格控制,应确保混凝土下落顺畅,不出现断桩或吊脚桩现象。

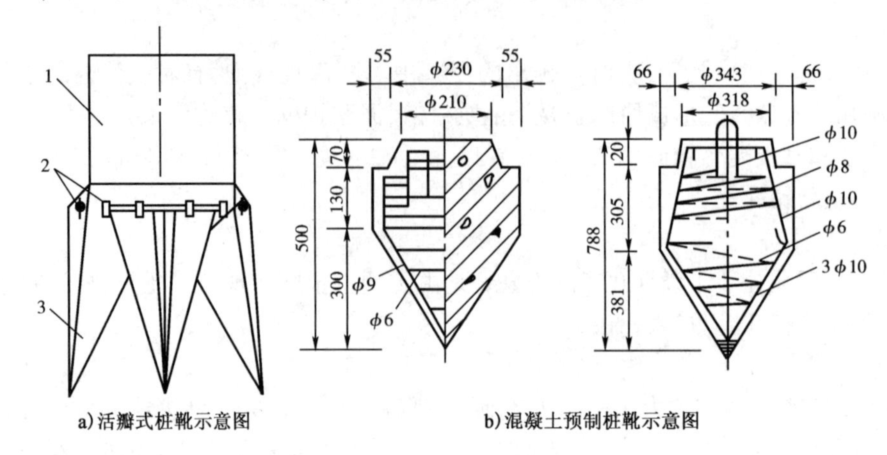

图 2-19　桩靴示意图(尺寸单位:mm)

1-桩管;2-锁轴;3-活瓣

为确保灌注桩的承载力,拔管可分别采用单打法、复打法和反插法。

1)单打法

放入钢筋骨架,灌注混凝土后,拔管时必须边打(振)边拔,一次将管拔出,即整个灌注桩浇筑完毕。

2)复打法

复打法是在同一桩孔位进行两次单打,或根据需要进行局部复打,如图 2-20 所示,复打桩施工程序为:在第一次沉管、灌注混凝土、拔管完毕后,清除桩管外壁上的污泥,立即在原桩位上再次安设桩靴,进行第二次复打沉管,使第一次灌注未凝固的混凝土向四周挤压以扩大桩径,放入钢筋骨架,然后再第二次向管内灌注混凝土,拔管方法与单打桩相同。但应注意两次沉管轴线应重合。复打法施工必须在第一次灌注的混凝土初凝以前,完成第二次拔管工作。

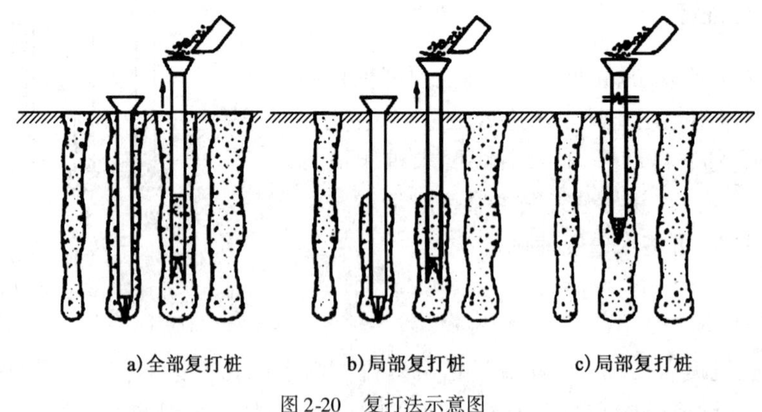

图 2-20　复打法示意图

3)反插法

反插法,即将桩管每提升 0.5 ~ 1.0m,再下沉 0.3 ~ 0.5m,在拔管过程中使管内混凝土始终不低于地表面,直至拔管完毕。拔管速度不应超过 0.5m/min。

(四)常见质量问题及处理方法

1)断桩

断桩主要是由于土体因挤压隆起造成已灌完的尚未达到足够强度的混凝土桩断裂。避免断桩的措施有以下几点:

(1)布桩过密时可采用跳打法以减少振动的影响。

(2)合理拟定打桩顺序。

如断裂部位距地面较近,应将断桩段拔出,略增大面积或用铁箍连接,再重新灌注混凝土补做桩身。如断裂部位距地面较远,可在断桩附近补桩。

2)缩径桩

缩径桩也称缩孔桩、瓶颈桩,指桩身某部分桩径缩小。缩径常出现在饱和淤泥质土中,产生的主要原因是:

(1)在含水率高的黏性土中成孔时,土体受到强扰动和挤压,产生很高的孔隙水压力,桩管拔出后,这种水压力作用在新灌注的塑性混凝土桩身上,使桩身产生不同程度的缩径。

(2)若拔管速度过快,管内混凝土量少或和易性差,使混凝土扩散性差,或者桩距过小,桩身受挤压造成缩径。

施工时应经常观测管内混凝土的下落情况,比较充盈系数。出现缩径可用复打法处理。

3)吊脚桩

是指桩底部混凝土隔空或混凝土混入泥砂而形成软弱夹层。造成吊脚桩的原因是:

(1)预制桩尖质量差,被打碎后泥砂挤入桩管或桩尖挤进桩管内,而拔管时,管内混凝土高度不足,振动不足,待桩管拔到一定高度时,桩尖才下落,卡在硬土层或悬在半空中。

(2)振动沉管时,活瓣桩尖抽管时不张开,至一定高度才张开,混凝土下落,但有空隙,不密实。

防止出现吊脚桩的措施有:施工前严格检查预制桩尖的规格、强度和质量;沉管时用吊锤检查桩尖是否缩入桩管或活瓣桩尖是否张开,发现桩尖缩入桩管或活瓣桩尖未张开后应立即将桩管拔出,回填砂后再沉管,也可用复打或反插法处理。

第三节　地下连续墙施工

地下连续墙是在泥浆护壁条件下开挖一定长度的槽段,挖至设计深度并清除沉渣后,插入接头管,再将钢筋笼用起重机吊入充满泥浆的沟槽内,最后用导管在水下灌注混凝土,待混凝土初凝后拔出接头管,一个单元长度的钢筋混凝土墙即施工完毕(图2-21)。若干段这样的钢筋混凝土墙段,即构成了一个连续的地下钢筋混凝土墙。

地下连续墙可作为防渗墙、挡土墙、地下结构的边墙和建筑物的基础。

地下连续墙具有刚度大、整体性好、施工时无振动、噪声低等优点,可用于任何土质,还可用于逆作法施工,也可利用上层锚杆与地下连续墙组成地下挡土结构,形成锚杆地下连续墙,为深基础施工创造更有利的条件。

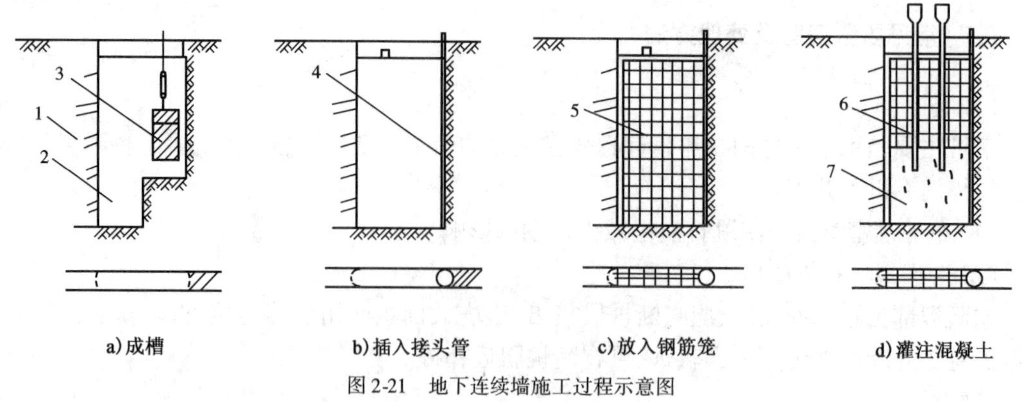

图 2-21 地下连续墙施工过程示意图

1-已完成的单元槽段;2-泥浆;3-成槽机;4-接头管;5-钢筋笼;6-导管;7-灌注的混凝土

一、地下连续墙的施工工艺

地下连续墙的施工工艺如图 2-22 所示。

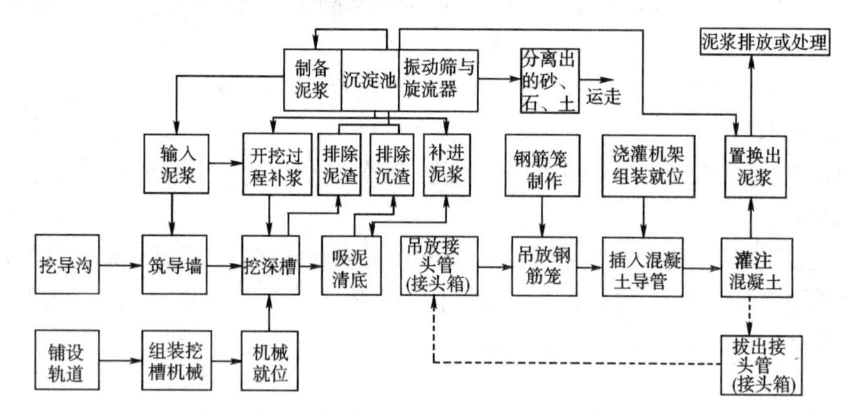

图 2-22 现浇钢筋混凝土壁板式地下连续墙的施工工艺过程

1. 筑导墙

地下连续墙在成槽之前首先要按设计位置建筑导墙。导墙的作用是挖槽导向、防止槽段上口塌方、存蓄泥浆和作为测量的基准。导墙深度一般 1 ~ 2m,顶面高出施工地面,防止地面水流入槽段。导墙内墙面应垂直,顶面应水平,内侧墙面间距为地下连续墙设计厚度加施工余量(40 ~ 60mm)。导墙多为现浇钢筋混凝土结构(图 2-23),墙背侧用黏性土回填并夯实,防止漏浆。导墙拆模后,应立即在墙间加设支撑,且在达到规定强度之前禁止重型机械在旁边行驶。

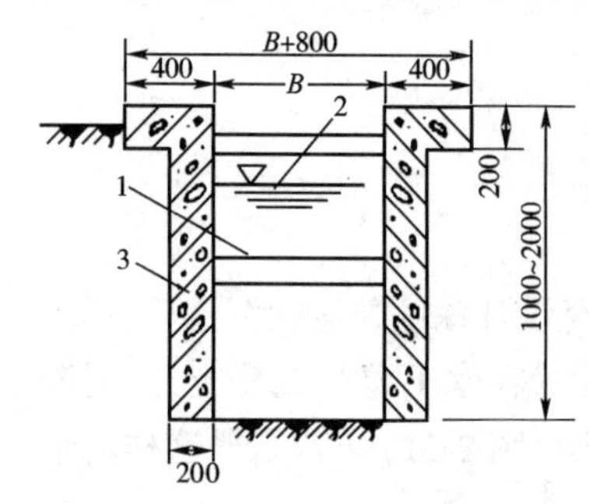

图 2-23 现浇钢筋混凝土导墙(尺寸单位:mm)

1-支撑;2-泥浆液位;3-钢筋混凝土导墙

2. 挖槽

目前我国常用的挖槽设备为导杆抓斗(图 2-24)和多头钻成槽机(图 2-25)。挖槽按单元槽段进行。所谓单元槽段,是指地下连续墙在延长方向的一次混凝土浇筑单位。划分单元槽段时,应综合考虑现场水文地质条件、附近现有建筑物的情况、挖槽时槽壁的稳定性、挖槽机械类型、钢筋笼的重量、混凝土供应能力以及地下连续墙构造要求等因素,主要是应以不影响槽壁的稳定为原则。当地质条件较差或邻近有高大建筑物或者有较大的地面荷载时,应限制单元槽段的长度。在一般情况下,单元槽段长度为4~6m。

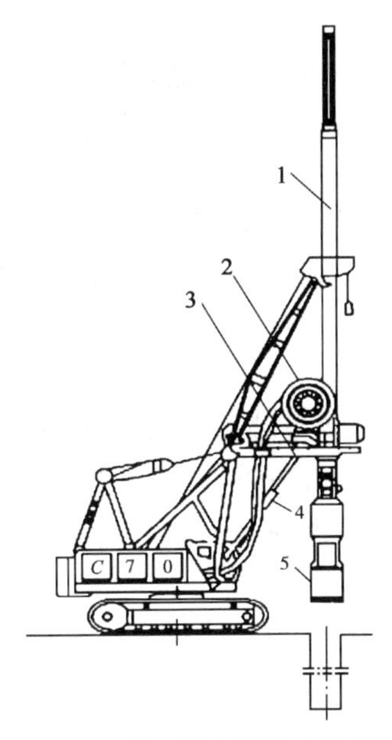

图2-24 导杆液压抓斗构造示意图

1-导杆;2-液压管线回收轮;3-平台;4-调整倾斜度用的千斤顶;5-抓斗

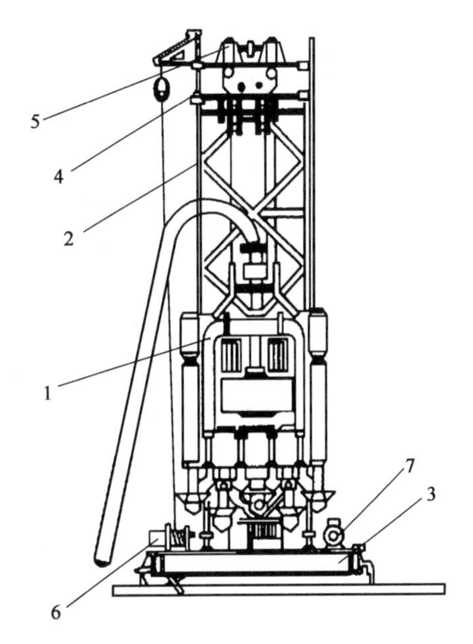

图2-25 SF型多头钻成槽机

1-多头钻;2-机架;3-底盘;4-顶部圈梁;5-顶梁;6-电缆收线盘;7-空气压缩机

挖槽是在泥浆中进行,泥浆的制备及施工要点与前述泥浆护壁成孔灌注桩的做法基本相同。泥浆是在挖槽过程中主要用来护壁,防止槽壁塌方,通过泥浆的循环将钻下的土屑携带出槽段,同时具有冷却和润滑的作用,以延长钻头的使用寿命和提高挖掘效率。泥浆最好使用膨润土,亦可就地取用黏土造浆。为增强泥浆的效能,可加入加重剂、增黏剂、防漏剂、分散剂等掺和物。

3. 清槽

挖至设计标高后要进行清槽,验槽合格后放入导管压入清水,不断将槽底泥浆稀释自流吸出,至泥浆相对密度在1.1~1.2以下为止。清槽后尽快地下放接头管和钢筋笼,有时在下放钢筋笼后要第二次清槽。

清槽的方法有沉淀法和置换法两种。沉淀法是在土渣基本都沉至槽底之后再进行清底。置换法是在挖槽结束后,在土渣尚未沉淀之前就用新泥浆把槽内的泥浆置换出来,使槽内泥浆的相对密度达到要求。我国多用置换法清底。

清除沉渣的方法,常用的有:

(1)砂石吸力泵排泥法;

(2)压缩空气升液排泥法;

(3)带搅动翼的潜水泥浆泵排泥法;

(4)抓斗直接排泥法。

前三种应用较多,其工作原理如图2-26所示。

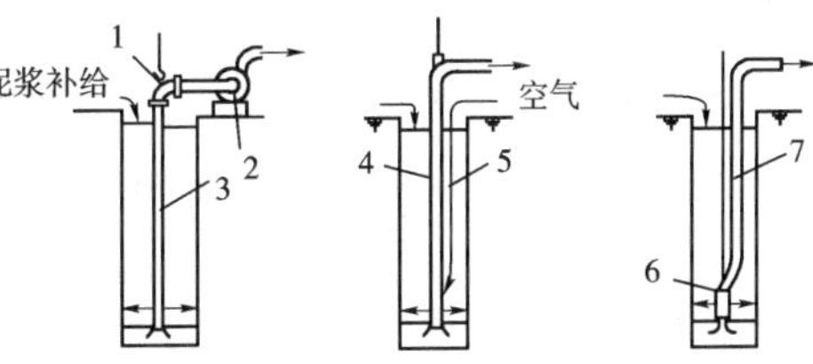

a)砂石吸力泵排泥 b)压缩空气升液排泥 c)潜水泥浆泵排泥

图2-26 清底方法

1-结合器;2-砂石吸力泵;3-导管;4-导管或排泥管;5-压缩空气管;6-潜水泥浆泵;7-软管

4. 钢筋笼吊放

钢筋笼的起吊应用横吊梁或吊架。吊点布置和起吊方式要防止起吊时引起钢筋笼变形。为防止钢筋笼吊起后在空中摆动,应在钢筋笼下端系上拽引绳用人力操纵。插入钢筋笼时,最重要的是使钢筋笼对准单元槽段的中心,垂直而又准确地插入槽内。钢筋笼进入槽内时,吊点中心必须对准槽段中心,然后徐徐下降,此时必须注意不要因起重臂摆动或其他影响而使钢筋笼产生横向摆动,造成槽壁坍塌。

钢筋笼插入槽内后,检查其顶端高度是否符合设计要求,然后将其用横担搁置在导墙上。如果钢筋笼是分段制作,吊放时需接长,下段钢筋笼要垂直悬挂在导墙上,然后将上段钢筋笼垂直吊起,保证上下两段钢筋笼成直线连接。

5. 接头施工

地下连续墙混凝土灌注时,连接两相邻单元槽段之间地下连续墙的施工接头。接头最常用是接头管方式。接头钢管在钢筋笼吊放前吊放入槽段内,管外径等于槽宽,起到侧模作用。接着吊钢筋笼并灌注混凝土。为使接头管能顺利拔出,在槽段混凝土初凝前,用千斤顶或卷扬机转动及提动接头管,以防接头管与混凝土黏结。在混凝土灌注后 2 ~ 4h 先每次拔 0.1m 左右,拔到 0.5 ~ 1.0m 时,如没发现异常现象,要每隔 30 min 拔出 0.5 ~ 1.0m,直至将接头管全部拔出,然后进行下一单元槽段的施工。地下连续墙利用圆形接头管连接的施工顺序见图 2-27。

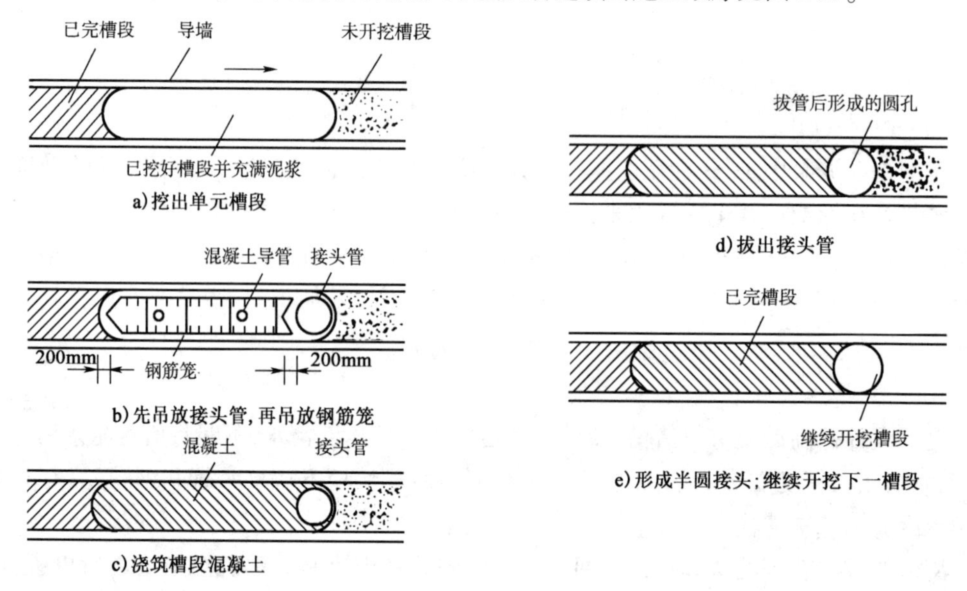

图 2-27 圆形接头管连接施工顺序

6. 混凝土灌注

下放钢筋笼后应立即灌注混凝土,以防槽段塌方。

混凝土应比设计强度等级提高 5MPa,坍落度宜为 18 ~ 20cm,并应富有黏性和良好的流动性。

混凝土灌注是在泥浆中进行,用导管法进行水下浇筑。根据单元槽段的长度可设几根导管同时灌注混凝土,导管的间距一般为 3 ~ 4m,在混凝土灌注过程中,导管下口总是埋在混凝土内 1.5m 以上。如一个槽段内用几根导管同时灌注,应使各导管处的混凝土面大致处在同一水平面上。宜尽量加快混凝土灌注,一般槽内混凝土面上升速度不宜小于 2m/h。混凝土需要超浇 30 ~ 50cm,以便将设计标高以上的浮浆层凿去。

二、逆作法施工

逆作法的施工原理是：在土方开挖之前，先浇筑地下连续墙，作为该建筑的基础墙或基坑支护结构的围护墙，同时在建筑物内部的有关位置浇筑或打下中间支承柱（亦称中柱桩）。然后开挖土方至地下一层顶面底的标高处，浇筑该层的楼盖结构（留有部分工作孔），这样已完成的地下一层顶面楼盖结构即用作周围地下连续墙的水平支撑。然后人和设备通过工作孔下去逐层向下施工各层地下室结构。与此同时，由于地下一层的顶面楼盖结构已完成，为进行上部结构施工创造了条件，所以在向下施工各层地下室结构时可同时向上逐层施工地上结构，这样上、下同时进行施工，直至工程结束（图 2-28）。但是在地下室浇筑混凝土底板之前，上部结构允许施工的层数要经计算确定。

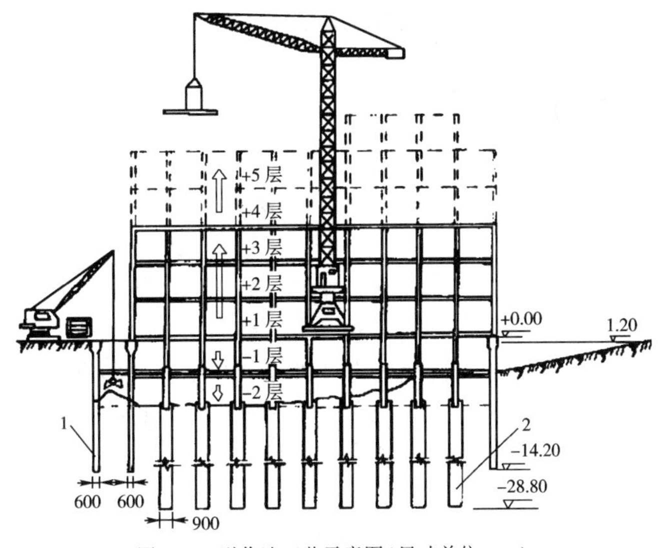

图 2-28　逆作法工艺示意图（尺寸单位：mm）

1-地下连续墙；2-钻孔灌筑桩中间支承柱

“逆作法”施工根据地下一层的顶板结构封闭还是敞开，分为“封闭式逆作法”和“敞开式逆作法”。前者在地下一层的顶板结构完成后，上部结构和地下结构可以同时进行施工，有利于缩短总工期；后者上部结构和地下结构不能同时进行施工，只是地下结构自上而下的逆向逐层施工。

根据上述“逆作法”的施工工艺原理，可以看出“逆作法”具有缩短工程施工的总工期、简化基坑的支护结构等优点，并可减少基坑施工对周围环境的影响。

第四节　人工挖孔灌注桩施工

人工挖孔桩的优点是：设备简单；施工现场较干净；噪声小，振动小，对施工现场周围的原有建筑物影响小；施工速度快。工期紧张时，可若干个桩孔同时开挖。特别在施工现场狭窄的市区修建高层建筑时，更显示其特殊的优越性。但人工挖孔桩施工，由于工人在井下作业，施工安全应予以特别重视，要严格按操作规程施工，制订可靠的安全措施。

人工挖孔桩的孔径（不含护壁）不得小于 0.8m，且不宜大于 2.5m；孔深不宜大于 30m。当桩净距小于 2.5m 时，应采用间隔开挖。相邻排桩跳挖的最小施工净距不得小于 4.5m。

一、安 全 措 施

(1)孔内必须设置应急软爬梯供人员上下。使用的电动葫芦、吊笼等应安全可靠,并配有自动卡紧保险装置。不得使用麻绳和尼龙绳吊挂或脚踏井壁凸缘上下。电动葫芦宜用按钮式开关,使用前必须检验其安全起吊能力。

(2)每日开工前必须检测井下的有毒、有害气体,并应有足够的安全防范措施。当桩孔开挖深度超过10m时,应有专门向井下送风的设备,风量不宜少于25L/s。

(3)孔口四周必须设置护栏,护栏高度宜为0.8m。

(4)挖出的土石方应及时运离孔口,不得堆放在孔口周边1m范围内。机动车辆的通行不得对井壁的安全造成影响。

(5)施工现场的一切电源、电路的安装和拆除必须遵守现行行业标准《施工现场临时用电安全技术规范》(JG J46)的规定。

二、施 工 工 艺

下面以采用现浇混凝土分段护壁为例说明人工挖孔桩的施工工艺流程(图2-29):

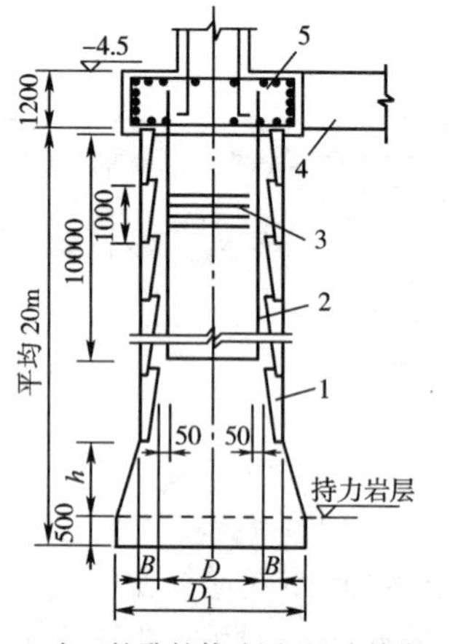

图2-29 人工挖孔桩构造图(尺寸单位:mm)
1-护壁;2-主筋;3-箍筋;4-地梁;5-桩帽

(1)按设计图纸放线。定桩位。

(2)开挖土方。采取分段开挖,每段高度决定于土壁保持直立状态的能力,一般0.5~1.0m为一施工段,开挖桩径为设计桩径加二倍护壁的厚度。

(3)支设护壁模板。模板高度取决于开挖土方施工段的高度,一般为1m,由4块至8块活动弧形钢模板(或木模板)组合而成。

(4)在模板顶放置操作平台。平台可用角钢和钢板制成半圆形,两个合起来即为一个整圆,用来临时放置混凝土和浇筑混凝土时作为操作平台。

(5)浇筑护壁混凝土。第一节护壁井圈厚宜比下面井壁厚度增加100~150mm,顶面应比场地高出100~150mm,上下节护壁用钢筋拉结。

修筑井圈护壁应符合下列规定:

护壁的厚度、拉接钢筋、配筋、混凝土强度等级均应符合设计要求;上下节护壁的搭接长度不得小于50mm;每节护壁均应在当日连续施工完毕;护壁混凝土必须保证振捣密实,因它起着防止土壁塌陷与防水的双重作用。应根据土层渗水情况使用速凝剂。

(6)护壁模板的拆除。护壁模板的拆除应在浇筑混凝土24h之后;发现护壁有蜂窝、漏水现象时,应及时补强;同一水平面上的护壁井圈任意直径的极差不得大于50mm。

(7)排除孔底积水,浇筑桩身混凝土。当桩底挖到设计标高后,应按设计的直径进行扩底。扩底后应尽早浇筑混凝土。当混凝土浇筑至钢筋笼的底面设计标高时,再安放钢筋笼,继续灌注桩身混凝土。灌注桩身混凝土时,混凝土必须通过溜槽;当落距超过3m时,应采用串筒,串筒末端距孔底高度不宜大于2m;也可采用导管泵送;混凝土宜采用插入式振捣器振实。

第五节　沉井基础施工

沉井多用于建筑物和构筑物的深基础、地下室、蓄水池、设备深基础、桥墩等工程。

一、沉井的构造

沉井主要由刃脚、井壁、隔墙或竖向框架、底板组成。

1. 刃脚

刃脚位于井壁最下端，因其形状为刀刃状，故称刃脚（见图 2-30）。其作用在于沉井下沉时，减小土的阻力，以便于切入土中，因此要求刃脚有一定的强度，防止挠曲与破坏。

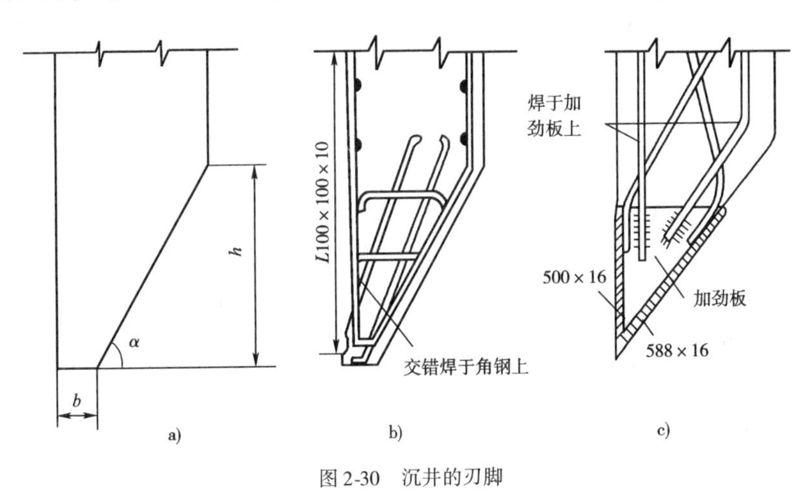

图 2-30　沉井的刃脚

2. 井壁

井壁即沉井的外壁，是沉井的主要部分，要有足够的强度和重量，使沉井在自重力作用下能顺利下沉，达到设计标高。

3. 隔墙或竖向框架

根据使用和结构上的需要，在沉井井筒内可设置隔墙或竖向框架。其作用主要是加强沉井的刚度。

4. 底板

待沉井下沉到设计标高后，应将井内上面整平，如采用干封底时，可先铺垫层，然后浇筑钢筋混凝土底板。如采用水下封底时，待水下混凝土达到强度时，抽干水后再浇筑钢筋混凝土底板。

二、沉井施工工艺

沉井施工过程，如图 2-31 所示。

（1）在沉井位置开挖基坑，坑的四周打桩，设置工作平台。

（2）铺砂垫层，搁置垫木。

（3）制作钢刃脚，并浇筑第一节钢筋混凝土井筒。

（4）待第一节井筒的混凝土达到一定强度后，抽出垫木，并在井筒内挖土，或用水力吸泥，使沉井下沉。要注意均衡挖土、平稳下沉，如有倾斜则应及时纠偏。

(5)在沉井下沉的同时继续制作沉井的上部结构,分节支模、绑钢筋、浇筑混凝土,沉井在井壁自重力的作用下,逐渐下沉。

(6)沉井下沉到设计标高后,用混凝土封底,浇筑钢筋混凝土底板,形成地下结构。

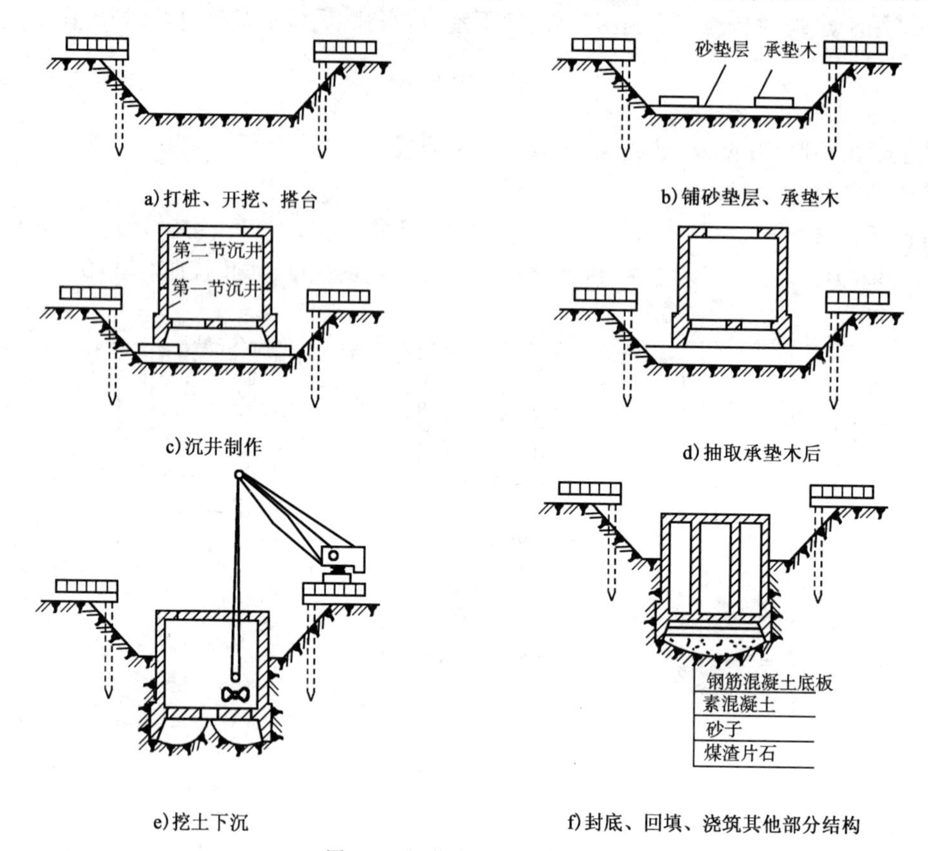

图2-31 沉井施工主要程序示意图

第三章

砌 体 工 程

第一节　砌体工程材料

砌体结构是砖砌体、砌块砌体和石砌体结构的统称。砌体工程施工就是利用砂浆的胶结作用将块材黏结成砌体的过程。所使用的材料包括砂浆与块材。可以说,块材与砂浆的质量对砌体质量具有决定性的影响。

一、块　材

块材分为砖、砌块与石块三大类。

(一)砖

根据使用材料和制作方法的不同,砌筑用砖分为以下几种类型:

1. 烧结普通砖

烧结普通砖是以黏土、页岩、煤矸石和粉煤灰为主要原料,经过焙烧而成的实心或孔洞率不大于15%的砖。

烧结普通砖外形为直角六面体,其规格为240mm×115mm×53mm(长×宽×高),即4块砖长加上4个灰缝、8块砖宽加上8个灰缝、16块砖厚加上16个灰缝(简称4顺、8丁、16线)均为1m。

烧结普通砖的强度等级可以分为MU30、MU25、MU20、MU15、MU10五个等级。

2. 烧结多孔砖

烧结多孔砖是以黏土、页岩、煤矸石等为主要原料,经过焙烧而成的承重多孔砖。

烧结多孔砖根据其形状可分为方形多孔砖、矩形多孔砖,其规格有190mm×190mm×90mm和240mm×115mm×90mm两种。

烧结多孔砖根据抗压强度、变异系数分为MU30、MU25、MU20、MU15、MU10五个等级。

3. 烧结空心砖

烧结空心砖是以黏土、页岩、煤矸石等为主要材料,经焙烧而成的空心砖。

烧结空心砖的长度有240mm、290mm,宽度有140mm、180mm、190mm,高度有90mm、115mm。

烧结空心砖强度等级较低,分为MU5、MU3、MU2三个等级,因而一般用于非承重墙体。

4. 灰砂砖、粉煤灰砖

灰砂砖是以石灰和砂为主要原料,煤渣砖是以煤渣为主要原料,掺入适量石灰、经混合、压制成型、蒸养或蒸压而成的实心砖。其规格尺寸为 240mm × 115mm × 53mm(长 × 宽 × 高)。其强度等级分为 MU20、MU15、MU10、MU7.5 四个等级。

(二)砌块

砌块是以天然材料或工业废料为原材料制作的,其主要特点是施工方法非常简便,改变了手工砌砖的落后面貌,降低了工人的劳动强度,提高了生产效率。

砌块按使用目的可以分为承重砌块与非承重砌块(包括隔墙砌块和保温砌块);按是否有孔洞可以分为实心砌块与空心砌块(包括单排孔砌块和多排孔砌块);按砌块大小可以分为小型砌块(块材高度小于 380mm)和中型砌块(块材高度 380 ~ 940mm);按使用的原材料可以分为普通混凝土砌块、粉煤灰硅酸盐砌块、煤矸石混凝土砌块、浮石混凝土砌块、火山渣混凝土砌块、蒸压加气混凝土砌块等。

1. 普通混凝土小型空心砌块

普通混凝土小型空心砌块是以水泥、砂、碎石或卵石为原料制成的,其外形如图 3-1 所示。

普通混凝土小型空心砌块按其强度分为 MU20、MU15、MU10、MU7.5、MU5、MU3.5 六个等级。

2. 轻集料混凝土小型空心砌块

轻集料混凝土小型空心砌块是以水泥、轻集料、砂、水等预制而成的。其中轻集料品种包括煤渣、煤矸石、浮石、火山渣以及各种陶粒等。

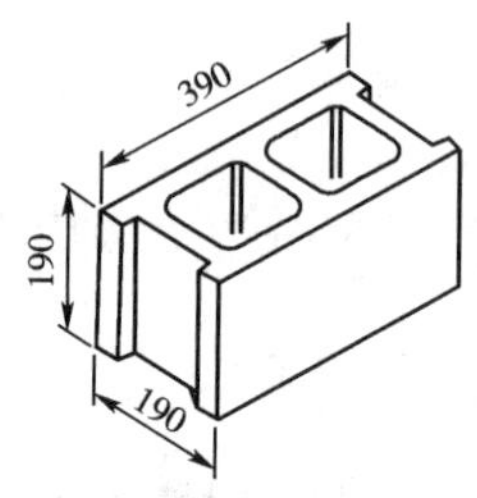

图 3-1 普通混凝土小型空心砌块(尺寸单位:mm)

3. 加气混凝土砌块

加气混凝土砌块是以水泥、矿渣、砂、石灰等为主要原料,加入发气剂,经搅拌成型、蒸压养护而成的实心砌块。按其抗压强度分为 A0.8、A1.5、A2.5、3.5、A5.0 五个等级。按体积密度分为 B03、B04、B05、B06、B07 五个级别。

(三)石块

砌筑用石有毛石和料石两类。毛石又分为乱毛石和平毛石。乱毛石是指形状不规则的石块;平毛石是指形状不规则、但有两个平面大致平行的石块。毛石的中部厚度不宜小于 150mm。

料石按其加工面的平整度分为细料石、粗料石和毛料石三种。料石的宽度、厚度均不宜小于 200mm,长度不宜大于厚度的 4 倍。

因石材的大小和规格不一,通常用边长为 70mm 的立方体试块进行抗压试验,取 3 个试块破坏强度的平均值作为确定石材强度等级的依据。石材的强度等级划分为 MU100、MU80、MU60、MU50、MU40、MU30、MU20、MU15 和 MU10。

二、砂　浆

(一)原材料要求

1. 水泥

水泥的强度等级应根据设计要求进行选择。水泥砂浆采用的水泥,其强度等级不宜大于

32.5级；水泥混合砂浆采用的水泥，其强度等级不宜大于42.5级。

水泥进场时应对其品种、等级、包装或散装仓号、出厂日期进行检查，并应分批对其强度、安定性进行复验。检验批应以同一生产厂家、同一编号为一批。当在使用过程中对水泥质量有怀疑或水泥出厂超过3个月(快硬硅酸盐水泥超过1个月)时，应复验试验，并按其结果使用。

不同品种的水泥，不得混合使用。

抽检数量：按同一生产厂家、同品种、同等级、同批号连续进场的水泥，袋装水泥不超过200t为一批，散装水泥不超过500t为一批，每批抽样不少于一次。

2. 砂

砂浆用砂宜采用过筛中砂，并应满足下列要求：

(1)不应混有草根、树叶、树枝、塑料、煤块、炉渣等杂物。

(2)砂中含泥量、泥块含量、石粉含量、云母、轻物质、有机物、硫化物、硫酸盐及氯盐含量(配筋砌体砌筑用砂)等应符合现行行业标准《普通混凝土用砂、石质量及检验方法标准》(JG J52)的有关规定。

(3) 人工砂、山砂及特细砂，应经试配能满足砌筑砂浆技术条件要求。

3. 水

拌制砂浆须采用不含有害物质的水，水质应符合国家现行标准《混凝土拌和用水标准》(JG J63)的规定。

4. 外掺料

建筑生石灰、建筑生石灰粉熟化为石灰膏，其熟化时间分别不得少于7d和2d；沉淀池中储存的石灰膏，应防止干燥、冻结和污染，严禁使用脱水硬化的石灰膏；建筑生石灰粉、消石灰粉不得代替石灰膏配制水泥石灰砂浆。

5. 外加剂

凡在砂浆中掺入有机塑化剂、早强剂、缓凝剂、防冻剂等外加剂，应经检验和试配符合要求后，方可使用。有机塑化剂应有砌体强度的形式检验报告。

配制砌筑砂浆时，各组分材料应采用质量计量，水泥及各种外加剂配料的允许偏差为±2%；砂、粉煤灰、石灰膏等配料的允许偏差为±5%。

(二)砂浆的性能

砂浆的配合比应该通过计算和试配获得。根据砌筑砂浆使用原料与使用目的的不同，可以把砌筑砂浆分为三类：水泥砂浆、混合砂浆和非水泥砂浆。其性能与用途如下：

(1)水泥砂浆。由于水泥砂浆的保水性比较差，其砌体强度低于相同条件下用混合砂浆砌筑的砌体强度，所以水泥砂浆通常仅在要求高强度砂浆与砌体处于潮湿环境下时使用。

(2)混合砂浆。由于混合砂浆掺入塑性外掺料(如石灰膏、黏土膏等)，既可节约水泥，又可提高砂浆的可塑性，是一般砌体中最常使用的砂浆类型。

(3)非水泥砂浆。这类砂浆包括石灰砂浆、黏土砂浆等。由于非水泥砂浆强度较低，通常仅用于强度要求不高的砌体，譬如临时设施、简易建筑等。

砂浆的强度是以边长为70.7mm的立方体试块，在标准养护(温度20℃±5℃、正常湿度条件、室内不通风处)下，经过28d龄期后的平均抗压强度值。强度等级划分为M15、M10、M7.5、M5、M2.5、M1和M0.4七个等级。

砂浆应具有良好的流动性和保水性。

流动性好的砂浆便于操作,使灰缝平整、密实,从而可以提高砌筑效率、保证砌体质量。砂浆的流动性是以稠度表示的,见表3-1。稠度的测定值是用标准锥体沉入砂浆的深度表示的,沉入度越大,稠度越大,流动性越好。一般来说,对于干燥及吸水性强的块体,砂浆稠度应采用较大值;对于潮湿、密实、吸水性差的块体宜采用较小值。

砌筑砂浆的稠度　　表3-1

砌 体 类 别	砂浆稠度(mm)
烧结普通砖砌体 蒸压粉煤灰砖砌体	70~90
混凝土实心砖、混凝土多孔砖砌体 普通混凝土小型空心砌块砌体 蒸压灰砂砖砌体	50~70
烧结多孔砖、空心砖砌体 轻骨料小型空心砌块砌体 蒸压加气混凝土砌块砌体	60~80
石砌体	30~50

保水性是指当砂浆经搅拌后运送到使用地点后,砂浆中的水分与胶凝材料及骨料分离快慢的程度,通俗来说就是指砂浆保持水分的性能。保水性差的砂浆,在运输过程中容易产生泌水和离析现象,从而降低其流动性,影响砌筑。在砌筑过程中,水分很快会被块材吸收,砂浆失水过多,不能保证砂浆的正常硬化,降低砂浆与块材的粘结力,从而会降低砌体的强度。砂浆的保水性测定值是以分层度来表示的,分层度不宜大于20mm。

(三)砂浆的拌制

砌筑砂浆应采用机械搅拌,搅拌时间自投料完算起应符合下列规定:

(1)水泥砂浆和水泥混合砂浆不得少于120s;

(2)水泥粉煤灰砂浆和掺用外加剂的砂浆不得少于180s;

(3)掺增塑剂的砂浆,其搅拌方式、搅拌时间应符合现行行业标准《砌筑砂浆增塑剂》(JG/T 164)的有关规定;

(4)干混砂浆及加气混凝土砌块专用砂浆宜按掺用外加剂的砂浆确定搅拌时间或按产品说明书采用。

拌制水泥砂浆,应先将砂与水泥干拌均匀,再加水拌和均匀;拌制水泥混合砂浆,应先将砂与水泥干拌均匀,再加外掺料(如石灰膏、黏土膏)和水拌和均匀;拌制粉煤灰水泥砂浆,应先将水泥、粉煤灰、砂干拌均匀,再加水拌和均匀;如掺用外加剂,应先将外加剂按规定浓度溶于水中,在拌和水投入时同时投入外加剂溶液。外加剂不得直接投入拌制的砂浆中。

(四)砂浆的质量检验

砌筑砂浆试块验收时,其强度应符合下列规定:

(1)同一验收批砂浆试块强度平均值应大于或等于设计强度等级值的1.10倍;

(2)同一验收批砂浆试块抗压强度的最小一组平均值应大于或等于设计强度等级值

的85%。

具体验收要求如下：

(1)同一类型、同一强度等级的砂浆试块应不少于3组；同一验收批砂浆只有一组或二组试块时，每组试块抗压强度的平均值应大于或等于设计强度等级值的1.1倍；对于安全等级为一级的建筑结构或设计使用年限为50年及以上的房屋，同一验收批砂浆试块的数量不得少于3组。

(2)砂浆强度应以标准养护，28d龄期的试块抗压强度为准。

(3)制作砂浆试块的砂浆稠度应与配合比设计一致。

(4)抽检数量。每一检验批且不超过250m^3砌体的各类、各强度等级的普通砌筑砂浆，每台搅拌机应至少抽检一次。验收批的预拌砂浆、蒸压加气混凝土砌块专用砂浆，抽检可为3组。

(5)检验方法。在砂浆搅拌机出料口或在湿拌砂浆的储存容器出料口随机取样制作砂浆试块（现场拌制的砂浆，同盘砂浆只应制作一组试块），试块标养28d后做强度试验。预拌砂浆中的湿拌砂浆稠度应在进场时取样检验。

(五)砂浆的使用

砂浆应随拌随用，水泥砂浆和水泥混合砂浆应分别在拌成后3h和4h内使用完毕；当施工期间最高气温超过30℃时，必须分别在拌成后2h和3h内使用完毕；对掺用缓凝剂的砂浆，其使用时间可根据具体情况延长。

施工中不应采用强度等级小于M5水泥砂浆替代同强度等级水泥混合砂浆，如需替代，应将水泥砂浆提高一个强度等级。

在砌筑砂浆中掺入的增塑剂、早强剂、缓凝剂、防冻剂、防水剂等外加剂，其品种和用量应经有资质的检测单位检验和试配确定。所用外加剂的技术性能应符合国家现行有关标准《砌筑砂浆增塑剂》(JG/T 164)、《混凝土外加剂》(GB 8076)、《砂浆、混凝土防水剂》(JC 474)的要求。

第二节　砌体工程机械与设施

一、垂直运输机械

垂直运输机械是指在建筑施工过程中，承担各种材料（砖、砌块、石块、砂浆等）、各种工具（脚手架、脚手板、灰槽等）以及工作人员垂直运输任务的设备。在砌体工程中，垂直运输的工作量很大，合理选择垂直运输机械是进行施工组织设计首要考虑的问题。

以下介绍其中常用的三种机械：井架、龙门架、建筑施工电梯。

(一)井架

井架是砌体工程中最常使用的垂直运输机械（图3-2），它可以采用型钢或钢管加工成定型产品，也可以采用脚手架部件（如钢管扣件式脚手架、碗扣式脚手架或框组式脚手架等）搭设。

井架一般为单孔，也可构成双孔或三孔。当为双孔或三孔井架时，可同时增设吊盘及料斗,以满足运输多种材料的需要。

当井架高度在15m以下时设缆风绳一道;当井架高度在15m以上时,每增高10m增设一道缆风绳。缆风绳设置在井架四角,每角一根,采用直径9mm的钢丝绳,与地面夹角为45°。

井架的优点是价格低廉、稳定性好、运输量大;缺点是缆风绳多、影响施工和交通。通常附着于建筑物的井架不设缆风绳,仅设附墙拉杆。

(二)龙门架

龙门架是由两组格构式立杆和横梁(天轮梁)组合而成的门式起重设备,如图3-3所示。龙门架采用缆风绳进行固定,卷扬机通过上下导向滑轮(天轮、地轮)使吊盘在两立杆间沿导轨升降。

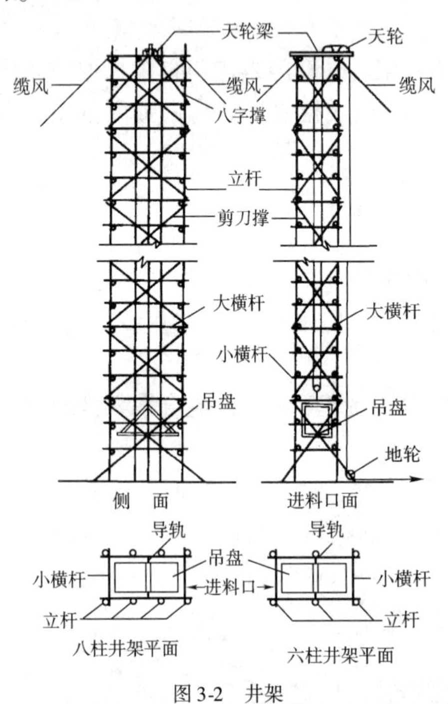

图3-2　井架

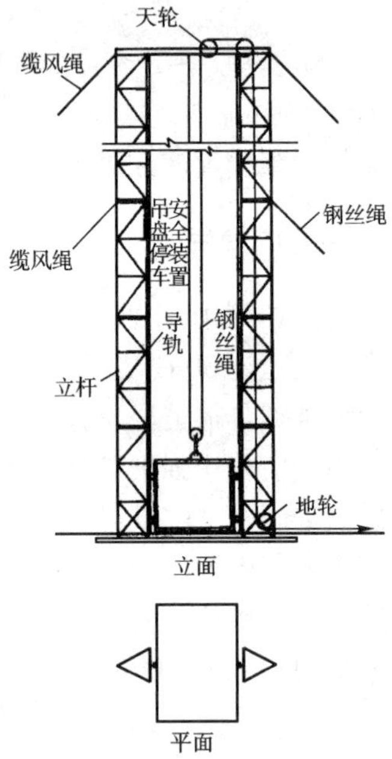

图3-3　龙门架的基本构造形式

龙门架的起重高度一般为15~30m,起重量为0.6~1.2t。

龙门架通常单独设置。当建筑物有外脚手架时,可设置在脚手架的外侧,其稳定性依靠缆风绳解决;如设置在脚手架的中间,则要利用拉杆将龙门架的立柱与脚手架拉结。

龙门架的优点是构造简单、制作容易、装拆方便;具有停位装置,能保证停位准确,非常适合于中小型工程。缺点是不能实现水平运输,在地面与高空都必须用手推车等人力运输来配合。

(三)建筑施工电梯

建筑施工电梯是把吊笼安装在井架外侧,使其沿齿条轨道升降的人货两用垂直运输机械。特别适用于高层建筑的施工,也可用于多高层建筑、多层厂房和一般楼房施工中的垂直运输。

建筑施工电梯可附着在外墙或其他建筑物结构上,随着建筑物主体结构施工而接高。其高度可达100m以上,可载运货物1.0~2.0t,或载人13~25人。

二、砌筑用脚手架

砌筑用脚手架,是砌筑过程中堆放材料和方便工人进行操作的临时设施,同时也是安全设施。

工人在砌筑操作时,劳动生产率会受到砌筑高度的影响,根据科学统计,在作业面距工人脚踏平面 0.6m 时生产效率最高,低于或高于 0.6m 生产效率均下降;另外,砌筑到一定高度后,不搭设脚手架则砌筑工作将无法进行。考虑到砌筑的工作效率和施工组织等因素,每次脚手架的搭设高度一般以 1.2m 较为合适,称为“一步高”,也叫砖墙的可砌高度。

(一)脚手架的基本要求

(1)脚手架所使用的材料与加工质量必须符合规定要求,不得使用不合格品。

(2)脚手架应坚固、稳定,能保证施工期间在各种荷载和气候条件下不变形、不倾倒、不摇晃;同时,脚手架的搭设应不会影响到墙体的安全。

(3)搭拆简单,搬运方便,能多次周转使用。

(4)认真处理好地基,确保地基具有足够大的承载力,必要时进行基础设计。

(5)严格控制使用荷载,保证有较大的安全储备。

(6)要有可靠的安全防护措施:

①按规定设置围护设施,包括安全网、安全护栏等;

②脚手架应有良好的防电、避雷、接地设施;

③做好楼梯、斜道等部位的防滑措施。

(7)规范规定,不得在下列墙体或部位设置脚手眼:

①120mm 厚墙、清水墙、料石墙、独立柱和附墙柱;

②过梁上与过梁成 60°角的三角形范围及过梁净跨度 1/2 的高度范围内;

③宽度小于 lm 的窗间墙;

④门窗洞口两侧石砌体 300mm,其他砌体 200mm 范围内,转角处石砌体 600mm,其他砌体 450mm 范围内;

⑤梁或梁垫下及其左右 500mm 范围内;

⑥设计不允许设置脚手眼的部位;

⑦轻质墙体;

⑧夹心复合墙外叶墙。

脚手眼补砌时,应清除脚手眼内掉落的砂浆、灰尘;脚手眼处及填塞用砖应湿润,并应填实砂浆。

(二)脚手架的分类

脚手架种类很多,可以从不同角度进行分类。如按使用材料可分为:木质脚手架、竹质脚手架、金属脚手架;按构造形式可分为:多立杆式、框组式、吊式、挂式、、挑式、爬升式以及用于楼层间操作的工具式脚手架;按搭设位置可分为:外脚手架、里脚手架。

1. 外脚手架

搭设于建筑物外部的脚手架称为外脚手架,它既可以用于外墙砌筑,又可以用于外装饰施工。其主要形式分为:多立杆式脚手架和门框式脚手架。

1)多立杆式脚手架

多立杆式脚手架主要是由立杆、纵向水平杆(也叫大横杆)、横向水平杆(也叫小横杆)、斜撑与脚手板等部件构成。为了防止整片脚手架在风载作用下外倾,脚手架还需设置连墙杆,将脚手架与建筑物主体结构相连。

根据使用的要求,多立杆式脚手架可以搭设成双排式和单排式两种形式(图3-4)。双排式是沿墙外侧设两排立杆,大横杆沿墙外侧垂直于立杆搭设,小横杆的两端支承在大横杆上;单排式是沿墙外侧仅设一排立杆,小横杆一端与大横杆连接,另一端支承在墙上。

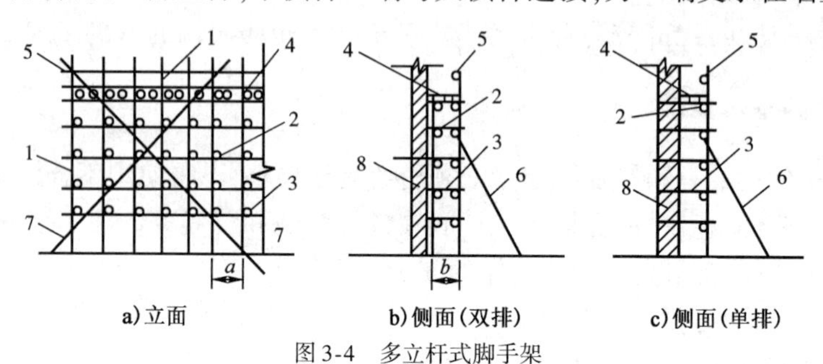

a)立面　　b)侧面(双排)　　c)侧面(单排)

图3-4　多立杆式脚手架

1-立柱;2-大横杆;3-小横杆;4-脚手板;5-栏杆;6-抛撑;7-斜撑;8-墙体

搭设多立杆式脚手架的基本构造要求如表3-2所示。

多立杆式外脚手架的一般构造要求　　表3-2

项目名称		结构脚手架		装修脚手架	
		单排	双排	单排	双排
双排脚手架里立杆离墙面的距离(m)		–	0.35~0.50	–	0.35~0.50
小横杆里端离墙面的距离或插入墙体的长度(m)		0.30~0.50	0.10~0.15	0.30~0.50	0.15~0.20
小横杆外端伸出大横杆外的长度(m)		>0.15			
双排脚手架内外立杆横距(m) 单排脚手架立杆与墙面距离(m)		1.35~1.80	1.00~1.50	1.15~1.50	0.15~1.20
立杆纵距(m)	单立杆	1.00~2.00			
	多立杆	1.50~2.00			
大横杆间距离(步高)(m)		不大于1.50	不大于1.80		
第一步架步高(m)		一般为1.60~1.80,且不大于2.00			
小横杆间距(m)		不大于1.00	不大于1.50		
剪刀撑		沿脚手架纵向两端和转角处起,每隔10m左右设一组,斜杆与地面夹角为45°~60°,并沿全高度布置			
与结构拉结(连墙杆)		每层设置,垂直距离不大于4.0,水平距离不大于6.0,且在高度段的分界面上必须设置			
护身栏杆和挡角板		设置在作业层,栏杆高1.00,挡角板高0.40			

根据连接方式的不同,多立杆式脚手架可以分为钢管扣件式与钢管碗扣式脚手架。

(1)钢管扣件式多立杆脚手架。钢管扣件式多立杆脚手架是由钢管、扣件和底座组成的,钢管通过扣件进行连接,并安放在底座上面。

钢管一般采用外径48mm、壁厚3.5mm的焊接钢管。

扣件的基本形式有三种(图3-5):直角扣件、回转扣件和对接扣件,分别用于钢管之间的直角连接、任意角度的连接和直线连接。

底座有两种，一种采用钢板做底板，钢管做套筒，二者焊接而成（图 3-6）；另一种采用可锻造的铸铁铸成。

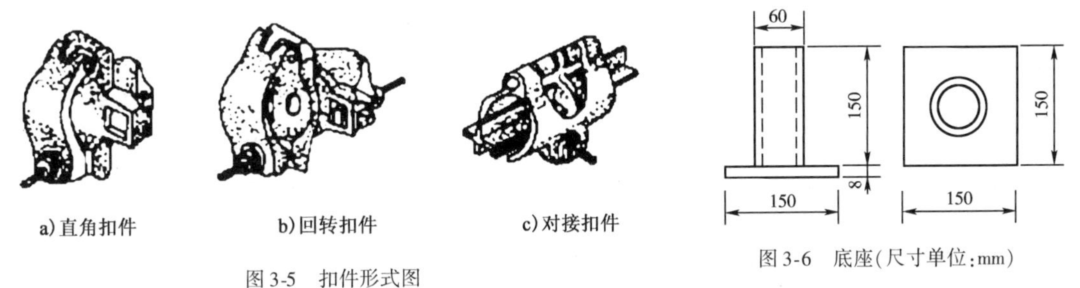

图 3-5　扣件形式图

图 3-6　底座（尺寸单位：mm）

（2）钢管碗扣式多立杆脚手架。钢管碗扣式多立杆脚手架的立杆与水平横杆是依靠特制的碗扣接头来连接的（图 3-7）。碗扣分上碗扣和下碗扣。在安装之前，下碗扣焊在钢管上，上碗扣对应地套在钢管上；安装过程中，将横杆接头插入下碗扣内，将上碗扣的销槽对准焊在立杆上的限位销向下滑动并沿顺时针旋转即可，这样通过上碗扣螺旋面使之与限位销顶紧，从而实现横杆与立杆的牢固连接。

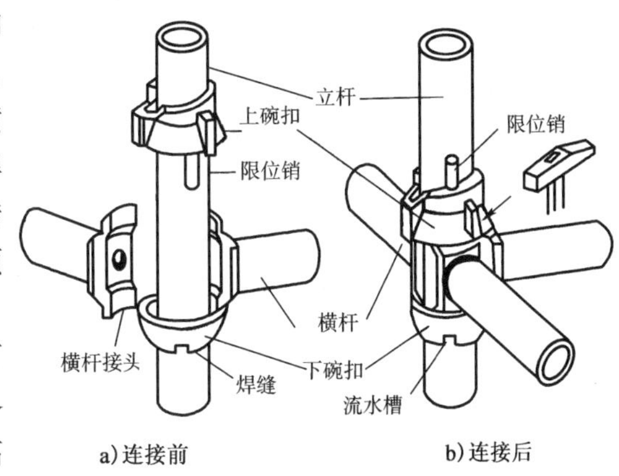

图 3-7　碗扣接头

碗扣式接头可同时连接 4 根横杆，横杆可相互垂直亦可组成其他角度，因而可以搭设各种形式脚手架，特别适合于搭设扇形表面及高层建筑施工和装修。

2）门框式脚手架

门框式脚手架又称为多功能脚手架，是目前国际上采用的最为普遍的脚手架（图 3-8）。门式脚手架的材料一般采用钢管，主要由门式框架、剪刀撑和水平梁架等基本单元组成。将这些基本单元相互连接即形成骨架，在此基础上增加辅助用的栏杆、脚手板等，就构成整片脚手架。

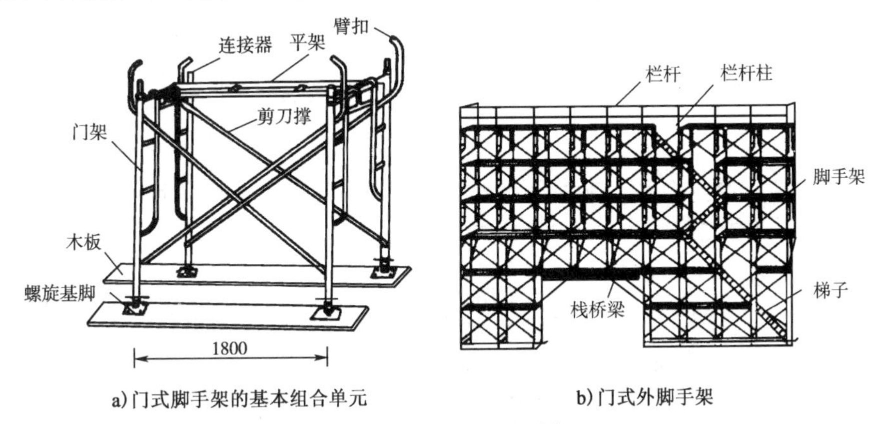

图 3-8　门框式脚手架（尺寸单位：mm）

为了避免不均匀沉降，搭设门框式脚手架时基座必须夯实找平，并铺设可调节底座；为了确保脚手架的整体刚度，门架之间必须设置剪刀撑和水平梁架（或脚手板）。

门式脚手架一般按照以下流程来搭设:

铺放垫木板→拉线/安放底座→自一端起立门架并随即安装剪刀撑→装水平梁架(或脚手板)→装梯子(用于人员上下)→装设连墙杆→重复进行,逐层向上安装→装设顶部栏杆。

门式脚手架的拆除顺序应与搭设顺序相反,自上而下进行。

2. 里脚手架

搭设于建筑物内部的脚手架称为里脚手架。里脚手架搭设在各层楼板上,当砌完一层墙体后,即将其转移到上一层楼板上,进行新一层的墙体施工。它可以用于室内装饰施工和内外墙体的砌筑。当采用里脚手架砌筑外墙时,必须沿墙外侧搭设安全网,确保施工安全。

由于里脚手架装拆频繁,故要求其轻便灵活,易装易拆。通常情况下,里脚手架多采用工具式里脚手架,其主要形式分为:折叠式脚手架、支柱式脚手架和门架式脚手架;还包括整体平台架。

1)折叠式脚手架

折叠式脚手架的材料可以采用角钢、钢管或钢筋等。图 3-9 表示的是用角钢制成的折叠式里脚手架,在其上部铺搭脚手板即可用于操作。其架设间距在水平方向一般不超过 2m,竖直方向可以搭设两步,第一步高度大约为 1m,第二步为 1.65m。

2)支柱式脚手架

支柱式脚手架是在支柱上安放横杆,然后铺搭脚手板即可用于操作。支柱式里脚手架的支柱有套管式和承插式两种。图 3-10 表示的是套管式支柱式脚手架,它的搭设过程是:将插管插入立管中,用销孔之间的间距来调节高度,在插管顶端的凹形支托内搁置方木横杆,横杆上再铺设脚手板。

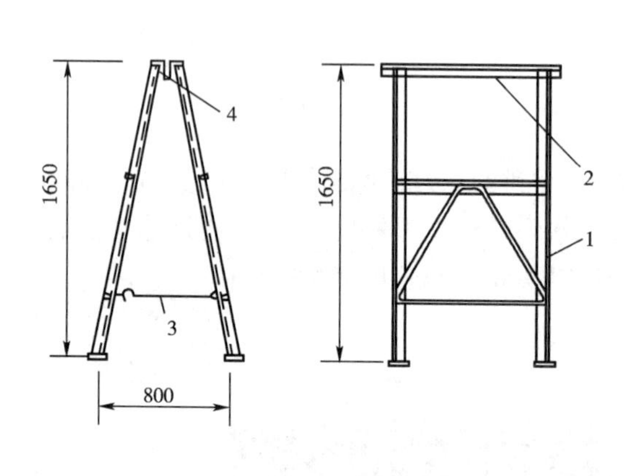

图 3-9　折叠式脚手(尺寸单位:mm)
1-立柱;2-横楞;3-挂钩;4-铰链

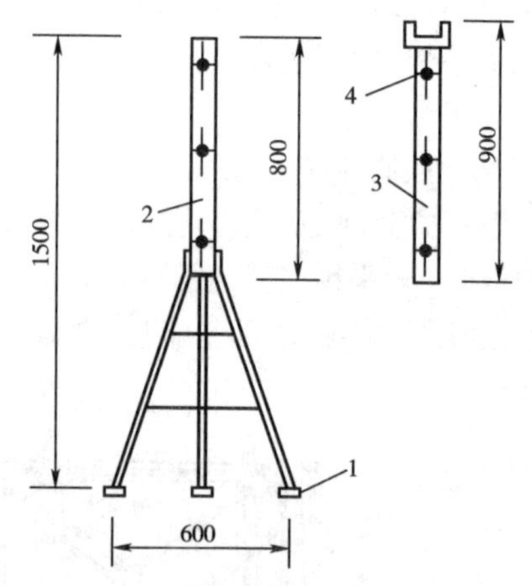

图 3-10　套管式支柱(尺寸单位:mm)
1-支脚;2-立管;3-插管;4-销孔

3)门架式脚手架

门架式脚手架是用两片 A 形支架与门架组成的,适用于墙体砌筑和室内装修。如图 3-11 所示,A 形支架又分为立管和支角两部分,立管一般采用 50mm × 3mm 钢管,支脚可以用角钢、钢管或钢筋焊接而成。门架采用钢管或角钢与钢管焊接而成。

按照 A 形支架与门架的不同结合方式,门架式脚手架可以分为套管式和承插式两种形式。套管式的支架立管比较长,由立管与门架上的销孔来调节架子高度;承插式的支架立管比较短,采用双承插管,在改变架设高度时,支架可不移动,而只需要改变门架的承插位置。

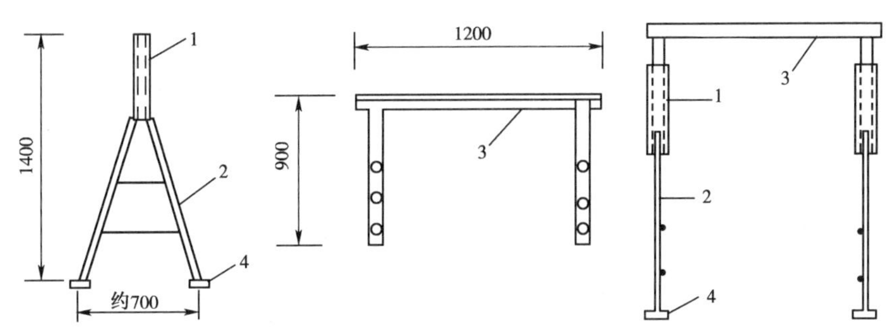

图 3-11　门架式脚手架(尺寸单位:mm)

1-立管;2-支脚;3-门架;4-垫板

(三)新型脚手架的开发与应用

近年来,随着新技术、新材料的不断发展,一些专业生产脚手架的工程公司采用低合金钢管材料,研制开发出了系列的新型脚手架。这种新型低合金镀锌钢管(国标 Q345B)脚手架与传统的普碳钢管(国标 Q235)脚手架相比,具有重量轻、强度高、拆装便捷、施工工效高、耐腐蚀等突出优点,已在我国一些大型重点工程中成功推广应用。其缺点是价格相对较高,杆件尺寸固定。

随着高层建筑的发展,我国附着式升降脚手架也得到了较快的发展。该脚手架仅需搭设一定高度并附着于工程结构上,依靠自身的升降设备和装置可随工程结构逐层爬升或下降,并具有防倾覆、防坠落装置的功能(图 3-12)。

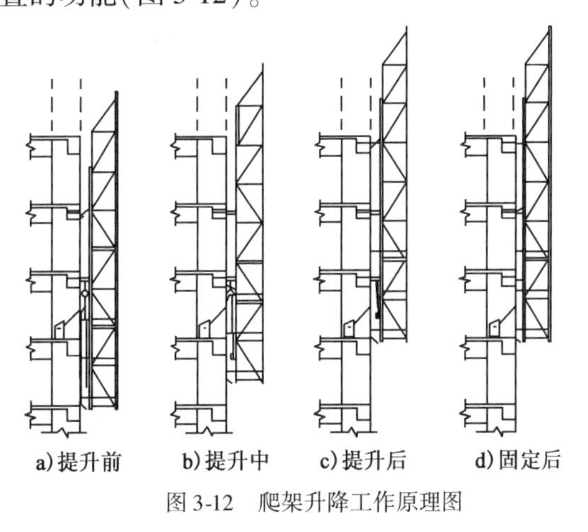

图 3-12　爬架升降工作原理图

第三节　砖砌体施工

一、砖砌体施工准备

砖的品种、强度等级必须符合设计要求,并应规格一致。用于清水墙、清水柱表面的砖,应边角整齐、色泽均匀。在冻胀环境下,地面以下或防潮层以下的砌体,不宜采用烧结多孔砖。

砌筑烧结普通砖、烧结多孔砖、蒸压灰砂砖、蒸压粉煤灰砖砌体时,砖应提前 1 ~ 2d 适度湿润,严禁采用干砖或处于吸水饱和状态的砖砌筑。块体湿润程度宜符合下列规定:

(1)烧结类块体的相对含水率60% ~70%。

(2)混凝土多孔砖及混凝土实心砖不需要浇水湿润,但在气候干燥炎热的情况下,宜在砌筑前对其喷水湿润。其他非烧结类块体的相对含水率40% ~50%。

砌筑砂浆的品种、强度等级必须符合设计要求,其稠度应符合表3-1的规定。

砌筑前,必须按施工组织设计要求,组织垂直运输机械、水平运输机械、砂浆搅拌机械进场、安装与调试等工作;同时,还要准备好脚手架、砌筑工具(如皮数杆、托线板等)。

二、砖砌体施工工艺

(一)砖基础

砖基础包括其下部的大放脚、上部的基础墙。大放脚有等高式与间隔式。等高式大放脚是每砌两皮砖,两边各收进1/4砖长(60mm);间隔式大放脚是每砌两皮砖及一皮砖,轮流两边各收进1/4砖长(60mm),最下面应为两皮砖(图3-13)。

按照砌筑的顺序,砖基础施工时应注意以下几点:

(1)基础的防潮层,当设计无具体要求时,宜采用掺用适量防水剂的水泥砂浆铺设,配合比为1:2(水泥:砂),其厚度宜为20mm。防潮层的位置宜在室内地面标高以下一皮砖处。

(2)基底标高不同时,应从低处砌起,并应由高处向低处搭砌。当设计无要求时,搭接长度L不应小于基础底的高差H,搭接长度范围内下层基础应扩大砌筑(图3-14)。

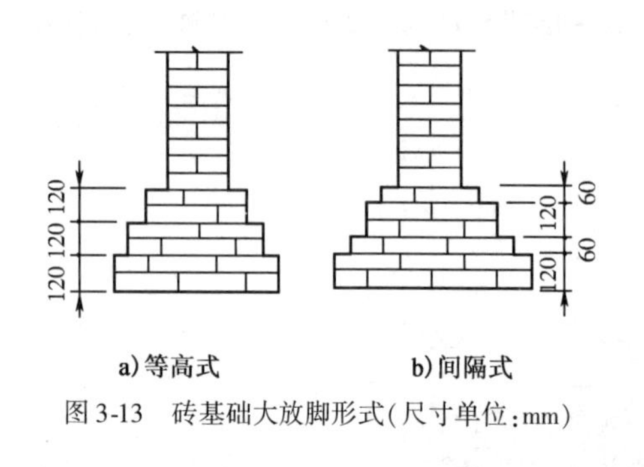

图3-13 砖基础大放脚形式(尺寸单位:mm)

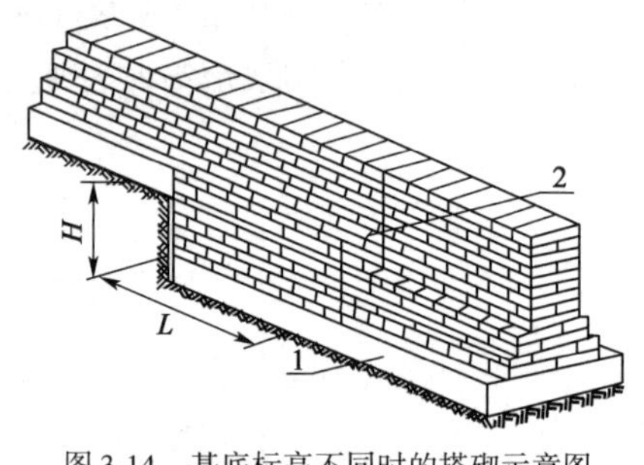

图3-14 基底标高不同时的搭砌示意图(条形基础)
1-混凝土垫层;2-基础扩大部分

(3)砌完基础后,两侧应同时对称回填土,并分层夯实,以防止不对称回填导致基础侧移,发生质量事故。

(二)砖墙

1.组砌方式与构造要求

(1)对于普通砖墙,根据其厚度不同,可采用全顺、两平一侧、全丁、一顺一丁、梅花丁或三顺一丁的组砌形式(图3-15)。具体说明如下:

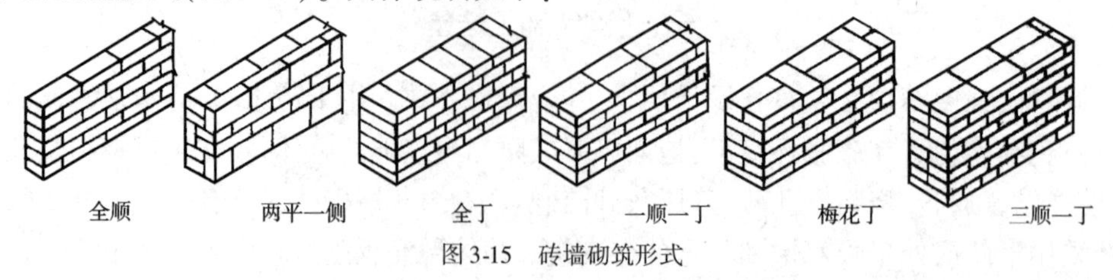

图3-15 砖墙砌筑形式

全顺适合于砌半砖厚墙；两平一侧适合于砌 3/4 砖厚(178mm)墙；全丁适合于砌一砖厚(240mm)墙；一顺一丁适合于砌一砖及一砖以上厚墙；三顺一丁和梅花丁适合于砌一砖厚墙；一顺一丁和梅花丁因其整体性好，故常用于抗震结构。

(2)对于多孔砖墙，多孔砖的孔洞应垂直于受压面砌筑。半盲孔多孔砖的封底面应朝上砌筑。方形砖一般采用全顺砌法，多孔砖中的手抓孔应平行于墙面，上下皮垂直灰缝相互错开半砖长；矩形砖宜采用一顺一丁或梅花丁的砌筑形式，上下皮垂直灰缝相互错开 1/4 砖长(图 3-16)。

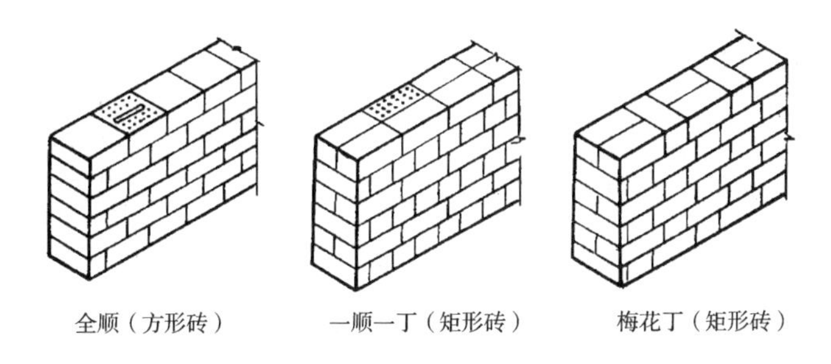

图 3-16　多孔砖墙砌筑形式

(3)对于空心砖墙(图 3-17)，有以下几点需要注意：

①应采用侧砌的方法，其孔洞呈水平方向，上下皮垂直灰缝相互错开 1/2 砖长；

②空心砖墙在与烧结普通砖墙交接处，应采用长度大于 240mm 的烧结普通砖墙与空心砖墙相接，并每隔 2 皮空心砖高在交接处的水平灰缝中设置 2ϕ6 钢筋作为拉结筋，在空心砖墙中的拉结筋的长度不小于(空心砖长 +240mm)；

③空心砖墙在转角处，应采用烧结普通砖砌筑，砌筑长度角边不小于 240mm；

④空心砖墙砌筑不得留置斜槎或直槎；同时在交接处、转角处砌筑空心砖与普通砖；

⑤空心砖墙中不得留置脚手眼；

⑥不得对空心砖墙进行砍凿。

2. 砌筑工艺流程

砖墙的砌筑工序包括抄平、放线、摆砖、立皮数杆、盘角、挂线、砌砖、清理等。

1)抄平

砌墙前应在基础防潮层或楼面上定出各层标高，并用 M7.5 水泥砂浆或 C10 细石混凝土抄平，使各段砖墙底部标高符合设计要求。抄平时，要做到上、下两层外墙之间不出现明显的接缝痕迹。

2)放线

根据龙门板上给出的轴线及图纸上标注的墙体尺寸，在基础顶面上用墨线弹出墙的轴线和墙的宽度线，并定出门窗洞口位置。二楼以上墙的轴线可以用经纬仪或垂球将轴线上引，并弹出各墙的宽度线及门窗洞口位置线。

3)摆砖

摆砖是在放线的基面上按照选定的组砌方式用“干砖”试摆，以尽可能减少砍砖，从而使得砌体灰缝均匀、组砌有序。

4)立皮数杆

皮数杆是砌筑时控制砌体竖向尺寸的一种木制标杆(图 3-18)。同时还可以保证墙体的垂直度。在杆上画有每皮砖的厚度以及门窗洞口、过梁、楼板、预埋件等的标高位置。

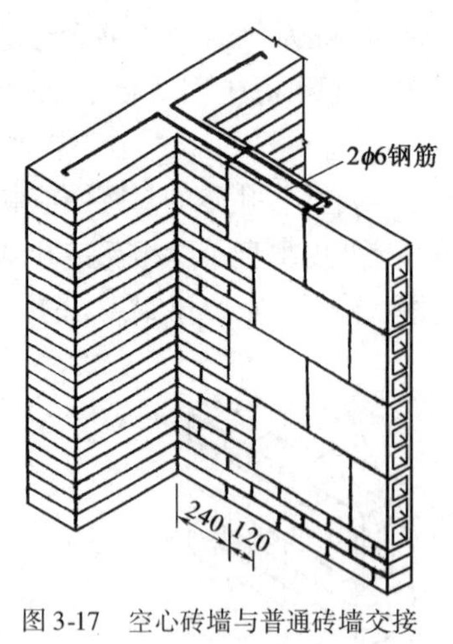

图 3-17 空心砖墙与普通砖墙交接
(尺寸单位:mm)

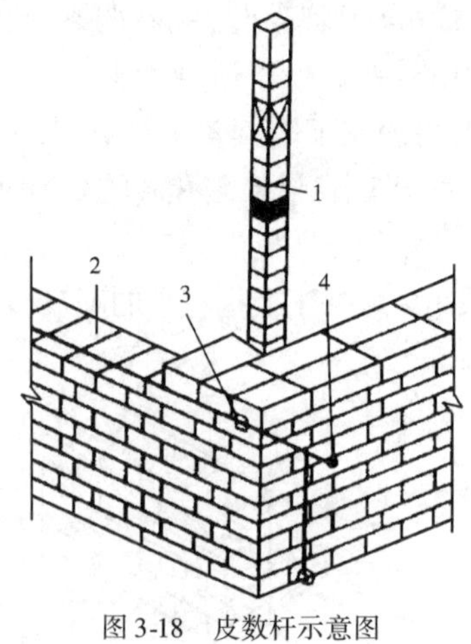

图 3-18 皮数杆示意图
1-皮数杆;2-准线;3-竹片;4-铁钉

皮数杆一般立于房屋的四大角、内外墙交接处、楼梯间以及洞口比较多的地方,大约 10 ~ 15m 立一根。皮数杆可用锚钉或斜撑加以固定,以保证其牢固与垂直度。

5)盘角、挂线

摆好砖后,如果没有问题,则按照干砖摆放位置挂好通线砌好第一皮砖,接着就进行盘角。每次盘角不得超前墙体 5 皮砖,在盘角过程中应该随时用托线板检查墙角是否垂直平整,砖层灰缝厚度是否符合皮数杆要求。在每一层的砖砌体砌筑过程中,盘角随着砌体高度的上升将反复进行,做到“三皮一吊,五皮一靠”。

在盘角后,应在墙侧挂上准线,作为墙身砌筑的依据。一般 240mm 厚墙及其以下墙体单面挂线;370mm 厚及其以上的墙体双面挂线。

6)砌砖

砌砖的常用方法有两种:铺浆法和“三一”砌筑法。铺浆法是指把砂浆摊铺到要砌砖的位置并用泥刀或铲刀刮均匀,尔后放上砖并挤出砂浆的砌筑方法,铺浆的长度不得超过 750mm;“三一”砌筑法是指一铲灰、一块砖、一揉压的砌筑方法。

采用铺浆法砌筑砌体,铺浆长度不得超过 750mm ;当施工期间气温超过 30℃时,铺浆长度不得超过 500mm。

240mm 厚承重墙的每层墙的最上一皮砖、砖砌体的阶台水平面上及挑出层的外皮砖,应整砖丁砌。

7)清理

当每一层砖砌体砌筑完毕后,应进行墙面、柱面及落地灰的清理。对于清水砖墙,在清理前还需进行勾缝。勾缝采用 1∶1.5 或者 1∶2 的水泥砂浆;如用里脚手架砌墙,也可采用砌筑砂浆随砌随勾。勾缝要求横平竖直,深浅一致。缝的形式有凹缝和平缝等,其中凹缝深度一般为 4 ~ 5mm。

(三)砖砌体砌筑要求

1. 楼层标高的控制

在砖砌体砌筑时,楼层或楼面标高可在楼梯间吊钢尺,用水准仪直接读取传递。

每层楼的墙体砌到一定高度后,用水准仪在各内墙面分别进行抄平,并在墙面上弹出离室内地面高 500mm 的水平线,俗称“50 线”。这条线是该楼层进行室内装修施工时,控制标高的依据。

2. 施工洞口的留设

砖砌体施工时,为了方便后续装修阶段的材料运输与人员通行,常常需要在外墙和内隔墙上留设临时性施工洞口,规范规定,洞口侧边距丁字相交的墙面不小于 500mm,洞口净宽度不应超过 1m,而且洞顶宜设置过梁。在抗震设防 9 度的建筑物留设洞口时,必须与结构设计人员研究决定。

对设计规定的设备管道、沟槽、脚手眼和预埋件,应在砌筑墙体时预留和预埋,不得事后随意打凿墙体。

3. 减少不均匀的沉降

沉降不均匀将导致墙体开裂,对结构危害很大,砌体施工时要严加注意。若房屋相邻高差较大时,应先建高层部分;分段施工时,砌体相邻施工段的高差不得超过一个楼层,也不得大于 4m;柱和墙上严禁施加大的集中荷载(如架设起重机),以减少灰缝变形而导致砌体沉降。

正常施工条件下,砖砌体、小砌块砌体每日砌筑高度宜控制在 1.5m 或一步脚手架高度内;石砌体不宜超过 1.2m。

4. 构造柱施工

构造柱应与圈梁紧密连接,使建筑物形成一个空间框架,从而提高结构的整体刚度和稳定性,增强抗震能力。

墙体与构造柱连接处应砌成马牙槎,马牙槎应先退后进,马牙槎的高度不宜超过 300mm,沿墙高每 500mm 设置 2φ6 水平拉结钢筋,每边伸入墙内不宜小于 1m(图 3-19)。

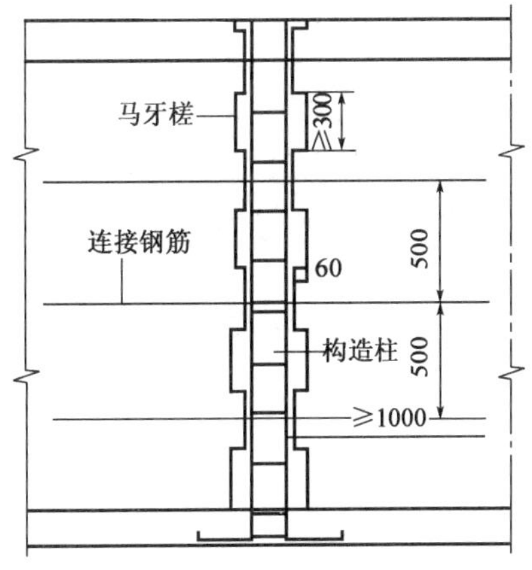

图 3-19 砖墙的马牙槎布置(尺寸单位:mm)

三、砖砌体的质量要求

1. 横平竖直

砖砌体的灰缝应横平竖直,厚薄均匀。水平灰缝厚度及竖向灰缝宽度宜为 10mm ,但不应小于 8mm,也不应大于 12mm 。

2. 砂浆饱满

砌体灰缝砂浆应密实饱满,砖墙水平灰缝的砂浆饱满度不得低于 80%;砖柱水平灰缝和竖向灰缝饱满度不得低于 90%。可用百格网检查砖底面与砂浆的粘结痕迹面积,每处检测 3 块砖,取其平均值。

3. 上下错缝

砖砌体组砌方法应正确,内外搭砌,上、下错缝。清水墙、窗间墙无通缝;混水墙中不得有长度大于 300mm 的通缝,长度 200 ~ 300mm 的通缝每间不超过 3 处,且不得位于同一面墙体上。砖柱不得采用包心砌法。

4. 接槎可靠

砖砌体的转角处和交接处应同时砌筑，严禁无可靠措施的内外墙分砌施工。在抗震设防烈度为 8 度及 8 度以上的地区，对不能同时砌筑而又必须留置的临时间断处应砌成斜槎，普通砖砌体斜槎水平投影长度不应小于高度的 2/3（图 3-20），多孔砖砌体的斜槎长高比不应小于 1/2，斜槎高度不得超过一步脚手架的高度。

非抗震设防及抗震设防烈度为 6 度、7 度地区的临时间断处，当不能留斜槎时，除转角处外，可留直槎，但直槎必须做成凸槎，且应加设拉结钢筋。拉结钢筋应符合下列规定：

（1）每 120mm 墙厚放置 1ϕ6 拉结钢筋（120mm 厚墙应放置 2ϕ6 拉结钢筋）；

（2）间距沿墙高不应超过 500mm；且竖向间距偏差不应超过 100mm；

（3）埋入长度从留槎处算起每边均不应小于 500mm，对抗震设防烈度 6 度、7 度的地区，不应小于 1000mm；

（4）末端应有 90°弯钩（图 3-21）。

砖砌体接槎时，必须将接槎处的表面清理干净，浇水湿润。

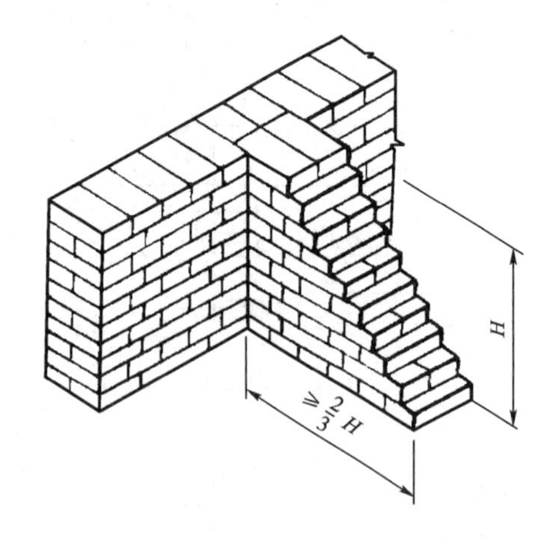

图 3-20　烧结普通砖砌体斜槎

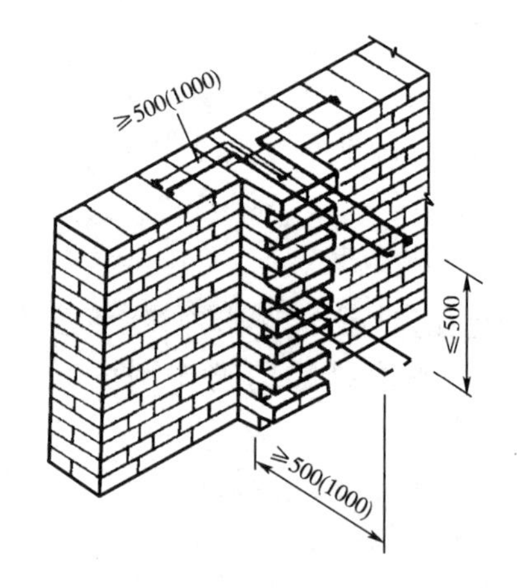

图 3-21　烧结普通砖砌体直槎（尺寸单位：mm）

第四节　混凝土小型空心砌块砌体工程

本节主要讲述普通混凝土小型空心砌块和轻骨料混凝土小型空心砌块（以下简称小砌块）等砌体工程。

一、中小型砌块砌体施工准备

（一）材料准备

（1）施工采用的小砌块的产品龄期不应小于 28d。

（2）砌筑小砌块时，应清除表面污物，剔除外观质量不合格的小砌块。

（3）砌筑小砌块砌体，宜选用专用小砌块砌筑砂浆。

（4）底层室内地面以下或防潮层以下的砌体，应采用强度等级不低于 C20（或 Cb20）的混凝土灌实小砌块的孔洞。

(5)砌筑普通混凝土小型空心砌块砌体时,不需要对小砌块浇水湿润,如遇天气干燥炎热,宜在砌筑前对其喷水湿润;对轻骨料混凝土小砌块,应提前浇水湿润,块体的相对含水率宜为40% ~50%。雨天及小砌块表面有浮水时,不得施工。

(6)承重墙体使用的小砌块应完整、无缺损、无裂缝。

(二)砌块排列图

砌块墙体在吊装前应绘制砌块排列图(图3-22),以便指导吊装施工和砌块准备。砌块排列图是根据建筑施工图上标注的门窗大小、层高尺寸、砌块错缝、灰缝大小以及搭接构造等要求进行排列绘制的。

其绘制方法是:先在立面上用1:50或1:30的比例绘制出纵横墙;然后将过梁、楼板、楼梯、混凝土垫块等在图上标出,同时将水盘、管道等孔洞标出;接着在纵墙和横墙上画出水平灰缝;最后根据砌块错缝要求、搭接规定、竖缝尺寸等排列砌块。为了减少吊装次数、提高台班产量,应尽量采用主规格砌块。

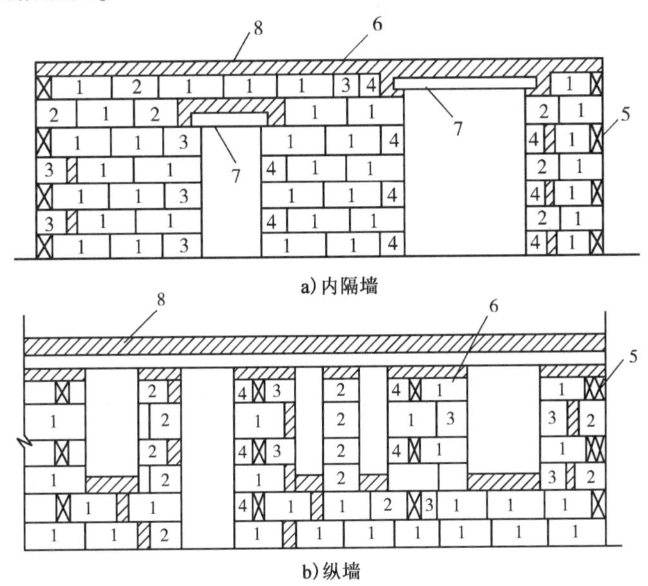

a)内隔墙

b)纵墙

图3-22 砌块排列图

1-主规格砌块;2、3、4-副规格砌块;5-丁砌砌块;6-顺砌砌块;7-过梁;8-镶砖

二、中小型砌块砌体施工工艺

(一)砌块砌体施工工艺

砌块砌体施工的主要工艺包括:抄平弹线、基层处理、立皮数杆、砌块砌筑、勾缝等。主要要求如下:

1.基层处理

首先拉标高准线,用砂浆找平砌筑基层。当最下一皮砌块的水平灰缝厚度大于20mm时,应用豆石混凝土找平。砌筑小砌块时,应清除芯柱小砌块孔洞底部的毛边。用普通混凝土小砌块砌筑墙体时,防潮层以下应采用不低于C20的混凝土灌实小砌块的孔洞;轻骨料混凝土

和加气混凝土的墙底部，应先砌烧结普通砖、多孔砖或普通混凝土小型砌块，也可现浇混凝土坎台，其高度宜为150mm。

在厨房、卫生间、浴室等处采用轻集料混凝土小型空心砌块、蒸压加气混凝土砌块砌筑墙体时，墙底部宜现浇混凝土坎台等，其高度宜为150mm。

在散热器、厨房、卫生间等设备的卡具安装处砌筑的小砌块，宜在施工前用强度等级不低于C20的混凝土将其孔洞灌实。

2. 砌筑

砌块就位吊装应该从转角处或定位砌块处开始，严格按照砌块排列图的顺序进行。砌块砌体的砌筑形式只有全顺式一种组砌方式（图3-23），应做到错缝搭砌、上下皮对孔。砌筑砂浆应随铺随砌，逐块坐（铺）浆砌筑。小砌块应将生产时的底面朝上反砌于墙上。砌体水平灰缝和竖向灰缝的砂浆饱满度，按净面积计算不得低于90%。

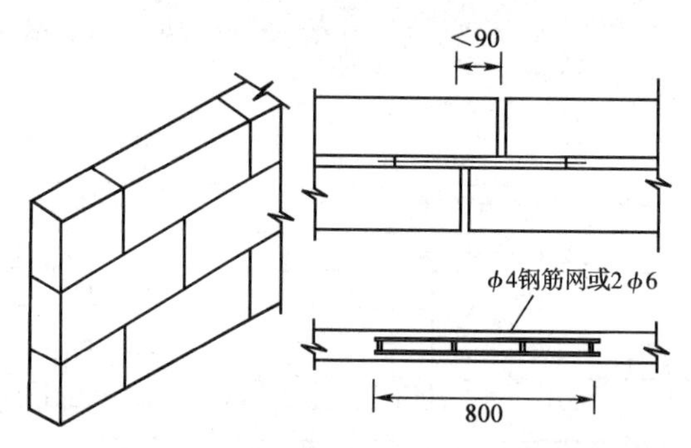

图3-23　砌块组砌方式（尺寸方式 mm）

竖向灰缝可采用满铺端面法，即将砌块端面朝上铺满砂浆后，上墙挤紧，再灌浆插捣密实。

砌体中的拉结钢筋或网片应置于灰缝正中，埋置长度符合设计要求；门窗框与砌块墙体连接处，应砌入埋有防腐木砖的砌块或混凝土砌块；水电管线、孔洞、预埋件等应按砌块排块图与砌筑及时配合进行，不得在已砌筑的墙体上凿槽打洞；锯切加气混凝土砌块应采用专用工具。

正常施工条件下，砌块墙体每日砌筑高度宜控制在1.5m或一步脚手架高度内。

填充墙砌至接近梁、板底面时应留一定空隙，待填充墙砌筑完并应至少间隔14天后，再用普通烧结砖斜砌挤紧。在墙体砌筑过程中，当砌筑砂浆初凝后，块体被撞动或需移动时，应将砂浆清除后再铺浆砌筑。

3. 勾缝

随砌随将伸出墙面的砂浆刮掉，不足处应补浆压实，待砂浆稍凝固后，再用原浆作勾缝处理。灰缝宜凹进墙面2mm。

（二）砌块砌体的施工要求

1. 搭接长度

小砌块墙体应孔对孔、肋对肋错缝搭砌。单排孔小砌块的搭接长度应为块体长度的1/2；多排孔小砌块的搭接长度可适当调整，但不宜小于砌块长度的1/3，且不应小于90mm。墙体的个别部位不能满足上述要求时，应在灰缝中设置拉结钢筋或钢筋网片，但竖向通缝仍不得超过两皮小砌块。

2. 转角处与交接处

墙体转角处和纵横墙交接处应同时砌筑。临时间断处应砌成斜槎，斜槎水平投影长度不应小于斜槎高度。施工洞口可预留直槎,但在洞口砌筑和补砌时,应在直槎上下搭砌的小砌块孔洞内用强度等级不低于 C20(或 Cb20)的混凝土灌实。

3. 灰缝

砌体的水平灰缝厚度和竖向灰缝宽度宜为 10mm ,但不应大于 12mm,也不应小于 8mm。

4. 芯柱

芯柱混凝土宜选用专用小砌块灌孔混凝土(图 3-24)。浇筑芯柱混凝土应符合下列规定:

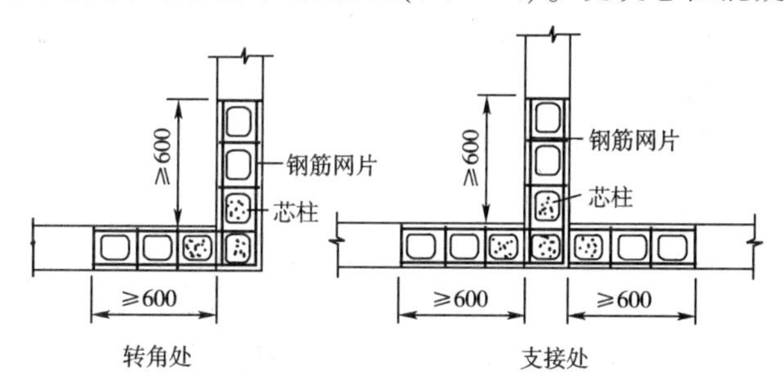

图 3-24　钢筋混凝土芯柱(尺寸单位:mm)

(1)每次连续浇筑的高度宜为半个楼层,但不应大于 1.8m;

(2)浇筑芯柱混凝土时,砌筑砂浆强度应大于 1MPa;

(3)清除孔内掉落的砂浆等杂物,并用水冲淋孔壁;

(4)浇筑芯柱混凝土前,应先注入适量与芯柱混凝土相同的去石砂浆;

(5)每浇筑 400 ~ 500mm 高度捣实一次,或边浇筑边捣实。

第五节　石砌体施工

一、石砌体施工准备

石砌体采用的石材应质地坚实、无裂纹和无明显风化剥落;用于清水墙、柱表面的石材,尚应色泽均匀;石材的放射性应经检验,其安全性应符合现行国家标准《建筑材料放射性核素限量》(GB 6566)的有关规定。

石材表面的泥垢、水锈等杂质,砌筑前应清除干净。

石材及砂浆的品种、强度等级必须符合设计要求。

二、施 工 工 艺

(一)毛石砌体施工

砌筑毛石基础的第一皮石块应坐浆,并将大面向下;砌筑料石基础的第一皮石块应用丁砌层坐浆砌筑。毛石砌体宜分皮卧砌,并对毛石自然形状进行敲打修整,使其能与先砌毛石基本吻合。

毛石砌体的第一皮及转角处、交接处和洞口处,应用较大的平毛石砌筑。每个楼层(包括基础)砌体的最上一皮,宜选用较大的毛石砌筑。

毛石砌筑时,对石块间存在的较大的缝隙,应先向缝内填灌砂浆并捣实,然后用小石块嵌填,不得先填小石块后填灌砂浆,石块间不得出现无砂浆相互接触现象。

毛石应上下错缝、内外搭砌；拉结石、丁砌石交错设置；毛石墙拉结石每 0.7m² 墙面不应少于 1 块。

不得采用外面侧立毛石中间填心的砌筑方法；同时也不允许出现过桥石（仅在两端搭砌的石块）、铲口石（尖石倾斜向外的石块）和斧刃石（尖石向下的石块），见图 3-25。

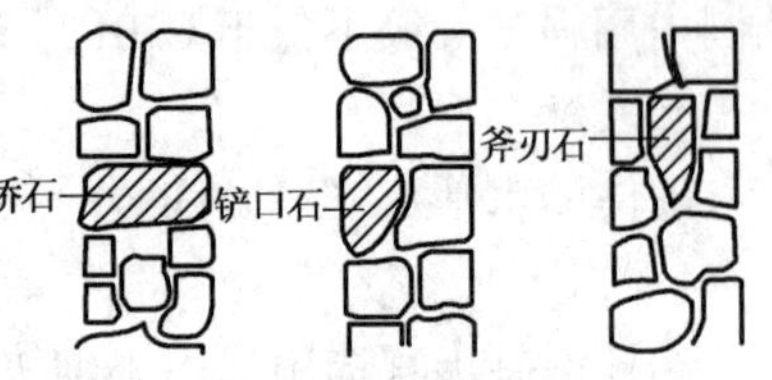

图 3-25　过桥石、铲口石、斧刃石

毛石砌体外露面的灰缝厚度不宜大于 40mm，毛料石的灰缝厚度不宜大于 20mm。

毛石砌体灰缝的砂浆饱满度不应小于 80%。

在毛石和实心砖的组合墙中，毛石砌体与砖砌体应同时砌筑，并每隔 4～6 皮砖用 2～3 皮丁砖与毛石砌体拉结砌合；两种砌体间的空隙应填实砂浆。

毛石墙和砖墙相接的转角处和交接处应同时砌筑。转角处、交接处应自纵墙（或横墙）每隔 4～6 皮砖高度引出不小于 120mm 与横墙（或纵墙）相接。

（二）料石砌体施工

料石砌体也应该采用铺浆法砌筑。粗料石的灰缝厚度不宜大于 20mm；细料石的灰缝厚度不宜大于 5mm。

料石基础的第一皮料石应坐浆丁砌，以上各层料石可按一顺一丁进行砌筑。

料石墙体厚度等于一块料石宽度时，可采用全顺砌筑形式；料石墙体等于两块料石宽度时，可采用两顺一丁或丁顺组砌的形式（图 3-26）。其中两顺一丁是两皮顺石与一皮丁石相间，丁顺组砌是同皮内顺石与丁石相间，可一块顺石与丁石相间或者两块顺石与一块丁石相间。

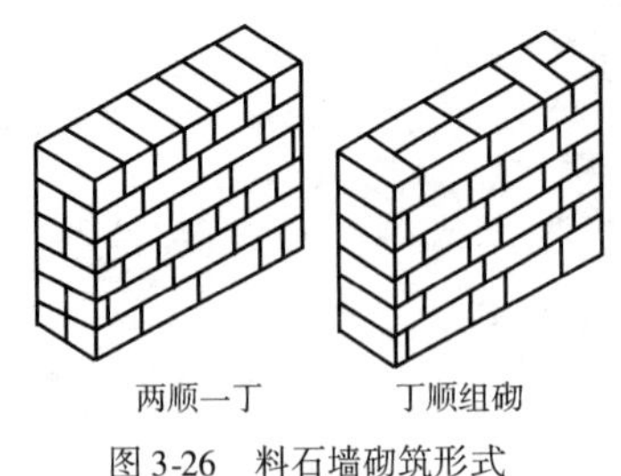

图 3-26　料石墙砌筑形式

在料石和毛石或砖的组合墙中，料石砌体、毛石砌体、砖砌体应同时砌筑，并每隔 2～3 皮料石层用“丁砌层”与毛石砌体或砖砌体拉结砌合。“丁砌层”的长度宜与组合墙厚度相同。

（三）石砌体勾缝

石砌体勾缝多采用平缝或凹缝，一般采用 1∶1 水泥砂浆。毛石砌体要保持砌合的自然缝。

第六节　砌体工程冬期施工

规范规定，当室外日平均气温预计连续 5 天稳定低于 5℃或者当日最低气温低于 0℃时，砌体工程应采取冬期施工措施。

冬期施工时，块材在砌筑前应清除冰霜，石灰膏、电石膏等应防止受冻；如遭冻结，应经融化后使用；砌筑用砂不得有大于 10mm 的冻结块；水泥宜采用普通硅酸盐水泥。在拌和砂浆前，水和砂可预先加热，其中水温不得超过 80℃，砂温不得超过 40℃。砌筑用块体不得遭水浸冻。每日砌筑完成后，应在砌体表面覆盖保温材料。

冬期施工砂浆试块的留置，除应按常温规定要求外，尚应增加 1 组与砌体同条件养护的试块，用于检验转入常温28d的强度。如有特殊需要，可另外增加相应龄期的同条件养护试块。

地基土有冻胀性时，应在未冻的地基上砌筑，并应防止在施工期间地基受冻。

冬期施工中砖、小砌块浇（喷）水湿润应符合下列规定：

（1）烧结普通砖、烧结多孔砖、蒸压灰砂砖、蒸压粉煤灰砖、烧结空心砖、吸水率较大的轻集料混凝土小型空心砌块在气温高于0℃条件下砌筑时，应浇水湿润；在气温低于、等于0℃条件下砌筑时，可不浇水，但必须增大砂浆稠度。

（2）普通混凝土小型空心砌块、混凝土多孔砖、混凝土实心砖及采用薄灰砌筑法的蒸压加气混凝土砌块施工时，不应对其浇（喷）水湿润。

（3）抗震设防烈度为9度的建筑物，当烧结普通砖、烧结多孔砖、蒸压粉煤灰砖、烧结空心砖无法浇水湿润时，如无特殊措施，不得砌筑。

冬季施工时，砌体砂浆会在低温下冻结，水化作用停止，失去粘结力。实践证明，砂浆的用水量越多、遭受冻结越早、冻结时间越长；灰缝厚度越厚、其冻结的危害程度越大。为了减少砌体的冻结程度，常用的有包括掺外加剂法和暖棚法等方法。

一、掺外加剂法

掺外加剂法是在拌和水中掺入外加剂，以降低冰点，使砂浆中的水分在负温条件下不冻结，强度继续保持增长。这种方法施工工艺简单、经济且可靠，是砌体工程冬期施工广泛采用的方法。采用砂浆掺外加剂法，砂浆使用温度不应低于5℃。

采用外加剂法配制的砌筑砂浆，当设计无要求，且最低气温等于或低于-15℃时，砂浆强度等级应较常温施工提高一级。

由于氯盐对埋设在砌体中的钢筋及钢预埋件具有腐蚀作用，所以配筋砌体及含钢预埋件砌体不得采用掺氯盐的砂浆施工。

由于掺盐砂浆会使砌体产生析盐、吸湿现象，故氯盐砂浆不得在以下情况下采用：对装饰工程有特殊要求的建筑物；处于潮湿环境下的建筑物；变电所、发电站等接近高压电线的建筑物；经常处于地下水位变化范围内，而又没有防水措施的砌体。

二、暖 棚 法

暖棚法是指在拟建建筑物周围搭设临时遮挡物，使其内部温度达到5℃以上的施工方法。

采用暖棚法施工时，砂浆和块材的使用温度不应低于5℃。距离所砌的结构底面0.5m处的棚内温度也不应低于5℃。

在暖棚内的砌体养护时间，应根据暖棚内温度，按表3-3确定。

暖棚法砌体的养护时间　　表3-3

暖棚的温度（℃）	5	10	15	20
养护时间（d）	≥6	≥5	≥4	≥3

第四章

混凝土结构工程

混凝土结构工程在建筑施工中占有重要的地位,它对整个工程的工期、成本、质量都有极大的影响。混凝土结构工程由钢筋工程、模板工程和混凝土工程三部分组成,在施工中三者之间要密切配合,才能确保工程质量和工期。

混凝土结构工程按施工方法可分为现浇钢筋混凝土工程和预制装配式钢筋混凝土工程。前者整体性好,抗震能力强,节约钢材,而且不需大型的起重机械,但工期较长,成本高,易受气候条件影响;后者构件可在加工厂批量生产,具有降低成本、机械化程度高、降低劳动强度、缩短工期的优点,但其耗钢量较大,而且施工时需要大型起重设备。为了兼顾这两者的优点,在施工中这两种方式往往兼而有之。

近年来,混凝土结构工程的施工技术得到很大发展,随着新材料、新机械的不断涌现,推动了钢筋混凝土施工工艺的革命,混凝土结构工程将进一步朝着保证质量、加快进度和降低造价的方向发展。

第一节　模 板 工 程

模板是使新浇的混凝土成形的模型,由面板、支撑及连接件组成。目前我国的模板已形成组合式、工具式和永久式三大体系,木(竹)胶合板模板得到了广泛应用,铝合金模板、塑料模板将得到快速发展。

对模板的基本要求如下:

(1)要保证结构和构件的形状尺寸和位置准确;

(2)应具有足够的承载力和刚度并应保证其整体稳定性;

(3)构造简单,装拆方便,符合混凝土的浇筑及养护等工艺要求;

(4)拼缝应严密,不得漏浆;

(5)清水混凝土工程及装饰混凝土工程所使用的模板,应使混凝土表面达到设计要求的效果。

一、现场加工、拼装模板

(一)木模板与胶合板模板

木模板的主要优点是制作拼装随意,尤其适用于浇筑外形复杂、数量不多的混凝土结构或构件。另外,因木材导热系数低,混凝土冬期施工时,木模板具有保温作用;但由于木材消耗量大,重复利用率低。本着绿色施工的原则,木模板在现浇钢筋混凝土结构施工中的使用率已大大降低,拼板逐步被胶合板、钢模板代替。

混凝土模板使用的胶合板有木胶合板和竹胶合板两种。胶合板用作混凝土模板具有以下优点:

(1)板幅大、自重轻、板面平整,既可减少安装工作量,节省现场人工费用,又可减少混凝土外露表面的装饰及磨去接缝的费用。

(2)承载能力大。特别是经表面处理后耐磨性好,能多次重复使用。

(3)材质轻。18mm 厚的木胶合板单位面积重量为 50kg。模板的运输、堆放、使用和管理等都较为方便。

(4)保温性能好。能防止温度变化过快,冬期施工有助于混凝土的保温。

(5)便于按工程的需要弯曲成形,可用作曲面模板。

(6)锯截方便,易加工成各种形状的模板。

目前有一些工程将木模板、胶合板模板加工成基本元件(拼板),在现场进行拼装,拆除后亦可周转使用。拼板由一些板条用拼条钉拼而成(胶合板模板则用整块胶合板),板条厚度一般为 25 ~ 50mm,板条宽度不宜超过 200mm,以保证干缩时缝隙均匀,浇水后易于密缝。但梁底板的板条宽度不限制,以减少漏浆。拼板的拼条(小肋)的间距取决于新浇混凝土的侧压力和板条的厚度,多为 400 ~ 500mm。

木模板与胶合板模板常用于基础、墙、柱、梁板、楼梯等部位。

1. 基础模板

基础模板主要由侧模及支撑构成(图 4-1),安装时,要满足各台阶的高度要求,保证上下模板不发生相对位移。如有杯口,应吊放杯芯模板(图 4-2)。条形基础的上一台阶需采用吊模(图 4-3)。

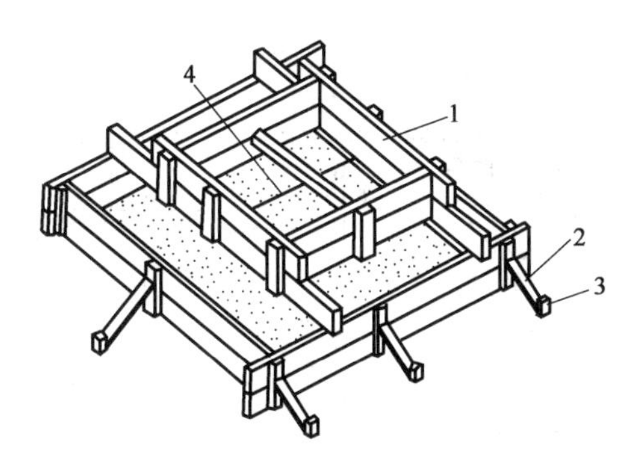

图 4-1　独立基础模板

1-拼板;2-斜撑;3-木桩;4-铁丝

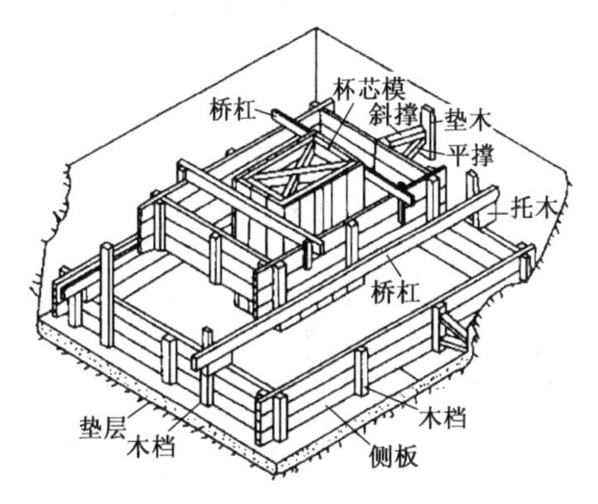

图 4-2　杯形基础模 ϕ48mm 钢管

条形基础在一般建筑工程中采用较多,主要模板部件是侧模和支撑系统的横杠和斜撑。立楞(立档)是用来钉牢侧模和加强其刚度的,其截面和间距与侧模板的厚度有关。条形基础支模方法和模板构造如图 4-3 所示。

2. 柱模板

图 4-4 为矩形柱模板,它是由两片相对的内拼板和两块相对的外拼板以及柱箍组成。柱侧模主要承受柱混凝土的侧压力,并经过柱侧模传给柱箍,由柱箍承受侧压力,同时柱箍也起

到固定柱侧模的作用。柱箍也可用对拉螺栓代替。柱箍的间距取决于混凝土侧压力的大小和侧模板的厚度。柱模上部开有与梁模板连接的梁口;底部开设有清扫口,以便清除杂物。模板底部设有底框用以固定柱模的水平位置。独立柱支模时,四周应设斜撑。如果是框架柱,则应在柱间设水平和斜向拉杆,将柱连为稳定整体。

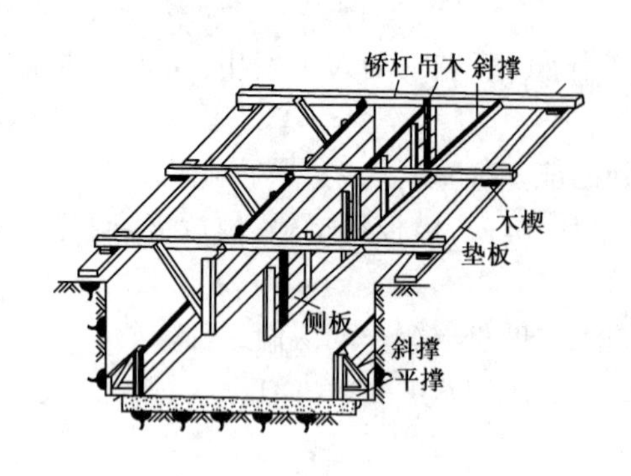

图 4-3 条形基础模板

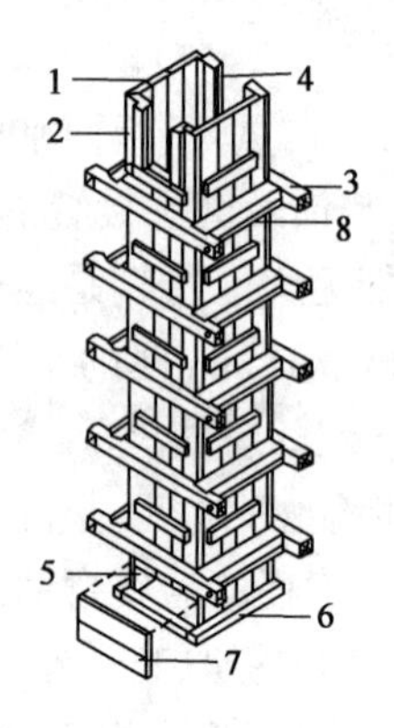

图 4-4 矩形柱模板

1-内拼板;2-外拼板;3-柱箍;4-梁口;5-清扫口;6-底框;7-盖板;8-拉紧螺栓

3. 墙模板

钢筋混凝土墙的模板是由相对的两片侧模和它的支撑系统组成。侧模多使用胶合板。由于墙侧模较高,应设立楞和横杠,来抵抗墙体混凝土的侧压力。两片侧模之间设撑木和穿墙螺杆或拉结铅丝,以保证混凝土的成形尺寸(图 4-5)。

4. 梁、板模板

现浇钢筋混凝土框架结构,一般梁与楼板的模板同时支搭并连为一体。梁模基本与单梁模板相同,而楼板模板是由底模和横楞组成,横楞下方由支柱承担上部荷载。梁与楼板模板如图 4-6 所示。

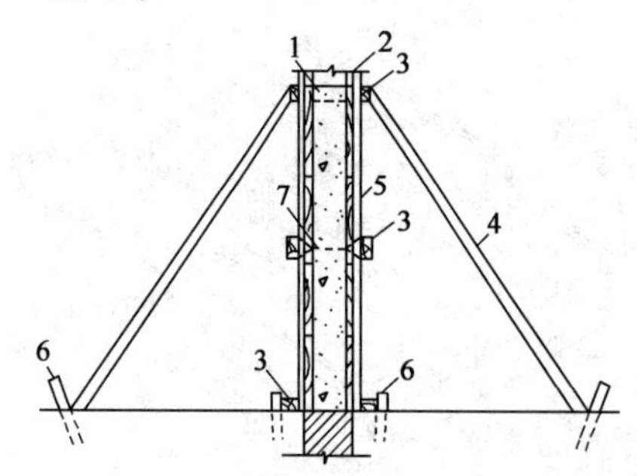

图 4-5 墙模板

1-内支撑木;2-侧模;3-横杠;4-斜撑;5-立楞;6-木桩;7-铅丝

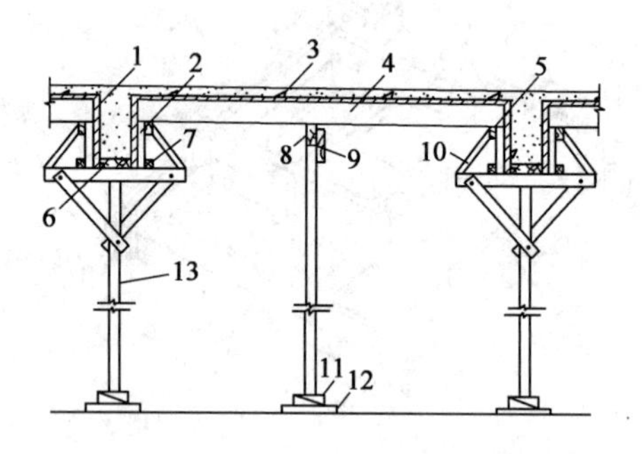

图 4-6 梁、板模板

1-梁侧模;2-立档;3-底模;4-横楞;5-托木;6-梁底模;7-横带;8-横杠;9-连接板;10-斜撑;11-木楔子;12-垫板;13-立柱

为了避免在新浇混凝土压力下,由于模板及支架的压缩变形使梁、板产生挠度,支模时应起拱。当梁、板的跨度大于等于 4m 时,跨中起拱高度应为跨度的 1‰～3‰。

根据立杆支撑位置图放线,保证以后每层立杆都在同一条垂直线上,应确保上下支撑在同一竖向位置。

5. 楼梯模板

楼梯模板一般比较复杂，如施工时不注意，会对后期装修工程产生较大影响。施工前根据楼梯几何尺寸进行提前加工放样，先安装休息平台梁模板，再安装楼梯模板斜楞，然后铺设楼梯底模，安装外帮板和踏步侧板。安装模板时要特别注意模板的稳定性，必要时应加斜向支撑，防止浇筑混凝土时模板移动。支架可用木枋，也可采用 ϕ48mm 钢管。楼梯支模详见图 4-7。

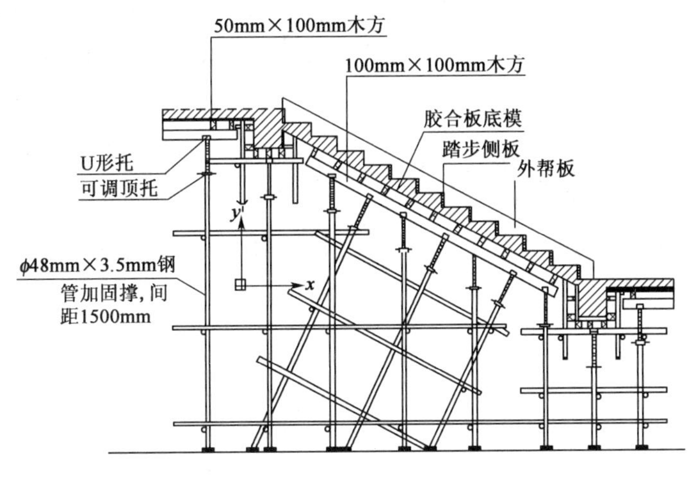

图 4-7　楼梯支模示意图

(二)土模

土模是指在基础或垫层施工时利用地槽的土壁作为模板，主要适用于地下连续墙、桩、承台、地基梁、逆作施工楼板。采用土模可以提高工效，保证质量，并能节约大量木材。图 4-8 为用土模浇筑的混凝土杯形基础。

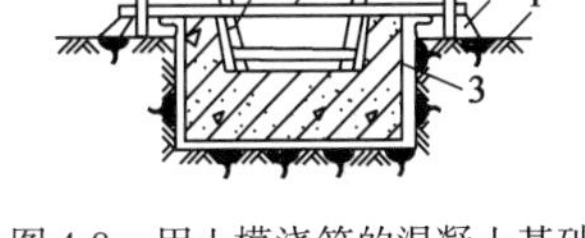

图 4-8　用土模浇筑的混凝土基础
1-地面；2-培土夯实；3-抹面；4-木芯模；5-支撑方木；6-定位地锚

一般土模选用黏土较为适宜，不能用淤泥或砂土，含水率宜控制在 20% ~24% 之间，且应严格控制地下水位。如果含水率大，土质稀软易变形；如果含水率低，土模容易剥落难密实。

土模要有一定的密实度，一般在 80% 左右，具体数据以试验来定。

(三)塑料模板

塑料模板指适用于一些异形、不规则构件以及现场加工较有困难的模板和只进行现场拼装的模板。塑料模板是一种节能的绿色环保产品，“以塑代木”、“以塑代钢”是节能环保的发展趋势。

塑料模板主要用作楼板模板，应注意在铺设钢筋时，由于钢筋连接时电焊的焊渣温度很高，落在塑料模板上，易烫坏板面，影响成型混凝土的表面质量。

二、组合式模板

组合式模板是现代模板技术中具有通用性强、装拆方便、周转次数多的一种新型模板，用它进行现浇钢筋混凝土结构施工，可事先按设计要求组拼成梁、柱、墙的大型模板，整体吊装就位，也可采用散装散拆方法。

(一)组合式定型钢模板

组合式定型钢模板是目前使用较广泛的一种通用性组合模板。按肋高分为50、60、70等多个系列。组合钢模板的部件,主要由钢模板、连接件和支承件三部分组成。

1. 钢模板

钢模板采用Q235钢材制成,钢板厚度2.5mm,对于≥400mm宽面钢模板的钢板厚度应采用2.75mm或3.0mm钢板。钢模板主要包括平面模板、阴角模板、阳角模板、连接角模,如图4-9所示。

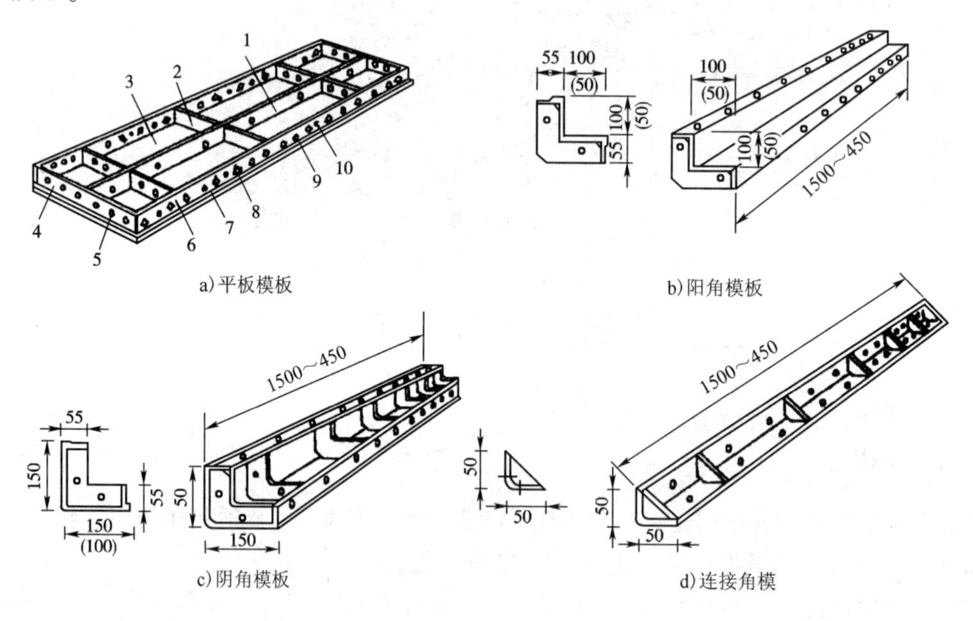

图4-9 组合式定型钢模板构造形式(尺寸单位:mm)

1-中纵肋;2-中模肋;3-面板;4-横肋;5-插销孔;6-纵肋;7-凸棱;8-凸鼓;9-U形卡孔;10-钉子孔

结合我国建筑模数制,50系列钢模板的常用规格如表4-1,宽度以50mm进级,长度以150mm或300mm进级,可横竖拼装。当配板设计出现空缺,可用木模板补足。

组合钢模板规格 表4-1

规格	平面模板	阴角模板	阳角模板	连接角模
宽度(mm)	300,250,200,150,100	150×150 100×150	100×100 50×50	50×50
长度(mm)	1500,1200,900,750,600,450			
肋高(mm)	55			

平模与角模边框留有连接孔,孔距均为150mm,以便连接。平模的代号为P,如宽300mm、长1500mm的平模,其代号为P3015。

阴角模的代号为E,阳角模的代号为Y,连接角模的代号为J。

2. 连接件

连接件主要有钩头螺栓、L形插销、U形卡、紧固螺栓等(图4-10)。

3. 支承件

支承件包括支承梁、板模板的托架、支撑桁架和顶撑及支撑墙模板的斜撑。这些支撑多为工具式,在高度或宽度上均可调整,必要时可按《钢结构设计规范》进行验算,以确保模板体系的强度、刚度和稳定性。由于施工荷载往往会大于正常使用荷载,因此模板顶撑的位置和数量要考虑下层结构的承载能力,以免损伤下层结构。对多层房屋分层支模时,上层顶撑应对准下层顶撑,并铺设垫板。

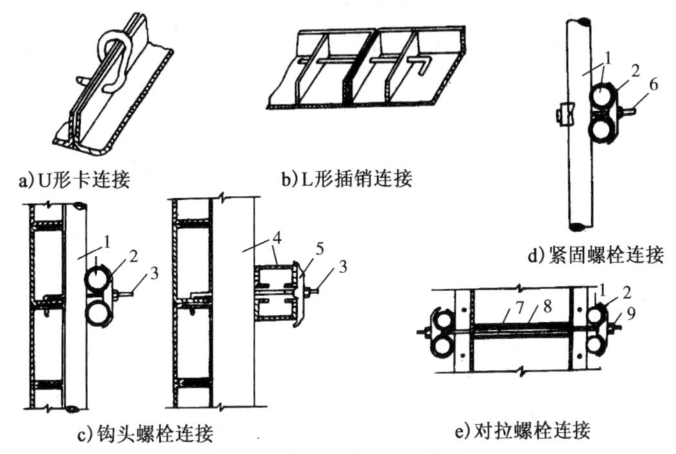

图4-10　定型钢模板的连接件

1-圆钢管钢楞;2-E形扣件;3-钩头螺栓;4-内卷边槽钢钢楞;5-蝶形扣件;6-紧固螺栓;7-对拉螺栓;8-塑料套管;9-螺母

4. 钢模配板与安装

由于同一面积的模板可以有不同的配板方案,而方案的优劣直接影响到工程速度、质量和成本。所以配板设计时要找出最佳方案。配板时应尽量采用大规格模板,减少木模嵌补量;模板的长边宜与结构的长边平行布置,最好采用错缝拼接,提高模板的整体性;每块钢模板应至少有两道钢楞支承,以免在接缝处出现弯折。配板方案选定之后,应绘制模板配板图(图4-11)。

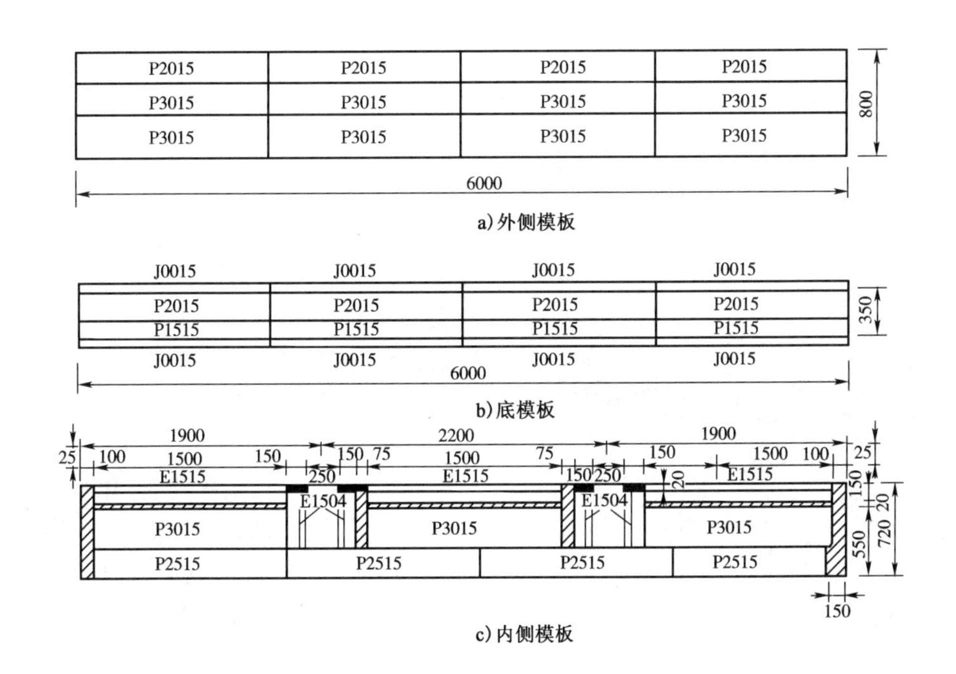

图4-11　某梁配板图(尺寸单位:mm)

模板的支设方法基本上有两种,即单块就位组装(散装)和预组拼。其中预组拼又可分为分片组拼和整体组拼两种。采用预组拼方法,可以提高工效和模板的安装质量。

(二)钢框胶合板模板

钢框胶合板模板是由钢框和防水木胶合板或竹胶合板组成。胶合板平铺在钢框上,用沉头螺栓与钢框连牢。这种模板在钢边框上可钻有连接孔,用连接件纵横连接,组装各种尺寸的模板。它具有定型组合钢模板的些优点,且重量较轻,能多次周转使用,拼装方便,可打钉,有发展前途。

模板的宽度有 300mm、600mm 两种,长度有 900mm、1200mm、1500mm、1800mm、2400mm 等,可作为混凝土结构柱、梁、墙、楼板的模板。

(三)铝合金模板

铝合金模板是新一代的建筑模板。铝合金模板具有重量轻、拆装灵活、刚度高、使用寿命长、板面大、拼缝少、精度高、浇筑的水泥混凝土平整光洁、施工对机械依赖程度低、能降低人工和材料成本、应用范围广、维护费用低、施工效率高、回收价值高等特点。

1. 部件组成

铝合金模板的部件,主要由铝合金面板、连接件和支承件三大部分组成。

铝合金模板由 3. 15mm 厚铝合金板制成,最大板面为 914mm × 2743mm。54 型铝合金模板共有 135 种规格,连接件主要由销钉构成。

2. 模板施工

54 型铝合金建筑模板适合墙体模板、水平楼板、柱子、梁、爬模、桥梁模板等使用,可以拼成小型、中型或大型模板。连接主要采用圆柱体插销和楔形插片。模板背后支撑可采用专用斜支撑,也可采用 ϕ48mm 钢管或方管等作为背撑。

三、工具式模板

(一)大模板

大模板是用于墙体施工的大型工具式模板,目前在我国高层建筑施工中应用最为广泛。大模板建筑具有整体性好、抗震性强、机械化施工程度高等优点,并可在模板上设置不同衬模形成不同的花纹、线形与图案。但也存在着通用性差、钢材用量较大等缺点。

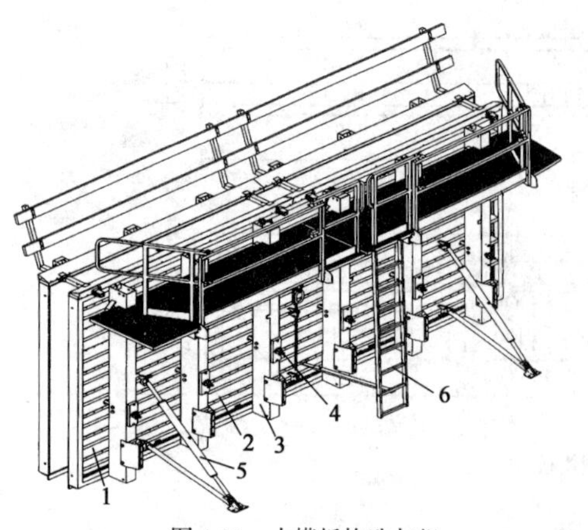

图 4-12　大模板构造与组

1-面板;2-次肋;3-主肋;4-穿墙螺栓;5-稳定机构;6-爬梯

1. 大模板的构造

大模板是由面板、主次肋、操作平台、稳定机构和附件组成(图 4-12)。

(1)面板。面板常用钢板或胶合板制成,表面平整光滑,并应有足够的刚度,拆模后墙表面可不再抹灰。胶合板可刻制装饰图案,形成装饰混凝土。

(2)次肋。次肋的作用是固定模板,保证模板的刚度并将力传递到主肋上去。面板若按单向板设计,则只有水平(或垂直)次肋,若按双向板设计,则水平和垂直方向均有次肋。次肋一般用∟65角钢或[65槽钢制作,与钢面板焊接固定。次肋间距一般为300~500mm,计算简图为以主肋为支点的连续梁。

(3)主肋。主肋的作用是保证模板刚度,并作为穿墙螺栓的固定点,承受模板传来的水平力和垂直力,一般用背靠背的两根[80槽钢或铝管、钢管制作,间距为0.9~1.2m,其计算简图是以穿墙螺栓为支点的连续梁。

(4)穿墙螺栓。穿墙螺栓的主要作用是承受主肋传来的混凝土侧压力并控制模板的间距。为保证抽拆方便,穿墙螺栓或外部套一根硬塑料管,或做成锥形(图4-13)。

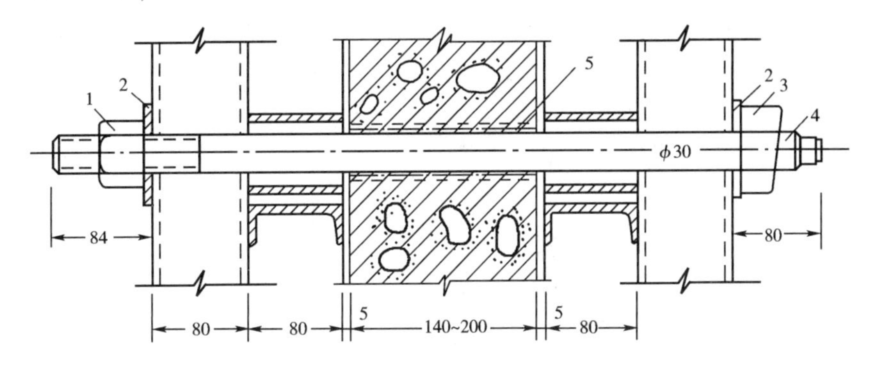

图4-13 穿墙螺栓的联结构造(尺寸单位:mm)

1-螺母;2-垫板;3-板销;4-螺杆;5-套管

(5)稳定机构。稳定机构的作用是调整模板的垂直度,并保证模板的稳定性。一般通过旋转花篮螺栓套管,即可达到调整模板垂直度的目的。

外墙的外侧模板一般安装在附墙外挂脚手架上(图4-14)或设置其他支撑。其他模板均支设在楼板上。

大模板在安装之前放置时,应注意其稳定性。设计模板时应考虑其自稳角度的计算,应避免因高空作业、风力等造成模板倾覆伤人。

2. 大模板的组合方案

根据不同的结构体系,可采取不同的大模板组合方案。对内浇外挂或内浇外砌结构体系多采用平模方案,即一面墙用一块平模。对内外墙全现浇结构体系可采用小角模方案,即平模为主,转角处用特制小角模连接(图4-15、图4-16)。阳角模板及相邻平模之间,宜采用型钢直芯带和钢楔子连接,以保证连接点刚度和接缝严密(图4-17)。

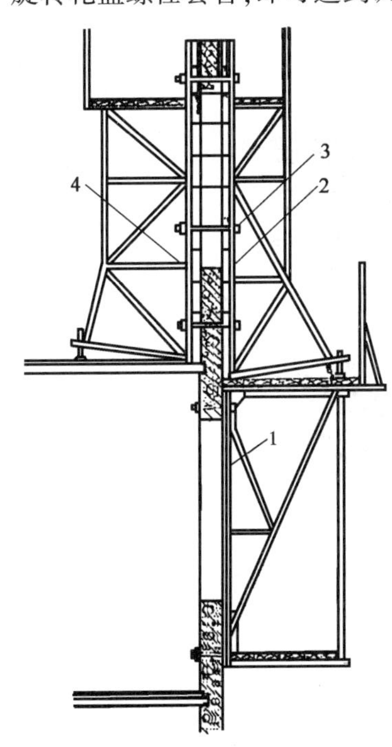

图4-14 外墙大模板安装构造

1-外挂脚手架;2-外模板;3-穿墙螺栓;4-内模板

(二)滑升模板

滑升模板简称滑模,是一种能随混凝土的浇筑自行向上移动的模板装置,用于现场浇筑高耸的构筑物和建筑物,尤其适于浇筑烟囱、筒仓、电视塔、冷却塔、桥墩、竖井、沉井和剪力墙体系等截面变动较小的混凝土结构。

滑模可节省大量模板和脚手架,加快施工进度,降低工程费用,但滑模设备一次性投资较多,耗钢量较大,对建筑物截面变化频繁者施工起来比较麻烦。

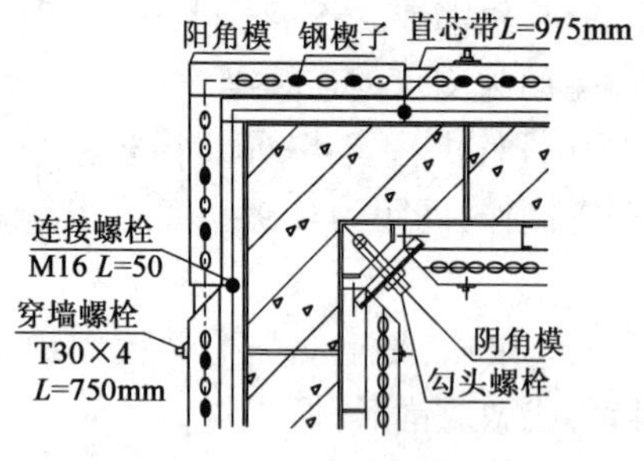

图 4-15　阴阳角模板的连接

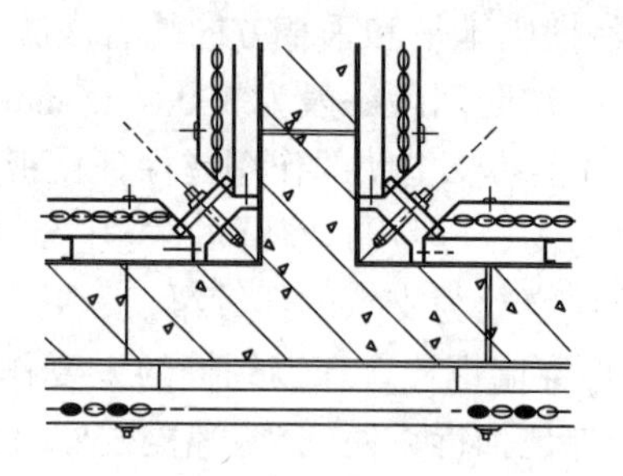

图 4-16　丁字墙角模的连接

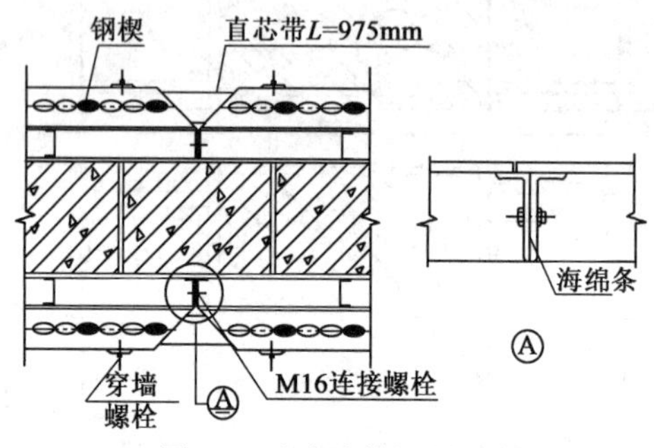

图 4-17　相邻大模板之间的连接

1. 滑模的构造

滑模由模板系统、操作平台系统和提升系统三部分组成(图 4-18)。

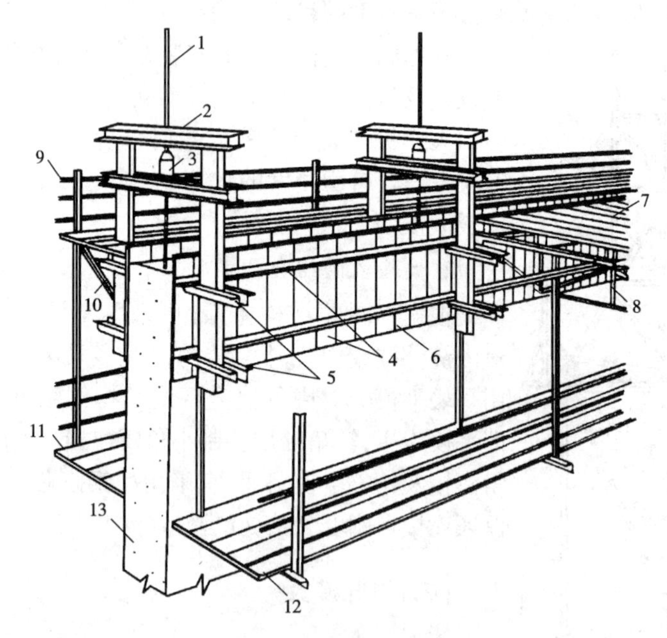

图 4-18　液压滑模模板组成示意图

1-支承杆;2-提升架;3-液压千斤顶;4-围圈;5-围圈支托;6-模板;7-操作平台;8-平台桁架;9-栏杆;10-外挑三脚架;11-外吊脚手;12-内吊脚手;13-混凝土墙体

(1)模板系统。模板系统由模板、围圈和提升架组成。为保证结构准确成形,模板应具备一定的强度和刚度,以承受新浇混凝土的侧压力、冲击力和滑升时与混凝土产生的摩阻力。模板的高度取决于滑升速度和混凝土达到出模强度(0.2～0.4MPa)所需要的时间,一般取1.0～1.2m。模板拼板宽度一般不超过500mm,多为钢模或钢木混合模板。为保证刚度,模板背面设有加劲肋(图4-19)。相邻模板用螺栓或U形卡连接到一起,模板挂在或搭在围圈上(图4-20)。

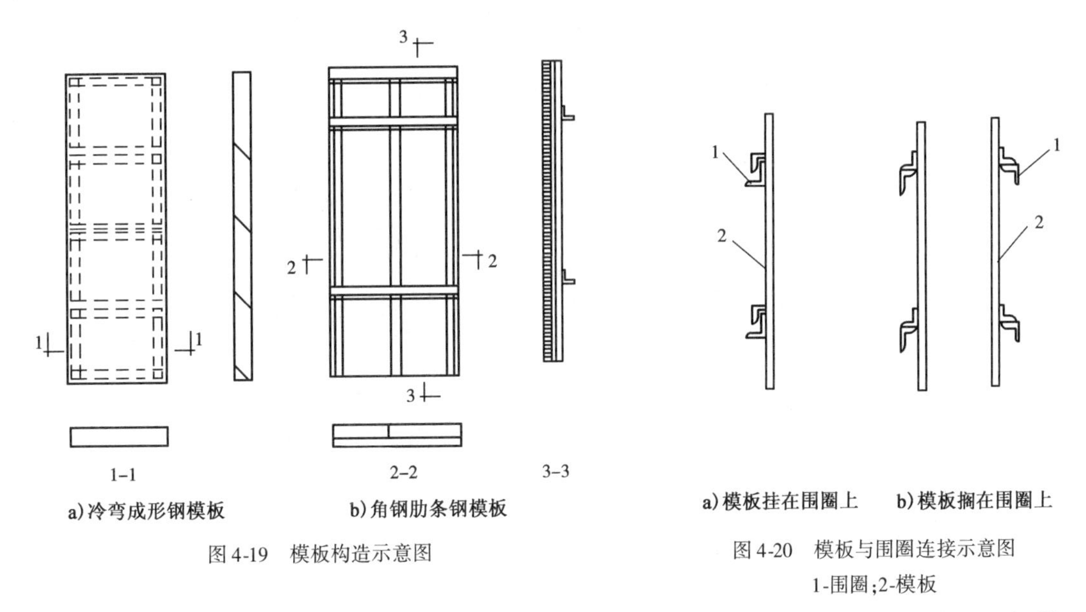

图4-19　模板构造示意图

图4-20　模板与围圈连接示意图
1-围圈;2-模板

为减小滑升摩阻力,便于混凝土脱模,内外模板应形成上口小、下口大的形式。一般单面倾斜度为0.2%～0.5%。

模板规格和型号应尽量少,并应具有互换性。对于烟囱、冷却塔等变直径的结构,可采用一定的收分模板和活动模板来解决(图4-21)。收分模板可与相邻活动模板重叠,当结构直径逐渐缩小时,收分模板与活动模板重叠加大,当重叠部分大于相邻活动模板时,即可拆去多余的活动模板。

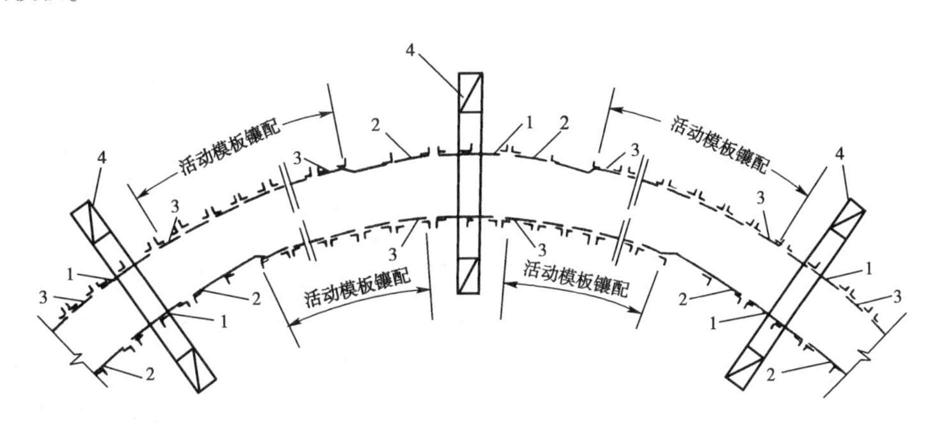

图4-21　变直径结构模板示意图
1-固定模板;2-收分模板;3-活动模板;4-提升架

围圈的作用是固定模板的位置,并将模板和提升架联结起来,构成模板系统。围圈沿模板水平布置在模板外侧,上下各一道,分别支承在提升架的立柱上。当提升架上升时,通过围圈带动模板上升。

围圈承受模板传来的混凝土侧压力和浇筑混凝土时的水平冲击力和由摩阻力、模板与围圈自重力、操作平台自重力及施工荷载产生的竖向力,因此可按以提升架为支点的双向弯曲多跨连续梁近似计算。材料多用角钢和槽钢,以其受力最不利情况选定截面。提升架的作用是固定围圈位置,防止模板侧向变形,承受模板系统和操作平台系统传来的全部荷载,并将其传给千斤顶。提升架多用型钢制作,可按框架结构计算其截面。提升架根据横梁数目分为单梁式和双梁式两种(图4-22)。

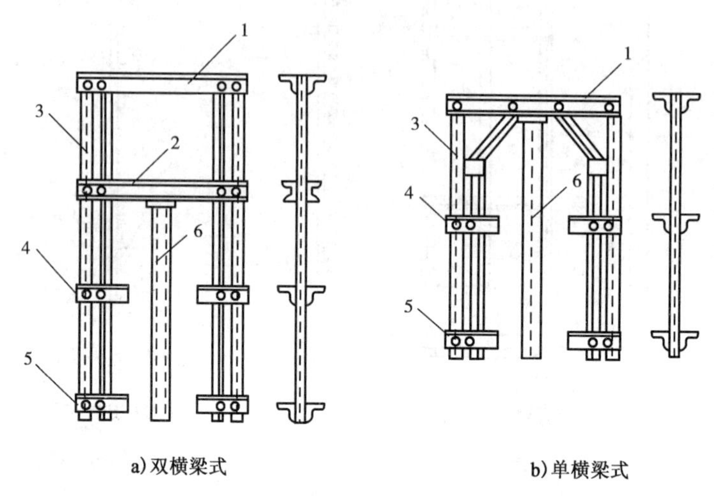

a)双横梁式　　b)单横梁式

图4-22　钢提升架示意图

1-上横梁;2-下横梁;3-立柱;4-上围圈支托;5-下围圈支托;6-套管

(2)操作平台系统。操作平台系统包括操作平台、内外吊脚手和外挑三脚架,承受施工时的荷载,应具有足够的强度和刚度。多用型钢制作骨架,上铺木板制成。其受力可按一般钢木结构计算。当采用滑一层墙体浇一层楼板工艺时,平台的中间部分应做成便于拆卸的活动式结构,以便现浇楼板的施工。

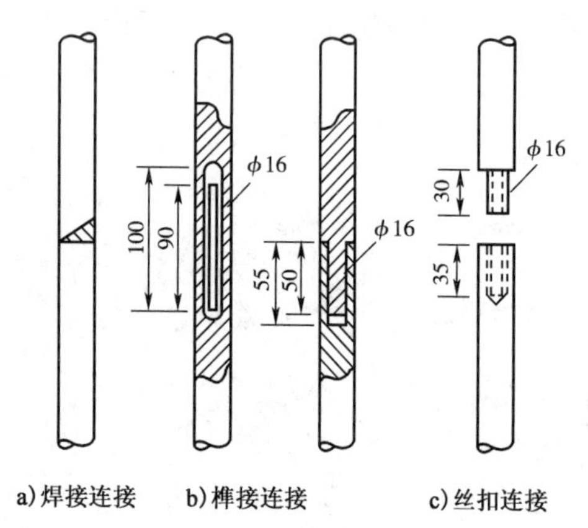

a)焊接连接　　b)榫接连接　　c)丝扣连接

图4-23　支承杆的连接方式(尺寸单位:mm)

(3)提升系统。提升系统包括支承杆、液压千斤顶和操作台等,是滑升模板的动力装置。支承杆既是千斤顶的导轨,又是整个滑升模板的承重支柱。它承受施工中的全部荷载,其规格要满足千斤顶的要求。钢珠式千斤顶应用光圆钢筋、楔块式千斤顶可用光圆或变形钢筋制成,其接头可采用丝扣连接、榫接或焊接,接头部位应处理光滑,以保证千斤顶顺利通过(图4-23)。

液压穿心式千斤顶有楔块卡头式和钢珠卡头式两种。图4-24为HQ30型钢珠式穿心千斤顶,其工作原理是:当油压入活塞与缸盖之间,由于上卡头内的小钢珠与支承杆产生自锁作用,活塞不能下行(图4-24a),油压迫使缸体连带底座和下卡头一起向上移动,带动提升架及整个滑升模板上升(图4-24b),排油弹簧处于压缩状态。当回油时,在弹簧推力作用下,下卡头与支承杆产生自锁作用,同时,上卡头松脱,活塞上升,排油结束,千斤顶便完成一个工作循环(图4-24c),上升了一个高度H(2cm左右)。如此循环,千斤顶就带动模板沿支承杆持续上升。

楔块式千斤顶比起钢珠式千斤顶具有起重量大、自锁能力强、压痕小、下滑量小等优点。

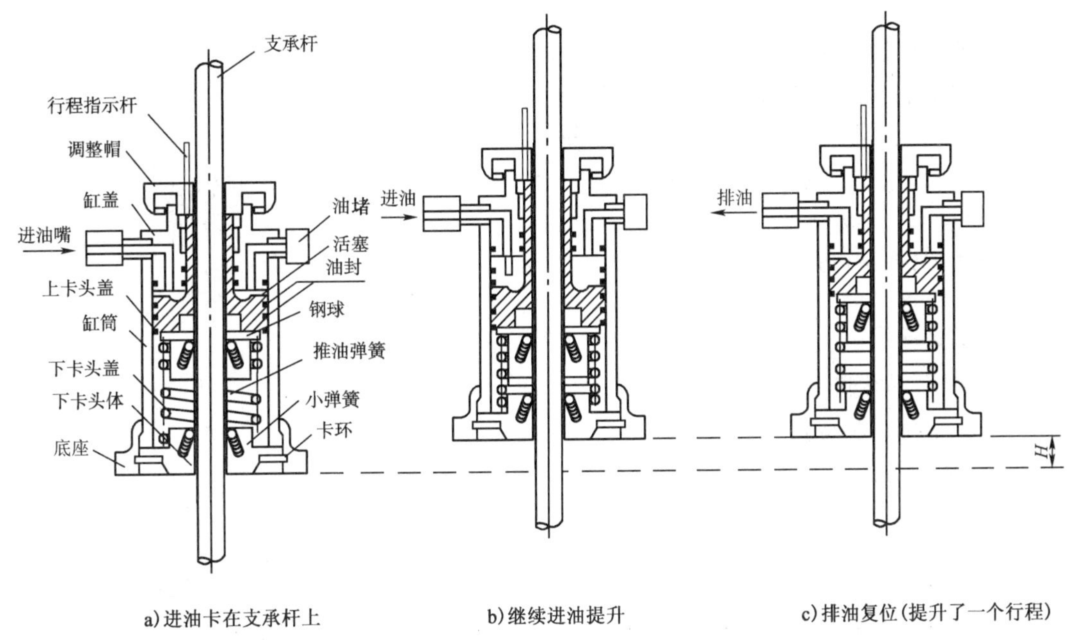

a)进油卡在支承杆上　　b)继续进油提升　　c)排油复位(提升了一个行程)

图4-24　千斤顶的构造和提升原理图

2. 模板的滑升工艺

滑升模板应根据混凝土凝结速度、出模强度、气温情况等,采用适宜的滑升速度。速度过快,会引起混凝土出模后流淌、坍落;过慢,因混凝土黏结力过大,使滑升困难。滑升速度一般为100～350mm/h。滑升时,要保证全部千斤顶同步上升,防止结构倾斜。

滑模只适宜用来浇筑竖向结构,如柱、墙等。而现浇楼板的施工则可采用以下方法:

(1)当墙体滑到一定高度时,将每间楼板模板组装成整体,用吊杆、钢丝绳悬吊于结构承重构件上,浇筑的楼板达到一定强度后,将楼板模板下降到下一层楼板底面的标高后固定,再进行浇筑,如此自上而下逐层浇筑。也可在滑完墙体后,利用滑模的操作平台代替楼板模板,自上而下逐层浇筑楼板。此法应注意施工期间墙体稳定问题。

(2)逐层空滑现浇楼板法。此法是当墙体滑到上一层楼板板底标高后,将模板空滑至模板下口脱离墙体一定高度后,吊去操作平台的活动平台板,提供工作面,进行楼板的支模、扎筋和浇筑混凝土工作,然后再继续滑升墙体,如此逐层进行。

(3)在滑升墙体的同时,间隔3～5层自下而上现浇楼板的方法。此法需要在楼板标高处的墙体上预留插入钢筋的孔洞。

(三)爬升模板

爬升模板(即爬模)是一种适用于现浇钢筋混凝土竖直或倾斜结构如墙体、桥梁、塔柱等施工的模板工艺,目前已逐步发展形成"模板与爬架互爬"、"爬架与爬架互爬"和"模板与模板互爬"三种工艺。其中第一种最为普遍,下面侧重介绍。

1. 组成与构造

爬升模板是由悬吊着的大模板、爬架和爬升设备三部分组成(图4-25)。模板顶端装有提升外爬架用的提升设备,爬升架顶端装有提升模板的提升设备。爬升设备可用手拉葫芦或液压千斤顶。爬架和其悬吊的大模板可随结构浇筑混凝土的升高而交替升高,减少了施工中吊运大模板的工作量,加快了施工速度。

外爬架为格构式钢架,由附墙架和上部支承架两部分组成。上部支承架超过二个层高,附墙架通过螺栓固定在下层墙体上。其上端有挑梁,用以悬吊大模板。内爬架为断面较小的格构式钢架,高度超过二层。亦可不设内爬架,由普通的内墙大模板代替,但其提升就需依靠塔吊帮助,即为外爬内吊式模板了。

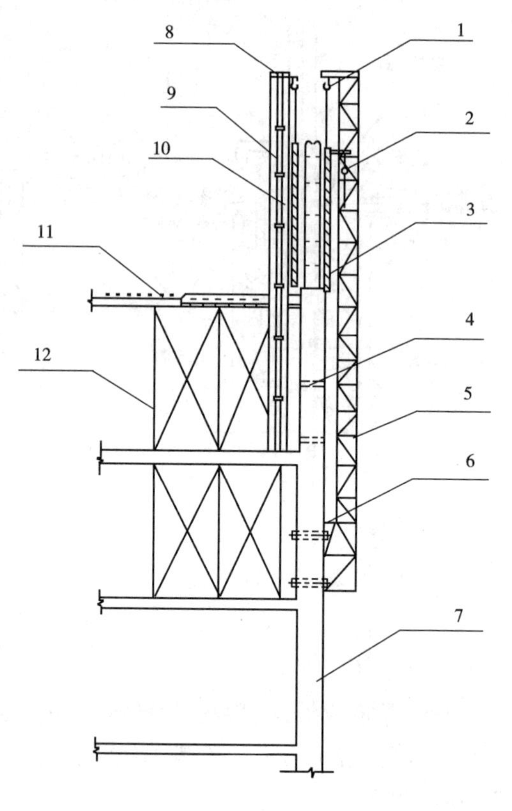

图 4-25　爬升模板

1-外模板提升葫芦;2-外爬架提升葫芦;3-外模板;4-预留孔;5-外爬架;6-螺栓;7-外墙;8-内模板提升葫芦;9-内爬架;10-内模板;11-楼板模板;12-楼板模支撑

2. 工艺原理

是以建筑物的钢筋混凝土墙体为支承主体,通过附着于已完成的钢筋混凝土墙体上的爬升支架或大模板,利用连接爬升支架与大模板的爬升设备,使一方固定,另一方作相对运动,交替向上爬升,以完成模板的爬升、下降、就位和校正等工作。

3. 工艺特点

爬升模板是综合大模板与滑动模板工艺和特点的一种模板工艺,具有大模板和滑动模板共同的优点,尤其适用于超高层建筑施工。它与滑模一样,在结构施工阶段依附在建筑竖向结构上,随着结构施工而逐层升高,这样模板可以不占用施工场地,也不用其他垂直运输设备。另外,它装有操作脚手架,施工时有可靠的安全围护,故可不需搭设外脚手架,特别适用于在较狭小的场地上建造多层或高层建筑。它与大模板一样,是逐层分块安装,故其垂直度和平整度易于调整和控制,可避免施工误差的积累,也不会出现墙面被拉裂的现象。但是,爬升模板的位置固定,无法实行分段流水施工,因此模板周转率低,配制量多于大模板。

使用爬模施工时,底层墙仍需用一般支模方法施工。

(四)台模(飞模、桌模)

台模主要用来浇筑平板或带边梁楼板,一般以一个房间为一块台模。台模由台面和台架组成(图 4-26)。台面可由一整块模板组成,也可由组合钢模拼装而成。前者如光滑在装饰时可不用抹灰。为便于拆模,台架支腿可做成伸缩式或折叠式,其底部带有轮子,待混凝土达到一定强度,落下台面,推出墙面,吊至下一个工作面。台面也可直接悬挂在墙上或柱顶,称无脚式台模。

(五)隧道模

隧道模是经过一次拼装后,可沿隧道水平移动,逐段完成浇筑混凝土的移动式工具模板。当一段混凝土浇筑并有一定强度后,调节支撑下降并内缩模板,通过滚轮向前移动至下一个浇筑面,复位后再行浇筑。图 4-27 所示隧道模板,其左侧为复位状态,右侧表示脱模移动状态。

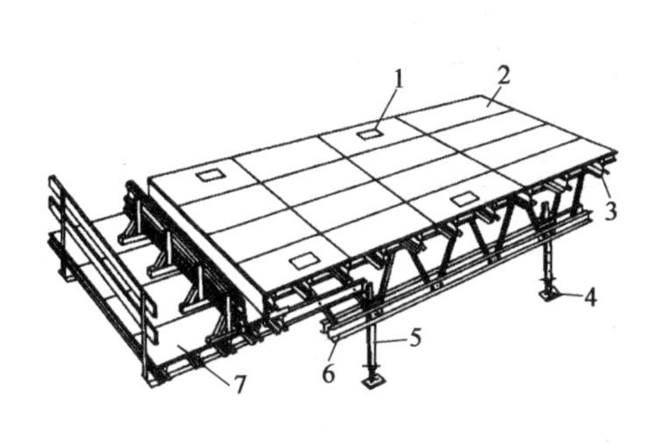

图 4-26　竹铝桁架式台模

1-吊点;2-面板;3-铝龙骨;4-底座;5-可调钢支腿;6-铝合金桁架;7-操作平台

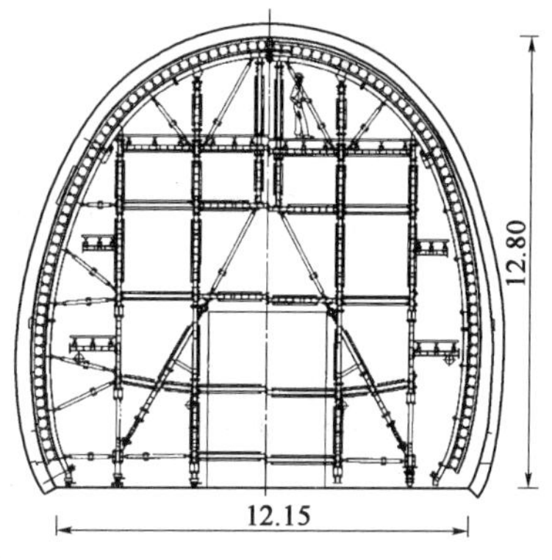

图 4-27　隧道模(尺寸单位:m)

(六)模壳

模壳是用于钢筋混凝土现浇密肋楼盖的一种工具式模板。由于密肋楼盖是由薄板和间距较小的单向或双向密肋组成(图 4-28),因而,使用木模或组合式模板组拼难度较大,且不经济。采用塑料或玻璃钢按密肋楼板的规格尺寸加工成需要的模壳,具有一次成形、多次周转使用的特点。目前我国的模壳,主要采用玻璃纤维增强塑料和聚丙烯塑料制成,配置以钢支柱(或门架)、钢(或木)龙骨、角钢(或木支撑)等支撑系统(图 4-29),大大地提高了模板施工的工业化程度。

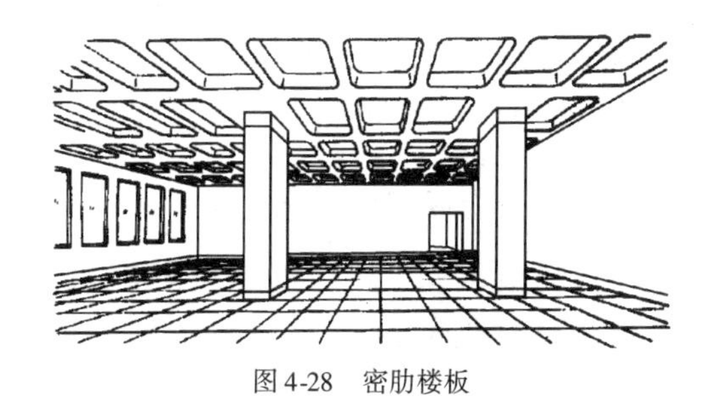

图 4-28　密肋楼板

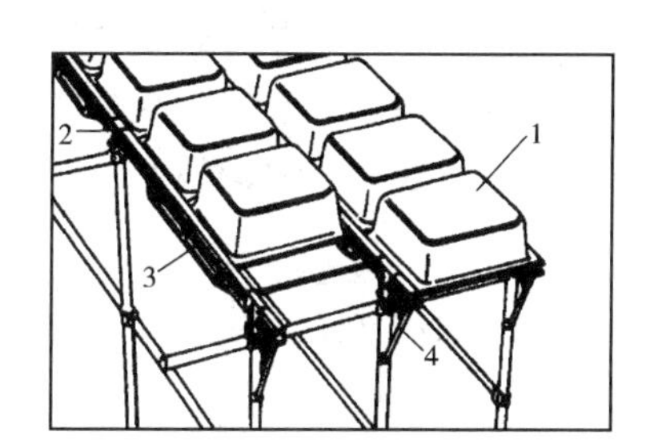

图 4-29　模壳及早拆体系支撑系统

1-模壳;2-柱头;3-梁;4-悬挑斜撑

(七)模板早拆体系

早拆原理是根据短跨支撑早期拆模的思想,利用早拆柱头、立柱和丝杠组成的竖向支撑,使原设计的楼板跨度处于短跨(立柱间距 <2m)受力状态。按规定,当楼板混凝土强度达到设计强度的 50% 后即可拆除模板,而立杆仍支在混凝土板下不动。当混凝土强度增大到足以在全跨条件下承受自重力和施工荷载时,再拆去竖向支撑。图 4-30 为模板早拆体系,它可利用施工企业原有组合钢模板、轻钢支撑、脚手钢管等,只需增添早拆支撑调整器(早拆柱头),即可达到早拆模板的目的。一般夏季 3 ~ 4d 即可旋转早拆头上的手柄,将模板及龙骨降落拆除,而立杆不动。此种早拆体系可节省模板和钢楞 2/3,具有良好的经济效益。

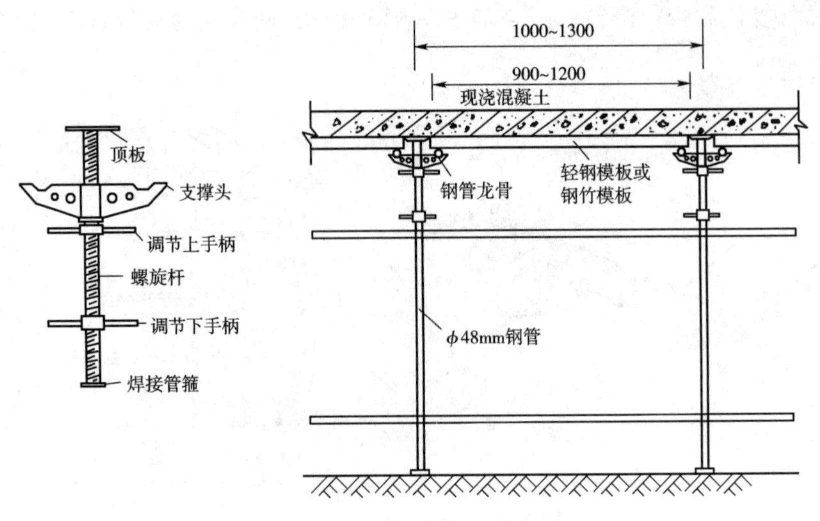

图4-30　模板早拆体系(尺寸单位:mm)

四、永久式模板

永久式模板在浇混凝土时起模板作用,施工后又是结构的一部分,有压制成波形、密肋形的金属薄板,预应力钢筋混凝土薄板,玻璃纤维水泥波形板等。尤其是压型钢板,在钢结构中得到广泛应用。此法施工简便,速度快,但耗钢量较大。

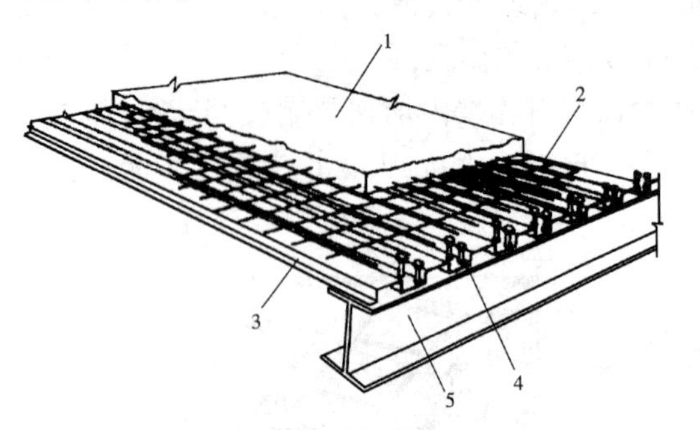

图4-31　压型钢板组合楼板示意图

1-现浇混凝土楼板;2-钢筋;3-压型钢板;4-用栓钉与钢梁焊接;5-钢梁

(一)压型钢板模板

压型钢板模板是采用镀锌或经防腐处理的薄钢板,经冷轧成具有梯波形截面的槽型钢板(图4-31),多用于钢结构工程。

(二)混凝土薄板模板

混凝土薄板一般在预制厂预制,是现浇楼板的永久性模板,又可与现浇混凝土形成叠合板,构成受力结构。混凝土薄板模板底面光滑,尤其适用于不设置吊顶棚和一般装饰标准的工程,可以大量减少顶棚的抹灰作业。组合式模板适用于抗震设防地区和非地震区,不适用于承受动力荷载。当用于结构表面温度高于60℃,或工作环境有酸碱等侵蚀性介质时,应采取有效措施。

1.混凝土薄板模板的品种

(1)预应力混凝土薄板模板。组合式薄板其预应力主筋即为叠合层现浇楼板的主筋,具有与现浇预应力混凝土楼板同样的功能。

(2)双钢筋混凝土薄板模板。是以冷拔低碳钢丝焊接成梯格钢筋骨架作配筋的薄板模板(图4-32)。由于双钢筋在混凝土中有较大的锚固力,故能有效地提高楼板的强度、刚度和抗裂性能。

(3)冷轧扭钢筋混凝土薄板模板。是采用直径6~10mm的HPB300热轧圆钢,经冷拉、冷轧、冷扭成具有扁平螺旋状(麻花形状)的钢筋为配筋,它与混凝土之间的握裹力有明显的提高,从而改善了构件弹塑性阶段的性能,提高了构件的强度和刚度。

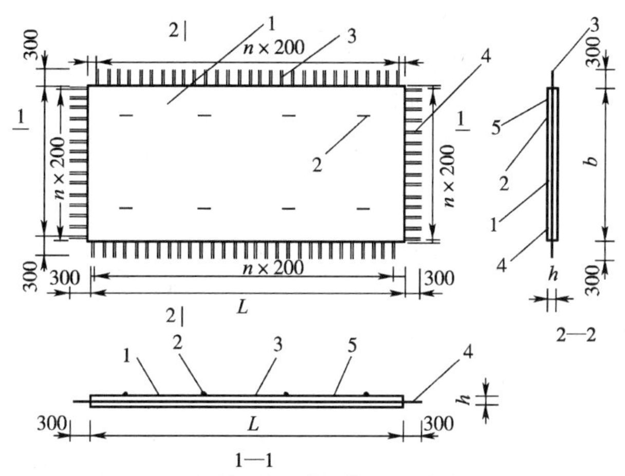

图4-32　双钢筋混凝土薄板模板(尺寸单位:mm)

1-混凝土薄板;2-吊环;3-双钢筋横筋;4-双钢筋纵筋;5-板上部配置的双钢筋构造网片

2. 板面抗剪构造处理

为了保证薄板与现浇混凝土层叠合后,在叠合面具有一定的抗剪能力,在薄板生产时,应按其抗剪能力的不同要求,对薄板上表面作必要的处理。

(1)当要求叠合面承受的抗剪能力较小时,可在板的上表面加工成具有粗糙拉毛的表面,或用网状滚轮辊压成4~6mm深的网状压痕表面;或用辊筒压成长、宽50~80mm、深6~10mm的小凹坑(图4-33)。

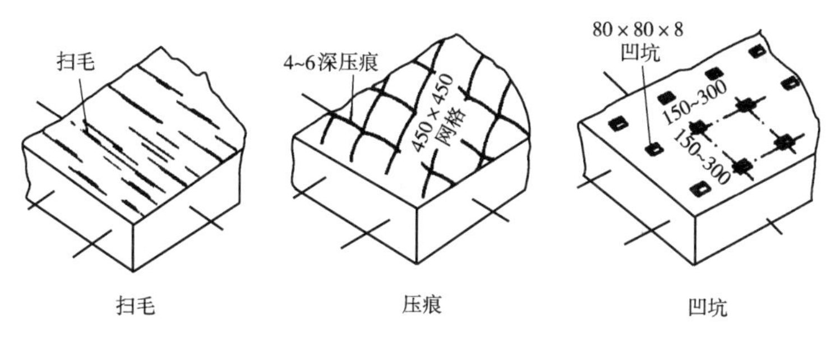

图4-33　板面表面处理(尺寸单位:mm)

(2)当要求叠合面承受较大的剪应力时(大于0.4MPa),薄板表面除要求粗糙外,还要增设抗剪钢筋,其规格和间距由设计计算确定。

五、模板设计

模板设计一般包括选型、选材、结构计算、绘制模板施工图和说明等。设计时既要保证模板的承载能力,也要保证模板的刚度,必要时还要考虑模板的稳定性。

模板及支架结构构件应按短暂设计状况下的承载能力极限状态进行设计,并应符合下式要求:

$$r_0 S \leqslant \frac{R}{r_R}$$

式中:r_0——结构重要性系数,对重要的模板及支架宜取$r_0 \geqslant 1.0$;对于一般的模板及支架应取

$r_0 \geqslant 0.9$;

S——荷载基本组合的效应设计值;

R——模板及支架结构构件的承载力设计值;

r_R——承载力设计值调整系数,应根据模板及支架重复使用情况取用,不应小于1.0。

1. 计算模板及其支架时的荷载标准值

(1)模板及支架自重(G_1)。对有梁楼板及无梁楼板的模板及支架的自重(G_1)标准值(G_{1k})可按表4-2采用。

楼板模板自重标准值 G_{1k}(kN/m²) 表4-2

项目名称	木模板	定型组合钢模板
无梁楼板的模板及小楞	0.3	0.5
有梁楼板模板(包括梁模板)	0.5	0.75
楼板模板及支架(楼层高度为4m以下)	0.75	1.10

(2)新浇筑混凝土自重(G_2)。新浇筑混凝土自重(G_2)标准值可根据混凝土实际重度确定。对普通混凝土,重度可取24kN/m³。

(3)钢筋自重(G_3)。钢筋自重(G_3)标准值应根据施工图确定。对一般梁板结构,楼板的钢筋自重力可取1.1kN/m³,梁的钢筋自重力可取1.5kN/m³。

(4)新浇筑的混凝土作用于模板的最大侧压力(G_4)。采用内部振捣器时,新浇筑的混凝土作用于模板的最大侧压力(G_4)标准值可按下列公式计算,并应取其中的较小值:

$$F = 0.28 r_c t_0 \beta V^{\frac{1}{2}} \tag{4-1}$$

$$F = \gamma_c H \tag{4-2}$$

式中:F——新浇筑混凝土作用于模板的最大侧压力标准值(kN/m²);

γ_c——混凝土的重度(kN/m³);

t_0——新浇混凝土的初凝时间(h),可按实测确定;当缺乏试验资料时可采用 $t_0 = 200/(T+15)$ 计算,T 为混凝土的温度(℃);

β——混凝土坍落度影响修正系数,当坍落度大于50mm且不大于90mm时,β 取0.85;坍落度大于90mm且不大于130mm时,β 取0.9;坍落度大于130mm且不大于180mm时,β 取1.0;

V——浇筑速度,取混凝土浇筑高度(厚度)与浇筑时间的比值(m/h);

H——混凝土侧压力计算位置处至新浇筑混凝土顶面的总高度(m)。

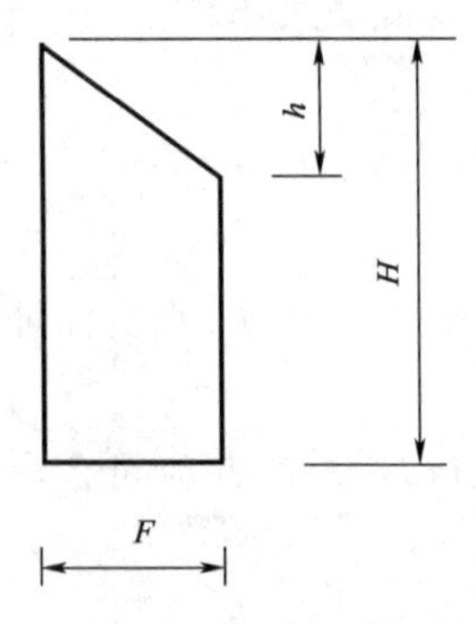

图4-34 混凝土侧压力分布图
h-有效压头高度;H-模板内混凝土总高度;F-最大侧压力

当浇筑速度大于10m/h,或混凝土坍落度大于180mm时,侧压力(G_4)的标准值可按公式(4-2)计算:

混凝土侧压力的计算分布图形如图4-34所示;图中 $h = F/\gamma_c$。

(5)施工人员及施工设备产生的荷载(Q_1)。施工人员及施工设备产生的荷载(Q_1)标准值可按实际情况计算,且不应小2.5 kN/m²。

(6)混凝土下料产生的水平荷载标准值(Q_2)。混凝土下料产生的水平荷载标准值(Q_2)可按表4-3采用,其作用范围可取为新浇筑混凝土侧压力的有效压头高度 h 之内。

混凝土下料产生的水平荷载标准值（kN/m^2） 表4-3

下 料 方 式	水 平 荷 载
溜槽,串筒,导管或泵管下料	2
吊车配备斗容器下料或小车直接倾倒	4

（7）泵送混凝土或不均匀堆载等因素产生的附加水平荷载（Q_3）。泵送混凝土或不均匀堆载等因素产生的附加水平荷载（Q_3）的标准值,可取计算工况下竖向永久荷载标准值的2%,并应作用在模板支架上端水平方向。

（8）风荷载（Q_4）。风荷载（Q_4）的标准值,可按现行国家标准《建筑结构荷载规范》（GB 50009）的有关规定确定,此时基本风压可按10年一遇的风压取值,但基本风压不应小于0.20kN/m^2。

2. 模板及支架的荷载基本组合的效应设计值

模板及支架的荷载基本组合的效应设计值可按下式计算：

$$S = 1.35\alpha \sum_{i\geqslant 1} S_{G_{ik}} + 1.4\psi_{cj} \sum_{j\geqslant 1} S_{Q_{jk}} \tag{4-3}$$

式中：$S_{G_{ik}}$——第i个永久荷载标准值产生的效应值；

$S_{Q_{jk}}$——第j个可变荷载标准值产生的效应值；

α——模板及支架的类型系数：对侧面模板取0.9；对底面模板及支架取1.0；

ψ_{cj}——第j个可变荷载的组合值系数,宜取≥0.9。

3. 荷载组合

模板及支架承载力计算的各项荷载可按表4-4确定,并应采用最不利的荷载基本组合进行设计。参与组合的永久荷载有模板及支架自重（G_1）、新浇筑混凝土自重（G_2）、钢筋自重（G_3）及新浇筑的混凝土作用于模板的最大侧压力（G_4）等；参与组合的可变荷载包括施工人员及施工设备产生的荷载（Q_1）、混凝土下料产生的水平荷载标准值（Q_2）、泵送混凝土或不均匀堆载等因素产生的附加水平荷载（Q_3）及风荷载（Q_4）等。

参与模板及支架承载力计算的各项荷载 表4-4

计 算 内 容		参与荷载项
模板	底面模板的承载力	$G_1+G_2+G_3+Q_1$
	侧面模板的承载力	G_4+Q_2
支架	支架水平杆及节点的承载力	$G_1+G_2+G_3+Q_1$
	立杆的承载力	$G_1+G_2+G_3+Q_1+Q_4$
	支架结构的整体稳定	$G_1+G_2+G_3+Q_1+Q_3$ $G_1+G_2+G_3+Q_1+Q_4$

注：表中的"+"仅表示各项荷载参与组合,而不表示代数相加。

4. 模板及支架的变形验算

模板及支架的变形验算应符合下列规定：

$$a_{fG} \leqslant a_{f,\lim} \tag{4-4}$$

式中：a_{fG}——按永久荷载标准值计算的构件变形值；

$a_{f,\lim}$——构件变形限值,当验算模板及其支架的刚度时,其最大变形值不得超过下列允许值。

①对结构表面外露的模板,为模板构件计算跨度的1/400；

②对结构表面隐蔽的模板,为模板构件计算跨度的1/250；

③支架轴向 的压缩变形值或侧向挠度限值,宜取为计算高度或计算跨度的1/1000。

5. 支架的抗倾覆验算

支架应按混凝土浇筑前和混凝土浇筑时两种工况进行抗倾覆验算。支架的抗倾覆验算应满足下式要求：

$$\gamma_0 M_0 \leqslant M_r$$

式中：M_0——支架的倾覆力矩设计值，按荷载基本组合计算，其中永久荷载的分项系数取1.35，可变荷载的分项系数取1.4；

γ_0——结构重要性系数，对重要的模板及支架宜取$\gamma_0 \geqslant 1.0$；对于一般的模板及支架应取$\gamma_0 \geqslant 0.9$；

M_r——支架的抗倾覆力矩设计值，按荷载基本组合计算，其中永久荷载的分项系数取0.9，可变荷载的分项系数取0。

模板支架的高宽比不宜大于3；当高宽比大于3时，应增设稳定性措施，并应进行支架的抗倾覆验算。

支架结构中钢构件的长细比不应超过表4-5规定的容许值。

模板支架结构钢构件容许长细比 表4-5

构件类别	容许长细比
受压构件的支架立柱及桁架	180
受压构件的斜撑、剪刀撑	200
受拉构件的钢杆件	350

6. 模板设计注意事项

(1)多层楼板连续支模时，应分析多层楼板间荷载传递对支架和楼板结构的影响。

(2)支架立柱或竖向模板支承在土层上时，应按现行国家标准《建筑地基基础设计规范》(GB 50007)的有关规定对土层进行验算；支架立柱或竖向模板支承在混凝土结构构件上时，应按现行国家标准《混凝土结构设计规范》(GB 50010)的有关规定对混凝土结构构件进行验算。

(3)采用钢管和扣件搭设的支架时，设计应符合下列规定：

①钢管和扣件搭设的支架宜采用中心传力方式；

②单根立杆的轴力标准值不宜大于12kN，高大模板支架单根立杆的轴力标准值不宜大于10kN；

③立杆顶部承受水平杆扣件传递的竖向荷载时，立杆应按不小于50mm的偏心距进行承载力验算，高大模板支架的立杆应按不小于100mm的偏心距进行承载力验算；

④支承模板的顶部水平杆可按受弯构件进行承载力验算；

⑤扣件抗滑移承载力验算，可按现行行业标准《建筑施工扣件式钢管脚手架安全技术规范》JGJ 130的有关规定执行。

(4)采用门式、碗扣式、盘扣式或盘销式等钢管架搭设的模板支架，应采用支架立柱杆端插入可调托座的中心传力方式，其承载力及刚度可按国家现行有关标准的规定进行验算。

六、模板的拆除

模板拆除时，可采取先支的后拆、后支的先拆，先拆非承重模板、后拆承重模板的顺序，并

应从上而下进行拆除。拆除时混凝土的强度应符合设计要求。当设计无具体要求时应符合下列规定:

(1)侧模,在混凝土强度能保证其表面及棱角不因拆除模板而受损坏后,方可拆除。

(2)底模,在混凝土强度符合表4-6规定后,方可拆除。强度检验以同条件养护试件强度试验报告为准。

(3)后张预应力混凝土结构构件,侧模宜在预应力筋张拉前拆除;底模及支架应在结构构件建立预应力之后拆除。

(4)多个楼层间连续支模的底层支架拆除时间,应根据连续支模的楼层间荷载分配和混凝土强度的增长情况确定。

(5)模板拆除时,不应对楼层形成冲击。拆除的模板和支架宜分散堆放并及时清运。

底模拆除时的混凝土强度要求 表4-6

构件类型	构件跨度(m)	按达到设计混凝土强度等级值的百分率(%)
板	≤2	≥50
	>2,≤8	≥75
	>8	≥100
梁、拱、壳	≤8	≥75
	>8	≥100
悬臂结构		≥100

第二节 钢筋工程

混凝土结构用的普通钢筋,可分为两类:热轧钢筋和冷加工钢筋。冷加工钢筋是在常温下加工成型的成品钢筋,包括冷轧带肋钢筋和冷轧扭钢筋。冷拉钢筋与冷拔低碳钢丝已逐渐淘汰。余热处理钢筋属于热轧钢筋一类。

热轧钢筋的强度等级按照屈服强度(MPa)分为300级、335级、400级、500级;按表面形状分为光圆钢筋和带肋钢筋;直径12mm以下的钢筋来料为盘圆,12mm以上一般为直条钢筋。

一、钢筋的性能与进场检验

(一)钢筋的性能

施工中,需特别注意的钢筋性能主要包括:变形硬化、松弛性、可焊性及抗震性能。

1. 钢筋的变形硬化

在常温下,通过强力使钢材发生塑性变形,则钢材的屈服强度可大大提高,而塑性和韧性将大幅度降低。根据钢筋的这一“变形硬化”性能,可对钢筋进行冷拉、冷拔、冷轧等处理,从而提高强度,扩大使用范围。但由于冷加工后的钢筋脆性过大,在钢材较充裕的今天,钢筋冷加工已逐渐淘汰。但变形硬化的原理在钢筋机械连接中得到广泛应用。

2. 钢筋的松弛

它是指在高应力状态下,钢筋的长度不变但其应力减小的性能。在预应力混凝土施工中,应注意防止或减少钢筋松弛造成的预应力损失。

3. 钢筋的可焊性

钢材的可焊性系指被焊钢材在采用一定焊接材料、焊接工艺条件下，获得优质焊接接头的难易程度，也就是钢材对焊接加工的适应性。

钢筋均具有可焊性，但其焊接性能差异较大。影响焊接性能的主要因素包括钢材的强度或硬度、化学成分、焊接方法及环境等。一般强度或硬度越高的钢材越难焊接；含碳、锰、硅、硫等越多的钢材越难焊接，而含钛多的钢材易于焊接。

4. 抗震性能

对有抗震设防要求的结构，其纵向受力钢筋的性能应满足设计要求；当设计无具体要求时，对按一、二、三级抗震等级设计的框架和斜撑构件（含梯段）中的纵向受力钢筋应采用HRB335E、HRB400E、HRB500E、HRBF335E、HRBF400E或HRBF500E钢筋，其强度和最大应力下总伸长率的实测值应符合下列规定：

(1)钢筋的抗拉强度实测值与屈服强度实测值的比值不应小于1.25；

(2)钢筋的屈服强度实测值与屈服强度标准值的比值不应大于1.30；

(3)钢筋的最大应力下总伸长率不应小于9%。

(二)钢筋质量检验

钢筋进场时，应检查产品合格证、出厂检验报告，且钢筋应平直、无损伤、无折叠，表面无裂纹、结疤、油污、颗粒状或片状老锈。并按现行国家标准分批次、分规格、分品种抽取试件作力学性能检验，热轧钢筋每批不大于60t；冷轧带肋钢筋每批不大于50t，冷轧扭钢筋不大于10t。每批中抽取不少于5%作外观检查，每批热轧钢筋中抽取2根钢筋制作试件进行拉伸试验和冷弯试验。

当施工中发现钢筋脆断、焊接性能不良或力学性能显著不正常等现象时，应对该批钢筋进行化学成分检验或其他专项检验。

二、钢筋的焊接

(一)钢筋焊接方法分类及适用范围

钢筋焊接方法分类及适用范围如表4-7所示。

钢筋焊接方法分类及适用范围　　表4-7

焊接方法	接头形式	适用范围	
		钢筋级别	钢筋直径(mm)
电阻点焊		HPB235级、HRB335级 冷轧带肋钢筋 冷拔光圆钢筋	6～14 5～12 4～5
闪光对焊	d	HPB235级、HRB335级 及HRB400级、RRB400级	10～40 10～25

续上表

焊接方法		接头形式	适用范围	
			钢筋级别	钢筋直径(mm)
电弧焊	帮条双面焊	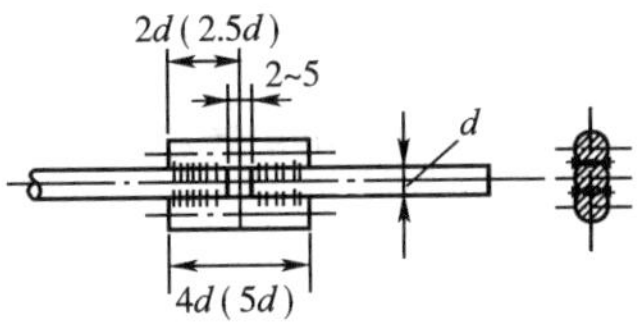	HPB235 级、HRB335 级及 HRB400 级、RRB400 级	10～40 10～25
	帮条单面焊	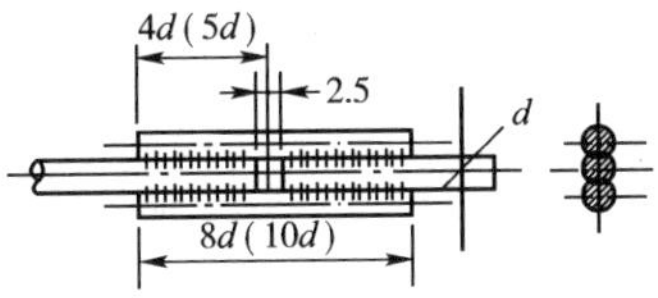	HPB235 级、HRB335 级、及 HRB400 级、RRB400 级	10～40 10～25
	搭接双面焊	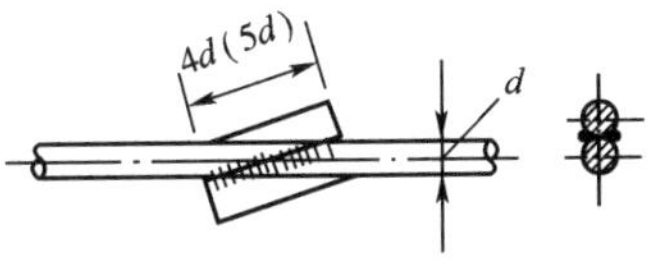	HPB235 级、HRB335 级及 HRB400 级、RRB400 级	10～40 10～25
	搭接单面焊	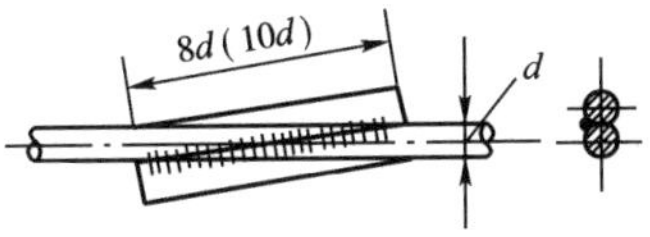	HPB235 级、HRB335 级及 HRB400 级、RRB400 级	10～40 10～25
	熔槽帮条焊	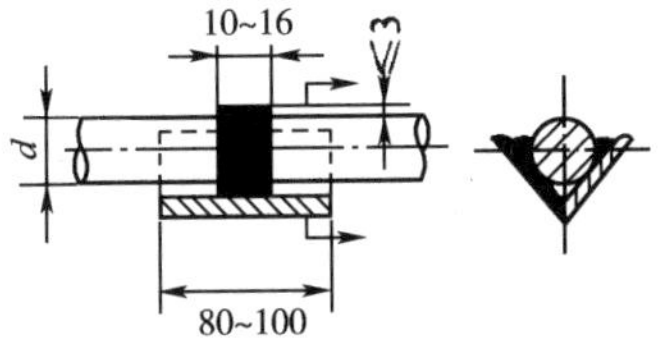	HPB235 级、HRB335 级及 HRB400 级、RRB400 级	20～40 20～25
	剖口平焊	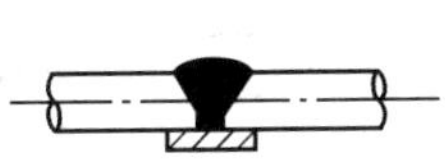	HPB235 级、HRB335 级及 HRB400 级、RRB400 级	18～40 18～25
	剖口立焊	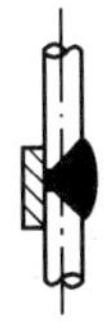	HPB235 级、HRB335 级、及 HRB400 级、RRB400 级	18～40 18～25
	钢筋与钢板搭接焊	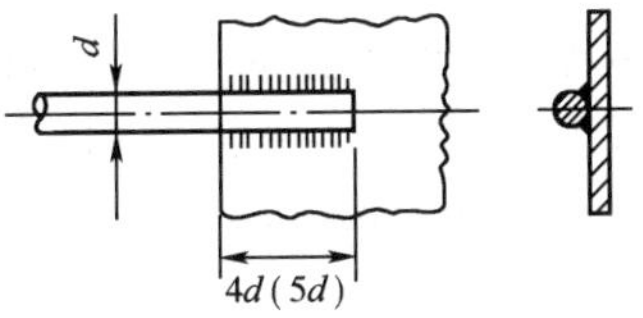	HPB235 级、HRB335 级	8～40

续上表

焊接方法		接头形式	适用范围	
			钢筋级别	钢筋直径(mm)
电弧焊	预埋件角焊	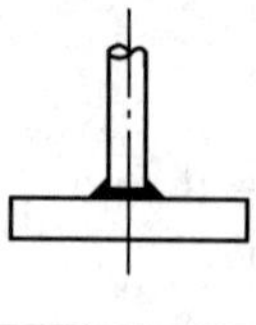	HPB235级、HRB335级	6~25
	预埋件穿孔塞焊		HPB235级、HRB335级	20~25
电渣压力焊			HPB235级、HRB335级	14~40
气压焊		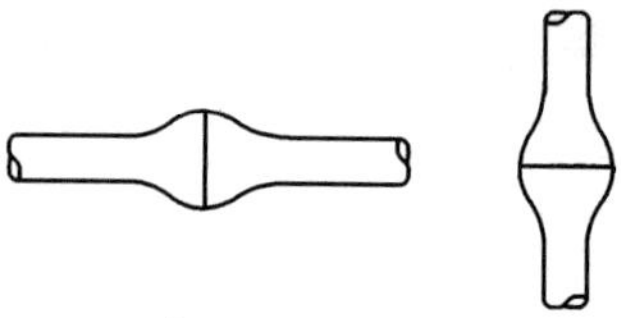	HPB235级、HRB335级、HPB400级	14~40
预埋件埋弧压力焊		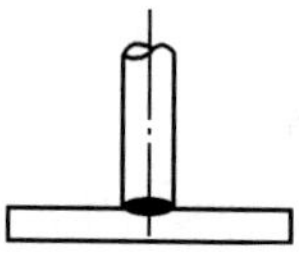	HPB235级、HRB335级	6~25

注:①表中的帮条或搭接长度值,不带括弧的数值用于HPB235级钢筋,括号中的数值用于HRB335级、HRB400级及RRB400级钢筋。

②电阻电焊时,适用范围内的钢筋直径系指较小钢筋的直径。

③尺寸单位:mm。

(二)钢筋连接的一般规定

(1)钢筋的接头宜设置在受力较小处,同一纵向受力钢筋不宜设置两个或两个以上接头,接头未端至钢筋弯起点的距离不应小于钢筋直径的10倍。

(2)当受力钢筋采用机械连接接头或焊接接头时,设置在同一构件内的接头宜相互错开。

纵向受力钢筋机械连接接头及焊接接头连接区段的长度为钢筋直径的35倍且不小于500mm范围内(图4-35),纵向受力钢筋机械连接及焊接的接头面积百分率不宜大于50%。直接承受动力荷载的结构构件中,不宜采用焊接接头。

(三)闪光对焊

闪光对焊是利用对焊机使两段钢筋接触,通以低电压的强电流,将端头加热到接近熔点时,施加轴向压力进行顶锻,使两根钢筋焊接到一起(图 4-36)。闪光对焊广泛用于直条粗钢筋下料前的接长,以及预应力筋与螺丝端杆的连接。

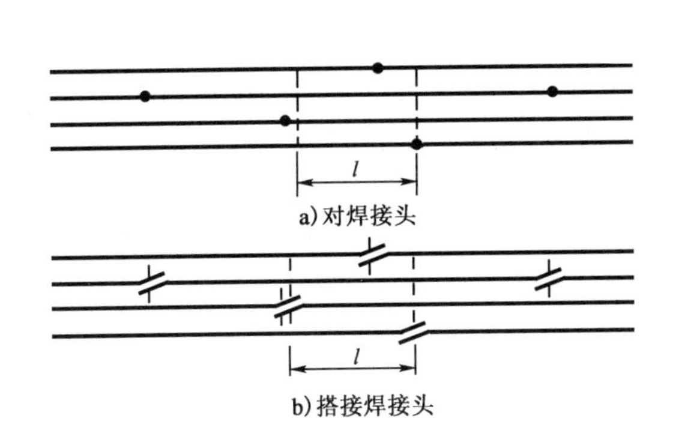

图 4-35　焊接接头设置

注:图中所示 l 区段内有接头的钢筋面积按两根计

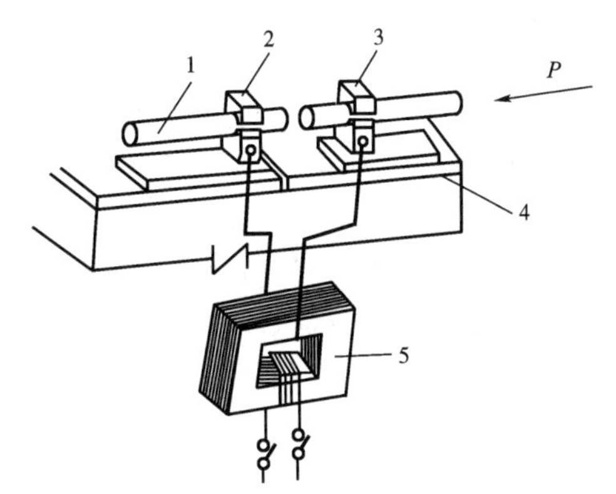

图 4-36　钢筋对焊示意图

1-钢筋;3-固定电极;3-可动电极;4-机座;5-焊接变压器

1. 闪光对焊工艺

(1)连续闪光焊。此种工艺的特点是闭合电源后,接触点很快熔化并产生金属蒸气飞溅,形成连续闪光现象,同时徐徐移动钢筋、待接头烧平、闪去杂质和氧化膜、端头处于白热熔化状态时,施加轴向压力迅速顶锻,使钢筋焊牢。

(2)预热闪光焊。钢筋直径较大且端面较平整的钢筋,在闪光焊之前增加一个预热过程,即先反复将接头处作闭合和断开的动作,使钢筋达到预热的目的。然后再连续闪光,烧化后顶锻。

(3)闪光—预热—闪光焊。对于钢筋直径较大且端面不平整的钢筋,应先进行连续闪光将钢筋端部烧平,再反复将接头处做闭合和断开交替的动作,形成断续闪光使钢筋加热,接着再连续闪光,最后进行加热顶锻。

2. 闪光对焊参数

主要包括调伸长度(焊接前两钢筋端部从电极钳口伸出的长度,见图 4-37)、闪光留量、闪光速度、预热留量、顶锻留量、顶锻速度、顶锻压力及变压器级次等参数,可从建筑施工手册中查阅。

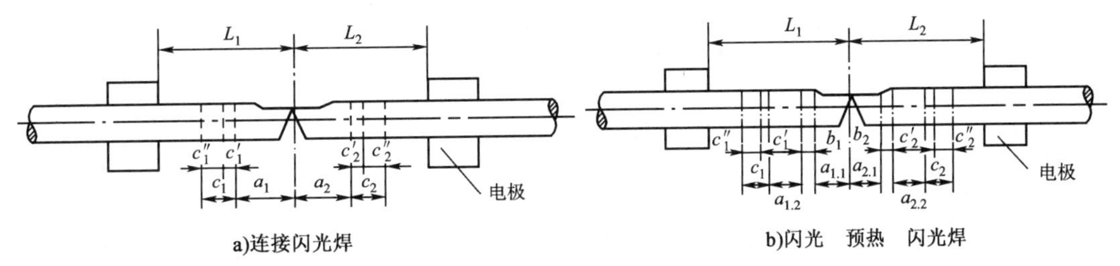

图 4-37　闪光对焊各项留量图解

L_1、L_2-调伸长度;(a_1+a_2)-闪光留量;$(a_{1.1}+a_{2.1})$- 一次闪光留量;$(a_{1.2}+a_{2.2})$-二次闪光留量;(b_1+b_2)-预热留量;(c_1+c_2)-顶锻留量;$(c'_1+c'_2)$-有电顶锻留量;$(c''_1+c''_2)$-无电顶锻留量

3. 焊后通电热处理

对于含碳、锰、硅较高的钢筋,可焊性较差,对氧化、淬火、过热比较敏感,易产生氧化缺陷

和脆性组织,因此,应掌握焊接温度,并使热量扩散区加长,以防接头局部过热造成脆断。可焊性差的高强钢筋,宜用强电流焊接,焊后进行通电热处理,对焊接接头进行一次退火或高温回火处理,以消除热影响区产生的脆性,改善接头的塑性。

通电热处理的方法是:钢筋对焊冷却后松开夹具,放大钳口距离,重新夹住钢筋,待接头冷却到暗黑色(焊后20~30s),进行低频脉冲式通电加热处理(频率约2次/s,通电5~7s),钢筋加热至钢筋表面呈桔红色即可。

4. 质量检验

在同一台班内,由同一焊工、按同一焊接参数完成的300个同类型接头作为一批。从每批成品中切取6个试件,3个进行拉伸试验,3个进行弯曲试验。如有一根不合格,则加倍取样,重做试验,如仍有一根不合格则该批接头为不合格品。

闪光对焊接头的外观检查,每批抽查10%的接头,且不得少于10个。接头处不得有横向裂纹;与电极接触处的钢筋表面,不得有明显的烧伤;接头处的弯折,不得大于3°;接头处的钢筋轴线偏移,不得大于钢筋直径的0.1倍,且不得大于2mm。

(四)电渣压力焊

电渣压力焊是利用电流将埋在渣池中的两钢筋端头熔化,然后施加压力使钢筋焊接(图4-38),常用于柱子、墙等较粗竖向钢筋的接长,有自动加压与手工加压两种。它比电弧焊工效高,成本低,在高层建筑中得到广泛应用。

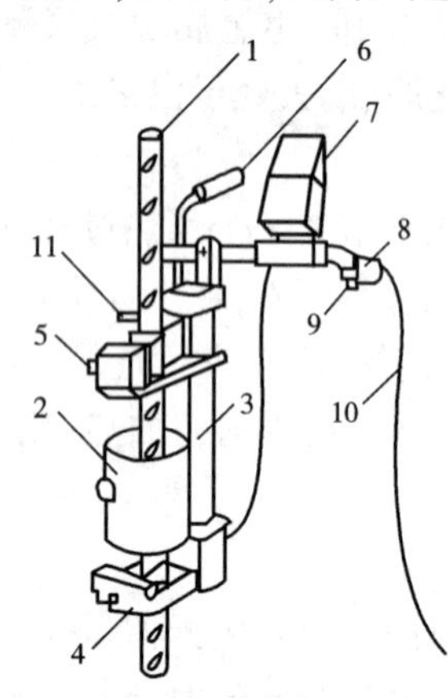

图4-38 杠杆式单柱焊接机头

1-钢筋;2-焊剂盒;3-单导柱;4-固定夹头;5-活动夹头;6-手柄;7-监控仪表;8-操作把;9-开关;10-控制电缆;11-电缆插座

焊接前,应先将上下部钢筋用夹具对正夹牢,在上下钢筋间放引弧用的铁丝小球,再装上焊剂盒,装满焊药将接头处埋住,接通电路,用手柄将电弧引燃。钢筋端部及焊剂熔化后形成渣池,数秒后(稳弧)随之用操纵杆下压上部钢筋,使其沉入渣池,电弧熄灭,利用电阻加热,经30~40s,待渣池有足够的液体后,下压上部钢筋进行顶锻,以排除夹渣和气泡,形成牢固的接头。冷却后可拆除药盒,回收焊药。

电渣压力焊要根据钢筋直径选择适宜的电流、渣池、电压和通电时间。电焊机电流如不够,可将同型号的电焊机并联。电渣压力焊接头不得有裂纹和明显的烧伤缺陷,轴线偏移不得大于0.1倍钢筋直径,同时不得超过2mm;接头弯折不得超过3°。每300个接头为一批(不足300个也为一批),切取3个试件做强度检验,如有一根不合格,则加倍取样,重做试验,如仍有一根不合格,则该批接头为不合格品。

(五)电弧焊

电弧焊是利用弧焊机使焊条与焊件之间产生高温电弧,使焊条和电弧燃烧范围内的焊件金属溶化,待其凝固后便形成焊缝或接头。电弧焊广泛用于各种钢筋接头、钢筋骨架焊接、钢筋与钢板的焊接及各种钢结构焊接。

电弧焊的常见接头形式有:搭接焊接头、帮条焊接头、剖口焊接头、溶槽帮条焊接头和预埋铁件焊头(表4-7)。

电弧焊机有交流和直流两种,工地上常用的是交流弧焊机。焊条种类、直径应根据钢筋级别、接头形式进行选择,如表4-8。

焊接电流应根据钢筋级别、直径、接头形式和焊点位置进行调整。

钢筋电弧焊焊条型号　　表4-8

钢筋级别	电弧焊接头形式		
	帮条焊 搭接焊	坡口焊 熔槽帮条焊 预埋件穿孔塞焊	钢筋与钢板搭接焊 预埋件T形角焊
HPB235	E4303	E4303	E4303
HRB335	E4303	E5003	E4303
HRB400	E5003	E5503	—

当采用帮条或搭接焊时，焊缝长度不应小于帮条或搭接长度，焊缝高度 $h \geqslant 0.3d$，焊缝宽度 $b \geqslant 0.8d$。在现场安装条件下，以300个同类型接头为一批（不足300个仍为一批），每批切取3个接头进行拉伸试验，如有一个不合格，取双倍试件复验，如仍有一个不合格，则该批接头为不合格品。

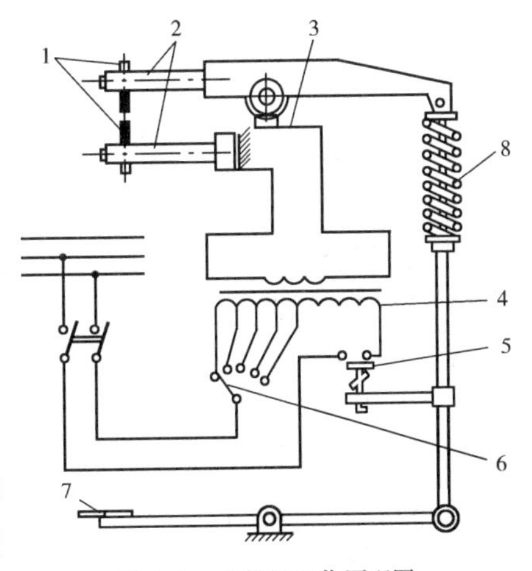

图4-39　点焊机工作原理图

1-电极；2-电极臂；3-变压器的次级线圈；4-变压器的初级线圈；5-断路器；6-变压器的调节开关；7-踏板；8-压紧机构

（六）电阻点焊

点焊主要用于钢筋的交叉连接，常用来焊接钢筋网片。点焊的原理是利用钢筋交叉点电阻较大，在通电瞬间受热而熔化，并在电极的压力下使交叉点形成焊接（图4-39）。

预制厂多使用台式点焊机。该种类点焊机有单点和多点点焊两种。多点点焊机一次可焊数点，可用于焊接宽大的钢筋网片，施工现场多使用手提式点焊机。

点焊的主要工艺参数为：电流强度、通电时间和电极压力。这些参数均与焊接钢筋的直径和钢筋级别有关。焊点应有一定的压入深度，其值应为较小钢筋直径的18%～25%。

三、钢筋的机械连接

钢筋的机械连接是指通过连接件的机械咬合作用或钢筋端面的承压作用，将一根钢筋中的力传递至另一根钢筋的连接方法。它具有以下优点：接头质量稳定可靠，不受钢筋化学成分的影响，人为因素的影响也小；操作简便，施工速度快，且不受气候条件影响；无污染，无火灾隐患，施工安全等，故广泛应用于粗钢筋连接中。

（一）连接方法分类及适用范围

钢筋机械连接方法分类及适用范围见表4-9。

（二）钢筋套筒挤压连接

带肋钢筋套筒挤压连接是将两根待接钢筋插入钢套筒，用挤压连接设备沿径向挤压钢套筒,使之产生塑性变形,依靠变形后的钢套筒与被连接钢筋纵、横肋产生的机械咬合成为整体的钢筋连接方法(图4-40)。这种接头质量稳定性好,可与母材等强。但操作工人工作强度大,有时液压油污染钢筋,综合成本较高。

钢筋机械连接方法分类及适用范围 表4-9

<table>
<tr><th colspan="2" rowspan="2">机械连接方法</th><th colspan="2">适 用 范 围</th></tr>
<tr><th>钢筋级别</th><th>钢筋直径(mm)</th></tr>
<tr><td colspan="2">钢筋套筒挤压连接</td><td>HRB335、HRB400
RRB400</td><td>16~40
16~40</td></tr>
<tr><td colspan="2">钢筋锥螺纹套筒连接</td><td>HRB335、HRB400
RRB400</td><td>16~40
16~40</td></tr>
<tr><td colspan="2">钢筋镦粗直螺纹套筒连接</td><td>HRB335、HRB400</td><td>16~40</td></tr>
<tr><td rowspan="3">钢筋滚压直螺纹套筒连接</td><td>直接滚压</td><td rowspan="3">HRB335、HRB400</td><td>16~40</td></tr>
<tr><td>挤肋滚压</td><td>16~40</td></tr>
<tr><td>剥肋滚压</td><td>16~50</td></tr>
</table>

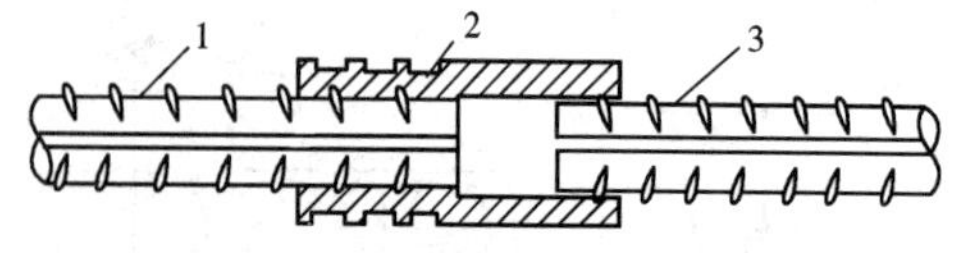

图4-40 钢筋锥螺纹套筒连接

1-已挤压的钢筋;2-钢套筒;3-未挤压的钢筋

钢筋插入套筒前端头应做好标记,以确保接头长度,防止压空。连接钢筋的轴心与钢套筒轴心应保持在同一轴线,防止偏心。挤压应从钢套筒中央逐道向端部压接,每端压痕数量,随钢筋直径和等级增大而增多。挤压后应用专用卡具检验挤压深度。

质量检验以500个同批号钢套筒及其压接的钢筋接头为一批,不足500个仍为一批,随机抽取3个试件做抗拉强度试验,若其中一个不合格,应再抽取双倍(6个)试件进行复试,如复试后仍有一个不合格,则该批接头为不合格。

(三)钢筋滚压直螺纹套筒连接

钢筋滚压直螺纹套筒连接是利用金属材料“冷作硬化”的特性,使接头与母材等强的连接方法。该法施工速度快,对环境要求低,接头强度高(可达到Ⅰ级)、价格适中,得到了广泛应用。根据滚压直螺纹成型方式,又可分为直接滚压螺纹、挤压肋滚压螺纹、剥肋滚压螺纹3种类型。

1. 螺纹加工与检验

(1)直接滚压螺纹。采用钢筋滚丝机直接在钢筋上滚压螺纹。此法螺纹加工简单,设备投入少,但由于钢筋粗细不均导致螺纹直径差异,故螺纹精度较差。

(2)剥肋滚压螺纹。采用钢筋剥肋滚丝机先将钢筋的横肋和纵肋进行剥切处理后,使钢筋滚丝前的柱体直径达到同一尺寸,然后再进行螺纹滚压成型。此法螺纹精度高,接头质量稳定。加工中应随时检查滚丝长度、丝扣高度和质量,并立即拧上套筒,另端戴好保护帽。

2. 现场连接施工

根据待接钢筋所在部位及转动难易情况,选用不同的套筒类型,采取不同的安装方法,见图4-41、图4-42。钢筋安装时宜用力矩扳手拧紧,露出套筒外的丝扣不得超过一圈。

滚压直螺纹接头的单向拉伸强度试验按验收批进行。同一施工条件下采用同一批材料的同等级、同形式、同规格接头，以500个为一个验收批，按10%进行抽检。

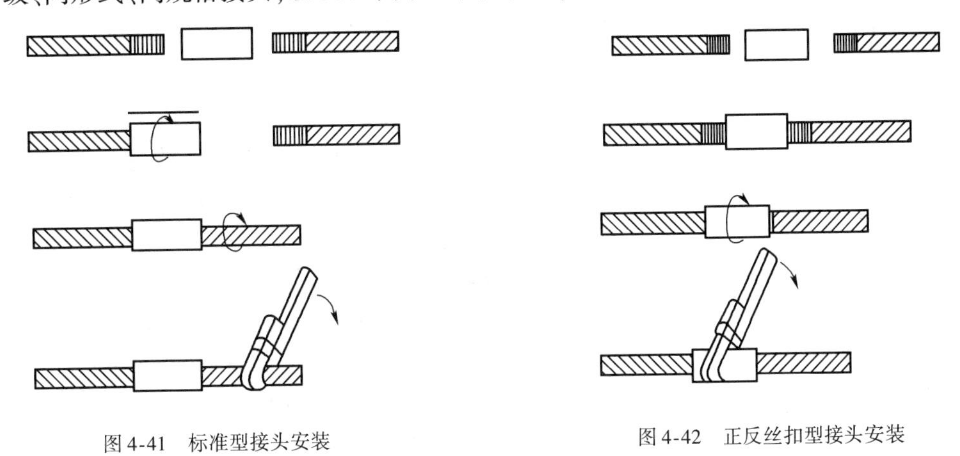

图4-41　标准型接头安装　　　图4-42　正反丝扣型接头安装

四、钢筋的加工

钢筋加工包括调直、除锈、剪切、弯曲等。经加工后，钢筋的形状、尺寸必须符合设计要求；表面应洁净、无损伤，油污和铁锈等应在使用前清除干净。带有颗粒状或片状老锈的钢筋不得使用。

钢筋调直宜采用不具有延伸功能的机械设备进行调直，也可采用冷拉方法调直。当采用冷拉方法调直时，HPB300光圆钢筋的冷拉率不宜大于4%；HRB335、HRB400、HRB500、HRBF335、HRBF400、HRBF500及RRB400带肋钢筋的冷拉率不宜大于1%。钢筋调直过程中不应损伤带肋钢筋的横肋。调直后的钢筋应平直，不应有局部弯折。

钢筋下料时需按下料长度进行切断。切断可采用钢筋切断机剪切或切割机锯切。前者切断速度快，但端面呈马蹄状、不平整；对进行机械连接或气压焊连接者宜采用后者。

1. 钢筋弯折的弯弧内直径 D（图4-43）的有关规定

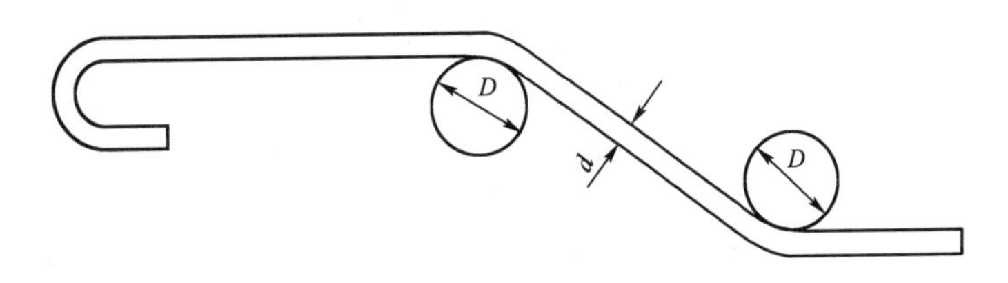

图4-43　钢筋中间弯折处计算简图

（1）光圆钢筋不应小于钢筋直径的2.5倍；

（2）335MPa级、400MPa级带肋钢筋不应小于钢筋直径的4倍；

（3）直径为28mm以下的500MPa级带肋钢筋不应小于钢筋直径的6倍，直径为28mm及以上的500MPa级带肋钢筋不应小于钢筋直径的7倍；

（4）位于框架结构顶层端节点处的梁上部纵向钢筋和柱外侧纵向钢筋，在节点角部弯折处，当钢筋直径为28mm以下时，不宜小于钢筋直径的12倍，当钢筋直径为28mm及以上时，不宜小于钢筋直径的16倍；

(5)箍筋弯折处的弯弧内直径尚不应小于纵向受力钢筋直径。

2. 纵向受力钢筋的弯折后平直段长度的有关规定

光圆钢筋末端做180°弯钩时,弯钩的弯折后平直段长度不应小于钢筋直径的3倍(图4-44)。

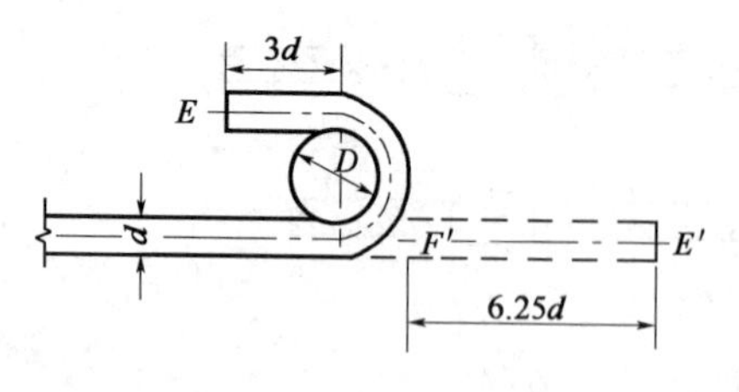

图4-44　光圆钢筋末端作180°弯钩示意图

3. 箍筋的末端弯钩的有关规定

(1)对一般结构构件,箍筋弯钩的弯折角度不应小于90°,弯折后平直部分长度不应小于箍筋直径的5倍;对有抗震设防及设计有专门要求的结构构件,箍筋弯钩的弯折角度不应小于135°,弯折后平直部分长度不应小于箍筋直径的10倍和75mm的较大值;

(2)圆形箍筋的搭接长度不应小于其受拉锚固长度,且两末端均应做不小于135°的弯钩,弯折后平直段长度对一般结构构件不应小于箍筋直径的5倍;对有抗震设防要求的结构构件不应小于箍筋直径的10倍和75mm的较大值。

4. 弯钩形式

一般形式弯钩可按图4-45b)、c)加工,对有抗震要求和受扭的结构,应按图4-45a)加工。

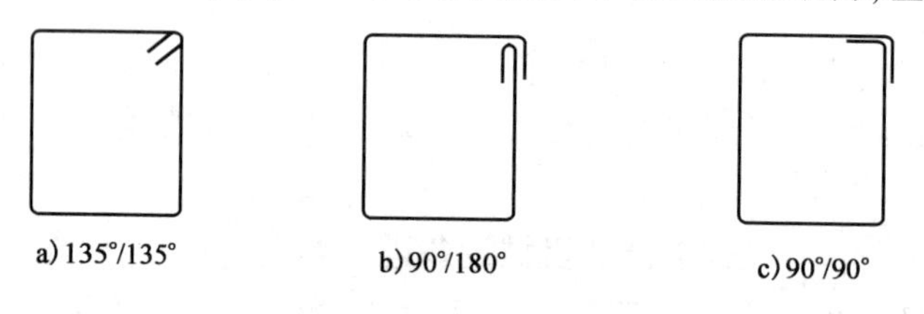

图4-45　箍筋示意图

五、钢筋理论质量的计算

不同直径的钢筋质量 = 钢筋长度 × 相应直径钢筋每米长的理论质量。钢筋每米长的理论质量见表4-10。

钢筋每米长的理论质量　　表4-10

规　格	质量(kg)	规　格	质量(kg)
ϕ4	0.099	ϕ16	1.587
ϕ5	0.154	ϕ18	1.998
ϕ6	0.222	ϕ20	2.47
ϕ3	0.395	ϕ22	2.984
ϕ10	0.617	ϕ25	3.853
ϕ12	0.888	ϕ32	6.313
ϕ14	1.21		

六、钢筋的代换

钢筋的级别、种类和直径应按设计要求采用。如需要代换,应办理设计变更文件。

1. 钢筋代换原则

钢筋的代换应按代换前后抗拉设计值相等的原则进行。代换时应满足下式要求:

$$A_{s2}f_{y2} \geqslant A_{s1}f_{y1} \tag{4-5}$$

式中：A_{s1}——原设计钢筋总面积；

A_{s2}——代换后钢筋总面积；

f_{y1}——原设计钢筋的设计强度；

f_{y2}——代换后钢筋的设计强度。

当结构按最小配筋率配筋时，代换时应满足下式要求：

$$A_{s2} \geqslant A_{s1} \tag{4-6}$$

2. 钢筋代换注意事项

（1）对某些重要构件如吊车梁、薄腹梁、桁架下弦等，不宜用 HPB300 级光圆钢筋代替 HRB335 和 HRB400 级带肋钢筋。

（2）钢筋代换后，如钢筋的最小直径、间距、根数、锚固长度等，应满足构造规定。

（3）每根钢筋的拉力差不应过大（直径差一般不大于 5mm），以免构件受力不匀。

（4）受力不同的钢筋应分别代换。

（5）当构件受抗裂、裂缝宽度或挠度控制时，钢筋代换后应进行抗裂、裂缝宽度或挠度验算。

（6）预制构件的吊环，必须采用 HPB300 级热轧钢筋制作，严禁以其他钢筋代换。

七、钢筋的绑扎与安装

1. 搭接长度

钢筋绑扎连接是利用混凝土的黏结锚固作用传递钢筋的应力，因此，必须满足搭接长度的要求。

（1）当纵向受拉钢筋的绑扎搭接接头面积百分率不大于 25% 时，其最小搭接长度应符合表 4-11 的规定。

纵向受拉钢筋的最小搭接长度 表 4-11

钢筋类型		混凝土强度等级								
		C20	C25	C30	C35	C40	C45	C50	C55	≥C60
光面钢筋	300 级	48d	41d	37d	34d	31d	29d	28d	—	—
带肋钢筋	335 级	46d	40d	36d	33d	30d	29d	27d	26d	25d
	400 级	—	48d	43d	39d	36d	34d	33d	31d	30d
	500 级	—	58d	52d	47d	43d	41d	39d	38d	36d

（2）当纵向受拉钢筋搭接接头面积百分率为 50% 时，其最小搭接长度应按表 4-11 中的数值乘以系数 1.15 取用；当接头面积百分率大于 100% 时，应按本规范表 4-11 中的数值乘以系数 1.35 取用；当接头面积为 25% ~100% 的其他中间值时，修正系数可按内插取值。

（3）纵向受拉钢筋的最小搭接长度根据上面（1）、（2）条确定后，可按下列规定进行修正。但在任何情况下，受拉钢筋的搭接长度不应小于 300mm。

①当带肋钢筋的直径大于 25mm 时，其最小搭接长度应按相应数值乘以系数 1.1 取用；

②环氧树脂涂层的带肋钢筋，其最小搭接长度应按相应数值乘以系数 1.25 取用；

③当施工过程中受力钢筋易受扰动时，其最小搭接长度应按相应数值乘以系数 1.1 取用；

④末端采用弯钩机械锚固措施的带肋钢筋，其最小搭接长度可按相应数值乘以系数 0.6 取用；

⑤当带肋钢筋的混凝土保护层厚度为搭接钢筋直径的 3 倍,且配有箍筋时,其最小搭接长度可按相应数值乘以系数 0.8 取用;当带肋钢筋的混凝土保护层厚度为搭接钢筋直径的 5 倍,且配有箍筋时,其最小搭接长度可按相应数值乘以系数 0.7 取用;当带肋钢筋的混凝土保护层厚度大于搭接钢筋直径的 3 倍且小于 5 倍,且配有箍筋时,修正系数可按内插取值;

⑥对有抗震要求的受力钢筋的最小搭接长度,对一、二级抗震等级应按相应数值乘以系数 1.15 采用;对三级抗震等级应按相应数值乘以系数 1.05 采用。

(4)纵向受压钢筋绑扎搭接时,其最小搭接长度应根据前面(1)~(3)条的规定确定相应数值后,乘以系数 0.7 取用。在任何情况下,受压钢筋的搭接长度不应小于 200mm。

2. 混凝土保护层厚度

构件中普通钢筋及预应力筋的混凝土保护层厚度应满足下列要求:

(1)构件中受力钢筋的混凝土保护层厚度不应小于钢筋的公称直径 d。

(2)设计使用年限为 50 年的混凝土结构,最外层钢筋的保护层厚度应符合表 4-12 的规定;设计使用年限为 100 年的混凝土结构,最外层钢筋的保护层厚度应符合表 4-12 中数值的 1.4 倍。

混凝土保护层的最小厚度(mm) 表 4-12

环境类别	板、墙、壳	梁、柱、杆
一	15	20
二 a	20	25
二 b	25	35
三 a	30	40
三 b	40	50

当混凝土强度等级不大于 C25 时,表中保护层厚度数值应增加 5mm。钢筋混凝土基础宜设置混凝土垫层,基础中钢筋混凝土保护层厚度应从垫层顶面算起,且不应小于 40mm。

常用预制水泥砂浆垫块或塑料卡(图 4-46)垫在钢筋与模板之间,以控制保护层厚度,其设置间距一般不大于 1m,采用梅花形布置。为防止垫块串动,常用细铁丝与钢筋扎牢,上下钢筋网片之间的尺寸可用钢筋马凳或钢支架来控制。

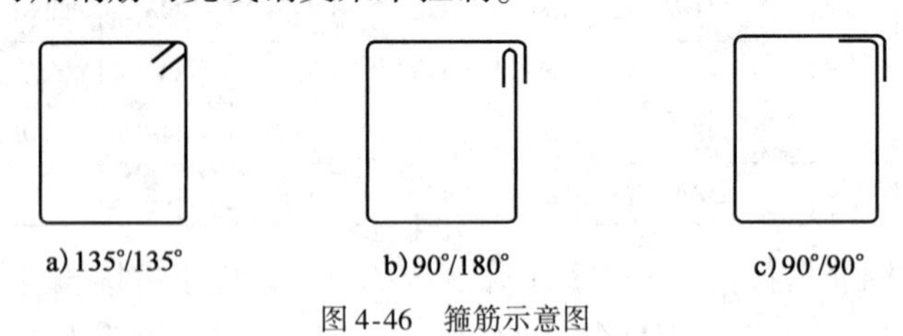

图 4-46 箍筋示意图

3. 钢筋的验收

钢筋工程属于隐蔽工程,在浇筑混凝土之前,施工单位应会同建设单位、设计单位对钢筋及预埋件进行检查验收并做隐蔽工程记录。验收时,应对照图纸检查钢筋的级别、直径、根数和间距是否正确,对负弯矩筋固定状况应特别注意,防止施工时踩倒。并注意检查钢筋接头位置及搭接长度、端头锚固长度是否满足要求,是否有变形、松脱和开焊的现象,保护层是否符合要求,钢筋表面有无油污,隔离剂是否有沾污钢筋的现象,预埋件位置及数量是否正确。钢筋安装位置的允许偏差见表 4-13。验收合格后,有关各方应在验收书上签字,以备查考。

钢筋安装位置的允许偏差和检验方法 表4-13

项目			允许偏差(mm)	检验方法
绑扎钢筋网	长、宽		±10	钢尺检查
	网眼尺寸		±20	钢尺量连续三档,取最大值
绑扎钢筋骨架	长		±10	钢尺检查
	宽、高		±5	钢尺检查
受力钢筋	间距		±10	钢尺量两端、中间各一点,取最大值
	排距		±5	
	保护层厚度	基础	±10	钢尺检查
		柱、梁	±5	钢尺检查
		板、墙、壳	±3	钢尺检查
绑扎钢筋、横向钢筋间距			±20	钢尺量连续三档,取最大值
钢筋弯起点位置			20	钢尺检查
预埋件	中心线位置		5	钢尺检查
	水平高差		+3,0	钢尺和塞尺检查

第三节 混凝土工程

混凝土工程包括配料、搅拌、运输、浇筑、振捣和养护等工序。在整个混凝土工程施工中,各工序具有紧密联系和影响,任一工序出现问题,都会影响混凝土工程的最终质量。因此,必须保证每一工序的施工质量,以确保混凝土结构的强度、刚度、密实性和整体性。

一、混凝土的制备

(一)混凝土配制强度的确定

为达到95%的保证率,应根据设计的混凝土强度标准值按下列规定确定配制强度。

当设计强度等级低于C60时,配制强度应按下式确定:

$$f_{cu,o}=f_{cu,k}+1.645\sigma \tag{4-7}$$

式中:$f_{cu,o}$——混凝土的施工配制强度(MPa);

$f_{cu,k}$——设计的混凝土强度标准值(MPa);

σ——混凝土强度标准差(MPa)。

当施工单位具有近期的同一品种混凝土强度资料时,其混凝土强度标准差应按下式计算:

$$\sigma=\sqrt{\frac{\sum_{i=1}^{N}f_{cu,i}^{2}-N\mu_{fcu}^{2}}{N-1}} \tag{4-8}$$

式中:$f_{cu,i}$——统计周期内同一品种混凝土第 i 组试件的强度值(MPa);

μ_{fcu}——统计周期内同一品种混凝土N组强度的平均值(MPa);

N——统计周期内同一品种混凝土试件的总组数,$N\geqslant30$。

强度等级不高于C30的混凝土,计算得到的 σ 大于或等于3.0MPa时,应按计算结果取值;计算得到的 σ 小于3.0MPa时,σ 应取3.0MPa;强度等级高于C30低于C60的混凝土,计算得到

σ 大于或等于4.0MPa时,应按计算结果取值;计算得到的 σ 小于4.0MPa时, σ 应取4.0MPa。

当没有近期的同一品种混凝土强度资料时,其强度标准差 σ 可按表4-14取用。

σ 值选用表 表4-14

混凝土强度等级	≤C20	C25~C45	C50~C55
σ(MPa)	4.0	5.0	6.0

(二)混凝土施工配合比

混凝土的施工配合比是指在施工现场的实际投料比例,是根据实验室提供的纯料(不含水)配合比及考虑现场砂石的含水率而确定的。

假设实验室配合比为:水泥∶砂∶石子=1∶x∶y,水灰比为 w/C。

现测得砂含水率为 w_x,石子含水率为 w_y,则施工配合比为:

水泥∶砂∶石子∶水 $=1:x(1+w_x):y(1+w_y):(w-xw_x-yw_y)$

【例4-1】 某工程混凝土实验室配合比为1∶2.26∶4.48,水灰比 $w/C=0.61$,每 $1m^3$ 混凝土水泥用量 $C=295$kg,现场实测砂含水率为3%,石子含水率为1%,求施工配合比。如采用出料容量为250L的搅拌机,求搅拌每盘混凝土的各种材料投料量。

【解】 施工配合比为

水泥∶砂∶石子∶水 $=1:x(1+w_x):y(1+w_y):(w-xw_x-yw_y)$

$$=1:2.26(1+3\%):4.48(1+1\%):(0.61-2.26\times3\%-4.48\times1\%)$$

$$=1:2.33:4.52:0.497$$

250L搅拌机每盘投料量为:

水泥 $295\times0.25=73.75$(取75kg,即一袋半)

砂 $75\times2.33=175$(kg)

石子 $75\times4.52=339$(kg)

水 $75\times0.497=37.3$(kg)

(三)混凝土搅拌机的选择

混凝土搅拌机按搅拌原理可分为自落式搅拌机和强制式搅拌机两大类。其各种形式的构造简图见图4-47。

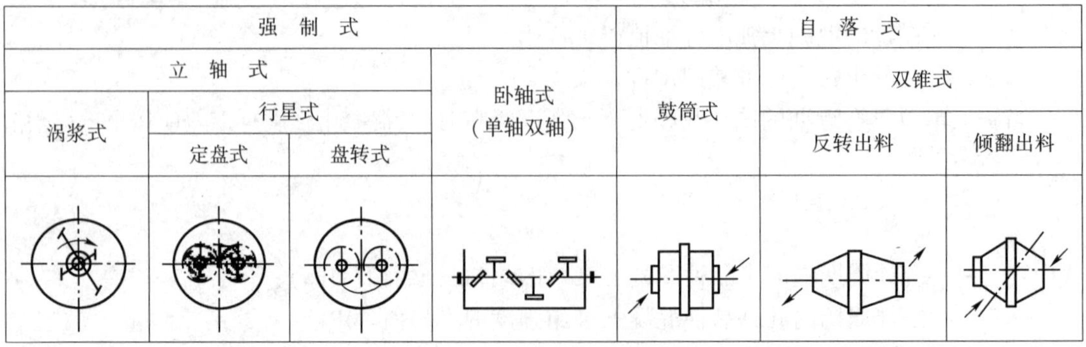

强制式				自落式		
立轴式			卧轴式 (单轴双轴)	鼓筒式	双锥式	
涡浆式	行星式				反转出料	倾翻出料
	定盘式	盘转式				

图4-47 混凝土搅拌机类型图

自落式搅拌机的工作原理是依靠旋转的搅拌筒内壁上的弧形叶片将物料带到一定高度后自由落下而互相混合,由于其混合能力比强制式差,所以只适宜搅拌塑性混凝土。

强制式搅拌机中有可转动的叶片,这些不同角度的叶片在转动时剪切物料,强制物料产生交叉运动,通过物料的剪切位移而起到均匀拌和的作用。强制式搅拌机的搅拌作用比自落式搅拌机强烈,宜于搅拌干硬性混凝土及轻集料混凝土,但能耗大,叶片衬板磨损快。

强制式搅拌机分为立轴式与卧轴式。卧轴式分为单轴和双轴两种,立轴式分为涡浆式和行星式两种。

搅拌机的选择应根据混凝土工程量大小、坍落度、集料种类及大小等来选定。在满足技术要求的同时,也要考虑经济和节约能源等问题。

(四)混凝土的搅拌

为了获得均匀优质的混凝土拌和物,除需合理选择搅拌机外,还应严格控制原材料质量,正确确定搅拌程序,包括投料顺序和搅拌时间等。

1. 原材料质量检查

(1)水泥进场时,应对水泥的强度、安定性及凝结时间进行检验。同一生产厂家、同一等级、同一品种、同一批号且连续进场的水泥,袋装水泥一批应不超过200t,散装水泥一批应不超过500t。

(2)当使用中水泥质量受不利环境影响或水泥出厂超过3个月(快硬硅酸盐水泥超过1个月)时,应进行复验,并应按复验结果使用。

(3)混凝土细集料中氯离子含量,对钢筋混凝土,按干砂的质量百分率不得大于0.06%;对预应力混凝土,按干砂的质量百分率计算不得大于0.02%。

(4)应对粗集料的颗粒级配、含泥量、泥块含量、针片状含量指标进行检验,压碎指标可根据工程需要进行检验。应对细集料颗粒级配、含泥量、泥块含量指标进行检验。当设计文件有要求或结构处于易发生碱集料反应环境中时,应对集料进行碱活性检验。抗冻等级F100及以上的混凝土用集料应进行坚固性检验。集料不超过400m^3或600t为一检验批。

(5)应按外加剂产品标准规定,对其主要匀质性指标和掺外加剂混凝土性能指标进行检验。同一品种外加剂不超过50t为一检验批。

(6)当采用饮用水作为混凝土用水时,可不检验。当采用中水、搅拌站清洗水或施工现场循环水等其他水源时,应对其成分进行检验。未经处理的海水严禁用于钢筋混凝土结构和预应力混凝土结构中混凝土的拌制和养护。

2. 投料顺序

是指各种材料投入搅拌机的先后顺序。投料顺序将影响到混凝土的搅拌质量、搅拌机的磨损程度、拌和物与机械内壁的黏结程度,以及能否改善操作环境等问题。有以下三种投料顺序:

(1)一次投料法,是在上料斗中先装石子,再装水泥和砂,然后一次投入搅拌筒内,水泥夹在石子和砂子之间,不致飞扬,且水泥和砂先进入搅拌筒内形成水泥砂浆,可缩短包裹石子的时间。对于出料口在下部的立轴强制式搅拌机,为防止漏水,应在投入原料的同时,缓慢均匀地加水。

(2)二次投料法,是先投入水、砂、水泥,待搅拌1min左右后再投入石子、再搅拌1min左右。此方法可避免一次投料造成水向石子表面集聚的不良影响,水泥包裹砂子,水泥颗粒分散性好,泌水性小,可提高混凝土的强度。

(3)两次加水法,是先将全部石子、砂和70%的拌和水倒入搅拌机,拌和15s,使集料湿润后再倒入全部水泥进行造壳搅拌30s左右,然后加入30%的拌和水再搅拌60s左右即可。与前两者相比,此法具有提高混凝土强度或节约水泥的优点。

掺和料宜与水泥同步投料,液体外加剂宜滞后于水和水泥投料;粉状外加剂宜溶解后再投料。

搅拌时间是指全部材料装入搅拌筒中起至开始卸料止的时间,过长或过短都会影响到混凝土的质量。混凝土搅拌的最短时间应满足表4-15的规定。

混凝土搅拌的最短时间(s) 表4-15

混凝土坍落度(mm)	搅拌机机型	搅拌机出料量(L)		
		<250	250~500	>500
≤40	强制式	60	90	120
>40且<100	强制式	60	60	90
≥100	强制式	60		

当掺有外加剂与矿物掺和料时,搅拌时间应适当延长;当采用自落式搅拌机时,搅拌时间宜延长30s。

二、混凝土的运输

1. 对混凝土运输的基本要求

(1)在运输中不应产生分层离析现象,否则要在浇筑前进行二次搅拌。为此,要选择适当的运输工具,道路要平坦。

(2)运输容器应严密、不漏浆、不吸水,减少水分蒸发,保证混凝土浇筑时有规定的坍落度。

(3)尽量缩短运输时间,保证在下层混凝土初凝之前将上层混凝土浇筑和振捣完毕,并应保证混凝土浇筑工作按计划连续进行。

2. 运输工具的选择

混凝土的运输可分为地面水平运输、垂直运输和楼面水平运输。

(1)地面水平运输。当采用商品混凝土或运距较远时,最好采用混凝土搅拌车。该车在运输过程中搅拌筒可缓慢转动进行拌和,防止混凝土的离析。当距离过远时,可装入干料在到达浇筑现场前15~20min放入搅拌水,可边行走边进行搅拌。如现场搅拌混凝土,可采用载重1t左右容量为400L的小型机动翻斗车或手推车运输。运距较远,运量又较大时,可采用皮带运输机或窄轨翻斗车。

(2)垂直运输。可采用塔式起重机配合混凝土吊斗、混凝土泵、快速提升斗和井架。

(3)混凝土楼面水平运输。多采用混凝土泵通过布料杆布料运输。塔式起重机亦可兼顾楼面水平运输。少量时可用双轮手推车。

3. 混凝土泵送运输

混凝土泵送运输是以混凝土泵为动力,通过管道、布料杆,将混凝土直接运至浇筑地点,兼顾垂直运输与水平运输。它装在汽车上便成为混凝土泵车,与混凝土运输车相配合,利用商品混凝土,可迅速地完成混凝土运输、浇筑任务。混凝土泵按其移动方式,可分为固定式、拖式和汽车式(即泵车)(图4-48)。

目前混凝土泵常用的液压活塞泵,它是利用液压控制两个往复运动柱塞,交替地将混凝土吸入和压出,达到连续稳定地输送混凝土。其工作原理,见图4-49。

混凝土输送管一般为钢管,直径75~200mm,每段直管的标准长度有4m、3m、2m、1m、0.5m等数种,并配有90°、45°、30°、15°等不同角度的弯管,以便管道转折时使用。当两种不同管径的输送管需要连接时,中间需用锥形管连接。弯管、锥形管和软管的流动阻力大,计算输送距离时应换算成水平距离。垂直运输时,立管的底部应设止逆阀,以防止停泵时立管中的混凝土倒流。

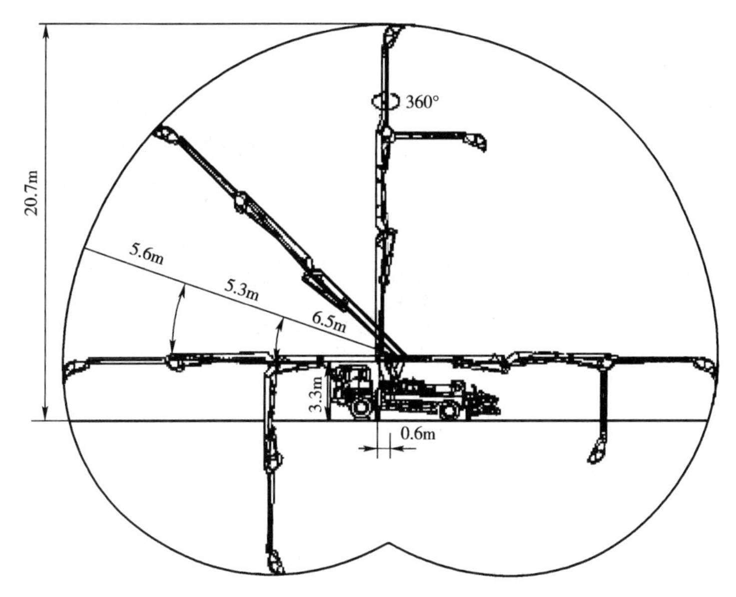

图 4-48　三折叠式泵车布料杆浇筑范围示意

为充分发挥混凝土泵的效益,降低劳动强度,在浇筑地点应设与输送管道直接连接的布料杆,以将输送来的混凝土直接进行摊铺入模。布料杆有立柱式和汽车式两大类。

立柱式布料杆有爬升式和移置式,其臂架和末端输送管都能作 360°回转。手动移置式布料杆(图 4-50)可由人工拉动回转,完成回转半径控制范围内各部位混凝土的浇筑。在解开连接泵管、取下平衡重后,可利用塔吊移动位置,安装后再行浇筑;或将布料杆附装在塔式起重机上。

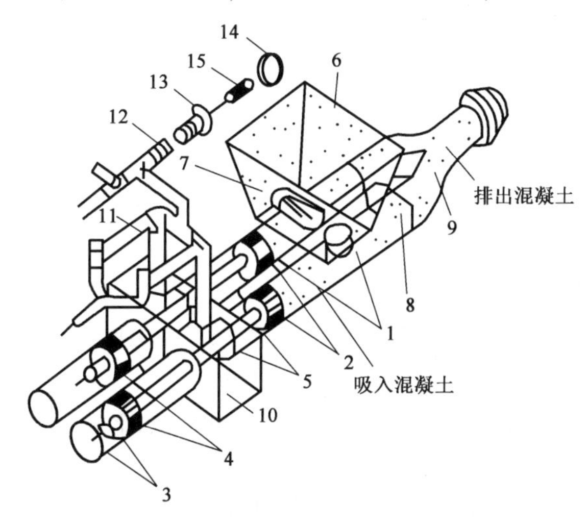

图 4-49　液压活塞式混凝土泵工作原理图

1-混凝土缸;2-活塞;3-液压缸;4-液压活塞;5-活塞杆;6-料斗;7-进料阀门;8-出料阀;9-Y 形管;10-水箱;11-水洗系统;12-水洗用高压软管;13-水洗用法兰;14-海绵球;15-清洗活塞

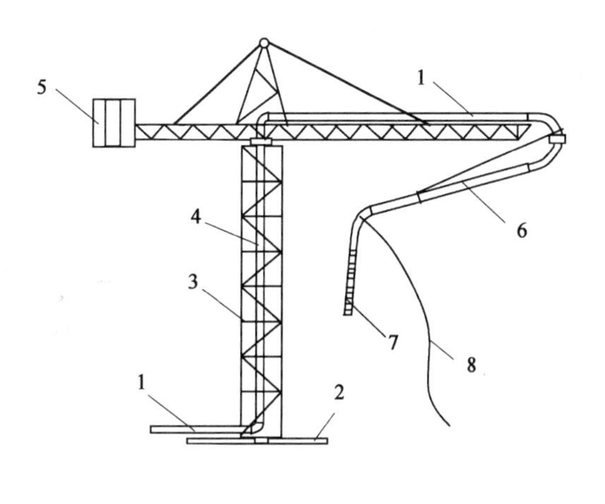

图 4-50　手动移置式布料杆

1-水平泵管;2-底座;3-塔架;4-竖向泵管;5-平衡重;6-可转动泵管;7-软管;8-拉绳

泵送混凝土的配合比应符合下列规定：集料最大粒径与输送管内径之比，碎石不宜大于1∶3，卵石不宜大于1∶2.5；通过0.315筛孔的砂不应少于15%；砂率宜控制在40%～50%；最小水泥用量宜为300kg/m³；混凝土的坍落度宜为80～180mm；混凝土内宜掺加适量的外加剂以改善混凝土的流动性。

泵送施工时，应先打入部分水泥浆或水泥砂浆润滑管路，输送完毕后应及时清洗管路。如管道向下倾斜应防止混入空气产生阻塞。输送管线宜直，转弯宜缓，接头严密。混凝土供应应尽量保证混凝土泵的连续工作，中途停顿时间过长，将会使砂浆粘附管壁，造成管道堵塞。如预计泵送中断超过45min，应立即用压力水或其他方法冲洗管道。冲洗时管口处不得站人，防止混凝土喷出伤人。

泵送混凝土浇筑速度快，对模板侧压力较大，模板系统要有足够的强度和稳定性。由于水泥用量较大，要注意浇筑后的养护，以防止龟裂。

三、混凝土的浇筑

（一）浇筑前的准备工作

混凝土浇筑前应做好必要的准备工作，对模板及其支架、钢筋、预埋件和预埋管线必须进行检查，并做好隐蔽工程的验收，符合设计要求后方能浇筑混凝土。

在地基或基土上浇筑混凝土时，应清除淤泥和杂物，并应有排水和防水措施。对干燥的非黏性土，应用水湿润；对未风化的岩石，应用水清洗，但其表面不得有积水。

在浇筑混凝土之前，将模板内的杂物和钢筋上的油污等应清理干净；对模板的缝隙及孔洞应予堵严；对木模板应浇水湿润，但不得有积水。

（二）浇筑混凝土的一般规定

（1）柱、墙模板内的混凝土浇筑倾落高度应符合表4-16的规定；当不能满足表4-16的要求时，应加设串筒、溜管、溜槽等装置，以防粗集料下落动能大，积聚在结构底部，造成混凝土分层离析。

墙模板内混凝土浇筑倾落高度限值 表4-16

条　件	浇筑倾落高度限值
粗集料粒径大于25mm	≤3m
粗集料粒径小于等于25mm	≤6m

（2）在降雨雪时不宜露天浇筑混凝土，当需浇筑时，应采取有效措施，确保混凝土质量。

（3）混凝土拌和物入模温度不应低于5℃，且不应高于35℃。

（4）混凝土运输、输送、浇筑过程中严禁加水；混凝土运输、输送、浇筑过程中散落的混凝土严禁用于结构浇筑。

（5）混凝土必须分层浇筑、分层捣实，每层浇筑的厚度应符合表4-17的要求。

混凝土分层振捣的最大厚度 表4-17

振捣方法	混凝土分层振捣最大厚度
振动棒	振动棒作用部分长度的1.25倍
表面振动器	200mm

(6)浇筑混凝土应连续进行,当必须间歇时,其间歇时间宜短,并应在前层混凝土凝结之前,将次层混凝土浇筑完毕。

混凝土运输、浇筑及间歇的全部时间不得超过表4-18的规定,当超过时应留置施工缝。

运输、输送入模及其间歇总的时间限值(min) 表4-18

条 件	气 温	
	≤25℃	>25℃
不掺外加剂	180	150
掺外加剂	240	210

(7)施工缝的位置应在混凝土浇筑之前确定,并宜留置在结构受剪力较小且便于施工的部位。施工缝的留置位置应符合下列规定:

①柱,宜留置在基础的顶面、梁或吊车梁牛腿的下面、吊车梁的上面、无梁楼板柱帽的下面(图4-51)。

②与板连成整体的大截面梁,留置在板底面以下20~30mm处。当板下有梁托时,留置在梁托下部。

③单向板,留置在平行于短边的任何位置。

④有主次梁的楼板宜顺着次梁方向浇筑,施工缝应留置在次梁中间1/3跨度范围内(图4-52)。

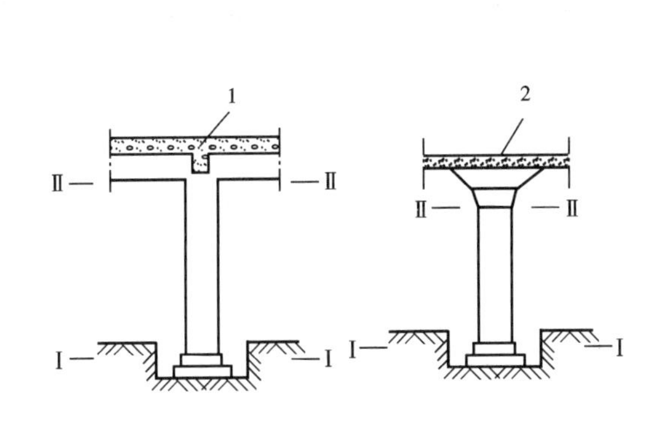

图4-51 浇筑柱的施工缝位置图
I-I、II-II表示施工缝位置
1-肋形楼板;2-无梁楼盖

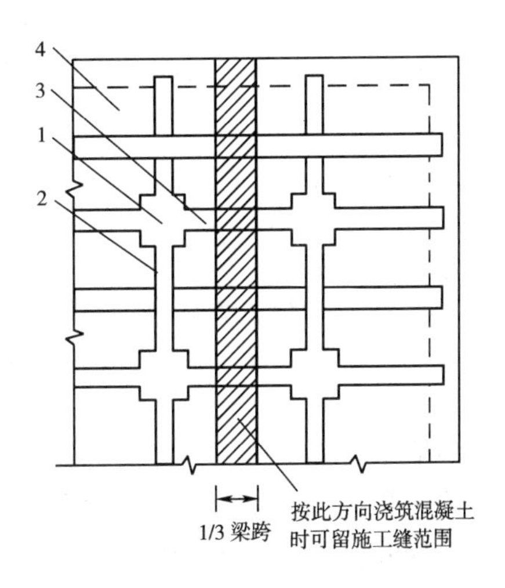

图4-52 浇筑有主次梁楼板的施工缝位置图
1-柱;2-主梁;3-次梁;4-楼板

(8)在施工缝处继续浇筑混凝土时,应符合下列规定:

①已浇筑的混凝土,其抗压强度不应小于1.2MPa;

②在已硬化的混凝土表面上,应清除水泥薄膜和松动石子以及软弱混凝土层,并加以充分湿润和冲洗干净,且不得有积水;

③在浇筑混凝土前,宜先在施工缝处铺一层水泥浆或与混凝土成分相同的水泥砂浆;

④混凝土应细致捣实,使新旧混凝土紧密结合。

(9)混凝土浇筑后,当强度达到1.2MPa后,方可上人施工。

（三）框架剪力墙结构的浇筑

（1）柱子的浇筑。同一施工段内每排柱子应由外向内对称地顺序浇筑，不要由一端向另一端顺序推进，以防止柱子模板受推向一侧倾斜，造成误差积累过大而难以纠正。为防止柱子根部出现蜂窝麻面，柱子底部应先浇筑一层厚50～100mm与所浇筑混凝土内砂浆成分相同的水泥砂浆或水泥浆，然后再浇入混凝土。并应加强根部振捣，使新旧混凝土紧密结合，应控制住每次投入模板内的混凝土数量，以保证不超过规定的每层浇筑厚度。如柱子和梁分两次浇筑，在柱子顶端留施工缝。在处理施工缝时，应将柱顶处厚度较大的浮浆层处理掉。如柱子和梁一次浇筑完毕，不留施工缝，那么在柱子浇筑完毕后应间隔1～1.5h，待混凝土初步沉实后，再继续浇筑上面的梁板结构。

（2）剪力墙。框架结构中的剪力墙亦应分层浇筑，其根部浇筑方法与柱子相同。当浇筑到顶部时因浮浆积聚太多，应适当减少混凝土配合比中的用水量。对有窗口的剪力墙应在窗口两侧对称下料，以防压斜窗口模板。对窗口下部的混凝土应加强振捣，以防出现孔洞。墙体浇筑后间歇1～1.5h后，待混凝土沉实，方可浇筑上部梁板结构。

（3）梁和板宜同时浇筑，当梁高度大于1m时方可将梁单独浇筑。

（4）当采用预制楼板，硬架支模时，应加强梁部混凝土的振捣和下料，严防出现孔洞。并加强楼板的支撑系统，以确保模板体系的稳定性。当有叠合构件时，对现浇的叠合部位应随时用铁插尺检查混凝土厚度。

当梁柱混凝土强度等级不同时，应先用与柱同等级的混凝土浇筑结点处，并向外扩展不少于梁高的1/2，也可用铁丝网将结点与梁端隔开，在混凝土凝结前，及时浇筑梁的混凝土，不得在梁的根部留施工缝。

（四）大体积混凝土结构浇筑

大体积混凝土工程在水利工程中比较多见，在工业与民用建筑中多为设备基础、桩基承台或基础底板等，其整体性要求高，施工中往往不允许留施工缝。

大体积混凝土基础的整体性要求高，一般要求混凝土连续浇筑，一气呵成。施工工艺上应做到分层浇筑、分层捣实，但又必须保证上下层混凝土在初凝之前结合好，不致形成施工缝。在特殊的情况下可以留有基础后浇带。

大体积混凝土结构的浇筑方案可分为全面分层、分段分层和斜面分层三种（图4-53）。全面分层法要求混凝土的浇筑速度较快，分段分层法次之，斜面分层法最慢。

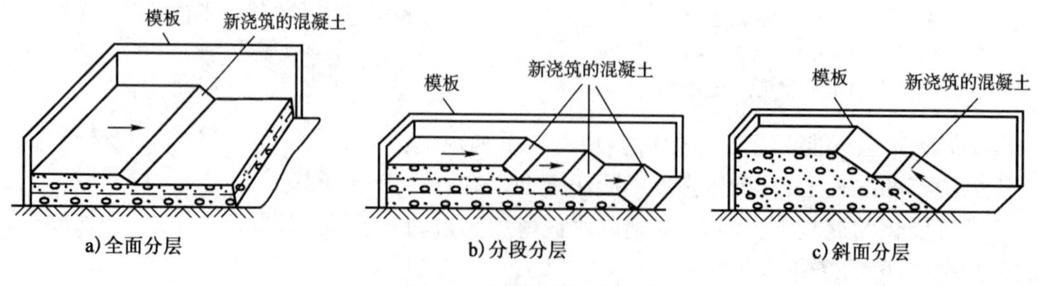

图4-53　大体积基础浇筑方案

浇筑方案应根据整体性要求、结构大小、钢筋疏密、混凝土供应等具体情况进行选用。

（1）全面分层（图4-53a）。在整个基础内全面分层浇筑混凝土，要做到第一层全面浇筑完毕回来浇筑第二层时，第一层浇筑的混凝土还未初凝，如此逐层进行，直至浇筑完毕。这种方案适用于结构的平面尺寸不太大，施工时从短边开始，沿长边进行较适宜。必要时亦可分为两段，从中间向两端或从两端向中间同时进行。

(2)分段分层(图4-53b)。适宜于厚度不太大而面积或长度较大的结构，混凝土从底层开始浇筑，进行一定距离后回来浇筑第二层；如此依次向前浇筑以上各分层。

(3)斜面分层(图4-53c)。适用于结构的长度超过厚度的3倍。振捣工作应从浇筑层的下端开始，逐渐上移，以保证混凝土施工质量。

分层的厚度决定于振动器的棒长和振动力的大小，也要考虑混凝土的供应量大小和可能浇筑量的多少，一般为20~30cm。

大体积混凝土浇筑的关键问题是水泥的水化热量大，积聚在内部造成内部温度升高，而结构表面散热较快，由于内外温差大，在混凝土表面产生裂纹。还有一种裂纹是当混凝土内部散热后，体积收缩，由于基底或前期浇筑的混凝土与其不能同步收缩，而造成对上部混凝土的约束，接触面处会产生很大的拉应力，当超过混凝土的极限拉应力时，混凝土结构会产生裂缝。此种裂缝严重者会贯穿整个混凝土截面。

要防止大体积混凝土浇筑后产生裂缝，需尽量避免水化热的积聚，使混凝土内外温差不超过25℃。为此，首先应选用低水化热的矿渣水泥、火山灰水泥或粉煤灰水泥；掺入适量的粉煤灰以降低水泥用量；扩大浇筑面和散热面，降低浇筑速度或减小浇筑厚度。必要时采取人工降温措施，如采用风冷却，或向搅拌用水中投冰块以降低水温，但不得将冰块直接投入搅拌机。实在不行，可在混凝土内部埋设冷却水管，用循环水来降低混凝土温度。在炎热的夏季，最好选择在夜间气温较低时浇筑。

大体积混凝土施工温度控制应符合下列规定：

(1)混凝土入模温度不宜大于30℃；混凝土浇筑体最大温升值不宜大于50℃。

(2)在覆盖养护或带模养护阶段，混凝土浇筑体表面以内40~100mm位置处的温度与混凝土浇筑体表面温度差值不宜大于25℃，结束覆盖养护或拆模后，混凝土浇筑体表面以内40~100mm位置处的温度与环境温度差值不宜大于25℃。

(3)混凝土浇筑体内部相邻两测温点的温度差值不应大于25℃。

(4)混凝土降温速率不宜大于2.0℃/d。当有可靠经验时，降温速率要求可适当放宽。

虽然降低浇筑速度可以减少水化热的积聚，但为保证结构的整体性，尚应保证下层混凝土初凝前，上层混凝土就应振捣完毕，因此混凝土必须按不小于下式中Q的浇筑强度进行浇筑。

$$Q = \frac{F \cdot H}{T}$$

式中：Q——混凝土最小浇筑强度(m^3/h)；

F——混凝土浇筑区的面积(m^2)；

H——浇筑层厚度(m)，取决于振捣工具；

T——每层混凝土从开始浇筑到初凝的延续时间(混凝土的初凝时间－运输及等待时间)(h)。

对于基础底版和超长结构的大体积混凝土结构常采用跳仓法施工。跳仓法是充分利用混凝土在7d后水化热缓慢接近环境温度，释放早期温度收缩应力的“抗与放”特性原理，将建筑物大体积混凝土结构划分成若干块，按照“分块规划、隔块施工、分层浇筑、整体成型”原则施工,隔一块浇一块,相邻两块间隔时间不应少于为7d,以避免混凝土施工初期不同块的较大温差及干缩作用。分块跳仓替代了后浇带的作用,避免了超大面积、超长尺寸结构混凝土有害裂缝的产生,大大提高了施工质量。

(五)水下浇筑混凝土

在灌注桩、地下连续墙等深基础及水利、水运工程中常需要直接在水下浇筑混凝土,为防止混凝土穿过水层时水泥浆和集料产生分离,必须采用导管输送混凝土并使之与环境水隔离,依靠管中混凝土的自重压管口周围的混凝土在已浇筑的混凝土层内部流动扩散,以完成混凝土的浇筑任务,此法称之为导管法。

导管法主要设备有金属导管、承料漏斗和提升机具等(图4-54)。

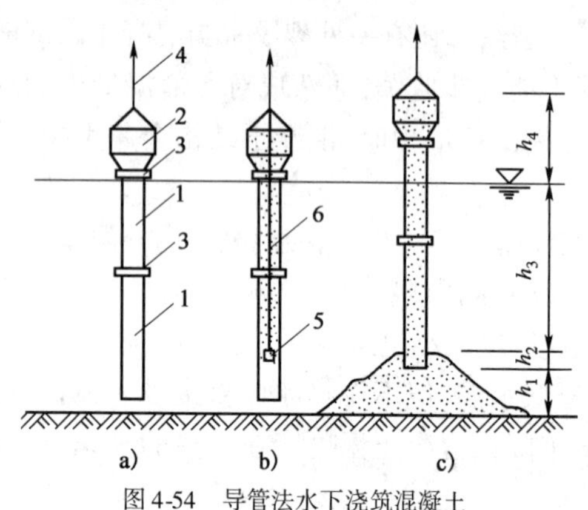

图4-54 导管法水下浇筑混凝土

1-导管;2-料斗;3-接头;4-吊索;5-隔水栓;6-钢丝

金属导管由钢管制成,管径一般为200~300mm,至少为集料粒径的8倍,每节长3m,每节之间用法兰盘夹止水胶垫密封连接。球塞可用软木、橡胶、塑料等制成,其直径略小于钢管内径15~20mm,可多次回收使用。

施工时,首先将球塞用绳子或铁丝吊入导管下口,再在导管和漏斗内浇入一定数量的混凝土。当导管插入水中,其下口距浇筑面的距离约300mm时,剪断吊球塞的铁丝,管内混凝土冲出后将管口埋住,然后一面浇筑混凝土一面慢慢提升导管。此时,必须保证管内和漏斗内混凝土有足够的体积,使导管下口始终保持在混凝土表面之下一定的距离,一般为0.5~1m左右。越深,混凝土表面越平,但需要管中的混凝土压力也越大。

对于水下面积较大的混凝土结构,可用数根导管同时浇筑,各导管的有效作用面积必须将结构面积覆盖。导管有效作用面积为导管最大扩散面积的0.85倍。导管最大扩散半径R_{max}可用下述经验公式计算:

$$R_{max} = \frac{kQ}{i} \tag{4-9}$$

式中:k——流动系数,维持坍落度为150mm时的最短时间;

Q——混凝土浇筑强度(m^3/h);

i——混凝土面的平均坡度,当导管插入深度为1~1.5m时取1/7。

为保证导管的作用半径,导管出口处的混凝土一定要有一定的超压力,为保证这个压力则导管内的混凝土应超出水面一定高度。如水下浇筑大体积混凝土结构,可将导管法与混凝土泵配合起来使用,其效果将会更好。

(六)混凝土密实成型

混凝土只有经密实成型才能达到设计的强度、抗冻性、抗渗性和耐久性。

目前混凝土密实成型的方法有以下三种:一是利用机械振动克服拌和物的粘着力和内摩擦力而使之液化、沉实;二是在拌和物中增加用水量以提高流动性、便于成形,然后用离心法、真空法作业或透水模板,将多余的水分和空气排出;三是在拌和物中掺减水剂,增大坍落度,使其自流成型。

1.机械振捣密实成型

机械振捣密实的原理是将简谐振动机械产生的能量传给混凝土,破坏混凝土拌和物的凝聚结构,使混凝土黏结力和集料间的摩擦力减小,流动性增加,集料在自重力作用下下降,气泡逸出,孔隙减少,使混凝土密实地充满模板内的全部空间,达到密实、成型的目的。

振动捣实机械的类型可分为:插入式振动器、附着式振动器、平板式振动器和振动台。在建筑工地,主要是应用插入式振动器和平板式振动器。

(1)插入式振动器。它又称内部振动器,由电动机、软轴和振动棒三部分组成。振动棒是工作部分,它是一个棒状空心圆柱体,内部安装着偏心振子,在电机驱动下,由于偏心振子的振动,使整个棒体产生高频的机械振动。工作时,将它插入混凝土中,通过棒体将振动能量直接传给混凝土,因此,振动密实的效率高。适用于基础、柱、梁、墙等深度或厚度较大的结构构件的混凝土捣实。

按振动棒激振原理的不同,插入式振动器可分为偏心轴式和行星滚锥式(简称行星式)两种(图4-55)。偏心轴式的激振原理是利用安装在振动棒中心具有偏心质量的转轴,在作高速旋转时所产生的离心力通过轴承传递给振动棒壳体,从而使振动棒产生圆振动。由于偏心轴式振动器的频率低机械磨损较大,已逐渐被振动频率较高的行星滚锥式所取代。

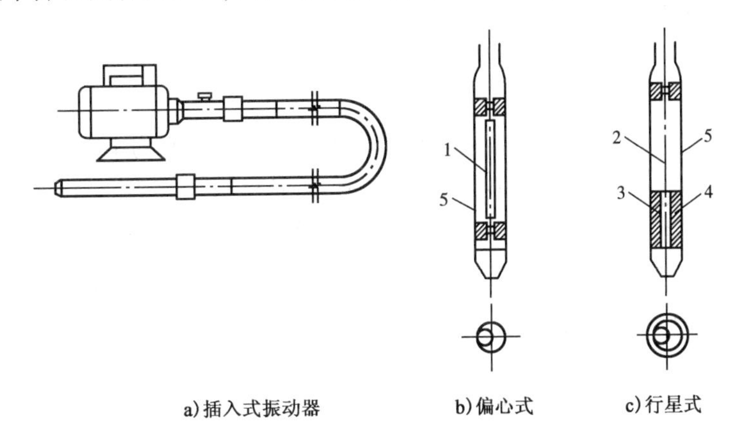

图4-55 插入式振动器

1-偏心转轴;2-滚动轴;3-滚锥;4-滚道;5-振动棒外壳

行星滚锥式是利用振动棒中一端空悬的转轴,在它旋转时,除自转外,还使其下垂(前)端的圆锥部分(即滚锥)沿棒壳内的圆锥面(即滚道)作公转滚动,从而形成滚锥体的行星运动,以驱动棒体产生圆振动。由于转轴滚锥沿滚道每公转一周,振动棒壳体即可产生一次振动,故转轴只要以较低的电动机转速带动滚锥转动,就能使振动棒产生较高的振动频率。行星式振动器具有振动效果好、机械磨损少等优点,因而得到普遍的应用。

使用插入式振动器时,要使振动棒自然地垂直沉入混凝土中。为使上下层混凝土结合成整体,振动棒应插入下一层混凝土中50mm。振捣时,应将棒上下移动,以保证上下部分的混凝土振捣均匀。振动棒应避免碰撞钢筋、模板、芯管、吊环和预埋件等。

振动棒各插点的间距应均匀,不要忽远忽近。插点间距一般不要超过振动棒有效作用半径 R 的1.5倍,振动棒与模板的距离不应大于其有效作用半径 R 的0.5倍。各插点的布置方式有行列式与交错式两种(图4-56),其中交错式重叠、搭接较多,振捣效果较好。振动棒在各插点的振动时间,以见到混凝土表面基本平坦、泛出水泥浆、混凝土不再显著下沉、无气泡排出为止。

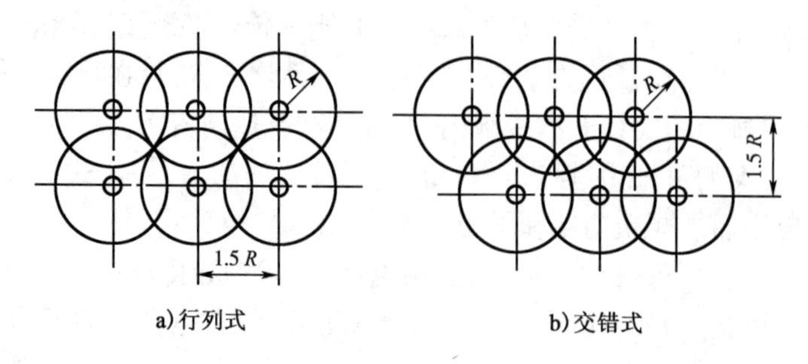

图4-56 插点的布置

(2)附着式振动器及平板式振动器。附着式振动器又称外部振动器,附着式振动器在电动机两侧伸出的轴上安装有偏心块,电动机回转时便产生振动力。使用时是利用螺栓或夹钳等将它固定在模板上,通过模板来将振动能量传递给混凝土,达到使混凝土密实的目的。适用于振捣截面较小而钢筋较密的柱、梁及墙等构件。

将附着式振动器固定在一块底板上则成为平板式振动器。它又称为表面振动器,适用于捣实楼板、地坪、路面等平面面积大而厚度较小的混凝土结构构件。振捣时,每次移动的间距应保证底板能与上次振捣区域重叠50mm左右,以防止漏振。

2. 混凝土真空脱水法

混凝土真空脱水法是利用真空泵,将水从刚成型的混凝土拌和物中吸出,以达到使混凝土密实的方法。可分为表面真空作业和内部真空作业,后者比较复杂,实际工程中应用较少。

表面真空作业是在混凝土构件的表面布置真空腔进行吸水(图4-57)。

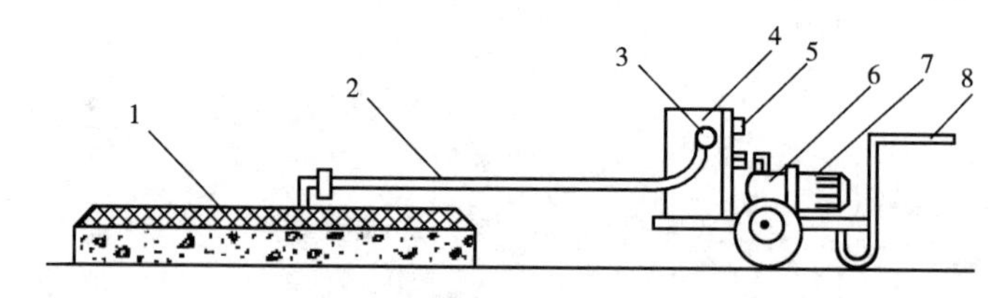

图4-57 真空脱水设备示意图

1-真空吸盘;2-软管;3-吸水进口;4-集水箱;5-真空表;6-真空泵;7-电动机;8-手推小车

真空脱水作业的主要设备有:真空泵机组、真空腔和吸水软管。真空泵机组由真空泵、集水箱和电动机等组成;真空腔有刚性和柔性两种。

真空脱水法适用于结构表面便于布置真空腔的位置,常用于现浇楼板、预制混凝土平板、道路、机场跑道等。

3. 自密实混凝土

自密实混凝土又称免振捣混凝土,是通过外加剂(包括高性能减水剂、超塑化剂、稳定剂等)、超细矿物粉体等胶结材料和粗细集料的选择与搭配和配合比的精心设计,使混凝土拌和物屈服剪应力减小到适宜范围,同时又具有足够的塑性黏度,使集料悬浮于水泥浆中,不出现离析和泌水等问题,在基本不用振捣的条件下通过自重力实现自由流淌,充分填充模板内的空间形成密实且均匀的结构。

对于免振捣自密实混凝土，拌和物的工作性能是研究的重点，应着重解决好混凝土的高工作性与硬化混凝土力学性能及耐久性的矛盾。一般认为，免振捣自密实混凝土的工作性能应达到：坍落度250～270mm，扩展度550～700mm，流过高差≤15mm。

自密实混凝土浇筑应符合下列规定：

(1)应根据结构部位、结构形状、结构配筋等确定合适的浇筑方案；

(2)自密实混凝土粗骨料最大粒径不宜大于20mm；

(3)浇筑应能使混凝土充填到钢筋、预埋件、预埋钢构周边及模板内各部位；

(4)自密实混凝土浇筑布料点应结合拌和物特性选择适宜的间距，必要时可通过试验确定混凝土布料点下料间距。

四、混凝土的养护

混凝土的养护是指混凝土浇筑后，在硬化过程中进行温度和湿度的控制，使其达到设计强度。常见的方法有自然养护和蒸汽养护。现浇混凝土结构多采用自然养护。

(一)自然养护

自然养护是在常温下(平均气温不低于+5℃)用适当的材料(如草帘)覆盖混凝土，并适当浇水，使混凝土在规定的时间内保持足够的湿润状态。混凝土的自然养护应符合下列规定：

(1)在浇筑完毕后的12h以内对混凝土加以覆盖保湿和浇水。

(2)混凝土的浇水养护时间：硅酸盐水泥、普通硅酸盐水泥或矿渣硅酸盐水泥拌制的混凝土，不得少于7d；掺用缓凝型外加剂、有抗渗性要求以及后浇带混凝土不应少于14d；大掺量矿物掺和料配制的混凝土和强度等级C60及以上的混凝土，不应少于14d。

(3)浇水次数应能保持混凝土处于润湿状态。养护用水应与拌制用水相同。

(4)采用塑料布覆盖养护时，混凝土敞露的全部表面应覆盖严密，并应保持塑料布内有凝结水。

(5)混凝土强度达到1.2MPa前，不得上人施工。

对大面积结构可采用蓄水养护和塑料薄膜养护。如地坪、楼板可采用蓄水养护，贮水池一类结构，可在拆除内模板，混凝土达到一定强度后注水养护。

塑料薄膜养护是将塑料溶液喷涂在已凝结的混凝土表面上，有机溶剂挥发后，形成一层薄膜，使混凝土表面与空气隔绝，混凝土中的水分不再蒸发，内部保持湿润状态。这种方法多用于大面积混凝土工程，如路面、地坪、机场跑道、楼板等。

(二)蒸汽养护

蒸汽养护是将构件放在充满饱和蒸汽或蒸汽与空气混合物的养护室内，在较高的温度和湿度环境中加速水泥水化反应，使构件在较短时间内达到出模的强度。为加速养护空间的周转，蒸汽养护室有间歇式和连续式两种。

间歇式养护室有地下式和半地下式(图4-58)，坑盖与坑壁之间用水封来密封，一批构件养护完毕，构件吊出，蒸汽全部跑掉。此种养护室设备简单，但生产率低，浪费能源。

连续式养护室一般采用水平折线式(图4-59)。水平折线式由于饱和蒸汽轻，聚积在上部形成恒温，左侧斜坡为升温区，右侧斜坡为降温区，构件用传送带以一定的速度从左至右经过窑内便完成养护工作。

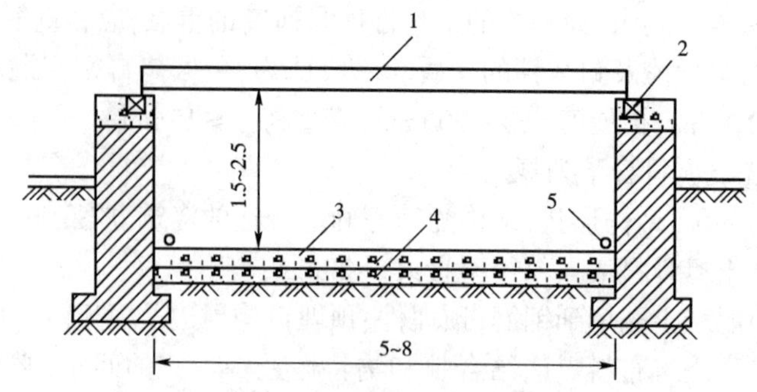

图 4-58　间歇式蒸汽养护室示意图(尺寸单位:m)

1-坑盖;2-水封;3-混凝土地面;4-白灰炉渣;5-蒸汽管

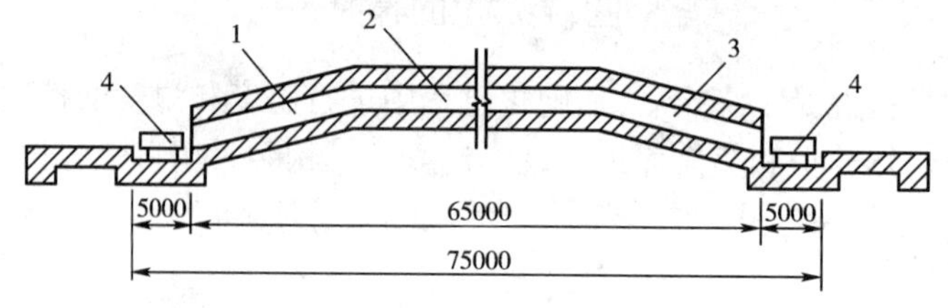

图 4-59　折线形隧道式养护室示意图(尺寸单位:mm)

1-升温区;2-恒温区;3-降温区;4-运输小车

蒸汽养护制度包括:养护阶段的划分,静停时间,升、降温速度,恒温养护温度与时间,养护室相对湿度等。

常压蒸汽养护过程分为 4 个阶段:静停阶段、升温阶段、恒温阶段及降温阶段。

(1)静停阶段:构件在浇灌成型后先在常温下放一段时间,称为静停。静停时间一般为 2 ~6h,以防止构件表面产生裂缝和疏松现象。

(2)升温阶段:构件由常温升到养护温度的过程。升温不宜过快,以免由于构件表面和内部产生过大温差而出现裂缝。升温速度为:薄型构件不超过 25℃/h;其他构件不超过 20℃/h;用于硬性混凝土制作的构件,不得超过 40℃/h。

(3)恒温阶段:指温度保持不变的持续养护时间。恒温养护阶段应保持 90% ~100% 的相对湿度,恒温养护温度不得大于 95℃。恒温养护时间一般为 3 ~8h。

(4)降温阶段:是恒温养护结束后,构件由养护最高温度降至常温的散热降温过程。降温速度不得超过 10℃/h,构件出池后,其表面温度与外界温差不得大于 20℃/h,以防止构件出现裂纹。

五、混凝土冬期施工

(一)混凝土冬期施工原理

根据当地多年气温资料,室外日平均气温连续 5d 稳定低于 5℃时,混凝土结构工程应采取冬期施工措施,并应及时采取气温突然下降的防冻措施。

冻结对混凝土造成的危害主要是水泥水化作用停止,混凝土内部的水结冰后体积膨胀,在混凝土内部产生冰晶应力,使强度还很低的水泥石结构内部产生微裂缝,并且减弱了混凝土与钢筋的握裹力,因而降低了混凝土的强度。

试验证明,混凝土遭冻时间愈早,水灰比愈大,则强度损失愈多,反之则损失愈少。新浇筑的混凝土在受冻前达到某一初期强度值后遭到冻结,恢复正温养护后混凝土强度还能增长,再经28d标养后,其后期强度如能达到设计等级的95%以上,则受冻前的初期强度即称之为混凝土允许受冻临界强度。

冬期浇筑的混凝土,其受冻临界强度应符合下列规定:

(1)当采用蓄热法、暖棚法、加热法施工时,采用硅酸盐水泥、普通硅酸盐水泥配制的混凝土,不应低于设计混凝土强度等级值的30%;采用矿渣硅酸盐水泥、粉煤灰硅酸盐水泥、火山灰质硅酸盐水泥、复合硅酸盐水泥配制的混凝土时,不应低于设计混凝土强度等级值的40%。

(2)当室外最低气温不低于-15℃时,采用综合蓄热法、负温养护法施工的混凝土受冻临界强度不应低于4.0MPa;当室外最低气温不低于-30℃时,采用负温养护法施工的混凝土受冻临界强度不应低于5.0MPa。

(3)强度等级等于或高于C50的混凝土,不宜低于设计混凝土强度等级值的30%。

(4)对有抗渗要求的混凝土,不宜低于设计混凝土强度等级值的50%。

(5)对有抗冻耐久性要求的混凝土,不宜低于设计混凝土强度等级值的70%。

(6)当采用暖棚法施工的混凝土中掺入早强剂时,可按综合蓄热法受冻临界强度取值。

(7)当施工需要提高混凝土强度等级时,应按提高后的强度等级确定受冻临界强度。

(二)混凝土冬期施工工艺

1. 原材料的选择及要求

(1)水泥。应优先选用硅酸盐水泥或普通硅酸盐水泥,水泥强度等级不应低于32.5MPa,最小水泥用量不宜少于300kg/m^3,水灰比不应大于0.6。采用蒸汽养护时,宜使用矿渣硅酸盐水泥,使用其他品种的水泥,应注意掺和料对混凝土抗冻、抗渗等性能的影响;掺用防冻剂的混凝土,严禁选用高铝水泥。

(2)骨料。必须清洁,不得含有冰、雪和直径大于2cm的冻块;在掺用含有钾、钠离子防冻剂的混凝土中,不得混有活性集料。

(3)外加剂。宜使用无氯盐类防冻剂;对抗冻性要求高的混凝土,宜使用引气剂或减水剂。在钢筋混凝土中掺用氯盐类防冻剂时,其掺量应严格控制。

2. 原材料的加热

冬期施工的混凝土,在拌制前应优先对水进行加热,当水加热仍不能满足要求时,再对集料进行加热,但水泥不能直接加热,宜在使用前运入暖棚内存放。水及集料的加热温度,应根据热工计算确定,但不得超过表4-19的规定。

拌和水及集料加热最高温度(℃) 表4-19

水泥强度等级	拌 和 水	集 料
42.5以下	80	60
42.5、42.5R及以上	60	40

3. 混凝土的搅拌

在混凝土搅拌前,先用热水或蒸汽冲洗、预热搅拌机,以保证混凝土的出机温度。投料顺序是:当水温不高于表4-19的规定时,可将水泥和骨料先投入,干拌均匀后,再投入水,直至搅拌均匀为止;否则应先投入集料和热水,搅拌到温度下降后再投入水泥。

混凝土的搅拌时间应为常温搅拌时间的1.5倍;混凝土拌和物的出机温度不宜低

于100℃。

4. 混凝土运输和浇筑

运输混凝土所用的容器应有保温措施，运输时间应尽量缩短，以保证混凝土的浇筑温度。

混凝土在浇筑前，应清除模板和钢筋上的冰雪和污垢；不得在强冻胀性地基上浇筑；当在弱冻胀性地基上浇筑时，基土不得遭冻；当在非冻胀性地基上浇筑时，混凝土在受冻前，其抗压强度不得低于允许受冻临界强度。

混凝土的入模温度不得低于5℃；当采用加热养护时，混凝土养护前的温度不得低于2℃；当分层浇筑大体积混凝土结构时，已浇筑层的混凝土温度，在被上一层混凝土覆盖前，不得低于按热工计算要求的温度，且不得低于2℃；当加热温度在40℃以上时，应征得设计的同意，并应采取有效防止较大的温度应力的措施。

5. 混凝土养护的方法

选择混凝土养护方法，一般要经过技术经济比较确定，最优的冬期施工方案应该是保证在临界强度前免遭冻结的前提下，费用最低、工期最短、质量最优。

(1)蓄热养护法。蓄热法是利用加热原材料(水泥除外)的热量及水泥水化热的热量，再加以保温材料覆盖，延缓混凝土的冷却速度，使混凝土冻结前达到临界强度。该法具有施工简单、节省能源、费用低等特点，应优先选用。

蓄热法养护的关键要素是：混凝土的入模温度、围护层的总传热系数和水泥水化热值。采用蓄热法时，宜选用水化热大的硅酸盐水泥和普通硅酸盐水泥，适量掺用早强剂，适当提高入模温度，同时选用导热系数小、价廉耐用的保温材料如草帘、稻草袋、麻袋、锯末、岩棉毡、谷糠、炉渣等。必要时可采取外部早期短时加热的措施。

(2)蒸汽养护法。蒸汽养护法是利用蒸汽对混凝土进行加热，以达到受冻临界强度。该法效果好，但费用较高。具体方法包括蒸汽室法、蒸汽套法、毛细管法法和构件内部通汽法。使用该法，应得到设计同意，并严格控制温度。

(3)电热养护法。电热养护法分电极法和电热器法两种。电极法即在新浇筑的混凝土中，按一定间距插入电极，利用混凝土本身的电阻将电能转变为热能进行加热养护。电热器法是利用各种电加热器，如电阻丝、电磁感应加热器、远红外加热器等对混凝土加热养护，此法要注意防止混凝土早期脱水，最好在表面覆盖一层塑料薄膜。

(4)暖棚法。暖棚法是在建筑物或构件周围搭起暖棚，棚内设热源，维持棚内不低于5℃的环境，以利于混凝土养护硬化。此法施工操作与常温无异，但搭设暖棚耗资大、耗能多，且仅适用于建筑面积不大而混凝土工程又很集中的工程。

(5)外加剂养护法。掺外加剂的作用，就是使混凝土产生抗冻、早强、催化、减水等效用，降低混凝土的冰点，使之在负温下加速硬化，以达到要求的强度。使用该法应做好试验检验工作，避免不同类型外加剂间的相互影响，防止产生环境污染；且保证混凝土出机温度和入模温度符合要求。

六、混凝土的质量检查

混凝土的质量检查包括拌制和浇筑过程中的质量检查及养护后的强度检查。

(一)拌制和浇筑过程中的质量检查

在拌制和浇筑过程中，对拌制混凝土所用原材料的品种、规格和用量的检查，每一工作班至少两次;在每一工作班内,当混凝土配合比由于外界影响有变动时,应及时检查;对混凝土的搅拌时间,应随时检查。

(二)混凝土试块的留置

为了检查混凝土强度等级是否达到设计或施工阶段的要求,应制作试块,做抗压强度试验。

1. 检查混凝土是否达到设计强度等级

检查方法是,制作标准养护试块,经 28d 养护后做抗压强度试验,其结果作为确定结构或构件的混凝土强度是否达到设计要求的依据。

标准养护试块,应在浇筑地点随机取样制作。其组数,应按下列规定留置:

(1)每拌制 100 盘且不超过 $100m^3$ 的同配合比的混凝土,其取样不得少于一次。

(2)每工作班拌制的同配合比的混凝土不足 100 盘时,其取样不得少于一次。

(3)当一次连续浇筑超过 $1000m^3$ 时,同一配比的混凝土每 $200m^3$ 取样不得少于一次。

(4)每一楼层,同一配合比的混凝土取样不得少于一次。

(5)每次取样应至少留置一组(3 个)标准试件。

2. 检查施工各阶段混凝土的强度

为了检查结构或构件的拆模、出厂、吊装、张拉、放张及施工期间临时负荷的需要,尚应留置与结构或构件同条件养护的试块。试块的组数可按实际需要确定。

(三)混凝土强度的评定

1. 每组试块强度代表值的确定

混凝土强度应分批进行验收。同一验收批的混凝土应由强度等级相同、龄期相同以及生产工艺和配合比基本相同的混凝土组成。每一验收批的混凝土强度,应以同批内各组标准试件的强度代表值来评定。

每组(3 块)试块应在同盘混凝土中取样制作,其强度代表值按下述规定确定:

(1)取 3 个试块试验结果的平均值,作为该组试块的强度代表值;

(2)当 3 个试块中的最大或最小的强度值与中间值相比超过 15% 时,取中间值代表该组的混凝土试块的强度;

(3)当 3 个试块中的最大和最小的强度值与中间值相比均超过中间值的 15% 时,该组试件不应作为强度评定的依据。

2. 混凝土强度评定方法

根据混凝土生产情况,在混凝土强度检验评定时,有以下 3 种评定方法:

(1)当混凝土的生产条件在较长时间内能保持一致,且同一品种混凝土的强度变异性能保持稳定时,由连续的 3 组试块代表一个验收批,其强度应同时满足下列要求:

$$m_{fcu} \geqslant f_{cu,k} + 0.7\sigma_0 \tag{4-10}$$

$$f_{cu,\min} \geqslant f_{cu,k} - 0.7\sigma_0 \tag{4-11}$$

检验批混凝土立方体抗压强度的标准差 σ_0 按下式计算:

$$\sigma_0 = \sqrt{\frac{\sum_{i=1}^{m} f_{cu,i}{}^2 - nm_{fcu}^2}{n-1}} \tag{4-12}$$

当混凝土强度等级不高于 C20 时，强度的最小值尚应满足下式要求：

$$f_{cu,\min} \geqslant 0.85 f_{cu,k} \tag{4-13}$$

当混凝土强度等级高于 C20 时，强度的最小值尚应满足下式要求：

$$f_{cu,\min} \geqslant 0.90 f_{cu,k} \tag{4-14}$$

式中：m_{fcu}——同一检验批混凝土立方体抗压强度的平均值(MPa)；

$f_{cu,k}$——混凝土立方体抗压强度标准值(MPa)；

$f_{cu,\min}$——同一检验批混凝土立方体抗压强度最小值(MPa)；

σ_0——验收批混凝土立方体抗压强度的标准差(MPa)；

$f_{cu,i}$——前一检验期内同一品种、同一强度等级的第 i 组混凝土试件的立方体抗压强度代表值；该检验期不应少于 60d，也不得大于 90d；

n——同一检验期内的样本容量，在该期间内样本容量不应少于 45。

(2)当样本容量不少于 10 组时，其强度同时满足下列要求：

$$m_{fcu} \geqslant f_{cu,k} + \lambda_1 \cdot S_{fcu} \tag{4-15}$$

$$f_{cu,\min} \geqslant \lambda_2 \cdot f_{cu,k} \tag{4-16}$$

式中：S_{fcu}——同一验收批混凝土立方体抗压强度的标准差(MPa)，可按下式计算：

$$S_{fcu} = \sqrt{\frac{\sum_{i=1}^{m} f_{cu,i}{}^2 - n m_{fcu}^2}{n-1}} \tag{4-17}$$

式中：$f_{cu,i}$——第 i 组混凝土试件的立方体抗压强度值(MPa)；

n——一个验收批混凝土试件的组数；

λ_1, λ_2——合格判定系数，按表 4-20 选用；

当 S_{fcu} 的计算值小于 2.5MPa 时，应取 2.5MPa。

混凝土强度的合格判定系数 表 4-20

试件组数	10～14	15～19	≥20
λ_1	1.15	1.05	0.95
λ_2	0.90	0.85	

(3)当用于评定的样本容量少于 10 组时，应采用非统计法评定。此时，验收批混凝土的强度必须同时满足下列两式的要求：

$$m_{fcu} \geqslant \lambda_3 \cdot f_{cu,k} \tag{4-18}$$

$$f_{cu,\min} \geqslant \lambda_4 \cdot f_{cu,k} \tag{4-19}$$

式中：λ_3、λ_4——合格判定系数，按表 4-21 选用。

混凝土强度的非统计法合格判定系数 表 4-21

混凝土强度等级	<60	≥C60
λ_3	1.15	1.10
λ_4	0.95	

(四)现浇结构的外观检查

1. 外观质量缺陷

现浇混凝土结构外观的主要质量缺陷见表 4-22。

现浇结构外观的主要质量缺陷 表 4-22

名 称	现 象	严 重 缺 陷	一 般 缺 陷
露筋	构件内钢筋未被混凝土包裹而外露	纵向受力钢筋有露筋	其他钢筋有少量露筋
蜂窝	混凝土表面缺少水泥砂浆而形成石子外露	构件主要受力部位有蜂窝	其他部位有少量蜂窝
孔洞	混凝土中孔穴深度和长度均超过保护层厚度	构件主要受力部位有孔洞	其他部位有少量孔洞
夹渣	混凝土中夹有杂物且深度超过保护层厚度	构件主要受力部位有夹渣	其他部位有少量夹渣
疏松	混凝土中局部不密实	构件主要受力部位有疏松	其他部位有少量疏松
裂缝	缝隙从混凝土表面延伸至混凝土内部	构件主要受力部位有影响结构性能或使用功能的裂缝	其他部位有少量不影响结构性能或使用功能的裂缝
连接部位缺陷	构件连接处混凝土缺陷及连接钢筋、连接件松动	连接部位有影响结构传力性能的缺陷	连接部位有基本不影响结构传力性能的缺陷
外形缺陷	缺棱掉角、棱角不直、翘曲不平、飞边凸肋等	清水混凝土构件有影响使用功能或装饰效果的外形缺陷	其他混凝土构件有不影响使用功能的外形缺陷
外表缺陷	构件表面麻面、掉皮、起砂、沾污等	具有重要装饰效果的清水混凝土构件有外表缺陷	其他混凝土构件有不影响使用功能的外表缺陷

2. 现浇结构的尺寸偏差

现浇结构拆模后的尺寸偏差应符合表 4-23。

现浇结构尺寸允许偏差和检验方法 表 4-23

项 目			允许偏差(mm)	检 验 方 法
轴线位置	基础		15	钢尺检查
	独立基础		10	
	墙、柱、梁		8	
	剪力墙		5	
垂直度	层高	≤5m	8	经纬仪或吊线、钢尺检查
		>5m	10	经纬仪或吊线、钢尺检查
	全高(H)		H/1000 且≤30	经纬仪、钢尺检查
标高	层高		±10	水准仪或拉线、钢尺检查
	全高		±30	

续上表

<table>
<tr><th colspan="2">项　目</th><th>允许偏差(mm)</th><th>检 验 方 法</th></tr>
<tr><td colspan="2">截面尺寸</td><td>+8，-5</td><td>钢尺检查</td></tr>
<tr><td rowspan="2">电梯井</td><td>井筒长、宽对定位中心线</td><td>+25,0</td><td>钢尺检查</td></tr>
<tr><td>井筒全高(H)垂直度</td><td>H/1000
且≤30</td><td>经纬仪、钢尺检查</td></tr>
<tr><td colspan="2">表面平整度</td><td>8</td><td>2m 靠尺和塞尺检查</td></tr>
<tr><td rowspan="3">预埋设施中心线位置</td><td>预埋件</td><td>10</td><td rowspan="3">钢尺检查</td></tr>
<tr><td>预埋螺栓</td><td>5</td></tr>
<tr><td>预埋管</td><td>5</td></tr>
<tr><td colspan="2">预留洞中心线位置</td><td>15</td><td>钢尺检查</td></tr>
</table>

注：检查轴线、中心线位置时，应沿纵、横两个方向量测，并取其中的较大值。

第五章

预应力混凝土工程

预应力混凝土经过半个多世纪的发展,在世界范围内已成为土建工程中重要的结构材料,应用范围从以往的房屋建筑、桥梁、轨枕、电杆、压力水管、储罐、水塔等,扩大到高层建筑、地下建筑、高耸建筑、水工建筑、海洋结构、机场跑道、核电站、压力容器、大吨位船舶等方面。

普通钢筋混凝土的抗拉极限应变只有0.0001~0.0015,在正常使用条件下受拉区混凝土开裂,构件的刚度小、挠度大。要使混凝土不开裂,受拉钢筋的应力只能达到30MPa;对允许出现裂缝的构件,当裂缝宽度限制在0.2~0.3mm时,受拉钢筋的应力也只能达到200MPa左右。为了克服普通钢筋混凝土过早出现裂缝和钢筋不能充分发挥作用这一矛盾,人们创造了对混凝土施加预应力的方法,即在结构或构件受拉区域,通过对钢筋进行张拉后将钢筋的回弹力施加给混凝土,使混凝土受到一个预压应力,产生一定的压缩变形。当该构件受力后,受拉区混凝土的拉伸变形,首先与压缩变形抵消,然后随着外力的增加,混凝土才逐渐被拉伸,明显推迟了裂缝出现的时间。

预应力混凝土,与普通钢筋混凝土比较,具有构件截面小、自重轻、刚度大、抗裂度高、耐久性好、材料省等优点,在大开间、大跨度与重荷载的结构中,采用预应力混凝土结构,可减少材料用量,扩大使用功能,综合经济效益好,在现代结构中具有广阔的发展前景。

第一节　预应力筋品种与规格

预应力筋按材料类型可分为钢丝、钢绞线、钢筋等,其中,以钢绞线与钢丝采用最多。预应力筋的发展趋势为高强度、低松弛、粗直径、耐腐蚀。

一、预应力钢丝

预应力钢丝是用优质高碳钢盘条经酸洗、镀铜或磷化后冷拔而成的钢丝总称。

预应力钢丝根据深加工要求不同,可分为冷拔低碳钢丝和碳素钢丝两类;按表面形状不同,可分为光圆钢丝、刻痕钢丝和螺旋肋钢丝。

1.冷拔低碳钢丝

冷拔低碳钢丝是经冷拔后直接用于预应力混凝土的钢丝。这种钢丝的残余应力,屈强比低,伸长率小,仅用于铁路轨枕、压力水管、电杆等。

2. 碳素钢丝

碳素钢丝是由高碳钢盘条经淬火、酸洗、拉拔制成。为了消除钢丝拉拔中产生的内应力，还需经过矫直回火处理。钢丝直径一般为3～8mm，最大为12mm。其中3～4mm直径钢丝主要用于先张法，5～8mm直径钢丝用于后张法。钢丝强度高，表面光滑，施工方便。

3. 刻痕钢丝

刻痕钢丝是用冷轧或冷拔方法使钢丝表面产生周期变化的凹痕或凸纹的钢丝。钢丝表面凹痕或凸纹可增加与混凝土的握裹力。这种钢丝可用于先张法预应力混凝土构件。

二、预应力钢绞线

预应力钢绞线（图5-1）是由多种冷拉钢丝在绞线机上呈螺旋形绞和，并经消除应力回火处理而成的总成。钢绞线的整根破断力大，柔性好，施工方便，具有广阔的发展前景。

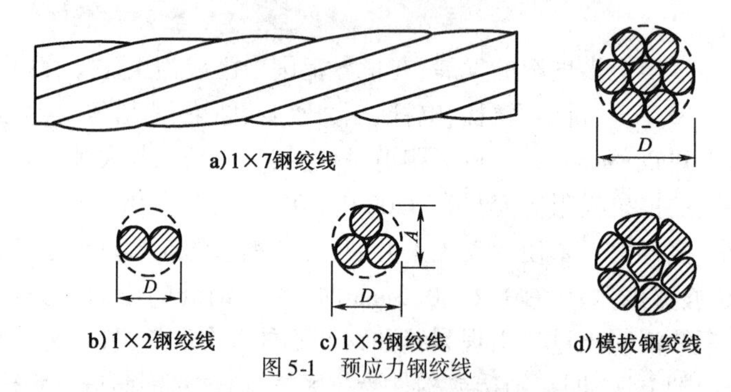

图5-1 预应力钢绞线

D-钢绞线公称直径；A-1×3钢绞线测量尺寸

钢绞线根据深加工要求不同又可分为：标准型钢绞线、刻痕钢绞线和模拔钢绞线。

1. 标准型钢绞线

标准型钢绞线即消除应力钢绞线。在预应力钢绞线新标准中，只规定了低松弛钢绞线的要求，取消了普通松弛钢绞线。

低松弛钢绞线的力学性能优异、质量稳定、价格适中，是我国土木建筑工程中用途最广、用量最大的一种预应力筋。

2. 刻痕钢绞线

刻痕钢绞线是由刻痕钢丝捻制成的钢绞线，可增加钢绞线与混凝土的握裹力。其力学性能与低松弛钢绞线相同。

3. 模拔钢绞线

模拔钢绞线是在捻制成型后，再经模拔处理制成。这种钢绞线内的钢丝在模拔时被挤压，各根钢丝成为面接触，使钢绞线的密度提高约18%。在相同截面面积时，该钢绞线的外径较小，可减小孔道直径；在相同直径的孔道内，可使钢绞线的数量增加，而且它与锚具的接触面较大，易于锚固。

钢绞线的规格和力学性能应符合国家标准《预应力混凝土用钢绞线》（GB/T 5224—2003）的规定。

三、预应力钢筋

1. 冷拉钢筋

冷拉钢筋是将Ⅱ、Ⅲ级热轧钢筋在常温下通过张拉到超过屈服点的某一应力，使其产生一定的塑性变形后卸载,再经时效处理而成。这样的钢筋塑性和弹性模量有所降低,而屈服强度有所提高,可直接用作预应力筋。

2. 热处理钢筋

热处理钢筋是由普通热轧中碳合金钢筋经淬火和回火调质热处理制成,具有高强度、高韧性和高粘结力等优点,直径为6~10mm。成品钢筋为直径2m的弹性盘卷,开盘后自行伸直,每盘长度为100~120m。

3. 精轧螺纹钢筋

精轧螺纹钢筋是用热轧方式在钢筋表面上轧出不带肋的螺纹外形。钢筋的接长用连接螺纹套筒,端头锚固用螺母。这种高强度钢筋具有锚固简单、施工方便、无需焊接等优点。

第二节　预应力筋锚固体系

锚具是后张法结构或构件中为保持预应力筋拉力并将其传递到混凝土上用的永久性锚固装置。夹具是先张法构件施工时为保持预应力筋拉力并将其固定在张拉台座(或钢模)上用的临时性锚固装置。后张法张拉用的夹具又称工具锚,是将千斤顶(或其他张拉设备)的张拉力传递到预应力筋的装置。连接器是先张法或后张法施工中将预应力从一根预应力筋传递到另一根预应力筋的装置。

预应力筋用锚具、夹具和连接器,按锚固方式不同,可分为夹片式(单孔与多孔夹片锚具)、支承式(镦头锚具、螺母锚具等)、锥塞式(钢质锥形锚具等)和握裹式(挤压锚具、压花锚具等)四类。工程设计单位应根据结构要求、产品技术性能和张拉施工方法等选用锚具和连接器。

在后张法施工中,预应力筋锚固体系包括锚具、锚垫板和螺旋筋等。

一、性能要求

锚具、夹具和连接器的性能应符合行业标准《预应力筋用锚具、夹具和连接器应用技术规程》(JGJ 85—2002)的规定,其中,预应力筋锚具组装件的锚固性能是评定锚具是否安全可靠的重要指标。

二、钢绞线锚固体系

1. 锚固单元受力分析

锚固单元受力分析见图5-2,当预应力筋受P力时(张拉后回缩力),由于夹片内孔有齿咬合预应力筋,而带动夹片(不得产生滑移),进入锚环锥孔内。由于楔形原理,越楔越紧。图中α为锚环斜角,β为夹片与锥孔的摩擦角,γ为夹片与预应力筋之间的摩擦角。分析夹片受力情况如下:

$$N\tan\gamma \geqslant P$$

$$R\sin(\alpha+\beta) = P$$

$$R\cos(\alpha+\beta) = N$$

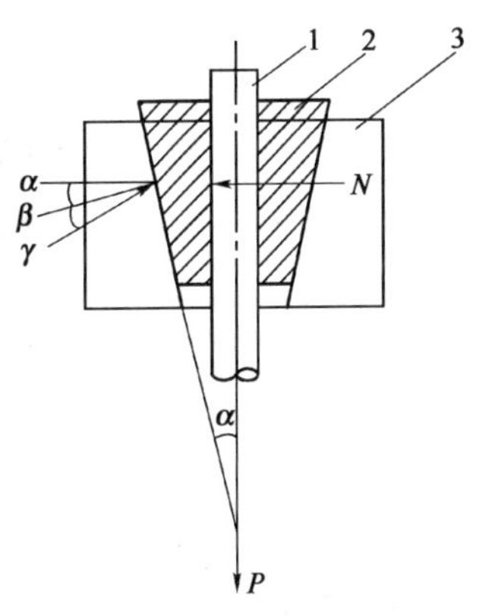

图5-2　锚固单元受力分析
1-预应力筋;2-夹片;3-锚环

合并以上公式,得

$$N\tan\gamma \geqslant N\tan(\alpha+\beta)$$

即

$$\tan\gamma \geqslant \tan(\alpha+\beta), \gamma \geqslant \alpha+\beta$$

这时,锚具能够自锚。

当 $\alpha>\beta$ 时,锚具能够自松。

2. 单孔夹片锚固体系

单孔夹片锚具是由锚环与夹片组成,见图5-3。夹片的种类很多,按片数可分为三片或二片式。二片式夹片的背面上部锯有一条弹性槽,以提高锚固性能,但夹片易沿纵向开裂;也有通过优化夹片尺寸和改进热处理工艺,取消了弹性槽。按开缝形式可分为直开缝与斜开缝。直开缝夹片最为常用;斜开缝夹片主要用于锚固7 ϕ5 平行钢丝束,但对钢绞线的锚固也有益无损。斜开缝偏转角的方向应与钢绞线的扭角相反。预应力筋锚固时夹片自动跟进,不需要顶压。

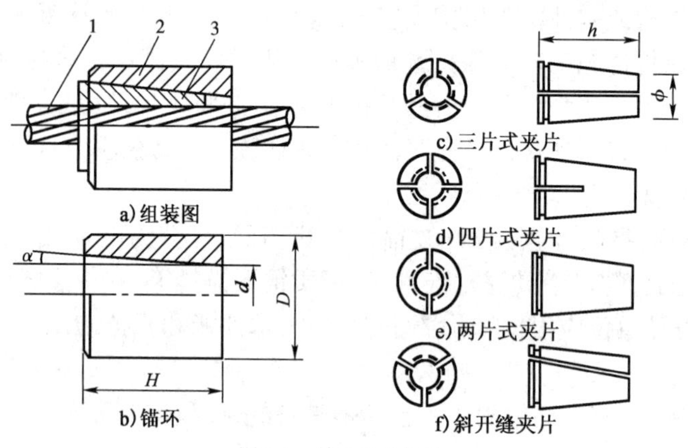

图5-3 单孔夹片锚具

1-钢绞线;2-锚环;3-夹片

锚具材料与加工要求:锚环采用45号钢,调质热处理硬度HRC32~35。夹片采用合金钢20CrMnTi,齿形宜为斜向细齿,齿距为1mm,齿高≤0.5mm,齿形角较大;夹片应采取心软齿硬做法,表面热处理后的齿面硬度应为HRC60-62。夹片的质量必须严格控制,以保证钢绞线锚固可靠。单孔夹片锚固体系见图5-4。

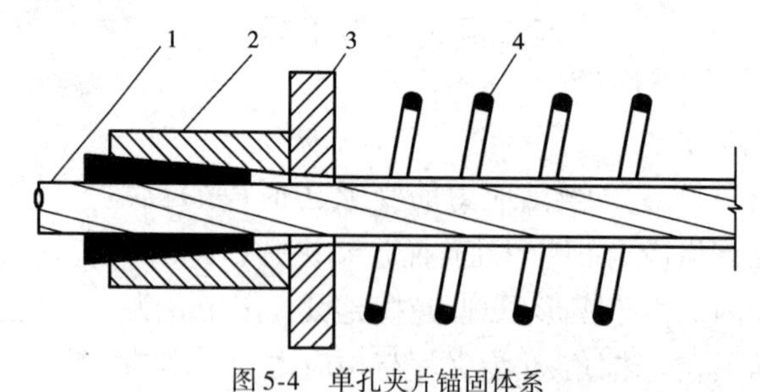

图5-4 单孔夹片锚固体系

1-钢绞线;2-单孔夹片锚具;3-承压钢板;4-螺旋筋

3. 多孔夹片锚固体系

多孔夹片锚固体系是由多孔夹片锚具、锚垫板(也称铸铁喇叭管、锚座)、螺旋筋等组成,见图5-5。这种锚具是在一块多孔的锚板上,利用每个锥形孔装一副夹片,夹持一根钢绞线。其优点是每束钢绞线的根数不受限制,任何一根钢绞线锚固失效,都不会引起整体锚固失效。

对锚板与夹片的要求，与单孔夹片锚具相同。

多孔夹片锚固体系在后张法有粘结预应力混凝土结构中用途最广，主要品牌有 QM、OVM、HVM、B&S、YM、YLM、TM 等。

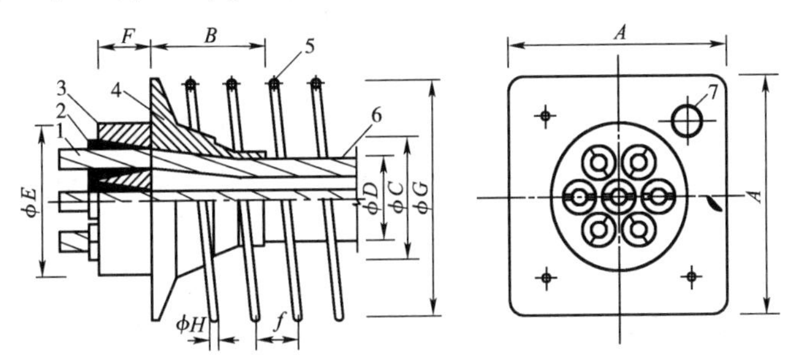

图 5-5　多孔夹片锚固体系

1-钢绞线；2-夹片；3-锚板；4-锚垫板（铸铁喇叭管）；5-螺旋筋；6-金属波纹管；7-灌浆孔

4. 扁型夹片锚固体系

BM 型扁锚体系是由扁型夹片锚具、扁型锚垫板等组成，见图 5-6。

扁锚的优点：张拉槽口扁小，可减少混凝土土板厚，钢绞线单根张拉，施工方便，主要适用于楼板、城市低高度箱梁，以及桥面横向预应力筋等锚固。

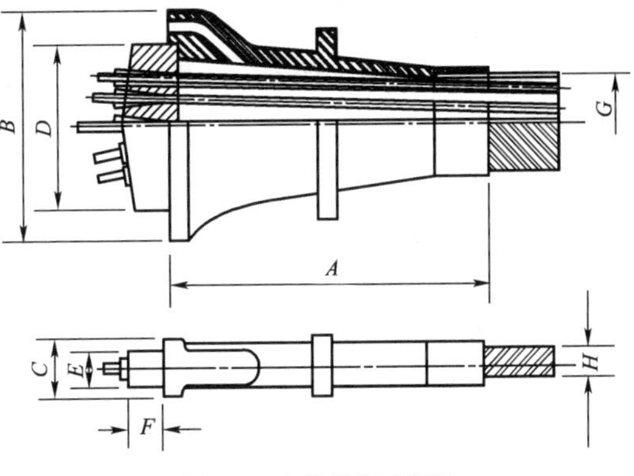

图 5-6　扁锚结构示意图

5. 固定端锚固体系

固定端锚具有以下几种类型：挤压锚具、压花锚具、环形锚具等。其中，挤压锚具对有粘结预应力钢绞线、无粘结预应力钢绞线都适用，可埋在混凝土结构内，也可安装在结构之外，应用范围最广。压花锚具仅用于固定端空间较大且有足够的粘结长度的情况，但成本最低。环形锚具仅用于薄板结构、大型建筑物墙、墩等。

6. 钢绞线锚头连接器

（1）单根钢绞线连接器。单根钢绞线锚头连接器是由带外螺纹的夹片锚具、挤压锚具与带内螺纹的套筒组成，见图 5-7。前段筋采用带外螺纹的夹片锚具锚固，后段筋的挤压锚具穿在带内螺纹的套筒内，利用该套筒的内螺纹拧在夹片锚具的外螺纹上，达到连接作用。

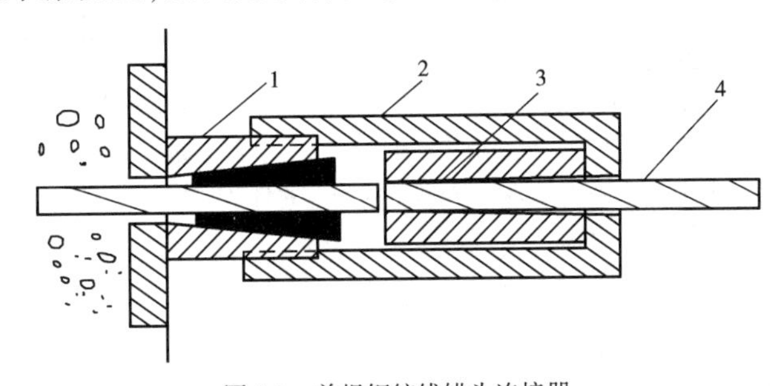

图 5-7　单根钢绞线锚头连接器

1-带外螺纹的锚环；2-带内螺纹的套筒；3-挤压锚具；4-钢绞线

（2）多根钢绞线连接器。多根钢绞线锚头连接器主要由连接体、夹片、挤压锚具、白铁护套、约束圈等组成。其连接体是一块增大的锚板,锚板中部锥形孔用于锚固前段束,锚板外周边的槽口用于挂后段束的挤压锚具。

三、钢丝束锚固体系

1. 镦头锚固体系

镦头锚具适用于锚固任意根数 ϕ^P5 与 ϕ^P7 钢丝束。镦头锚具的形式与规格,可根据需要自行设计。常用的镦头锚具分为 A 型与 B 型(图 5-8)。A 型由锚杯与螺母组成,用于张拉端;B 型为锚板,用于固定端。

2. 钢质锥形锚具

钢质锥形锚具(又称弗氏锚具)由锚环与锚塞组成(图 5-9),适用于锚固(6~30)ϕ^P5 和(12~24)ϕ^P7 钢丝束。

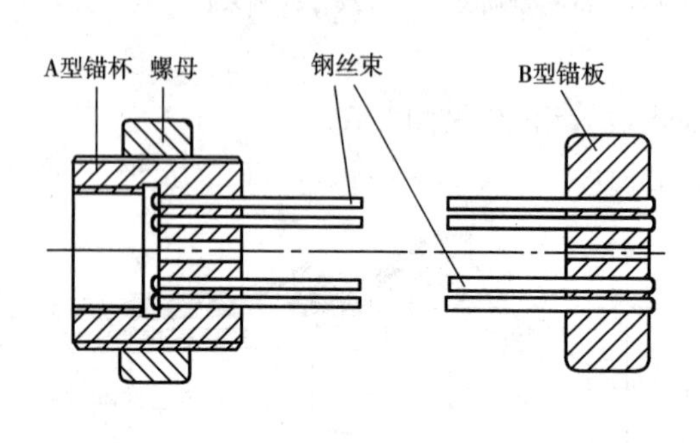

图 5-8　钢丝束镦头锚具

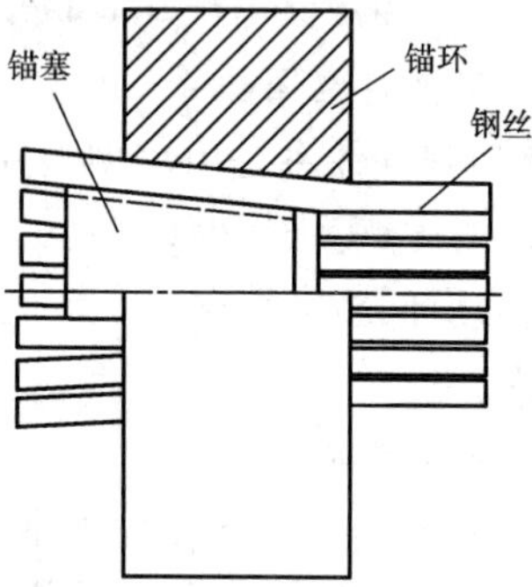

锚塞
锚环
钢丝束

图 5-9　钢质锥形锚具

3. 单根钢丝夹具

(1)锥销夹具。锥销夹具适用于夹持单根直径 4~5mm 的冷拔钢丝和消除应力钢丝。

(2)夹片夹具。夹片夹具适用于夹持单根直径 5mm 的消除应力钢丝。

夹片夹具由套筒和夹片组成,见图 5-10。其中,图 5-10a)夹具用于固定端,图 5-10b)夹具用于张拉端,套筒内装有弹簧圈,随时将夹片顶紧,以确保成组张拉时夹片不滑脱。

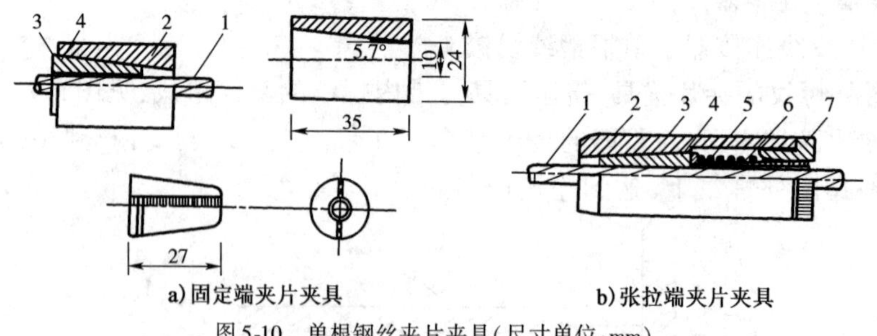

a)固定端夹片夹具　　b)张拉端夹片夹具

图 5-10　单根钢丝夹片夹具(尺寸单位:mm)

1-钢丝;2-套筒;3-夹片;4-钢丝圈;5-弹簧圈;6-顶杆;7-顶盖

第三节　张拉设备

预应力筋用张拉设备是由液压张拉千斤顶、电动油泵和外接油管等组成。张拉设备应装有测力仪表,以准确建立预应力值。张拉设备应由专人使用和保管,并定期维护与标定。张拉设备的发展趋向是:大吨位、小型化和轻量化。

一、液压张拉千斤顶

液压张拉千斤顶,按机型不同可分为拉杆式千斤顶、穿心式千斤顶、锥锚式千斤顶和台座式千斤顶等;按使用功能不同可分为单作用千斤顶和双作用千斤顶;按张拉吨位大小可分为小吨位(≤250kN)、中吨位(>250kN、<1000kN)和大吨位(≥1000kN)千斤顶。

(一)拉杆式千斤顶

拉杆式千斤顶是利用单活塞杆张拉预应力筋的单作用千斤顶,是国内最早生产的液压张拉千斤顶。由于该千斤顶只能张拉吨位不大(≤600kN)的支承式锚具,多年来已逐步被多功能的穿心式千斤顶代替。

(二)穿心式千斤顶

穿心式千斤顶是一种具有穿心孔,利用双液缸张拉预应力筋和顶压锚具的双作用千斤顶。这种千斤顶适应性强,既适用于张拉需要顶压的锚具;配上撑脚与拉杆后,也可用于张拉螺杆锚具和镦头锚具。在穿心式千斤顶中,设置前卡式工具锚,可以缩短张拉所需的预应力筋外露长度,节约钢材。该系列产品有:YC20D、YC60 和 YCl20 型千斤顶等。

1. YC60 型千斤顶

YC60 型千斤顶的构造主要由张拉油缸、顶压油缸、顶压活塞、穿心套、保护套、端盖堵头、连接套、撑套、回程弹簧和动、静密封圈等组成。YC60 型千斤顶的工作原理见图 5-11。

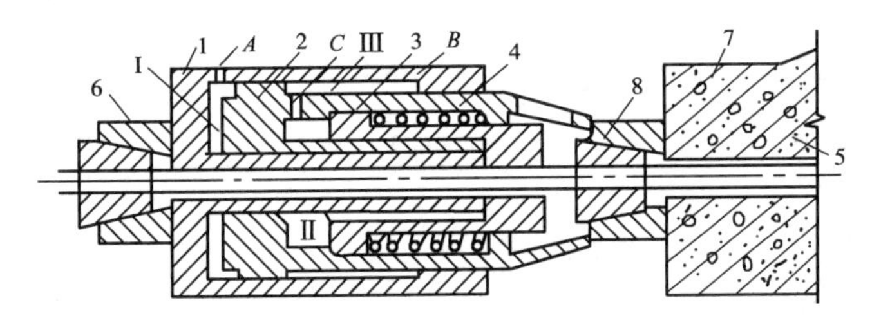

图 5-11　YC60 型千斤顶工作原理

1-张拉缸;2-顶压油缸;3-顶压活塞;4-回程弹簧;5-钢筋束或钢绞线束;6-工具锚;7-混凝土构件;8-工作锚;Ⅰ-张拉工作油室;Ⅱ-顶压工作油室;Ⅲ-张拉回程油室;*A*-张拉缸油嘴;*B*-顶压缸油嘴;*C*-油孔

张拉预应力筋时,*A* 油嘴进油、*B* 油嘴回油,顶压油缸、连接套和撑套连成一体右移顶住锚环;张拉油缸、端盖螺母及堵头和穿心套连成一体带动工具锚左移张拉预应力筋。

顶压锚固时,在保持张拉力稳定的条件下,*B* 油嘴进油,顶压活塞、保护套和顶压头连成一体右移将夹片强力顶入锚环内。

张拉缸采用液压回程,此时 *A* 油嘴回油、*B* 油嘴进油。

顶压活塞采用弹簧回程,此时 *A*、*B* 油嘴同时回油,顶压活塞在弹簧力作用下回程复位。

2. YCl20 型千斤顶

YCl20 型千斤顶主要特点是:千斤顶由张拉千斤顶和顶压千斤顶两个独立部件“串联”组成,但需多一根高压输油管和增设附加换向阀。它具有构造简单、制作精度容易保证、装拆修理方便和通用性大等优点;但其轴向长度较大,预留钢绞线较长。

二、全自动智能张拉设备

随着预应力技术广泛应用，对预应力张拉设备及施工管理也提出了更高要求。目前国内工程用预应力张拉设备仍采用传统液压油泵来施加张拉力进行张拉施工，张拉力的控制及伸长量的测量完全依靠施工工人操控，被施加预应力结构件的实际有效预应力控制精确度也完全依靠操作工人的操作熟练程度及施工管理完善程度来保障，随着液压伺服控制技术与变频控制技术的日益成熟，将液压伺服与变频控制技术引入预应力工程施工技术中，以替代传统节流控制方式，并结合自动化控制技术、通信技术与现代工程管理技术开发全自动智能张拉设备，将能从设备和管理上保障预应力施工过程的质量管控，实现预应力张拉的数控化施工与精细化管理，提高施工效率与控制张拉预应力的准确度，大大提高预应力结构件的安全性。

第四节　预应力筋计算

一、预应力筋下料长度

预应力筋的下料长度应由计算确定，计算时应考虑下列因素：构件孔道长度或台座长度、锚（夹）具厚度、千斤顶工作长度（算至夹挂预应力筋部位）、镦头预留量、预应力筋外露长度等。

1. 钢丝束下料长度

（1）采用钢质锥形锚具，以锥锚式千斤顶在构件上张拉时，钢丝的下料长度 L 按图5-12所示计算：

①两端张拉

$$L = l + 2(l_1 + l_2 + 80) \tag{5-1}$$

②一端张拉

$$L = l + 2(l_1 + 80) + l_2 \tag{5-2}$$

式中：l——构件的孔道长度；

l_1——锚环厚度；

l_2——千斤顶分丝头至卡盘外端距离，对YZ85型千斤顶为470mm（包括大缸伸出40mm）。

（2）采用镦头锚具，以拉杆式穿心千斤顶在构件上张拉时，钢丝的下料长度 L 计算，应考虑钢丝束张拉锚固后螺母位于锚杯中部，见图5-13。

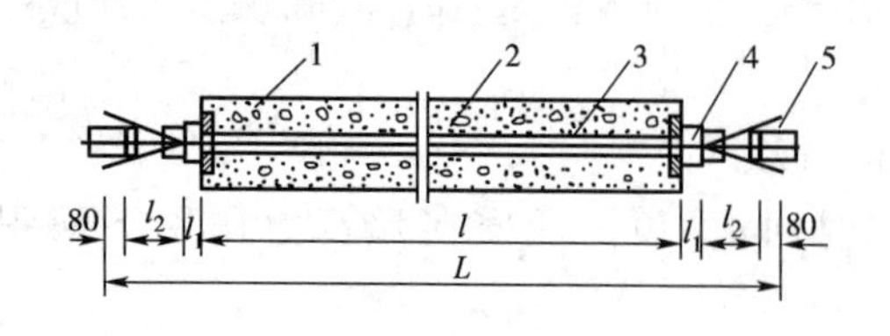

图5-12　采用钢质锥形锚具时钢丝下料长度计算简图（尺寸单位：mm）

1-混凝土构件；2-孔道；3-钢丝束；4-钢质锥形锚具；5-锥锚式千斤顶

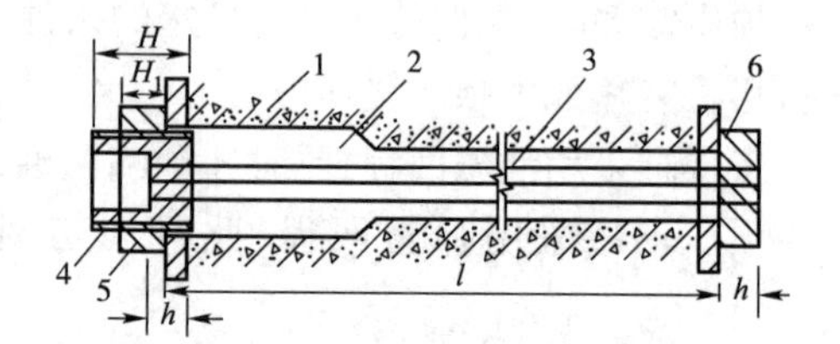

图5-13　采用镦头锚具时钢丝下料长度计算简图

1-混凝土构件；2-孔道；3-钢丝束；4-锚杯；5-螺母；6-锚板

$$L = l + 2(h + \delta) - K(H - H_1) - \Delta L - C \tag{5-3}$$

式中：l——构件的孔道长度，按实际丈量；

h——锚杯底部厚度或锚板厚度；

δ——钢丝镦头留量，对 ϕ^P5 取 10mm；

K——系数，一端张拉时取 0.5，两端张拉时取 1.0；

H——锚杯高度；

H_1——螺母高度；

ΔL——钢丝束张拉伸长值；

C——张拉时构件混凝土的弹性压缩值。

2. 钢绞线下料长度

采用夹片锚具，以穿心式千斤顶在构件上张拉时，钢绞线束的下料长度 L 按图 5-14 计算。

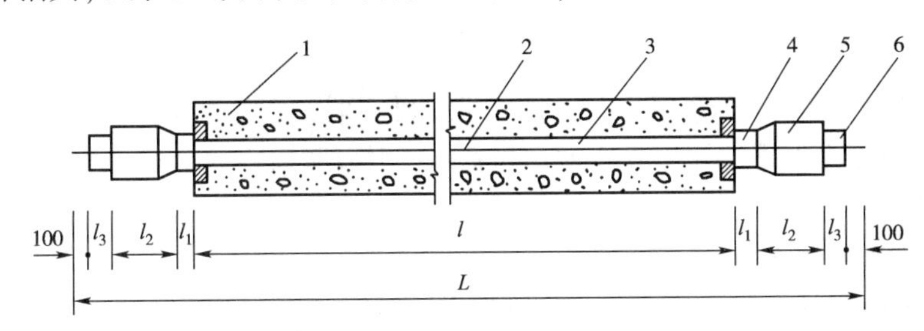

图 5-14　钢绞线下料长度计算简图（尺寸单位：mm）

1-混凝土构件；2-孔道；3-钢绞线；4-夹片式工作锚；5-穿心式千斤顶；6-夹片式工具锚

（1）两端张拉

$$L = l + 2(l_1 + l_2 + l_3 + 100) \tag{5-4}$$

（2）一端张拉

$$L = l + 2(l_1 + 100) + l_2 + l_3 \tag{5-5}$$

式中：L——构件的孔道长度；

l_1——夹片式工作锚厚度；

l_2——穿心式千斤顶长度；

l_3——夹片式工具锚厚度。

二、预应力筋张拉力

预应力筋的张拉力大小，直接影响预应力效果。张拉力越高，建立的预应力值越大，构件的抗裂性也越好；但预应力筋在使用过程中经常处于过高应力状态下，构件出现裂缝的荷载与破坏荷载接近，往往在破坏前没有明显的先兆，这是危险的。另外，如张拉力过大，造成构件反拱过大或预拉区出现裂缝，也是不利的。反之，张拉阶段预应力损失越大，建立的预应力值越低，则构件可能过早出现裂缝，也是不安全的。因此，设计人员不仅在图纸上要标明张拉力大小，而且还要注明所考虑的预应力损失项目与取值。这样，施工人员如遇到实际施工情况所产生的预应力损失与设计取值不一致，则有可能调整张拉力，以准确建立预应力值。

1. 预应力筋张拉力

预应力筋的张拉力 P_j 按下式计算：

$$P_j = \sigma_{con} A_p \tag{5-6}$$

式中：σ_{con}——预应力筋的张拉控制应力；

A_p——预应力筋的截面面积。

预应力筋的张拉控制应力 σ_{con}，不宜超过表 5-1 的数值。当符合下列情况之一时，表 5-1 中的张拉控制应力限值可提高 $0.05f_{ptk}$ 或 $0.05f_{pyk}$：

（1）要求提高构件在施工阶段的抗裂性能而在使用阶段受压区内设置的预应力筋；

（2）要求部分抵消由于应力松弛、摩擦、钢筋分批张拉以及预应力筋与张拉台座之间的温差等因素产生的预应力损失。

张拉控制应力 σ_{con} 允许值 表 5-1

项　　次	预应力筋种类	张拉控制应力限值
1	消除应力钢丝、钢绞线	$0.75f_{ptk}$
2	中强度预应力钢丝	$0.70f_{ptk}$
3	预应力螺纹钢筋	$0.85f_{pyk}$

预应力筋的张拉控制应力，应符合设计要求。施工时预应力筋如需超张拉，其最大张拉控制应力 σ_{con}：对消除应力钢丝和钢绞线为 $0.80f_{ptk}$，对中强度预应力钢丝为 $0.75f_{ptk}$，对预应力螺纹钢筋为 $0.90f_{pyk}$。

2. 预应力筋有效预应力值

预应力筋中建立的有效预应力值 σ_{pe}，可按下式计算：

$$\sigma_{pe} = \sigma_{con} - \sum_{i=1}^{n}\sigma_{li} \tag{5-7}$$

式中：σ_{li}——第 i 项预应力损失值。

消除应力钢丝、钢绞线、中强度预应力钢丝的张拉控制应力值不应小于 $0.4f_{ptk}$；预应力螺纹钢筋的张拉应力控制值不宜小于 $0.5f_{pyk}$。

三、预应力损失

根据预应力筋应力损失发生的时间可分为：瞬间损失和长期损失。张拉阶段瞬间损失包括孔道摩擦损失、锚固损失、弹性压缩损失等；张拉以后长期损失包括预应力筋应力松弛损失和混凝土收缩徐变损失等。对先张法施工，有时还有热养护损失；对后张法施工，有时还有锚口摩擦损失、变角张拉损失等；对平卧重叠生产的构件，有时还有叠层摩阻损失。

上述预应力损失的主要项目如孔道摩擦损失、锚固损失、应力松弛损失、收缩徐变损失等，设计时都计算在内。当施工条件变化时，应复算预应力损失值，调整张拉力。

第五节　先张法预应力

先张法是在台座或钢模上先张拉预应力筋并用夹具临时固定，再浇筑混凝土，待混凝土达到一定强度后，放张并切断构件外预应力筋的方法。该法适用于生产预制预应力混凝土构件，其详细的施工工艺流程，见图 5-15。

一、台　　座

台座是先张法生产的主要设备之一，它承受预应力筋的全部张拉力，因此，台座应有足够的强度、刚度和稳定性。

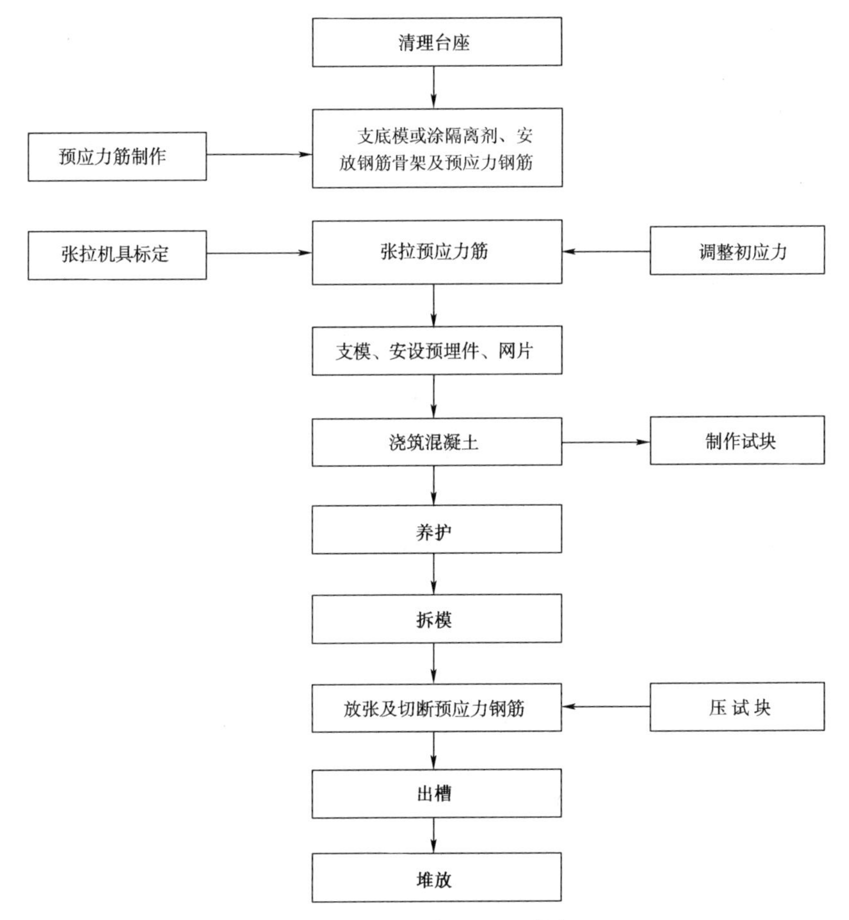

图 5-15　先张法预应力施工工艺流程

台座按构造形式分为墩式和槽式两类。选用时根据构件种类、张拉吨位和施工条件确定。

(一)墩式台座

墩式台座是由台墩、台面与横梁组成,见图 5-16。目前,常用的是台墩与台面共同受力的墩式台座。

台座的长度 L,一般为 100 ~ 150m,可按下式计算:

$$L = l \times n + (n - 1) \times 0.5 + 2K \tag{5-8}$$

式中:l——构件长度(m);

n——一条生产线内生产的构件数;

0.5——两根构件相邻端头间的距离(m);

K——台座横梁到第一根构件端头的距离;一般为 1.25 ~ 1.5m。

台座的宽度主要取决于构件的布筋宽度、张拉与浇筑混凝土是否方便,一般不大于 2m。

在台座的端部应留出张拉操作用地和通道,两侧要有构件运输和堆放的场地。

承力台墩,一般由现浇钢筋混凝土制成。台墩应有合适的外伸部分,以增大力臂而减小台墩自重力。台墩应具有足够的强度、刚度和稳定性。稳定性验算一般包括抗倾覆验算与抗滑移验算。

台墩的抗倾覆验算,可按下式进行(图 5-17):

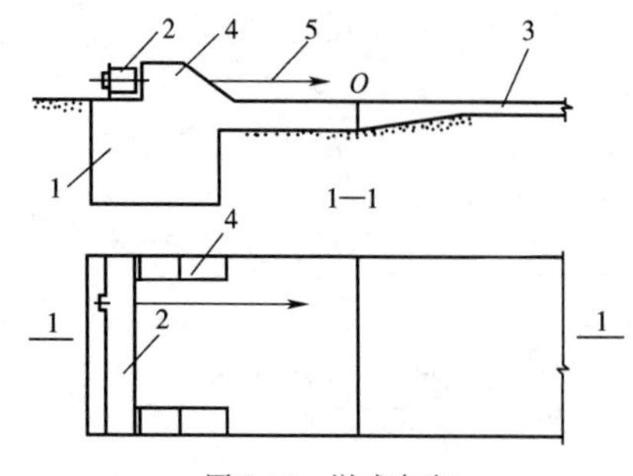

图 5-16　墩式台座

1-钢筋混凝土墩式台座；2-横梁；3-混凝土台面；4-牛腿；
5-预应力筋

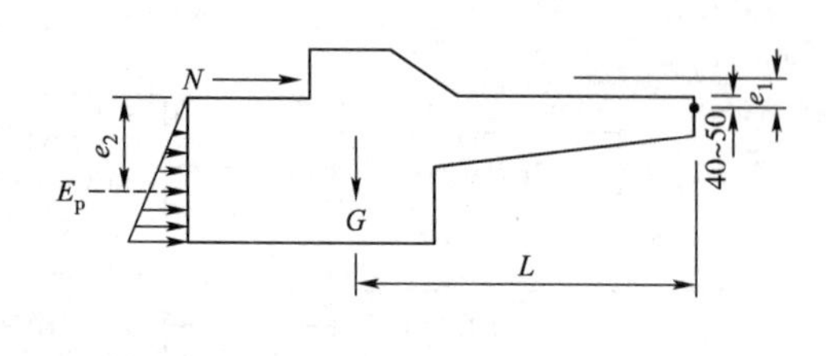

图 5-17　墩式台座的稳定性验算简图(尺寸单位：mm)

$$K = \frac{M_1}{M} = \frac{GL + E_P e_2}{Ne_1} \geqslant 1.50 \tag{5-9}$$

式中：K——抗倾覆安全系数，一般大于或等于 1.50；

M——倾覆力矩，由预应力筋的张拉力产生；

N——预应力筋的张拉力；

e_1——张拉力合力作用点至倾覆点的力臂；

M_1——抗倾覆力矩，由台座自重力和土压力等产生；

G——台墩的自重力；

L——台墩重心至倾覆点的力臂；

E_P——台墩后面的被动土压力合力，当台墩埋置深度较浅时，可忽略不计；

e_2——被动土压力合力至倾覆点的力臂。

台墩倾覆点的位置，对与台面共同工作的台墩，按理论计算倾覆点应在混凝土台面的表面处，但考虑到台墩的倾覆趋势使得台面端部顶点出现局部应力集中和混凝土面抹面层的施工质量，因此倾覆点的位置宜取在混凝土台面往下 4 ~ 5cm 处。

台墩的抗滑移验算，可按下式进行：

$$K_c = \frac{N_1}{N} \geqslant 1.30 \tag{5-10}$$

式中：K_c——抗滑移安全系数，一般大于或等于 1.30；

N_1——抗滑移的力。

对独立的台墩，抗滑力由侧壁土压力和底部摩阻力等产生；对与台面共同工作的台墩，以往在抗滑移验算中考虑台面的水平力、侧壁土压力和底部摩阻力共同工作。通过分析认为混凝土的弹性模量(C20 混凝土 $E_c = 2.6 \times 10^4$ MPa)和土的压缩模量(低压缩土 $E_s = 20$MPa)相差极大，两者不可能共同工作；而底部摩阻力也较小(约占 5%)，可略去不计；实际上台墩的水平推力几乎全部传给台面，不存在滑移问题。因此，台墩与台面共同工作时，可不作抗滑移计算，而应验算台面的承载力。

为了增加台墩的稳定性，减小台墩的自重力，可采用锚杆式台墩。

台墩的牛腿和延伸部分，分别按钢筋混凝土结构的牛腿和偏心受压构件计算。

台墩横梁的挠度应不大于 2mm，并不得产生翘曲。预应力筋的定位板必须安装准确，其挠度不大于 1mm。

(二)槽式台座

槽式台座由端柱、传力柱、柱垫、横梁和台面等组成,既可承受张拉力,又可作为蒸汽养护槽,适用于张拉吨位较高的大型构件。

1. 槽式台座构造(图 5-18)

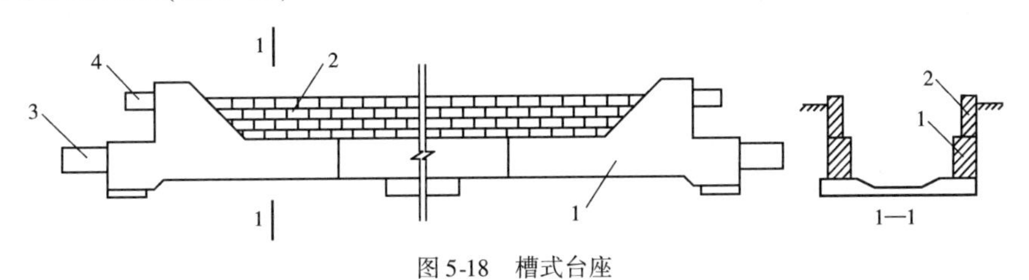

图 5-18　槽式台座

1-钢筋混凝土压杆;2-砖墙;3-上横梁;4-下横梁

(1)台座的长度一般不大于 76m,宽度随构件外形及制作方式而定,一般大于或等于 1m。

(2)槽式台座一般与地面相平,以便运送混凝土和蒸汽养护,但需考虑地下水位和排水等问题。

(3)端柱、传力柱的端面必须平整,对接接头必须紧密;柱与柱垫连接必须牢靠。

2. 槽式台座计算要点

槽式台座亦需进行强度和稳定性计算。端柱和传力柱的强度按钢筋混凝土结构偏心受压构件计算。槽式台座端柱抗倾覆力矩由端柱、横梁自重力及部分张拉力组成。

3. 拼装式台座

拼装式台座是由压柱与横梁组装而成,适用于施工现场临时生产预制构件用。

(1)拼装式钢台座是由格构式钢压柱、箱形钢横梁、横向连系工字钢、张拉端横梁导轨,放张系统等组成。这种台座型钢的线胀系数与受力钢绞线的线胀系数一致,热养护时无预应力损失。配以远红外线电热养护,预应力构件生产每 3 天便可周转一次。

拼装式钢台座的优点:装拆快、效率高、产品质量好、支模振捣方便,适用于施工现场预制工作量较大的情况。

(2)拼装式混凝土台座,根据施工条件和工程进度,可因地制宜利用废旧构件或工程用构件组成。待预应力构件生产任务完成后,组成台座的构件仍可用于工程上。

二、预应力筋铺设

预应力钢丝和钢绞线下料,应采用砂轮切割机,不得采用电弧切割。

预应力钢丝采用镦头夹具时,应采用相应的镦头工艺。

长线台座台面(或胎模)在铺设钢丝前应涂隔离剂。隔离剂不应沾污钢丝,以免影响钢丝与混凝土的粘结。如果预应力筋遭受污染,应使用适宜的溶剂清洗干净。在生产过程中,应防止雨水冲刷台面上的隔离剂。

预应力钢丝宜用牵引车铺设。如果钢丝需要接长,可借助于钢丝拼接器用 20 ~ 22 号铁丝密排绑扎(图 5-19)。绑扎长度:对冷轧带肋钢筋应大于或等于 $45d$;对刻痕钢丝应大于或等于 $80d$。钢丝搭接长度应比绑扎长度大 $10d$(d 为钢丝直径)。

预应力筋与工具式螺杆连接时,可采用套筒式连接器(图 5-20)。

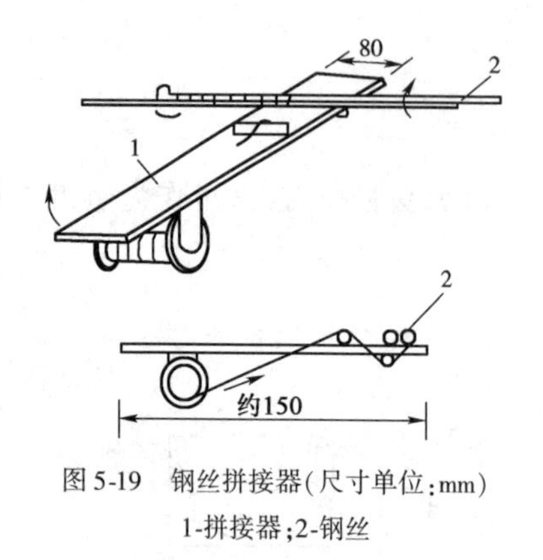

图 5-19 钢丝拼接器(尺寸单位:mm)
1-拼接器;2-钢丝

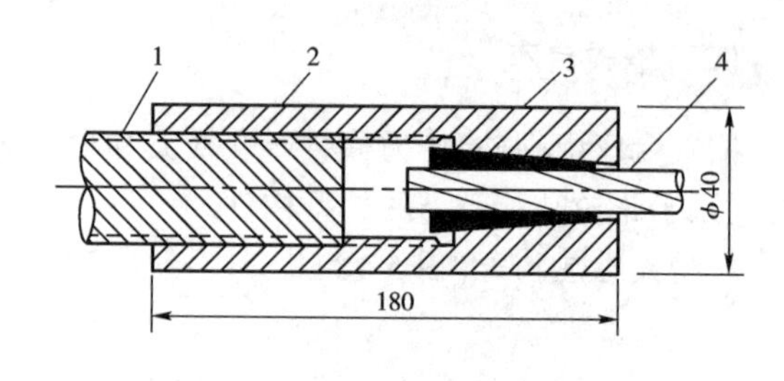

图 5-20 套筒式连接器(尺寸单位:mm)
1-螺杆或精扎螺纹钢丝;2-套筒;3-工具式夹片;4-钢绞线

三、预应力筋张拉

(一)预应力钢丝张拉

1. 单根张拉

冷拔钢丝可在两横梁式长线台座上采用 10kN 电动螺杆张拉机或电动卷扬张拉机单根张拉,弹簧测力计测力,锥销式夹具锚固。

刻痕钢丝可采用 20 ~ 30kN 电动卷扬张拉机单根张拉,优质锥销式夹具锚固。

2. 整体张拉

(1)在预制厂以机组流水法或传送带法生产预应力多孔板时,还可在钢模上用镦头梳筋板夹具整体张拉(图 5-21)。钢丝两端镦粗,一端卡在固定梳筋板上,另一端卡在张拉端的活动梳筋板上。用张拉钩(图 5-22)钩住活动梳筋板,再通过连接套筒将张拉钩和拉杆式千斤顶连接,即可张拉。

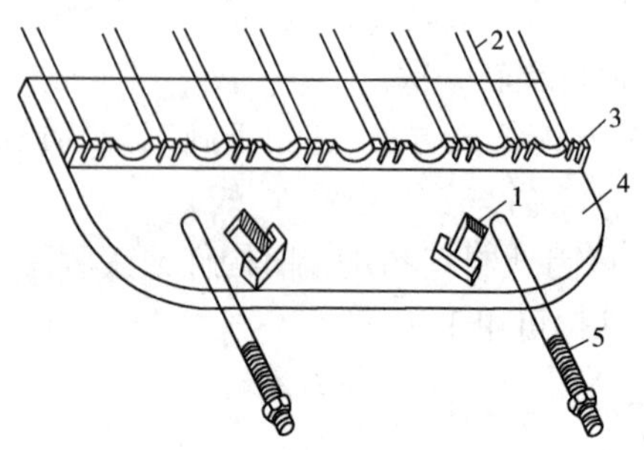

图 5-21 镦头梳筋板夹具
1-张拉钩槽口;2-钢丝;3-镦头;4-活动梳筋板;5-锚固螺杆

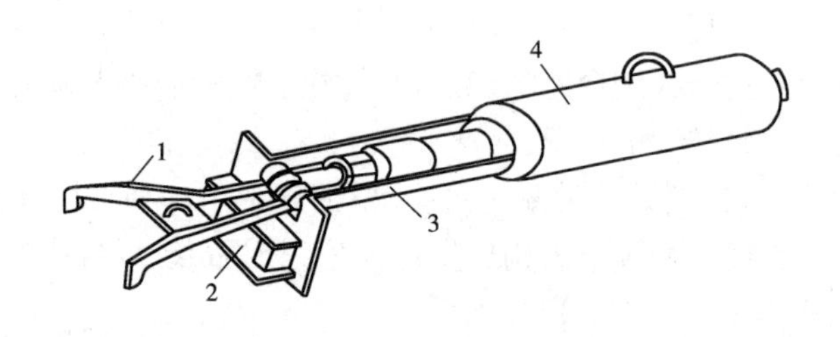

图 5-22 张拉千斤顶与张拉钩
1-张拉钩;2-承力架;3-连接套筒;4-张拉千斤顶

(2)在两横梁式长线台座上生产刻痕钢丝配筋的预应力薄板时,钢丝两端采用单孔镦头锚具(工具锚)安装在台座两端钢横梁外的承压钢板上,利用设置在台墩与钢横梁之间的两台台座式千斤顶进行整体张拉。也可采用优质单根钢丝夹片式夹具代替镦头锚具,便于施工。

当钢丝达到张拉力后,锁定台座式千斤顶,直到混凝土强度达到放张要求后,再放松千斤顶。

3. 钢丝张拉程序

预应力钢丝由于张拉工作量大,宜采用一次张拉程序:

$$0 \rightarrow (1.03 \sim .05)\sigma_{con} \rightarrow 锚固$$

其中,1.03～1.05是考虑弹簧测力计的误差、温度影响、台座横梁或定位板刚度不足、台座长度不符合设计取值、工人操作等影响系数。

(二)预应力钢绞线张拉

1.单根张拉

在两横梁式台座上,单根钢绞线可采用YC20D型千斤顶或YDC240Q型前卡式千斤顶张拉,单孔夹片工具锚固定。为了节约钢绞线,可采用工具式拉杆与套筒式连接器。

预制空心板梁的张拉顺序为先张拉中间一根,再逐步向两边对称进行。

预制梁的张拉顺序为左右对称进行。如梁顶预拉区配有预应力筋时应先张拉。

2.整体张拉

在三横梁式台座上,可采用台座式千斤顶整体张拉预应力钢绞线。台座式千斤顶与活动横梁组装在一起,利用工具式螺杆与连接器将钢绞线挂在活动横梁上。张拉前,宜采用小型千斤顶在固定端逐根调整钢绞线初应力。张拉时,台座式千斤顶推动活动横梁带动钢绞线整体张拉,然后用夹片锚或螺母锚固在固定横梁上。为了节约钢绞线,其两端可再配置工具式螺杆与连接器。对预制构件较少的工程,可取消工具式螺杆,直接将钢绞线用夹片锚固在活动横梁上。

如利用台座式千斤顶整体放张,则可取消固定端放张装置,在张拉端固定横梁与锚具之间加U形垫片,有利于钢绞线放张。

3.钢绞线张拉程序

采用低松弛钢绞线时,可采取一次张拉程序:

对单根张拉,$0 \rightarrow \sigma_{con} \rightarrow$锚固;

对整体张拉,$0 \rightarrow$初应力调整$\rightarrow \sigma_{con} \rightarrow$锚固。

(三)张拉注意事项

(1)千斤顶在张拉前,必须经过校正,且校正系数不得大于1.05。校正有效期为3个月,且不超过200次张拉作业。拆修更换配件的张拉千斤顶,必须重新校正。

(2)张拉时,张拉机具与预应力筋应在一条直线上;同时在台面上每隔一定距离放一根圆钢筋头或相当于保护层厚度的其他垫块,以防预应力筋因自重而下垂破坏隔离剂,污染预应力筋。

(3)顶紧锚塞时,用力不要过猛,以防钢丝折断;在拧紧螺母时,应注意压力表读数始终保持所需的张拉力。

(4)预应力筋张拉完毕后,对应设计位置的偏差不得大于5mm,也不得大于构件截面最短边长的4%。

(5)在张拉过程中发生断丝或滑脱钢丝时,应更换钢绞线。

(6)台座两端应有防护设施。张拉时沿台座长度方向每隔4～5m放一个防护架,两端严禁站人,也不准进入台座。

四、预应力筋放张

预应力筋放张时,混凝土的强度应符合设计要求;如设计无规定,不应低于设计的混凝土强度标准值的75%。

(一)放张顺序

预应力筋的放张顺序,如设计无规定,可按下列要求进行:

(1)轴心受预压的构件(如拉杆、桩等),所有预应力筋应同时放张;

(2)偏心受预压的构件(如梁等),应先同时放张预压力较小区域的预应力筋,再同时放张预压力较大区域的预应力筋;

(3)如不能满足(1)、(2)两项要求时,应分阶段、对称、交错地放张,以防止在放张过程中构件产生弯曲、裂纹和预应力筋断裂。

(二)放张方法

预应力筋的放张工作,应缓慢进行,防止冲击。常用的放张方法如下:

1. 千斤顶放张

用千斤顶拉动单根钢筋,松开螺母。放张时由于混凝土与预应力筋已结成整体,松开螺母所需的间隙只能是最前端构件外露钢筋的伸长,因此,所施加的应力往往超过控制应力约10%,比较费力。

采用两台台座式千斤顶整体缓慢放松,应力均匀,安全可靠。放张用台座式千斤顶可专用或与张拉合用。为防止台座式千斤顶长期受力,可采用垫块顶紧。

2. 砂箱放张

砂箱装置由钢制的套箱和活塞组成(图5-23),内装石英砂或铁砂,装砂量宜为砂箱长度的1/3~2/5。砂箱放置在台座与横梁之间。预应力筋张拉时,箱内砂被压实,承受横梁的反力。预应力筋放张时,将出砂口打开,砂慢慢流出,从而使整批预应力筋徐徐放张。砂箱中的砂应采用干砂,选用适宜的级配,防止出现砂压碎引起流不出现象或增加砂的空隙率,使预应力损失增大。施加预应力后砂箱的压缩值不大于0.5mm,预应力损失可略去不计。采用两只砂箱时,放张速度应力求一致,以免构件受扭损伤。

采用砂箱放张,能控制放张速度,工作可靠,施工方便,可用于张拉力大于1000kN的情况。

3. 楔块放张

楔块装置放置在台座与横梁之间,见图5-24。预应力筋放张时,旋转螺母使螺杆向上运动,带动楔块向上移动,钢块间距变小,横梁向台座方向移动,从而同时放张预应力筋。

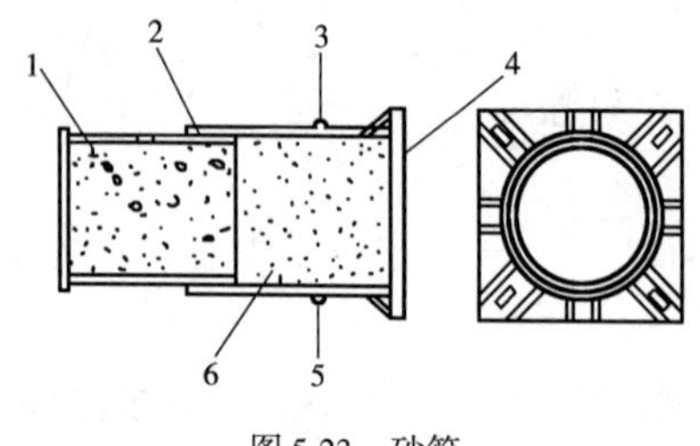

图5-23 砂箱

1-活塞;2-钢套箱;3-进砂口;4-钢套箱底板;5-出砂口;6-砂

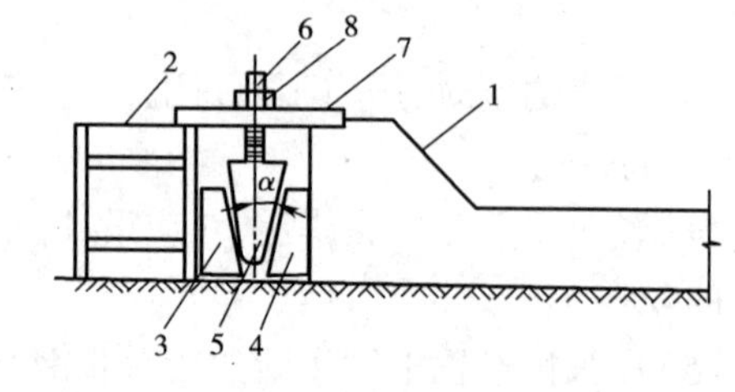

图5-24 楔块放张

1-台座;2-横梁;3、4-钢块;5-钢楔块;6-螺杆;7-承力板;8-螺母

楔块放张,一般用于张拉力不大于300kN的情况。楔块装置经专门设计,也可用于张拉力较大处。

4. 预热熔割

采用氧炔焰预热粗钢筋放张时，应在烘烤区轮换加热每根钢筋，使其同步升温，此时钢筋内力徐徐下降，外形慢慢伸长，待钢筋出现缩颈，即可切断。此法应注意防止烧伤构件。

5. 钢丝钳或氧炔焰切割

对先张法板类构件的钢丝或细钢筋，放张时可直接用钢丝钳或氧炔焰切割。放张工作宜从生产线中间处开始，以减少回弹量且有利于脱模；对每一块板，应从外向内对称放张，以免构件扭转致端部开裂。

此外，也可在台座的一端浇捣一块混凝土缓冲块。这样，在应力状态下切割预应力筋时，使构件不受或少受冲击。

（三）放张注意事项

（1）为了检查构件放张时钢丝与混凝土的粘结是否可靠，切断钢丝时应测定钢丝向混凝土内的回缩情况。

钢丝回缩值的简易测试方法是在板端贴玻璃片和在靠近板端的钢丝上贴胶带纸，用游标卡尺读数，其精度可达0.1mm。

钢丝的回缩值：对冷拔钢丝应不大于0.6mm，对消除应力钢丝应不大于1.2mm。如果最多只有20%的测试数据超过上述规定值的20%，则检查结果是令人满意的。如果回缩值大于上述数值，则应加强构件端部区域的分布钢筋，或提高放张时混凝土强度等。

（2）放张前，应拆除侧模，使放张时构件能自由压缩，否则将损坏模板或使构件开裂。对有横肋的构件（如大型屋面板），其端横肋内侧面与板面交接处做出一定的坡度或做成大圆弧，以便预应力筋放张时端横肋能沿着坡面滑动。必要时在胎模与台面之间设置滚动支座。这样，在预应力筋放张时，构件与胎模可随着钢筋的回缩一起自由移动。

（3）用氧炔焰切割时，应采取隔热措施，防止烧伤构件端部混凝土。

第六节　后张法预应力

后张法是先制作构件或结构，待混凝土达到一定强度后，在构件或结构上张拉预应力筋的方法。后张法预应力，不需要台座设备，灵活性大，广泛用于施工现场生产大型预制预应力混凝土构件和就地浇筑预应力混凝土结构。后张法预应力，又可分为有粘结预应力和无粘结预应力两类。

有粘结预应力张拉施工过程：混凝土构件或结构制作时，在预应力筋部位预先留设孔道，然后浇筑混凝土并进行养护；制作预应力筋并将其穿入孔道；待混凝土达到设计要求的强度后，张拉预应力筋并用锚具锚固；最后进行孔道灌浆与封锚。其详细的施工工艺流程见图5-25。这种施工方法通过孔道灌浆，使预应力筋与混凝土相互粘结，减轻了锚具传递预应力作用，提高了锚固可靠性与耐久性，广泛用于主要承重构件或结构。

无粘结预应力张拉施工过程：混凝土构件或结构制作时，预先铺设无粘结预应力筋，然后，浇筑混凝土并进行养护；待混凝土达到设计要求的强度后，张拉预应力筋并用锚具锚固；最后进行封锚。这种施工方法不需要留孔灌浆，施工方便，但预应力只能永久地靠锚具传递给混凝土，宜用于分散配置预应力筋的楼板与墙板、次梁及低预应力度的主梁等。

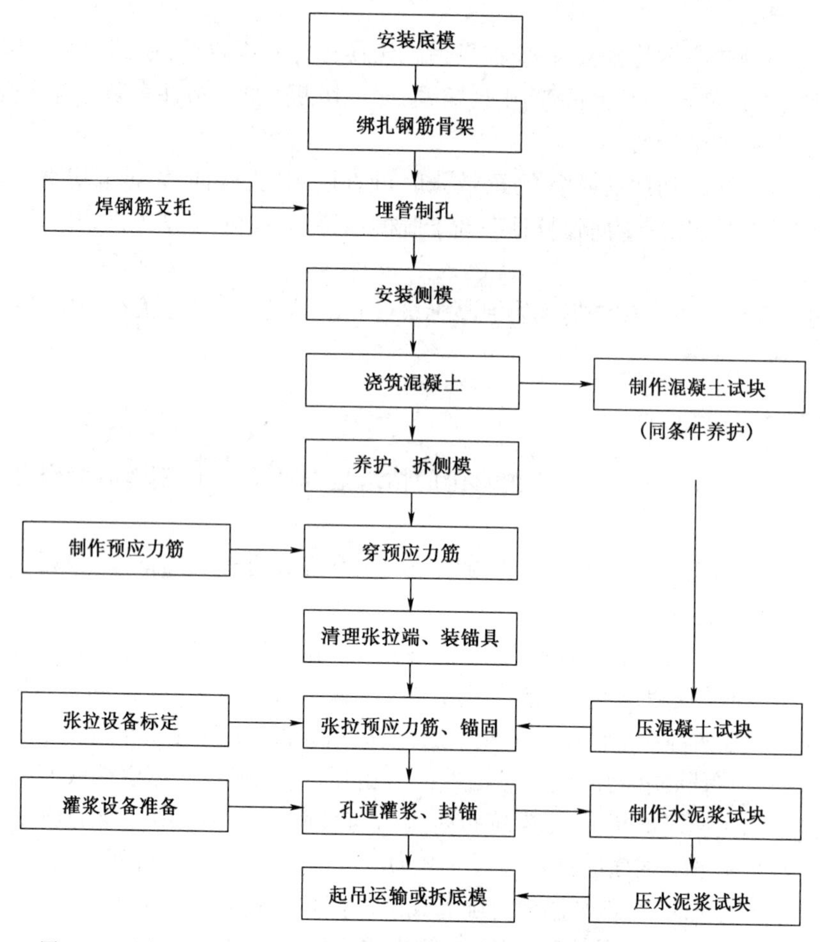

图 5-25　后张法有粘结预应力施工工艺流程(穿预应力筋也可在浇筑混凝土前进行)

一、预 留 孔 道

(一)预应力孔道的布置

预应力筋孔道形状有直线、曲线和折线 3 种类型。其曲线坐标应符合设计图纸要求。

1. 孔道直径和间距

预留孔道的直径,应根据预应力筋根数、曲线孔道形状和长度、穿筋难易程度等因素确定。孔道内径应比预应力筋与连接器外径大 10～15mm,孔道面积宜为预应力筋净面积的 3～4 倍。

预应力筋孔道的间距与保护层应符合下列规定:

(1)对预制构件,孔道的水平净间距宜大于或等于 50mm,孔道至构件边缘的净间距应≥30mm,且应大于或等于孔道直径的一半;

(2)在框架梁中,预留孔道垂直方向净间距不应小于孔道外径,水平方向净间距宜大于或等于 1.5 倍孔道外径;从孔壁算起的混凝土最小保护层厚度,梁底为 50mm,梁侧为 40mm,板底为 30mm。

2. 钢绞线束端锚头排列

钢绞线束夹片锚固体系锚垫板排列,可按下式计算(图 5-26):

相邻锚具的中心距 $a \geqslant D + 20\text{mm}$

锚垫板中心距构件边缘的距离 $b \geqslant \frac{D}{2} + C$

式中：D——螺旋筋直径（当螺旋筋直径小于锚垫板边长时，按锚垫板边长取值）；

C——保护层厚度（最小30mm）。

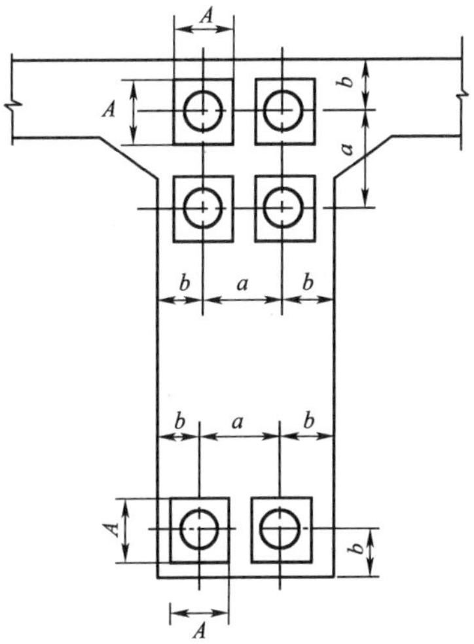

3. 钢丝束端锚头排列

钢丝束镦头锚具的张拉端需要扩孔，扩孔直径 = 锚杯外径 +6mm。

孔道间距 S，主要根据螺母直径 D_1 和锚板直径 D_2 确定，可按下式计算：

一端张拉时 $$S \geqslant \frac{1}{2}(D_1 + D_2) + 5\text{mm} \tag{5-11}$$

两端张拉时 $$S \geqslant D_1 + 5\text{mm}$$

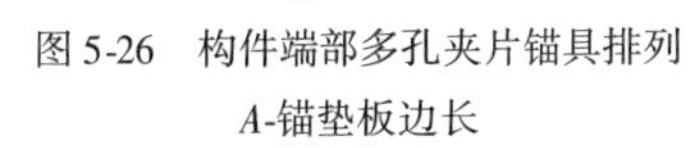

图5-26 构件端部多孔夹片锚具排列

A-锚垫板边长

扩孔长度 l，主要根据钢丝束伸长值 Δl 和穿束后另一端镦头时能抽出300~450mm操作长度确定，可按下式计算：

一端张拉时 $$l_1 \geqslant \Delta l + 0.5H + 300 \sim 450\text{mm} \tag{5-12}$$

两端张拉时 $$l_2 \geqslant 0.5(\Delta l + H)$$

式中：H——锚杯高度。

孔道布置见图5-27。采用一端张拉时，张拉端交错布置，以便两束同时张拉，并可避免端部削弱过多，也可减少孔道间距。采用两端张拉时，主张拉端也应交错布置。

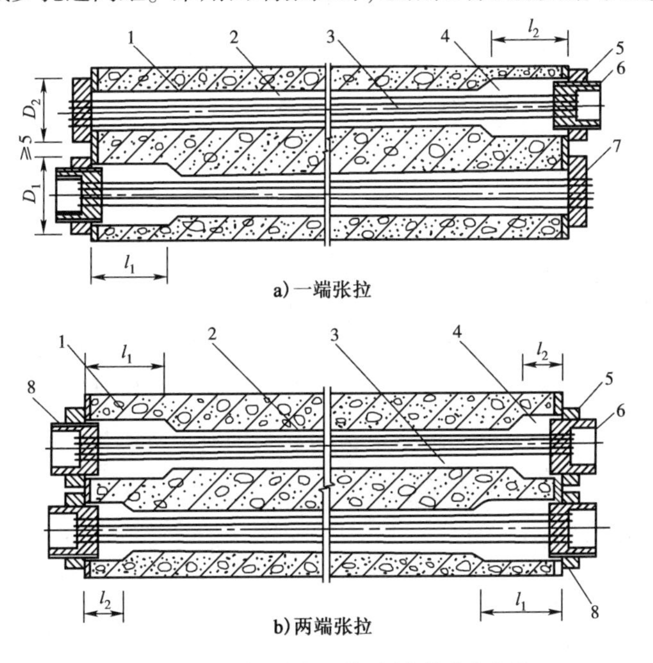

a）一端张拉

b）两端张拉

图5-27 钢丝束镦头锚固体系端部扩大孔布置

1-构件；2-中间孔道；3-钢丝束；4-端部扩大孔；5-螺母；6-锚杯；7-锚板；8-主张拉端

(二)预埋金属螺旋管留孔

金属螺旋管又称波纹管,是用冷轧钢带或镀锌钢带在卷管机上压波后螺旋咬合而成。按照相邻咬口之间的凸出部(即波纹)的数量分为单波纹和双波纹(图5-28);按照截面形状分为圆形和扁形;按照径向刚度分为标准型和增强型;按照钢带表面状况分为镀锌螺旋管和不镀锌螺旋管。圆形螺旋管和扁形螺旋管的波纹高度:单波为2.5mm,双波为3.5mm。

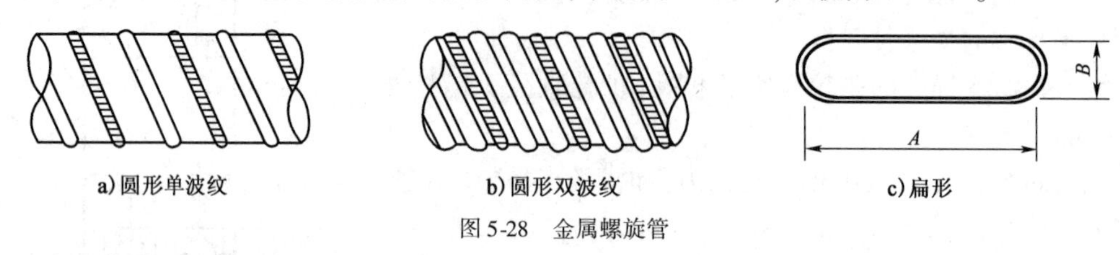

图5-28 金属螺旋管

金属螺旋管的长度,由于运输限制,每根取4~6m。该管用量大时,生产厂也可带卷管机到施工现场加工。这时,螺旋管的长度可根据实际工程需要确定。

标准型圆形螺旋管用途最广,扁形螺旋管仅用于板类构件,增强型螺旋管可代替钢管用于竖向预应力筋孔道或核电站安全壳等特殊工程,镀锌螺旋管可用于有腐蚀性介质的环境或使用期较长的情况。

(三)预埋塑料波纹管留孔

1. 塑料波纹管规格与优点

塑料波纹管是近几年从国外引进的。柳州海威姆建筑机械公司生产的SBG型塑料波纹管规格这里不作介绍。

SBG塑料波纹管用于预应力筋孔道,具有以下优点:

(1)提高预应力筋的防腐保护,可防止氯离子侵入而产生的电腐蚀;

(2)不导电,可防止杂散电流腐蚀;

(3)密封性好,预应力筋不生锈;

(4)强度高,刚度大,不怕踩压,不易被振动棒凿破;

(5)减小张拉过程中的孔道摩擦损失;

(6)提高了预应力筋的耐疲劳能力。

2. 塑料波纹管安装与连接

塑料波纹管的钢筋支托间距不大于0.8~1.0m。

塑料波纹管接长采用熔焊法或高密度聚乙烯塑料套管。塑料波纹管与锚垫板连接,采用高密度聚乙烯套管。塑料波纹管与排气管连接;在波纹管上热熔排气孔,然后用塑料弧形压板连接。

塑料波纹管的最小弯曲半径为0.9~1.5m。

(四)抽拔芯管留孔

1. 钢管抽芯法

钢管抽芯法是在制作后张法预应力混凝土构件时,于预应力筋位置预先埋设钢管,待混凝土初凝后再将钢管旋转抽出的留孔方法。为防止在浇筑混凝土时钢管产生位移,每隔1.0m用钢筋井字架固定牢靠。钢管接头处可用长度为30~40cm的铁皮套管连接。在混凝土浇筑后，每隔一定时间慢慢转动钢管，使之不与混凝土粘结；待混凝土初凝后、终凝前抽出钢管，即形成孔道。钢管抽芯法仅适用于留设直线孔道。

2. 胶管抽芯法

胶管抽芯法是在制作后张法预应力混凝土构件时，于预应力筋的位置处预先埋设胶管，待混凝土结硬后再将胶管抽出的留孔方法。胶管采用 5 ~7 层帆布胶管。为防止在浇筑混凝土时胶管产生位移，直线段每隔 60cm 用钢筋井字架固定牢靠，曲线段应适当加密。胶管两端应有密封装置。在浇筑混凝土前，胶管内充入压力为 0.6 ~0.8MPa 的压缩空气或压力水，管径增大约 3mm。待浇筑的混凝土初凝后，放出压缩空气或压力水，管径缩小，与混凝土脱开，随即拔出胶管。胶管抽芯法适用于留设直线与曲线孔道。

（五）灌浆孔、排气孔和泌水管

在预应力筋孔道两端，应设置灌浆孔和排气孔。灌浆孔可设置在锚垫板上或利用灌浆管引至构件外，其间距对抽芯成型孔道宜不大于 12m。灌浆孔孔径应能保证浆液畅通，一般宜不大于 20mm。

曲线预应力筋孔道的每个波峰处，应设置泌水管。泌水管伸出梁面的高度宜不大于 0.5m。泌水管也可兼作灌浆孔用。

灌浆孔的预留对一般预制构件，可采用木塞留孔。木塞应抵紧钢管、胶管或螺旋管，并应固定，严防混凝土振捣时脱开，见图 5-29。对现浇预应力结构金属螺旋管留孔，其做法是在螺旋管上开口，用带嘴的塑料弧形压板与海绵垫片覆盖并用铁丝扎牢，再接增强塑料管（外径 20mm，内径 16mm），见图 5-30。为保证留孔质量，金属螺旋管上可先不开孔，在外接塑料管内插一根钢筋；待孔道灌浆前，再用钢筋打穿螺旋管。

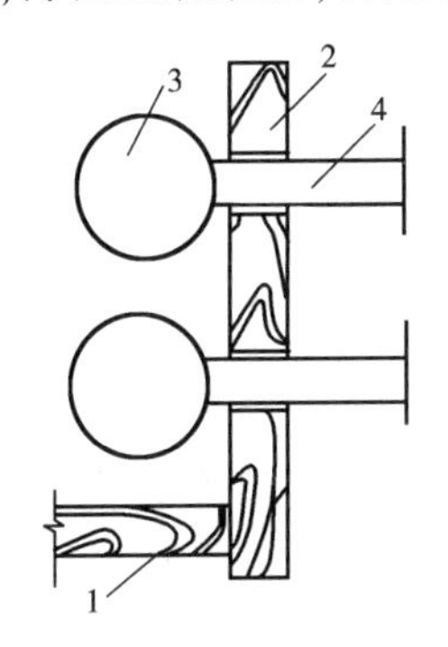

图 5-29 用木塞留灌浆孔

1-底模；2-侧模；3-抽芯管；4-ϕ20mm 木塞

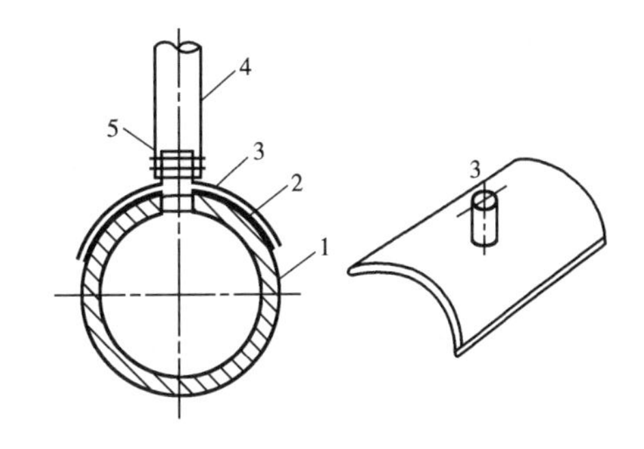

图 5-30 螺旋管上留灌浆孔

1-螺旋管；2-海绵垫；3-塑料弧形压板；4-塑料管；5-铁丝扎紧

（六）预留孔道质量要求

（1）预留孔道的规格、数量、位置和形状应符合设计要求。

（2）预留孔道的定位应牢固，浇筑混凝土时不应出现移位和变形。

（3）孔道应平顺，端部的预埋锚垫板应垂直于孔道中心线。

（4）成孔用管道应密封良好，接头应严密且不得漏浆。

（5）在曲线孔道的波峰部位应设置泌水管，灌浆孔与泌水管的孔径应能保证浆液畅通。排气孔不得遗漏或堵塞。

（6）曲线孔道控制点的竖向位置偏差应符合表 5-2 的规定。

曲线孔道控制点的竖向位置允许偏差 表 5-2

截面高(厚)度(mm)	$h<300$	$300 \leq h \leq 500$	$h>500$
允许偏差(mm)	±5	±10	±15

二、预应力筋张拉方式

根据预应力混凝土结构特点、预应力筋形状与长度,以及施工方法的不同,预应力筋张拉方式有以下几种:

1. 一端张拉方式

为张拉设备放置在预应力筋一端的张拉方式,适用于长度不大于30m的直线预应力筋与锚固损失影响长度$L_f \geq L/2$(L——预应力筋长度)的曲线预应力筋;如设计人员根据计算资料或实际条件认为可以放宽以上限制的话,也可采用一端张拉,但张拉端宜分别设置构件的两端。

2. 两端张拉方式

为张拉设备放置在预应力筋两端的张拉方式,适用于长度大于30m的直线预应力筋与锚固损失影响长度$L_f<L/2$的曲线预应力筋。当张拉设备不足或由于张拉顺序安排关系,也可先在一端张拉完成后,再移至另端张拉,补足张拉力后锚固。

3. 分批张拉方式

为配有多束预应力筋的构件或结构分批进行张拉的方式。由于后批预应力筋张拉所产生的混凝土弹性压缩对先批张拉的预应力筋造成预应力损失,所以先批张拉的预应力筋张拉力应加上该弹性压缩损失值或将弹性压缩损失平均值统一增加到每根预应力筋的张拉力内。

4. 分段张拉方式

是在多跨连续梁板分段施工时,统长的预应力筋需要逐段进行张拉的方式。对大跨多跨连续梁,在第一段混凝土浇筑与预应力筋张拉锚固后,第二段预应力筋利用锚头连接器接长,以形成统长的预应力筋。

5. 分阶段张拉方式

在后张传力梁等结构中,为了平衡各阶段的荷载,采取分阶段逐步施加预应力的方式。所加荷载不仅是外载(如楼层重力),也包括由内部体积变化(如弹性缩短、收缩与徐变)产生的荷载。梁的跨中处下部与上部纤维应力应控制在容许范围内。这种张拉方式具有应力、挠度与反拱容易控制、材料省等优点。

6. 补偿张拉方式

在早期预应力损失基本完成后,再进行张拉的方式。采用这种补偿张拉,可克服弹性压缩损失,减少钢材应力松弛损失和混凝土收缩徐变损失等,以达到预期的预应力效果。此法在水利工程与岩土锚杆中应用较多。

三、预应力筋张拉操作程序

预应力筋的张拉操作程序,主要根据构件类型、张拉锚固体系、松弛损失等因素确定。

(1)采用低松弛钢丝和钢绞线时,张拉操作程序为

$$O \rightarrow P_j \rightarrow \text{锚固}$$

（2）采用普通松弛预应力筋时，按下列超张拉程序进行操作：

对镦头锚具等可卸载锚具　　　$O \to 1.05P_j \xrightarrow{\text{持荷 2min}} P_j \to$锚固

对夹片锚具等不可卸载锚具　　$O \to 1.03P_j \to$锚固

以上各种张拉操作程序，均可分级加载。对曲线预应力束，一般以 $0.2 \sim 0.25P_j$ 量为伸长起点，分 3 级加载（$0.2P_j$、$0.6P_j$ 及 $1.0P_j$）或 4 级加载（$0.25P_j$、$0.5P_j$、$0.75P_j$、$1.0P_j$），每级加载均应量测张拉伸长值。

当预应力筋长度较大，千斤顶张拉行程不够时，应采取分级张拉、分级锚固。第二级初始油压为第一级最终油压。

预应力筋张拉到规定油压后，持荷复验伸长值，合格后进行锚固。

四、张拉安全注意事项

（1）在预应力张拉作业中，必须特别注意安全。因为预应力筋持有很大的能量，万一预应力筋被拉断或锚具与张拉千斤顶失效，巨大能量急剧释放，有可能造成很大危害。因此，在任何情况下作业人员不得站在预应力筋的两端，同时在张拉千斤顶的后面应设立防护装置。

（2）操作千斤顶和测量伸长值的人员，应站在千斤顶侧面操作，严格遵守操作规程。油泵开动过程中，不得擅自离开岗位。如需离开，必须把油阀门全部松开或切断电路。

（3）预应力筋张拉时应认真做到孔道、锚环与千斤顶三对中，以便张拉工作顺利进行，并不致增加孔道摩擦损失。

（4）采用锥锚式千斤顶张拉钢丝束时，先使千斤顶张拉缸进油，至压力表略有起动时暂停，检查每根钢丝的松紧并进行调整，然后再打紧楔块。

（5）钢丝束镦头锚固体系在张拉过程中应随时拧上螺母，以策安全；锚固时如遇钢丝束偏长或偏短，应增加螺母或用连接器解决。

（6）工具锚夹片，应注意保持清洁和良好的润滑状态。新的工具锚夹片第一次使用前，应在夹片背面涂上润滑脂。以后每使用 5 ~ 10 次，应将工具锚上的夹片卸下，向锚板的锥形孔中重新涂上一层润滑剂，以防夹片在退楔时卡住。润滑剂可采用石墨、二硫化钼、石蜡或专用退锚灵等。

（7）多根钢绞线束夹片锚固体系如遇到个别钢绞线滑移，可更换夹片，用小型千斤顶单根张拉。

五、张拉质量要求

在预应力筋张拉通知单中，应写明张拉构件名称、张拉力、张拉伸长值、张拉千斤顶与压力表编号、各级张拉力的压力表读数，以及张拉顺序与方法等说明，以保证张拉质量。

（1）张拉顺序应使构件或结构的受力均匀；

（2）张拉工艺应使同一束中各根预应力筋的应力比较均匀；

（3）预应力筋张拉伸长实测值与计算值的偏差应$\leqslant \pm 6\%$；

（4）预应力筋张拉时，发生断裂或滑脱的数量严禁超过同一截面预应力筋总根数的 3%，且每束钢丝不得超过一根；对多跨双向连续板，其同一截面应按每跨计算；

（5）锚固时张拉端预应力筋的内缩量，应符合设计要求；

（6）预应力筋锚固时，夹片缝隙均匀，外露一致（一般为 2 ~ 3mm）。

六、孔 道 灌 浆

预应力筋张拉后,利用灌浆泵将水泥浆压灌到预应力筋孔道中去,其作用有二:一是保护预应力筋,以免锈蚀;二是使预应力筋与构件混凝土有效的黏结,以控制超载时裂缝的间距与宽度,并减轻梁端锚具的负荷状况。因此,对孔道灌浆的质量必须重视。预应力筋张拉完成并经检验合格后,应尽早进行孔道灌浆。

(一)灌浆材料

(1)孔道灌浆应采用强度等级不低于 32.5 的普通硅酸盐水泥配制的水泥浆。水泥的质量应符合国家标准《硅酸盐水泥、普通硅酸盐水泥》的规定。

(2)灌浆用水泥浆的水灰比应不大于 0.45;搅拌后 3h 泌水率宜为 0,极限应不大于 1%。泌水应能在 24h 内全部重新被水泥浆吸收。泌水率试验,可采用 500mL 玻璃量筒(带刻度)。

(3)水泥浆应有足够的流动度。水泥浆流动度可采用流锥法或流淌法测定。流淌法是国内原有的;流锥法是国外引进的,已逐步推广。采用流锥法测定时,流动度为 15 ~ 19s,采用流淌法测定时为 140 ~ 180mm,即可满足灌浆要求。

(二)灌浆工艺

(1)灌浆前应全面检查构件孔道及灌浆孔、泌水孔、排气孔是否畅通。对抽拔管成孔,可采用压力水冲洗孔道。对预埋管成孔,必要时可采用压缩空气清孔。

(2)灌浆前应对锚具夹片空隙和其他可能产生漏浆处需采用高强度水泥浆或结构胶等方法封堵。封堵材料的抗压强度大于 10MPa 时方可灌浆。

(3)灌浆顺序宜先灌下层孔道,后浇上层孔道。

(4)灌浆工作应缓慢均匀地进行,不得中断,并应排气通顺,在孔道两端冒出浓浆并封闭排气孔后,宜再继续加压至 0.5 ~ 0.7MPa,稳压 2min,再封闭灌浆孔。

(5)当孔道直径较大且水泥浆不掺微膨胀剂或减水剂进行灌浆时,可采取下列措施:

①二次压浆法,但二次压浆的间隙时间宜为 30 ~ 45min;

②重力补浆法,在孔道最高处连续不断地补充水泥浆。

(6)如遇灌浆不畅通,可更换灌浆孔,应将第一次灌入的水泥浆排出,以免两次灌浆之间有空气存在。

(7)室外温度低于 +5℃时,孔道灌浆应采取抗冻保温措施,防止浆体冻胀使混凝土沿孔道产生裂缝。抗冻保温措施:采用早强型普通硅酸盐水泥,掺入一定量的防冻剂;水泥浆用温水拌和;灌浆后将构件保温,宜采用木模,待水泥浆强度上升后,再拆除模板。

(三)灌浆质量要求

(1)灌浆用水泥浆的配合比应通过试验确定,施工中不得任意更改。每次灌浆作业至少测试二次水泥浆的流动度,并应在规定的范围内。

(2)灌浆试块采用 7.07cm 的立方体试模制作,其标养 28d 的抗压强度不应低于 30MPa。移动构件或拆除底模时,水泥浆试块强度不应低于 15MPa。

(3)孔道灌浆后,应检查孔道上凸部位灌浆密实性;如有空隙,应采取人工补浆措施。

(4)对孔道阻塞或孔道灌浆密实情况有疑问时,可局部凿开或钻孔检查;但以不损坏结构为前提,否则应采取加固措施。

(5)灌浆后的孔道泌水孔、灌浆孔、排气孔等均应切平,并用砂浆填实补平。

(6)锚具封闭后与周边混凝土之间不得有裂纹。

第七节　无粘结预应力

一、无粘结预应力筋铺设

1. 混凝土保护层

无粘结预应力筋保护层的最小厚度,考虑防火要求,应符合表5-3和表5-4的规定。

板的混凝土保护层最小厚度(mm)　　表5-3

约束条件	耐火极限			
	1h	1.5h	2h	3h
简支	25	30	40	55
连续	20	20	25	30

梁的混凝土保护层最小厚度(mm)　　表5-4

约束条件	梁宽	耐火极限			
		1h	1.5h	2h	3h
简支	200	45	50	65	采取特殊措施
	≥300	40	45	50	65
连续	200	40	40	45	50
	≥300	40	40	40	45

注:当混凝土保护层厚度不能满足表列要求时,应使用防火涂料。

2. 铺设顺序

在单向板中,无粘结预应力筋的铺设比较简单,与非预应力筋铺设基本相同。

在双向板中,无粘结预应力筋需要配置成两个方向的悬垂曲线。无粘结筋相互穿插,施工操作较为困难,必须事先编出无粘结筋的铺设顺序。其方法是将各向无粘结筋各搭接点的标高标出,对各搭接点相应的两个标高分别进行比较,若一个方向某一无粘结筋的备点标高均分别低于与其相交的各筋相应点标高时,则此筋可先放置。按此规律编出全部无黏结筋的铺设顺序。

无粘结预应力筋的铺设,通常是在底部钢筋铺设后进行。水电管线一般宜在无粘结筋铺设后进行,且不得将无粘结筋的竖向位置抬高或压低。支座处负弯矩钢筋通常是在最后铺设。

3. 就位固定

无粘结预应力筋应严格按设计要求的曲线形状就位并固定牢靠。

无粘结筋的垂直位置,宜用支撑钢筋或钢筋马凳控制,支撑间距为1~2m。无粘结筋的水平位置应保持顺直。

在双向连续平板中,各无粘结筋曲线高度的控制点用铁马凳垫好并扎牢。在支座部位,无粘结筋可直接绑扎在梁或墙的顶部钢筋上;在跨中部位,无粘结筋可直接绑扎在板的底部钢筋上。

4. 张拉端固定

张拉端模板应按施工图中规定的无粘结预应力筋的位置钻孔。张拉端的承压板应采用钉子固定在端模板上或用点焊固定在钢筋上。

无粘结预应力曲线筋或折线筋末端的切线应与承压板相垂直，曲线筋的起始点至张拉锚固点应有大于或等于300mm的直线段。

当张拉端采用凹入式做法时，可采用塑料穴模或泡沫塑料、木块等形成凹口，见图5-31。

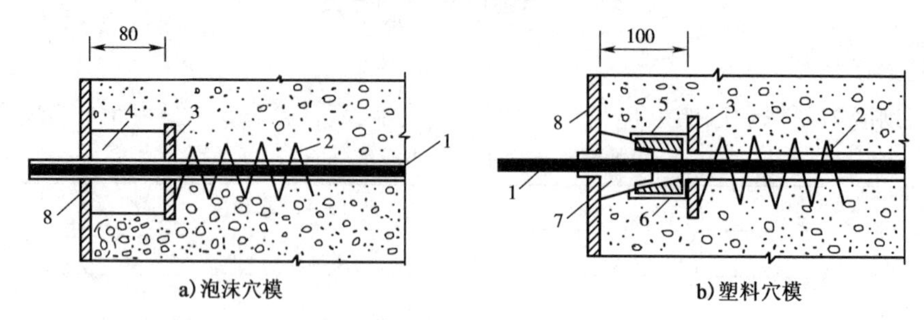

图5-31 无粘结筋张拉端凹口做法(尺寸单位：mm)

1-无粘结筋;2-螺旋筋;3-承压钢板;4-泡沫穴模;5-锚环;6-带杯口的塑料套管;7-塑料穴模;8-模板

无粘结预应力筋铺设固定完毕后，应进行隐蔽工程验收，当确认合格后，方可浇筑混凝土。

二、无粘结预应力筋张拉

(1)无粘结预应力筋张拉前，应清理锚垫板表面，并检查锚垫板后面的混凝土质量，如有空鼓现象，应在无粘结预应力筋张拉前修补。

(2)无粘结预应力混凝土楼盖结构的张拉顺序，宜先张拉楼板，后张拉楼面梁。板中的无粘结筋，可依次张拉；梁中的无粘结筋宜对称张拉。

(3)板中的无粘结筋一般采用前卡式千斤顶单根张拉，并用单孔夹片锚具锚固。

(4)无粘结曲线预应力筋的长度超过35m时，宜采取两端张拉。当筋长超过70m时，宜采取分段张拉。如遇到摩擦损失较大，宜先松动一次再张拉。

(5)在梁板顶面或墙壁侧面的斜槽内张拉无粘结预应力筋时，宜采用变角张拉装置。

(6)无粘结预应力筋张拉伸长值校核与有粘结预应力筋相同。对超长无粘结筋，由于张拉初期的阻力大，初拉力以下的伸长值比常规推算伸长值小，应通过试验修正。

三、锚固区防腐蚀处理

(1)无粘结预应力筋的锚固区，必须有严格的密封防护措施，严防水汽进入，锈蚀预应力筋。

(2)无粘结预应力筋锚固后的外露长度大于或等于30mm，多余部分宜用手提砂轮锯切割，但不得采用电弧切割。

(3)在锚具与锚垫板表面涂以防水涂料。为了使无粘结筋端头全封闭，在锚具端头涂防腐润滑油脂后，罩上封端塑料盖帽。

(4)对凹入式锚固区，锚具表面经上述处理后，再用微胀混凝土或低收缩防水砂浆密封。对凸出式锚固区，可采用外包钢筋混凝土圈梁封闭。对留有后浇带的锚固区，可采取二次浇筑混凝土的方法封锚。

(5)锚固区混凝土或砂浆净保护层最小厚度:梁为25mm,板为20mm。

四、施工质量要求

(1)无粘结预应力筋的护套应完整,局部破损处应采用防水胶带缠绕紧密。

(2)无粘结预应力筋铺设应顺直,其曲线坐标高度偏差应不超过规定值。

(3)无粘结预应力筋的固定应牢靠,浇筑混凝土时不应出现移位和变形。

(4)张拉端预埋锚垫板应垂直于预应力筋。

(5)内埋式固定端垫板不应重叠,锚具与垫板应贴紧。

(6)无粘结预应力筋成束布置时,应能保证混凝土密实并能裹住预应力筋。

第六章

结构安装工程

结构安装就是利用起重机械将预制构件或组合单元安放到设计位置的施工过程，是装配式结构施工中的主导工程。结构安装工程的主要特点是：预制构件的类型和质量直接影响吊装进度；正确选用起重机及吊装方法是完成吊装任务的关键；应对构件或结构进行吊装强度和稳定性验算；高空作业多，应加强安全技术措施。

第一节　起 重 机 械

结构安装工程常用的起重机械有：履带式起重机、汽车式起重机、轮胎式起重机，桅杆式起重机和塔式起重机等。

一、履带式起重机

履带式起重机（图 6-1）主要由行走机构、回转机构，机身及起重臂等部分组成。履带式起重机的特点是操纵灵活，机身可回转 360°，可以负荷行驶，可在一般平整坚实的场地上行驶和吊装作业，目前广泛应用于装配式单层工业厂房的结构吊装中。但其缺点是稳定性较差，不宜超负荷吊装。目前国内常用的履带式起重机型号有，国产的 W_1-50、W_1-100、W_1-200；日本的 KH-180、KH-100；前苏联的 э1252 等。履带式起重机外形尺寸见表 6-1。

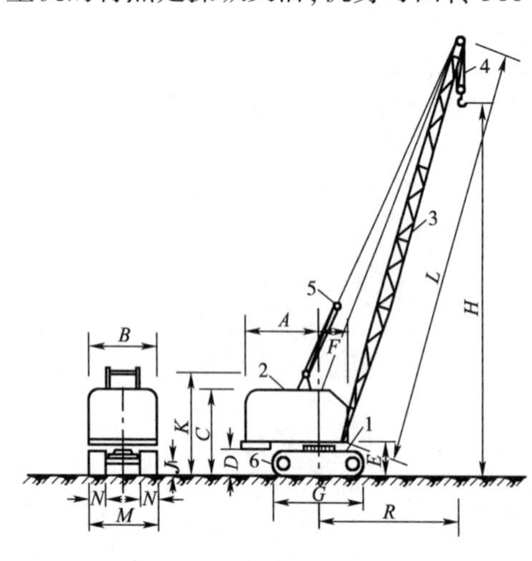

图 6-1　履带式起重机

1-底盘；2-机棚；3-起重臂；4-起重滑轮组；5-变幅滑轮组；6-履带；*A*、*B*…-外形尺寸符号；*L*-起重臂长度；*H*-起升高度；*R*-工作幅度

（一）履带式起重机技术性能

履带式起重机主要技术性能包括 3 个主要参数：起重量 *Q*、起重半径 *R* 和起重高度 *H*。这 3 个参数互相制约，其数值的变化取决于起重臂的长度及其仰角的大小。每一种型号的起重机都有几种臂长，如起重臂仰角不变，随着起重臂的增长，起重半径 *R* 和起重高度 *H* 增加，而起重量 *Q* 减小。如臂长不变，随起重仰角的增大，起重量 *Q* 和起重高度 *H* 增大，而起重半径 *R* 减小。

履带式起重机外形尺寸(mm) 表6-1

符号	名称	型号					
		W_1-50	W_1-100	W_1-200	KH-180	KH-100	Э1252
A	机身尾部到回转中心距离	2900	3300	4500	4000	3290	3540
B	机身宽度	2700	3120	3200	3080	2900	3120
C	机身顶部到地面高度	3220	3675	4125	3080	2950	3675
D	机身底部距地面高度	1000	1045	1190	1065	970	1095
E	起重臂下铰点中心距地面高度	1555	1700	2100	1700	1625	1700
F	起重臂下铰点中心至回转中心距离	1000	1300	1600	900	900	1300
G	履带长度	3420	4005	4950	5400	4430	4005
M	履带架宽度	2850	3200	4050	4300/3300	3300	3200
N	履带板宽度	550	675	800	760	760	675
J	行走底架距地面高度	300	275	390	360	410	270
K	机身上部支架距地面高度	3480	4170	6300	5470	4560	3930

履带式起重机的主要技术性能可查有关手册中的起重机性能表或起重机性能曲线。表6-2列有W_1-50、W_1-100、W_1-200履带式起重机性能,图6-2、图6-3、图6-4为这3种起重机的性能曲线。

起 重 机 性 能 表6-2

参数		单位	型号									
			W_1-50			W_1-100				W_1-200		
起重臂长度		m	10	18	18 带鸟嘴	13	23	27	30	15	30	40
最大起重半径		m	10.0	17.0	10.0	12.5	17.0	15.0	15.0	15.5	22.5	30.0
最小起重半径		m	3.7	4.5	6	4.23	6.5	8.0	9.0	4.5	8.0	10.0
起重量	最小起重半径时	t	10.0	7.5	2.0	15.0	8.0	5.0	3.6	50.0	20.0	8.0
	最大起重半径时	t	2.6	1.0	1.0	3.5	1.7	1.4	0.9	8.2	4.3	1.5
起重高度	最小起重半径时	m	9.2	17.2	17.2	11.0	19.0	23.0	26.0	12.0	26.8	36
	最大起重半径时	m	3.7	7.6	14	5.8	16.0	21.0	23.8	3.0	19	25

(二)履带式起重机稳定性验算

起重机稳定性是指整个机身在起重作业时的稳定程度。起重机在正常条件下工作,一般可以保持机身稳定,但在超负荷吊装或由于施工需要接长起重臂时,需进行稳定性验算,以保证在吊装作业中不发生倾覆事故。

履带式起重机的稳定性应以起重机处于最不利工作状态,即稳定性最差时(机身与行驶方向垂直)进行验算,此时,应以履带中心*A*为倾覆中心验算起重机稳定性(图6-5)。

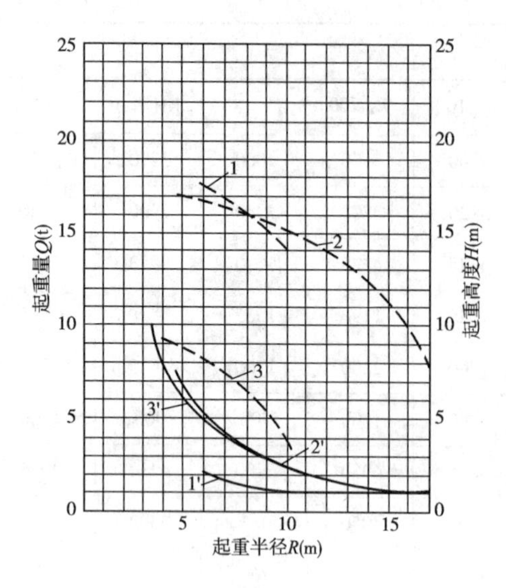

图 6-2 W_1-50 型履带式起重机性能曲线

1-L = 18m 有鸟嘴时 R-H 曲线；2-L = 18m 时 R-H 曲线；3-L = 10m 时 R-H 曲线；1′-L = 18m 有鸟嘴时 Q-R 曲线；2′-L = 18m 时 Q-R 曲线；3′-L = 10m 时 Q-R 曲线

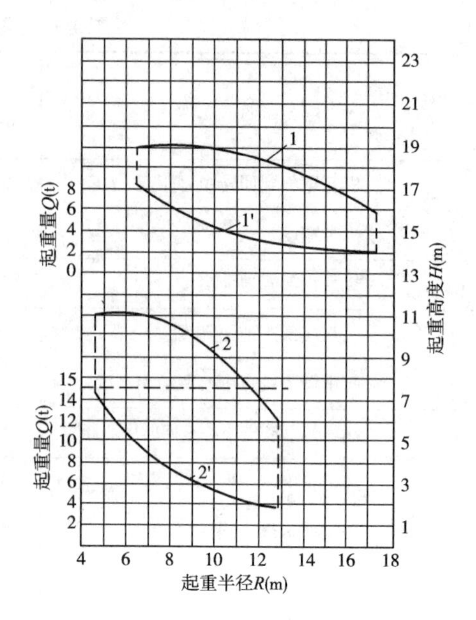

图 6-3 W_1-100 型履带式起重机性能曲线

1-L = 23m 时 R-H 曲线；1′-L = 23m 时 Q-R 曲线；2-L = 13m 时 R-H 曲线；2′-L = 13m 时 Q-R 曲线

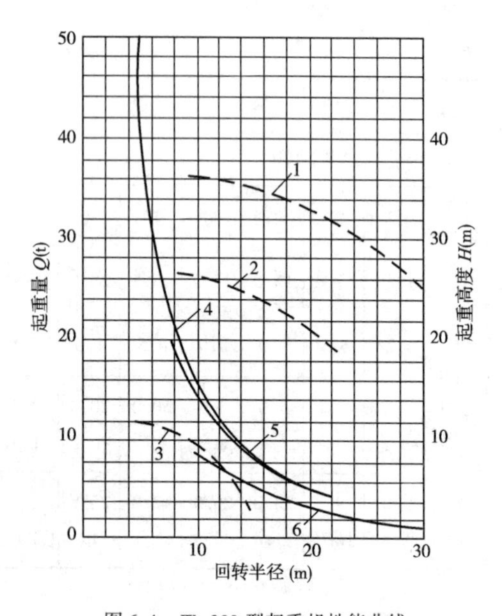

图 6-4 W_1-200 型起重机性能曲线

1-L = 40m 时 R-H 曲线；2-L = 30m 时 R-H 曲线；3-L = 15m 时 R-H 曲线；4-L = 40m 时 Q-R 曲线；5-L = 30m 时 Q-R 曲线；6-L = 15m 时 Q-R 曲线

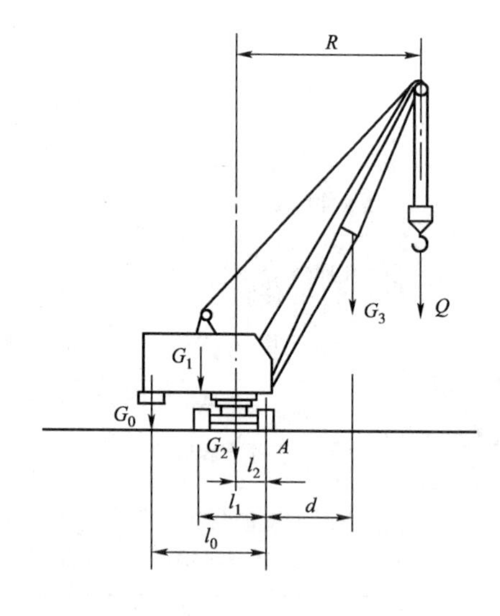

图 6-5 履带式起重机稳定性验算示意图

当考虑吊装荷载及附加荷载(风荷载、制动惯性力和回转离心力等)时应满足下式要求：

$$K_1 = \frac{\text{稳定力矩}}{\text{倾覆力矩}} \geqslant 1.15$$

当仅考虑吊装荷载时应满足下式要求：

$$K_2 = \frac{稳定力矩}{倾覆力矩} \geqslant 1.40$$

式中：K_1、K_2——稳定性安全系数。

按 K_1 验算比较复杂，一般用 K_2 简化验算。由图 6-5 可得：

$$K_2 = \frac{G_1 l_1 + G_2 l_2 + G_0 l_0 - G_3 d}{Q(R - l_2)} \geqslant 1.40 \tag{6-1}$$

式中：G_0——起重机平衡重；

G_1——起重机可转动部分的重力；

G_2——起重机机身不转动部分的重力；

G_3——起重臂重力（起重臂接长时为接长后的重力）；

l_0、l_1、l_2、l_3——以上各部分的重心至倾覆中心的距离。

二、汽车式起重机

汽车式起重机是一种自行式、全回转、起重机构安装在通用或专用汽车底盘上的起重机。起重动力一般由汽车发动机供给。如装在专用汽车底盘上，则另备专用动力，与行驶动力分开。汽车式起重机具有行驶速度快、机动性能好、对路面破坏小等优点。但吊装时必须使用支脚，因而不能负荷行驶，常用于构件运输的装卸工作和结构吊装工作。目前常用的汽车起重机有 Q 型（机械传动和操纵），QY 型（全液压传动和伸缩式起重臂），QD 型（多电机驱动各工作机械）。

汽车起重机吊装时，应先压实场地，放好支腿，将转台调平，并在支腿内侧垫好保险枕木，以防支腿失灵时发生倾覆。并应保证吊装的构件和就位点均在起重机的回转半径之内。

图 6-6 为汽车起重机外形。

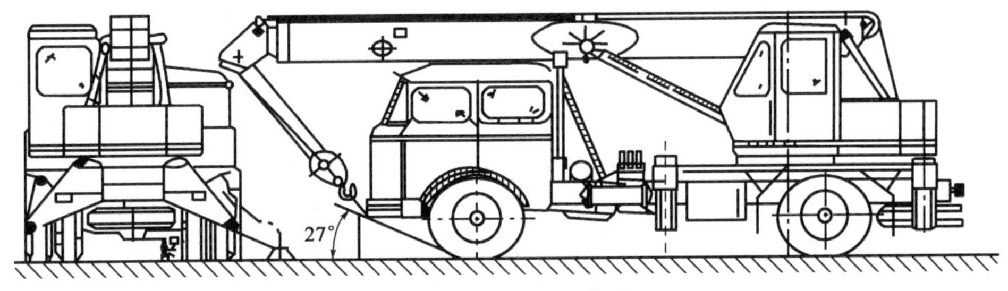

图 6-6　汽车起重机外形

三、轮胎起重机

轮胎起重机是一种自行式、全回转、起重机构安装在加重轮胎和轮轴组成的特制底盘上的起重机。其吊装机构和行走机械均由一台柴油发动机控制。一般吊装时都用四个腿支撑，否则起重量大大减小。轮胎起重机行驶时对路面破坏小，行驶速度比汽车起重机慢，但比履带起重机快。

目前国产常用的轮胎起重机有机械式（QL）、液压式（QLY）和电动式（QLD）。图 6-7 为轮胎起重机外形。

四、塔式起重机

塔式起重机具有竖直塔身，起重臂安装在塔身的顶部并可回转 360°，形成 r 形的工作空间。由于具有较高的有效高度和较大的工作空间，因此，塔式起重机在工业与民用建筑中均得到广泛的应用。目前正沿着轻型多用、快速安装、移动灵活等方向发展。

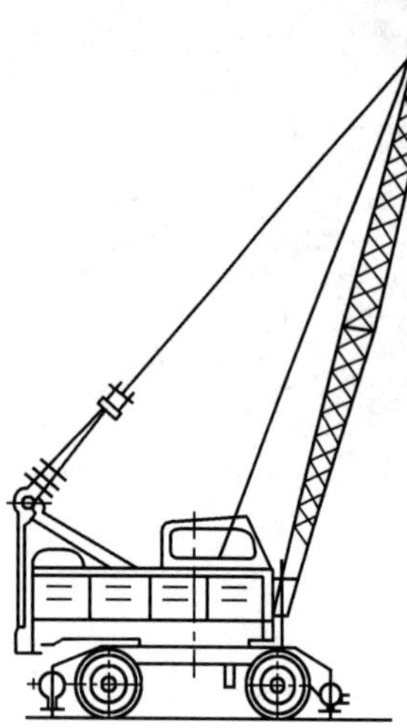

图 6-7　轮胎起重机

（一）塔式起重机的分类

1. 按有无行走机构分类

塔式起重机按有无行走机构可分为固定式和移动式两种。前者固定在地面上或建筑物上，后者按其行走装置又可分为履带式、汽车式、轮胎式和轨道式 4 种。

2. 按回转形式分类

塔式起重机按其回转形式可分为上回转和下回转两种。

3. 按变幅方式分类

塔式起重机按其变幅方式可分为水平臂架小车变幅和动臂变幅两种。

4. 按安装形式分类

塔式起重机按其安装形式可分为自升式、整体快速拆装和拼装式 3 种。

塔式起重机型号分类及表示方法见表 6-3。

塔式起重机型号分类及表示方法（ZBJ 04008—88）　　表 6-3

分类	组别	型　号	特性	代号	代号含义	主参数	
						名称	单位表示法
建筑起重机	塔式起重机 Q、T（起、塔）	轨道式	—	QT	上回转式塔式起重机	额定起重力矩	kN · m × 10^{-1}
			Z(自)	QTZ	上回转自升式塔式起重机		
			A(下)	QTA	下回转式塔式起重机		
			K(快)	QTK	快速安装式塔式起重机		
		固定式 G(固)	—	QTG	固定式塔式起重机		
		内爬升式 P(爬)	—	QTP	内爬升式塔式起重机		
		轮胎式 L(轮)	—	QTL	轮胎式塔式起重机		
		汽车式 Q(汽)	—	QTQ	汽车式塔式起重机		
		履带式 U(履)	—	QTU	履带式塔式起重机		

（二）下回转快速拆装塔式起重机

下回转快速拆装塔式起重机都是 600kN · m 以下的中小型塔机。其特点是结构简单、重心低、运转灵活，伸缩塔身可自行架设，速度快，效率高，采用整体拖运，转移方便，适用于砖混、砌块结构和大板建筑的工业厂房、民用住宅的垂直运输作业。

图 6-8 为 QT16 型塔式起重机外形结构及起重特性。

(三)上回转塔式起重机

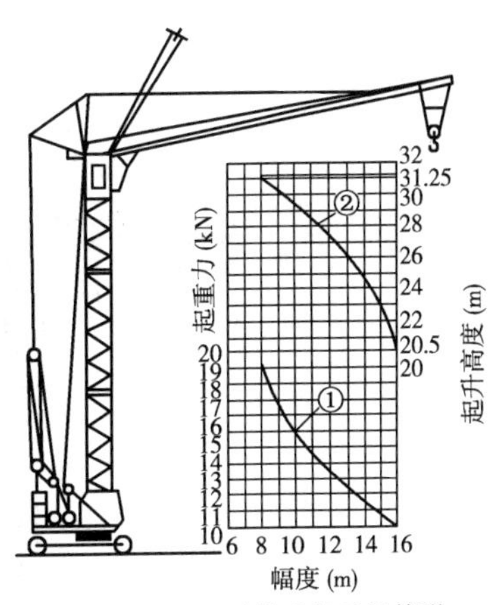

图 6-8　QT16 型塔式起重机外形结构及起重特性

①-起重量与幅度关系曲线;②-起升高度与幅度关系曲线

这种塔机通过更换辅助装置可改成固定式、轨道行走式、附着式、内爬式等。

1. 主要技术性能

常见的上回转自升塔式起重机的主要技术性能见表 6-4。

2. 外形结构和起重特性

(1)QTZ63 型塔式起重机。QTZ63 型塔式起重机是水平臂架、小车变幅、上回转自升式塔式起重机,具有固定、附着、内爬等多种功能。独立式起升高度为 41m,附着式起升高度达 101m,可满足 32 层以下的高层建筑施工。该机最大起重臂长为 48m,额定起重力矩为 617kN · m(63t · m),最大额定起重量为 6t,作业范围大,工作效率高。QTZ63 型塔式起重机的外形结构和起重特性,见图 6-9 和表 6-4。

上回转自升塔式起重机主要技术性能　　表 6-4

型号		QTZ100	QTZ50	QTZ60	QTZ63	QT80A	QT80E
起重力矩(kN · m)		1000	490	600	630	1000	800
最大幅度/起重荷载(m/kN)		60/12	45/10	45/11.2	48/11.9	50/15	451
最小幅度/起重荷载(m/kN)		15/80	12/50	12.25/60	12.76/60	12.5/80	10/80
起升高度(m)	附着式	180	90	100	101	120	100
	轨道行走式	—	36	—	—	45.5	45
	固定式	50	36	39.5	41	45.5	—
	内爬升式		—	160		140	140
工作速度(m/min)	起升(2 绳)	10 ~ 100	10 ~ 80	32.7 ~ 100	12 ~ 80	29.5 ~ 100	32 ~ 96
	(4 绳)	5 ~ 50	5 ~ 40	16.3 ~ 50	6 ~ 40	14.5 ~ 50	16 ~ 48
	变幅	34 ~ 52	24 ~ 36	30 ~ 60	22 ~ 44	22.5	30.5
	行走	—		—	—	18	22.4
电动机功率(kW)	起升	30	24	22	30	30	30
	变幅(小车)	5.5	4	4.4	4.5	3.5	3.7
	回转	4 × 2	4	4.4	5.5	3.7 × 2	2.2 × 2
	行走	—		—	—	7.5 × 2	5 × 2
	顶升	7.5	4	5.5	4	7.5	4
质量(t)	平衡重	7.4 ~ 11.1	2.9 ~ 5.04	12.9	4 ~ 7	10.4	7.32
	压重	26	12	52	14	56	
	自重	48 ~ 50	23.5 ~ 24.5	33	31 ~ 32	49.5	44.9
	总重			97.9		115.9	
起重臂长(m)		60	45	35/40/45	48	50	45
平衡臂长(m)		17.01	13.5	9.5	14	11.9	
轴距 × 轨距(m)		—		—	—	5 × 5	

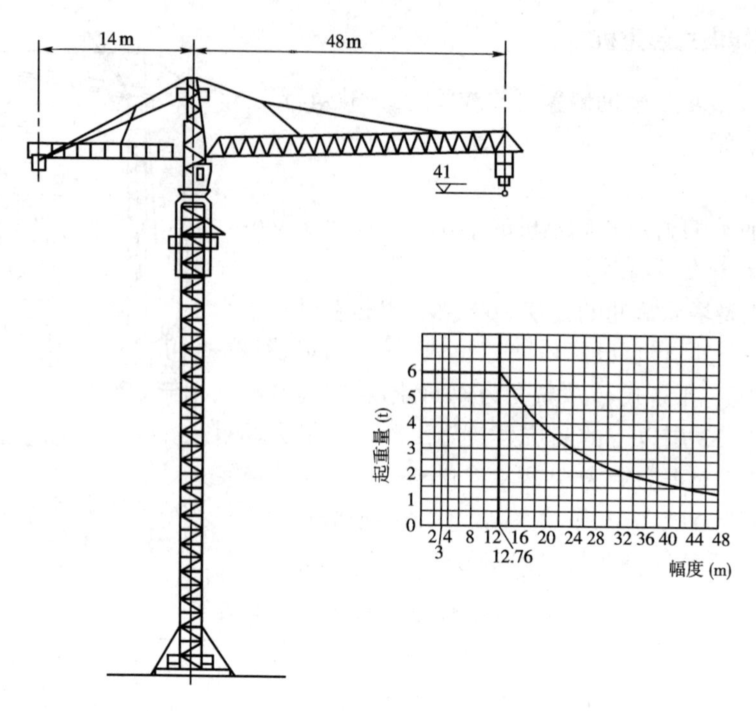

图 6-9　QTZ63 型塔式起重机的外形结构和起重特性

(2)QT80 型塔式起重机。QT80 型是一种轨行、上回转自升塔式起重机，现以 QT80A 型为例，将其外形结构和起重特性示于图 6-10 中。

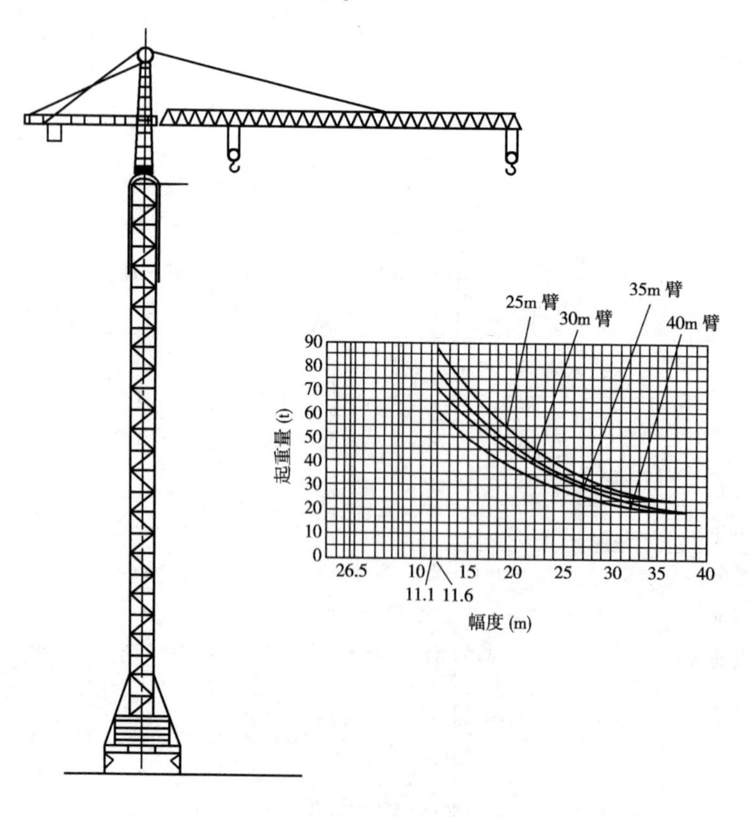

图 6-10　QT80A 型塔式起重机的外形结构和起重特性

(3)QTZ100型塔式起重机。QTZ100型塔式起重机具有固定、附着、内爬等多种使用形式,独立式起升高度为50m,附着式起升高度达120m,采取可靠的附着措施可使起升高度达到180m。该塔机基本臂长为54m,额定起重力矩为1000kN·m(约100t·m),最大额定起重量为8t;加长臂为60m,可吊1.2t,可以满足超高层建筑施工的需要。其外形如图6-11所示。

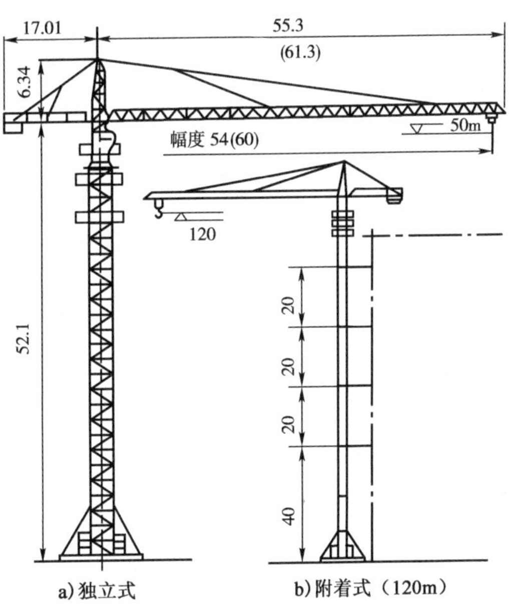

图6-11 QTZ100型塔式起重机的外形(尺寸单位:m)

(四)塔式起重机的爬升

塔式起重机的爬升是指安装在建筑物内部(电梯井或特设开间)结构上的塔式起重机,借助自身的爬升系统能自己进行爬升,一般每隔2层楼爬升一次。由于其体积小,不占施工用地,易于随建筑物升高,因此适于现场狭窄的高层建筑结构安装。其爬升过程如图6-12所示。

首先将起重小车收回至最小幅度,下降吊钩,使起重钢丝绳绕过回转支承上支座的导向滑轮,用吊钩将套架提环吊住(图6-12a)。放松固定套架的地脚螺栓,将活动支腿收进套架梁内,提升套架至两层楼高度,摇出套架活动支腿,用底脚螺栓固定,松开吊钩(图6-12b)。松开底座地脚螺栓,收回活动支腿,开动爬升机构将起重机提升两层楼高度,摇出底座活动支脚,并用地脚螺栓固定(图6-12c)。

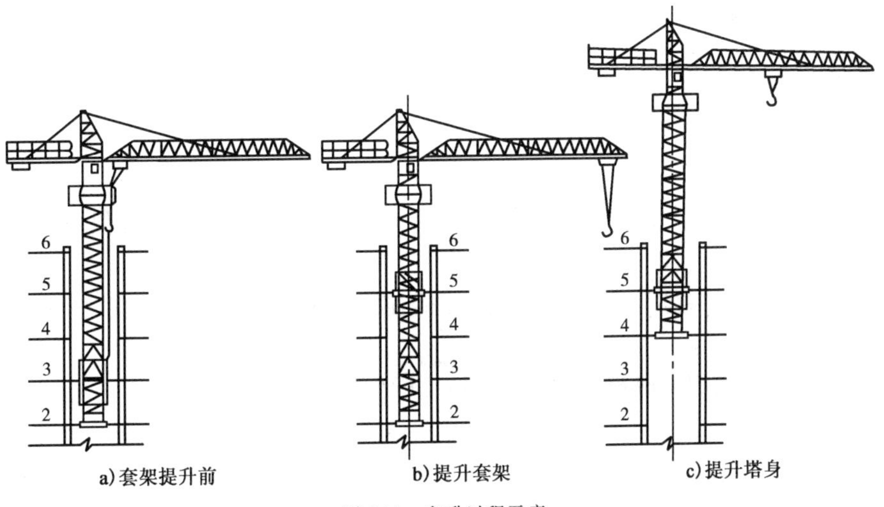

图6-12 爬升过程示意

注:图中数字为楼层

(五)塔式起重机的自升

塔式起重机的自升是指借助塔式起重机的自升系统将塔身接长。塔式起重机的自升系统由顶升套架、长行程液压千斤顶、承座、顶升横梁、定位销等组成。其自升过程如图6-13所示。

首先将标准节吊到摆渡小车上,将过渡节与塔身标准节相连的螺栓松开见图6-13a)。开动液压千斤顶,将塔顶及顶升套架顶升到超过一个标准节的高度,随即用定位销将顶升套架固定见图6-13b)。液压千斤顶回缩,将装有标准节的摆渡小车推到套架中间的空间见图6-13c)。用液压千斤顶稍微提起标准节,退出摆渡小车,将标准节落在塔身上并用螺栓加以联结见图6-13d)。拔出定位销,下降过渡节,使之与塔身连成整体,见图6-13e)。

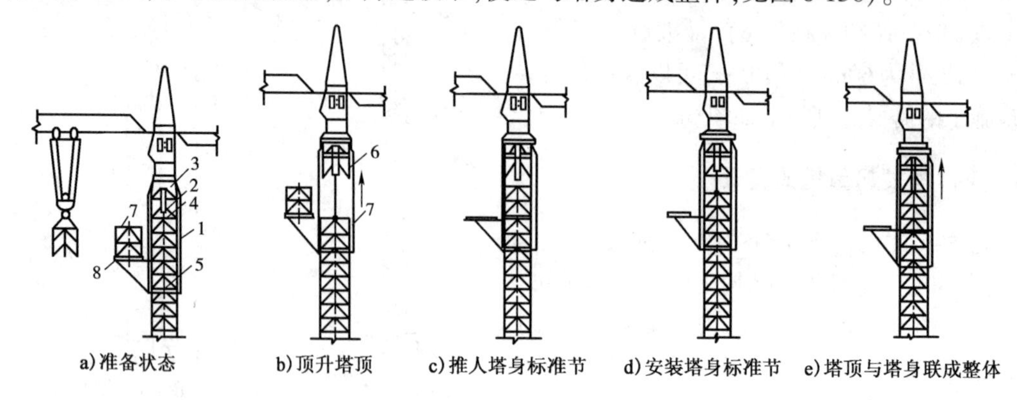

图6-13　自升塔式起重机顶升过程

1-顶升套架;2-液压千斤顶;3-承座;4-顶升横梁;5-定位销;6-过渡节;7-标准节;8-摆渡小车

(六)塔式起重机的附着

塔式起重机的附着是指为减小塔身计算长度,每隔20m左右将塔身与建筑物联结起来(图6-11)。塔式起重机的附着应按使用说明书的规定进行。

五、桅杆式起重机

桅杆式起重机具有制作简单、就地取材、服务半径小、起重量大等特点,一般多用于安装工程量集中且构件又较重的工程。

常用的桅杆式起重机有:独脚拔杆、人字拔杆、悬臂拔杆和牵缆式桅杆起重机。

1. 独脚拔杆

独脚拔杆是由起重滑轮组、卷扬机、缆风绳及锚碇等组成,起重时拔杆保持不大于10°的倾角。

独脚拔杆按制作材料可分为木独脚拔杆、钢管独脚拔杆和格构式独脚拔杆(图6-14)。

2. 人字拔杆

人字拔杆是用两根圆木或钢管或格构式钢构件以钢丝绳绑扎或铁件铰接而成(图6-15),两杆夹角不宜超过30°,起重时拔杆向前倾斜度不得超过1/10。其优点是侧向稳定性较好,缺点是构件起吊后活动范围小。

3. 悬臂拔杆

在独脚拔杆的中部或2/3高度外,装上一根铰接的起重臂即成悬臂拔杆(图6-16)。起重臂可以左右回转和上下起伏,其特点是有较大的起重高度和起重半径,但起重量降低。

4. 牵缆式桅杆起重机

在独脚拔杆的下端装上一根可以全回转和起伏的起重臂即成为牵缆式桅杆起重机(图6-17),这种起重机具有较大的起重半径,起重量大且操作灵活。用无缝钢管制作的此种起重机，起重量可达 10t，桅杆高度可达 25m；用格构式钢构件制作的此种起重机起重量可达 60t，起重高度可达 80m 以上。

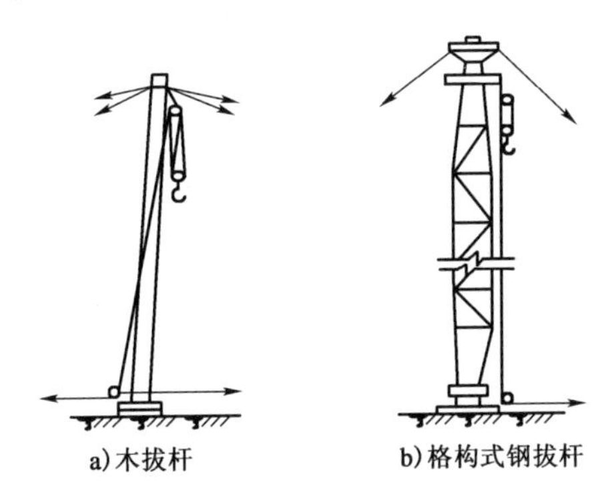

图 6-14　独脚拔杆

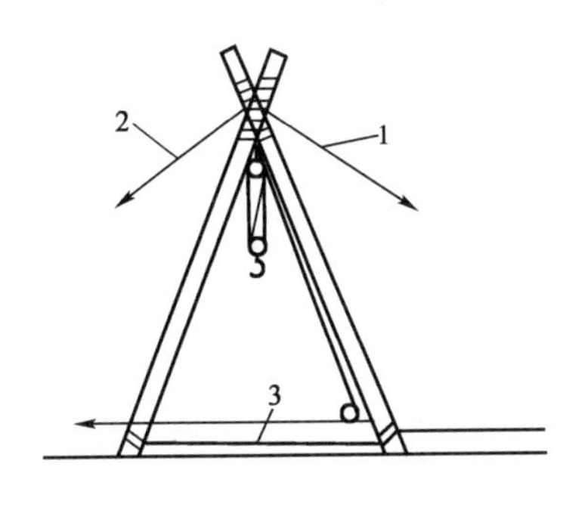

图 6-15　人字拔杆

1-缆风绳；2-拉绳；3-锚碇

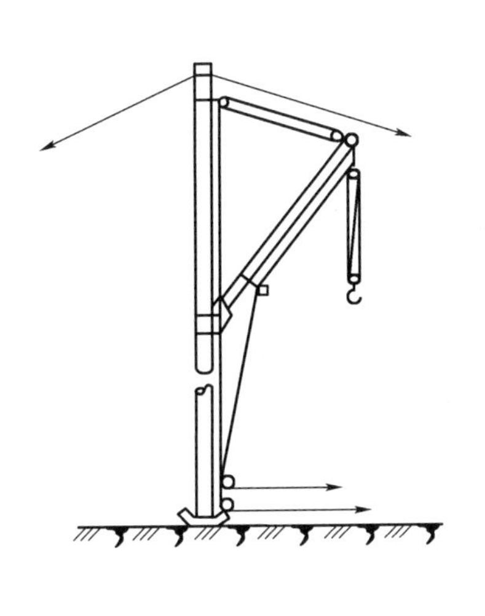

图 6-16　悬臂拔杆

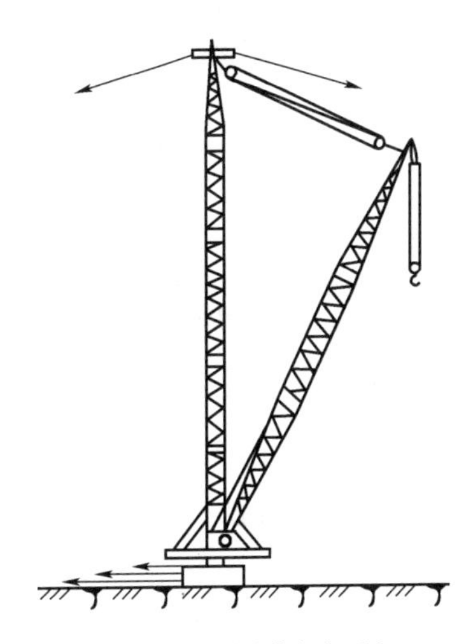

图 6-17　牵缆式桅杆起重机

第二节　钢筋混凝土单层工业厂房结构吊装

结构安装工程是单层工业厂房施工中的主导工程，除基础外，其他构件均为预制构件，而且预制构件中大型的屋架、柱子多在现场预制，因此其吊装就位就必须与预制的构件位置综合考虑。其预制的位置、吊装的顺序也直接影响到工程的进度和质量，即使是由预制厂生产的中小型构件，运至现场后的堆放位置对后续工作也有极大的影响。因此，我们说单层工业厂房的结构吊装是一个系统工程，必须从施工前的准备、构件的预制、运输、排放、吊车的选择直至结构的吊装顺序综合进行考虑。

一、吊装前的准备

吊装前的准备工作，包括场地清理与道路的铺设、临时水电管线的敷设，吊具和索具的配备，构件的运输、堆放、拼装与加固，构件弹线、编号及基础抄平等准备，都直接影响到施工进度和吊装质量。

1. 平整场地与道路铺设

在起重机进场前,应做好“三通一平”工作,即水通、电通、道路通及场地平整。并做好现场的排水工作,确保道路坚实,以利后面起重机的吊装。运输道路应有足够的路面宽度和转弯半径。

2. 构件的运输与堆放

在预制厂或现场之外集中制作的构件,吊装前要运至吊装最佳地点就位,避免二次搬运。可根据构件的尺寸、重量、结构受力特点,选择合理的运输工具,通常采用载重汽车和平板拖车。运输中必须保证构件不开裂、不变形,因此,运输时要固定牢靠、支承合理,掌握好行车速度。

运输时的构件混凝土强度,如设计无要求不应低于设计强度的75%。

不论车上运输或卸车堆放,其垫点和吊点都应按设计要求进行。叠放构件之间的垫木要在同一条垂直线上。图6-18为柱、吊车梁、屋架等构件运输示意图。

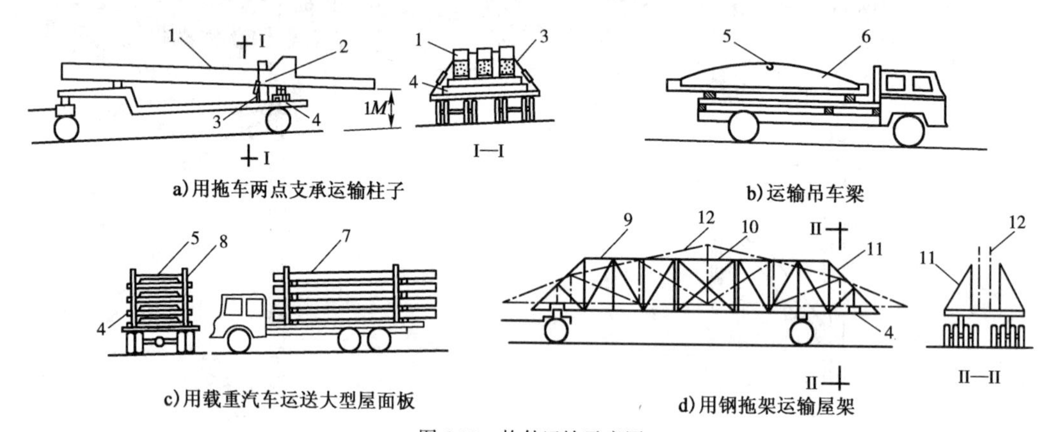

图6-18 构件运输示意图

1-柱子;2-倒链;3-钢丝绳;4-垫木;5-铅丝;6-鱼腹式吊车梁;7-大型屋面板;8-木杆;9-钢拖架首节;10-钢拖架中间节;11-钢拖架尾节;12-屋架

3. 构件的拼装

大跨度屋架,多在预制厂分成几块预制,运至现场后再进行拼装时,要保证构件的外形几何尺寸准确,上下弦均在一个平面上,不断裂、无旁弯,保证连接质量。

构件拼装有平拼和立拼两种方法。平拼即将构件平卧地面或操作台上进行拼装,拼完后进行翻身,操作方便,不需支承,但在翻身中容易损坏或变形,因此仅限于天窗架等小型构件。立拼是将块体立着拼装,两侧须有夹木支撑,可直接拼装于起吊时的最佳位置,可减少翻身扶直的工序,避免了大型屋架在翻身中容易造成损坏或变形的疵病。图6-19为钢筋混凝土屋架的立拼图。

4. 吊装前对构件的质量检查

在吊装之前应对构件进行一次全面检查,复查构件的制作尺寸是否存在偏差,预埋件尺寸、位置是否准确;构件是否存在裂痕和变形,混凝土强度是否达到设计要求(如无要求,是否达到设计强度的75%)。预应力混凝土构件孔道灌浆的强度是否已达到了15MPa。只有达到以上的规范要求,方可进行吊装,以确保工程质量及吊装工作的顺序进行。

5. 构件的弹线与编号

为了使构件吊装时便于对位、校正,必须在构件上标注几何中心线作为吊装准线。具体要求如下:

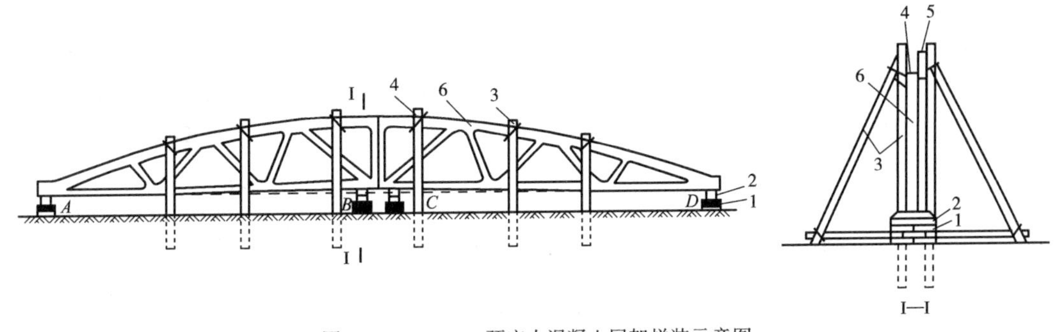

图 6-19　30 ~ 36m 预应力混凝土屋架拼装示意图

1-砖砌支垫;2-方木或钢筋混凝土垫块;3-三脚架;4-铁丝;5-木楔;6-屋架块体

(1)柱子:应在柱身的三面弹出其几何中心线,此线应与柱基础杯口上的中心线相吻合。对于工字形截面柱,除弹出几何中心线外,尚应在其翼缘部分弹一条与中心线相平行的线,以避免校正时产生观测视差。此外,在柱顶面和牛腿面上要弹出屋架及吊车梁的吊装准线(图 6-20)。

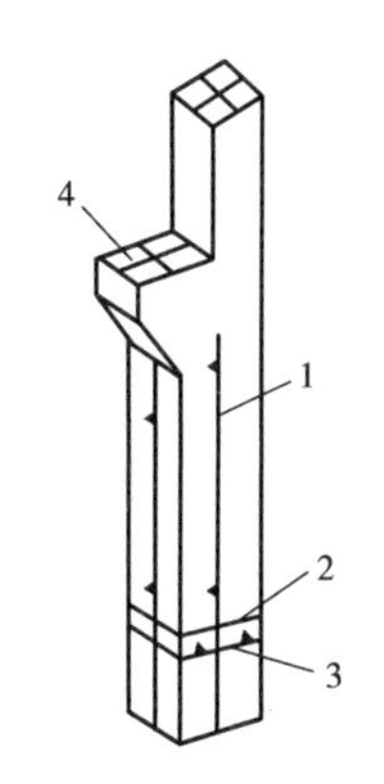

图 6-20　柱子弹线图

1-柱子中心线;2-地基标高线;3-基础顶面线;4-吊车梁对位线

(2)屋架:上弦顶面应弹出几何中心线,并从跨中央向两端分别弹出天窗架、屋面板的吊装准线;在屋架的两个端头弹出屋架的吊装准线以便屋架安装对位与校正。

(3)吊车梁:应在两端面及顶面弹出吊装中心线。

在对构件弹线的同时,尚应按图纸将构件逐个编号,应标注在统一的位置,对不易区分上下左右的构件,应在构件上标明记号。

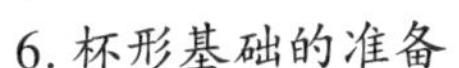

6. 杯形基础的准备

杯形基础准备主要包括基础定位轴线和基底抄平。先复查杯口的尺寸,然后利用经纬仪根据柱网轴线在杯口顶面上标出十字交叉的柱子吊装中心线,作为吊装柱子的对位及校正准线。

基底抄平即将基底标高调整到统一的高度,可根据安装后牛腿面的标高计算出基底的统一高度,并用水泥砂浆或细石混凝土将杯底调整到这一统一高度(图 6-21)。

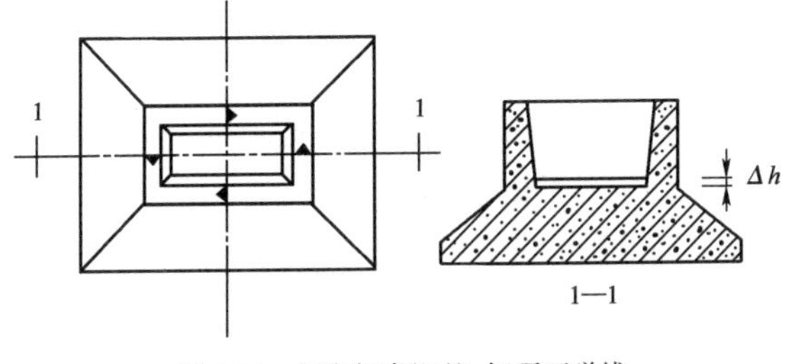

图 6-21　杯底标高调整、杯顶面弹线

7. 构件的临时加固

构件起吊时的绑扎位置往往与正常使用时的支承位置不同,所以构件的内力将产生变化。受压的杆件可能会变为受拉,因此在吊装前应进行吊装内力的验算,必要时应采取临时的加固措施。

二、构件吊装工艺

预制构件的吊装过程包括绑扎、起吊、对位、临时固定、校正及最后固定等工序。

(一)柱子的吊装

单层厂房的柱子一般在其就位的杯口附近现场预制。对于大型柱子可采用双机抬吊,如柱子重量不大可采用单机吊装。

1. 柱子的绑扎

柱子绑扎点的位置应根据柱子的形状、断面、长度、配筋等情况经验算后确定。一般中小型柱子只需一点绑扎，重型柱、配筋少的柱子，为防止起吊中断裂，需多点绑扎。一点绑扎时，绑扎点多位于牛腿以下，多点绑扎时，应保证吊索的合力作用点高于柱子的重心，以保证柱子起吊后处于正直立状态。柱子的绑扎方法有斜吊绑扎法和直吊绑扎法两种。

(1)斜吊绑扎法(图6-22)。当柱子处于平卧状态，吊索从柱的上面引出，柱子不必翻身，起吊后柱子略呈倾斜状态，吊索在柱子宽面一侧，起重钩可低于柱顶，因此起重高度及起重臂长可小些，但其与基础对位不大方便。柱子可用两端带环的开式吊索及卡环进行绑扎，也可在柱上预留孔，穿上带环的柱销进行吊装，柱子就位临时固定后，将柱销另一面插销在地面用绳拉脱，并在另一面将柱销拉出。此方法的关键是必须保证柱子平卧起吊时不会产生裂缝。

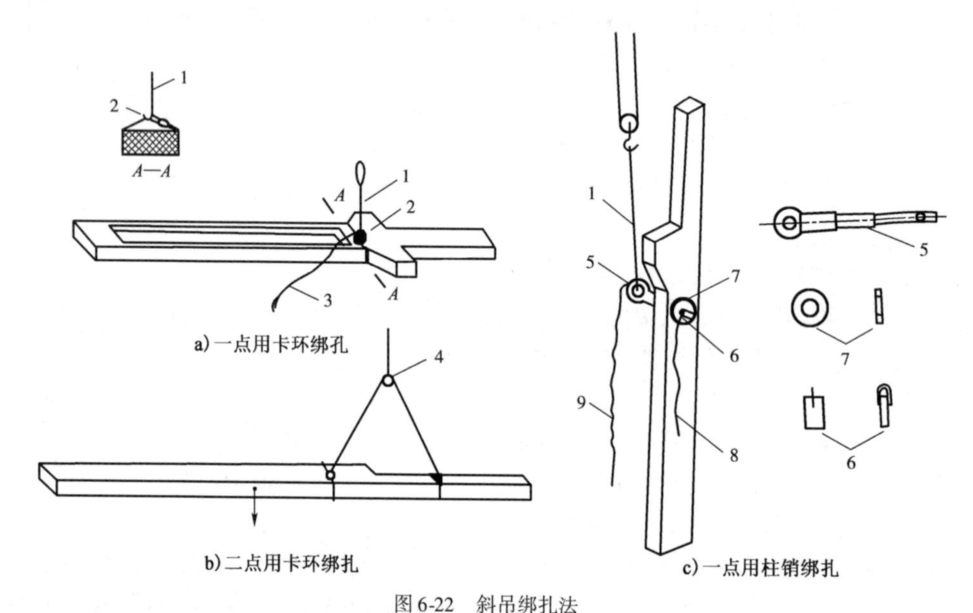

图6-22　斜吊绑扎法

1-吊索;2-活络卡环;3-卡环拉绳;4-滑轮;5-柱销;6-插销;7-垫圈;8-插销拉绳;9-柱销拉绳

(2)直吊绑扎法(图6-23)。当柱子宽面平卧起吊的抗弯能力抵抗不了起吊时自重力产生的弯矩时，应将柱子翻身起吊，以提高柱子的抗弯能力。起吊后，吊索分别在柱两侧，柱身呈垂直状态，两侧吊索通过横吊梁与起重钩相连接。起吊后柱身与基础杯底相垂直，容易对位。这种方法的优点是柱截面的抗弯能力较斜吊绑扎大;缺点是增加了柱子翻身工序，并且起重机吊钩超过柱顶，需要的起重高度比斜吊法大，起重臂也比斜吊法长。

2. 柱的起吊

根据柱子在起吊过程中的运动特点，可分为旋转法和滑行法起吊。

(1)单机旋转法(图6-24)。这种方法是在起吊过程中，起重机边收钩边回转，使柱子绕柱脚旋转而成为直立状态后再插入杯口。在柱身旋转过程中，柱脚不动，柱顶作向上的圆弧运动，起重机不行走、不变幅。柱在吊装过程中振动小，但柱子在预制或堆放时，柱脚要靠近基础，柱子的绑扎点、柱脚中心、杯形基础中心三点应同在以起重机停机点为圆心、以停机点到绑扎点的距离为半径的圆弧上，这样才能提高吊装速度。

当条件限制，达不到三点共圆时，也可采取绑扎点或柱脚与杯口中心两点共弧，但这时要

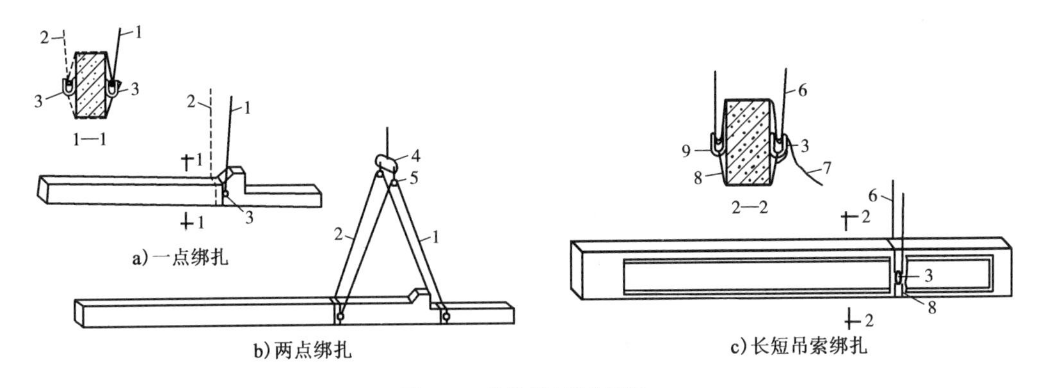

图6-23　垂直吊法绑扎示例

1-第一支吊索;2-第二支吊索;3-活络卡环;4-横吊梁;5-滑车;6-长吊索;7-白棕绳;8-短吊索;9-普通卡环

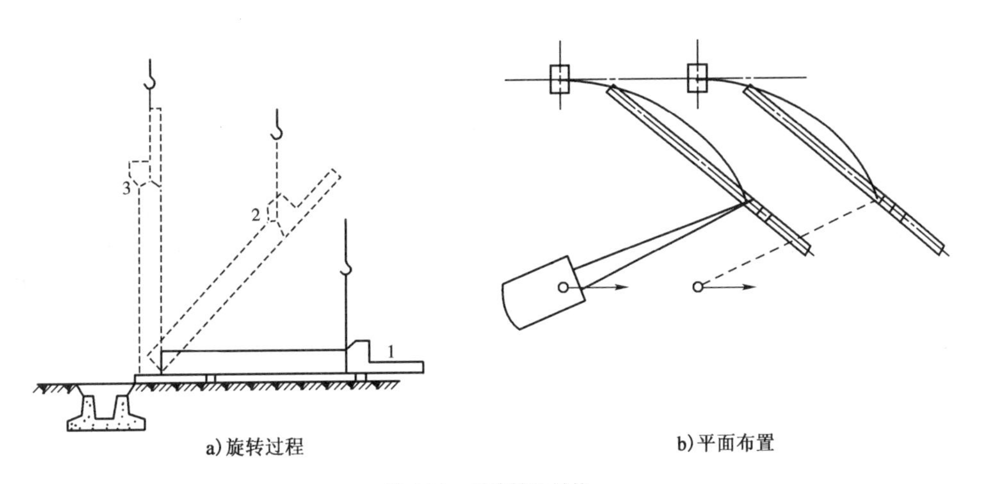

图6-24　用旋转法吊柱

1-柱平放时;2-起吊中途;3-直立

改变回转半径,起重臂要起伏,工效较低。

(2)单机滑行法(图6-25)。这种方法吊装时,起重机只升吊钩,起重杆不动,使柱脚沿地面滑行逐渐直立后插入杯口。柱子预制与排放时绑扎点应布置在杯口附近,并与杯口中心位于起重机的同一工作半径的圆上,以便柱子直立后,稍转动吊杆,即可将其插入杯口。

滑行法的缺点是柱子在地面滑行时会因地面不平而受到振动,优点是起重臂无须转动,即可将柱子就位,比较安全。

(3)双机抬吊滑行法(图6-26)。当柱子重量超过起重机的起重能力时,可采用双机抬吊滑行法。起吊前,柱子应斜向布置,绑扎点应尽量靠近基础杯口,起重机位于柱子两侧,两机对立同时起钩,直至将柱垂直吊离地面,然后同时落钩,使柱插入基础杯口。为防止柱子滑行时因地面不平而振动,柱脚下宜设置托板、滚筒及铺好滑行道。为防止两机的臂顶相碰,可在柱两侧附加垫木。并可通过垫木的厚度调整两机的负荷。

(4)双机抬吊递送法(图6-27)。起吊前,主机绑扎点应位于牛脚下部,尽量靠近基础杯口,副机绑扎点靠近柱根部,随着主机起吊,副机进行跑车和回转,将柱脚递送到基础杯口内,随即卸去吊钩,由主机单独就位。此法吊装时两台起重机可位于柱子的同侧或两侧。

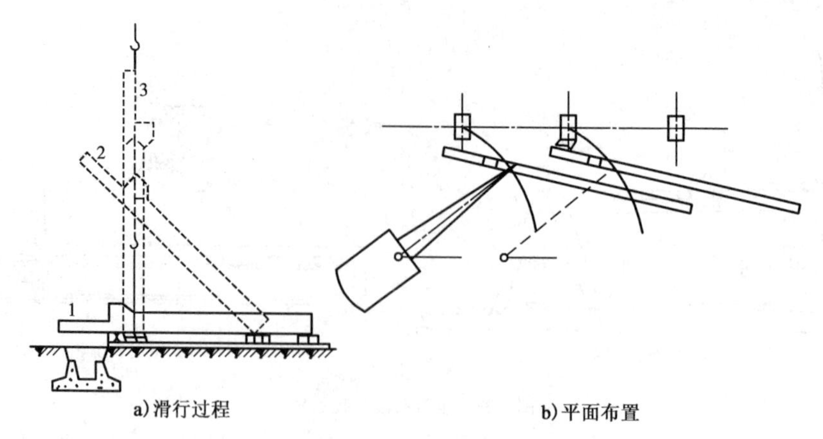

a)滑行过程　　b)平面布置

图 6-25　用单机滑行法吊柱

1-柱平放时;2-起吊中途;3-直立

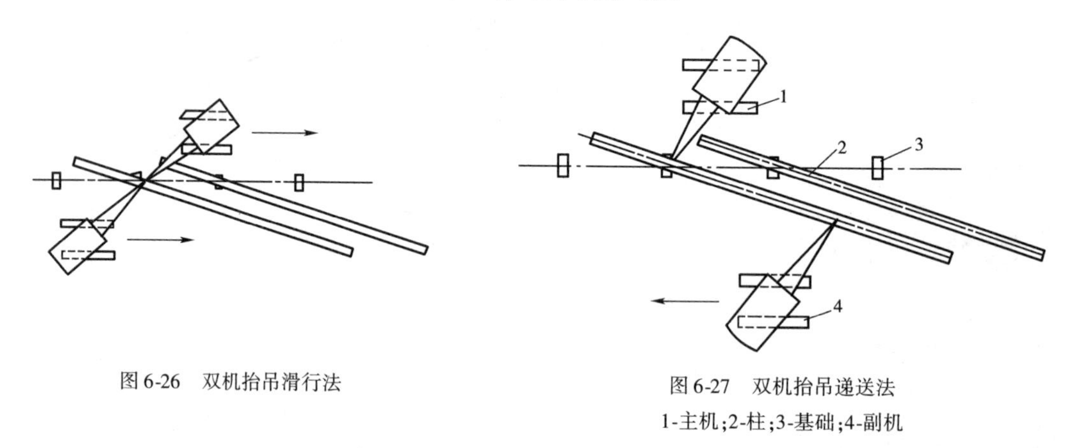

图 6-26　双机抬吊滑行法

图 6-27　双机抬吊递送法

1-主机;2-柱;3-基础;4-副机

3. 柱子的就位与临时固定

柱脚插入杯口内,距杯底 30～50mm 处即应悬空对位,用 8 只楔块从四边插入杯口,用橇棍扳动柱脚使其中心线与杯口中心线对正,然后放松吊钩,使柱子沉入杯底,再次复核柱脚与杯口中心线是否对准,然后打紧楔块,将柱临时固定后,起重机方可脱钩。如楔块不能保证柱子稳定,尚应加设缆风绳或斜撑来加强临时固定(图 6-28)。

4. 柱子的校正

由于柱的标高已在基底抄平时完成校正,平面位置的校正已在临时固定时完成,因此临时固定后的校正主要是垂直度的校正。其校正的方法是用两台经纬仪从柱的相邻两边检查柱的中心线是否垂直。其偏差允许值为:当柱高 $H<5\text{m}$ 时,为 5mm;柱高 $H>5\text{m}$ 时,为 10mm,柱高 $H>10\text{m}$ 时,为 $1/1000H$,且不大于 20mm。校正方法可用螺旋千斤顶进行斜顶或平顶,或利用钢管支撑进行斜顶等方法。如柱顶设有缆风绳,也可用缆风绳进行校正。在校正垂直度时,要注意水平位置不要发生偏移(图 6-29)。

5. 柱子的最后固定

柱子校正后应立即进行最后固定,以防止外界影响而出现新的偏差。最后固定的方法是在柱脚与基础杯口的空隙间浇筑细石混凝土并振捣密实。浇筑工作分两阶段进行,第一次先浇至楔块底面,待混凝土强度达到 25% 设计强度后,拔出楔块,第二次浇筑细石混凝土至杯口顶面。

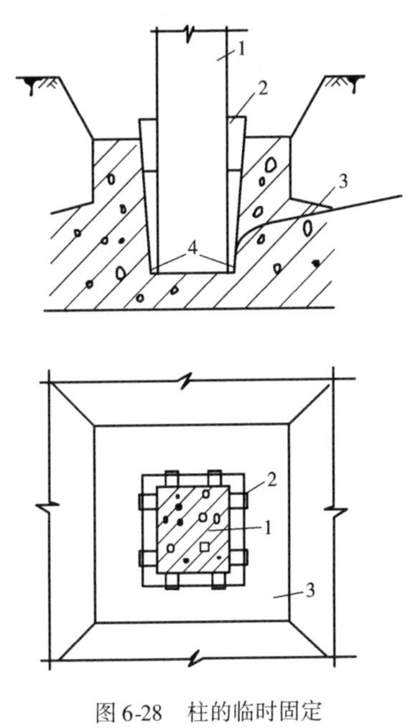

图6-28　柱的临时固定

1-柱;2-楔子;3-杯形基础;4-石子

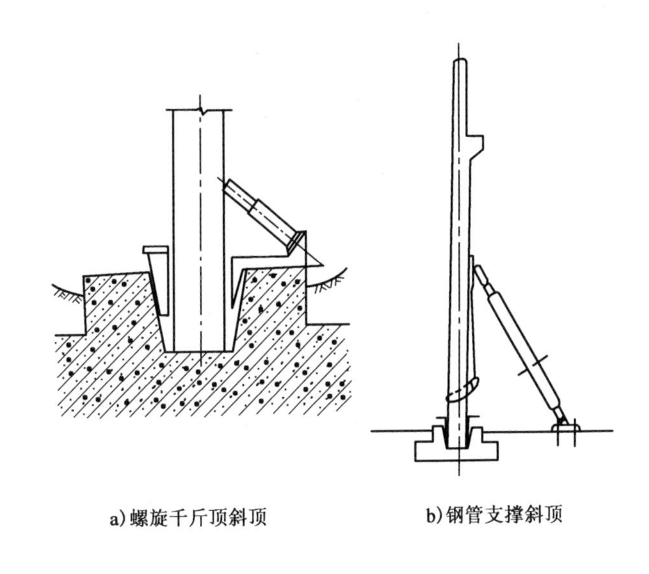

图6-29　柱垂直度校正方法

(二)吊车梁的吊装

吊车梁的吊装必须在基础杯口二次灌浆的混凝土强度达到设计强度的75%以上时方可进行。

吊车梁绑扎时,两根吊索要等长,起吊后吊车梁能基本保持水平(图6-30)。在梁的两端需用溜绳控制,就位时应缓慢落钩,争取一次对好纵轴线,避免在纵轴方向撬动吊车梁而导致柱偏斜。一般吊车梁在就位时用垫铁垫平后即可脱钩,不需采用临时固定措施。但当梁的高与底宽之比大于4时,可用8号铁丝将梁捆于柱上,以防梁倾倒。

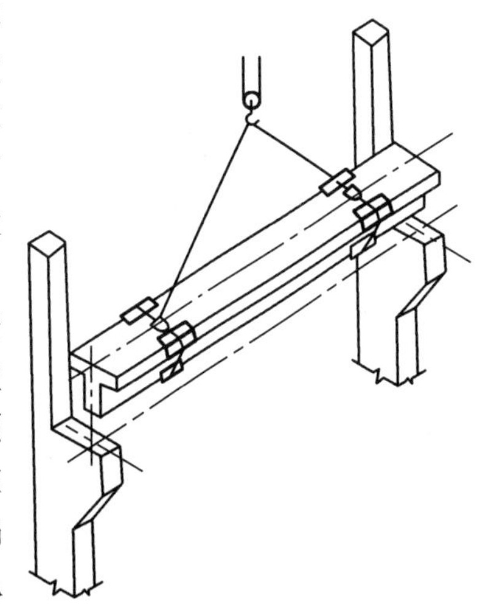

图6-30　吊车梁吊装

吊车梁的校正应在厂房结构固定后进行,以免屋架安装时引起柱子变形,造成吊车梁新的偏差。校正的内容主要为垂直度和平面位置。梁的标高可在铺轨时于吊车梁顶面抹一层砂浆找平。吊车梁的垂直度可用铅锤检查,可在梁与牛腿面之间垫入斜垫铁来纠正偏差,其垂直度允许偏差为5mm。吊车梁平面位置的校正,包括直线度(使同一纵轴上的各梁中线在一条直线上)和跨距两项,校正的方法有拉钢丝法和仪器放线法。

拉钢丝法是根据柱的定位轴线确定出吊车梁的轴线并在端跨地面打入木桩,用钢尺量出两吊车梁的中心距是否等于轨距,如正确,用经纬仪将端跨的四根吊车梁中心校正,再在端跨的吊车梁上沿纵轴拉钢丝通线,并悬重物拉紧,检查并拨正各吊车梁,使其中心线与钢丝重合(图6-31)。

仪器放线法适用于吊车梁数量多、纵轴长、使用钢丝法不易拉紧的情况下。此法是在柱列外设置经纬仪,并将各柱杯口处的吊装准线投射到吊车梁顶面处的柱身上,并画出标志

(图6-32),若标志线至柱轴线的距离为a,吊车梁轴线距柱轴线的距离为λ,则标志线到吊车梁轴线的距离为$\lambda-a$,以此为据逐根拨正吊车梁,使其轴线与标志线的距离为$\lambda-a$即可。

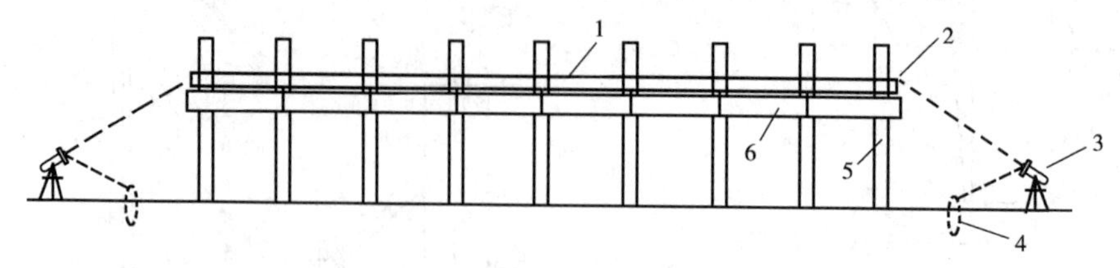

图6-31 拉钢丝法校正吊车梁

1-通线;2-支架;3-经纬仪;4-木桩;5-柱;6-吊车梁

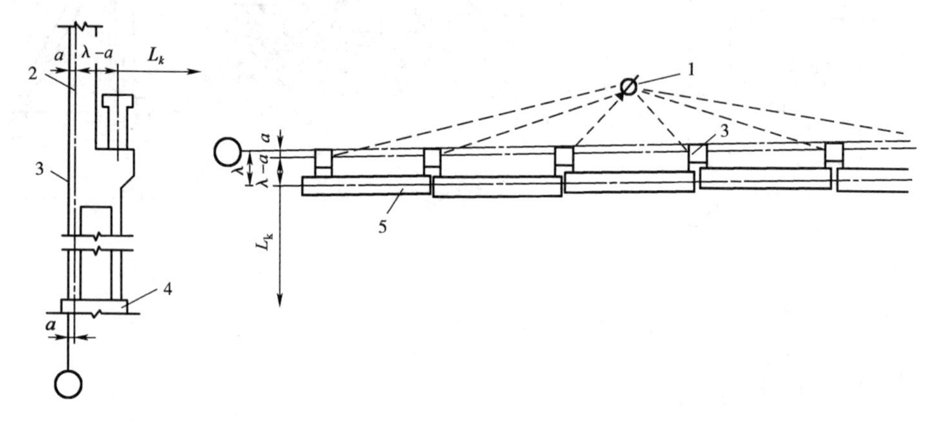

图6-32 仪器放线法校正吊车梁

1-经纬仪;2-标志;3-柱;4-柱基础;5-吊车梁

吊车梁校正完毕后,用电弧焊将预埋件焊牢,并在吊车梁与柱的空隙处浇筑细石混凝土。

(三)屋架的吊装

大跨度的钢筋混凝土屋架,一般在现场平卧叠浇。吊装的施工顺序是:绑扎、翻身就位、起吊、对位与临时固定、校正与最后固定。

1. 绑扎

屋架的绑扎点应在上弦节点或其附近,翻身扶直屋架时,吊索与水平线的夹角不宜小于60°,吊装时不宜小于45°。绑扎点应以屋架的重心为中心对称布置,吊点的数目及位置一般由设计确定。如无规定,则应事先对吊装应力进行核算,如满足要求方可吊装。否则应采取加固措施,尤其是屋架的侧向刚度较差,在翻身扶直与吊装时,必要时应进行临时加固(图6-33)。

跨度小于15m的屋架,可两点绑扎,跨度15m以上时,可采取4点绑扎,屋架跨度超过30m时,应配以横吊梁,以降低吊钩的高度。

2. 扶直

现场平卧预制的屋架,在吊装前要翻身扶直,然后运至便于起吊的预定地点就位。在翻身扶直时,在自重力作用下,屋架承受平面外力,与屋架的设计荷载受力状态有所不同,有时会造成上弦杆挠曲开裂,因此,事先必须进行应力核算,必要时应采取加固措施。

根据起重机与屋架的相对位置不同,扶直屋架有正向扶直与反向扶直两种方法。

(1)正向扶直。起重机位于屋架下弦一侧,以吊钩对准屋架上弦中点,收紧吊钩,同时略加起臂，使屋架脱模，然后升钩、起臂，使屋架以下弦为轴缓缓转为直立状态(图 6-34a)。

(2)反向扶直。起重机位于屋架上弦一侧，吊钩对准上弦中点，边升钩边降臂，使屋架绕下弦转动而直立(图 6-34b)。

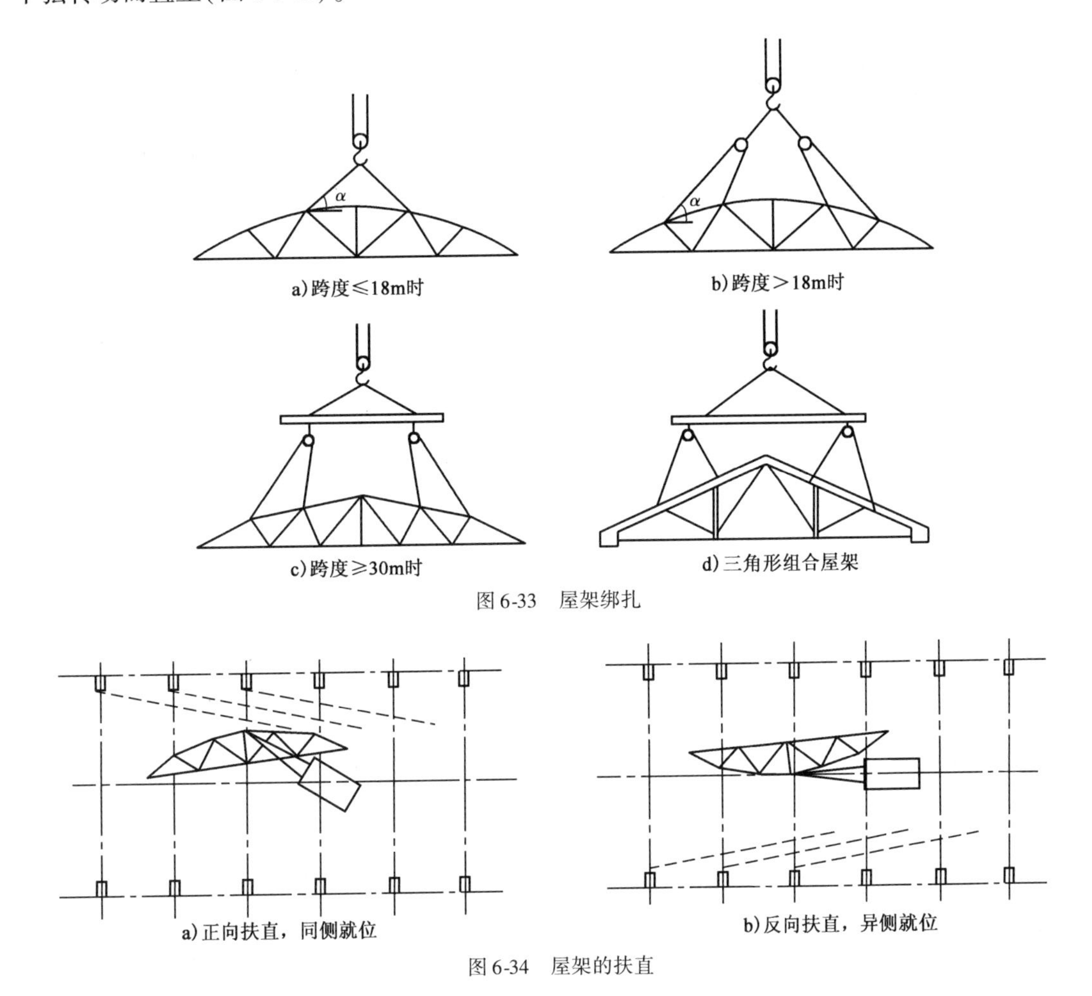

a)跨度≤18m时　b)跨度＞18m时

c)跨度≥30m时　d)三角形组合屋架

图 6-33　屋架绑扎

a)正向扶直，同侧就位　b)反向扶直，异侧就位

图 6-34　屋架的扶直

两种扶直方法，一为升臂，一为降臂，目的都是保持吊钩始终位于上弦中点的垂直上方。升臂比降臂易于操作，应尽量采用正向扶直。

屋架翻身扶直后应随即就位，就位的位置取决于起重机的性能和吊装方法，同时应考虑屋架的安装顺序，预埋件的朝向。一般靠柱边斜放，应尽量少占场地，就位范围应在布置预制平面图时就应加以确定。就位位置与屋架预制位置在起重机开行路线同一侧时，称作同侧就位；两者分别在开行路线各侧时，称作异侧就位。

3. 吊升、对位与临时固定

当屋架重量不大时可用单机起吊，先将屋架吊离地面 500mrn 左右，然后吊至吊装位置的下方后再升钩将屋架吊至高于柱顶 300mm 左右，将屋架再缓缓降至柱顶，进行对位并立即进行临时固定，然后方能脱钩。

第一榀屋架的临时固定必须十分重视，一般是用 4 根缆风绳从两面拉牢，如抗风柱已立牢固，可将屋架与抗风柱连接，其他各榀屋架可用屋架校正器以前一根屋架为依托进行校正和临时固定。

4. 校正及最后固定

屋架的校正内容主要是校正垂直偏差，可用经纬仪或线锤检测。

用经纬仪检查屋架垂直度的方法是：分别在屋架上弦中央和屋架两端安装一个卡尺，以上弦轴线为起点分别在3个卡尺上量出500mm，并做出标记，然后在距屋架上弦轴线卡尺一侧500mm处地面上设一台经纬仪，用来检查3个卡尺上的标志是否在同一个垂直面上（图6-35）。

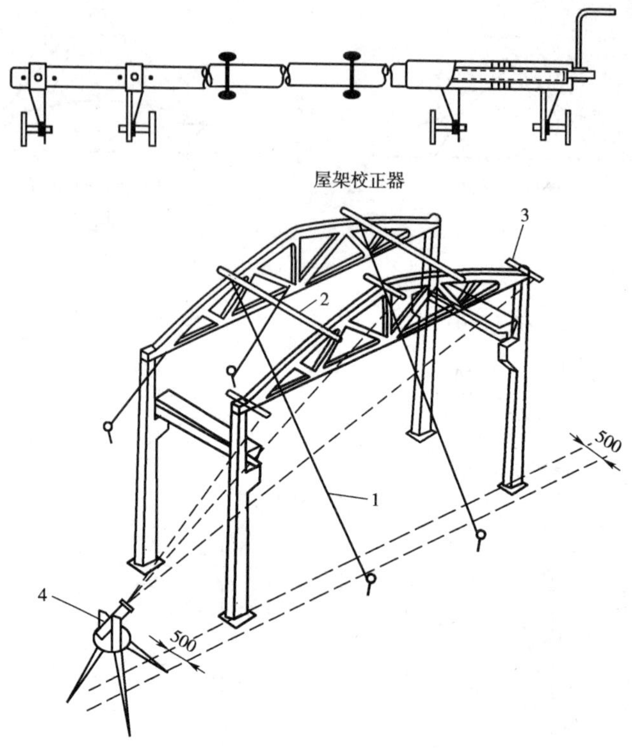

图6-35　屋架的临时固定与校正（尺寸单位：mm）

1-缆风绳；2-屋架校正器；3-卡尺；4-经纬仪

用线垂检测屋架垂直度时，卡尺标志的设置与经纬仪检查方法相同，标志距屋架轴心的距离取300mm。在两端卡尺标志之间连一道线，从中央卡尺的标志处向下挂垂球，检查3个卡尺的标志是否在同一垂直面上。

屋架校正无误后，应立即用电焊固定，应在屋架两端的不同侧同时施焊，以防因焊缝收缩而导致屋架倾斜。

（四）天窗架和屋面板的吊装

屋面板吊装时应由两边檐口对称地逐块吊向屋脊，有利于屋架稳定，受力均匀。屋面板有预埋吊环，一般可采用一钩多吊，以加快吊装速度。屋面板就位后，应立即与屋架上弦焊牢，除最后一块只能焊两点外，每块屋面板应焊3点。

三、结构吊装方案

单层工业厂房结构吊装方案的内容主要包括：结构吊装方法的选择，起重机械的选择、起重机的开行路线及构件的平面布置等。确定吊装方案时应考虑结构形式、跨度、构件的重量及安装高度及工期的要求，同时要考虑尽量充分利用现有的起重设备。

(一)结构吊装方法

单层工业厂房结构吊装方法有分件吊装法和综合吊装法。

1. 分件吊装法

起重机每开行一次,仅吊装一种或几种构件,一般分三次开行吊装完全部构件(图6-36a)。第一次开行吊装柱,并逐一进行校正和最后固定;待杯口接头处混凝土达到75%设计强度后进行第二次开行,吊装吊车梁、连系梁及柱间支撑等;第三次开行,以节间为单位吊装屋架、天窗架和屋面板等构件。

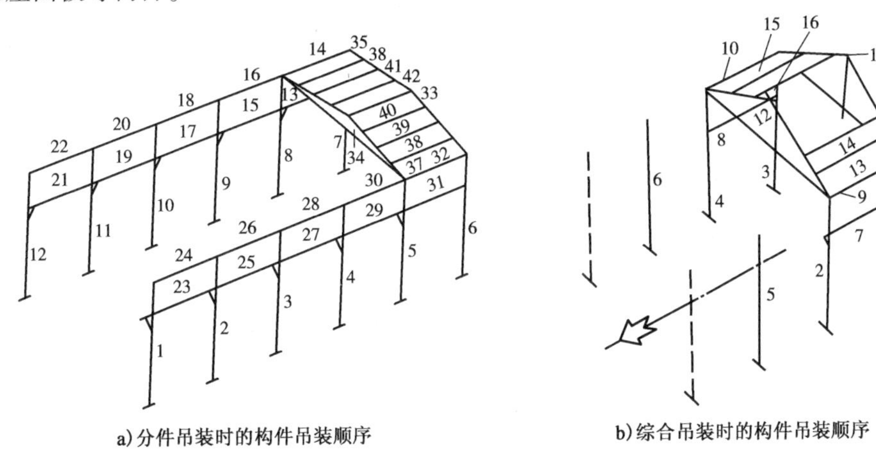

a)分件吊装时的构件吊装顺序　　b)综合吊装时的构件吊装顺序

图6-36　结构吊装方法

分件吊装法起重机每次开行基本上只吊一种或一类构件,索具不需经常更换,操作熟练、吊装效率高,能充分发挥起重机的工作性能,还能给构件临时固定、校正及最后固定等工序提供充裕的时间,构件的供应也比较单一,平面布置也比较容易。因此,一般单层工业厂房的结构安装多采用此法。但由于分件安装起重机开行路线长,不能迅速形成稳定的空间结构,这在吊装时要加以注意。

2. 综合吊装法

起重机仅开行一次就安装完所有的结构构件,具体步骤是先吊装4根柱子,随即进行校正和最后固定,然后吊装该节间的吊车梁、连系梁、屋架、天窗架、屋面板等构件(图6-36b)。这种方法起重机开行路线短,停机次数少,能及早为下道工序交出工作面。但由于在一个停机点要分别吊装不同种类构件,造成索具更换频繁,影响吊装效率。而且校正及固定的时间紧,误差积累后不易纠正;构件供应种类多变,平面布置杂乱,不利文明施工。所以在一般情况下,不宜采用此种方法。只有使用移动不便的起重机时才采用此种方法。

(二)起重机的选择

1. 起重机类型的选择

选择起重机的类型主要考虑其可行性、合理性和经济性。一般中小型厂房多采用履带式起重机,也可采用桅杆式起重机。重型厂房多采用履带式起重机以及塔式起重机,在结构安装的同时进行设备的安装。

2. 起重机型号的选择

选择起重机型号时要考虑起重机的起重力 Q、起重高度 H、起重半径 R 三个工作参数都要满足构件吊装的要求。同时考虑吊装不同类型的构件变换不同的臂长，以充分发挥起重机的性能。

(1)起重力。选择起重机的起重力，必须大于所吊装构件的重力与索具重力之和，即

$$Q \geqslant Q_1 + Q_2 \tag{6-2}$$

式中：Q——起重机的起重力(kN)；

Q_1——构件的重力(kN)；

Q_2——索具的重力(kN)。

(2)起重高度。起重机的起重高度，必须满足所吊装的构件的安装高度要求(图6-37)，即

$$H = h_1 + h_2 + h_3 + h_4 \tag{6-3}$$

式中：H——起重机的起重高度(m)，从停机面算至吊钩；

h_1——安装支座顶面高度(m)，从停机面算起；

h_2——安装间隙，视具体情况而定，不小于0.3m；

h_3——绑扎点至所吊构件底面的距离(m)；

h_4——索具高度，自绑扎点至吊钩中心的距离(m)。

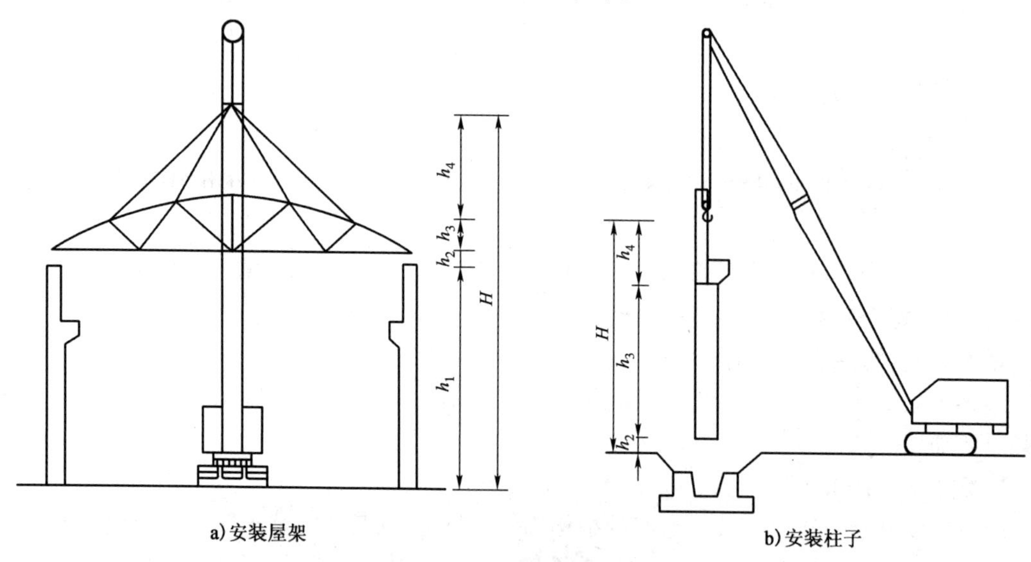

图6-37 起重高度计算简图

(3)起重半径。当起重机可以不受限制地开到安装支座附近去安装构件时，可不验算起重半径，但当起重机受到限制不能靠近安装支座附近去安装构件时，则应验算当起重机半径为定值时其起重力与起重高度能否满足吊装要求。

当起重臂需跨过已安装好的结构去吊装构件时(如跨过屋架去安装屋面板时)，为了不使起重臂与安装好的结构相碰，必须求出最短臂长。确定起重机的最短臂长，可用数解法，也可用图解法。

数解法(图6-38a)：

$$L = l_1 + l_2 = \frac{h}{\sin\alpha} + \frac{q + g}{\cos\alpha} \tag{6-4}$$

式中：L——起重臂的长度(m)；

h——起重臂底铰至构件吊装支座的高度(m)，$h = h_1 - E$；

q——起重钩需跨过已吊装好的构件的水平距离(m)；

g——起重臂轴线与已安装好的构件的水平距离，至少取 1m；

α——吊装时的起重仰角。

为求最小杆长，对上式进行微分，并令$\frac{dL}{d\alpha}=0$，即

$$\frac{dL}{d\alpha} = \frac{-h\cos\alpha}{\sin^2\alpha} + \frac{(q+g)\sin\alpha}{\cos^2\alpha} = 0$$

$$\alpha = \arctan[h/(q+g)]^{1/3} \tag{6-5}$$

将 α 值求出后代入式(6-4)，即可求出所需起重杆的最小长度 L，然后根据实际选定的 L 及 α 值可计算出起重半径 R：

$$R = F + L\cos\alpha \tag{6-6}$$

根据起重半径 R 和起重臂长，查起重机性能表或性能曲线，复核起重力 Q 及起重高度 H。根据 R 值我们即可确定起重机吊装屋面板时的停机位置。

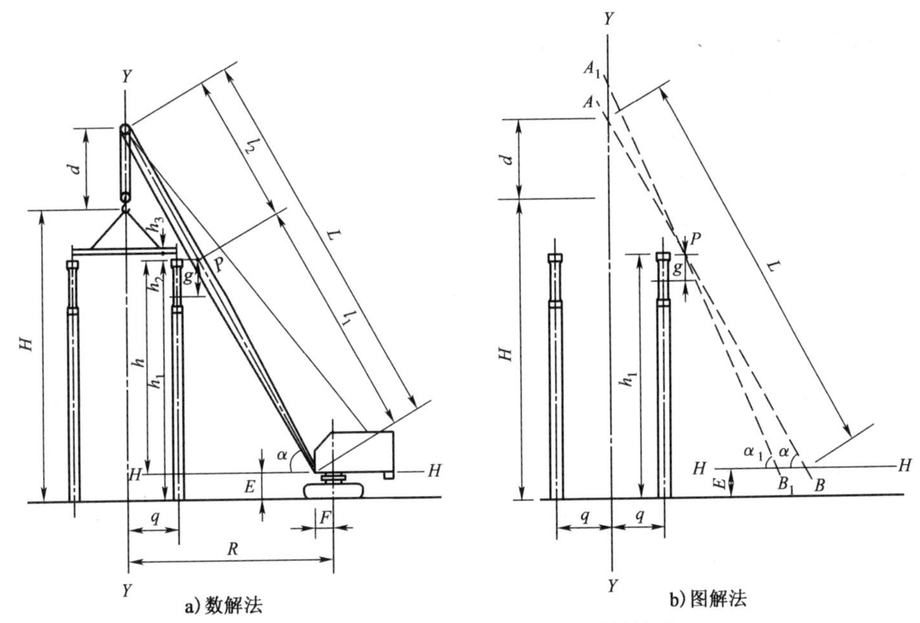

图 6-38　吊装屋面板时，起重机最小臂长计算简图

图解法(图 6-38b)：

首先按一定比例画出施工厂房一个节间的纵剖面图，并画出吊装屋面板时起重钩位置处的垂线 Y-Y。

根据所选起重机的 E 值，画出水平线 H-H。

自屋架顶面中心线向起重机一侧水平方向量出一距离 g，令 $g=1$m，可得点 P，过 P 点可画出若干条斜直线与 Y-Y 直线和 H-H 直线相截，其中最短的一根即为所求的最短臂长。量出 α 角，即为吊装时起重臂的仰角，量出起重臂的水平投影再加上起重臂下铰点至起重机回转中心的距离 F，即可求得起重半径 R。

在确定起重臂长 L 时，不但考虑一屋架中间一块板的验算，尚应考虑屋架两端边缘一块屋面板的要求。

在结构吊装过程中，根据构件尺寸、重力、就位地点，可变换不同长度的起重臂进行吊装。

3. 起重机台数的选择

同时投入施工现场的起重机台数可根据工程量、工期及起重机的台班产量按下式计算：

$$N = \frac{1}{T \cdot C \cdot K} \sum \frac{Q_i}{P_i} \tag{6-7}$$

式中：N——起重机台数；

T——工期(d)；

C——每天工作班数；

K——时间利用系数，一般取0.8～0.9；

Q_i——每种构件的安装工程量(件或t)；

P_i——起重机相应的产量定额(件/台班或吨/台班)。

几台起重机同时工作要考虑工作面是否允许，相互之间是否会造成干扰、影响工效等问题。此外还应考虑构件的装卸、拼装和排放等工作的需要。

(三)起重机开行路线与构件的平面布置

起重机的开行路线直接关系到现场预制构件的平面布置与结构的吊装方法，因此在构件预制之前就应设计好起重机的开行路线及吊装方法。布置现场预制构件时应遵循以下原则：

各跨构件尽量布置在本跨内，如跨内安排不下，也可布置在跨外便于吊装的范围内；构件的布置在满足吊装工艺要求的前提下，应尽量紧凑，同时要保证起重机及运输车辆的道路畅通，起重机回转时不致与建筑物或构件相碰；后张法预应力构件的布置应考虑抽管、穿筋等操作所需要的场地；构件布置应尽量避免吊装时在空中调头；如在回填土上预制构件，一定要夯实，必要时垫上通长木板，防止不均匀下沉引起构件开裂。

对于非现场预制的小型构件，最好能做到随运随吊，否则亦应事先按上述原则确定其堆放位置。

1. 吊装柱子时起重机开行路线及构件平面布置

(1)起重机开行路线。根据厂房的跨度、柱的尺寸和重力及起重机的性能，起重机的开行路线有跨中开行和跨边开行两种(图6-39a)。

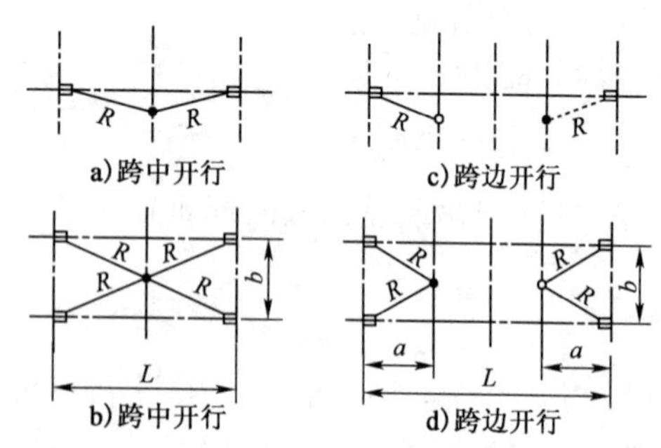

图6-39 吊装柱时，起重机的开行路级及停机位置

跨中开行：

当$\sqrt{\left(\frac{L}{2}\right)^2 + \left(\frac{b}{2}\right)^2} > R \geqslant \frac{L}{2}$时，则一个停机点可吊两根柱(图6-39a)，停机点的位置在以基础中心为圆心、以R为半径的圆弧与跨中开行路线的交点处。

当$R \geqslant \sqrt{\left(\frac{L}{2}\right)^2 + \left(\frac{b}{2}\right)^2}$时，则一个停机点可吊装4根柱子，停机点位置在该柱网对角线中心处(图6-39b)。

跨边开行：

当$R < \frac{L}{2}$且$R < \sqrt{a^2 + \left(\frac{b}{2}\right)^2}$时，起重机沿跨边开行，每个停机点只能吊一根柱子(图6-39c)。

当$\frac{L}{2} > R \geqslant \sqrt{a^2 + \left(\frac{b}{2}\right)^2}$时，则一个停机点可吊装两根柱子，停机点位置在开行路线的柱距

中点处(图 6-39d)。

(2)柱的平面布置。柱子的现场预制位置尽量为吊装阶段的就位位置。采用旋转法吊装时,柱斜向布置;采用滑行法吊装时,柱可纵向也可斜向布置。

当采用旋转法起吊柱子时,尽量按 3 点共弧斜向布置(图 6-40a)。绘制施工图时,首先画出与柱列轴线相距为 a 的平行线(a 必须小于 R 且大于起重机的最小回转半径),此平行线即为吊车行走路线。再以柱杯口中心为圆心,以 R 为半径画弧交于开行路线上一点 O,O 点即为吊装柱时起重机的停机点。然后以 O 点为圆心,以 R 为半径画弧,并在弧上确定两点 B(柱底中心)、C(绑扎点)使 BC 长度为柱底中心线至绑扎点距离,应使 B 点尽量靠近基础为宜。最后以 BC 为柱子轴线画出柱的模板图。有时,由于场地限制,很难做到 3 点共弧,也可两点共弧(图 6-40b)。吊装时,可先升臂,当起重半径由 R'变为 R 时,再按旋转法起吊。

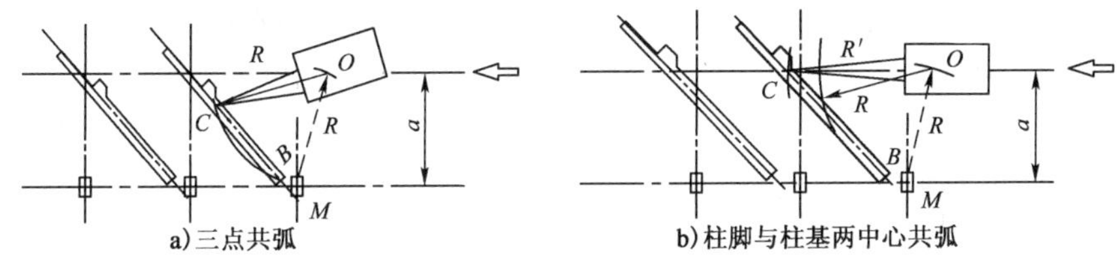

a)三点共弧　　b)柱脚与柱基两中心共弧

图 6-40　旋转法吊装柱子时,柱的平面布置

柱如按滑行法起吊,可按两点共弧斜向或纵向布置。绘制施工图时绑扎点与杯口中心共弧,为减少占地,对不太长的柱,也可采用两柱叠浇的方式纵向布置,但应使叠浇两柱的绑扎点分别与各自的杯口共弧(图 6-41)。

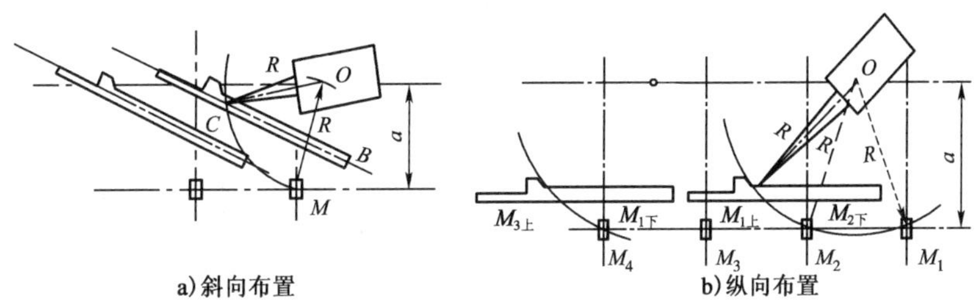

a)斜向布置　　b)纵向布置

图 6-41　滑行法吊装柱时,柱的平面布置

2. 吊装屋架时起重机开行路线及构件平面布置

屋架及屋盖结构吊装时,起重机宜跨中开行。

屋架一般均在跨内平卧叠浇,每叠 3 ~4 榀。布置方式有斜向布置、正反斜向布置和正反纵向布置 3 种(图 6-42)。应优先选用斜向布置,因为它便于屋架的翻身扶直及就位排放。

屋架的扶直是将叠浇的屋架翻身扶直后排放到吊装前的最佳位置,以利于提高起重机的吊装效率并适应吊装工艺的要求。其排放位置有靠柱边斜向排放及纵向排放两种。其排放位置应尽量靠近其安装地点。此外在考虑屋架的排放同时还要给本跨的天窗架和屋面板留有一定的位置,以便使屋盖系统一次吊装完毕。

以屋架的斜向排放为例,其具体布置方式如下(图 6-43):

(1)确定起重机开行路线及停机点。一般情况下吊装屋架时起重机均在跨正中开行,吊装前应确定吊装每榀屋架的停机点。其确定方法是以屋架轴线中点 M 为圆心,以 R 为半径画弧与开行路线交于 O 点,即停机点。

(2)确定屋架排放位置。在距柱边缘不小于 200mm 处画一直线 P-P 与柱轴线平行,再画一条距开行路线为 A +0.5m(A 为起重机机尾长)的平行线 Q-Q,并在 P-P 线与 Q-Q 线之间画

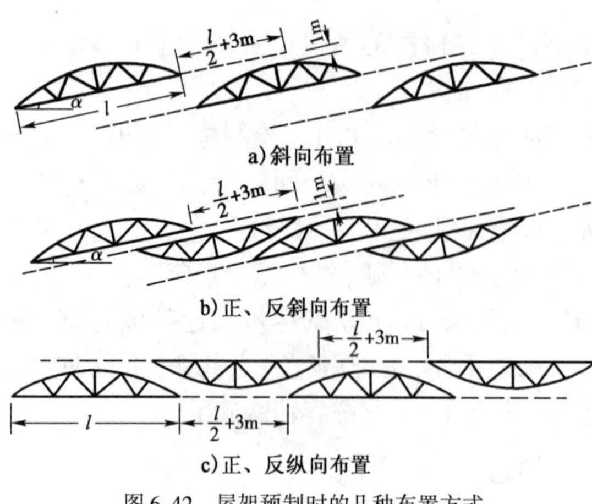

图6-42　屋架预制时的几种布置方式

出中线 H-H。以第二榀屋架的停机点 O_2 为圆心，以 R 为半径划弧交 H-H 于 G，G 即为屋架中心点。再以 G 为圆心，以1/2屋架跨度为半径画弧分别交 P-P、Q-Q 于 E、F。连接 E、F 即为第二榀屋架的就位位置。其他榀屋架依此类推。第一榀屋架因有抗风柱，可灵活布置。

当屋架尺寸小、重量轻时，可采取纵向排放的方式，允许起重机负荷行驶。一般以4榀为一组靠柱边顺轴线排放，各榀屋架之间保证有不小于200mm的净距，相互之间要支撑牢靠。为防止在吊装过程中与已安装好的屋架相碰，每组屋架的中点应位于该组屋架倒数第二榀安装轴线之后约2m处(图6-44)。

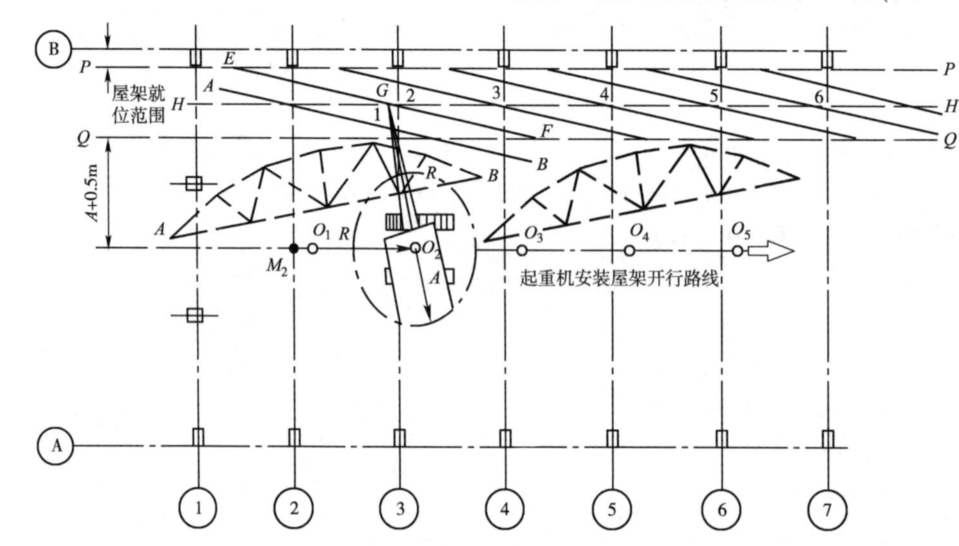

图6-43　屋架的斜向堆放

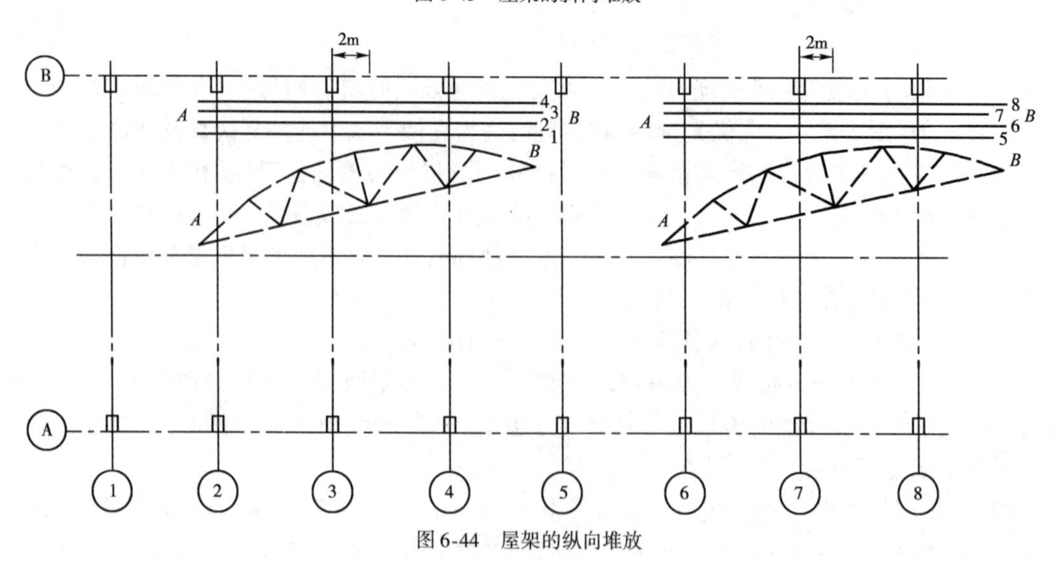

图6-44　屋架的纵向堆放

3. 吊车梁、连系梁、屋面板的堆放

吊车梁、连系梁的就位位置，一般在其安装位置的柱列附近，跨内跨外均可。依编号、吊装顺序进行就位和集中堆放。有条件也可采用随运随吊的方案，从运输车上直接起吊。屋面板以6～8块为一叠，靠柱边堆放。在跨内就位时，约后退3～4个节间开始堆放；在跨外就位时，应后退2～3个节间。

四、钢筋混凝土单层工业厂房吊装实例

某金工车间为单跨钢筋混凝土单层工业厂房，跨度为18m，厂房长66m，柱距6m，共有11个节间。厂房结构平面图、剖面图如图6-45、图6-46所示。主要承重结构采用装配式钢筋混凝土工字形柱，后张法预应力钢筋混凝土折线形屋架，1.5m×6m大型屋面板，T形吊车梁。车间为东西走向。柱子及屋架在现场预制，其余构件在预制厂预制。金工车间的主要构件一览表如表6-5所示。

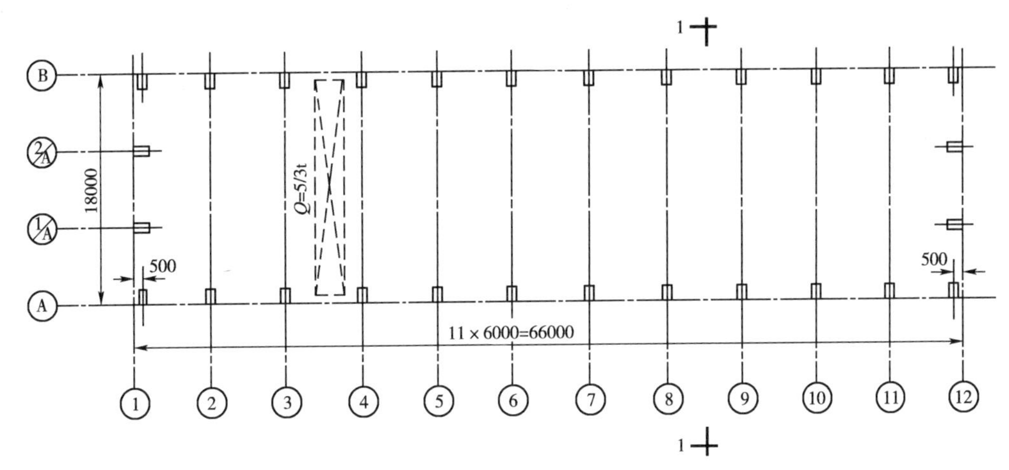

图6-45　某厂金工车间结构平面图（尺寸单位：mm）

（一）选择起重机及工作参数计算

首先对一些有代表性的构件计算如下：

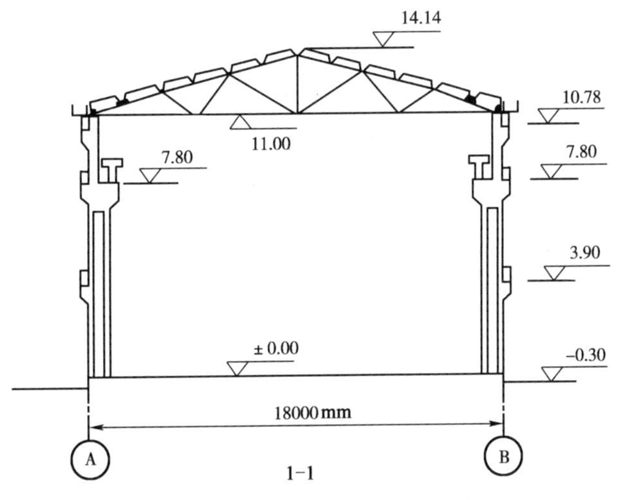

图6-46　某厂金工车间结构剖面图

某厂金工车间主要承重结构一览表 表 6-5

项　次	跨　度	轴　线	构件名称及编号	构件数量	构件质量 (t)	构件长度 (m)	安装标高 (m)
1	Ⓐ~Ⓑ	Ⓐ、Ⓑ	基础梁 YJL	22	1.43	5.97	
2		Ⓐ、Ⓑ ②~⑪ ①~② ⑪~⑫	连系梁 YLL_1 }YLL_2	 54 12	 0.79 0.73	 5.97 5.97	 +3.90 +7.80 +10.78
3		Ⓐ、Ⓑ ②~⑪ ⑪、⑫ (1/A)~(2/A)	柱 Z_1 Z_2 Z_3	 20 4 4	 6.04 6.04 5.4	 12.25 12.25 14.14	 -1.25 -1.25
4			屋架 $YWJ_{16\text{-}1}$	 12	 4.95	 17.70	 +11.00
5		Ⓐ、Ⓑ ②~⑪ ①~② ⑪~⑫	吊车梁 $DCL_{6\text{-}4}Z$ }$DCL_{6-4}B$	 18 4	 3.6 3.6	 5.97 5.97	 +7.80 +7.80
6			屋面板 YWB_1	 132	 1.30	 5.97	 +13.90
7		Ⓐ、Ⓑ	天沟 TGB_{5B-1}	 22	 1.07	 5.97	 +11.60

1. 柱(图 6-47)

采用斜吊绑扎法吊装。选择 Z_1 及 Z_3 两种柱分别进行计算。

Z_1 柱　起重量：

$$Q = Q_1 + Q_2 = 6.04 + 0.2 = 6.24(\text{t})$$

起升高度：由于柱安装支座表面高度低于停机面，故取 $h_1 = 0$。

$$H = h_1 + h_2 + h_3 + h_4 = 0 + 0.3 + 8.55 + 2.00 = 10.85(\text{m})$$

Z_3 柱　起重量：

$$Q = Q_1 + Q_2 = 5.4 + 0.2 = 5.6(\text{t})$$

起升高度：

$$H = h_1 + h_2 + h_3 + h_4 = 0 + 0.3 + 11.0 + 2.0 = 13.3(\text{m})$$

2. 屋架(图 6-48)

起重量：

$$Q = Q_1 + Q_2 = 4.95 + 0.2 = 5.15(\text{t})$$

起升高度：

$$H = h_1 + h_2 + h_3 + h_4 = 11.3 + 0.3 + 1.14 + 6.0 = 18.74(\text{m})$$

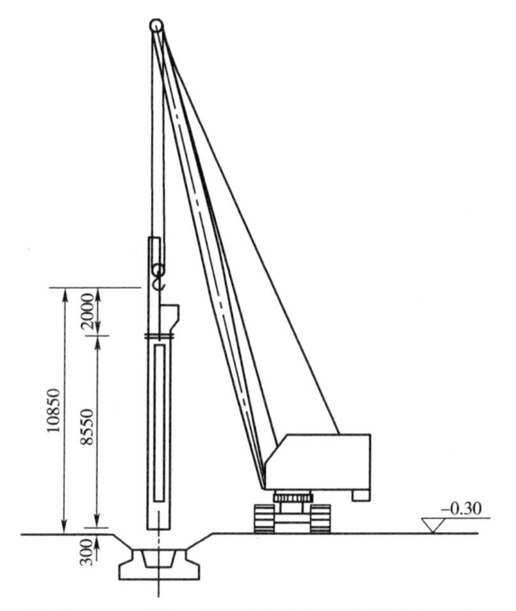

图6-47 Z_1 柱起重高度计算简图(尺寸单位:mm)

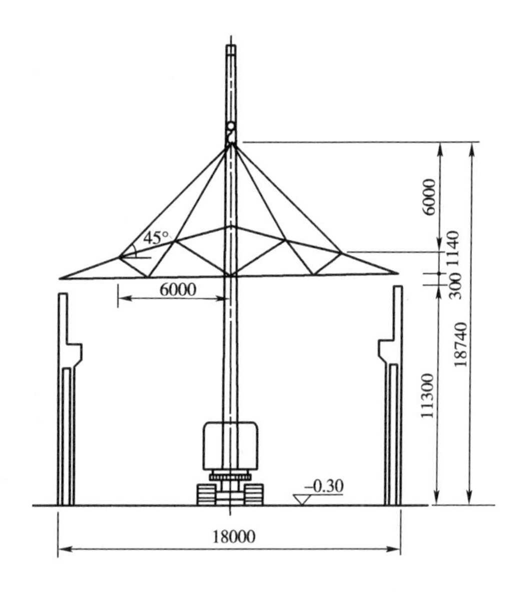

图6-48 屋架起重高度计算简图(尺寸单位:mm)

3. 吊装屋面板(图6-49)

首先考虑吊装跨中屋面板。

起重量:

$$Q = Q_1 + Q_2 = 1.3 + 0.2 = 1.5(\mathrm{t})$$

起升高度:

$$H = h_1 + h_2 + h_3 + h_4 = (11.30 + 2.64) + 0.3 + 0.24 + 2.50 = 16.98(\mathrm{m})$$

起重机吊装跨中屋面板时,起重钩需伸过已吊装好的屋架3m,且起重臂轴线与已安装好的屋架上弦中线最少需保持1m的水平间隙,据此来计算起重机的最小起重臂长度和起重倾角。

所需最小起重臂长度时的起重倾角按公式(6-5)计算:

$$\alpha = \arctan[h/(q+g)]^{1/3} = \arctan[(11.30 + 2.64 - 1.70)/(3+1)]^{1/3} = 55°25'$$

代入公式(6-4)可得最小起重臂长:

$$L = \frac{h}{\sin\alpha} + \frac{q+g}{\cos\alpha} = \frac{11.30 + 2.64 - 1.70}{\sin 55°25'} + \frac{3+1}{\cos 55°25'} = 21.95(\mathrm{m})$$

经查表拟选用 W_1-100 起重机,采用23m长的起重臂,并取起重倾角 $\alpha = 55°$ 代入公式(6-6)可得工作幅度为:

$$R = F + L\cos\alpha = 1.3 + 23\cos 55° = 14.49(\mathrm{m})$$

根据 $L = 23\mathrm{m}$ 及 $R = 14.49\mathrm{m}$,查起重机工作性能曲线表(图6-3)可得起重量 $Q = 2.3\mathrm{t} > 1.5\mathrm{t}$,起重高度 $H = 17.3\mathrm{m} > 16.98\mathrm{m}$。这说明选择起重臂长 $L = 23\mathrm{m}$,起重倾角 $\alpha = 55°$ 可以满足吊装跨中屋面板的需要。其吊装工作参数见表6-6。

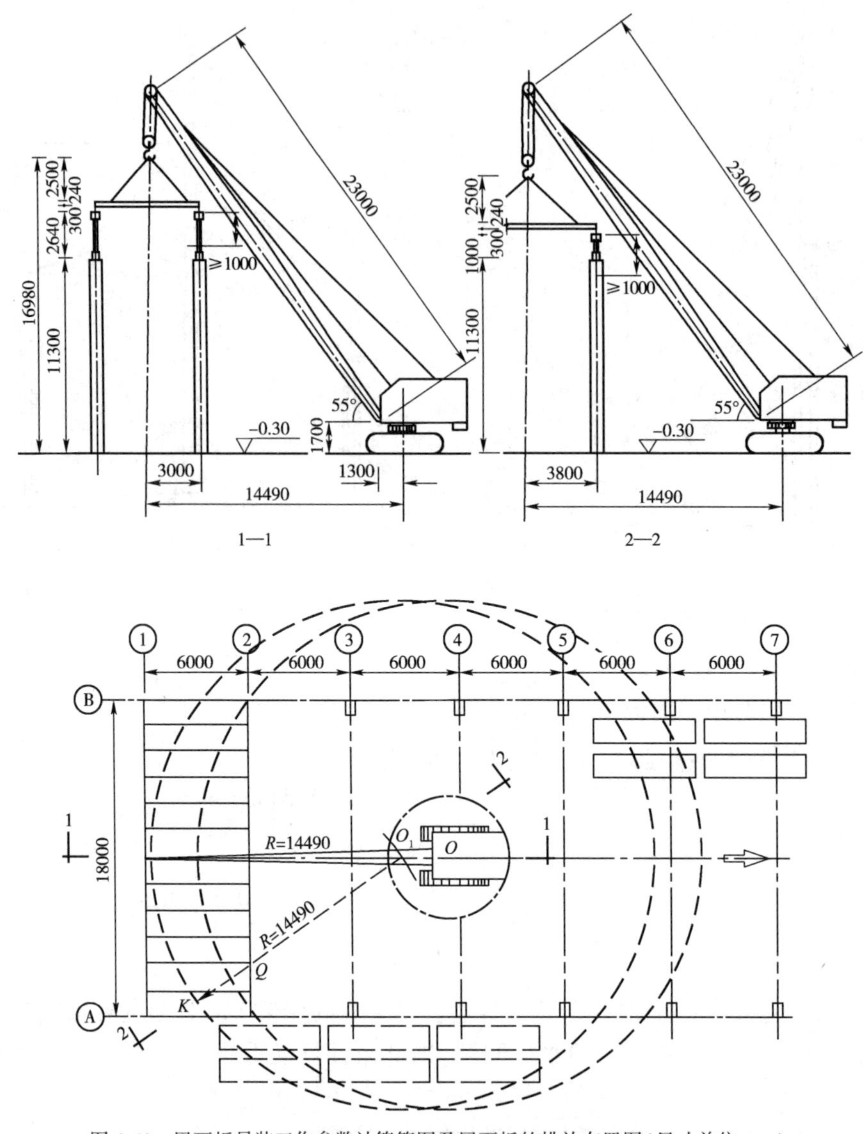

图 6-49　屋面板吊装工作参数计算简图及屋面板的排放布置图(尺寸单位:mm)
(虚线表示当屋面板跨外布置时之位置)

再以所选定的 23m 长起重臂及 $\alpha=55°$ 倾角用作图法来复核一下能否满足吊装最边缘一块屋面板的要求。在图 6-49 中,以最边缘一块屋面板的中心 K 为圆心,以 $R=14.49\text{m}$ 为半径画弧,交起重机开行路线于 O_1 点。O_1 点即为起重机吊装边缘一块屋面板的停机位置。用比例尺量得 $KQ_1=3.8\text{m}$。过 KQ_1 按比例作 2-2 剖面。从 2-2 剖面可以看出,所选起重臂及起重倾角可以满足吊装要求。

起重机在吊装屋面板时,首先立于 O_1 点,吊装边缘几块屋面板,然后逐步后退,最后立于 O 点吊装跨中几块屋面板。

根据以上各种构件吊装工作参数的计算,经综合考虑之后,确定选用 23m 长度的起重臂,并查图 6-3(W_1-100 工作性能曲线),列出表 6-6。从表中计算所需工作参数与 23m 起重臂实际工作参数对比,可以看出选用具有 23m 长度起重臂的履带式起重机 Wi-100 是可以完成结构吊装任务的。

某厂金工车间结构吊装工作参数表 表 6-6

构件名称	Z_1 柱			Z_3 柱			屋架			屋面板		
吊装工作参数	Q (t)	H (m)	R (m)	Q (t)	H (m)	R (m)	Q (t)	H (m)	R (m)	Q (t)	H (m)	R (m)
计算所需工作参数	6.2	10.85		5.6	13.3		5.15	18.74		1.5	16.98	
23m 起重臂工作参数	6.2	19.0	7.8	5.6	19.0	8.5	5.15	19.0	9.0	2.3	17.30	14.49

(二)现场预制构件的平面布置与起重机开行路线

构件采用分件法吊装。柱与屋架在现场预制,在场地平整及杯形基础浇筑后即可进行。由于吊装柱时的最大工作幅度 $R=7.8\text{m}$ 小于 $\frac{L}{2}=9\text{m}$,故吊装柱时需在跨边开行,吊装屋面结构时,则在跨中开行。根据现场情况,A 列柱可在车间南面空地上预制,B 列柱安排在跨内预制。屋架则安排在跨内靠 A 轴线一边预制。关于各构件的预制位置及起重机开行路线、停机点位置见图 6-50。

1. A 列柱的预制位置

A 列柱安排在跨外预制。为节约模板,采用两根叠浇制作。柱采用旋转法吊装,每一停机位置吊装两根柱,因此起重机应停在两柱之间,距两柱有相同的工作幅度 R,且要求 R 大于最小工作幅度 6.5m(查起重机工作曲线),小于最大工作幅度 7.8m。这便要求起重机开行路线距基础中线的距离应小于$\sqrt{(7.8)^2-(3.0)^2}=7.2\text{m}$,但大于$\sqrt{(6.5)^2-(3.0)^2}=5.78\text{m}$,可取 5.9m。这样便可定出起重机开行路线到 A 轴线的距离为 $5.90\text{m}-0.4\text{m}=5.5\text{m}$(式中 0.4m 是柱基础中线至 A 轴线的距离)。起重机开行路线及停机位置确定之后,便可按旋转法起吊 3 点共弧的原则,定出各柱的预制位置(图 6-50)。

2. B 列柱的预制位置

B 列柱在跨内预制。与 A 列柱一样,两根叠浇制作,用旋转法吊装,起重机开行路线至 B 列柱基础中心为 5.78m,取 5.8m,至 B 轴线则为 $5.8\text{m}+0.4\text{m}=6.2\text{m}$。由此可定出起重机吊 B 列柱的停机点位置及 B 列柱的预制位置如图 6-50 所示。但吊装 B 列柱时起重机开行路线到跨中只有 $9\text{m}-6.2\text{m}=2.8\text{m}$,小于起重机回转中心到尾部的距离 3.3m。为使起重机回转时尾部不致与在跨中预制的屋架相碰,屋架预制的位置应自跨中线后退 $3.3\text{m}-2.8\text{m}=0.5\text{m}$ 以上。本例定为退后 1m。

3. Z_3 抗风柱的预制位置

Z_3 柱较长,且只有 4 根,为避免妨碍交通,故放在跨外预制。吊装前,需先排放,再行吊装。

4. 屋架的预制位置

屋架以 4 榀为一叠,安排在跨内分 3 叠预制。在确定预制位置之前,应先定出各屋架扶直后的排放位置,据此来安排屋架预制的场地。预制场地不要占用屋架扶直后的排放位置,屋架两端应留有足够的抽预应力混凝土预埋钢管所需的场地,屋架两端的朝向、编号、上下次序、预埋件位置等不要弄错。

按照上述预制构件的布置方案,起重机的开行路线及构件的安装次序如下:

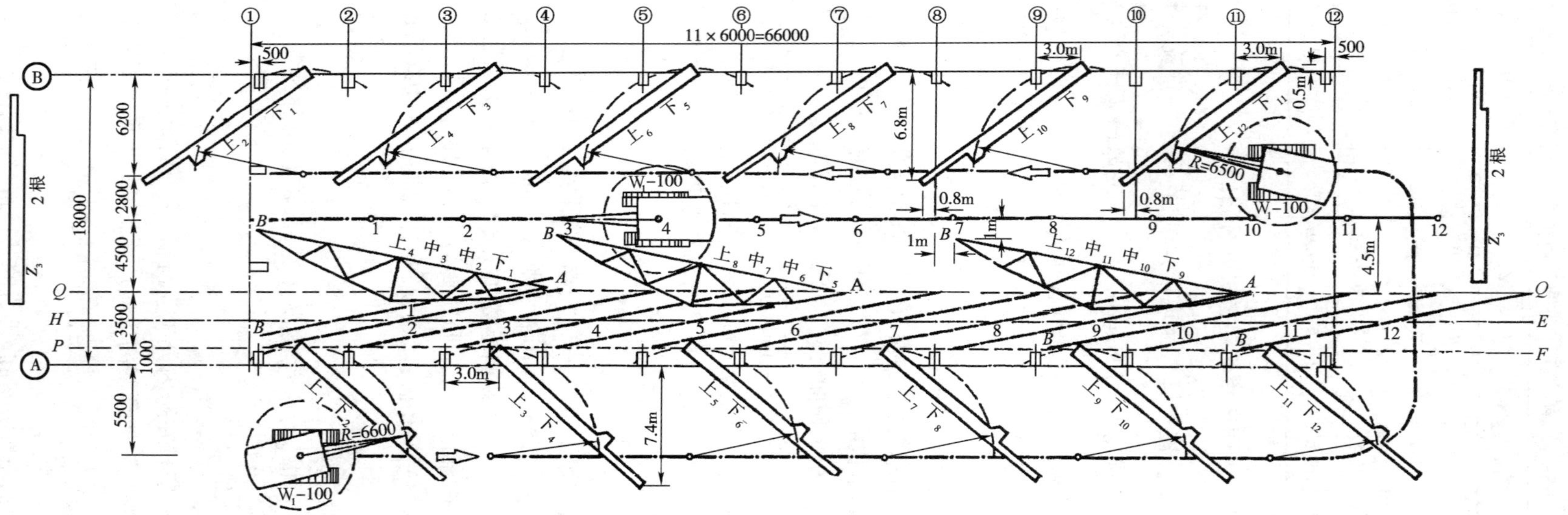

图6-50 某厂金工车间预制构件平面布置图（尺寸单位：mm）

起重机自 A 轴线跨外进场，接 23m 长起重臂，自①至先⑫吊装 A 列柱，再吊装两根抗风柱。然后转去沿 B 轴线自⑫至①吊装 B 列柱，再吊装两根抗风柱。然后自①至⑫吊装 A 列吊车梁、连系梁、柱间支撑等。然后自⑫到①扶直屋架、吊装 B 列吊车梁、连系梁、柱间支撑以及屋面板卸车排放等。最后起重机自①至⑫吊装屋架、屋面支撑、天沟和屋面板，然后退场。

(三) 结构吊装验算

构件的吊装应力与构件吊装时的绑扎方法及绑扎位置有关，为了保证吊装安全，使构件在吊装过程中不致由于吊装应力过大而遭受破坏，所以在拟定吊装方案时，应对构件的吊装应力进行验算。若满足不了要求，则必须采取临时加固措施或改变吊装方法，或会同设计单位修改设计。对所采用的吊具如吊索、卡环、销子、横吊梁等也必须保证有足够的强度。结构吊装验算除了作强度验算外，对不允许出现裂缝的构件还要作抗裂度验算；对允许出现裂缝的构件，其裂缝宽度不大于 0.2mm。构件作吊装验算时，荷载分项系数可取 1.0。本例结构吊装验算从略。

第三节　多层装配式房屋结构安装

装配式结构的全部构件为预制，在施工现场用起重机械装配成整体，具有施工速度快节约模板等优点。

装配式结构形式主要有墙体承重和框架承重两种，其主导工程是结构安装工程。在拟定安装方案时主要考虑吊装机械的选择和布置、安装顺序和安装方法等问题。

一、吊装机械的选择与布置

1. 吊装机械的选择

吊装机械类型的选择，要根据建筑物的结构型式、高度、平面布置、构件的尺寸及轻重等条件来确定。对于 5 层以下的民用住宅或高度在 18m 以下的多层工业厂房，可采用履带式起重机或轮胎式起重机；对于 10 层以下的民用建筑多采用轨道式塔式起重机，对于 10 层以上的高层住宅，可采用爬升式塔式起重机或附着式塔式起重机。对于起重机的选择，即要考虑到它的起吊高度，同时要考虑其覆盖范围能否满足施工的要求。因此要保证所选择的起重机的起重力 Q(kN)、起重高度 H(m)及起重力矩均能满足施工要求。

选择起重机型号时，首先绘出建筑结构剖面图(图 6-51)，在剖面图上注明最高一层主要构件的重力 Q 及所需要的起重半径 R，根据其中最大的起重力矩 M_{max}($M_{max} = Q \cdot R$)及最大起重高度 H 来选择起重机。应保证每个构件所需的 H、R、Q 均能同时满足。

2. 吊装机械的布置

起重机一般布置在建筑物的外侧，有单侧或双侧及环形布置等三种(图 6-52)。

(1)单侧布置。当房屋平面宽度较小，构件也较轻时，塔式起重机可单侧布置。此时起重半径应满足：

$$R \geqslant b + a \tag{6-8}$$

式中：R——塔式起重机吊装最大起重半径(m)；

b——房屋宽度(m)；

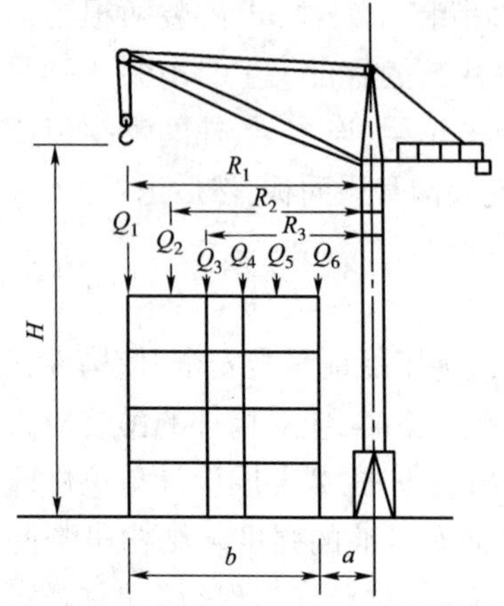

图 6-51　塔式起重机工作参数示意图

a——房屋外侧至塔式起重机轨道中心线的距离，

a = 外脚手的宽度 + 1/2 轨距 + 0.5m。

(2)双侧布置。当建筑物平面宽度较大或构件较大时，单侧布置起重力矩满足不了构件的吊装要求时，起重机可双侧布置，每侧各布置一台起重机，其起重半径应满足：

$$R \geqslant \frac{b}{2} + a \tag{6-9}$$

此种方案布置时两台起重臂高度应错开，吊装时防止相撞。

(3)环形布置。如果工程不大，工期不紧，两侧各布置一台塔吊将造成机械上的浪费。因此可环形布置，仅布置一台自行式塔吊就可兼顾两侧的运输。

当建筑物四周场地狭窄，起重机不能布置在建筑物外侧；或者由于构件较重，房屋较宽，起重机布置在外侧满足不了吊装所需要的力矩时，可将起重机布置在跨内。其布置方式有跨内单行布置和跨内环行布置两种(图 6-53)。

a)单侧布置　　b)双侧（或环形）布置

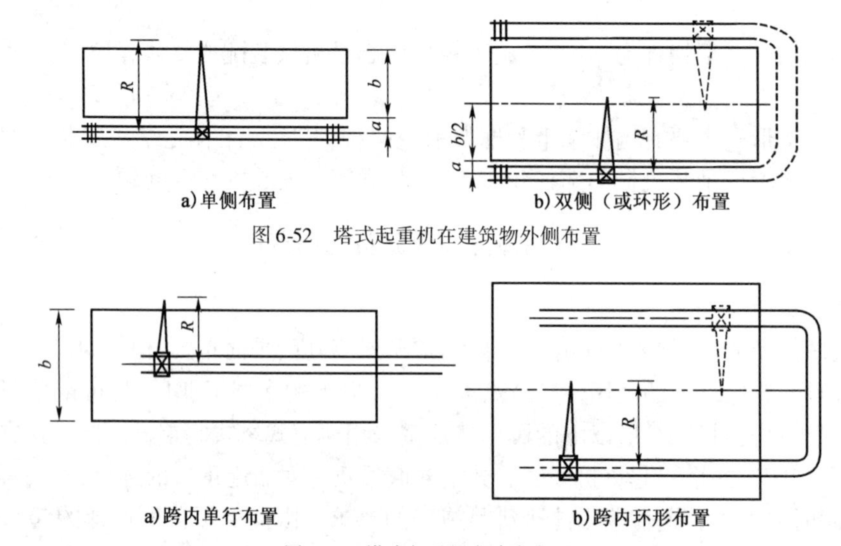

图 6-52　塔式起重机在建筑物外侧布置

a)跨内单行布置　　b)跨内环形布置

图 6-53　塔式起重机在跨内布置

跨内布置，起重机只能采用竖向综合吊装，结构稳定性差，而且构件多布置在起重机回转半径以外；增加了二次搬运。

一些重型厂房，需采用 15 ~ 40t 的重型起重机在跨内进行吊装(图 6-54)。

高层装配式结构，由于其高度很大，既要考虑到吊装机械的回转范围能否满足施工要求，又要考虑到吊装机械的稳定性，所以多采用爬升式或附着式自升塔式起重机(图 6-55)。

二、结构吊装方法与吊装顺序

多层装配式结构的吊装方法有分件吊装法和综合吊装法，一般多采用分件吊装法。

1. 分件吊装法

为了使已吊装好的构件尽早形成稳定结构并为后序工作提供工作面，分件吊装法又分为分层分段流水吊装法和分层大流水吊装法两种。

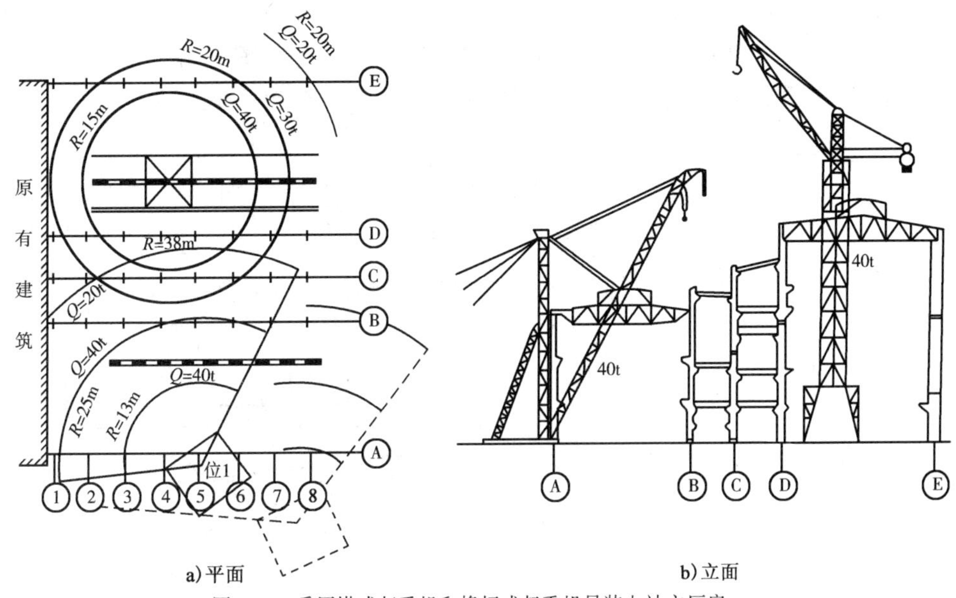

a) 平面　　b) 立面

图 6-54　采用塔式起重机和桅杆式起重机吊装电站主厂房

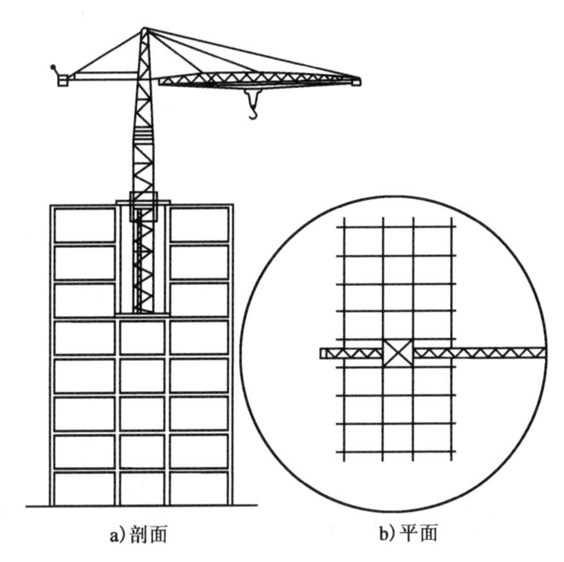

a) 剖面　　b) 平面

图 6-55　内爬式自升塔式起重机吊装高层建筑

(1)分层分段流水吊装法一般是以一个楼层为一个施工层，如柱子一节为二层高，则以两个楼层为一个施工层，然后再将每一个施工层划分为若干个施工段，以便于构件的吊装、校正、焊接及接头灌浆等工序的流水作业。起重机在每一施工段内多次往返开行，每次开行吊装一种构件，待一层各施工段构件全部吊装完毕并最后固定，形成牢固的结构体系，再吊装上一层构件。施工段的划分，主要根据建筑物的平面形状和尺寸、性能及平面布置、完成各工序所需时间和临时固定设备的数量来确定。框架结构的施工段以 4 ~ 8 个节间为宜，大型墙板房屋一般以 1 ~ 2 个居住单元为宜。

图 6-56 为塔式起重机用分层分段流水吊装法吊装框架结构的实例。起重机依次吊装第一施工段中：1 ~ 14 号柱，在此时间内，柱的校正、焊接、接头灌浆等工序依次进行。起重机吊完 14 号柱后，回头吊装 15 ~ 33 号梁，同时进行各梁的焊接和灌浆等工序。这就完成了第一施

工段中柱和梁的吊装,形成框架,保证了结构的稳定性。然后如上法吊装第二施工段中的柱和梁。待第一、二段的柱和梁吊装完毕,再回头依次吊装这两个施工段中 64 ~ 75 号楼板,然后如上法吊装第三、四两个施工段。一个施工层完成后再向上吊装另一施工层。

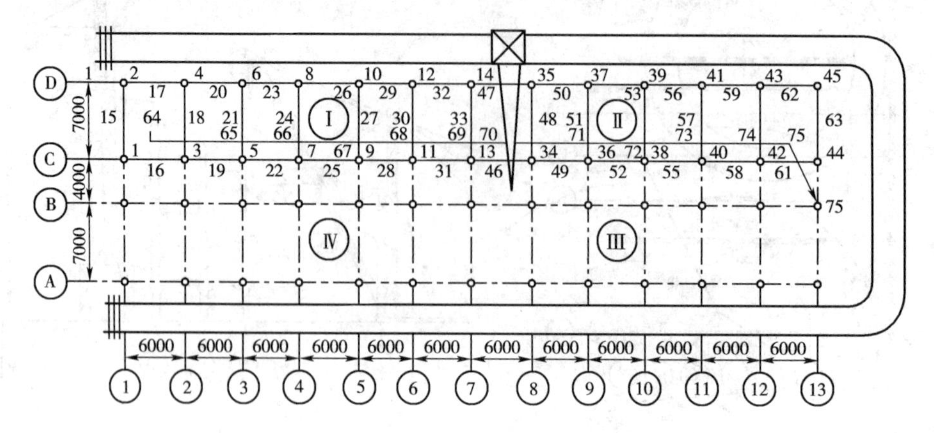

图 6-56　用分层分段吊装法吊装一个楼层构件的顺序(尺寸单位:mm)

Ⅰ、Ⅱ、Ⅲ、Ⅳ-施工段编号;1、2、3…-构件吊装顺序

(2)分层大流水吊装法是每个施工层不再划分施工段,而按一个楼层组织各工序的流水。

分件吊装法的优点是每次均吊装同类型构件,可减少起重机变幅和索具的更换次数;有利于校正、焊接、灌浆等工序的流水作业;容易安排构件的供应和现场布置,因而提高了吊装效率,因此在装配式结构安装中被广泛采用。

2. 综合吊装法

综合吊装法是以一个节间或若干个节间为一个施工段,以房屋的全高为一个施工层来组织各工序的流水。起重机把一个施工段的构件吊装至房屋的全高,然后转移到下一个施工段。采用此法吊装时,起重机宜布置在跨内,采取边吊边退的行车路线。

图 6-57 为采用履带式起重机跨内开行以综合吊装法吊装两层框架结构的实例。该工程

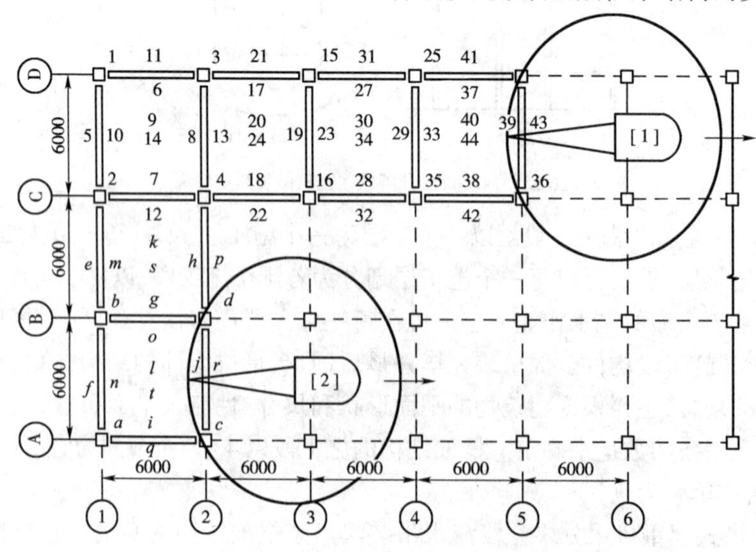

图 6-57　用综合吊装法吊装框架结构件的顺序(尺寸单位:mm)

1、2、3、4…-[1]号起重机吊装顺序;a、b、c、d…-[2]号起重机吊装顺序

采用两台履带式起重机,其中[1]号起重机吊装 *CD* 跨的构件,首先吊装第一节间的 1 ~4 号柱(柱是一节到顶),随即吊装该节间的 5 ~8 号楼层梁,形成框架后,接着吊该层 9 号楼板;然后吊装 10 ~13 号屋面梁和 14 号屋面板。这样,起重机退一个停机位置,再用相同顺序吊装第二节间,其余以此类推,直至吊完 *CD* 跨全部构件后退场。[2]号起重机则在 *AB* 跨开行,负责吊装 *AB* 跨的柱、梁和板,再加 *BC* 跨的梁和板,吊装方法与[1]号起重机相同。

采用综合吊装法,每次吊装不同构件需要频繁变换索具,工作效率不高;构件接头处的混凝土强度需达到设计强度标准值的 75%,才能安装上层构件,势必会造成吊装长时间间断,使工期得不到保证;由于吊装构件品种不断变换不利于构件的供应和排放;而且工人在施工中,上下频繁,劳动强度较大。因此,在装配式结构吊装中很少使用综合吊装法。

三、构件的平面布置与排放

多层装配式房屋的预制构件,除较重、较长的柱子需在现场就地预制外,其他构件大多数由预制厂集中预制后运往工地吊装。因此,构件平面布置应重点解决柱子的预制现场布置和预制构件的堆放问题。

构件的平面布置取决于房屋的结构特点、起重机的性能及现场布置方案、构件的重量、形状及制作方法。构件布置一般应遵循以下原则:

(1)预制构件应尽量布置在起重机的回转半径之内,避免二次搬运。如场地狭小时,一部分小型构件可集中堆放在施工现场附近,吊装时再运到吊装地点。

(2)重型构件应尽量布置在起重机附近,中小型构件可布置在外侧。

(3)构件布置地点及朝向应与构件吊装到建筑物上的位置相配合,以便在吊装时减少起重机的变幅及构件空中调头。

柱子的平面布置方式有平行于起重机轨道和垂直于起重机轨道及斜向布置等方式,现场预制柱宜采用平行布置方式叠层预制;旋转法起吊可采用斜向布置;起重机在跨内开行时,为使吊点在起重半径之内,柱可垂直布置。梁、板等构件堆放在柱子外侧。

对于梁板等较小的构件,如有可能最好采用随运随吊的方法,就是构件由汽车运至工地后,用起重机从汽车上直接吊起安装,这种方法可减少构件堆放场地,减少装卸用工,但需要有严密的施工组织,以确保构件的连续供应。

图 6-58 为使用塔式起重机跨外吊装多层厂房的构件平面布置图,柱斜向布置在靠近起重机轨道外,梁板布置在较远处。

图 6-59 是使用爬升式塔式起重机跨内吊装高层框架结构的构件平面布置实例。全部构件集中工厂预制,然后运到工地吊装。除楼板和墙板直接运到现场存放外,其他构件均在现场附近另辟转运站,吊装时进行二次搬运,由一台履带式起重机在现场卸车。

四、构件吊装工艺

1. 框架结构吊装

多层装配式框架结构由柱、主梁、次梁、楼板等组装而成。结构柱截面一般为方形或矩形。为便于预制和吊装,上下各层柱的截面应尽量一致。为适应上下层柱承载能力的变化,可采取改变柱内配筋或混凝土强度等级的方法来解决。柱的长度可做成 1 层 1 节或 2 ~3 层一节,也可做成梁柱整体式结构(H 形或 T 形构件),这样可以减少接头数量,有利于提高吊装效率。当然这也要考虑现场的起重设备是否能满足吊装要求。

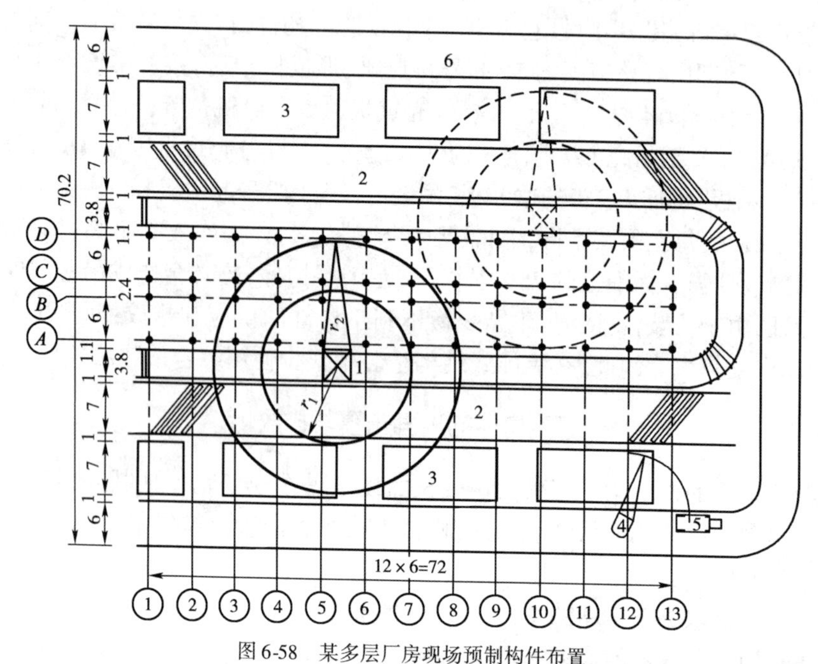

图6-58 某多层厂房现场预制构件布置

1-塔式起重机;2-预制柱场地;3-梁板堆场;4-汽车起重机;5-载重汽车;6-道路

(1)柱的吊装

①绑扎与起吊。柱子长度在12m以内时,通常采用一点直吊绑扎,柱子较长时,可采用两点绑扎,但应对吊点位置进行强度和抗裂度验算。由于多点绑扎柱子受力状态多变,在吊装过程中容易产生裂缝,甚至断裂,所以尽量少采用多点绑扎的方式。

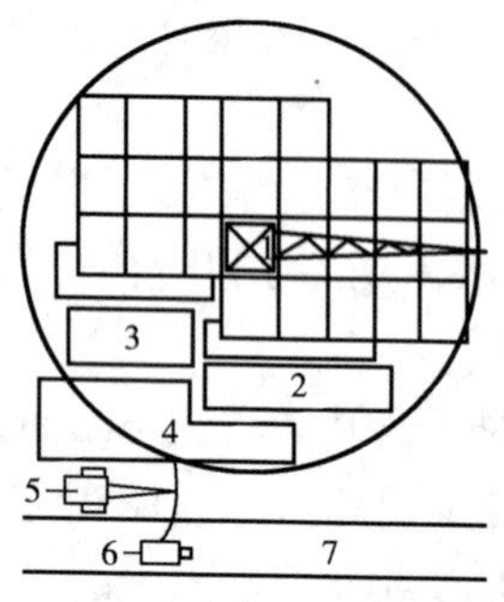

图6-59 高层框架结构构件平面布置

1-爬升式塔式起重机;2-墙板堆放区;3-楼板堆放区;4-柱梁堆放区;5-履带式起重机;6-载重汽车;7-道路

柱的起吊方法与单层工业厂房柱的吊装相同,也有旋转法和滑移法两种。无论采用何种方法,都应做好柱底部钢筋的保护工作,防止钢筋碰弯,给下面安装接头钢筋的对正带来麻烦。常用的保护方法有:用钢管保护柱脚外伸钢筋,用钢筋三脚架套在柱端钢筋处或用垫木保护等方法(图6-60)。由于旋转法有利于柱脚钢筋的保护,所以一般多采用旋转法起吊。

②柱的临时固定与校正。底层柱直接插入基础杯口内,与单层工业厂房安装方法相同。上下柱之间的连接是框架结构吊装的关键,上柱与下柱间的对位工作应在起重机脱钩前进行。柱子的校正和临时固定,可用管式支撑进行(图6-61)。管式支撑是两端装有螺杆的铁管,可通过旋转螺杆而调整其长短。其上端与套在柱上的夹箍相连,下端与楼板上的预埋件相连,用以临时固定柱子并通过调整其长度而自如地校正柱的竖直度。

柱子的校正需分2~3次进行。对于焊接方式连接的柱子,第一次校正在脱钩之后,电焊之前进行;第二次是在柱接头电焊后进行,以校正因电焊产生的收缩不均造成的偏差;第三次是在柱与梁连接及吊装楼板之后,为消除荷载及电焊产生的偏差。另外,对于多层框架细而长的柱子,由于强烈的日光照射,会使柱子产生弯曲变形,这种温度变形有时会影响校正精度,必须引起足够的重视。对于温度变形可采取以下措施:选择无阳光影响的天气进行校正;同一轴线的柱子,可选择第一根柱子在无阳光影响下的精确校正作为标准柱,其余的柱子校正时均以

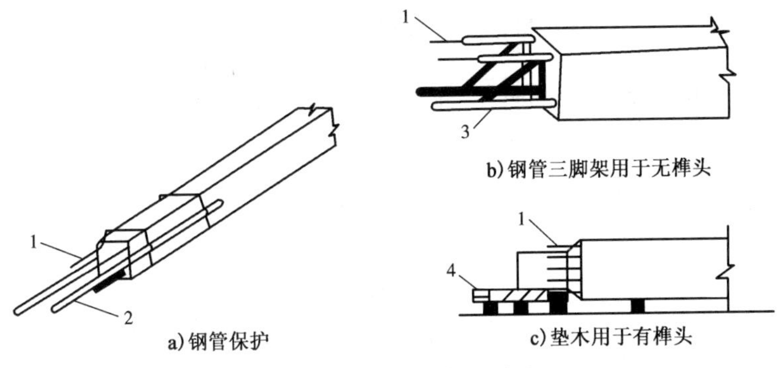

图6-60　柱脚外伸钢筋保护方法

1-外伸钢筋;2-钢管;3-钢管三脚架;4-垫木

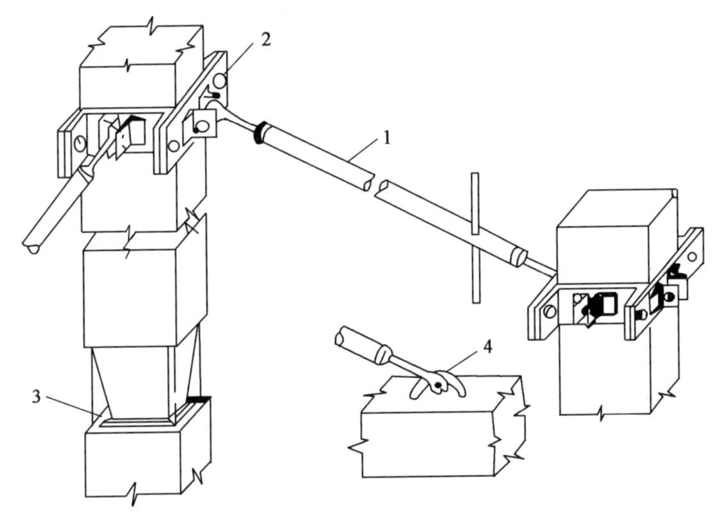

图6-61　管式支撑临时固定柱简图

1-管式支撑;2-夹箍;3-预埋钢板及点焊;4-预埋件

这一柱子为准。柱子校正时预留偏差。

柱垂直度的校正,首先应力求最下节柱垂直度校正准确,使偏差在允许范围之内。以上各节柱垂直度校正,应以最下节柱的根部中心线为准,这样可避免误差积累。边柱和角柱可直接用经纬仪观测;框架结构的内柱在楼板安装后,经纬仪设在地面,只能看到下测点而看不到上测点,此时可将下测点(下柱底中心线)引测到上面去,再将经纬仪移到楼面上观测上节柱的垂直度。若柱接头位于楼板之上,可在安装部分楼板之后,将下测点引到下节柱顶上;若柱接头位于楼面标高处,可先确定几条控制轴线,楼板安装后用经纬仪从控制桩将控制轴线引到楼板上,再根据控制轴线引出全部柱的设计轴线,作为上节柱安装定位及校正垂直度的依据。

③柱的接头。柱接头形式有榫式接头、插入式接头和浆锚式接头三种(图6-62)。

a. 榫式接头。榫式接头是上柱带有榫头,通过上柱和下柱外露的受力钢筋用坡口焊焊接,配置若干箍筋,最后浇筑接头混凝土以形成整体。为使安装时上下柱外露钢筋对准,柱在预制时可采用数节通长预制,接头处用钢板将混凝土断开,吊装前将钢筋切断成剖口。

b. 插入式接头。插入式接头是将上柱做成榫头,下柱顶部做成杯口,上柱榫头插入杯口后用压力灌浆填实杯口间隙形成整体。压力灌浆的压力一般为0.2~0.5MPa。也可采用自重挤浆的方式填充杯口间隙。自重挤浆是先在杯口内放进砂浆,然后将上柱榫头插入杯口,靠自

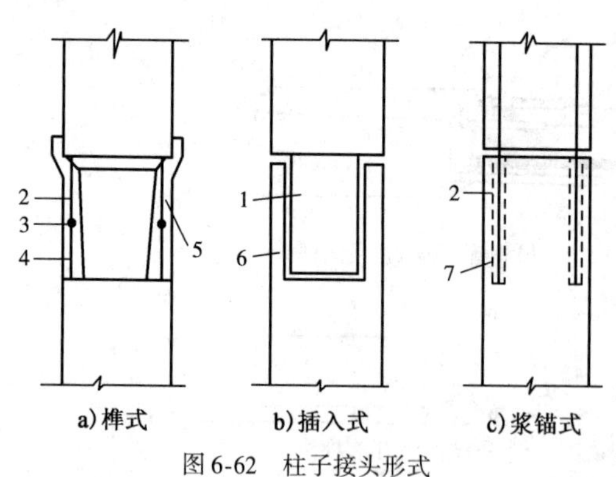

图6-62 柱子接头形式

1-榫头;2-上柱外伸钢筋;3-坡口焊;4-下柱外伸钢筋;5-后浇接头混凝土;6-下柱杯口;7-下柱预留孔洞

重力挤出砂浆。装进杯口的砂浆体积为接缝空隙体积的1.5倍。

c.浆锚式接头。浆锚式接头是将上柱受力钢筋插入下柱的预留孔洞中,然后用水泥砂浆灌缝锚固上柱钢筋形成整体。也可在插入钢筋之前,向孔洞内先灌筑水泥砂浆,采用坐浆的形式使上下柱连成整体。这种接头形式在插入钢筋之前应检查端部钢筋是否弯曲,如弯曲应及时纠正,以利对正下柱孔洞。此种方式纵向钢筋不宜过多,否则不易对准孔洞。孔洞直径一般为钢筋直径的4倍,且不小于80mm。

(2)梁与柱接头。梁和柱子的接头是关系到框架结构的强度和刚度的重要环节。常用接头形式有以下几种(图6-63):

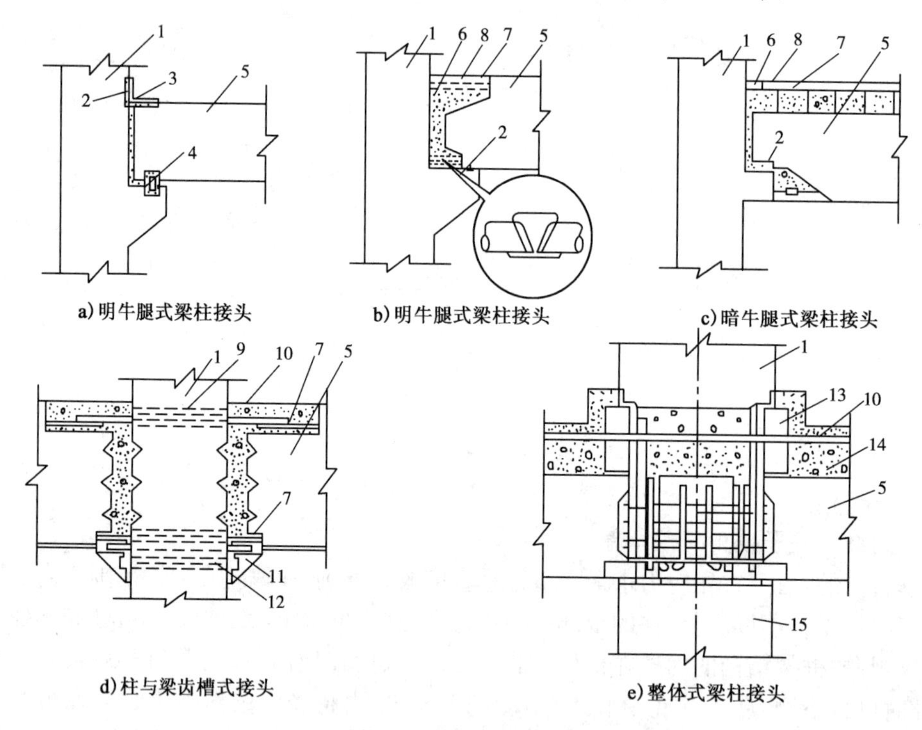

图6-63 柱与梁接头形式

1-柱;2-预埋铁板;3-贴焊角钢;4-贴焊钢板;5-梁;6-柱的预埋钢筋;7-梁的外伸筋钢;8-剖口焊;9-预留孔;10-负筋;11-临时牛腿;12-固定螺栓;13-钢支座;14-叠合层;15-下柱

①牛腿式接头。牛腿式接头是利用柱上的预制牛腿,将梁端放置在牛腿上,预埋钢板或钢筋焊接后即可松钩。根据施工后牛腿是否外露可分为明牛腿式与暗牛腿式。明牛腿式多用于工业建筑,暗牛腿式多用于民用住宅。图6-63中a)、b)为明牛腿式,c)为暗牛腿式。

②齿槽式接头。吊装齿槽式接头的梁时,由于梁在临时牛腿上搁置面积较小,为确保安全,需将梁端的上部接头钢筋焊好两根后才能松钩(图6-63d)。齿槽接缝处应灌筑强度等级比构件混凝上强度等级提高二级的细石混凝土。在浇筑过程中必须确保捣实,必要时接缝处混凝土应加早强剂,以提早进行上层的施工。

③整体式梁柱接头。此种方式梁搁在柱上，柱为每层一节，上层柱可用钢支座垫起以保证梁的叠合层钢筋穿过，节点核心区加有箍筋(图6-63e)。柱子校正后即可浇筑混凝土。接头处混凝土要求与齿槽式接头相同。

2. 墙板结构吊装

装配式大型墙板的安装方法有储存安装法和直接吊装法两种。

储存吊装法是将构件在吊装前按型号、数量配套运往现场，在起重机有效工作范围内储存堆放，一般储存1~2层楼用的构配件。此法能保证安装工作连续进行，但占用场地多。

直接吊装法为随运随吊，墙板按顺序配套运往现场，直接从运输汽车上吊到建筑物上安装。此法可减少构件堆场，但运输车辆必须保证供应，否则会造成吊装间断。

(1)安装前的准备：

①抄平放线。首层可根据标准桩用经纬仪定出房屋的纵横控制轴线，然后根据控制轴线定出其他轴线。二层以上的墙板轴线用经纬仪由基础墙轴线标志直接往上引。

首层标高可用水准仪根据水平控制桩进行抄平，二层以上各层标高可用钢尺及水准仪在墙板顶面以下100mm处测设标高线，以控制楼板标高。

②铺灰墩(灰饼)。为控制墙板底面标高，墙板吊装前应在墙板两侧边线内两端铺两个灰墩(灰饼)，以控制墙底面标高。灰墩表面要平整、标高要准确，两相邻灰墩的高差应控制在2mm以内。灰墩宽度与墙板厚度相同，长度应视墙板的重量而定。吊装墙板时，在相邻灰墩间铺以略高于灰墩的湿砂浆，这样可使墙板下部接缝密实。

(2)吊装顺序。大型墙板的吊装顺序，应根据房屋的构造特点和现场具体情况而定。一般多采用逐间封闭法吊装。为减小误差积累，从建筑物中间某一个开间开始，按先安内墙、后安外墙的顺序逐间封闭。逐间闭合后，随即焊接固定，因而施工期间的整体稳定性较好(图6-64)。

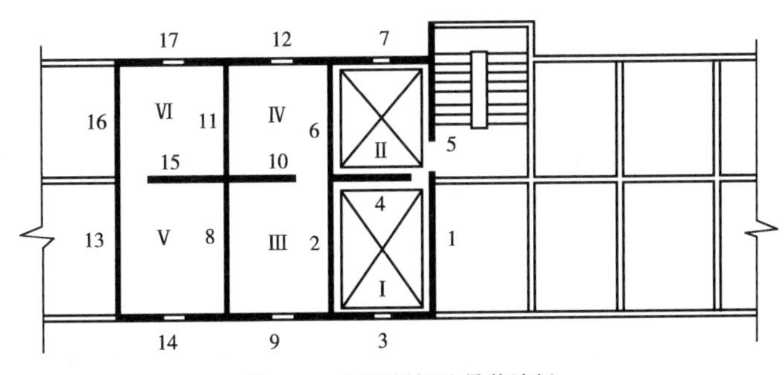

图6-64 逐间封闭法吊装墙板

1、2、3…-墙板安装顺序；Ⅰ~Ⅵ-逐间封闭顺序；☒-标准间

一层墙板全部吊完后，就可浇筑各墙板之间的立缝，然后在墙板上面浇筑混凝土圈梁，待圈梁混凝土达到一定强度后，方可吊装楼板。至此，一层楼房的吊装工作即告完成，接着再在二层楼面上做灰墩，其方法与前一层相同。

第四节 空间网架结构吊装

空间网架结构是许多杆件沿平面或立面按一定规律组成的高次超静定空间网状结构。它改变了一般桁架的平面受力状态，由于杆件之间互相支撑，所以结构的稳定性好，空间刚度大，能承受来自各个方向的荷载。空间网架结构在大跨结构中应用较为广泛。

空间网架结构的施工特点是跨度大、构件重、安装位置高,因此,合理地选择施工方案是空间网架结构施工的重要环节。

网架的安装方法及适用范围如下:

(1)高空散装法。适用于螺栓连接节点的各种类型网架,并宜采用少支架的悬挑施工方法。

(2)分条或分块安装法。适用于分割后刚度和受力状况改变较小的网架,如两向正交放四角锥、正放抽空四角锥等网架,分条或分块的大小应根据起重能力而定。

(3)高空滑移法。适用于正放四角锥、正放抽空四角锥、两向正交正放四角锥等网架,滑移时滑移单元应保证成为几何不变体系。

(4)整体吊装法。适用于各种类型的网架,吊装时可在高空平移或旋转就位。

(5)整体提升法。适用于周边支承及多点支承网架,可用升板机、液压千斤顶等小型机具进行施工。

(6)整体顶升法。适用于支点较少的多点支承网架。

一、高空散装法

高空散装法是将网架的杆件和节点(或小拼单元)直接在高空设计位置总拼成整体的方法。高空散装法适用于螺栓球节点或高强螺栓连接的各种类型网架,并宜采用少支架的悬挑施工方法。因为焊接连接的网架采用高空散装法施工时,不易控制标高和轴线,另外还需采取防火措施。

高空散装法的特点是网架在设计标高一次拼装完成。其优点为可用简易的起重运输设备,甚至不用起重设备即可完成拼装,可适应起重能力薄弱或运输困难的山区等地区。其缺点为现场及高空作业量大,同时需要大量的支架材料。

1. 工艺特点

高空散装法分全支架法(即搭设满堂脚手架)和悬挑法两种。全支架法可将一根杆件、一个节点的散件在支架上总拼或以一个网格为小拼单元在高空总拼。悬挑法是为了节省支架,将部分网架悬挑。

2. 拼装支架

用于高空散装法的拼装支架必须牢固,不宜采用竹、木材料,设计时应对单肢稳定、整体稳定进行验算,并估算其沉降量。沉降量不宜过大,并应采取措施,能在施工中随时进行调整。

(1)支架稳定验算。支架的单肢稳定验算可按一般钢结构设计方法进行。如采用满堂脚手架可按脚手架有关规定验算。

(2)支架沉降控制。支架的整体沉降量由钢管接头的空隙压缩、钢杆的弹性压缩、地基的沉陷等组成。如地基不好,应夯实加固,并用木板铺地以分散支柱传来的集中荷载。高空散装法要求支架沉降不超过5mm。大型网架施工时,可对支架进行试压,以取得沉降变形等有关资料。拼装支架不宜用木或竹搭设,因为它们容易变形且易燃,故当网架用焊接连接时禁用。

(3)支架拆除。支架拆除应从中央逐圈向外分批进行,每圈下降速度必须一致,应避免个别支点受力集中,造成拆除困难。对于大型网架,应根据自重挠度分批进行拆除。

3. 螺栓球节点网架拼装

螺栓球节点网架的安装精度由工厂保证，现场无法进行大量调整。高空拼装时，一般从一端开始，以一个网格为一排，逐排前进。拼装顺序为：下弦节点→下弦杆→腹杆及上弦节点→上弦杆→校正→全部拧紧螺栓。校正前，各工序螺栓均不拧紧，如经试拼，确有把握时也可以一次拧紧。

图6-65所示为上海银河宾馆多功能大厅用高空散装法拼装完成。

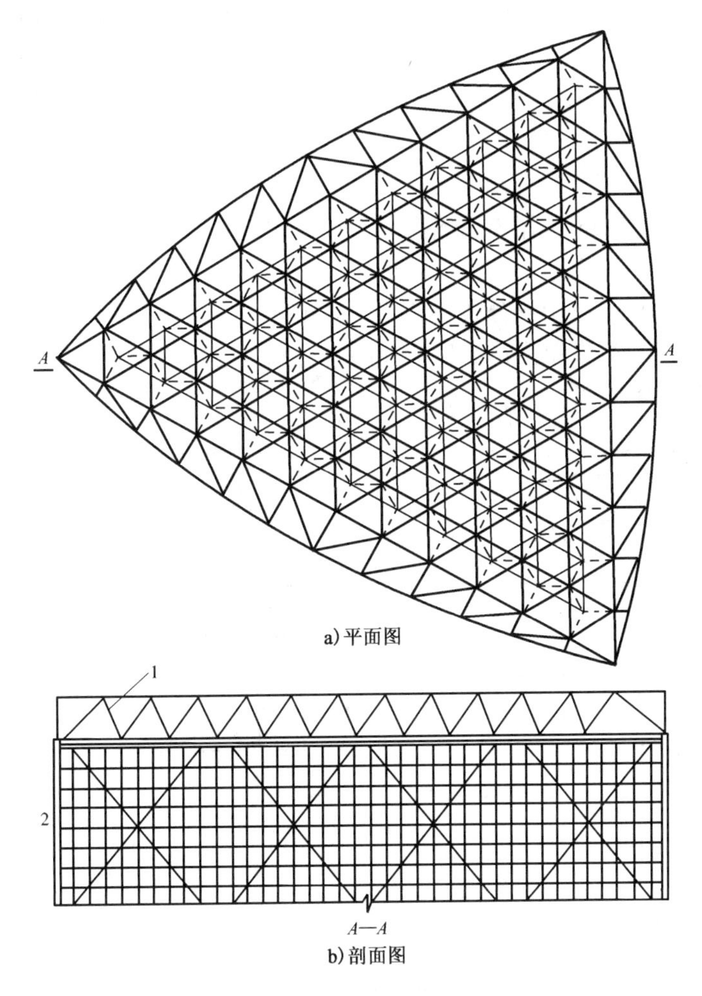

图6-65　上海银河宾馆多功能大厅

1-网架；2-拼装支架

二、分条（分块）吊装法

分条（分块）吊装法是将网架从平面分割成若干条状或块状单元，每个条（块）状单元在地面拼装后，再由起重机吊装到设计位置总拼成整体。

1. 工艺特点

条状单元一般沿长跨方向分割，其宽度约为1～3个网格，其长度为短跨跨距或短跨跨距的一半。块状单元一般沿网架平面纵横向分割成矩形或正方形单元。每个单元的重量以现有起重机能胜任为准。条（块）与条（块）之间可以直接拼装，也可空一网格在高空拼装。由于条(块)状单元是在地面拼装,因而高空作业量较高空散装法大为减少,拼装支架也减少很多,又能充分利用现有起重设备,故较经济。这种安装方法适用于分割后网架的刚度和受力状况改变较小的各类中小型网架,如两向正交正放四角锥、正放抽空四角锥等网架。

2. 条(块)单元划分

网架分割成条(块)状单元后,其自身应是几何不变体系,同时还应有足够的刚度,否则应采取临时加固措施。对于正放类网架,分成条(块)状单元后,一般不需要加固。但对于斜放类网架,分成条(块)状单元后,由于上(下)弦为菱形结构可变体系,必须加固后方可吊装(图 6-66)。由于斜放类网架加固后增加了施工费用,因此这类网架不宜分割,宜整体安装或高空散装。

条(块)状单元有如下几种分割方法:

(1)单元相互靠紧,下弦用双角钢分为两个单元 L(图 6-67a),可用于正放四角锥网架;

(2)单元相互靠紧,上弦用剖分式安装节点连接(图 6-67b),可用于斜放四角锥网架;

(3)单元间空一网格,在单元吊装后再在高空将此空格拼成整体(图 6-67c),可用于两向正交正放或斜放四角锥网架。

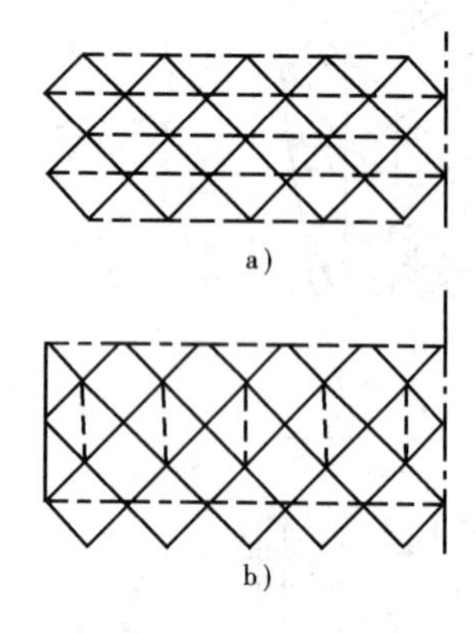

图6-66 斜放四角锥网架上弦加固示意图
(虚线表示临时加固杆件)

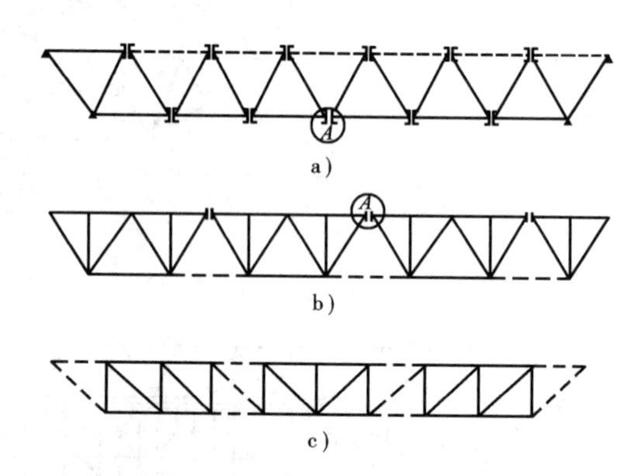

图 6-67 网架条(块)状单元划分方法
(A 表示剖分式安装节点)

3. 挠度控制

条状单元在吊装就位过程中的受力状态属平面结构体系,而网架是按空间结构设计的,因此条状单元在总拼前的挠度比形成整体网架后的挠度大,故在合拢前必须在中部用支撑顶起,调整其挠度使其与整体网架挠度符合。块状单元在地面拼成后,应模拟高空支承条件,观察其挠度,以确定是否要调整。

4. 条(块)状单元几何尺寸控制

条(块)状单元尺寸,形状必须准确,以保证高空总拼时节点吻合及减少积累误差,可采取预拼装或在现场临时配杆等措施解决。

图 6-68 为一平面尺寸 45m×36m 的斜放四角锥网架分块吊装实例。该网架分成 4 个块状单元,而每块间留出一节间,在高空总拼时连接成整体。每个单元的尺寸为 15.75m×20.25m,单元重约 12t。在单元周边均有加固杆件,以形成稳定结构。就位时,在网架中央仅需搭设一个井字式支架支承网架单元,所需支架较少,经济适用。

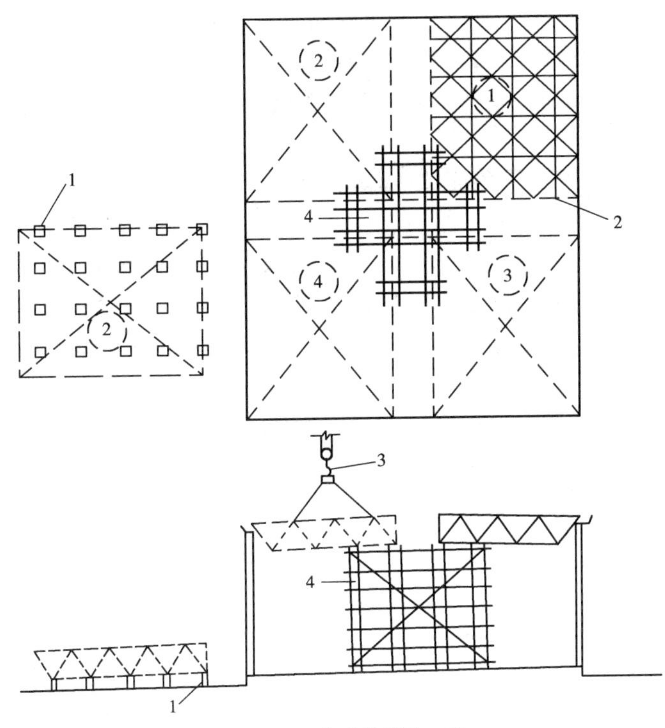

图 6-68　网架分块吊装工程

1-单元拼装用砖墩;2-临时封闭杆件;3-起重机吊钩;4-拼装支架

图 6-69 为一平面尺寸为 45m × 45m 的两向正交正放网架分条吊装实例。网架共分 3 个条状单元,每条重量分别为 15t、17t、15t,由两台起重机抬吊一单元进行吊装,条状单元间空一网格在总拼时进行高空连接。由于施工场地十分狭小,以致条状单元只能在建筑物内制作,吊装时倾斜起吊后就位,总拼前用钢管加千斤顶调整挠度,利用装修脚手架连接单元间杆件。

三、高空滑移法

将网架条状单元在建筑物上由一端滑移到设计位置后再拼成整体的方法称高空滑移法。

1. 工艺特点

高空滑移法分为下列两种方法:

(1)单条滑移法(图 6-70a)是将条状单元一条一条地分别从一端滑移到另一端就位安装,各条单元之间分别在高空再连接。即逐条滑移,逐条连成整体。

此种方法的特点是摩阻力小,如装上滚轮,当小跨度时可不必用机械牵引,用橇棍即可撬动,但单元之间的连接需要脚手架。

(2)逐条积累滑移法(图 6-70b)是先将条状单元滑移一段距离后(能连接上第二条单元的宽度即可),连接上第二条单元后,两条单元一起再滑移一段距离(宽度同上),再接第三条,三条又一起滑移一段距离……如此循环操作直至接上最后一条单元将整体网架滑移至设计位置。

此种方法的特点是在建筑物一端搭设支架,牵引力逐次加大,要求滑移速度较慢(约为 1m/min),一般需要多门滑轮组变速,故采用小型卷扬机或手动葫芦牵引即可。

高空滑移法按摩擦方式的不同可分为滚动摩擦式(即在网架上安装有滚轮)和滑动摩擦

式两种。待滑移的网架条状单元可以在地面或高空制作。滑移方式除水平滑移外，还可利用屋面坡度下坡滑移，以节约动力。有时因条件限制也可上坡滑移。

当选用逐条累积滑移法时，条状单元拼接时容易造成轴线偏差，可采取试拼或散件拼装等措施避免之。

高空滑移法的主要优点是设备简单，不需大型起重设备，成本低。特别在场地狭小或跨越其他结构、设备等与起重机无法进入时更为合适。其次是网架的滑移可与其他土建工程平行作业，而使总工期缩短。如体育馆或剧场等土建、装修及设备安装等工程量较大的建筑，更能发挥其经济效益。因此，端部拼装支架最好利用室外的建筑物或搭设在室外，以便空出室内更多的空间给其他工程平行作业。在条件不允许时才搭设在室内的一端。

图6-71为高空滑移法工程实例。该工程平面尺寸45m×55m，为斜放四角锥网架，沿长跨方向分为7条，为便于运输，沿短跨方向又分为两条，每条尺寸为22.5m×7.86m，重7~9t，单元在高空直接拼装。

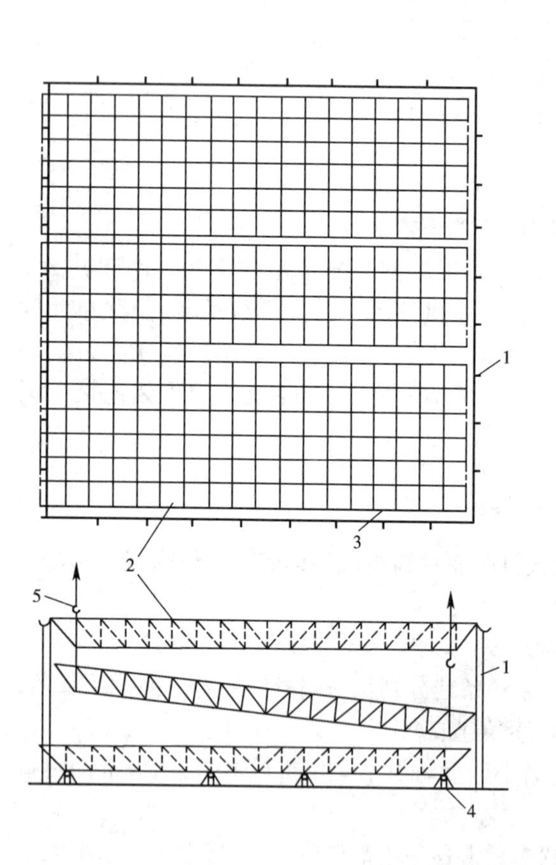

图6-69　网架分条吊装工程实例

1-柱；2-网架；3-为吊装而拆去的杆件；4-拼装支架；5-起重机吊钩

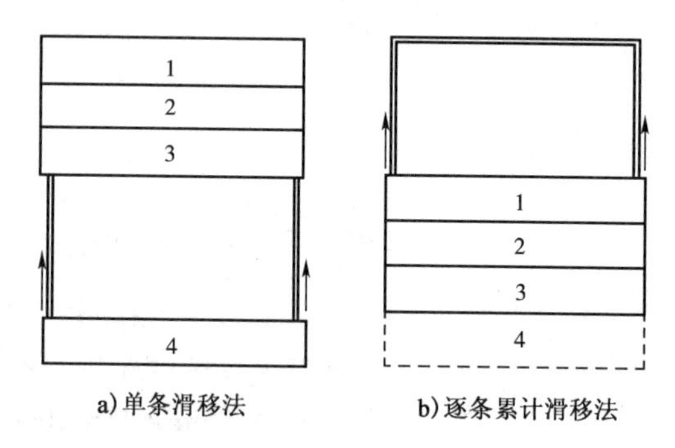

图6-70　高空滑移法分类图

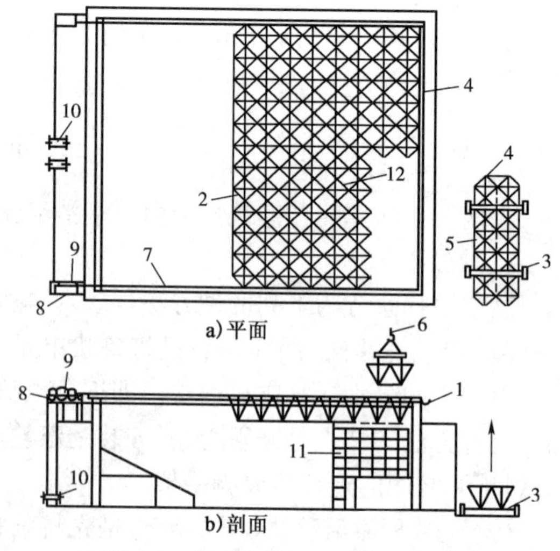

图6-71　滑移安装网架结构工程实例

1-天钩梁；2-网架（临时加固杆件未示出）；3-拖车架；4-条状单元；5-临时加固杆件；6-起重机吊钩；7-牵引绳；8-反力架；9-牵引滑轮组；10-卷扬机；11-脚手架；12-剖分式安装节点

2. 滑移装置

（1）滑轨。滑移用轨道有各种形式（图6-72），对于中小型网架可用圆钢、扁铁、角钢或小槽钢构成,对于大型网架可用钢轨、工字钢、槽钢等构成。滑轨可用焊接或螺栓固定于梁上,其安装水平度及接头要求与吊车梁轨道相同。滑轨标高宜与网架支座同高,这样拆除滑轨较方便。采用滚动摩擦式滑移时,滚轮也可装于侧边,以便拆除滑轨及安装网架支座。

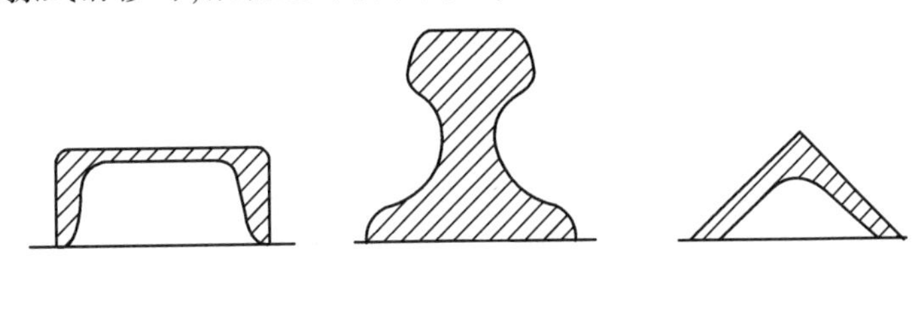

图 6-72　各种滑轨形式

(2)导向轮。导向轮为滑移安全保险装置,一般设在导轨内侧。在正常滑移时导向轮与导轨脱开,其间隙为 10 ~ 20mm,只有当同步差或拼装偏差超出规定值较大时才会碰上(图 6-73)。

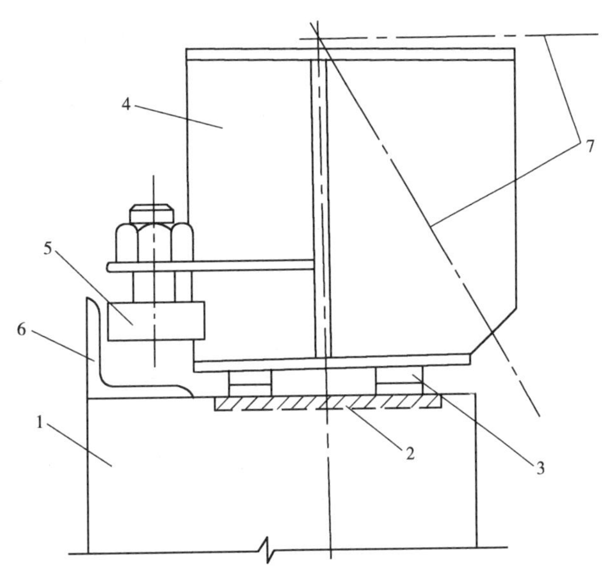

图 6-73　导轨与导向轮设置

1-天钩梁;2-预埋钢板;3-滑轨;4-网架支座;5-导轮;6-导轨;7-网架

四、整体提升及整体顶升法

将网架在地面就位拼成整体,用起重设备垂直地将网架整体提(顶)升至设计标高并固定的方法,称整体提(顶)升法。

提升法和顶升法的共同优点是可以将屋面板、防水层、天棚、采暖通风与电气设备等全部在地面或最有利的高度施工,从而大大节省施工费用;同时,提(顶)升设备较小,用小设备可安装大型结构,所以这是一种很有效的施工方法。提升法适用于周边支承或点支承网架,顶升法则适用于支点较少的点支承网架的安装。

1. 整体提升法

整体提升的概念是起重设备位于网架的上面,通过吊杆将网架提升至设计标高。可利用结构柱作为提升网架的临时支承结构，也可另设格构式提升架或钢管支柱。提升设备可用通用千斤顶或升板机。对于大中型网架，提升点位置宜与网架支座相同或接近，中小型网架则可略有变动，数量也可减少，但应进行施工验算。

有时也可利用网架为滑模平台，柱子用滑模方法施工，当柱子滑模施工到设计标高时，网架也随着提升到位，这种方法俗称升网滑模。

图6-74所示为用升板机整体提升网架的工程实例。

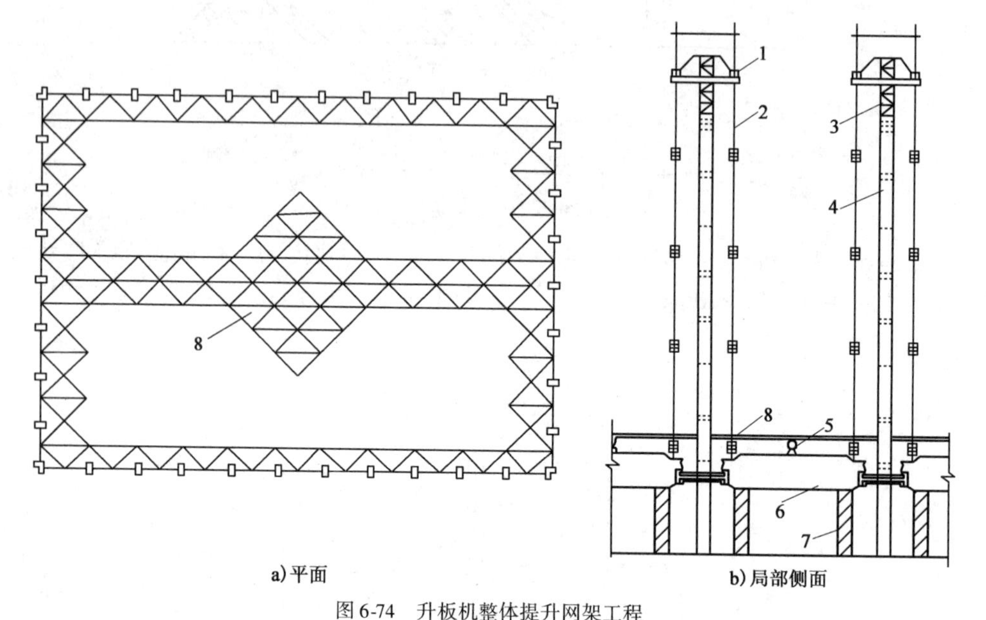

图6-74　升板机整体提升网架工程

1-升板机；2-吊标；3-小钢柱；4-结构柱；5-网架支座；6-框架梁；7-搁置砖墩；8-屋面板

该工程平面尺寸为44m×60.5m，屋盖选用斜放四角锥网架，网架自重约110t，设计时考虑了提升工艺要求，将支座搁置在柱间框架梁中间，柱距5.5m，柱高16.20m。提升前将网架就位总拼，并安装好部分屋面板。接着在所有柱上都安装一台升板机，吊杆下端则勾在框架梁上。柱每隔1.8m有一停歇孔，作倒换吊杆用。整个提升工作进行得较顺利，提升点间最大升差为16mm，小于《规程》规定的30mm。这种提升工艺的主要问题是网架相邻支座反力相差较大（最大相差约15kN），提升时可能出现提升机故障或倾斜。提升前在框架梁端用两根10号槽钢连接，并对1/4网架吊杆用电阻应变仪进行跟踪测量，检测结果表明每个升板机的一对吊杆受力基本相等，吊杆内力能自行调整。

2. 整体顶升法

顶升的概念是千斤顶位于网架之下，一般是利用结构柱作为网架顶升的临时支承结构。

图6-75所示为某6点支承的抽空四角锥网架，平面尺寸为59.4m×40.5m，网架重约45t，用六台起重能力为320kN的通用液压千斤顶，采用顶升法将网架顶升至8.7m高。

为了便于在地面整体拼装而不搭设拼装支架，采用了与网架同高的伞形柱帽。由四根角钢组成的柱子从腹杆间隙中穿过，千斤顶的使用冲程为150mm（最大冲程为180mm）。根据千斤顶的尺寸、冲程、横梁尺寸等确定上下临时缀板的距离为420mm，缀板作为搁置横梁、千斤顶和球支座用。即顶升一个循环的总高度为420mm。千斤顶共分3次（150mm+150mm+120mm）顶升到该高度，顶升容许不同步值为1/1000支点距离（即24.3mm）。顶升时用等步法（每步50mm）观测控制同步。图6-76为顶升过程图。

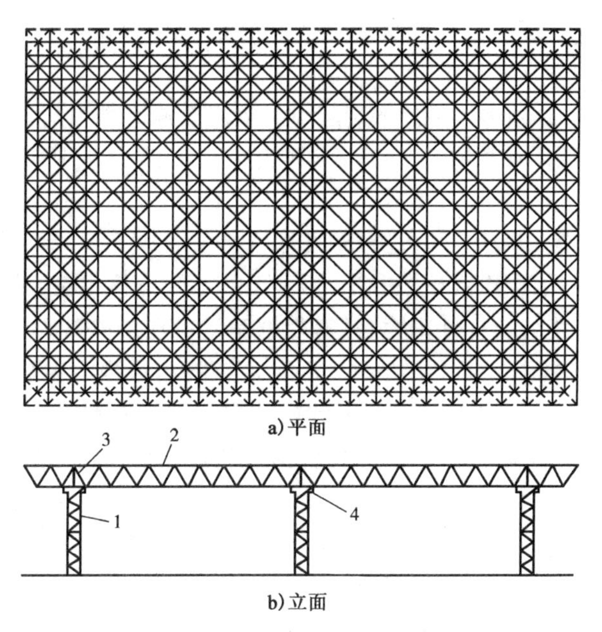

图 6-75　某网架顶升施工图

1-柱;2-网架;3-柱帽;4-球支座

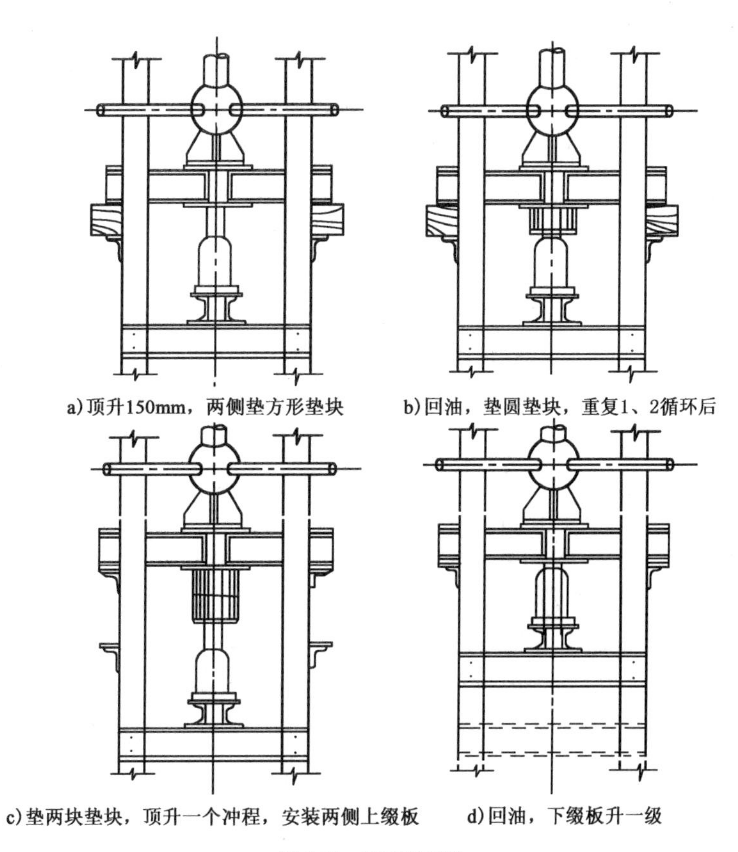

图 6-76　顶升过程图

3. 施工要点

(1) 提(顶)升设备布置及负荷能力。提升设备的布置原则是：

①网架提(顶)升时的受力情况应尽量与设计的受力情况类似;

②每个提(顶)升设备所承受的荷载尽可能接近。

为了安全使用设备,必须将设备的额定起重力乘以折减系数,作为使用负荷。当提升时,升板机取0.7~0.8,液压千斤顶取0.5~0.6。顶升时,液压千斤顶取0.4~0.6,丝杆千斤顶取0.6~0.8。

(2)同步控制。网架在提(顶)升过程中各吊点的提(顶)升差异,将对网架结构的内力、提(顶)升设备的负荷及网架偏移产生影响。经实测和理论分析比较,提(顶)升差异可用空间桁架位移法给以强迫位移分析杆件内力,具有足够精度。现场测试表明,提(顶)升差为支点距离的1/400时,最大一根杆力增加61.6N/mm^2,而该杆自重内力为20N/mm^2。这时千斤顶的负荷增加1.27倍。提(顶)升差异对杆力的影响程度与网架刚度有关,以上数据为对抽空四角锥网架的实测结果,如刚度更大的网架,引起的附加内力将更大。《规程》规定,当用升板机提升时,允许升差为相邻提升点距离的1/400,且不大于30mm。

顶升法规定的允许升差值较提升法严,这是因为顶升的升差不仅引起杆力增加,更严重的是会引起网架随机性的偏移,一旦网架偏移较大时,就很难纠偏。因此,顶升时的同步控制主要是为了减少网架的偏移,其次才是为了避免引起过大的附加内力。而提升时升差虽也会造成网架偏移,但危险程度要小。

顶升时当网架的偏移值达到需要纠正的程度时,可采用将千斤顶垫斜。另加千斤顶横顶或人为造成反升差等逐步纠正,严禁操之过急,以免发生事故。由于网架偏移是一种随机过程,纠偏时柱的柔度、弹性变形等又给纠偏以干扰,因此纠偏的方向及尺寸不一定如尽人意。故顶升时应以预防偏移为主,必须严格控制升差并设置导轨。

导轨在顶升法施工中很重要,它不仅能保证网架垂直地上升,而且还是一种安全装置。导轨可利用结构柱(如图6-76中由四根角钢组成的柱,角钢就兼导轨的作用)或单独设置。

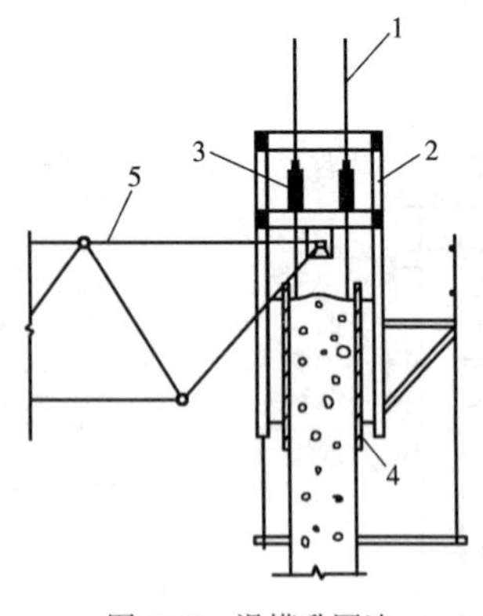

图6-77 滑模升网法

1-支承杆;2-拉升架;3-液压千斤顶;4-模板;5-网架

(3)柱的稳定性。提(顶)升时一般均用结构柱作为提(顶)升时临时支承结构,因此,可利用原设计的框架体系等来增加施工期间柱的刚度。例如当网架升到一定高度后,先施工框架结构的梁或柱间支撑,再提升网架。当原设计为独立柱或提(顶)升期间结构不能形成框架时,则需对柱进行稳定性验算。如果稳定性不够,则应采取加固措施。对于滑模升网法(图6-77)尤应注意,因为混凝土的出模强度极低(0.1~0.3MPa),所以要加强柱间的支撑体系,并使混凝土3天后达到10MPa以上,施工时即据此要求控制滑模速度。例如某工程实测1.5天混凝土强度可达14MPa左右,则滑升速度可控制在1.3m/d。此外,还应考虑风力的影响,当风速超过五级时应停止施工,并用缆风绳拉紧锚固。缆风绳应按能抵抗七级风计算。

五、整体吊装法

将网架在地面总拼成整体后,用起重设备将其吊装至设计位置的方法称为整体吊装法。

1. 工艺特点

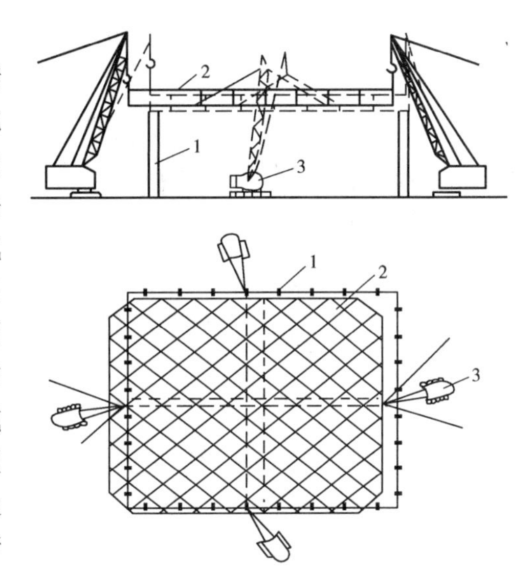

图 6-78 用 4 台起重机整体吊装

1-柱;2-网架;3-履带式起重机

用整体吊装法安装网架时,可以就地与柱错位总拼或在场外总拼,适用于焊接连接网架,因此地面总拼应易于保证焊接质量和几何尺寸的准确性。其缺点是需要较大的起重能力。整体吊装法往往由若干台桅杆或自行式起重机(履带式,汽车式等)进行抬吊,因此大致上可分为多机抬吊法(图 6-78)和桅杆吊装法(图 6-79)两类。当用桅杆吊装时,由于桅杆机动性差,网架只能就地与柱错位总拼,待网架抬吊至高空后,再进行旋转或平移到设计位置。由于桅杆的起重力大,故大型网架多用此法,但需大量的钢丝绳、大型卷扬机及劳动力,因而成本较高。但如用多根中小型钢管桅杆整体吊装网架,则成本较低。

2. 空中移位

当采用多根桅杆吊装时,有网架在空中移位的问题,其原理是利用每根桅杆两侧起重滑轮组中产生水平分力不等(即水平合力不等于零)而推动网架移动。当网架垂直提升时见

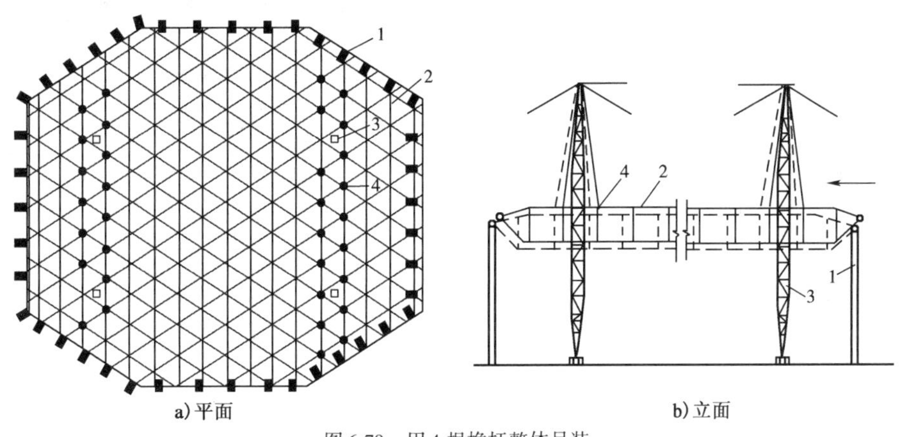

图 6-79 用 4 根桅杆整体吊装

1-柱;2-网架;3-桅杆;4-吊点

图 6-80a),桅杆两侧滑轮组夹角相等,两侧滑轮组受力相等($T_1 = T_2$),水平力也相等($H_1 = H_2$)。网架在空中移位时见图 6-80b),每根桅杆的同一侧滑轮组钢丝绳徐徐放松,而另一侧滑轮组不动。此时右侧钢丝绳因松弛而拉力 T_2 变小,左边则由于网架重力作用相应增大,水平分力也不等,即 $H_1 > H_2$,这就打破了平衡状态,网架就朝 H_1 所指的方向移动。至放松的滑轮组停止放松后,重新处于拉紧状态,则 $H_1 = H_2$,网架恢复平衡,移动也即停止。此时的力平衡方程式为

$$T_1\sin\alpha_1 + T_2\sin\alpha_2 = Q \tag{6-10}$$

$$T_1\sin\alpha_1 = T_2\sin\alpha_2 \tag{6-11}$$

因为 $\alpha_1 > \alpha_2$,故 $T_1 > T_2$。

吊装时当桅杆各滑轮组相互平行布置则网架发生平移;如各滑轮组布置在同一圆周上,则发生旋转。网架移动时由于钢丝绳的放松,网架会产生少量下降。

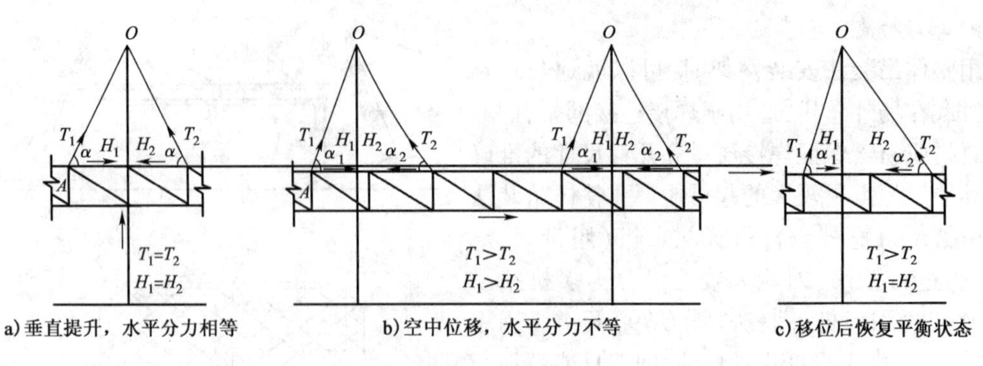

图6-80　空中移位原理图

对于中小型网架还可用单根桅杆进行吊装。

3. 负荷折减系数与同步控制

当多台起重机抬吊时,有可能出现快慢、先后不同步情况,使某些起重机负荷加大,因此每台起重机应对额定负荷乘以折减系数。当4台起重机抬吊时,乘以0.75,如起重机两两吊点穿通,则乘以0.8~0.9。当缺乏经验时应做现场测试确定折减系数。

网架整体吊装,相邻吊点的允许高差为吊点距离的1/400,且不大于100mm。控制同步最简易的方法是等步法,即各起重机同时吊升一段距离后停歇检查,吊平后再吊升一段距离,直至设计标高。也可采用自整角机同步指示装置观测提升差值。

第七章

路桥工程施工技术

第一节　路基工程施工技术

路基是道路最基本的组成部分之一，是路面或道路的基础。路基是承托路面，与路面共同承担行车荷载的作用，抵抗自然因素的侵袭的道路构筑物主体，是按线形在地表挖填成一定断面形状的土石构筑物。保证道路体具有坚实而稳定的基础是路基设计的中心任务。实践证明，没有坚固、稳定的路基，就没有稳固的路面。保证路基的强度与稳定性是保证路面强度和稳定性的先决条件。提高路基的强度和稳定性，可以适当减薄路面的结构厚度，从而使造价降低。

道路路基施工的内容一般包括：路基本体土石方工程、取土坑与弃土堆、护坡道及碎落台、路基综合排水、路基防护与加固以及由于修筑路基而引起的改沟或改河工程等。路基施工程序如图7-1所示。

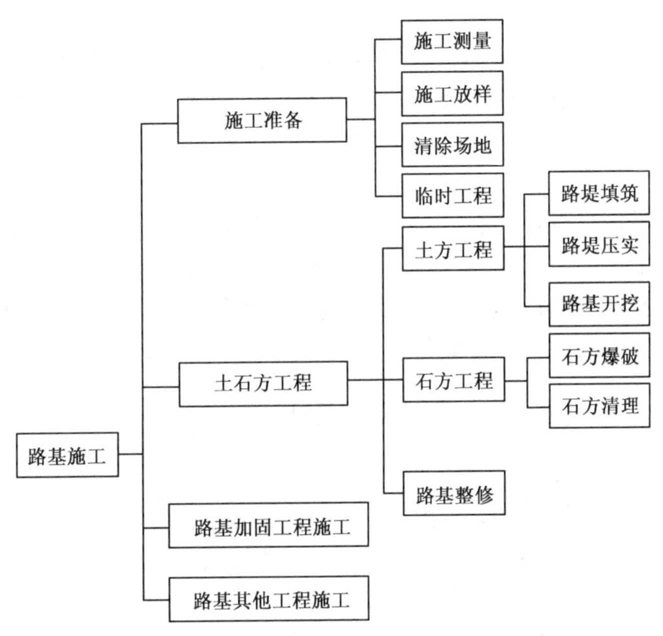

图7-1　路基施工程序框图

一、路基施工的准备工作

路基施工的主要内容,大致可归纳为施工前的准备工作和基本工作两大部分。土质路基的基本工作,是路堑挖掘成型、土的移运、路堤填筑压实,以及与路基直接有关的各项附属工程。其工程量大、施工期长,且所需人力物力资源较大,因而必须集中精力,认真对待。为此要保证正常施工,施工前的准备工作极为重要,它是组织施工的第一步,无准备的施工或准备不充分的施工,均使路基施工的基本工作难以顺利进行。

施工的准备工作,内容较多,大致可归纳为组织准备、技术准备和物质准备三个方面。

1.组织准备工作

主要是建立和健全施工队伍和管理机构,明确施工任务,制定必要的规章制度,确立施工所应达到的目标等。组织准备亦是做好一切准备工作的前提。

2.技术准备工作

路基开工前,施工单位应在全面熟悉设计文件和设计交底的基础上进行施工现场的勘察,核对与必要时修改设计文件,发现问题应及时根据有关程序提出修改意见并报请变更设计,编制施工组织计划,恢复路线,施工放样与清除施工场地,搞好临时工程的各项工作等。

现场勘察与核对设计文件,目的是熟悉和掌握施工对象特点、要求和内容,显然这是整个施工的重要步骤,舍此则其他一切工作就失去目标,难以着手。

施工组织计划是具有全局性的大事,其中包括选择施工方案、确定施工方法、布置施工现场(施工总平面布置),编制施工进度计划,拟定关键工程的技术措施等。它是整个工程施工的指导性文件,亦是其他各项工作的依据。

临时工程,包括施工现场的供电、给水,修建便道、便桥,架设临时通讯设施,设置施工用房(生活和生产所必需)等,这些均为展开基本工作的必备条件。

路基恢复定线、清除路基用地范围内一切障碍物等,是施工前的技术准备工作,亦是基本工作的一个组成部分,宜协调进行。

路基开工前应做好施工测量工作,其内容包括导线、中线、水准点复测,横断面检查与补测,增设水准点等。施工人员还应对路基工程范围内的地质、水文情况详细调查,通过取样、试验确定其性质和范围,并了解附近既有建筑物对特殊土的处理方法等。

3.物质准备工作

包括各种材料与机具设备的购置、采集、加工、调运与储存,以及生活后勤供应等。为使供应工作能适应基本工作的需要,物质准备工作必须制订具体计划,其中有的计划内容,如劳动力调配、机具配置及主要材料供应计划,必须服从于保证上述施工组织计划顺利实施,而且亦常被列为施工组织计划的一个组成部分。

二、土质路基施工方法

1.路堤填筑

(1)填料的选择。路堤通常是利用沿线附近土石作为填筑材料。但选择填料时应尽可能选择当地强度高、稳定性好并利于施工的土石材料作路堤填料。一般情况下,碎石、卵石、砾石、粗砂等具有良好透水性,且强度高、稳定性好,因此可优先采用。亚砂土、亚黏土等经压实后也具有足够的强度,故也可采用。粉性土水稳性差,不宜做路堤填料。重黏土、黏性土、捣碎后的植物土等由于透水性差,作路堤填料时应慎重采用。

(2)基底的处理。为使填筑在天然地面上的路堤与原地面紧密结合以保证填筑后的路堤不至于产生沿基底的滑动和过大变形,填筑路堤前,应根据基底的土质、水文、坡度、植被和填土高度采取一定措施对基底进行处理。

①当基底为松土或耕地时,应先将原地面认真压实后再填筑。当路线经过水田、洼地、池塘时,应根据实际情况采取疏干、挖除淤泥、换土、打砂桩、抛石挤淤等措施进行处理后方能填筑。

②基底土密实稳定,且地面横坡缓于1:10时,基底可不处理,直接修筑路堤;但在不填挖或路堤高度小于1m的地段,应清除原地表杂草。横坡为1:10~1:5时,应清除地表草皮杂物再填筑。横坡陡于1:5时,清除草皮杂物后还应将坡面筑成不小于lm宽的台阶。若地面横坡超过1:2.5,则外坡脚应进行特殊处理,如修筑护脚或护墙等。

(3)填筑方案。路堤的填筑必须考虑不同土质,从原地面逐层填筑,分层压实。填方方法有水平分层填筑法、竖向填筑法和混合填筑法三种。

①水平分层填筑。水平分层填筑是一种将不同性质的土有规则地分层填筑和压实的方法,该法易于达到规定的压实度,易于保证质量,是填筑路堤的基本方案。水平分层填筑应遵守以下规定:

a.用不同性质土填筑路堤时,应分层填筑,不得混杂乱填。

b.用透水性较小的土填路堤下层时,应做成4%的双向横坡;如用以填筑上层时,不应覆盖在透水性较大的土所填筑的下层边坡上。

c.凡不因潮湿及冻融而变更其体积的优良土应填在上层,强度较小的土应填在下层。

d.河滩路堤填土应在整个宽度上连同护道在内一并分层填筑,受水浸淹部分的填料,选用水稳定性好的土料。

e.桥涵、挡土墙及其他构造物的回填土,以采用砂砾或砂性土为宜,并应适时分层回填压实,以防产生桥头过大沉降变形。

不同路堤填筑方案,如图7-2所示。此外,对于高填方路堤的填筑,应按技术规范的有关规定进行稳定性检验。

②竖向填筑。竖向填筑指沿公路纵向或横向逐步向前填筑。竖向填筑多用于路线跨越深谷陡坡地形时,由于地面高差大,作业面小,难以采用水平分层法填筑时,如图7-3a)所示。竖向填筑由于填土过厚而难以压实,因此应选用高效能压实机械压实。

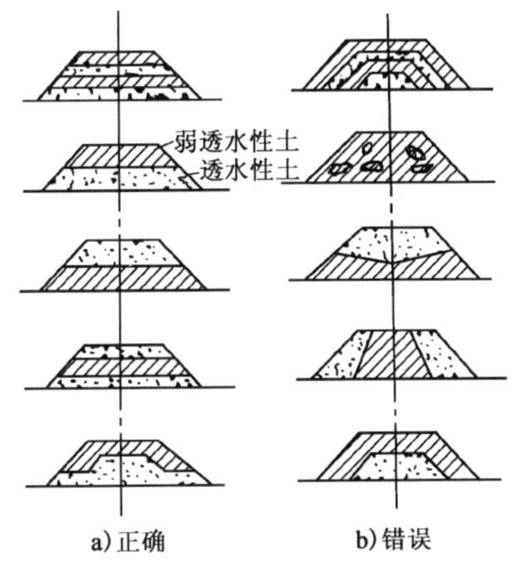

图7-2 路堤分层填筑方案

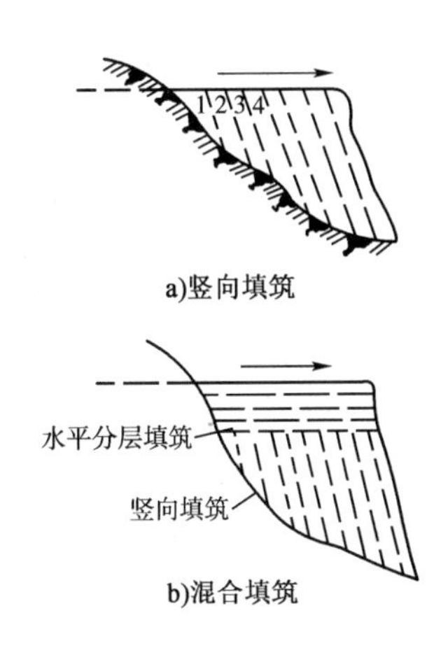

图7-3 路基竖向填筑方案

③混合填筑。混合填筑指路堤下层采用竖向填筑法而上层采用水平分层填筑法，因而其上部经分层碾压容易达到足够的压实度，如图7-3b）所示。

2.路堑开挖

土质路堑的开挖方法有横挖法、纵挖法和混合法几种。

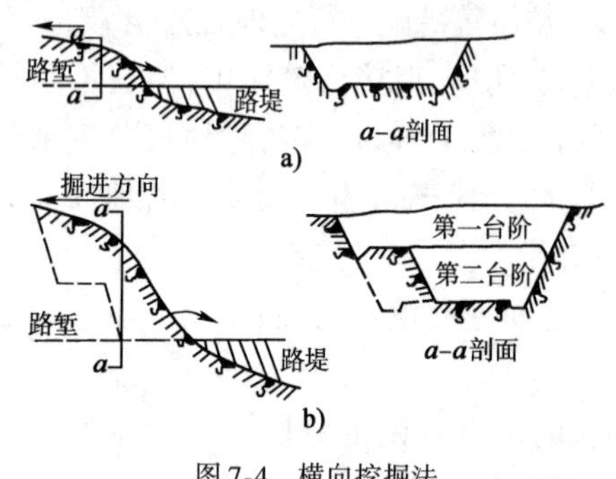

图7-4　横向挖掘法

(1)横挖法。对路堑整个横断面的宽度和深度，从一端或两端逐渐向前开挖的方法称为横挖法。该法适宜于短而深的路堑。用人力按横挖法开挖路堑时，可在不同高度分几个台阶开挖，其深度视工作与安全而定，一般宜为1.5~2.0m。无论自两端一次横挖到路基设计标高或分台阶横挖，均应设单独的运土通道及临时排水沟，如图7-4所示。

(2)纵挖法。纵挖法有分层纵挖法、通道纵挖法和分段纵挖法三种。

①沿路堑全宽以深度不大的纵向分层挖掘前进，称为分层纵挖法，如图7-5a）所示。该法适用于较长的路堑开挖。挖掘工作可用各式铲运机，在短距离及大坡度时可用推土机，较长较宽的路堑可用铲运机并配备运土机具进行挖掘。

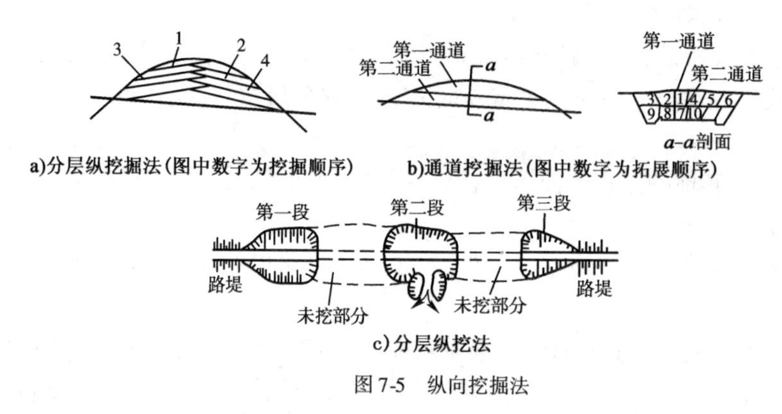

图7-5　纵向挖掘法

②通道纵挖法是先沿路堑纵向挖一通道，继而向两侧开挖，如图7-5b）所示。

③分段纵挖法是沿路堑纵向选择一个或几个适宜处，将较薄一侧路堑横向挖穿，使路堑分成两段或数段，各段再进行纵向开挖的方法，如图7-5c）所示。

(3)混合法。混合法是先沿路堑纵向开挖通道，然后沿横向开挖横向通道，再双通道沿纵横向同时掘进，每一坡面应设一个施工小组或一台机械作业，如图7-6所示。

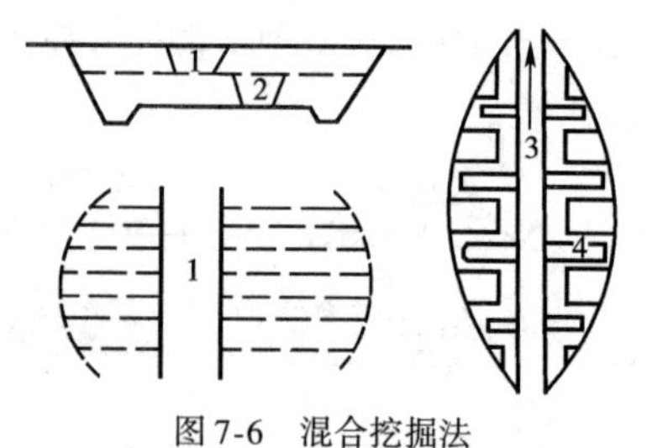
图7-6　混合挖掘法

1、2-第一、二次通道；3-纵向运送；4-横向运送

三、路基压实

土是由固体土颗粒、颗粒之间孔隙和水组成的三相体。路基施工破坏了土体的原始天然结构，使土体呈松散状态。因此，为使路基具有足够的强度和稳定性，必须对土体进行人工压实以提高其密实程度。压实的机理在于压实使土颗粒重新组合，彼此挤紧，孔隙减少，土的干密度提高，形成密实的整体，内摩阻力和粘聚力大大增加，从而实现土基强度增加、稳定性增

强。实验证明：经过人工压实后的土体不仅强度提高、抗变形能力增强，而且由于压实使土体透水性明显减小、毛细水作用减弱和饱水量等减小，从而使其水稳性得以大大提高。因此土基压实是保证路基获得足够强度和稳定性的根本技术措施之一。各级道路的路堤和路堑均应按规定进行压实并达到规定的密实度。

1. 路基压实标准

通常采用干密度作为表征土基密实程度的指标。在路基施工中，往往以压实度表征土基密实程度。

压实度是指压实后土的干密度与该种土室内标准击实试验下所得的最大干密度之比。压实土体的干密度可按式(7-1)计算：

$$\gamma = \frac{\gamma_w}{1 + 0.01w} \tag{7-1}$$

式中：γ_w——土的天然湿密度(g/cm^3)，一般以环刀法或灌砂法现场测定；

w——土的含水率(%)，一般以酒精燃烧法或烘干法测定。

技术规范规定，不同道路等级及路床不同深度，其压实度要求不同。道路等级愈高压实度要求也愈高，路基上部压实度比路基下部为高。路基压实过程中只有达到规定的压实度，才能保证路基的强度和稳定性。土质路基(含土石混填)的压实度标准见表7-1。

土质路基压实度标准 表7-1

填挖类型		路床顶面以下深度(m)	压实度(%)		
			高速公路、一级公路	二级公路	三、四级公路
路堤	上路床	0~0.30	≥96	≥95	≥94
	下路床	0.30~0.80	≥96	≥95	≥94
	上路堤	0.80~1.50	≥94	≥94	≥93
	下路堤	>1.50	≥93	≥92	≥90
零填及挖方路基		0~0.30	≥96	≥95	≥94
		0.30~0.80	≥96	≥95	—

压实度是以室内标准击实试验所得最大干密度为标准的。同一压实度时如采用不同击实标准，其实际密实度是大不一样的。目前标准击实试验有轻型击实试验和重型击实试验两种。已经证明，对同一土体，重型击实比轻型击实可获得更高的干密度和相对较低的最佳含水率。目前随着高等级公路的发展，对道路路基质量的要求越来越严，因此，对道路路基压实度标准要求越来越高。高等级级公路和城市重要干道，均采用重型击实标准来控制压实度，这对于确保路基、路面质量，提高道路使用品质具有非常重要的意义。

2. 路基压实施工的组织与质量控制

(1)压实施工的组织。压实施工的组织一般应遵循下列步骤：

①根据土质正确选择压实机具，掌握不同机具适宜的碾压土层松铺厚度及碾压遍数。

②组织实施时，采用的压路机应遵循先轻后重的原则，碾压速度应先慢后快。

③碾压路线应先边缘后中间，超高路段则应先低后高，相邻两次的碾压轮迹应重叠轮宽的1/2~1/3，以保证压实均匀而不漏压。对压不到的边角辅之以人力及小型机具夯实。

④碾压过程中应经常检查被压实材料的含水率及压实度，以符合规定的压实度要求。

(2)路基压实质量的控制。路基在实施碾压的过程中,应经常检查含水率及压实度,以控制压实工作。

工地被压材料的含水率通常应接近最佳含水率。若含水率过大不易碾压密实时应摊开晾晒,等其接近最佳含水率时再行碾压;如含水率过低时,需均匀洒水至接近最佳含水率方可碾压。所需洒水量见式(7-2)。

$$P = (w_0 - w)\frac{G}{1 + w} \tag{7-2}$$

式中:w_0、w——土的最佳含水率及原状含水率(%);

G——需加水的土的质量。

第二节 路面工程施工技术

现代化公路运输,不仅要求道路能全天候通行车辆,而且要求车辆能以一定的速度,安全、舒适、经济地在道路上运行,这就要求在道路表面分层铺筑的路面结构层具有良好的使用性能,提供良好的行驶条件和服务。

为了保证公路与城市道路最大限度地满足车辆运行的要求,提高车速、增强安全性和舒适性,降低运输成本和延长道路使用年限,路面应具有强度与刚度、水温稳定性、耐久性、平整度、抗滑性等基本要求。

路面按面层材料不同,可分为沥青路面、水泥混凝土路面、块料路面和粒料路面4类。按技术条件及面层类型不同,可分为高级路面、次高级路面、中级路面、低级路面,如表7-2。按力学条件分为刚性路面和柔性路面。

路面施工程序如框图7-7。

路面面层类型 表7-2

路面等级	面层类型	路面等级	面层类型
高级路面	1. 沥青混凝土	中级路面	1. 碎、砾石(泥结或级配)
	2. 水泥混凝土		2. 不整齐石块
	3. 厂拌沥青碎石		3. 其他粒料
	4. 整齐石块或条石		
次高级路面	1. 沥青贯入式碎、砾石	低级路面	1. 粒料加固土
	2. 路拌沥青碎、砾石		2. 其他当地材料加固或改善土
	3. 沥青表面处治		
	4. 半整齐石块		

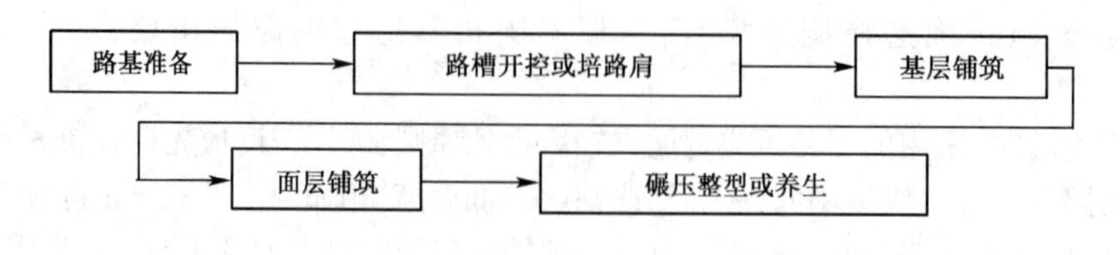

图7-7 路面施工一般程序框图

一、路面基垫层施工方法

基层是直接位于面层下的结构层次，而垫层是基层和路基之间的结构层次。基层和垫层主要起承重、扩散荷载应力和改善路基水温状况的作用。为此，对基层和垫层提出了刚度（抗变形能力）和水稳定性方面的要求。常用的基层和垫层，有碎（砾）石和结合料稳定两大类。

（一）级配型碎（砾）石类基垫层

1. 路拌法施工

级配碎石施工工艺流程如图7-8所示。

（1）备料。确定未筛分碎石和石屑的掺配比例或不同粒级碎石和石屑的掺配比例，及各路段基层的宽度、厚度和预定的干压实密度，计算各段所需的未筛分碎石和石屑的数量或不同粒级碎石和石屑的数量，并计算每车料的堆放距离。

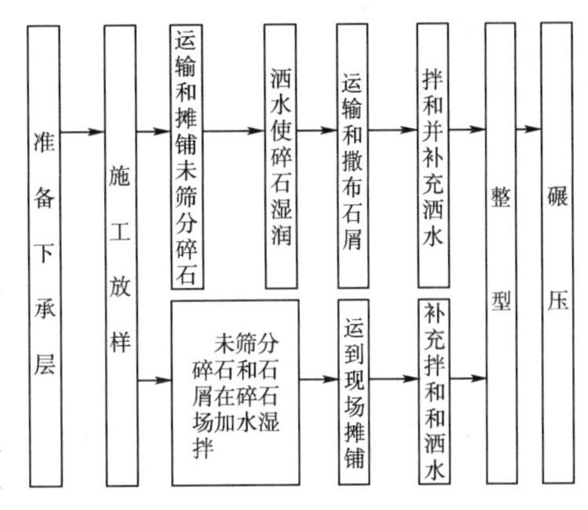

图7-8　级配碎石工艺流程图

料场中未筛分碎石的含水率应较最佳含水率（约4%）大1%左右，以减少集料在运输过程中的离析现象。当未筛分碎石和石屑在料场按设计比例混合时，应同时洒水加湿，使混合料的含水率超过最佳含水率（约5%）1%左右，以减轻施工现场的拌和工作量和运输过程中的离析现象。

（2）运输和摊铺集料。运输集料时，要求每车料的数量基本相同。在同一料场供料的路段内，应由远到近将料卸在下承层上。卸料的距离应严格掌握或由专人负责，不得卸置成一条“埂”。当预定级配碎石采用未筛分碎石和石屑分别运到路段上再进行拌和，则石屑不应预先运送到路上，以免雨淋受潮。

运料时应注意：为避免运到路上的集料因水分蒸发而变干，集料在下承层上的堆放时间不应过长，一般运送集料较摊铺集料提前数天。在雨季施工时，宜当天运输、摊铺、压实，以免下雨时料堆下面积水。

应事先通过试验确定集料的松铺系数。人工摊铺混合料时，松铺系数为1.40～1.50；平地机摊铺混合料时，松铺系数1.25～1.35。

摊铺机械一般采用平地机，应将集料均匀地摊铺在预定的宽度上，表面力求平整，并且有规定的路拱。路肩用料应同时摊铺。摊铺集料时应注意：当采用不同粒级的碎石和石屑时，应分层摊铺，大碎石铺在最下面，中碎石铺在大碎石上，小碎石铺在中碎石上，洒水使碎石湿润后，再摊铺石屑。采用未筛分碎石和石屑时，应在未筛分碎石摊铺平整后，在其较潮湿的情况下，按设计比例向上运送石屑，用平地机并辅以人工将石屑均匀地摊铺在碎石层上。也可用石屑撒布机将石屑均匀地撒在碎石层上。

混合料摊铺后，应检查其松铺厚度是否符合预计要求，必要时应进行减料或补料工作。

（3）拌和及整型。为保证级配碎石的密实级配，拌和均匀是非常重要的。应采用稳定土拌和机来拌和级配碎石。在无稳定土拌和机的情况下，也可采用平地机或多铧犁与缺口圆盘耙相配合进行拌和。

用稳定土拌和机拌和时，拌和深度应达到级配碎石层底，如发现有“夹层”，应在进行最后一遍拌和之前先用多铧犁紧贴底面翻拌一遍。一般应拌和两遍以上。

用平地机拌和的方法是,用平地机将铺好石屑的碎石料翻拌,使石屑均匀分布到碎石料中,拌和时第一遍由路中心开始,将碎石混合料向中间翻,第二遍应是相反,从两边开始,将混合料向外翻。拌和过程中用洒水车洒足所需的水分。平地机拌和的作业长度,每段以300~500m为宜。

如级配碎石混合料在料场已经过混合,可视摊铺后混合料的具体情况(有无粗细颗粒离析),用平地机进行补充拌和。

拌和结束时,混合料的含水率应该均匀,并较最佳含水率大1%左右,没有粗细颗粒离析现象。

混合料拌和均匀后用平地机按规定的路拱进行整平和整型,其方法同稳定土基层施工。在整型过程中,应注意消除粗细集料的离析现象,并禁止任何车辆通行。

(4)碾压。整型后,当混合料的含水率等于或略大于最佳含水率时,立即用12t以上三轮压路机、振动压路机或轮胎压路机进行碾压。碾压时应坚持"四先四后" 的原则,后轮应重叠1/2轮宽,后轮必须超过两段的接缝处。碾压应一直进行到要求的密实度为止(压实度要求:基层和中间层为98%,底基层为96%)。一般需碾压6~8遍,应使表面无明显轮迹,并在路面两侧多压2~3遍。

对于含土的级配碎石层,都应进行滚浆碾压,一直压到碎石层中无多余细土泛到表面为止。滚到表面的浆(或事后变干的薄层土)应予清除干净。

严禁压路机在已完成的或正在碾压的路段上"掉头"和急刹车,禁止开放交通。

2. 中心站集中厂拌法施工

级配碎石用作半刚性路面的中间层时,应采用集中厂拌法拌制混合料,并用摊铺机摊铺。集中厂拌法施工时应注意:混合料的掺配比例一定要正确;在正式拌制级配碎石混合料前,必须先调试所用的厂拌设备,使混合料的颗粒组成和含水率都达到规定的要求;在采用未筛分碎石和石屑时,如未筛分碎石和石屑的颗粒组成发生明显变化时,应重新调整掺配比例。

(二)结合料稳定类基(垫)层

结合料稳定类基(垫)层是指掺加各种结合料,通过物理、化学作用,使各种土、碎(砾)石混合料或工业废渣的工程性质得到改善,成为具有较高强度和稳定性的路面结构层次。常用的结合料有水泥、石灰和沥青等,前两者应用广泛。

1. 水泥稳定类基(垫)层

1)水泥稳定土施工前的准备

(1)原材料准备。

①土。凡是能被经济地粉碎的土,只要符合规范规定的技术要求,都可用水泥来稳定。

②水泥。一般水泥品种都可用于稳定土,但终凝时间应大于6h,不宜用快硬水泥、早强水泥及受潮变质的水泥。

③水。人、畜饮用水均可用。

(2)混合料组成设计。水泥稳定土混合料组成设计的任务是根据表7-3的抗压强度标准,通过试验选取最适宜于稳定的土,确定必需的水泥剂量和混合料的最佳含水率。在需要改善土的颗粒组成时,还包括掺加料的比例。

水泥稳定土的强度标准　　表 7-3

层位 \ 公路等级	二级和二级以下公路	高速公路和一级公路
基层(MPa)	2～3②	3～5①
底基层(MPa)	1.5～2.0②	1.5～2.5①

注:①设计累计标准轴次小于 12×10^6 的公路可采用低限值;设计累计标准轴次超过 12×10^6 的公路可用中值;主要行驶重载车辆的公路应用高限值。某一层具体公路应采用一个值,而不用某一范围。

②二级以下公路可取低限值,行驶重载车辆的公路,应取较高的值;二级公路可取中值;行驶重载车辆的二级应高限值。某一具体公路应采用一个值,而不用某一范围。

混合料的设计步骤如下:

①选用不同的水泥剂量,制备同一种土样不同水泥剂量的水泥稳定土混合料。

②用击实试验确定各种混合料的最佳含水率和最大干(压实)密度。至少应做最小剂量、中间剂量和最大剂量 3 个不同水泥剂量混合料的击实试验,其他两个剂量混合料的最佳含水率和最大干密度用内插法确定。

③按工地预定达到的压实度,分别计算不同水泥剂量的试件应有的干密度。

④按最佳含水率和计算得到的干密度制备试件,进行强度试验时,作为平行试验的试件数量应符合规定。如果试验结果的偏差系数大于规定值,则应重做试验,并找出原因,加以解决。如不能降低偏差系数,则应增加试验数量。

⑤试件的强度试验。试件在规定的温度(冰冻地区 20℃ ±2℃,非冰冻地区 25℃ ±2℃)下保湿养生 6d,浸水 1d 后,进行无侧限抗压强度试验,并计算试验结果的平均值和偏差系数。

⑥选定合适的水泥剂量。此剂量试件室内试验的平均抗压强度 R 应符合式(7-3)的要求:

$$R \geqslant \frac{R_d}{(1 - Z_a C_v)} \tag{7-3}$$

式中:R_d——设计抗压强度(见表 7-3);

C_v——试样结果的偏差系数;

Z_a——标准正态分布中随保证率(或置信度 a)而变的系数:高速公路和一级公路应取保证率 95%,此时 Z_a 取 1.645;一般公路应取保证率 90%,此时 Z_a 取 1.282。

考虑损耗及现场条件与试验室条件的差异,工地实际采用的水泥剂量应比室内试验确定的剂量增加 0.5%～1.0%。一般情况下,集中厂拌法施工时,可增加 0.5%;路拌法施工时,增加 1.0%。

2)水泥稳定土的施工

施工工艺流程见图 7-9。

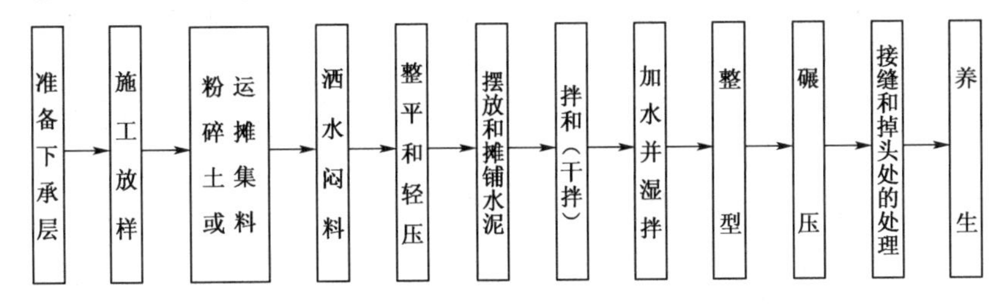

图 7-9　水泥稳定土的工艺流程

（1）准备下承层。水泥稳定上的下承层表面应平整、坚实，具有规定的路拱，没有任何松散的材料和软弱的地点。通常应对下承层进行检查验收，内容有：高程、宽度、横坡、平整度、压实度及弯沉值。

（2）施工放样。包括：恢复中线；基层宽度每侧应比面层宽度增加0.3～0.6m，并在两侧路肩边缘外0.3～0.5m处设指示桩；在两侧指示桩上用明显标记（如红漆）标出水泥稳定土层边缘的设计高程。

（3）备料。经过试验选定料场后，在采集前应将树干、草皮和杂土清除干净。采集的集料应进行粉碎（或已经粉碎），土块最大尺寸应小于15mm，集料中超尺寸颗粒应予筛除。在预定深度范围内采集集料，不应分层采集，也不应将不合格的集料采集在一起。对于塑性指数大于12的黏性土，可视土质和机械性能确定是否需要过筛。

所需水泥应提前运到现场，但最好不超过一个星期，并注意防雨防潮。

运输集料前，应先计算材料数量。通常先根据各路段水泥稳定土层的厚度、宽度及预定的干密度，计算各路段需要的干集料数量，然后根据集料的含水率和运料车的吨位，计算每车料的堆放距离，集料装车时，应控制每车料的数量基本相等。

每平方米水泥稳定土的水泥用量由水泥稳定土层的厚度、预定的干密度和水泥剂量计算而得。工地上一般都用袋装水泥，因此要计算每袋水泥的摊铺面积，并确定摆放水泥的行数、行间距及每袋水泥的纵向间距。

在预定堆料的下承层上，堆料前应先洒水湿润。卸料时应注意：有专人负责或标志卸料距离，集料应卸在下承层的中间或上侧，料堆每隔一定距离留一缺口；集料在下承层上的堆放时间不宜过长，应尽快摊铺施工，以免淋雨积水。

（4）摊铺集料。摊铺集料应事先通过试验确定集料的松铺系数。

摊铺集料应在摊铺水泥的前一天进行，摊铺长度应以日进度的需要量为度，够次日一天完成摊铺水泥、拌和、碾压成型即可。但在雨季施工，不宜提前一天将集料摊开，以免雨淋。

摊铺集料一般采用平地机或其他合适的机具，要求将集料均匀地摊铺在预定的宽度上，表面力求平整，并有规定的路拱。摊铺时，应将土块、超尺寸颗粒及其他杂物拣除。当集料中土块较多时，应进行粉碎。摊铺后要检查松铺集料层的厚度是否符合预计的厚度。松铺厚度＝压实厚度×松铺系数。

集料摊铺结束后，禁止车辆在其上通行。

摊铺后的集料如果含水率过小，应在集料层上洒水闷料。洒水量与采用的拌和机械的性能有关。采用高效率的专用拌和机（如宝马拌和机）时，拌和时间短，洒水量应使集料的含水率达到最佳含水率。若采用普通路拌机械拌和细粒土，洒水量使集料的含水量以低于最佳含水率2%～3%为宜。闷料时间：细粒土洒水后应闷料一夜；中粒土和粗料土，视其中细土含量的多少，可缩短闷料时间。洒水闷料的目的是使水分在集料层内分布均匀并透入颗粒和大小土团的内部，同时还可减少拌和过程中的洒水次数和数量，从而缩短延迟时间。

洒水时应注意：严禁洒水车在洒水段内停留和掉头，洒水要均匀，防止出现局部水分过多现象。

为了使水泥能均匀地摊铺在集料层上，对人工摊铺的集料层整平后，用6～8t两轮压路机碾压1～2遍，使其表面平整。

然后按计算的每袋水泥摆放的纵横间距备好水泥，经检查无误后，打开水泥袋，将水泥倒在集料层表面，并按每袋水泥的摊铺面积，用刮板均匀地摊开。水泥摊铺后，表面应没有空白位置,也没有水泥过分集中的地点。

(5)拌和。目前应用较多的是轮胎式稳定土拌和机,拌和宽度约2m左右,最大拌和深度40~60cm。

用稳定土拌和机拌和时,拌和深度应达到层底,并专人跟在拌和机后随时检查拌和深度。如发现拌和深度不够,应及时告知拌和机操作人员调整拌和深度,严禁在拌和层底部留有“素土”夹层。拌和深度以深入下承层表面1cm左右为宜,以利上下层黏结。但也不宜过深。稳定土拌和机通常只需拌和2~3遍即能将混合料拌和均匀。要彻底消除“素土”夹层,可在最后一遍拌和之前,先用多铧犁紧贴底面翻拌一遍,再用稳定土拌和机拌和一遍。

拌和好的混合料应达到色泽一致,没有灰条、灰团和花面,没有粗、细颗粒“窝”,且水分合适和均匀。

拌和结束后,应立即检查混合料中水泥的剂量。

(6)整型。混合料拌和均匀后,马上用平地机作初步整平与整型。在直线段,平地机应由两侧向中间进行刮平,在平曲线段,应由内侧向外侧进行刮平,必要时可再返回刮一遍。随后拖拉机、平地机或轮胎压路机立即在初平的路段上快速碾压一遍,以暴露潜在的不平整。再按上述步骤刮一遍,压一遍。经过两次刮平、轻压后出现的局部低洼处,应用齿耙将其表层5cm以上耙松,并用新拌的水泥混合料进行找补整平。最后用平地机再整型一次,以达到规定的路拱和坡度,并注意接缝顺适平整。

在整型过程中,配合人工消除集料的离析现象,不允许任何车辆通行。

在低等级公路上用人工整型时,应用锹和耙先将混合料摊平,用路拱板进行初步整型。然后用拖拉机初压,确定纵横断面的标高,设置标记和挂线,再用锹耙和路拱板整型。

(7)碾压。事先应根据路宽、压路机的轮宽和轮距的不同,拟定碾压方案,以求各部分碾压到的次数尽量相同,但路面的两侧应多压2~3遍。压路机的吨位与每层的压实厚度要一致。一般用12~15t三轮压路机碾压时,每层的压实厚度不应超过15cm;用18~20t的三轮压路机碾压时,每层的压实厚度不应超过20cm;大能量的振动压路机碾压时,每层的压实厚度也不应超过20cm。分层铺筑时,每层的最小压实厚度为10cm。

整型后,当混合料的含水量等于或略大于最佳含水量时,立即用12t以上的三轮压路机、重型轮胎式压路机或振动压路机在路基全宽内进行碾压。碾压应遵循先两边后中间(平曲线段先内侧后外侧)、先轻后重、先慢后快、互相搭接的原则。碾压时,后轮应重叠1/2轮宽,并在规定的时间内碾压到要求的压实度(见表7-4)。一般需碾压6~8遍。碾压速度:头两遍采用1.5~1.7km/h,以后以2~2.5km/h为宜。

基层和底基层压实度表 表7-4

基层			底基层		
公路等级	材料类型	压实度(%)	公路等级	材料类型	压实度(%)
高速公路 一级公路			高速公路 一级公路	水泥稳定中粒土、粗粒土	96
				水泥稳定细粒土	95
其他公路	水泥稳定中粒土、粗粒土	97	其他公路	水泥稳定中粒土、粗粒土	95
	水泥稳定细粒土	93		水泥稳定细粒土	93

碾压过程中应注意:

①严禁压路机在已完成的或正在碾压的路段上掉头和急刹车,以免破坏稳定土层的表面;

②水泥稳定土表面应始终保持潮湿,如表层水分蒸发过快,应及时补洒少量水;

③如发生“弹簧”、松散、起皮等现象，应及时翻开重新拌和(加适量水泥)或用其他方法处理，使其达到质量要求。

碾压结束之前，用平地机再终平一次，使其纵向顺适，路拱和超高符合设计要求。终平应仔细进行，必须将局部高出部分刮除，并扫出路外。局部低洼处，不再进行补找，留待铺筑面层时处理。严禁用薄层贴补进行找平。

碾压结束后，应马上用灌砂法、水袋法检查压实度。

(8)接缝和“掉头”处理。水泥稳定土基层的接缝按施工时间的不同，有两种处理方式：

一是当天施工的两作业段的接缝，采用搭接拌和方式，即把第一段已拌好的混合料留下5~8m暂不碾压，第二段施工时，将前段留下来未压部分再加部分水泥重新拌和，与第二段一起碾压。

二是先将已压实段的接缝处，沿稳定土挖一条垂直于路中线的横贯全路宽的槽，要求槽宽约30cm，槽深达到下承层顶面，靠稳定土的一面应切成垂直面。然后将长度为水泥稳定土层宽的一半、厚度与其压厚度相同的两根方木放在槽内，并紧靠稳定土的垂直面，再用原挖出的素土回填槽内其余部分。第二天施工段摊铺水泥及湿拌后，除去方木，用混合料回填，靠近方木未能拌和的一小段，应用人工补充拌和，整平压实，并刮平接缝处。

如拌和机械或其他机械必须到已压成的水泥稳定土层上掉头，可在准备用于掉头的约8~10m长的稳定土层上先覆盖一张塑料布(或油毡纸)，然后在塑料布上铺上约10cm厚的一层土、砂或砂砾，以保护“掉头”部分的稳定土层。结束后，用平地机将塑料布上的土除去，注意不要刮破塑料布，然后用人工除去余下的土，并收起塑料布。

(9)养生。每个作业段碾压结束，并经压实度检查合格后，马上进行保湿养生，不得使稳定土层表面干燥，也不应忽干忽湿。养生时间不宜少于7d。养生方法可采用不透水薄膜或湿砂，也可采用沥青乳液等其他方法养生。用湿砂养生时，要求湿砂层厚度为7~10cm，厚度均匀，并保持在整个养生期内砂处于潮湿状态。用沥青乳液养生时，应采用沥青含量为35%左右的慢凝沥青乳液，使其能透入基层几毫米。沥青乳液的用量一般为1.2~1.4kg/m^2，分两次喷洒。乳液分裂后，撒布3~5mm或5~10mm的小碎石，小碎石的覆盖面积以达到60%为宜。也可以在完成的基层上马上做下封层，利用下封层进行养生。

无上述条件时，也可用洒水车经常及时洒水进行养生，每天洒水次数视气候而定。

养生期间应封闭交通(洒水车除外)。不能封闭交通时，应在水泥稳定土层上采取覆盖措施，限制重车通行，其他车辆的车速不超过30km/h。

水泥稳定土施工应注意季节气候，一般宜在春末和气温较高的季节组织施工，施工期的最低气温应在5℃以上，并应在第一次重冰冻(-3~-5℃)到来前半个月至一个月完成。雨季施工应特别注意气候变化，勿使水泥和混合料遭雨。降雨时应停止施工，但已经摊铺的水泥混合料应尽快碾压密实。应考虑下承层表面的排水措施，勿使运到路上的集料过分潮湿。

(10)中心站集中厂拌法施工。厂拌设备一般由供料系统(包括各种料斗)、拌和系统、控制系统(包括各种计量器和操纵系统)、输送系统和成品储存系统五大部分组成(见图7-10)。

2.石灰稳定土基垫层

1)施工前的准备

(1)原材料准备。

①土。用于石灰稳定土的土有黏性土、级配碎石、未筛分碎石、砂砾、碎石土、砂砾土、煤矸石和各种粒状矿渣等，应符合规范规定的技术要求。

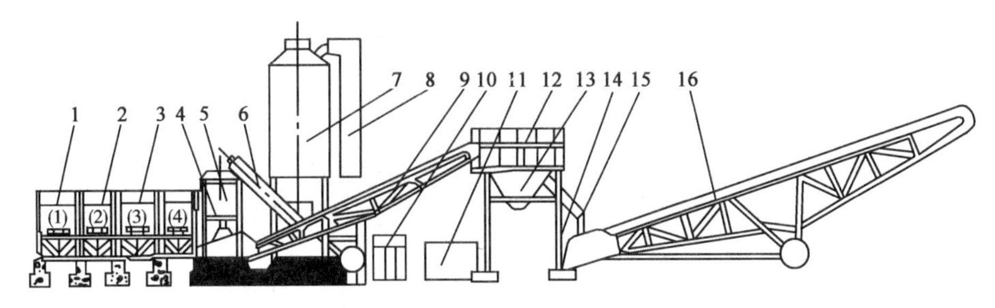

图7-10　稳定土厂拌设备主要结构简图

1-配料斗;2-皮带供料机;3-水平皮带输送机;4-小仓;5-叶轮供料器;6-螺旋送料器;7-大仓;8-垂直提升机;9-斜皮带输送机;10-控制柜;11-水箱水泵;12-拌和筒;13-混合料储仓;14-拌和筒立柱;15-溢料管;16-大输料皮带机

②石灰。石灰质量应符合四级以上(包括四级)的生石灰或消石灰的技术指标,要尽量缩短石灰的存放时间,以免石灰有效成分的降低。当石灰在野外堆放时间较长时,必须妥善覆盖保管,不应遭日晒雨淋。等外石灰、贝壳石灰、珊瑚石灰等,通过试验,只要石灰土混合料的强度符合要求,也可使用。对于高速公路和一级公路,宜采用磨细生石灰。

③水。凡是人或牲畜的饮用水均可用于石灰稳定土的施工。遇有可疑水源时,应进行试验鉴定。

(2)混合料组成设计。石灰稳定土混合料组成设计的任务是:根据7d饱水抗压强度标准(见表7-5),通过试验选取最适宜于石灰稳定的土,确定必须的最佳石灰剂量和混合料的最佳含水率。必要时,还应考虑掺加料的比例。

石灰稳定土的强度标准(单位:MPa)　　表7-5

层位 \ 公路等级	高速公路和一级公路	其他公路
基层		≥0.8
底基层	≥0.8	0.5~0.7

注:①在低塑性土(塑性指数小于7)地区,石灰稳定砂砾土和碎石土的7d浸水抗压强度应大于0.5MPa。

②低限用于塑性指数小于7的黏性土,高限用于塑性指数大于7的黏性土。

2)石灰稳定土的施工

石灰稳定土路拌法施工的工艺流程与水泥稳定土施工的工艺流程基本相同,见图7-11。

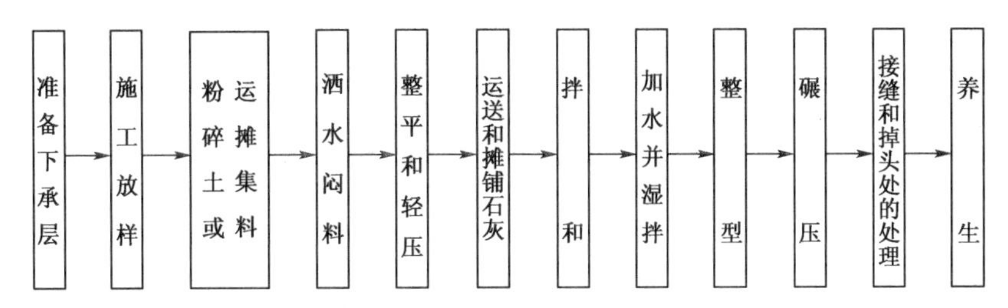

图7-11　石灰稳定土的工艺流程

3)石灰土的主要质量问题及处理措施

石灰土施工中出现的主要质量问题是缩裂,包括干缩和温缩。因此,石灰土基层易在冬季发生开裂。土的塑性指数愈大或石灰剂量愈高,出现的裂缝愈多愈宽。当其上铺筑的沥青面层较薄时,易形成反射裂缝,使雨水通过裂缝渗入土基,使土基软化,造成路面强度大为降低,严重影响路面的使用性能。为了提高石灰土基层的抗裂性能,减少裂缝,应从材料的配合比设计和施工两方面采取措施。这些措施归纳起来有以下几条：

(1)控制石灰土压实含水率。石灰土因含水率过多产生的干缩裂缝显著,因而压实时含水率一定不要大于最佳含水率,通常以小于最佳含水率1% ~2%为好。

(2)严格控制压实标准。实践证明,压实度小时产生的干缩要比压实度大时严重。

(3)温缩的最不利季节是温度在0~10℃时,因此施工要在当地气温进入0℃前一个月结束,以防在不利季节产生严重温缩。

(4)干缩的最不利情况是在石灰土成型初期,因此要重视初期养护,保证石灰土表面处于潮湿状态,严禁干晒。

(5)石灰土施工结束后及早铺筑面层,使石灰土基层含水率不发生大的变化,以减轻干缩裂缝。

(6)在石灰土中掺加集料(如砂砾、碎石等),集料含量使混合料满足最佳组成要求,一般为70%左右。这不但可提高基层的强度和稳定性,而且使基层的抗裂性有较大的改善。

(7)在石灰土基层上铺筑厚度大于15cm的碎石过渡层或设置沥青碎石(或沥青贯入式)联结层,可减轻或防止反射裂缝的出现。

3. 石灰工业废渣基垫层

1)施工准备

(1)原材料要求。

①石灰的质量要求同石灰稳定土中石灰的要求。

②粉煤灰中活性成分SiO_2、Al_2O_3和Fe_2O_3的总量应大于70%。

③煤渣主要成分是SiO_2、Al_2O_3。要求其松方干密度为700~1100kg/m^3,煤渣最大粒径不大于30mm,颗粒组成宜有一定的级配,且不含杂质。

④细粒土的塑性指数宜为12~20,且土块的最大尺寸应小于15mm。中粒土和粗粒土应少含或不含有塑性指数的土。

⑤集料的最大粒径和级配符合相关技术规范。

⑥有机质含量超过10%的细粒土不宜选用。

⑦凡是人或牲畜可饮用的水,均可使用。

(2)混合料组成设计。石灰工业废渣混合料的组成设计是依据混合料的强度标准(表7-6),通过试验选取最适宜于稳定的土;确定石灰与粉煤灰或者石灰与煤渣的比例;确定石灰粉煤灰或石灰煤渣与土(包括各种集料)的质量比;确定混合料的最佳含水率。

二灰混合料的强度标准 表7-6

层位 \ 公路等级	二级和二级以下公路	高速公路和一级公路
基层(MPa)	≥0.6~0.8	≥0.8~1.1注
底基层(MPa)	≥0.5	≥0.6

注:设计累计标准轴次小于12×10^6的公路可采用低限值;设计累计标准轴次大于12×10^6的高速公路用中值;主要行驶重载车辆的公路应用高限值。对于具体一条高速公,应根据交通状况采用某一强度标准。

2)石灰工业废渣层的施工

石灰工业废渣路拌法施工工艺流程如图7-12所示。石灰工业废渣基层的施工与石灰稳定土基层的施工基本相同。

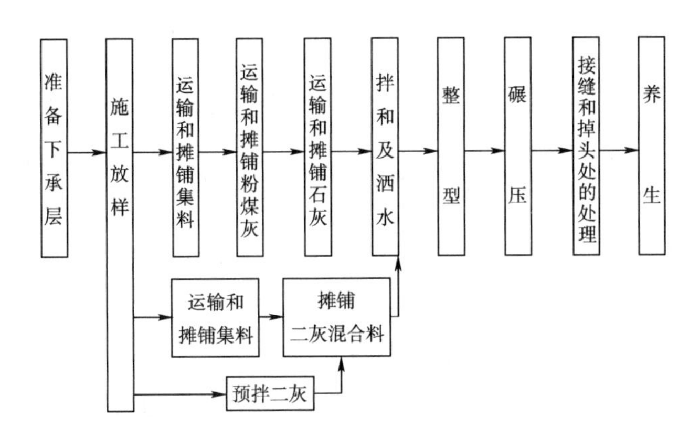

图7-12　石灰工业废渣路拌法施工工艺流程图

二、沥青路面施工技术

沥青路面是用沥青材料作结合料铺筑面层的路面的总称。沥青面层是由沥青材料、矿料及其他外掺剂按要求比例混合、铺筑而成的单层或多层式结构层。

沥青路面按施工方法分为层铺法、路拌法和厂拌法。层铺法是用分层洒布沥青、分层铺撒矿料和碾压的方法修筑,按这种方法重复几次做成一定厚度的层次。路拌法即在施工现场以不同方法(人工的或机械的,牵引式的或半固定式的机械等)将冷料热油或冷油冷料拌和、摊铺和碾压。厂拌法即集中设置拌和基地,采用专用设备,将具有一定级配的矿料和沥青加热拌和,然后将混合料运至工地热铺热压或冷铺冷压(当使用液体沥青时),碾压终了即可开放交通。

(一)沥青表面处治施工方法

沥青表面处治面层是用沥青和矿料按层铺或拌和的方法修筑的厚度不大于3cm的一种薄层路面面层。

层铺法沥青表面处治的施工工序及要求如下:

(1)清理基层。在表面处治层施工前,应将路面基层清扫干净,使基层的矿料大部分外露并保持干燥。对有坑槽、不平整的路段应先修补和整平;若基层整体强度不足,则应先予补强。

(2)洒布沥青。在浇洒透层沥青后4~5h,或已做透层(或封层)并开放交通的基层清扫后,即可浇洒第一次沥青。沥青要洒布均匀,不应有空白或积聚现象,以免日后产生松散或壅包和推挤等病害。另外,应按洒布面积来控制单位沥青用量。

(3)铺撒矿料。洒布沥青后应趁热迅速铺撒矿料,按规定用量一次撒足并要铺撒均匀。

(4)碾压。铺撒一层矿料后随即用6~8t双轮压路机或轮胎压路机及时碾压。碾压应从一侧路缘压向路中心,然后再从另一边开始压向路中。碾压时,每次轮迹重叠约30cm,碾压约3~4遍。压路机行驶速度开始不宜超过2km/h,以后可适当提高。

双层式和三层式沥青表面处治的第二、三层施工即重复第(2)、(3)、(4)工序。

(5)初期养护。碾压结束后即可开放交通,但应禁止车辆快速行驶(不超过20km/h),要控制车辆行驶的路线,使路面全幅宽度获得均匀碾压,加速处治层反油稳定成型。对局部泛油、松散、麻面等现象,应及时修整处理。

(二)沥青贯入式施工方法

沥青贯入式面层是在初步压实的碎石(或轧制砾石)上,分层浇洒沥青、撒布嵌缝料,经压实而成的路面结构,厚度通常为4~8cm。

根据沥青材料贯入深度的不同,贯入式路面可分为深贯入式(6~8cm)和浅贯入式(4~5cm)两种。其施工程序如下:

(1)放样和安装路缘石。

(2)清扫基层。

(3)厚度为4~5cm的浅贯式应浇洒透层或黏层沥青。

(4)撒铺主层矿料,其规格和用量符合规定,并检查其松铺厚度。

(5)主层矿料摊铺后,先用6~8t压路机进行慢速初压,至无明显推移为止。然后再用10~20t压路机碾压,直至主层矿料嵌挤紧密、无明显轮迹而又有一定孔隙,使沥青能贯入为止。

(6)浇洒第一次沥青。

(7)趁热撒铺第一次嵌缝料。撒铺应均匀,扫匀后应立即用10~12t压路机碾压(约碾压4~6遍),随压随扫,使其均匀嵌入。

(8)以后施工程序为浇洒第二层沥青,撒铺第二层嵌缝料,然后碾压,再浇洒第三层沥青,铺封面料,最后碾压。最后碾压采用6~8t压路机,碾压2~4遍,即可开放交通。

交通控制及初期养护等工作与沥青表面处治相同。

(三)沥青碎石施工方法

沥青碎石路面是由几种不同粒径大小的级配矿料,掺有少量矿粉或不加矿粉,用沥青作结合料,按一定比例配合,均匀拌和,经压实成型的路面。

沥青碎石路面的施工方法和施工要求基本上与沥青混凝土路面相同。由于热铺沥青碎石主要依靠碾压成型,故碾压的遍数较多,一般要碾压10遍左右,直到混合料无显著轮迹为止。冷铺沥青碎石路面,施工程序与热铺的相同,但冷铺法铺筑的路面最终成型需靠开放交通后行车碾压来压实,故在铺筑时碾压的遍数可以减少。

(四)热拌沥青混合料路面施工方法

热拌沥青混合料路面的施工包括4个主要过程:混合料的拌制、运输、摊铺和压实成型。

1.沥青混合料拌制

沥青混合料在沥青拌和厂内采用拌和机械拌制。拌和设备可分为间隙式拌和机(分批拌和)和连续式拌和机(滚筒式拌和机)。间隙式拌和是集料掺配、加热烘干、称量后同沥青在一起拌和,形成沥青混合料,其过程如图7-13所示。连续式拌和机厂的生产过程则如图7-14所示,集料按粒级分别存放在冷料仓内,由传送带将经过自动称重系统准确称量的冷集料按配比送入滚筒式拌和机内;称重系统同时也控制沥青从储罐泵入滚筒内,并在滚筒转动的过程中同集料相拌和,拌和好的热混合料从滚筒内输出后,由传送带送到热混合料料仓,并装入载料货车,整个过程由一控制台监控。

2.运输

热拌沥青混合料采用自卸汽车运输到摊铺地点。运送路途中,为减少热量散失、防止雨淋或污染环境,应在混合料上覆盖篷布。混合料运送到摊铺地点的温度应符合相应规定。为防止沥青同车厢的粘结,车厢底板上应涂薄层掺水柴(油:水为1:3)。运送到工地时,已经成团块、温度不符合要求或遭受雨淋的沥青混合料应予废弃。

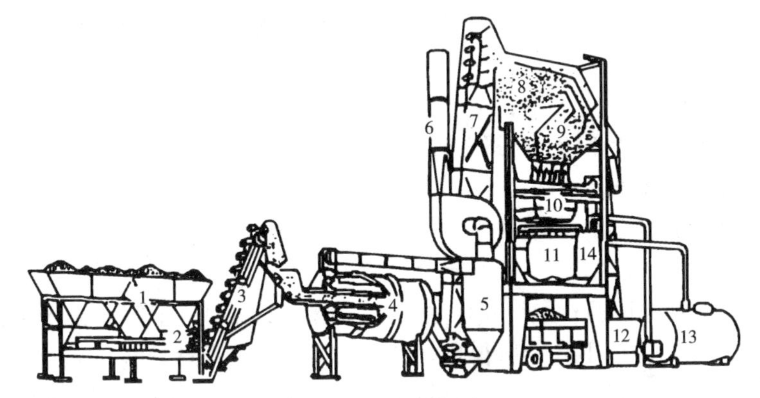

图7-13 间歇式拌和机

1-冷集料存料斗;2-冷料供应阀门;3-冷料输送机;4-烘干机;5-集尘器;6-排气管;7-热料提升机;8-筛分装置;9-热料集料斗;10-称料斗;11-拌和桶或叶片拌和机;12-矿质填料储存设备;13-热沥青储存罐;14-沥青称料斗

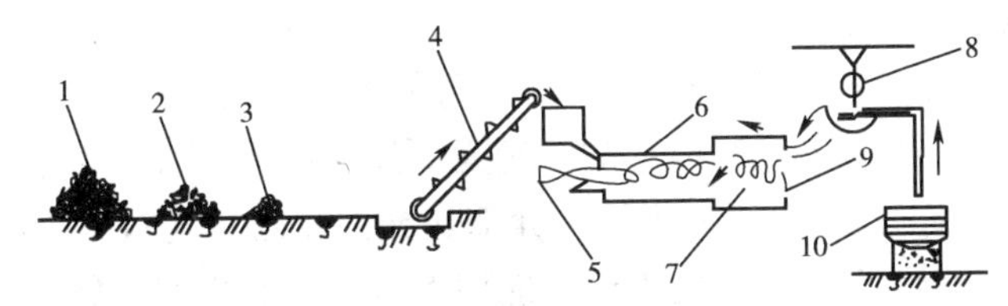

图7-14 连续式拌和机生产过程

1-粗粒矿料;2-细粒矿料;3-砂;4-冷拌提升机;5-燃料喷雾器;6-干燥器;7-拌和器;8-沥青秤;9-活门;10-沥青罐

3. 铺筑

现场铺筑包括基层准备、放样、摊铺、整平、碾压等工序。

(1)基层准备。铺筑沥青面层的基层必须平整、坚实、洁净、干燥,标高和横坡合乎要求。路面原有的坑槽应用沥青碎石材料填补,泥砂、尘土应扫除干净。应洒布黏层油、透层油或铺筑下封层。

(2)摊铺。混合料摊铺可分为机械摊铺和人工摊铺两类,一般均采用机械摊铺。

机械摊铺采用轮胎式或履带式沥青混合料摊铺机。热混合料由自卸汽车卸入摊铺机的料斗内,由传送机经流量控制门送至螺旋分配器;随摊铺机向前行进,螺旋分配器自动将混合料均匀摊铺在整个宽度上;附在摊铺机后面的整平板烫平混合料的表面,调节和控制层厚和路拱,并由夯棒或振动装置对摊铺层进行初步压实(图7-15)。

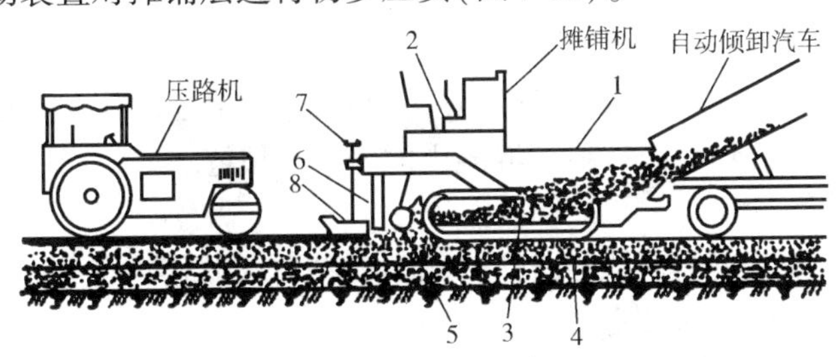

图7-15 沥青混合料摊铺机操作示意图

1-料斗;2-驾驶台;3-送料器;4-履带;5-螺旋摊铺器;6-振捣器;7-厚度调节螺杆;8-摊平板

混合料摊铺时应注意如下问题：

①保证混合料的摊铺温度符合规范规定；

②摊铺混合料在表观上应均匀致密，无离析等现象；

③摊铺层表面应平整，没有摊铺速度变化、摊铺操作不均匀或集料级配不正常所引起的不平整；

④摊铺层厚度和路拱符合要求；

⑤横向和纵向接缝的筑作正常，接头处无明显不平。

横缝可采用平接缝和斜接缝两种方式施作。纵缝则可采用热接缝和冷接缝两种方式施作。热接缝是由多台摊铺机在全断面用梯队作业摊铺方式完成；冷接缝则是在不同时间分幅摊铺时采用的方式。

(3)碾压。碾压是保证沥青混合料使用性能的最重要的一道工序。沥青混合料需要在一定的温度和一定的压实方法下才能取得良好的压实度。一般采用光轮压路机和轮胎压路机或振动压路机组合的方式来压实混合料。光轮的好处是施压后表面平整，但易将矿料压碎；轮胎路碾对路面的压力虽不大(0.3～0.7MPa)，但对材料起良好搓揉作用，促使混合料均匀、紧密和构成一平整表面。

压实作业可分为初压、复压和终压三个阶段。其顺序为，先用双轮光面压路机(6～8t)进行初压，从横断面上低的一侧逐步移向高的一侧，每处碾滚2遍即可。初压之后进行复压。复压改用15t以上的轮胎压路机或12t以上的三轮光面压路机碾压4～6遍，至稳定和无轮迹为止。最后，在不产生轮迹的情况下再换用6～8t双轮光面压路机进行终平碾压。各次碾压时，均以压路机的驱动轮先压，以免从动轮先压可能使混合料出现推移现象。

碾压后要求达到的密实度可根据实验室所做试验得到的标准密实度定出，一般不应低于标准密实度的95%。

三、水泥混凝土路面施工技术

(一)施工准备工作

(1)选择合适的混凝土拌和场地。

(2)进行材料试验和混凝土配合比设计。根据技术设计要求与当地材料供应情况，做好混凝土各组成材料的试验，进行混凝土各组成材料的配合比设计。

(3)基层的检查与整修。基层的宽度、路拱与标高，表面平整度和压实度，均应检查其是否符合要求。混凝土摊铺前，基层表面应洒水润湿。

(二)混凝土板的施工程序和施工技术

面层板的施工程序为：①安装模板；②设置传力杆；③混凝土的拌和与运送；④混凝土的摊铺和振捣；⑤接缝的设置；⑥表面整修；⑦混凝土的养生与填缝。

1.边模的安装

在摊铺混凝土前，应先安装两侧模板。两侧用铁钎打入基层以固定位置。模板顶面用水准仪检查其标高，不符合时予以调整。

2.传力杆设置

当两侧模板安装好后，即在需要设置传力杆的胀缝或缩缝位置上设置传力杆。一般是在嵌缝板上预留圆孔以便传力杆穿过。嵌缝板上面设木制或铁制压缝板条，其外侧再放一块胀缝模板，如图7-16所示。

3. 制备与运送混凝土混合料

混合料的制备可采用两种方式：①在工地由拌和机拌制；②在中心工厂集中制备，尔后用汽车运送到工地。

在工地制备混合料时，每拌所用材料应过秤，量配的精确度，对水泥为±1.5%，砂为±2%，碎石为±3%，水为±1%。每一工班应检查材料量配的精确度至少2次，每半天检查混合料的坍落度2次。拌和时间为1.5～2.0min。

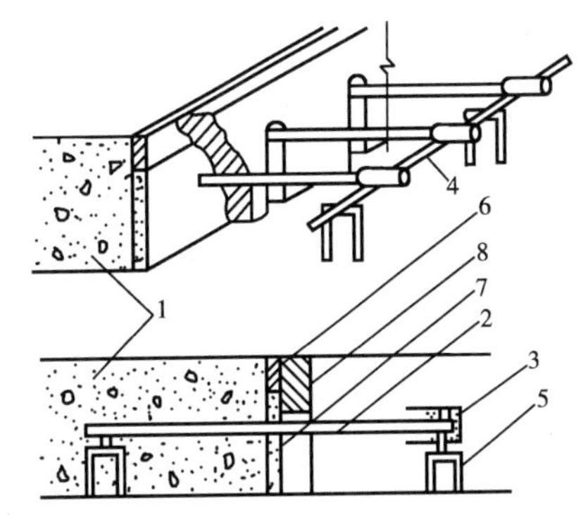

图7-16　胀缝传力杆的架设（钢筋支架法）

1-先浇的混凝土；2-传力杆；3-金属套管；4-钢筋；5-支架；6-压缝板条；7-嵌缝板；8-胀缝模板

4. 摊铺和振捣

当运送混合料的车辆运达摊铺地点后，一般直接倒向安装好侧模的路槽内，并用人工找补均匀。要注意防止出现离析现象。摊铺时应考虑混凝土振捣后的沉降量，虚高可高出设计厚度约10%左右，使振实后的面层标高同设计相符。

混凝土混合料的振捣器具，应由平板振捣器、插入式振捣器和振动梁配套作业。随后，再用直径75～100mm长的无缝钢管，两端放在侧模上，沿纵向滚压一遍。

当摊铺或振捣混合料时，不要碰撞模板和传力杆，以避免其移动变位。

5. 施作接缝

(1)对胀缝。先浇筑胀缝一侧混凝土，取去胀缝模板后，再浇筑另一侧混凝土。钢筋支架浇在混凝土内。最迟在终凝前将压缝板条抽出。

(2)对缩缝用两种方法施作。在混凝土捣实整平后，利用振捣梁将"T"形振动刀准确地按缩缝位置振出一条槽；或者，在结硬的混凝土中用锯缝机（带有金刚石或金刚砂轮锯片）锯割出要求深度的槽口。

对纵缝一般施作企口式纵缝，模板内壁做成凸样状，拆模后，混凝土板侧面即形成凹槽。需设置拉杆时，模板在相应位置处要钻成圆孔，以便拉杆穿入。浇筑另一侧混凝土前，应先在凹槽壁上涂抹沥青。

6. 表面整修与防滑措施

混凝土终凝前必须用人工或机械抹平其表面。为保证行车安全，混凝土表面应具有粗糙抗滑的表面。最普通的做法是用棕刷或金属丝梳子梳成深1～2mm的横槽，也可用锯槽机将路面锯割成深5～6mm、宽2～3mm、间距20mm的小横槽。

7. 养生与填缝

为防止混凝土中水分蒸发过速而产生缩裂，并保证水泥水化过程的顺利进行，混凝土应及时潮湿养生或利用塑料薄膜、养护剂养生。

8. 开放交通

混凝土强度必须达到设计强度的100%以上并填缝完成后，方能开放交通。

9. 冬季和夏季施工

混凝土强度的增长主要依靠水泥的水化作用。当水结冰时，水泥的水化作用即停止，而混凝土的强度也就不再增长，而且当水结冰时体积会膨胀，促使混凝土结构松散破坏。因此，混凝土路面应尽可能在气温高于5℃时施工。由于特殊情况必须在低温情况下(昼夜平均气温低于5℃和最低气温低于-3℃时)施工时,应采取冬季施工措施。

为避免混凝土中水分蒸发过快,致使混凝土干缩而出现裂缝,必要时可采取夏季施工措施。

(三)轨道式摊铺机施工

高等级道路水泥混凝土路面的技术标准高,工程数量大,要保证施工进度和工程质量,应尽可能采用机械化施工。轨道式摊铺机铺筑混凝土板,就是机械施工的一种方法。它是利用主导机械(摊铺机、拌和机)和配套机械(运输车辆、振捣器等)的有效组合,完成铺筑混凝土板的全过程。其工艺流程及设备组合如图7-17所示。

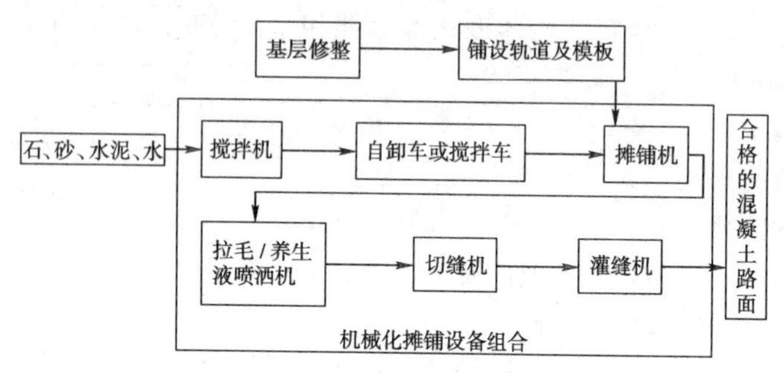

图7-17 轨道式摊铺机施工工艺流程图

(四)滑模式摊铺机施工

滑模式摊铺机是机械化施工中自动化程度很高的一种方法,具有现代化的自控高速生产能力。与轨道式摊铺机施工不同,滑模式摊铺机不需要人工设置模板,其模板就安装在机器上。机器在运转中,将摊铺路面的各道工序:铺料、振捣、挤压、整平、设传力杆等一气呵成。机器经过之后,即形成一条规则成型的水泥混凝土路面,可达到较高的路面平整度要求,特别是整段路的宏观平整度更是其他施工方式所无法达到的。

滑模式摊铺机是由螺旋杆及刮板将混凝土按要求高度摊铺之后,用振动器、振捣棒、成形板、侧板捣固,用刮板、修边器进行修整的连续摊铺的机械,如图7-18所示。它集布料、摊铺、密实和成型、抹光等功能于一体,结构紧凑,行走方便;由于采用电液伺服调平系统或液压随动调平系统,故操作简单、轻便。

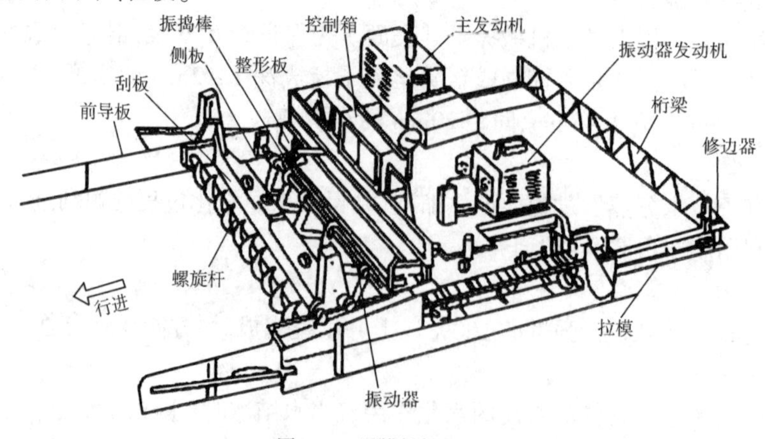

图7-18 滑模摊铺机构造

第三节　桥梁工程施工技术

一、桥梁工程基本知识

(一)桥梁的基本组成与体系

桥梁由桥跨结构(Superstructure)和桥墩(Pier)、桥台(Abutment)以及基础三个主要部分组成,如图7-19所示。

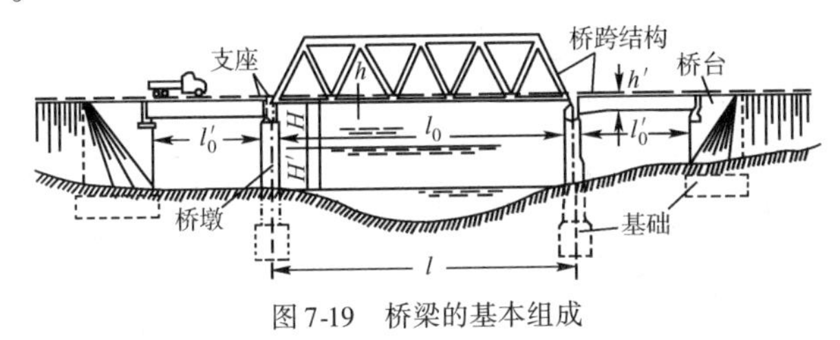

图7-19　桥梁的基本组成

(1)桥跨结构(或称桥孔结构、上部结构),是道路遇到障碍而中断时,跨越这类障碍的结构物。

(2)桥墩、桥台(统称下部结构),是支承桥跨结构的建筑物。桥台设在两端,桥墩则在两桥台之间。桥墩的作用是支承桥跨结构,而桥台除了支承桥跨结构的作用外,还要防止路堤滑坡,并与路堤衔接。为保护桥头路堤填土,每个桥台两侧常做成石砌的锥体护坡。桥墩有重力式和轻型式两种,其形式如图7-20所示。

桥梁工程的基本体系如图7-21所示。

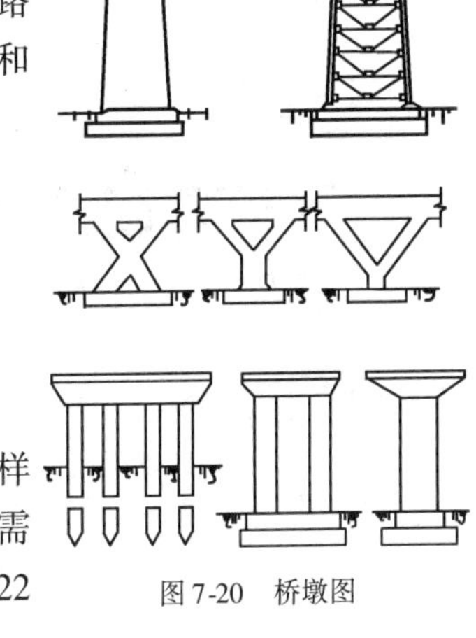

图7-20　桥墩图

(二)桥梁的主要类型

按结构体系划分为以下五类:

1. 梁式桥(Beam Bridae)

是一种在竖向荷载作用下无水平反作用力的结构。与同样跨径的其他结构体系相比,梁式桥梁内产生的弯矩最大,通常需用抗弯能力强的材料(钢、木、钢筋混凝土等)来建造,如图7-22所示。

2. 拱桥(Arch Bridse)

它的主要承重结构是拱圈式拱肋。与同跨径的梁相比,拱的弯矩和变形要小得多。拱桥的承重结构以受压为主,通常可用抗压能力强的圬工材料(如砖、石、混凝土)和钢筋混凝土等来建造。拱桥的跨越能力很大,外形也较美观,在条件许可的情况下,修建圬工拱桥是经济合理的,如图7-23所示。

3. 刚架桥(Rigid Frame Bridge)

它的主要承重结构是梁或板和立柱或竖墙整体结合在一起的刚架结构,梁和柱的连接处具有很大的刚性。其受力状态介于梁桥与拱桥之间。对于同样的跨径,在相同的荷载作用下,刚架桥跨中正弯矩要比一般的梁桥小,因此,刚架桥跨中的建筑高度就可以做得较小。但其施工较困难，并且如用普通钢筋混凝土修建，梁柱刚接处较易裂缝，如图 7-24 所示。

4. 悬索桥(Suspension Bridge)

它的主要承重结构是悬挂在两边塔架上的强大缆索。悬索桥一般结构自重较轻，跨度很大。但在车辆动荷载和风荷载作用下，有较大的变形和振动，如图 7-25 所示。

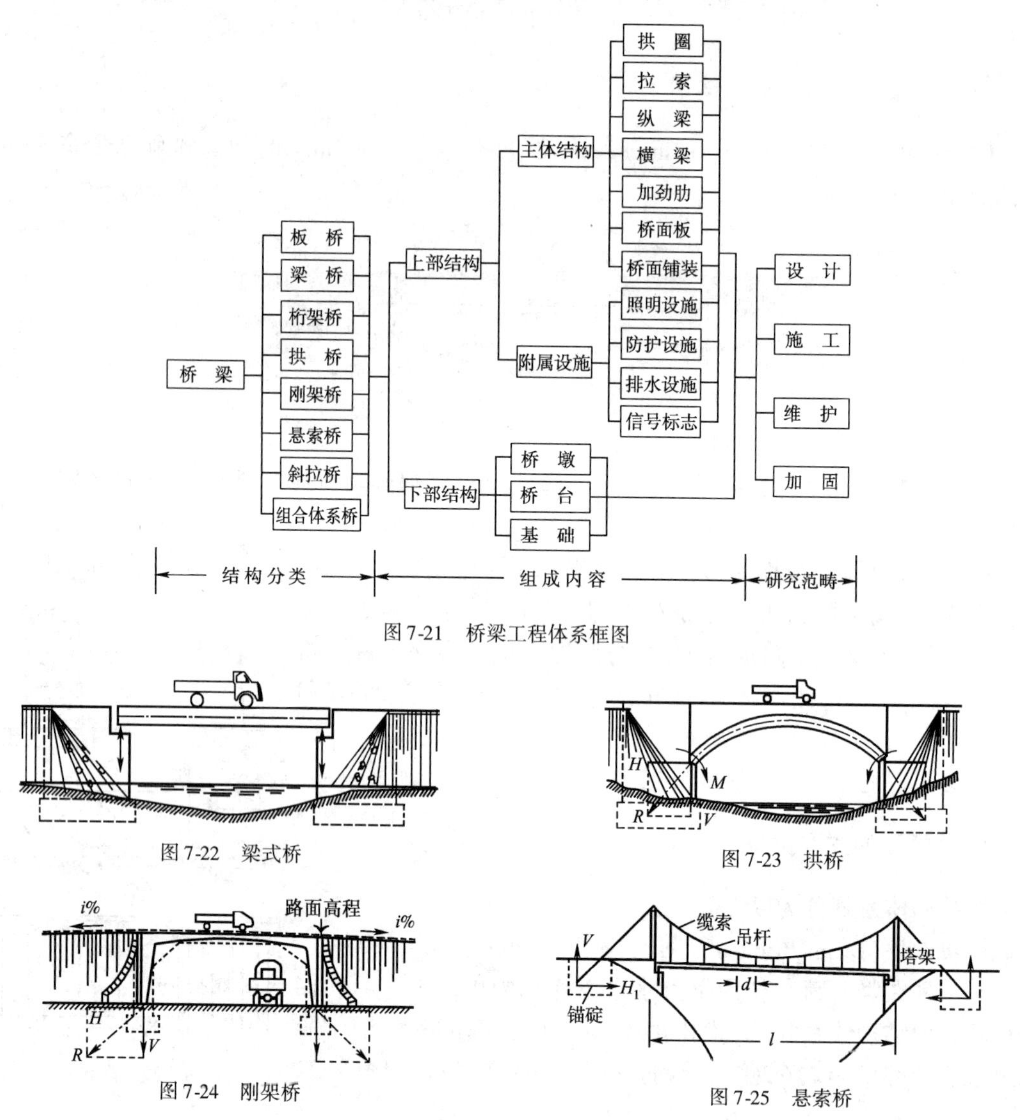

图 7-21 桥梁工程体系框图

图 7-22 梁式桥

图 7-23 拱桥

图 7-24 刚架桥

图 7-25 悬索桥

5. 组合体系桥(Combined System Bridge)

是根据结构的受力特点，由几个不同体系的结构组合而成的桥梁。组合体系桥的种类很多，但究其实质不外乎是梁、拱、悬索三者的不同组合，上吊下撑以形成新的结构，如图 7-26 所示。

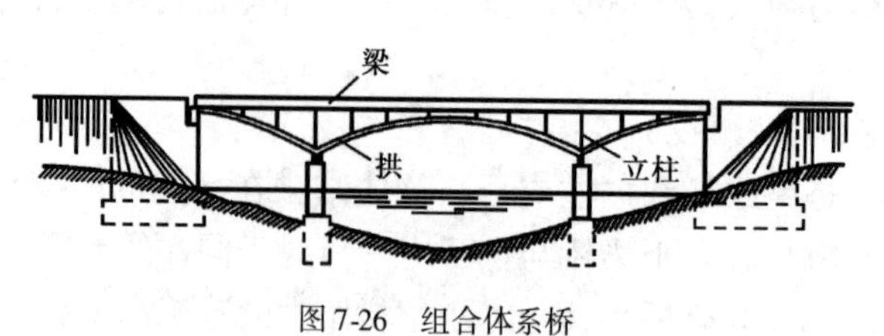

图 7-26 组合体系桥

(三)桥梁工程施工的内容与一般程序

桥梁施工是根据设计图纸,在现场实施桥梁工程的全过程,其基本程序如图 7-27 所示。图中各施工程序中,基础和上部构造施工是主体工序。

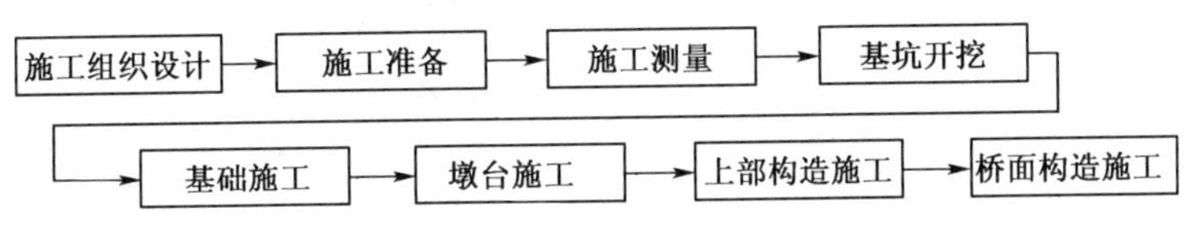

图 7-27 桥梁施工基本程序

1. 基础施工

基础是桥梁下部的结构。基础一般处于水下河床内的基岩或土地基上,直接承受上部结构传来的全部荷载。桥梁基础的强度、刚度及稳定性直接关系到桥梁的安全和使用寿命,加之桥梁基础水文和地质的复杂性,因此桥梁基础施工是桥梁工程的重要环节。基础施工常用的方法有:明挖基础、桩基础、沉井基础、管柱基础。

2. 上部构造施工

上部构造施工常用的方法有:

(1)支架法施工。如图 7-28,这种方法是先搭支架,然后在支架上施工。由于此法简单,所需设备较少,施工技术力量要求相对较低,因此应用较多。但此法要求桥高较低,河中水流小,因此不适用于大跨度桥和跨峡谷桥。当前应用较多的是城市立交桥和大桥引桥的施工。

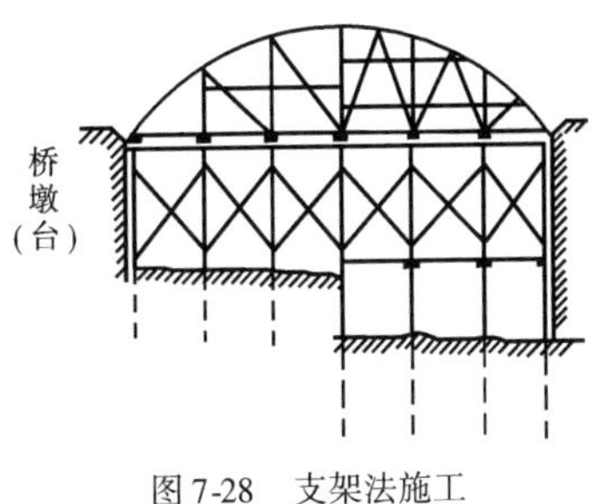

图 7-28 支架法施工

(2)架梁法施工。架梁施工有两种形式:一种是用架桥机架设;另一种是利用大型浮运和浮吊(已由几百吨发展到几千吨)架设梁排或整孔桥跨的方法。

(3)顶推法施工。如图 7-29,用顶推法施工多跨连续梁,是先在岸边逐段浇筑箱梁,待浇筑 2、3 段后,即安装对中的临时预应力索,用水平千斤顶将箱梁在滑板上顶出,再借助于竖向千斤顶间接顶推。

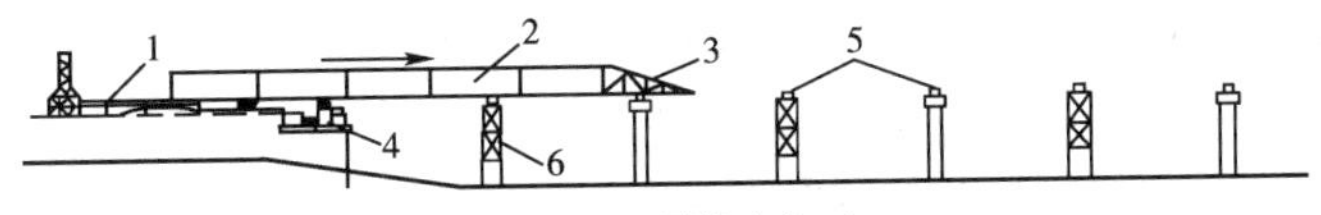

图 7-29 顶推法施工

1-制梁场;2-梁段;3-导梁;4-千斤顶装置;5-滑道支承;6-临时墩

(4)悬臂法施工。悬臂法施工建造预应力混凝土梁桥时,不需要在河中搭设支架,而直接从已建墩台顶部逐段向跨径方向延伸施工,每延伸一段就施加预应力使其与已成部分联结成整体,如图 7-30。如果将悬伸的梁体与墩柱做成刚性固结,这样就构成了能最大限度发挥悬臂施工优越性的预应力混凝土 T 形刚架桥。

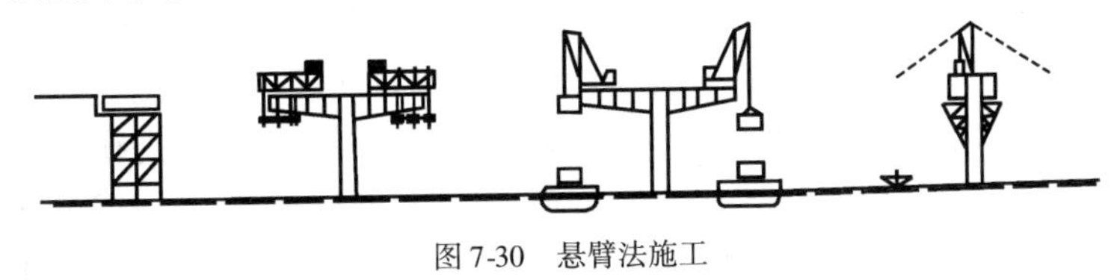

图 7-30 悬臂法施工

(5)转体法施工。由于支架法现浇施工不能适应大跨度和大净空桥的需要,而工厂预制拼装也存在运输等问题,因此,产生了在桥址岸边支架上浇筑混凝土,张拉预应力筋,然后在其墩台支座上旋转至桥位上的转体法施工。该法十多年来发展很迅速,不仅适合梁式桥、拱桥,还适合斜拉桥,从单跨桥发展到多跨桥,从水平旋转发展到竖直旋转。

(6)刚性骨架法施工。这种方法是用劲性钢材(如角钢、槽钢等型钢)作为拱圈的受力钢材,在施工过程中,先把这些钢骨架拼装成拱,作施工钢拱架使用,然后再现浇混凝土,把这些钢骨架埋入拱圈(拱肋)混凝土中,形成钢筋混凝土拱。该方法的优点是可以减少施工设备的用钢量,整体性好,拱轴线易于控制,施工进度快等。但结构本身的用钢量大,且需用型钢较多。

二、桥梁下部基础施工方法

(一)桥梁基础施工

1. 刚性扩大基础的施工

刚性扩大基础的施工一般是采用明挖方法进行的。根据地质、水文条件,结合现场情况选用垂直开挖、放坡开挖或护壁加固的开挖方法。在基坑开挖过程中有渗水时,则需要在基坑四周挖边沟和集水井以便排除基坑积水。基坑的尺寸一般要比基础底面尺寸每边大0.5~1.0m,以便设置基础模板和砌筑基础。

在水中开挖基坑时,一般要在基坑四周预先修筑一道临时性的挡水结构物,称作围堰,先将围堰中的水排干,再挖基坑。

基坑开挖至设计标高后,应及时进行坑底土质鉴定。基底检验满足设计要求时应抓紧进行坑底的清理和整平工作,然后砌筑基础;否则应采取措施补救或变更基础设计。

(1)旱地上基坑的开挖及围护。旱地上开挖基坑常采用机械与人工开挖相结合的施工方法。机械挖土时,挖至距设计标高 0.3m 时,应采用人工挖除并修整,以保证地基土结构不受破坏。基坑的坑壁分不围护和围护两大类。

当坑壁土质松散或放坡受限、土方过大时,可将坑壁直立并进行围护,分别采用挡板支撑基坑、板桩支撑基坑、混凝土围圈护壁以及喷射混凝土护壁。

(2)基坑排水。基坑挖至地下水位以下,渗水将不断涌集基坑,消除积水、保持基坑的干燥成为施工中的一项重要工作。目前常用的基坑排水方法有:表面排水和井点法降低地下水两种。

(3)水中开挖基坑和修筑基础。桥梁墩台基础常常位于地表水位以下,有时流速还比较大,施工时为在无水或静水条件下进行,则需设置围堰。

围堰的结构形式和材料根据水深、流速、地质情况、基础埋置深度以及通航要求等确定。常用的围堰形式包括:土围堰、草(麻)袋围堰、钢板桩围堰及双壁钢围堰等。

2. 桩基础

当地基浅层土质较差,持力层埋藏较深时,需采用深基础,以满足结构对地基强度、变形和稳定性要求。桩基础因适应性强、施工方便等特点而成为应用最普遍的一种深基础形式。

(1)钻孔灌注桩的施工。钻孔灌注桩施工工艺主要分以下几步:准备工作、钻孔、护壁、清除、下钢筋笼和灌注桩身混凝土。任何一个工艺处理不当,都影响钻孔桩的成败。

①准备工作。准备工作包括准备场地、埋置护筒、制备泥浆、安装钻机或钻架。

②钻孔。钻孔的方法很多,主要有冲击、冲抓、旋转等几种。冲击成孔是将重型钻头提升一定高度后落下,反复冲击孔底,将孔底的泥砂、石块挤向四周壁或打成碎渣,用泥浆将碎渣浮起,掏渣筒取出,重复以上过程,直至达到设计深度。冲抓钻孔用兼有冲击和抓土作用的抓土

瓣,通过钻架,由带离合器的卷扬机操纵,靠冲锥自重力(一般10~20kN)冲下,使抓土瓣锥尖张开插入土层,然后由卷扬机提升锥头,收拢抓土瓣将土抓出,弃土后继续冲抓钻进而成孔。旋转钻孔是利用钻具的旋转切削土体钻进,并在钻进的同时采用循环泥浆的方法护壁排渣,钻进成孔。常用的旋转钻机按泥浆循环的程序不同分为正循环与反循环两种。

③清孔及吊装钢筋骨架。清孔的目的是除去孔底沉淀的钻渣和泥浆,以保证灌注的钢筋混凝土质量,保证桩的承载力。清孔的方法有掏渣清孔、换浆清孔、抽浆清孔。

钻孔桩的钢筋应按设计要求预先焊成钢筋骨架,整体或分段就位。

④灌注水下混凝土。随着混凝土通过漏斗、导管灌入钻孔,钻孔内初期灌注的混凝土及其上的水和泥浆不断地被顶托升高,相应的不断提升和拆除导管。

(2)挖孔桩。挖孔灌注桩适用于无水或少水且较密实的土或岩石地层,桩长不宜超过25m,桩径以便于施工为宜。挖孔桩施工,开挖前应清除现场,做好孔口四周临时围护和排水设施。挖孔过程中,开挖和护壁两个工序必须连续交替进行,以免坍孔。清除浮土,整平孔底,以保证桩身混凝土和孔壁密贴。然后吊装钢筋骨架。可采用空气中灌注混凝土桩或按前述钻孔灌注桩水下混凝土的方法进行。

3. 管柱基础

管柱基础适用于基底面为岩石、紧密黏土或页岩基础,深水、潮汐影响较大,覆盖淤泥比较厚的情况;不适用于有严重地质缺陷的地区,如严重松散区域或断层破碎带等。

管柱基础按条件不同,施工方法可以分为两类:需要设置防水围堰的;不需要设置防水围堰的。其施工工艺流程见图7-31。

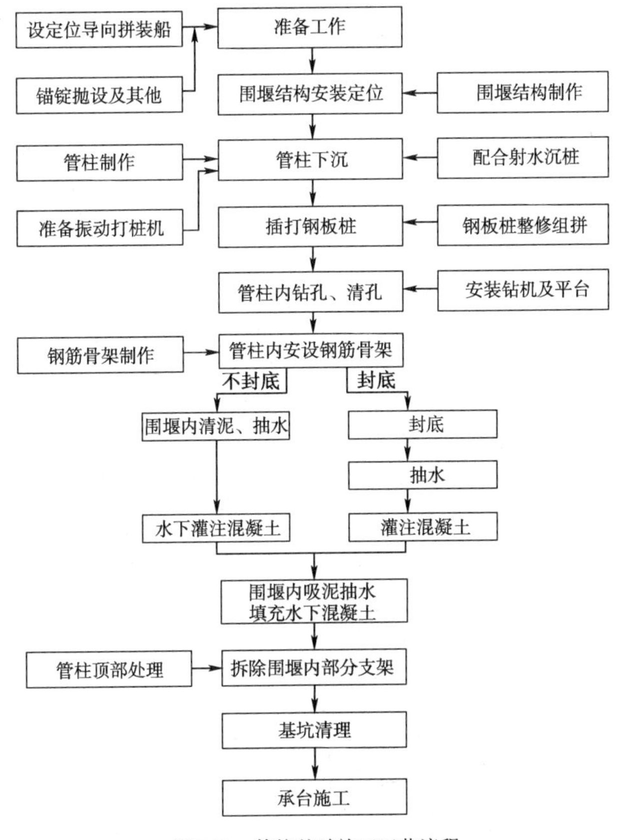

图7-31 管柱基础施工工艺流程

(1)管柱的制作。管柱是由柱身、连接法兰和管靴(刃脚)构成。柱身又称管壁,为圆筒形,可用钢筋混凝土、预应力混凝土、钢管等制成。管柱也系装配式构件,分节预制。

(2)管柱下沉。管柱下沉前首先设置导向设备,在浅水时采用导向框架,在深水时采用整体围笼,其作用是在管柱下沉时,控制倾斜和位移,以保证管柱符合设计位置。

管柱下沉方法根据土质情况和管柱下沉的深度,采用振动沉桩机振动下沉管柱;振动配合管内除土下沉管柱;振动配合吸泥机吸泥下沉管柱;振动配合高压射水下沉管柱;以及振动配合射水、射风、吸泥下沉管柱。

(3)基岩成孔及管内灌注。参照钻孔灌注桩施工方法。

(二)桥梁墩、台的施工

桥梁墩、台按施工方法分为圬工砌筑、就地浇筑和预制装配式。砌筑墩、台(包括砖、石、混凝土砌块)工艺流程见图7-32;就地浇筑混凝土墩台是在现场用支模、浇筑混凝土的方式修筑墩台(图7-33);预制装配式是在工厂或预制场将墩台分成若干块、预制成砌块或构件,运至桥位处拼装成整体结构。装配式墩台多为空心结构。拼装式桥墩主要由就地浇筑实体部分墩身、拼装部分墩身和基础组成。装配式预应力混凝土空心墩的施工工艺流程可参见图7-34。

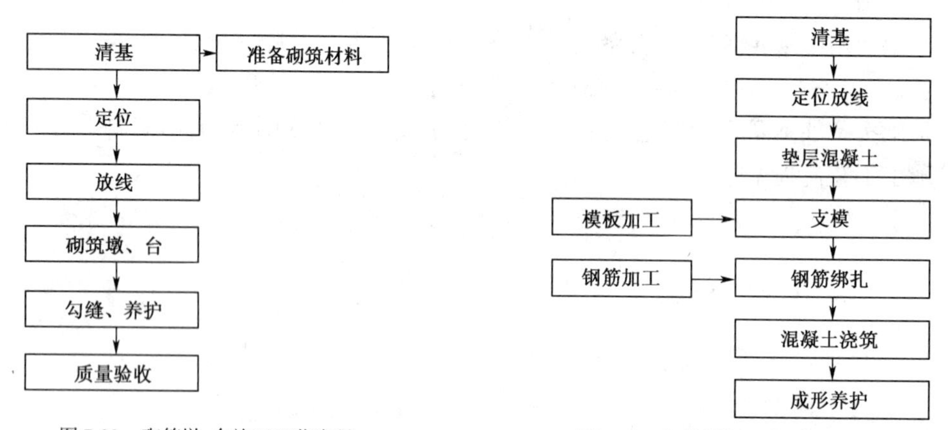

图7-32 砌筑墩、台施工工艺流程

图7-33 钢筋混凝土墩、台施工工艺流程

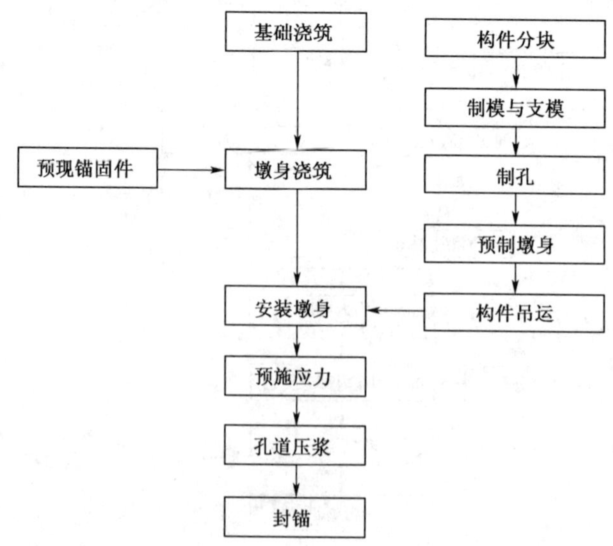

图7-34 装配式预应力混凝土空心桥墩施工工艺流程

1. 墩、台定位

墩台的中心桩测定后，每墩台应各设一组十字桩，用以控制墩台的纵轴和横轴。纵轴顺线路方向，称为纵向中心线，横轴垂直于线路方向，称为横向中心线。

2. 钢筋混凝土墩台的施工

(1)墩台钢筋的制备。钢筋混凝土墩台钢筋包括墩台基础(承台或扩大基础)、墩台身钢筋的加工，应符合钢筋混凝土构筑物对钢筋的基本要求。成型安装时，桩顶锚固筋与承台或墩台基础锚固筋应连接牢固，形成一体。

(2)墩台模板。墩台模板除与钢筋混凝土抗压构件要求相同外，由于形式复杂、量多消耗大，对其制作安装要求严格，可采用固定式(零拼)模板、拼装式模板和滑升模板。

(3)墩台混凝土的浇筑。墩台混凝土一般体积较大，可分块浇筑。分块宜合理布置，各块面积不宜小于 $50m^2$，高度不宜超过 2m。应采取有效措施控制混凝土水化热温度，可在混凝土中埋放石块。自高处向模板内浇筑混凝土应防止混凝土的离析。

(4)预制墩柱安装。应在钢筋混凝土承台或扩大基础施工时浇筑混凝土杯口，并保证位置准确，与墩柱留有 2cm 空隙。预制墩柱应做编号，吊入杯口就位时应量测定位与固定方可摘除吊钩，浇筑杯口豆石混凝土。

3. 砌筑墩台的施工

(1)石砌墩台。砌筑前应按设计位置放线，基底应清理坐浆，砌筑顺序先角后面再腹。以砂浆砌缝，不得留有空隙，严禁采用先干砌再灌浆方法。砌筑方法与一般砌体结构施工方法相同。

(2)砖砌墩台。应浸润砖块后砌筑。砌筑时应水平分层、内外搭砌、上下错缝，缝宽 0.8 ~ 1.2cm，先砌外圈后砌里层。

(3)墩台帽施工。石砌墩台的顶帽是支撑上部结构的重要部位，一般以混凝土浇筑。施工包括确定标高与轴线；支护模板并保证强度、稳定性、尺寸要求和密封性；如有预埋支座垫可与骨架钢筋焊牢，也可预留锚栓孔。

三、桥梁上部结构施工方法

(一)钢筋混凝土简支梁的制造工艺

1. 模板和简易支架

按制作材料分类，桥梁施工常用的模板有木模板、钢模板、钢木结合模板。目前我国公路桥梁上用得最多的还是木模板。木模板的基本构造由紧贴于混凝土表面的壳板(又称面板)、支承壳板的肋木和立柱或横档组成。

就地浇筑梁桥时，需要在梁下搭设简易支架(或称脚手架)来支承模板、浇筑的钢筋混凝土以及其他施工荷载。对于装配式桥的施工，有时也要搭设简易支架作为吊装过程中的临时支承结构和施工操作之用。

目前在桥梁施工中采用较多的是立柱式木支架或工具式钢管脚手架。

2. 钢筋制作

钢筋制作的特点是：加工工序多，包括钢筋整直、切断、除锈、下料、弯制、焊接或绑扎成形等，而且钢筋的规格和型号尺寸也比较多。钢筋骨架的焊接一般采用电弧焊。骨架要有足够的刚性，以便在搬运、安装和浇筑混凝土过程中不致变形、松散。

3. 混凝土施工

混凝土施工包括拌制、运输、灌注和振捣、养护以及拆模等工序。混凝土一般应采用机械搅拌。

当构件的高度(或厚度)较大时,为了保证混凝土能振捣密实,应采用分层浇筑法。对于又高又长的梁体,当混凝土供应量跟不上按水平层浇筑的进度时,可采用斜层浇筑法。

混凝土振捣设备有插入式振捣器、附着式振捣器、平板式振捣器和振动台等。平板式振捣器用于大面积混凝土施工,如桥面基础等;附着式振捣器是挂在模板外部振捣,借振动模板来振捣混凝土;插入式振捣器常用的是软管式的,只要构件断面有足够的地方插入振捣器,它的效果比平板式及附着式要好。

(二)预应力混凝土简支梁桥的制作工艺

预应力混凝土简支梁按制作工艺分为先张法和后张法两类。

1. 先张法简支梁的制作工艺

先张法的制作工艺是在浇筑混凝土前张拉预应力筋,将其临时锚固在张拉台座上,然后立模浇筑混凝土。待混凝土达到规定强度(不得低于设计强度的75%)时,逐渐将预应力筋放松,这样就因预应力筋的弹性回缩并通过其与混凝土之间的粘结作用,使混凝土获得预压应力。

(1)制作台座。目前生产中最常用的台座为重力式(也称墩式)台座,是靠自重力和土压力来平衡张拉力所产生的倾覆力矩,并靠土壤的反力和摩擦力抵抗水平位移。当现场地质条件较差,台座又不很长时,可采用具有钢筋混凝土传力柱组成的槽式台座。

(2)预应力筋的制备和张拉。先张法预应力混凝土梁可采用冷拉Ⅲ、Ⅳ级螺纹粗钢筋、高强钢筋、钢绞线和冷拉低碳钢丝作为预应力筋。力筋的制备工作,包括下料、对焊、镦粗或轧丝、冷拉等工序。下料长度必须精确计算,以防止下料过长或过短造成浪费或给张拉、锚固带来困难。

钢筋冷拉按照控制方法可分为“单控”(即仅控制冷拉伸长率)和“双控”(即同时控制应力和冷拉伸长率)两种。

预应力筋在台座上的张拉工作,必须严格按照设计要求和张拉操作规程进行。

预应力筋的控制张拉力是张拉前需要确定的一个重要数据。它由预应力筋的张拉控制应力与截面积 A 的乘积来确定。规范规定,钢筋中的最大控制应力对钢丝、钢绞线不应超过 $0.75R_y^b$,对冷拉粗钢筋不应超过 $0.9R_y^b$。此处 R_y^b 为预应力筋的标准强度。

为了减小预应力筋的应力松弛损失,通常采用超张拉的方法。按照规定的张拉程序进行张拉,主要是为了设置预埋件、绑扎钢筋和支模时的安全。

(3)混凝土施工。预应力混凝土梁的混凝土施工,基本操作与钢筋混凝土结构相仿。此外,在台座内每条生产线上的构件,其混凝土必须连续浇筑完毕;振捣时,应避免碰击预应力筋。

(4)放张。预应力筋的放松是先张法生产中的一个重要工序。预应力筋的放松必须待混凝土养护达到设计规定的强度(一般为混凝土强度的70%~80%)以后才可以进行。放松预应力筋操作时速度不应过快,尽量使构件受力对称均匀。通常可利用千斤顶进行预应力筋的放松工作。

2. 后张法简支梁的制作工艺

后张法制梁的步骤是先制作留有预应力筋孔道的梁体，待其混凝土达到规定强度后，再在孔道内穿入预应力筋进行张拉并锚固，最后进行孔道压浆并浇筑梁端封头混凝土。

(1)预应力筋的制备。无论用什么材料制作预应力筋，都应注意其下料长度应为 $L = L_0 + L_1$，其中 L_0 为构件混凝土预留孔道长度；L_1 为工作长度，它视构件端面上锚垫板厚度与数量、锚具类型、张拉设备类型和工作条件等而定。

(2)预应力筋孔道成型。孔道成型是后张法梁体施工中的一项重要工序。它的主要工作内容有：选择和安装制孔器，抽拔制孔器和孔道通孔检验等。

制孔器的抽拔要在混凝土初凝之后与终凝之前，待其抗压强度达 4 ~ 8MPa 时方为合宜。根据经验，抽拔时间(小时)按 $100/T$ 估计，T 为预制构件所处的环境温度。

(3)预应力筋的张拉工艺。当梁体混凝土的强度达到设计强度的 75% 以上时，才可进行穿束张拉。穿束前，可用空压机吹风等方法清理孔道内的污物和积水，以确保孔道畅通。

后张法张拉预应力筋所用的液压千斤顶按其作用可分为单作用(张拉)、双作用(张拉和顶紧锚塞)和三作用(张拉、顶锚和退楔)等三种形式；按其结构特点则可分为锥锚式、拉杆式和穿心式三种形式。

后张法预应力混凝土梁桥使用最广的是采用高强钢丝束、钢制锥形锚具并配合锥锚式千斤顶的张拉工艺。其张拉程序是：0→初应力(画线作标记)→105% σ_k(持荷 5min)→σ_k→顶锚(测量钢丝伸长量及锚塞外露量)→大缸回油至初应力(测钢丝伸长量及锚塞外露量)→0→给油退楔。其中 σ_k 为张拉应力。

(4)孔道压浆。孔道压浆是为了保护预应力筋不致锈蚀，并使力筋与混凝土梁体黏结成整体，从而既能减轻锚具的受力，又能提高梁的承载能力、抗裂性和耐久性。孔道压浆用专门的压浆泵进行，压浆时要求密实、饱满，并应在张拉后尽早完成。

压浆前应用压力水冲洗孔道，确保孔道畅通。压浆用的水泥浆须用不低于 50 级的普通硅酸盐水泥或 40 级快硬硅酸盐水泥拌制，水灰比应为 0.40 ~ 0.45。

压浆工艺有一次压注法和二次压注法两种。前者用于不太长的直线形孔道，对于较长的孔道或曲线形孔道以二次压注法为好。

(5)封端。孔道压浆后应立即将梁端水泥浆冲洗干净，并将端面混凝土凿毛。在绑扎端部钢筋网和安装封端模板时，要妥善固定，以免在浇筑混凝土时因模板走动而影响梁长。封端混凝土的强度应不低于梁体的强度。浇完封端混凝土并静置 1 ~ 2h 后，应按一般规定进行浇水养护。

(三)装配式梁桥的安装

装配式梁桥的主梁通常在施工现场的预制场内或在桥梁厂内预制。为此，就要配合架梁的方法解决如何将梁运至桥头或桥孔下的问题。梁在起吊和安放时，应按设计规定的位置布置吊点或支承点。

梁、板构件的架设，不外乎起吊、纵移、横移、落梁等工序。从架梁的工艺类别来分，有陆地架设、浮吊架设，利用导梁或塔架、缆索的高空架设等，每一类架设工艺中，按起重、吊装等机具的不同，又可分为各种独具特色的架设方法。

1. 陆地架设法(图 7-35)

(1)自行式吊车架梁。在桥不高、场内又可设置行车便道的情况下，用自行式吊车(汽车吊车或履带吊车)架设中、小跨径的桥梁十分方便。此法视吊装重量不同,还可采用单吊(一台吊车)或双吊(两台吊车)两种。

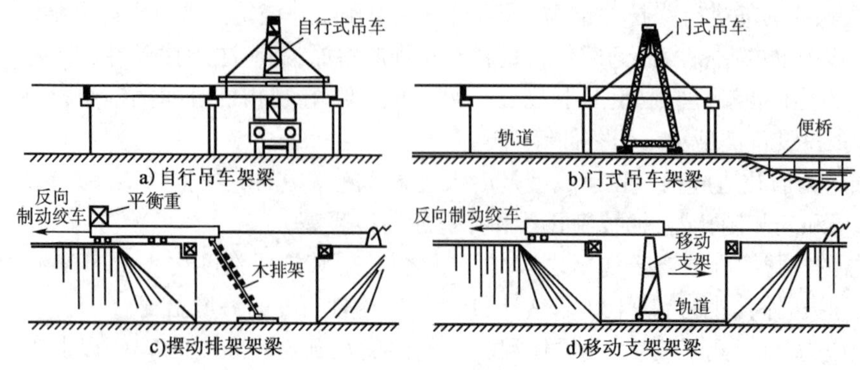

图 7-35　陆地架梁法

(2)跨墩门式吊车架梁。对于桥不太高、架桥孔数又多、沿桥墩两侧铺设轨道不困难的情况,可以采用一台或两台跨墩门式吊车来架梁。

(3)摆动排架架梁。用木排架或钢排架作为承力的摆动支点,由牵引绞车和制动绞车控制摆动速度,当预制梁就位后,再用千斤顶落梁就位。此法适用于小跨径桥梁。

(4)移动支架架梁。对于高度不大的中、小跨径桥梁,当桥下地基良好能设置简易轨道时,可采用木制或钢制的移动支架来架梁。随着牵引索前拉,移动支架带梁沿轨道前进,到位后再用千斤顶落梁。

2. 浮吊架设法(图 7-36)

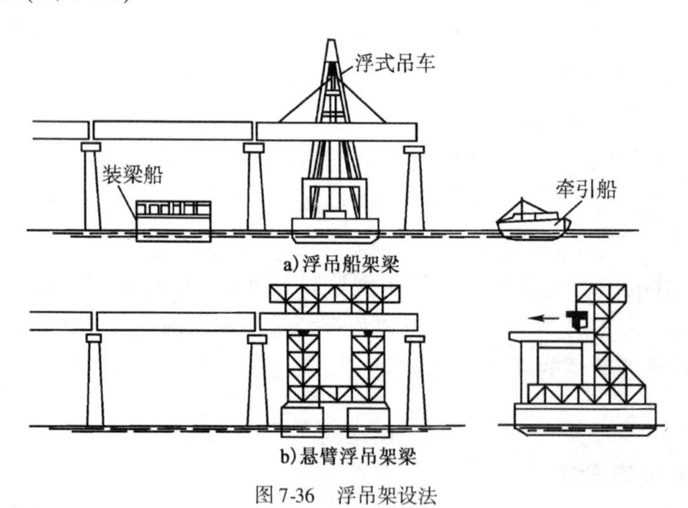

图 7-36　浮吊架设法

(1)浮吊船架梁。在海上或深水大河上修建桥梁时,用可回转的伸臂式浮吊架梁比较方便。这种架梁方法高空作业较少,施工比较安全,吊装能力也大,工效也高,但需要大型浮吊。

(2)固定式悬臂浮吊架梁。在缺乏大型伸臂式浮吊时,也可用钢制万能插件或贝雷钢架拼装固定式的悬臂浮吊进行架梁。用此法架梁时,需要在岸边设置运梁栈桥,以便浮吊从栈桥上起运预制梁。

3. 高空架设法

(1)联合架桥机架梁。此法适用于架设中、小跨径的多跨简支梁桥,其优点是不受水深和墩高的影响,并且在作业过程中不阻塞通航。

联合架桥机由一根两跨长的钢导梁、两套门式吊机和一个托架(又称蝴蝶架)三部分组成,如图7-37所示。

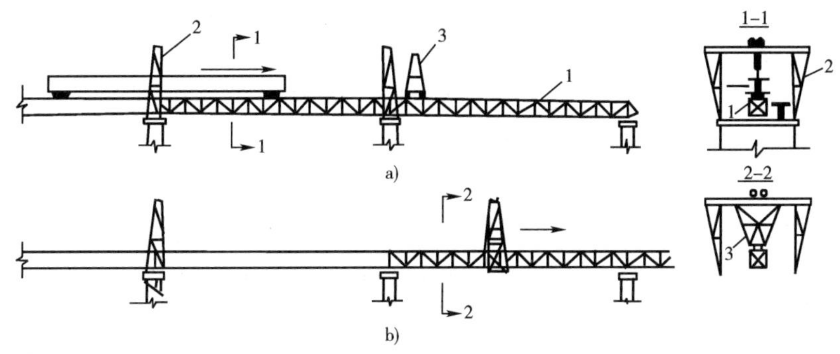

图7-37 联合架桥机架梁

1-钢导梁;2-门式吊车;3-托架(运送门式吊车用)

(2)闸门式架桥机架梁。在桥高、水深的情况下,也可用闸门式架桥机(或称穿巷式吊机)来架设多孔中、小跨径的装配式梁桥。架桥机主要由两根分离布置的安装梁、两根起重横梁和可伸缩的钢支腿三部分组成,如图7-38所示。其架梁步骤为:

①将拼装好的安装梁用绞车纵向拖拉就位,使可伸缩支腿支承在架梁孔的前墩上(安装梁不够长时,可在其尾部用前方起重横梁吊起预制梁作为平衡压重);

②前方起重横梁运梁前进,当预制梁尾端进入安装梁巷道时,用后方起重梁将梁吊起,继续运梁前进至安装位置后,固定起重横梁;

③借起重小车落梁安放在滑道垫板上,并借墩顶横移将梁(除一片中梁外)安装就位;

④用以上步骤并直接用起重小车架设中梁,整孔梁架完后即铺设移运安装梁的轨道。重复上述工序,直至全桥架梁完毕。

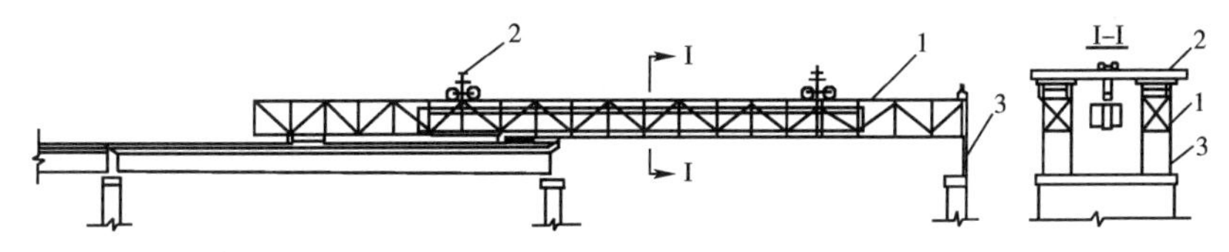

图7-38 闸门式架桥机架梁

1-安装梁;2-起重横梁;3-可伸缩支腿

(四)悬臂体系和连续体系梁桥的施工

1.普通钢筋混凝土悬臂体系和连续体系梁桥的施工

普通钢筋混凝土的悬臂梁桥和连续梁桥,由于主梁的长度和重量大,一般很难能像简支梁那样将整根梁一次架设。因此,目前在修建钢筋混凝土的此类桥梁时,主要还是采用搭设支架模板就地浇筑的施工方法。

2.预应力混凝土悬臂体系梁桥的施工

悬臂施工法建造预应力混凝土桥梁时,不需要在河中搭设支架,而直接从已建墩台顶部逐段向跨径方向延伸施工。如果将悬伸的梁体与墩柱做成刚性固结,这样就构成了能最大限度发挥悬臂施工优越性的预应力混凝土T形刚架桥。鉴于悬臂施工时梁体的受力状态与桥梁建成后使用荷载下的受力状态基本一致,这就既节省了施工中的额外消耗,又简化了工序,使得这类桥型在设计与施工上达到协调和统一。

(1)悬臂浇筑法。悬臂浇筑施工系利用悬吊式的活动脚手架(或称挂篮),在墩柱两侧对称平衡地浇筑梁段混凝土(每段长2~5m),每浇筑完一对梁段待达到规定强度后就张拉预应力筋并锚固,然后向前移动吊篮,进行下一梁段的施工,直到悬臂端为止。

(2)悬臂拼装法。悬臂拼装法施工是在预制场将梁体分段预制,然后用船或平车运至架设地点,并用吊机向墩柱两侧对称均衡地拼装就位,张拉预应力筋。重复这些工序直至拼装完全部块件为止。

(3) 临时固结措施。用悬臂施工法从桥墩两侧逐段延伸来建造预应力混凝土梁桥时,为了承受施工过程中可能出现的不平衡力矩,就需要采取措施使墩顶的零号块件与桥墩临时固结起来。

3. 预应力混凝土连续梁桥的施工

预应力混凝土连续梁桥的施工方法甚多,有整体现浇、装配—整体施工、悬臂法施工、顶推法施工和移动式模架逐孔施工等。整体现浇需要搭设满堂支架,既影响通航,又要耗费大量支架材料,故对于大跨径多孔连续桥梁很少采用。

(1)装配—整体施工法。将整根连续梁按起吊安装设备的能力先分段预制,然后用各种安装方法将预制构件安装至墩、台或轻型的临时支架上,再现浇接头混凝土,最后通过张拉部分预应力筋,使梁体成为连续体系。

(2) 悬臂施工法。分悬浇和悬拼两种,其施工程序和特点与悬臂施工法建造预应力混凝土悬臂梁桥基本相同。待悬臂施工结束、相邻边跨梁段与悬臂端连接成整体并张拉了承受正弯矩的下缘预应力筋后,再卸除固结措施,最后浇筑中央合拢段,使施工中的悬臂体系转换成连续体系。

(3)顶推法施工。其基本工序为:在桥台后面的引道上或在刚性好的临时支架上设置制梁场,集中制作(现浇或预制装配)一般为等高度的箱形梁段(约10~30m一段),待有2~3段后,在上、下翼板内施加能承受施工中变号内力的预应力,然后用水平千斤顶等顶推设备将支承在四氟乙烯塑料板与不锈钢板滑道上的箱梁向前推移,推出一段再接长一段,这样周期性地反复操作直至最终位置,进而调整预应力(通常是卸除支点区段底部和跨中区段顶部的部分预应力筋,并且增加和张拉一部分支点区段顶部和跨中段底部的预应力筋),使满足后加恒载和活载内力的需要,最后,将滑道支承更换成永久支座,至此施工完毕。

4. 移动式模架逐孔施工法

移动式模架逐孔施工法是近年来以现浇预应力混凝土桥梁施工的快速化和省力化为目的发展起来的,它的基本构思是:将机械化的支架和模板支承(或悬吊)在长度稍大于两跨、前端作导梁用的承载梁上,然后在桥跨内进行现浇施工,待混凝土达到一定强度后就脱模,并将整孔模架沿导梁前移至下一浇筑桥孔,如此有节奏地逐孔推进直至全桥施工完毕。

(五) 拱桥的施工

拱桥是一种能充分发挥圬工及钢筋混凝土材料抗压性能、外形美观、维修管理费用少的合理桥型,因此它被广泛采用。拱桥的施工,从方法上大体可分为有支架施工和无支架施工两大类。在我国,前者常用于石拱桥和混凝土预制块拱桥;后者多用于肋拱、双曲拱、箱形拱、桁架拱桥等。目前也有采用两者相结合的施工方法。

1. 有支架施工

石拱桥、现浇混凝土拱桥以及混凝土预制块砌筑的拱桥，都采用有支架的施工方法修建。其主要施工工序有材料的准备、拱圈放样（包括石拱桥拱石的放样）、拱架制作与安装、拱圈及拱上建筑的砌筑等。

(1)拱架。拱架的种类很多，按使用材料可分为木拱架、钢拱架、竹拱架、竹木拱架等形式；按结构形式上分为立柱式拱架、撑架式拱架、拱式拱架等。拱架的计算和其他结构物的计算一样，在拱顶处的预拱度，可根据计算各种因素的下沉量来确定。拱架应该按照一定的卸架程序进行卸架：对于满布式拱架的中小跨径拱桥，可从拱顶开始，逐次向拱脚对称卸落；对于大跨径的悬链线拱圈，为了避免拱圈发生"M"形的变形，也有从两边1/4处逐次对称地向拱脚和拱顶均衡地卸落。

(2) 拱圈及拱上建筑的施工。修建拱圈时，为保证在整个施工过程中拱架受力均匀、变形最小、使拱圈的质量符合设计要求，必须选择适当的砌筑方法和顺序。跨径在10～15m以下的拱圈，可按拱的全宽和全厚，由两侧拱脚同时对称地向拱顶砌筑，并使在拱顶合拢时，拱脚处的混凝土未初凝或石拱桥拱石砌缝中的砂浆尚未凝结。稍大跨径时，最好在拱脚预留空缝，由拱脚向拱顶按全宽、全厚进行砌筑（浇筑混凝土）。为了防止拱架的拱顶部分上翘，可在拱顶区段适当预先压重，待拱圈砌缝的砂浆达到设计强度70%后（或混凝土达到设计强度），再将拱脚预留空缝用砂浆（或混凝土）填塞。大、中跨径的拱桥，一般采用分段施工或分环（分层）与分段相结合的施工方法。

拱上建筑的施工，应在拱圈合龙、混凝土或砂浆达到设计强度30%后进行。对于石拱桥，一般不少于合龙后三昼夜。拱上建筑的施工，应避免使主拱圈产生过大的不均匀变形。

2. 缆索吊装施工

在峡谷或水深流急的河段上，或在通航河流上需要满足船只的顺利通行，或在洪水季节施工并受漂流物影响等条件下修建拱桥，就宜考虑采用无支架的施工方法。即可采用大型浮吊、缆索架桥设备等多种方法架设。

缆索架桥设备由于具有跨越能力大、水平和垂直运输机动灵活、施工也比较稳妥方便等优点，因此，在修建公路拱桥时较多采用，并得到了很大发展，也积累了丰富的经验。

拱桥缆索吊装施工大致包括：拱肋（箱）的预制、移运和吊装，主拱圈的拼装、合龙，拱上建筑的砌筑，桥面结构的施工等主要工序。可以看出，除缆索吊装设备，以及拱肋（箱）的预制、移运和吊装，拱圈的拼装、合龙等几项工序外，其余工序都与有支架施工方法相同（或相近）。

第八章

防水工程

土木工程的防水是其产品的一项重要功能，是关系到建筑物、构筑物的寿命、使用环境及卫生条件的一项重要内容。按工程防水的部位，可分为地下防水、屋面防水、外墙防水、厕浴间地面防水、桥梁隧道防水及水池、水塔等构筑物防水等。按构造做法又可分为结构自防水和附加刚性、柔性防水层防水。

第一节　地下防水工程

一、概　　述

地下防水工程是防止地下水对地下建筑或构筑物的长期浸透而发生渗漏，保证其使用功能正常发挥的一项重要工程。根据防水标准，地下防水分为四个等级。其中房屋地下室及地下建筑多为一、二级防水，即达到"不允许渗水，结构表面无湿渍"和"不允许漏水，结构表面可有少量湿渍"的标准要求。

(一)地下防水方案

地下工程防水的设计和施工应遵循"防、排、截、堵相结合，刚柔相济，因地制宜，综合治理"的原则。地下工程的防水方案，常根据使用要求、自然环境条件及结构形式等因素确定。对仅有上层滞水且防水要求较高的工程，应采用"以防为主、防排结合"的方案；在有较好的排水条件或防水质量难于保证的情况下，应优先考虑"排水"方案，常采用的排水方法有盲沟法和渗排水层法；而大量工程则为"防水"或"防排结合"的方案。

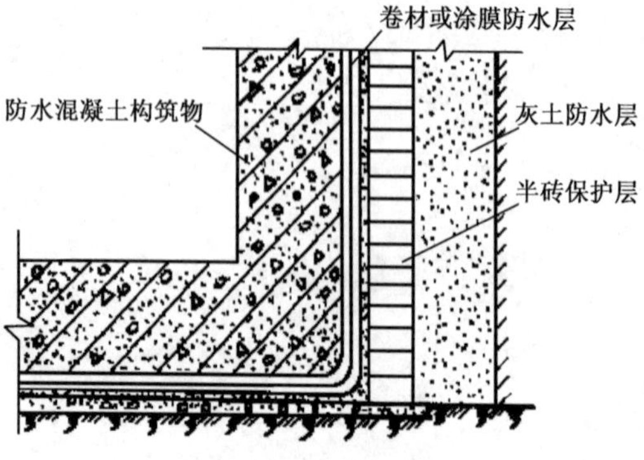

图 8-1　多道防水示例

防水构造应根据工程的防水等级，采取一道、二道或多道设防。图 8-1 为建筑物地下室常用的防水构造，即在防水混凝土结构外附加卷材(或涂膜)防水层，并以灰土作辅助性防水层的多道设防。目前地下防水常用的材料见图 8-2。

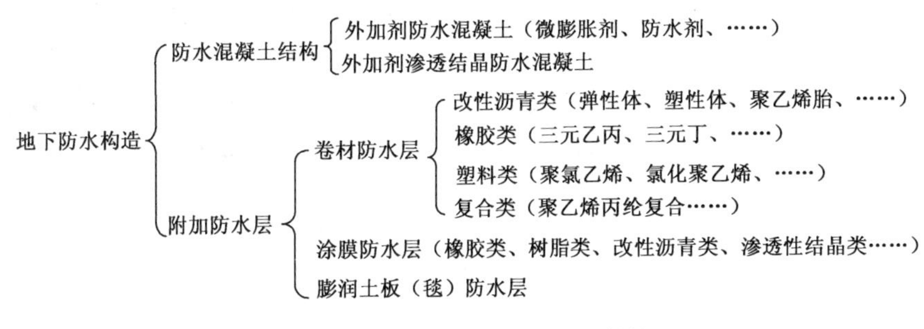

图8-2　地下防水构造及主要材料

(二)地下防水施工的特点

(1)质量要求高。地下防水构造长期处于动水压力和静水压力作用下,而大多数工程不允许渗水甚至不允许出现湿渍。因而要在材料选择与检验、基层处理、防水施工、细部处理及检查、成品保护等各个环节精心组织、严格把关。

(2)施工条件差。地下防水常需在基坑内露天作业,往往受到地下水、地面水及气候变化的影响。施工期间应认真做好降水、排水、截水工作,保证地下水位低于施工面不少于0.5m,并选择好天气尽快施工。

(3)材料品种多,质量、性能差异大。所用防水材料除应有合格证和质量检验报告外,还需抽样复检。

(4)成品保护难。地下防水层施工往往伴随整个地下工程,敞露或拖延时间较长,而卷材或涂膜层厚度小、强度低,易损坏,因此,除应做好保护层外,还应在支拆模板、绑扎安装钢筋、浇筑混凝土、砌墙以至回填等各个施工过程中注意保护,以确保防水效果。

(5)薄弱部位多。如结构变形缝、混凝土施工缝、后浇缝、穿墙管道、穿墙螺栓、预埋铁件、预留孔洞、阴阳角等均为防水薄弱部位,除应按防水构造要求做好细部处理外,还应严格进行隐蔽工程检查验收,做好施工中的保护和施工后的处理。

(三)地下防水施工应遵循的原则

(1)杜绝防水层对水的吸附和毛细渗透。

(2)接缝严密,形成封闭的整体。

(3)消除所留孔洞造成的渗漏。

(4)防止不均匀沉降而拉裂防水层。

(5)防水层须做至可能渗漏范围以外。

二、防水混凝土施工

防水混凝土是通过调整配合比或掺加外加剂、掺和料,以提高混凝土自身的密实性和抗渗性,使其具有一定防水抗渗能力的特种混凝土。它兼有承重、围护和防水的功能,还可满足一定的耐冻融及耐腐蚀的要求;具有耐久性好(与结构同寿命)、施工简便、质量可靠、成本低廉、易于检查和修堵等优点。但由于混凝土属脆性材料,极易因变形、开裂而渗漏。

(一)防水混凝土的种类

常用防水混凝土主要有普通防水混凝土和外加剂防水混凝土两大类。普通防水混凝土是通过降低水灰比、增加水泥用量和砂率、石子粒径小及精细施工,从而减少毛细孔的数量和直径、减少混凝土内部的缝隙和孔隙,提高混凝土的密实性和抗渗性。外加剂防水混凝土又可分为引气剂、减水剂、密实剂、防水剂、膨胀型防水剂等类型的防水混凝土。膨胀型防水剂不但具有前几种外加剂阻塞、减少混凝土毛细孔道的作用,还具有补偿混凝土的收缩、避免混凝土开裂的作用,是目前最常用的品种。

(二)防水混凝土的抗渗等级

防水混凝土的抗渗能力可用抗渗等级表示,它反映了混凝土在不渗漏时的允许水压值。防水混凝土的设计抗渗等级应根据地下工程的埋置深度来确定(见表8-1),最低不得小于P6(抗渗压力0.6MPa)。

防水混凝土的设计抗渗等级 表8-1

工程埋置深度 H(m)	$H<10$	$10 \leq H<20$	$20 \leq H<30$	$H \geq 30$
设计抗渗等级	P6	P8	P10	P12

(三)对防水混凝土的使用与配制要求

根据《地下工程防水技术规范》(GB 50108—2008),防水混凝土应满足以下要求:

1.构造与环境要求

(1)防水混凝土基础下应做混凝土垫层,其厚度不小于100mm,在软弱土层中不应小于150mm,强度等级不低于C15。

(2)防水混凝土结构的厚度不应小于250mm;裂缝宽度应控制在0.2mm以内,并不得贯通;迎水面钢筋的混凝土保护层厚度不应小于50mm。

(3)防水混凝土的环境温度不得高于80℃,处于侵蚀性介质中的防水混凝土耐侵蚀要求应根据介质的性质按有关标准执行。

2.配制要求

防水混凝土的配合比应通过试验确定。为了保证施工后的可靠性,在进行防水混凝土试配时,其抗渗等级应比设计要求提高0.2MPa。

(1)材料。水泥品种宜采用硅酸盐水泥或普通硅酸盐水泥;石子应坚硬洁净,最大粒径不宜大于40mm;砂宜采用洁净中砂;不得使用碱活性集料;水应为不含有害物质的洁净水;可掺入一定数量的矿物掺和料。

(2)配比。胶凝材料用量应根据混凝土的抗渗等级和强度等级选用,其总用量不宜小于320kg/m^3,其中水泥用量不得少于260kg/m^3;砂率宜为35%~40%,泵送时可增至45%;灰砂比宜为1:1.5~1:2.5;水胶比不得大于0.5;采用泵送时,入泵坍落度宜为120~160mm。预拌混凝土初凝时间宜为6~8h。

(四)防水薄弱部位的处理

防水混凝土的防水薄弱部位较多,且对防水混凝土的整体质量起到至关重要的作用,施工前应认真做好处理。

1.混凝土施工缝

防水混凝土应尽量连续浇筑,宜少留施工缝。

(1)施工缝的位置。顶板及底板防水混凝土均应连续浇筑，不宜留设施工缝。

墙体水平施工缝位置要避开剪力最大处或底板与侧墙的交接处，应留在高出底板表面不小于300mm的墙身上。墙体设有孔洞时，施工缝距孔洞边缘不宜小于300mm。如需留设垂直施工缝时，其位置应避开地下水和裂隙水较多的地段。

(2)构造形式。墙体水平施工缝的防水处理形式较多，但较为安全可靠的主要有图8-3所示几种。

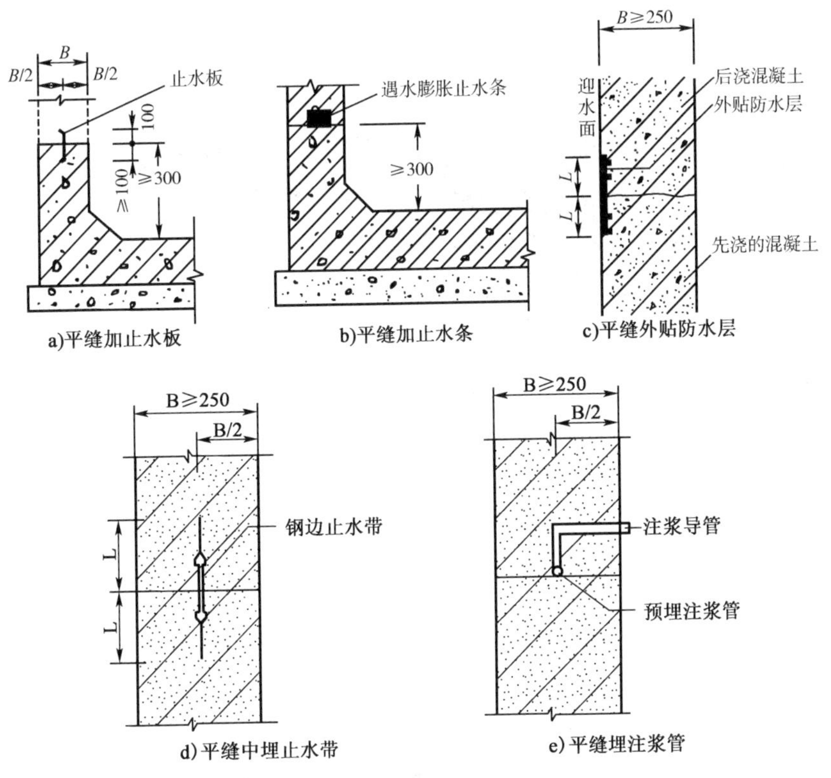

图8-3 防水混凝土施工的位置及防水处理示意图(尺寸单位:mm)

(3)施工要求。当原浇混凝土达到1.2MPa后，方可进行接缝施工。施工前，对水平施工缝应清除其表面浮浆和杂物，然后铺设净浆或涂刷混凝土界面处理剂、水泥基渗透结晶型防水涂料等材料，再铺20~30mm厚的1∶1水泥砂浆，并应及时浇筑混凝土。对垂直施工缝应将其表面清理干净，再涂刷混凝土界面处理剂或水泥基渗透结晶型防水涂料，并及时浇筑混凝土。

2.结构变形缝

变形缝一般包括伸缩缝和沉降缝。变形缝的设置应满足密封防水、适应变形、施工方便、容易检查等要求。变形缝的构造形式和材料做法较多，一般基础工程中常用埋入橡胶、塑料止水带的形式，构造如图8-4。

变形缝施工的关键是止水带，要保证其位置准确、与混凝土结合紧密和做好接头处理。

(1)止水带的安装固定。安装止水带时，其圆环中心必须对准变形缝中央，转弯处应做成直径不小于150mm的圆角，接头应在水压最小且表面平直处。现场拼接时，应采用加热焊接，不得叠接。

埋入式止水带安装时，必须做好固定，以避免由于移位、两侧混凝土厚度不均、与混凝土结合不密实而造成渗漏。其固定方法见图8-5。

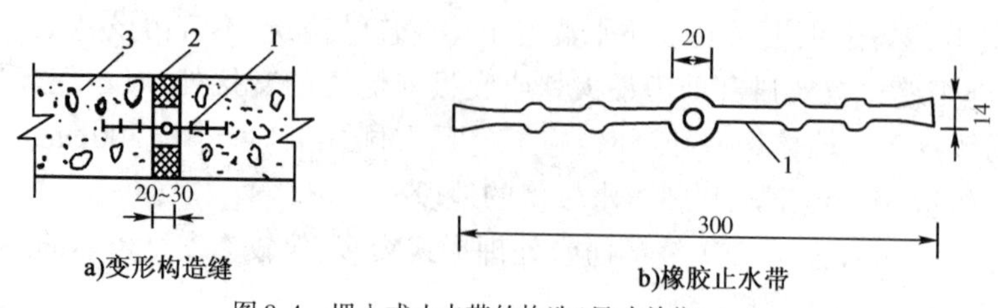

图8-4　埋入式止水带的构造(尺寸单位:mm)

1-止水带;2-聚苯板;3-结构体

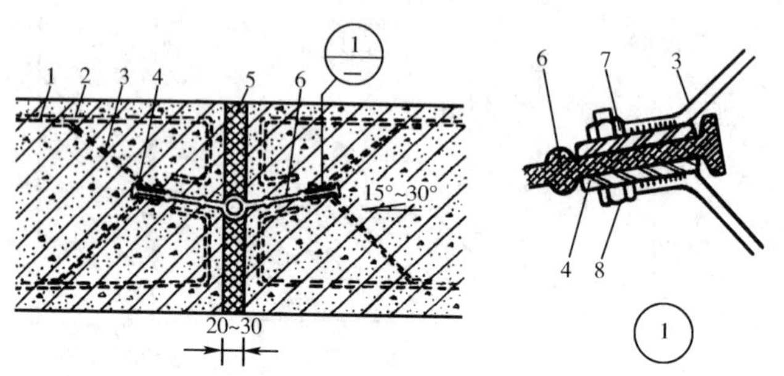

图8-5　止水带固定方法示意图(尺寸单位:mm)

1-结构主筋;2-混凝土结构;3-固定用钢筋;4-固定止水带的扁钢;5-留缝材料;6-中埋式止水带;7-螺母;8-螺栓

(2)对浇筑混凝土的要求。为了保证混凝土与止水带牢固结合,要严格控制水灰比和水泥用量,接触止水带的混凝土不得粗集料集中或漏振。对水平止水带的下部,应特别注意振捣密实,排出气泡。振捣棒不得触碰止水带。

3. 后浇带

后浇带是大面积混凝土结构的刚性接缝,用于不允许设置变形缝且后期变形趋于稳定的结构。一种是为了避免大面积混凝土结构的收缩开裂而设置,另一种是为避免沉降差造成断裂而设置的后浇带,均需待结构相应变形基本完成后再行补浇。

防水混凝土基础后浇带留设的位置及宽度应符合设计要求。其断面形式可留成平直缝,如图8-6a),阶梯缝,如图8-6b),或企口缝,但结构钢筋不能断开。留缝时应采取支模或固定快易收口网等措施,保证留缝位置准确、断口垂直、边缘混凝土密实。留缝后要注意保护,防止边缘毁坏或缝内进入垃圾杂物以及钢筋锈蚀等。

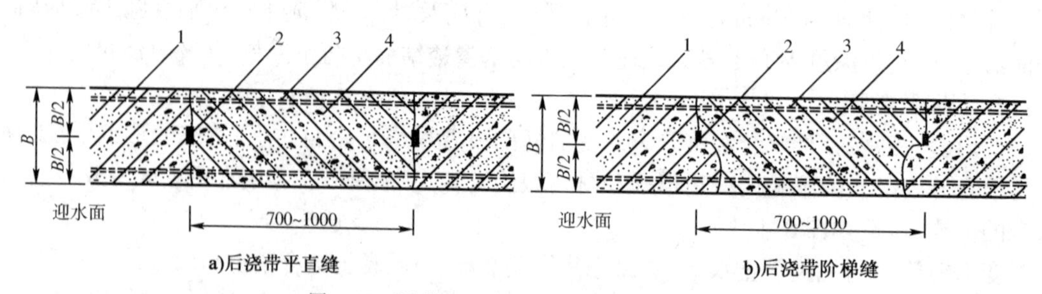

图8-6　后浇带留缝形式示意图(尺寸单位:mm)

1-先浇混凝土;2-遇水膨胀止水条;3-结构主筋;4-后浇补偿收缩混凝土

补缝施工应待结构变形基本完成,且与原浇混凝土间隔不少于14d,施工宜在气温较低时进行。补缝应采用高一个等级的微膨胀混凝土(如掺UEA防水剂),其水养护14d的膨胀率不得小于0.015%,膨胀剂的掺量不宜超过胶凝材料的12%。

浇筑前应将接缝处混凝土表面凿毛并清洗干净,保持湿润;彻底清除缝内杂物,做好钢筋除锈、调整等工作。后浇带浇筑时,应先在接槎处涂刷混凝土界面处理剂或抹水泥砂浆结合层,浇筑中要细致捣实。浇后4~8h开始养护,养护时间不得少于14d。

对水压较大的重要工程,后浇带的防水处理宜采用多道防线,即后浇缝断面中部除嵌粘遇水膨胀止水条外,还宜在接缝的迎水面粘贴止水带。

4. 穿墙管道

当有管道穿过地下防水混凝土外墙时,由于二者的变形收缩、粘接能力等诸多因素影响,管道与混凝土间的接缝易产生渗漏,可在穿墙管道上满焊止水环或固定遇水膨胀橡胶圈。

当结构变形或管道伸缩量较大或有更换要求时,应采用套管式防水法。即在管道穿过防水混凝土结构处,预埋带有止水环的套管。止水环应与套管满焊严密,并做好防腐处理。套管与穿墙管间应用橡胶圈填塞紧密,迎水面用密实材料嵌填密实,构造做法见图8-7。

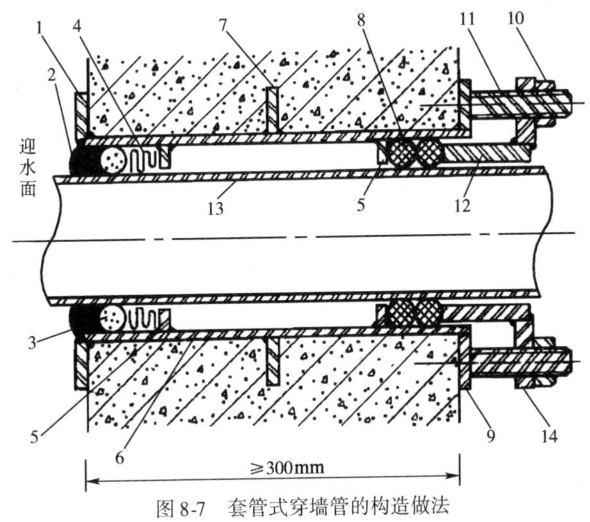

图8-7　套管式穿墙管的构造做法

1-翼环;2-嵌缝密封材料;3-衬垫条;4-填缝材料;5-挡圈;6-套管;7-止水环;8-橡胶圈;9-套管翼盘;10-螺母;11-双头螺栓;12-短管;13-主管;14-法兰盘

5. 穿墙螺栓

支设防水混凝土墙体模板时,对拉螺栓若不采取有效的止水措施,容易形成渗水通路。因而,螺栓中部应加焊钢板止水环,其厚度不宜小于3mm,直径(或边长)应比螺栓直径大50mm以上,与螺栓满焊,如图8-8。拆模后应将留下的凹槽封堵密实,并宜在迎水面涂刷防水涂料,以增强防水能力。止水螺栓为一次性使用,工具式螺栓及对接螺母可重复使用。该做法的模板位置稳定,安装及拆除方便,端头处理可靠。

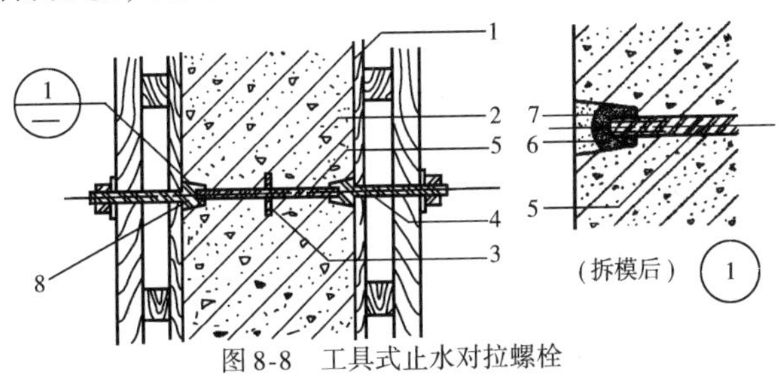

图8-8　工具式止水对拉螺栓

1-模板;2-结构混凝土;3-止水环;4-工具式螺栓;5-止水螺栓;6-嵌缝材料;7-聚合物水泥砂浆;8-圆台形对接螺母

(五)防水混凝土的施工

防水混凝土结构工程施工时,对其钢筋、模板施工及混凝土的搅拌、运输、浇筑、振捣、养护等环节,均应严格遵循质量验收规范和操作规程的各项规定进行施工。

绑扎安装钢筋时,应按设计要求留足保护层,不得有负误差。留设保护层必须采用与混凝土成分相同的细石混凝土或砂浆垫块,严禁用钢筋或塑料等支架支垫。固定钢筋网片的支架和"s"钩、绑扎钢筋的铁丝、钢筋焊接的镦粗点及机械式连接的套管等,均应有足够的保护层。

防水混凝土所用模板除应满足一般要求外,应特别注意接缝严密,支撑牢固,避免跑模、漏浆而影响混凝土的内在质量。尽量不用穿透防水混凝土结构的螺栓或铁丝等固定模板,否则应采取可靠的止水措施。

防水混凝土应尽量连续浇筑,使其成为封闭的整体。当在大型地下工程中,竖向结构与水平结构难以实现连续浇筑时,宜采用底板→底层墙体→底层顶板→墙体→……分几个部位浇筑的程序。基础混凝土往往为大体积混凝土,为保证连续浇筑,应确定好每个部位的浇筑方案。底板面积较大,宜采取分区段分层浇筑;墙体高度大,宜分层交圈浇筑。为防止大体积混凝土开裂,应制定减少或减缓水化热峰值、内部降温及外部保温等措施,以减少内外温差造成的裂缝,确保其抗渗性能。浇筑时,混凝土的自由倾落高度不得超过1.5m,墙体的直接浇筑高度不得超过3m。否则应采用串筒、溜管等工具浇注,以防止分层离析。

防水混凝土的养护对其抗渗性能影响极大,因此,当混凝土进入终凝即应覆盖,保湿养护不少于14天。保湿方法可采取覆盖浇水、喷洒薄膜剂或用塑料薄膜覆盖。

由于防水混凝土对养护及保护要求较严,故不宜过早拆模。拆模时混凝土表面与环境温差不得超过15~20℃,以防开裂。拆模后,对混凝土表面的轻微缺陷要及时、认真地修补,并继续养护,保持湿润。

无附加防水层的防水混凝土基础应及早回填,以避免干缩和温差引起开裂。

(六)防水混凝土的质量控制与评定

防水混凝土施工前,要做好材料检验及配比试验,做好混凝土的开盘鉴定。施工中,按照质检规定做好各方面的检查,并按规定留置抗压试件和抗渗试件。

连续浇筑混凝土每500m^{3}应留置一组抗渗试件,且每项工程不得少于两组。试件应在浇筑地点与其他试件同时制作。抗渗试件每组为6块,尺寸为底径×顶径×高=185mm×175mm×150mm的圆台体。一组进行28~90d标准养护,其抗渗等级应达到试验等级,最低不得低于设计等级;另一组与结构同条件下养护,作为检测结构抗渗性能的依据,其抗渗等级不应低于设计等级。

三、卷材防水层施工

(一)材料要求

卷材防水是地下防水工程的主要做法。卷材应采用高聚物改性沥青防水卷材、合成高分子防水卷材等,以满足耐久性、抗拉及变形要求。

根据设计要求的材料品种及类型,卷材进场应检查外观质量、核实出厂合格证及质量检测报告,并根据有关规定进行现场抽样复检,合格后方准使用。常用卷材的性能见表8-2、表8-3。

高聚物改性沥青防水卷材(弹性体)的物理性能要求 表 8-2

项目		性能要求		
		聚酯毡胎体卷材	玻纤毡胎体卷材	聚乙烯膜胎体卷材
拉伸性能	拉力(N/50mm)	≥800(纵横向)	≥500(纵横向)	≥140(纵向) ≥120(横向)
	延伸率(%)	最大拉力时≥40(纵横向)	—	断裂时≥250(纵横向)
低温柔度(℃)		-25,无裂纹		
不透水性		压力0.3MPa,保持时间120min,不透水		

几种合成高分子防水卷材的主要物理性能 表 8-3

卷材品种 / 技术性能	三元乙丙橡胶卷材	聚氯乙烯卷材	聚乙烯丙纶复合防水卷材	高分子自粘胶膜卷材
断裂拉伸强度(≥)	7.5N/mm^2	12N/mm^2	60N/10mm	100N/10mm
断裂伸长率(≥)	450%	250%	300%	400%
撕裂强度(≥)	25kN/m	40kN/m	20N/10mm	120N/10mm
低温弯折性	-40℃,无裂纹	-20℃,无裂纹	-20℃,无裂纹	-20℃,无裂纹
不透水性	压力0.3MPa,保持时间120min,不透水			

(二)施工程序与方法

地下卷材防水常用全外包防水做法,即将卷材防水层设置在地下防水结构的外表面(迎水面),称为外防水。按墙体结构与卷材施工的先后顺序可分为外贴法和内贴法两种程序。

(1)外防外贴法。外贴法是将立面卷材防水层直接粘贴在需防水结构的外墙外表面。其防水构造见图8-9a)。采用外贴法时,每层卷材应先铺底面,后铺立面。多层卷材的交接处应交错搭接;临时性保护墙应用石灰砂浆砌筑,内表面用石灰砂浆做找平层,以便于做墙体防水层时搭接处理;围护结构完成后,铺贴墙面卷材前,应将临时保护墙拆除,卷材表面清理干净后,错槎接缝连接,上层卷材应盖过下层卷材,见图8-9b)。

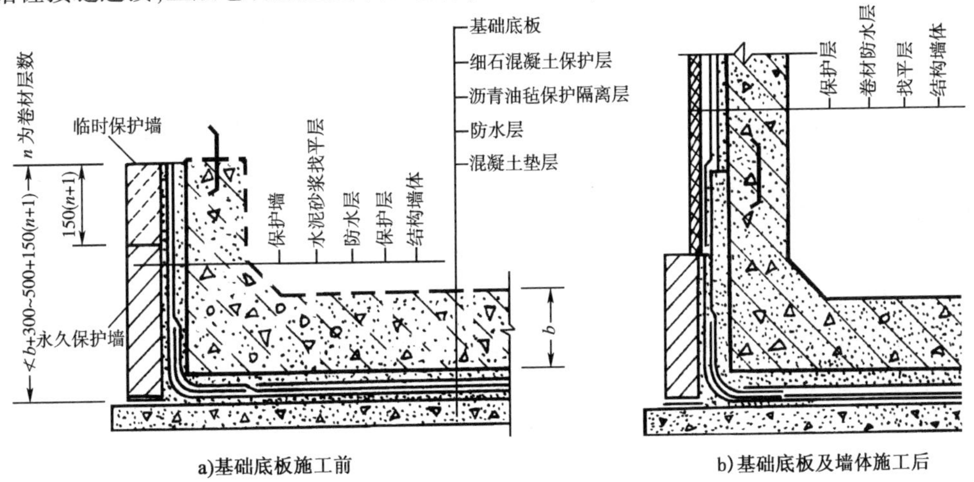

图8-9 外贴法卷材防水构造(尺寸单位:mm)

施工程序如下：

浇筑基础混凝土垫层并抹平→垫层边缘上干铺油毡隔离层→砌永久性保护墙和部分临时保护墙→在保护墙内侧抹水泥砂浆找平层→养护干燥后，在垫层及墙面的找平层上分层铺贴防水卷材→检查验收→做卷材的保护层→底板和墙身结构施工→结构墙外侧抹水泥砂浆找平层→拆除临时保护墙→粘贴墙体防水层→验收→保护层和回填土施工。

（2）外防内贴法。内贴法是将立面卷材防水层先粘贴在保护墙上，再进行结构的外墙施工。其防水构造见图 8-10。采用内贴法施工时，卷材宜先铺贴立面，后铺贴平面。铺贴立面时，先转角后大面。施工程序如下：

在混凝土垫层边缘上做永久性保护墙→在保护墙及垫层上抹水泥砂浆找平层→立面及平面防水层施工→检查验收→平面及立面保护层施工→底板和墙身结构施工。

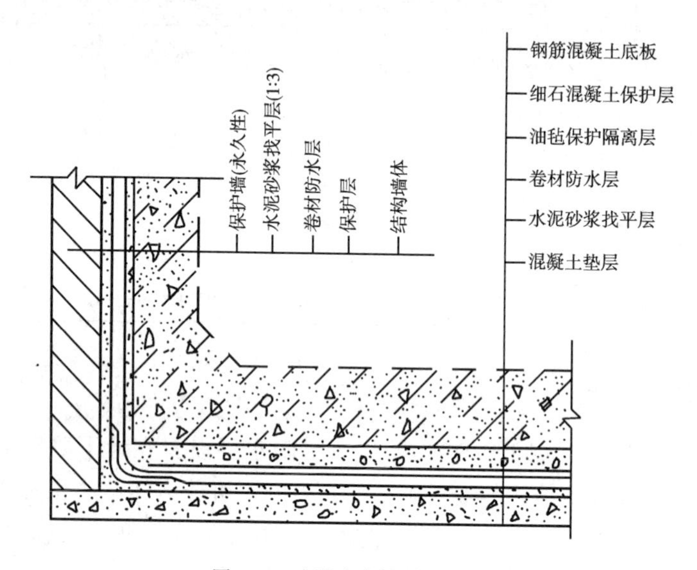

图 8-10　内贴法卷材防水构造

内贴法虽可节约场地及模板，减少工序，但其可靠性较差。特别是在底板及墙体结构施工期较长时，易造成墙体防水层的损坏，且难以发现和修补。因此，内贴法往往用于施工条件受到限制，不能采用外贴法施工的工程。

（三）施工工艺

工艺流程为：基层清理→涂布基层处理剂→复杂部位增强处理→铺贴卷材→保护层施工。

1. 基层处理

（1）卷材防水层的基层必须坚实、平整、干燥、洁净。对凹凸不平的基体表面应抹水泥砂浆找平层；平整的混凝土表面若有气孔、麻面，可用加膨胀剂的水泥砂浆填平。找平层应做好养护，防止出现无空鼓和起砂现象。

（2）各部位的阴阳角均应做成圆弧或折角，避免卷材折裂。

（3）防水层施工时，其基层含水率应低于 9%。检查时可在基层表面铺设 1m × 1m 的防水卷材，静置 3 ~ 4h 后掀开，若基层表面及卷材内表面均无水印，即可视为含水率达到要求。

（4）铺贴防水卷材前，应在基面上均匀涂刷基层处理剂。所用材料要与卷材及其黏结材料的材性相容。改性沥青卷材防水层，其基层处理剂常采用相应的改性沥青涂料，厚度以

0.5mm为宜。合成高分子卷材防水层，常用聚氨酯涂膜底胶，每平方米用量为0.15～0.2kg。

(5)复杂部位增强处理。基层处理剂干燥后，先在管根、变形缝、阴阳角等部位粘贴附加层，作增强处理。

2. 防水层施工

(1)基本要求：

①卷材搭接处和接头部位应粘贴牢固，接缝口应封严或采用材性相容的密封材料封缝。

②接头应有足够的搭接长度，且相互错开(图8-11)。

③上下层卷材的接缝应均匀错开，卷材不得相互垂直铺贴。

④不同品种防水卷材的搭接宽度，应符合表8-4的规定。

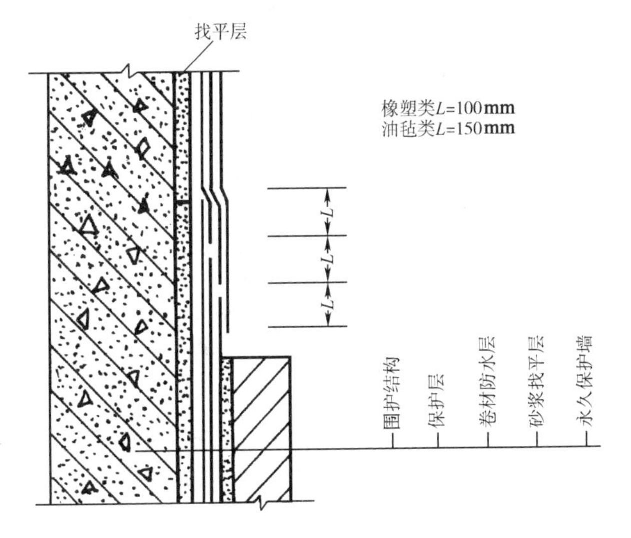

图8-11 卷材防水层错槎接缝示意图

防水卷材搭接宽度 表8-4

卷 材 品 种	搭接宽度(mm)
弹性体改性沥青防水卷材	100
改性沥青聚乙烯胎防水卷材	100
自粘聚合物改性沥青防水卷材	80
三元乙丙橡胶防水卷材	100/60(胶粘剂/胶粘带)
聚氯乙烯防水卷材	60/80(单焊缝/双焊缝)
	100(胶粘剂)
聚乙烯丙纶复合防水卷材	100(胶粘料)
高分子自粘胶膜防水卷材	70/80(自粘胶/胶粘带)

(2)改性沥青卷材防水层施工。这类防水层常用SBS、APP等高聚物改性沥青防水卷材。其粘贴可采用热熔法、冷粘法、自粘法等。主要要求如下：

①热熔粘贴法。热熔法是利用火焰加热卷材底面，熔化后铺贴并压实。该法施工方便，粘贴牢固，使用广泛，可在环境温度不低于－10℃时施工。

铺贴时，先将卷材放在确定的铺贴位置上，打开1m左右长度，用汽油喷灯的火炬烘烤卷材的底面，沥青熔融后粘贴固定在基层表面。端部固定后，将未粘贴部分卷好，用火炬对准油毡卷与基层表面夹角(图 8-12),并保持喷枪嘴距角顶 0.5m 左右,边熔融卷材和基层,边向前缓慢滚铺,随即用压辊压实。滚铺时,卷材接缝部位必须有沥青热熔胶溢出,并随即刮封接口,使接缝黏结严密。

②冷黏法。冷粘法是利用改性沥青冷黏结剂粘贴卷材,可在温度不低于 5℃时施工。铺贴时,把搅拌均匀的冷黏结剂均匀涂刷在基层上,涂刷宽度略大于卷材幅宽,厚度 1mm 左右。干燥 10min 后,按顺序铺设油毡,并用压辊由中心向两侧滚压,排出空气,使卷材与基层粘牢。

③自粘法。自粘型改性沥青卷材分有胎和无胎两种。无胎型的延伸率可达到 500%,且弹性强、有自恢复功能,施工极为方便,防水效果好。

铺贴时,将卷材放在确定的位置,经揭纸、粘头后,随揭隔离纸随滚铺卷材(图 8-13),并用压辊压实,排出空气。边角及接缝处要反复压实粘牢;温度低于 10℃时应采用热风加热辅助施工。

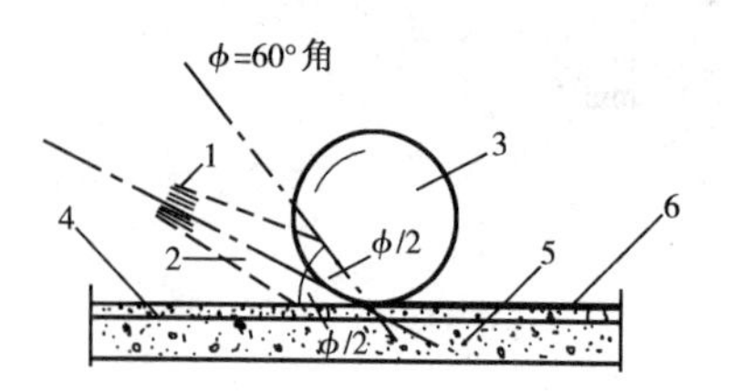

图 8-12 热熔火焰的喷射方向

1-喷嘴;2-火焰;3-改性沥青卷材;4-水泥砂浆找平层;5-混凝土层;6-卷材防水层

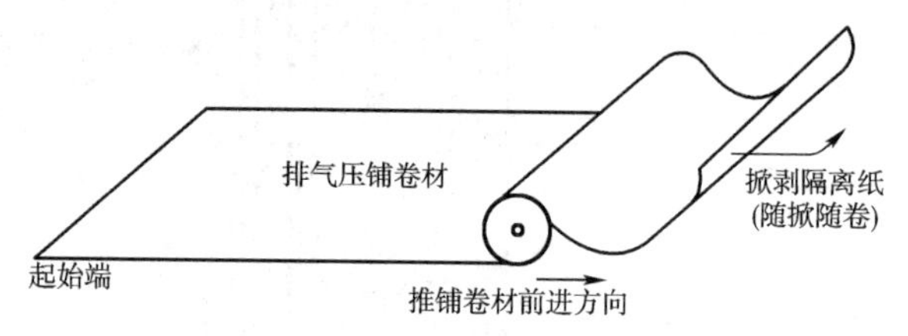

图 8-13 自粘型卷材滚铺法施工示意图

(3)合成高分子卷材防水层。这类防水层常用三元乙丙橡胶卷材、氯化聚乙烯或聚氯乙烯塑料卷材、氯化聚乙烯—橡胶共混卷材等。常采用冷粘法施工,施工时环境温度应不低于 5℃。

①涂布基层胶黏剂。将胶黏剂(如 CX-404 胶等)分别在卷材表面(搭接边除外)和基层表面,用滚刷均匀涂布,静置 10~20min,指触不粘时,即可进行铺贴。

②铺贴卷材。根据卷材配置方案弹出基准线,按线从一端开始铺贴。平面与立面相连的卷材,应先铺平面再向上铺立面,使卷材与阴阳角贴紧。接缝部位应离开阴阳角 200mm 以上。铺设时,不得将卷材拉得过紧或出现皱折。

每铺完一张卷材后,立即用干净松软的长把滚刷从卷材一端开始沿卷材横向顺序用力滚压一遍,以排除粘结层的空气。排除空气后,平面部位可用 ϕ200mm×300mm、重 30~40kg 外包橡胶的铁辊滚压一遍,垂直面上用手持压辊滚压,使其粘结牢固。

③卷材接缝的粘结。卷材搭接宽度一般为 100mm,大面积卷材铺好后即可进行接缝处粘贴。粘贴时,先将接缝处的表面清理干净,在两粘贴面涂刷接缝专用胶黏剂,晾胶至指触基本不粘手时进行粘贴,再用手持压辊顺序混压一遍。接缝处不得有气泡和皱褶。遇有三层卷材重叠的部位,必须填充单组分氯磺化聚乙烯等密封膏。

当卷材为聚氯乙烯、氯化聚乙烯等热塑性材料时,可用热风焊机进行热熔接缝,粘结效果更好。

④接缝处附加补强层。卷材接缝处是地下防水的薄弱部位,在接缝粘结后,其边口应嵌填密封膏,并骑缝粘贴宽度不小于 120mm 的卷材条,粘贴方法同接缝。待压实粘固后,补强卷材条两侧边口用聚氨酯嵌缝膏等嵌填密封,见图 8-14。

3. 保护层施工

基础底板防水层铺贴后,平面上浇不少于 50mm 厚细石混凝土保护层。施工时应注意保护防水层,待其达到足够强度后方可进行基础底板施工。

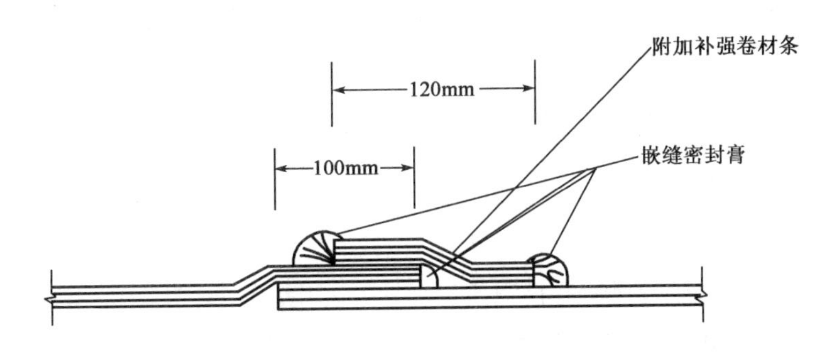

图 8-14　卷材接缝处附加补强处理示意图(尺寸单位:mm)

墙体采用内贴法施工时,可抹压 20mm 厚 1:2.5 水泥砂浆保护层,或粘贴 5 ~ 6mm 厚聚氯乙烯泡沫塑料片材作软保护层。抹水泥砂浆前,应在卷材表面涂刷黏结剂,并撒粗砂或粘麻丝,以利砂浆粘结。

墙体采用外贴法施工时,可粘贴泡沫塑料片材、聚苯乙烯泡沫或挤塑板、或砌筑保护砖墙。塑料板、片材应接缝严密,粘贴牢固;保护墙应在转角处及每隔 5 ~ 6m 处断开,断开的缝隙用卷材条填塞,保护墙与防水层之间空隙应随时用砌筑砂浆填实。

四、涂膜防水层施工

涂膜防水也称涂料防水,是在常温下涂布防水涂料,经溶剂挥发或水分蒸发或反应固化后、在基层表面形成的具有一定坚韧性的涂膜的防水方法。

涂膜防水层的材料包括无机防水涂料和有机防水涂料,常采用冷作法施工,工艺较为简单,尤其适用于形状复杂的结构。在地下工程中,无机防水涂料宜用于结构主体的背水面,有机防水涂料宜用于结构主体的迎水面;性能较好的防水涂料可单独作为防水层,但对重要的工程,防水涂料层往往作为防水混凝土或防水砂浆的附加防水层。涂膜防水构造见图 8-15。

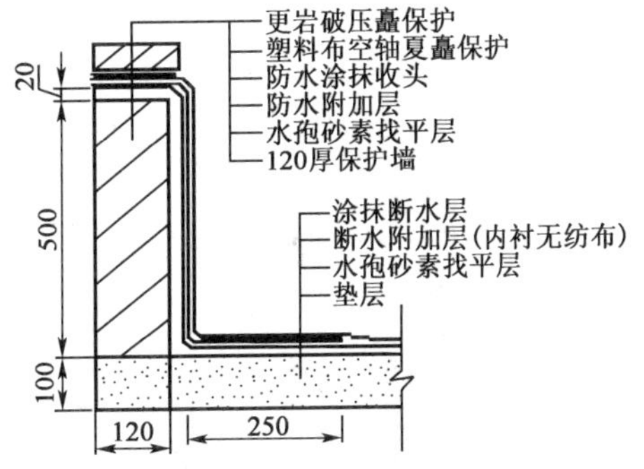

图 8-15　某地下工程涂膜防水构造(尺寸单位:mm)

常用防水涂料的性能指标分别见表 8-5、表 8-6。

无机防水涂料的性能指标　　表 8-5

涂 料 种 类	抗折强度(MPa)	粘结强度(MPa)	一次抗渗性(MPa)	二次抗渗性(MPa)	冻融循环(次)
掺外加剂、掺和料的水泥基防水涂料	>4	>1.0	>0.8	—	>50
水泥基渗透结晶型防水涂料	≥4	≥1.0	>1.0	>0.8	>50

有机防水涂料的性能指标　　表 8-6

涂 料 种 类	抗渗性(MPa)			浸水 168h 后断裂伸长率(%)	耐水性(%)	表干(h)	实干(h)
	涂膜(120min)	砂浆迎水面	砂浆背水面				
反应型	≥0.3	≥0.8	≥0.3	≥400	≥80	≤12	≤24
水乳型	≥0.3	≥0.8	≥0.3	≥350	≥80	≤4	≤12
聚合物水泥	≥0.3	≥0.8	≥0.6	≥80	≥80	≤4	≤12

地下防水涂料种类较多,其施工方法及要求类似。下面以常用的聚氨酯防水涂料为例,介绍地下防水涂料的施工操作要点。

聚氨酯防水涂料是双组分反应固化型的防水涂料。表干时间不超过4h,实干时间不超过12h。其地下防水构造与卷材防水基本相同,涂膜总厚度应为1.2~2.0mm,在阴、阳角等薄弱部位应作增强处理。

1. 施工准备

(1)材料。应据设计要求进场,并检查质量和抽样复检。

(2)基层处理。涂膜防水要求基层表面必须坚实、平整、清洁、干燥。

①混凝土基础垫层表面应抹20mm厚1:3水泥砂浆或无机铝盐防水砂浆(无机铝盐防水剂掺量为水泥用量5%~10%)等,要抹平压光,不得有空鼓、开裂、起砂、掉灰等缺陷。

②混凝土立墙如有孔眼、蜂窝、麻面及凸凹处应进行剔补,并用掺膨胀剂的水泥砂浆或乳胶水泥腻子填充刮平。若立墙为砖砌体,应待其沉降等变形完成后,抹20mm厚水泥砂浆或防水砂浆。

③穿墙管道、洞口、变形缝、埋件、穿墙螺栓等防水薄弱部位均应按要求作好处理,并经检查验收合格。各阴阳角处均应做成半径10~20mm的圆角。

④基层上的尘土、油污、砂粒及各种杂物均应清理干净,防水层施工前用墩布擦净晾干或用风机吹净。

⑤防水层施工时,必须保持基层干燥,含水率应不大于9%。

2. 施工工艺

涂料地下防水也宜采用外包防水做法。按地下结构与防水层的施工程序不同,分为外涂法和内涂法,其施工顺序与卷材的外贴法和内贴法基本相同,具体构造分别见图8-16、图8-17。

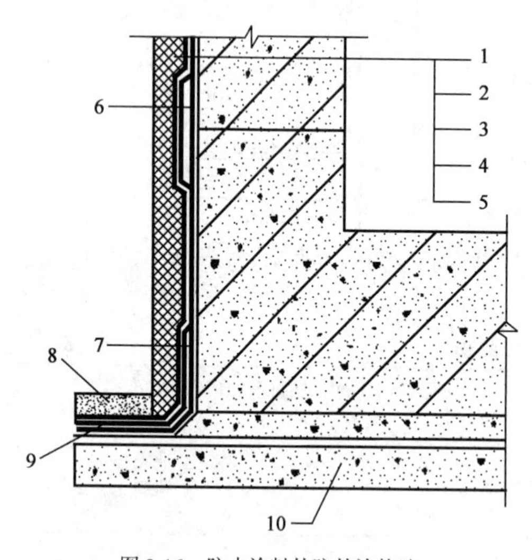

图8-16 防水涂料外防外涂构造

1-保护墙;2-砂浆保护层;3-涂料防水层;4-砂浆找平层;5-结构墙体;6-涂料防水层加强层;7-涂料防水加强层;8-涂料防水层搭接部位保护层;9-涂料防水层搭接部位;10-混凝土垫层

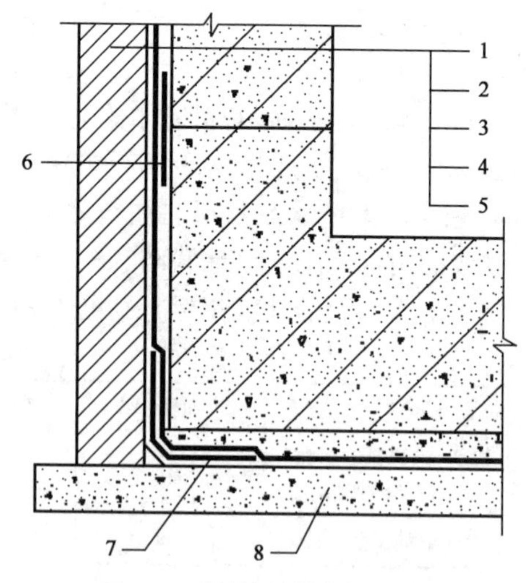

图8-17 防水涂料外防内涂构造

1-保护墙;2-涂料保护层;3-涂料防水层;4-找平层;5-结构墙体;6-涂料防水层加强层;7-涂料防水加强层;8-混凝土垫层

聚氨酯防水涂料的主要施工工艺流程如下:

平面:基层清理→涂布底胶、细部增强处理→刮第一道涂膜层→刮第二道涂膜层→保护层施工。

立面:基层清理→涂布底胶→细部增强处理→刷四道涂膜层→保护层施工。

(1)涂布底胶。底胶的功能是提高涂膜与基层的粘结强度,隔绝基层潮气,防止涂膜起鼓脱落、出现针眼气孔等缺陷。因此,必须在基层满涂一道,其用量为0.15~0.2kg/m^2。

①底胶配制。将聚氨酯涂料的甲料和专供底胶用的乙料按1:(3~4)的质量比混合并搅拌均匀。若无专供底胶用的乙料,也可用甲料、乙料与稀释剂按1:1.5:2比例配制。

②底胶涂布施工。先在阴阳角、管根等薄弱部位涂一遍底胶,然后再用长把滚刷在基层上全面、均匀涂布。涂后应干燥固化4h以上,手感不粘时方可做下道工序。

(2)局部增强处理。底胶固化干燥后,在阴阳角、施工缝等处作增强处理。其做法是,用配制好的防水涂料粘贴一层玻璃纤维布或涤纶布,固化后再进行整体防水层施工。

(3)防水涂膜层施工。

①调配聚氨酯防水涂料。将甲料、乙料按其规定的比例分别称重后,依次倒入搅拌筒,用转速100~500r/min的电动搅拌器搅拌5min左右即可使用。要配比准确、混合均匀、随配随用。

②平面涂膜施工。在局部增强处理部分基本干燥固化后,开始进行第一道涂膜施工。方法是,将拌好的涂料倒在底层上,用塑料或橡胶刮板涂刮,使其均匀一致。用量为1.5kg/m^2,涂层厚度为1.3~1.5mm。第一道涂层干燥后(一般间隔24h),同法涂刮第二道涂层,但涂刮方向与第一道垂直,用量为1kg/m^2,涂层厚度为0.7~1mm。两层成膜总厚度应为1.5~2mm。若用玻璃丝布或化纤无纺布加强时,应在涂刮第二道前进行粘贴,搭接宽度应不少于100mm。

③立面涂膜施工。在局部增强处理干燥后,用滚刷分4次涂刷。每次涂布量为0.6kg/m^{2}左右,涂膜总厚度不小于1.5mm。各道涂层应相互垂直涂刷,间隔时间不少于5h,以固化不粘手为准。如条件允许也可采用喷涂方法,但要掌握好厚度和均匀度。

④涂膜防水层的厚度检测可用针测法,或割取20mm×20mm的实样用卡尺量测。要求平均厚度应符合要求,最小厚度不得小于设计厚度的80%。

(4)保护层施工同卷材防水层。

3.施工注意问题

(1)防水层施工时,基层必须干燥。可采用小面积试涂,24h后剥离,如很难剥下且涂层上无气泡存在,即可施工。若基层潮湿,工期又紧迫,可在基层上刷一道二甲苯后再测试。

(2)材料多为易燃品,且有一定毒性,应做好防火、通风和劳动保护工作。

五、膨润土板(毯)防水层施工

膨润土防水材料是利用天然钠基膨润土制成的地下防水材料,具有遇水止水的特性。其防水机理是:当与水接触后逐渐发生水化膨胀,在一定的限制条件下,形成渗透性极低的凝胶体而达到阻水抗渗之目的。它具有良好的不透水性、耐久性、耐腐蚀性和耐菌性,已广泛应用于地下工程和部分大型建筑的地下防水,如图8-18所示。

图8-18 某工程铺设的膨润土毯防水层

膨润土防水材料包括膨润土防水毯及其配套材料。目前国内的膨润土防水毯主要有三种产品,一是由两层土工布包裹钠基膨润土颗粒的膨润土毯,二是覆有高密度聚乙烯膜的膨润土防水毯,三是用胶粘剂把膨润土颗粒粘结到高密度聚乙烯板上的膨润土防水板。

1. 施工工艺流程

主要工艺流程为:基面处理→加强层设置→铺防水毯(或挂防水板)→搭接缝封闭→甩头收边、保护→破损部位修补。

2. 基层及细部处理

铺设膨润土防水层的基层混凝土强度等级不得小于C15,水泥砂浆强度等级不得低于M7.5。基层应平整、坚实、清洁,不得有明水和积水。

阴、阳角部位可采用膨润土颗粒、膨润土棒材、水泥砂浆进行倒角处理,做成直径不小于30mm的圆弧或坡角。

变形缝、后浇带等接缝部位,应设置宽度不小于500mm的加强层。加强层应设置在防水层与结构外表面之间。穿墙管件部位宜采用膨润土橡胶止水条、膨润土密封膏或膨润土粉进行加强处理。

3. 施工要点

(1)膨润土防水毯的织布面或防水板的膨润土面应与结构外表面或底板垫层混凝土密贴。立面和斜面铺设膨润土防水材料时,应上层压着下层,并应贴合紧密,平整无褶皱。

(2)甩槎与下幅防水材料连接时,应将收口压板、临时保护膜等去掉,将搭接部位清理干净,涂抹膨润土密封膏后搭接固定。搭接宽度应大于100mm,搭接处的固定点距搭接边缘宜为25~30mm。平面搭接缝可干撒膨润土颗粒进行封闭。

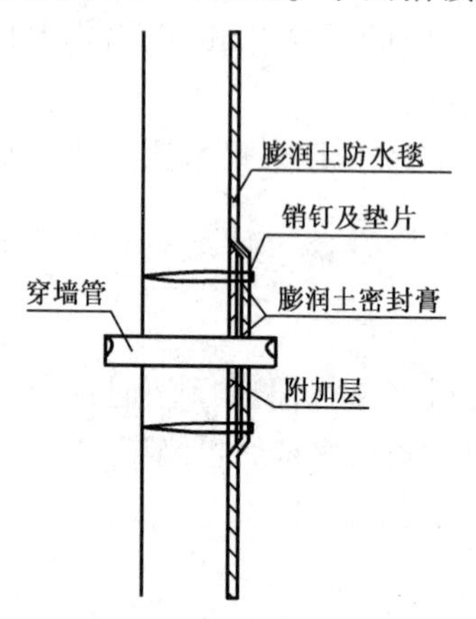

图8-19　穿墙管道处的处理

(3)膨润土防水材料应采用水泥钉加垫片固定。水泥钉的长度应不小于40mm,立面和斜面上的固定间距为400~500mm,呈梅花形布置。平面上应在搭接缝处固定;永久收口部位应用收口压条和水泥钉固定,并用膨润土密封膏覆盖。

(4)对于需要长时间甩槎的部位应采取遮挡措施,避免阳光直射使防水材料老化变脆。

(5)破损部位应采用与防水层相同的材料进行修补,补丁边缘与破损部位边缘距离不应小于100mm。

(6)穿墙管道处应设置附加层,并用膨润土密封膏封严,如图8-19所示。

第二节　屋面防水工程

屋面防水是防止雨、雪水对屋面的间歇性浸透,保证建筑物的寿命并使其各种功能正常发挥的一项重要工程。屋面防水工程根据建筑物的类别、重要程度、使用功能要求等,分为两个等级,见表8-7。工程中按不同的等级进行设防。对防水有特殊要求的建筑屋面,应进行专项防水设计。

屋面防水等级和设防要求 表8-7

防水等级	建筑类别	设防要求
Ⅰ级	重要建筑和高层建筑	两道防水设防
Ⅱ级	一般建筑	一道防水设防

防水屋面的种类包括:卷材防水屋面、涂膜防水屋面、瓦屋面等。下面介绍几种常用屋面防水的施工。

一、卷材防水屋面

卷材防水是屋面防水的主要做法,适用于屋面防水的各个等级,其构造见图8-20。

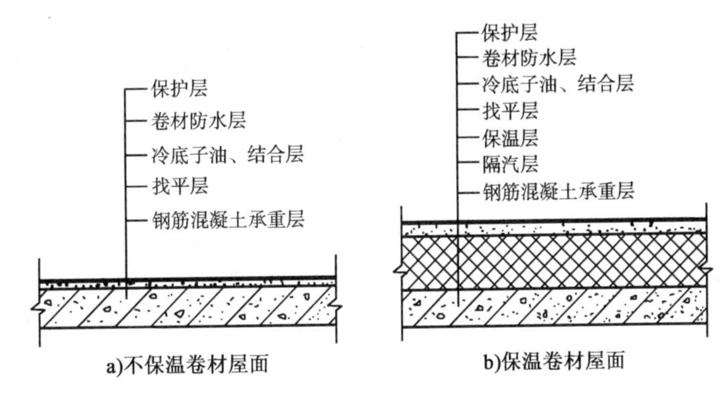

图8-20 卷材防水屋面构造

(一)材料要求与施工顺序

常用材料包括高聚物(如SBS、APP等)改性沥青防水卷材、合成高分子防水卷材以及相应的黏结剂、基层处理剂、嵌缝膏等。材料的品种、规格、性能及质量等均应符合设计及有关标准的规定,并经抽检合格。

卷材防水屋面的施工顺序主要为:

找坡及保温层施工→找平层施工→防水层施工→保护层施工。

其中找坡及保温层应根据设计要求的材料和做法,在结构完成后及时进行施工,以保护结构。

(二)找平层施工

找平层是防水层的基层,其材料的类型及施工质量直接影响防水层的质量和防水效果。

1. 材料和做法

找平层可采用水泥砂浆、细石混凝土等材料,做法详见表8-8。

找平层厚度和技术要求 表8-8

类别	基层种类	厚度(mm)	技术要求
水泥砂浆找平层	整体现浇混凝土板	15~20	1:2.5水泥砂浆
	整体材料保温层	20~25	
细石混凝土找平层	装配式混凝土板	30~35	C20混凝土,宜加钢筋网片
	板状材料保温层		C20混凝土

2. 施工要求

找平层应留设分格缝,缝宽宜为 5 ~ 20mm,缝内宜嵌填密封材料。分格缝应留设在板端处,纵横缝的最大间距均不宜大于 6m。找平层表面应压实、平整,排水坡度符合设计要求。找平层抹平收水后应 2 次压光,充分养护;不得有酥松、起砂、起皮现象及过大裂缝。

找平层与凸出屋面结构(如女儿墙、天窗壁、立墙、风道口等)的连接处、管根处及基层的转角处(檐口、天沟、屋脊、水落口等),均应做成圆弧。圆弧半径应根据所铺卷材种类确定,对高聚物改性沥青防水卷材为 50mm、合成高分子防水卷材为 20mm。

(三)防水层施工

1. 施工条件与基层处理

屋面防水层应在屋面以上工程完成,且找平层干燥后进行施工。其干燥程度可用干铺卷材法检验。

施工时需先进行基层处理,以增强卷材与基体的粘结力。基层处理剂的种类应与卷材的材性相容。其材料及做法同地下防水施工。基层处理剂干燥后应立即铺贴卷材。

2. 卷材铺贴

(1)环境要求。卷材铺贴应选择在好天气时进行,严禁在雨、雪天及有五级以上的大风时施工,热熔法和焊接法的施工环境温度不宜低于 -10℃,冷粘法和热粘法不宜低于 5℃,自粘法不宜低于 10℃。

(2)铺贴顺序。卷材防水层施工时,应按“先高后低,先远后近”的顺序进行铺贴,即高低跨屋面,先铺高跨后铺低跨;大面积屋面,先铺离上料地点远的部位,以防止因运输、踩踏而损坏防水层。

对每一跨的大面积卷材铺贴前,应先做好节点、附加层和排水较为集中部位(如水落口处、檐口、天沟、檐沟、屋面转角处、板端缝等)的处理,然后再由屋面最低标高处向上铺贴施工,以保证顺水搭接。

(3)铺设方向。屋面卷材宜平行屋脊铺贴,上下层卷材相应互平行,不得垂直、交叉;檐沟、天沟卷材应顺其长度方向铺贴,以减少搭接。

当屋面坡度大于 25% 时,卷材应采取满粘和钉压固定措施。

(4)搭接要求。卷材铺贴应采用搭接法连接,平行于屋脊的搭接缝应顺流水方向搭接,卷材搭接宽度应符合表 8-9 的规定。改性沥青卷材的搭接形式与要求见图 8-21。

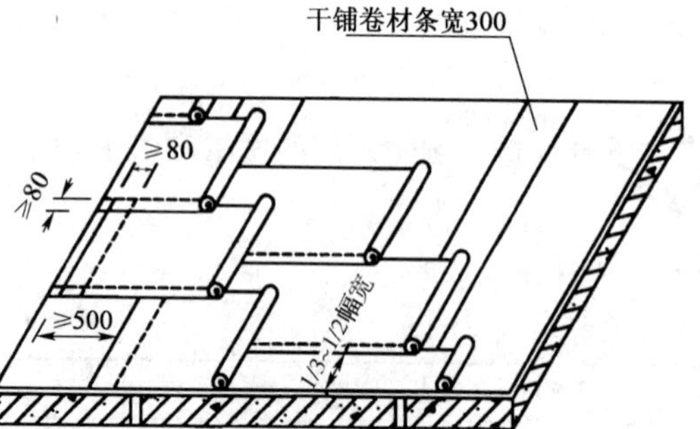

图 8-21 改性沥青防水卷材搭接形式与要求

同一层相邻两幅卷材短边搭接缝应错开不小于 500mm,上下层卷材长边搭接缝应错开,且不应小于幅宽的 1/3。叠层铺贴的各层卷材,在天沟与屋面的交接处,应采用叉接法搭接,搭接缝应错开。搭接缝宜留在屋面与天沟侧面,不宜留在沟底。

(5)铺贴方法。卷材防水层的粘贴方法按其底层卷材是否与基层全部粘结,分为满粘法、空铺法、条粘法或点粘法。满粘法是指铺贴防水卷材时,卷材与基层全部粘结的施工方法;空铺法是指铺贴防水卷材时,卷材与基层仅在四周一定宽度内粘结,其余部分不粘结的施工方法;条粘法是指铺贴防水卷材时,卷材与基层采用条状粘结的施工方法,每幅卷材与基层粘结面不少于两条,每条宽度不小于150mm;点粘法是指铺贴防水卷材时,卷材或打孔卷材与基层采用点状粘结的施工方法,每平方米粘结点不少于5个,每点面积为100mm×100mm。

卷材搭接宽度 表8-9

卷材类别及粘贴方式		搭 接 宽 度(mm)
合成高分子防水卷材	胶黏剂	80
	胶粘带	50
	单缝焊	60,有效焊接宽度不小于25
	双缝焊	80,有效焊接宽度10×2+空腔宽
高聚物改性沥青防水卷材	胶黏剂	100
	自粘	80

立面或大坡面铺贴卷材时,应采用满粘法。当卷材防水层上有重物覆盖或基层变形较大时,应优先采用空铺法、点粘法或条粘法(见图8-22),以避免结构变形拉裂防水层;当保温层或找平层含水率较大且干燥有困难时,亦应采用空铺法、点粘或条粘法铺贴,并在屋脊设置排汽孔而形成排汽屋面,以防止水分蒸发造成卷材起鼓。采用空铺法、点粘法或条粘法时,在屋脊、檐口和屋面的转角处应满粘,其宽度不少于800mm,卷材间的搭接处也必须满粘。立面或大坡面铺贴卷材时,应采用满粘法,并宜减少短边搭接。

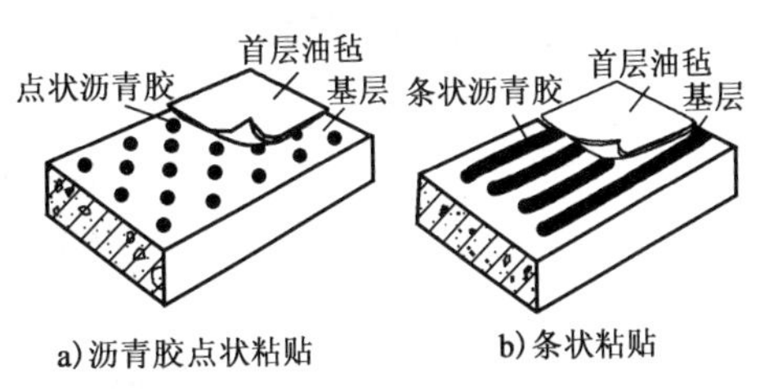

图8-22 条粘、点粘法示意图

卷材的收头处、水落口处、管根处、变形缝处、出入口处等均应按构造要求做好细部处理。

(6)卷材的粘贴工艺与要求。卷材的粘贴工艺和要求见地下卷材防水层施工,但需注意:

①采用热熔法铺贴高聚物改性沥青卷材时,火焰加热器的喷嘴距卷材面的距离应适中,幅宽内加热均匀,使卷材表面熔融至光亮黑色为度,随即滚铺卷材。滚铺时应排除空气,使之平展无皱折,并辊压粘牢。

②采用冷粘法铺贴卷材时,应根据胶黏剂的性能,控制好胶黏剂涂刷与卷材铺贴的间隔时间。胶黏剂涂刷应均匀,不得露底、堆积。卷材铺贴应平整顺直,搭接尺寸准确,不得扭曲、皱折。铺贴时应排除卷材下的空气,并辊压粘牢。卷材的搭接缝应满涂配套胶黏剂,辊压粘牢,溢出的胶黏剂随即刮平封口,并在接缝口处嵌填密封材料进一步封严。

③铺贴自粘型卷材,应在基层处理剂干燥后及时进行。铺贴时,应将隔离纸撕净,并排除空气,辊压粘牢。搭接部位宜用热风焊枪加热后随即粘牢,溢出的自粘胶随即刮平封口,并用密封材料将缝口进一步封严。立面及大坡面粘贴时,应加热后粘牢。

④采用焊接法铺设合成高分子卷材前,卷材应铺放平整、顺直,搭接尺寸准确,焊接缝的结合面应清扫干净;焊接时应先焊长边搭接缝,后焊短边搭接缝。

⑤采用机械固定法铺贴卷材时,固定件应与结构层连接牢固。固定件间距应根据抗风揭试验和当地的使用环境与条件确定,并不宜大于600mm。卷材防水层周边800mm范围内应满粘,卷材收头应采用金属压条钉压固定和密封处理。

(四)保护层施工

卷材屋面应有保护层,以减少雨水、冰雹冲刷或其他外力造成的卷材机械性损伤,并可折射阳光、降低温度,减缓卷材老化,从而增加防水层的寿命。当卷材本身无保护层而又非架空隔热屋面或倒置式屋面时,均应另做保护层。

保护层施工应在防水层经过验收合格,并将其表面清扫干净后进行。用水泥砂浆、细石混凝土或块材等刚性材料做保护层时,应在保护层与防水层之间设置纸筋灰或细砂等隔离层,以防止其温度变形而拉裂防水层。为防止刚性保护层开裂,施工时应设置分格缝,其要求为:水泥砂浆表面分格面积宜为 $1m^2$;细石混凝土纵横间距不大于 6m,缝宽宜为 10 ~ 20mm;块材保护层纵横分格缝间距不大于 10m,缝宽 20mm;刚性保护层与女儿墙之间需预留 30mm 宽的空隙。施工时,块材应铺平铺稳,块间用水泥砂浆勾缝;所留缝隙应用防水密封膏嵌填密实。

二、涂膜防水屋面

涂膜防水屋面的构造见图 8-23。

(1)涂膜防水屋面的施工顺序及基层做法与要求同卷材防水屋面。施工顺序为:特殊部位处理→基层处理→涂膜防水层施工→保护层施工。

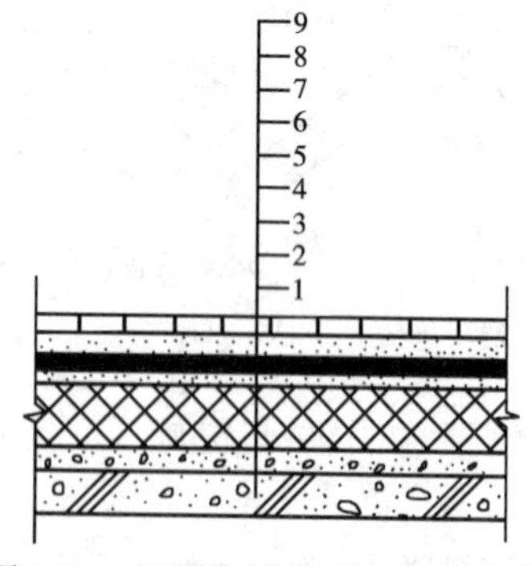

图 8-23 有隔气层的涂膜防水屋面构造
1-屋面板;2-找坡找平层;3-涂膜隔气层;4-保温层;5-水泥砂浆找平层;6-聚氨酯底胶;7-涤纶无纺布增强聚氨酯涂膜防水层;8-水泥砂浆粘结层;9-地砖饰面保护层

(2)基层处理剂应与上部涂膜的材性相容,常采用防水涂料的稀释液。刷涂或喷涂前应拌匀,涂布要均匀、不漏底。

(3)防水涂层严禁在雨天、雪天施工;五级风以上时或预计涂膜固化前有雨时不得施工;水乳型、反应型涂料及聚合物水泥涂料的施工环境气温宜为 5 ~ 35℃,溶剂型涂料宜为 -5℃ ~35℃,热熔型涂料不宜低于 -10℃。

施工时,应先做节点、附加层,再按照“先高后低、先远后近”的顺序进行大面积施工。对屋面转角及立面的涂层,应采取薄涂多遍,以避免流淌和堆积现象。

涂层施工可采用抹压、涂刷或喷涂等方法,分层分遍涂布。后层涂料应待前一层涂料干燥成膜后方可进行,刮涂的方向应与前一层垂直。高聚物改性沥青涂膜防水层的厚度不应小于 3mm,合成高分子防水涂料成膜厚度不应小于 1.5mm。

对于有胎体增强材料的涂膜防水层,在第二遍涂料涂刷后、第三遍涂料涂刷前即可铺贴胎体增强材料。铺贴胎体应边涂刷边铺设,并刮平粘牢,排出气泡。干燥后,在胎体上涂布涂料时,应使涂料浸透胎体,覆盖完全,不得有外露现象。胎体铺贴方向应视屋面坡度而定,当屋面坡度小于 15% 时可平行于屋脊铺设,否则应垂直于屋脊铺设,以防其下滑。铺贴应由低向高进行,顺水流方向搭接,胎体增强材料长边搭接宽度不得小于 50mm,短边搭接宽度不得小于 70mm。上下层不得相互垂直铺设,搭接缝位置应错开,其间距不少于 1/3 幅宽。

涂膜防水层的收头应用防水涂料多遍涂刷或用密封材料封严。在涂膜实干前,不得在防水屋面上进行其他作业,涂膜防水屋面上不得直接堆放物品。

(4)保护层施工。保护层应待涂膜固化后进行,其做法与要求与卷材屋面相同。

第九章

装饰装修工程

第一节　概　　述

装饰装修是指为保护建筑物或构筑物的主体结构、完善使用功能和达到美化效果，采用装饰装修材料或饰物对其内外表面及空间进行的各种处理过程，是一项重要的分部工程。

建筑装饰装修按施工部位可分为室外和室内两大部分；按工艺方法和部位分为抹灰工程、门窗工程、地面工程、吊顶工程、隔墙隔断工程、饰面板（砖）工程、幕墙工程、涂饰工程、裱糊与软包工程、细部工程等。

装饰装修工程具有工序多、工艺复杂、工期长、造价高、用工多及质量要求高、成品保护难等特点。使用工厂化生产的成品、半成品构件与材料，用干作业代替湿作业，提高机械化施工程度，实行专业化施工，注重基体处理，做好样板引路等，是装饰装修施工的发展方向。这对于缩短工期、降低造价、提高工程质量、减轻劳动强度和保护环境有着重要意义。

第二节　抹 灰 工 程

抹灰是将砂浆或灰浆涂抹在结构体表面。它除具有保护结构、连接找平、防潮防水、隔热保温等功能外，还可以通过各种材料及工艺形成不同的色彩、质感、线形，提高装饰效果。

一、抹灰的组成与分类

（一）抹灰的组成

抹灰施工一般需要分层进行，以利于粘结牢固、抹面平整和避免开裂。因此，抹灰通常由底层、中层、面层三个层次构成，如图 9-1。

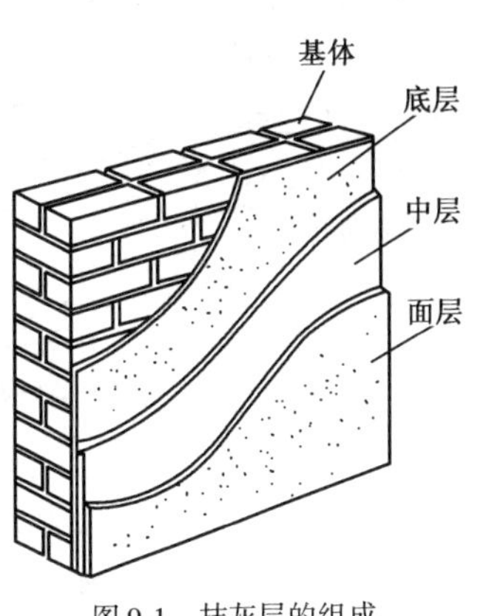

图 9-1　抹灰层的组成

底层也称粘结层，主要起与基体的粘结和初步找平作用。所使用的材料应与基体的强度和温度变形能力相适应，如砖墙面宜采用水泥石灰混合砂浆，混凝土表面宜用水泥砂浆。

中层也称找平层，主要起找平作用。其材料要与底层及面层抹灰材料的性能及强度相适应。按照抹灰平整度要求及层厚限制,可一次抹成,也可分遍进行。

面层也称装饰层,主要起装饰作用。室内墙面常用混合砂浆或纸筋灰、石膏灰,室外抹灰常用水泥砂浆或水泥石渣类做饰面层。

各抹灰层的厚度取决于基体的材料及表面平整度、砂浆的种类、抹灰质量要求和气候情况。抹水泥砂浆时,每遍厚度宜为 7 ~ 10mm;抹石灰砂浆或水泥混合砂浆时,每遍厚度宜为 5 ~7mm;罩面层抹纸筋灰或石膏灰时,厚度不得大于 2 ~ 3mm,以免裂缝和起壳而影响质量与美观。

(二)抹灰的分类分级

抹灰工程按装饰效果或使用要求分为一般抹灰、装饰抹灰和特种抹灰三大类。一般抹灰常用石灰砂浆、水泥石灰混合砂浆、水泥砂浆、聚合物水泥砂浆以及纸筋灰、石膏灰等作为面层;装饰抹灰的面层有水刷石、水磨石、斩假石、干粘石、拉毛灰、洒毛灰以及聚合物砂浆的喷涂、滚涂、弹涂等做法;特种抹灰包括防水、保温、防辐射、抗渗等砂浆的抹灰。

一般抹灰按质量标准不同,又分为普通抹灰和高级抹灰两个等级。其构造做法、质量要求及适用范围见表 9-1。

一般抹灰的分级 表 9-1

级别	构造做法	要　求	适用范围
普通抹灰	一底层、一中层、一面层	表面光滑、洁净、接槎平整,阳角方正、分格缝清晰	一般居住、公用和工业建筑(如住宅、宿舍、教学楼、办公楼)以及高标准建筑物中的附属用房等
高级抹灰	一底层、数中层、一面层	表面光滑、洁净,颜色均匀、无抹纹,阴阳角方正、分格缝和灰线清晰美观	大型公共建筑物、纪念性建筑物(如剧院、礼堂、宾馆、展览馆等和高级住宅)以及有特殊要求的高级建筑等

二、基体的处理

为保证抹灰层与基体之间能粘结牢固,避免裂缝、空鼓和脱落等,在抹灰前应对基体进行必要的处理。除需进行剔实凿平、嵌填孔洞缝隙、清理润湿、埋件安装外,还应做好以下部位的处理:

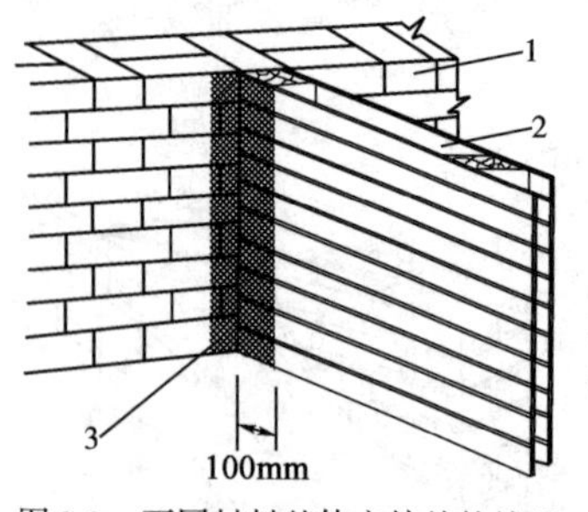

图 9-2 不同材料基体交接处的处理
1-砖墙;2-板条墙;3-钢丝网

(1)钢、木门窗框与立墙交接处应用 1∶3 水泥砂浆或水泥混合砂浆(加少量麻丝)嵌填密实。

(2)墙面的脚手眼应堵塞严密,水、暖、电、通风等管线通过的孔洞、沟槽须用 1∶3 水泥砂浆填堵。

(3)不同基体材料(如砖石与木、普通混凝土与轻质混凝土)相接处应铺钉金属网加强,从缝边起每边搭墙不得小于 100mm(图 9-2)。

(4)混凝土表面的油污应用浓度为 10% 的碱水洗刷;光滑的表面,应进行凿毛或涂刷界面黏结剂。

(5)加气混凝土基体表面应涂刷 1∶1 水泥胶浆(掺水泥量 10% 的乳胶),以封闭孔隙,提高表面强度。必要时可在表面铺钉金属网,以防空鼓脱落。

三、抹灰的材料要求

抹灰所用的石灰应充分熟化(块状生石灰熟化期不少于15d,磨细粉不少于3d),石灰膏不冻结、不风化;水泥、石膏不过期,强度等级符合要求;砂子、石粒应洁净、坚硬、并经过筛处理;麻刀、纸筋等纤维材料要纤细、洁净,并经过打乱、浸透处理;所用颜料应为耐碱、耐光的矿物颜料;化工材料(如胶黏剂等)应符合相应质量标准且不超过使用期限。

一般抹灰所用的砂浆要求粘结力好、易操作,无明确强度要求,因此常用体积配比。但对于要求较高的装饰抹灰,最好经过配比试验并采用重量配比。

四、一般抹灰施工

一般抹灰的总厚度,应视具体部位及基体材料而定。内墙普通抹灰不得大于20mm,高级抹灰不得大于25mm。外墙墙面抹灰不得大于20mm;勒脚及突出墙面部分,不得大于25mm。石墙墙面抹灰不得大于35mm。当抹灰总厚度大于等于35mm时,必须采取挂网等加强措施。

—般抹灰随抹灰等级的不同,其施工工序也有所不同。普通抹灰要求阳角找方、设置标筋、分层涂抹、赶平、修整、表面压光。高级抹灰则还要求阴角找方等。

(一)墙面抹灰

1.做标志

为了有效地控制墙面抹灰层的厚度与垂直度、平整度,抹灰前应先做标志块(也称贴灰饼)并设置标筋(又称冲筋),作为底、中层抹灰的依据。

做标志时,先用托线板检查墙面的平整、垂直程度,据以确定抹灰厚度(最薄处不宜小于7mm),再在墙两边上角按底、中层抹灰厚度,用砂浆各做一个“灰饼”。然后根据这两个灰饼,用托线板或线锤吊挂垂直,做出墙面下角的两个灰饼(一般在踢脚线上口)。随后以左右两灰饼面为准,分别拉线,每隔1.2~1.5m加做若干灰饼。待灰饼稍干后,在上下灰饼之间用砂浆抹一条宽100mm左右的垂直灰埂,即标筋,作为中层抹灰的厚度控制和赶平的标准,见图9-3、图9-4。

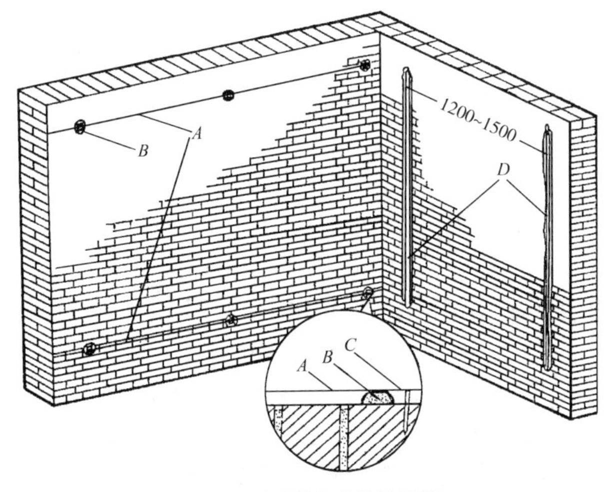

图9-3 挂线做标志块及标筋

A-引线;B-灰饼(标志块);C-钉子;D-标筋

图9-4 用托线板挂垂直做标志块

2. 做护角

当抹灰层为非水泥砂浆时,对墙、柱及门窗洞口的阳角均需抹 1∶2 水泥砂浆护角,以提高强度,防止碰坏。同时,护角也可起到标筋作用,其高度一般应不低于 2m,每侧宽不小于 50mm,如图 9-5 所示。

3. 底层和中层的涂抹

底层与中层抹灰在标筋及门窗口做好护角后即可进行。这道工序也叫装档。其方法是将砂浆涂抹于标筋之间,底层要低于标筋,待收水后立即进行中层抹灰,其厚度以略高于标筋为准。随即用木杠(或铝合金方管)按标筋刮平(图 9-6)。紧接着用木抹子搓压一遍,使表面平整密实。

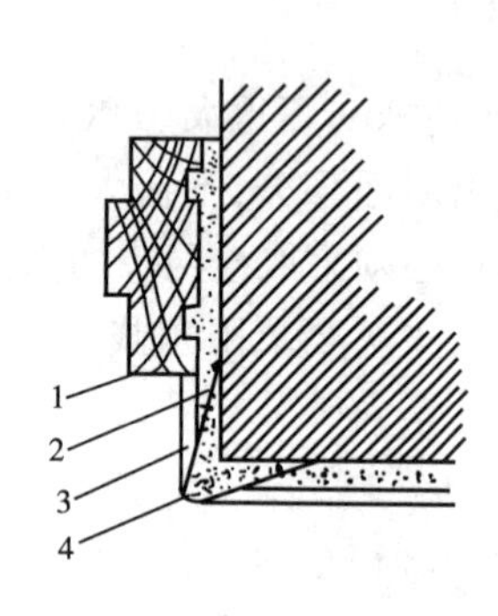

图 9-5 护角抹灰

1-门框;2-嵌缝砂浆;3-墙面砂浆;4-1∶2 水泥砂浆护角

图 9-6 装档刮杠示意

如果后做地面、墙裙或踢脚时,应在距墙裙、踢脚准线上口 50 ~ 100mm 处将砂浆切成直槎,待墙裙或踢脚完工后再行补抹,以避免墙面软质砂浆进入水泥砂浆墙裙或踢脚范围内,形成隔离层而引起空鼓。抹灰后应将墙面清理干净,并及时收集落地灰。

为使底层砂浆与基体粘结牢固,抹灰前基体一定要浇水湿润,以防止基体过多吸水,使抹灰层产生空鼓或脱落。砖基体宜浇水两遍,使水渗入 8 ~ 10mm 深。混凝土基体宜在抹灰前一天即浇水,使水渗入混凝土表面 2 ~ 3mm。如果各层抹灰相隔时间较长,已抹砂浆层较干时,也应浇水湿润,才可抹后一层砂浆。

底层和中层抹灰也可利用机械喷涂,再由机械或人工抹平。机械抹灰能将砂浆的搅拌、运输、喷涂和抹平通过一套抹灰机组进行机械化施工,可大大降低劳动强度,加快施工进度,并可提高粘结强度。

4. 罩面压光

室内抹灰常用的面层材料有混合砂浆、纸筋石灰、石膏灰等。罩面层应待找平层五六成干后进行,如过干应先洒水湿润。纸筋灰或石膏灰应分纵横 2 遍涂抹,每遍厚度为 1 ~ 2mm。经赶平压实后的面层总厚度,对于纸筋灰或石膏灰不得大于 2mm。收水后用钢抹子压光,不得留抹纹。

室外抹灰常用 1∶2.5 的水泥砂浆罩面,厚度为 5 ~ 8mm。在底层及中层抹完后的第二天即可抹面层砂浆。由于面积较大,为了不显接槎,防止抹灰层收缩开裂,一般应设有分格缝。每格要一次抹完,留槎位置应在分格缝处。施工时,首先将墙面润湿,按图纸尺寸弹线分格,粘分格条、滴水槽,再抹面层砂浆。为了粘结牢固,抹灰时先薄刮一层水泥膏,紧跟着抹罩面砂浆,然后用杠尺按分格条横竖刮平,木抹子搓毛,铁抹子压光。待其表面无明水时,用软毛刷蘸水按垂直于地面的同一方向轻刷一遍,以保证面层的颜色一致,避免和减少收缩裂缝。随后,将分格条等起出,待灰层干后,用水泥膏将缝子勾好。面层成活 24h 后,要洒水或涂刷养护剂保湿养护不少于 7d,以防止开裂和强度不足。

(二)楼地面抹灰

楼地面抹灰是在混凝土楼板或地面混凝土垫层上抹一层或两层水泥砂浆,作为楼面或地面的面层。水泥砂浆作为承重受力层,抹灰厚度应不小于 20mm。砂浆宜采用不低于 32.5 级的硅酸盐水泥或普通硅酸盐水泥、含泥量不大于 3% 的中砂或粗砂配制,配比为 1:2,强度等级不应低于 M15。为了保证其强度和耐磨性,减少开裂,砂浆的稠度应不大于 35mm。

楼地面抹灰的工艺顺序为:清扫、清洗基层→弹面层线、做灰饼、标筋→扫水泥素浆→铺水泥砂浆→木杠刮平→木抹子压实、搓平→铁抹子压光(三遍)→养护。

施工前,应将基层清扫干净后用水冲洗晾干,根据墙面准线在地面四周的墙面上弹出楼(地)面水平标高线,在四周做出灰饼,并拉线补做中间灰饼。按间距 1.2 ~ 1.5m 做好标筋。对有坡度、地漏的房间,应按要求找出坡度,一般不小于 1% 。地漏处标筋应做成放射状,以保证流水坡向。

铺抹砂浆应在标筋凝结前进行,即冲软筋。抹灰时先在基层均匀扫水泥浆一遍,随扫随铺砂浆,并用长木杠按筋刮平、拍实,再用木抹子反复压实搓平。同时,抹踢脚线的底层,厚 5 ~ 8mm。水泥砂浆面层搓平之后,须经三遍压光成活。头遍是在搓平后立即用铁抹子稍用力压抹出浆,抹平,对出浆处可撒 1:1 干水泥砂子面;稍收水后(不陷脚但可见胶鞋掌印)抹压第二遍,要加力压实、抹光,不漏抹;初凝后(抹灰后 3 ~ 6h,踩上去有胶鞋纹印),即进行第三遍压光,应抹除脚印和抹纹,全面压光。亦可用抹光机压平。压光必须在水泥砂浆终凝前完成。

面层抹完一天内,喷洒养护剂;或用湿锯末覆盖,每天浇水 3 ~ 4 次,养护不少于 7d。

五、装饰抹灰施工

装饰抹灰的底层和中层的做法与一般抹灰基本相同,而面层则采用装饰性强的材料,或用特殊的处理方法做成。下面介绍几种常用的饰面施工。

(一)水刷石

水刷石主要用于室外首层墙面或柱面,往往以分格分色来获得艺术效果。

水刷石面层施工应在中层(一般 12mm 厚 1:3 水泥砂浆)终凝后进行。先在中层表面弹出分格线,按线用水泥浆粘贴分格条,两侧抹成八字形。然后将中层表面洒水湿润,薄刮一层素水泥浆(水灰比为 0.37 ~ 0.40,厚约 1mm)结合层,随即抹稠度为 5 ~ 7cm、厚 10 ~ 20mm 的水泥石粒浆(水泥:石粒 = 1:1 ~ 1:1.5)面层,用铁抹子反复拍平压实,使石粒密实且分布均匀。当面层开始凝固时(手指按不显指痕,刷石粒不脱落),用刷子蘸水自上而下刷掉面层水泥浆,使石粒表面完全外露为止。为使表面清洁,可用喷雾器自上而下喷水冲洗。喷刷后即可将分格条起出,并用素灰修补缝格,24h 后洒水养护。

水刷石的外观质量要求是石粒清晰,分布均匀,紧密平整,色泽一致,不得有掉粒和接槎痕迹。

（二）干粘石

干粘石是将彩色石粒直接粘在砂浆层上的抹灰做法。该做法省石渣、费用低，装饰效果接近水刷石，适用于不易碰触到的外墙面。施工时，先在已经硬化的1:3水泥砂浆找平层上弹线分格、粘分格条，洒水湿润并刮素水泥浆后，抹一层厚为6~7mm的1:2.5的水泥砂浆找平层，随即抹厚为4~5mm的1:0.5水泥石灰膏粘结层，同时甩粘或机喷粒径为4~6mm的石渣，并拍平压实在粘结层上。要求压入深度不少于1/2粒径，但不得把灰浆拍出，以免影响美观。干粘石墙面经修补达到表面平整，石粒均匀后，即可起出分格条，用水泥浆勾缝。常温施工后24h，即可用喷壶洒水养护。

干粘石的质量要求是石粒粘结牢固，分布均匀，颜色一致，不露浆，不漏粘，阳角处应无明显黑边。

（三）斩假石

斩假石又称剁假石，是仿制天然花岗石、青条石的一种饰面，常用于勒脚、台阶及室外柱、墙面。施工时，在1:2水泥砂浆找平层养护硬化后，弹线分格并粘分格条。在找平层表面洒水润湿并刮素水泥浆一道，随即抹10 mm厚的1:1.25水泥石粒浆（内掺30%石屑）罩面层；抹平后用木抹子打磨拍实，用软毛刷蘸水顺待剁纹的方向将表面水泥浮浆轻轻刷掉，至均匀露出石粒为止。24h后洒水养护2~3d，待强度达60%~70%即可试剁，如石粒颗粒不发生脱落便可正式斩剁；为了美观，一般在分格缝、阴阳角周边留出15~20mm宽的边框线不剁。斩剁的顺序一般为先上后下，由左到右，先剁转角和四周边缘，后剁中间。剁纹的深度一般以1/3石粒的粒径为宜。施剁时，用剁斧将面层斩毛，剁的方向要一致，剁纹深浅要均匀，一般两遍成活，即可做出似用石料砌成的装饰面。

（四）水磨石

水磨石多用于楼地面，具有整体性及耐久性好、可做成各种花色图案、装饰效果好等优点，但工艺较繁琐、施工周期长、产生污水多。

在找平层砂浆铺抹12~24h后弹分格线，按设计图案安装分格条，常采用2~5mm厚、10~14mm宽的铜条，其作用除可做成花纹图案外，还可防止面层面积过大而开裂。安装时两侧用水泥浆抹成八字形灰埂固定。灰埂高度及交接处留空要求见图9-7，以防止水磨石出现“秃斑”现象。分格条嵌完12~24h后，洒水养护3~5d。

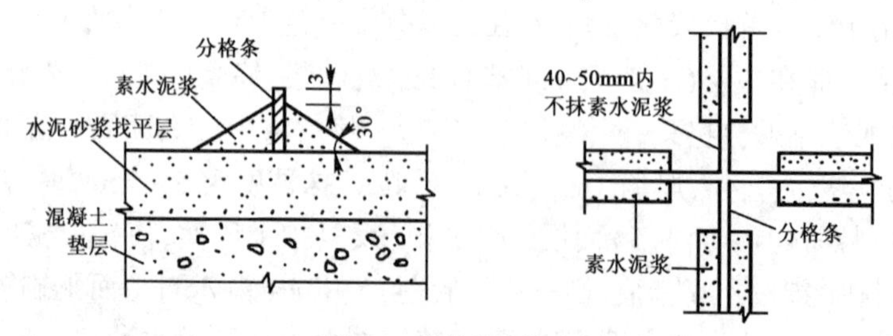

图9-7 分格条粘嵌示意

面层施工时，先在找平层上洒水湿润，刮水泥浆字层，随后将不同色彩的水泥石粒浆（水泥:石粒=1:1.25~1:2）填入分格中，厚度比嵌条高出1~2mm，抹平压实。有图案时，应先做深色，后做浅色，先做大面，后做镶边；待前一种凝固后，再做后一种。为使面层石粒均匀，抹压时可补撒一些小石粒,待收水后用滚筒反复滚压密实,次日洒水养护。

磨光开始时间应据气温、水泥品种及磨石机具与方法而定,一般于需养护 2 ~ 5d 后进行。开磨前,应先试磨,以石粒不松动、不脱落、表面不过硬为宜。磨石施工分粗磨、中磨和细磨三遍进行。其中,粗、中磨后应清理干净并擦同色水泥浆,以填补砂眼、缝隙,经养护 2 ~ 5d 再磨后遍;细磨后还可涂擦草酸一道,以分解石粒表面残存的水泥浆,再精磨至表面洁净无垢,光滑明亮。面层干燥后打蜡,使其光亮如镜。

水磨石面层的外观质量要求为:表面应平整、光滑,石粒显露均匀,不得有砂眼、磨纹;分格条应位置准确,顶部全部露出。

(五)拉毛灰和洒毛灰

拉毛灰是在水泥砂浆或混合砂浆抹灰中层上抹上水泥混合砂浆、纸筋石灰或水泥石灰浆等,并用拉毛工具将砂浆拉出波纹和斑点的毛头,做成装饰面层,有装饰及减少声音反射的作用,一般用于内外墙面、阳台栏板或围墙等饰面。施工时在底层上弹线粘分格条后,洒水润湿,抹掺 10% ~20% 的石灰膏及少量纸筋的水泥砂浆罩面层,随即用硬棕刷或铁抹子进行拉毛。棕刷拉毛时,用刷蘸砂浆往墙上连续垂直拍拉,拉出毛头。铁抹子拉毛时,则不蘸砂浆,只用抹子粘结在墙面随即抽回,要做到拉的快慢一致、均匀整齐、色泽一致、不露底,在一个平面上要一次成活,避免中断留茬。

洒毛灰(又称撒云片)是用茅草小帚蘸 1∶1 水泥砂浆或 1∶1∶4 水泥石灰砂浆,由上往下洒在湿润的底层上,洒出的云朵须错乱多变、大小相称、空隙均匀,形成大小不一而有规律的毛面。亦可在未干的底层上刷上颜色,再不均匀地洒上罩面灰,并用抹子轻轻压平,使其部分地露出带色的底子灰,使洒出的云朵具有浮动感。

第三节　饰 面 工 程

饰面工程主要指在室内外墙、柱表面,粘贴或安装石材类、陶瓷类、木质类、金属类及玻璃类等板块装饰材料。饰面材料的种类很多,但基本上可分为饰面砖和饰面板两大类。其中前者多采用直接在结构上进行粘贴,而后者则多采用相应的联结构造进行安装。

一、饰面砖镶贴

饰面砖包括釉面砖、外墙面砖、马赛克等。面砖应颜色均匀、尺寸一致,边缘整齐,棱角不得损坏,无缺釉、脱釉、裂纹、夹心扭曲及凹凸不平等现象。饰面砖应镶贴在湿润、干净、平整的基层(底灰)上。为保证基层与基体粘结牢固,应对不同基体进行相应的处理并抹底灰,其方法与要求同抹灰工程。底层灰表面应划毛,养护 1 ~2d 后即可进行内、外墙面砖的镶贴。

(一)内墙釉面砖

釉面砖主要用于卫生间、厨房、浴室等内墙装修,其高度一般应进入吊顶内不少于 50mm。施工工艺流程为:基体处理→抹灰找平→排砖、弹线→浸水、阴干→镶贴→嵌缝及清理。

1. 准备

釉面砖应经挑选,使规格、颜色一致,并在清水中浸泡(以瓷砖吸足水不冒泡为止)后,阴干备用。

对镶贴基层应找好规矩，弹出横、竖控制线，按砖实际尺寸进行预排。在同一墙面最好只留一行(列)非整块面砖，且非整砖应排在顶、底部或不显眼的阴角处。排列方法有直缝排列和错缝排列两种。缝宽应符合设计要求，一般为1～1.5mm。然后用废瓷砖按粘结层厚度贴标志块，间距为1.5m，阳角处要两面挂直，见图9-8。

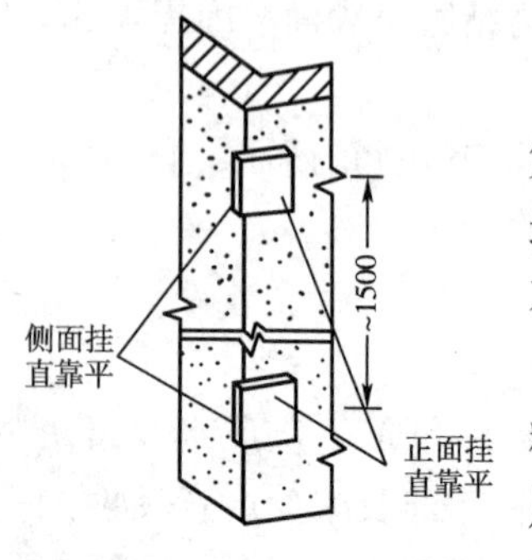

图9-8　阳角双面挂直示意

2. 镶贴

镶贴前先浇水湿润基层，根据弹线稳好底部尺板，作为镶贴第一皮瓷砖的支撑。镶贴应从阳角开始，由下往上逐行进行。若墙面有凸出的管线、灯具、卫生器具支承物，应用整砖套割吻合，不得用非整砖拼凑。

镶贴时，应将粘结砂浆均匀刮抹在瓷砖背面，逐块进行粘贴。粘贴常采用1:2水泥砂浆，可适当掺入石灰膏。砂浆应随调随用，使用时间不得超过3h。镶贴时可用小铲把或橡皮锤轻轻敲击，使其与基层粘结密实牢固。并用水平尺随时检查平直、方正情况，调整缝隙。凡遇缺灰、粘结不密实等情况时，应取下瓷砖补充砂浆后重新粘贴，不得在砖口处塞灰，以防止空鼓。对于大规格瓷砖，宜在粘贴对位、压实后取下，检查砂浆充实程度，经补充砂浆并在表面均撒水泥后二次上墙粘贴，利于提高粘结质量。

3. 嵌缝及清理

釉面砖镶贴后，用棉纱蘸水将表面灰浆拭净，然后用与面砖颜色相同的嵌缝剂或水泥浆嵌缝并适当压实，做到缝宽均匀、密实、无气孔和砂眼。嵌缝后用棉纱擦拭干净，做好养护。

(二)外墙面砖

外墙面砖分毛面和釉面两种。施工工艺流程为：施工准备→基体处理→排砖→拉通线、找规矩、做标志→弹线分格→镶贴→起出分格条→勾缝→清洗。

1. 准备

首先应按面砖颜色、大小、厚薄进行分选归类。其次要根据设计要求，确定面砖排列方法和砖缝大小，保证墙面不出现非整砖。常用的排列方式分为横排或竖排、直缝排列或错缝排列、密缝排列(缝宽1～3mm)或疏缝排列(缝宽10～20mm)以及疏、密成组排列等形式。然后进行弹线、分格。先用经纬仪找出垂直基准线，每隔1500～2000mm做标志块，并保证阳角方正；按预排大样图先弹出分层水平线和垂直控制线；按皮数杆在墙面上弹出砖缝水平线，以控制面砖的皮数；再按确定的水平缝宽度制作分格条。

2. 面砖镶贴

当采用落地式脚手架时，外墙面砖的镶贴应自上而下进行，随镶贴随拆除脚手架。但在每步架高度内宜自下而上进行。镶贴时，先按水平线垫平底尺板，逐皮向上粘贴。粘结砂浆一般为1:2水泥砂浆，或掺入不多于水泥重量15%石灰膏的混合砂浆。

面砖背面应均匀刮抹砂浆，厚度一般为6～10mm。贴完一行后，须将每块面砖上的灰浆刮净，然后在上口放分格条，进行上一皮面砖的粘贴。

竖缝的宽度与垂直度除依靠弹出的垂线控制外，还应经常用靠尺板检查和随时吊线。如为疏缝，在镶贴时挤入缝中的砂浆应随手刮净。分格条在砂浆终凝后即取出。

女儿墙压顶、窗台、腰线等部位的面砖镶贴，要注意搭盖关系，并符合流水坡度和滴水构造要求，见图9-9。

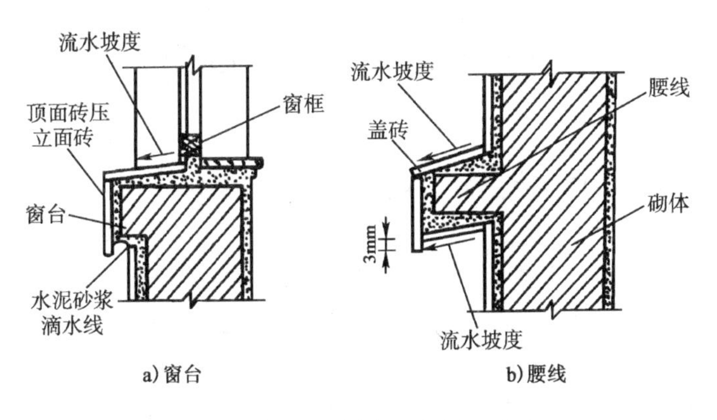

图9-9　外窗台及腰线面砖镶贴示意图

3. 勾缝及清洗

一个层段贴完后，即可对疏缝作勾缝处理。勾缝一般分两次嵌入，底层用1:1水泥砂浆，面层用设计要求的彩色水泥浆。勾缝后的凹缝深度为3mm左右。密缝处用与面砖同色水泥浆擦缝。作业过程中，应随时将砖表面的砂浆擦净。待勾缝砂浆硬化后，应对砖表面进行清洗。必要时可用稀盐酸擦洗，然后用清水冲洗干净。

(三)地面砖及石材楼地面铺贴

1. 构造做法

地面砖、大理石或花岗石面层是将其板材铺设在干硬性水泥砂浆(以手捏成团、落地即散为宜)结合层上。结合层的厚度应按设计要求，并考虑有无管线、垫层或楼板的平整度而定，一般为25~35mm；配合比为1:(3.5~4)。当结合层只能为10~15mm时，可采用配合比为1:2的水泥砂浆，稠度为25~35mm。一般构造如图9-10所示。

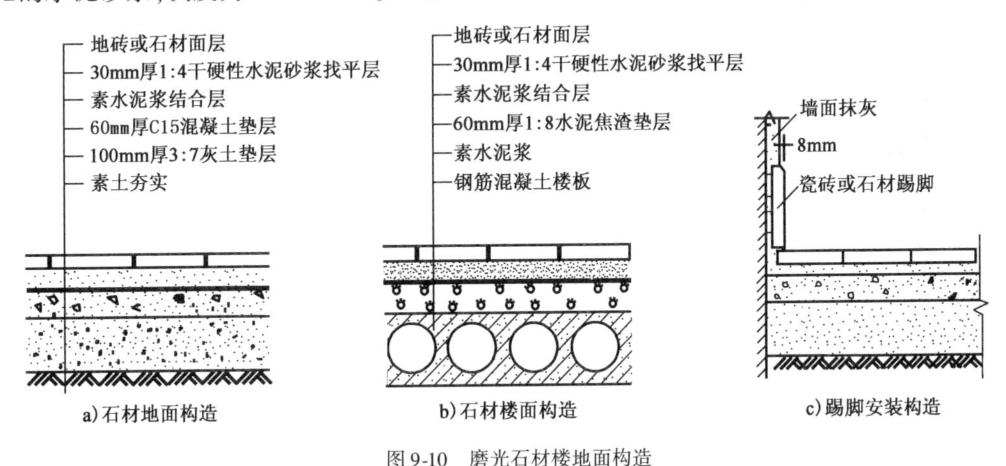

图9-10　磨光石材楼地面构造

2. 施工条件与准备

楼(地)面砖或石材施工应在墙面抹灰完成，门框、管线、埋件安装及验收完毕，卫生间等防水及保护层施工完毕后进行。用于室内的花岗石应经放射性检验合格。

砖、石材应先挑选，按规格、颜色和图案组合分类堆放；陶瓷地砖及石材应在铺设前一天浸透、阴干备用。石材背面应进行防碱背涂处理，以防碳酸钙渗出而影响装饰效果。

铺设施工前应绘制板块排布图并进行试拼、试排。排布时力求对称和减少切割,避免出现小于1/4的条块。必要时可通过圈边解决。房间内外不同颜色或不同材料的接缝应设在门底位置。

3. 施工方法

工艺顺序:基层处理→找标高、弹线→试拼、试排→贴饼、铺设找平层→铺贴→灌缝、擦缝→养护。

(1)基层处理。板块地面铺砌前,应先挂线检查楼(地)面垫层的平整度,将地面垫层上的杂物清除,用钢丝刷刷掉粘结在垫层上的砂浆,并清扫干净。对光滑的混凝土楼面,应凿毛处理或涂刷界面粘结剂。基层表面应提前一天浇水湿润。

(2)弹线。根据设计要求,确定平面标高位置,然后在相应的立面上弹线,再根据板块分块情况挂线找中,即在房间地面取中点,拉十字线(图9-11)。若房间与走廊使用同种材料直接连通,则在门口处与走廊地面拉通线。板块布置要以十字线对称排列。

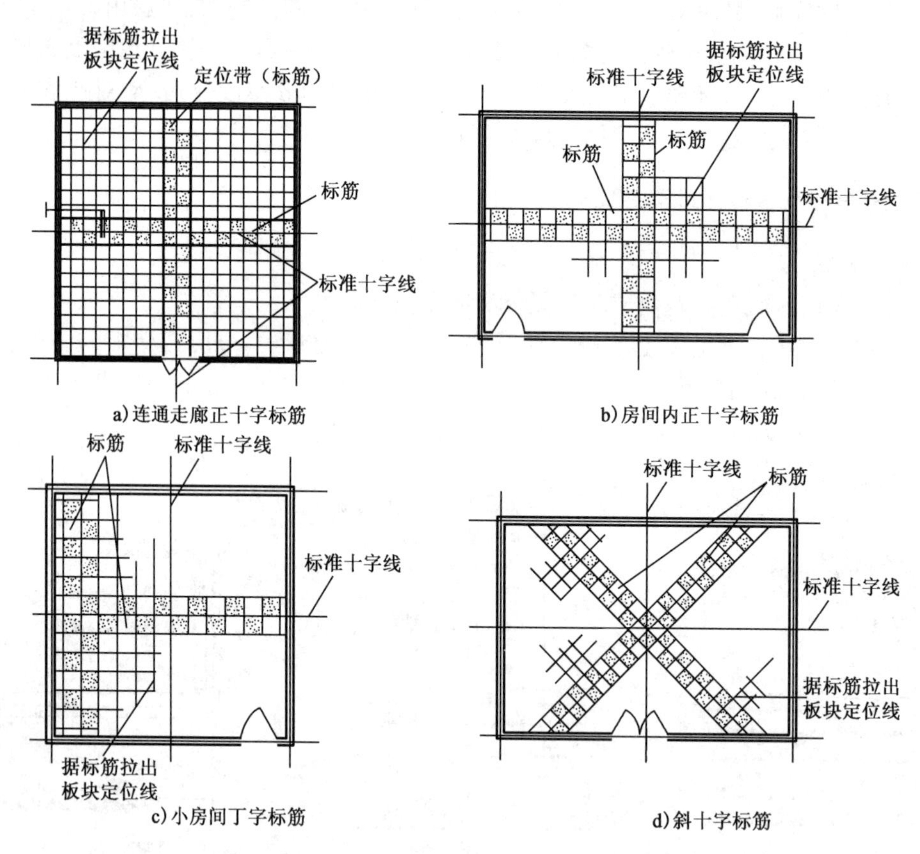

图9-11 楼地面块材定位带(标筋)设置示意图

(3)试拼试排。在房间内的两个相互垂直的方向各铺一干砂带(图9-11),厚度不小于30mm。按施工大样图干铺板块,以便检查板块之间的缝隙,核对板块与墙面、柱、洞口等部位的相对位置。高档地砖和石材板块间的缝隙宽度应不大于1mm,小块地砖离缝铺贴时宜为5~10mm。

(4)铺设板块。试铺后,将干砂和板块移开,清扫干净。根据房间拉的十字控制线,纵横各铺一行定位带,作为大面积铺砌的标筋(图9-11)。然后再按此标筋向四周扩展或从房间里侧向门口铺设,以便于成品保护。

铺设每一块板材时，均需在基层上刷素水泥浆（水灰比为0.4～0.5）后，再摊铺干硬性水泥砂浆结合层，并用杠尺刮平、抹子拍实找平。搬起板块对好纵横控制线，铺落在砂浆结合层上，用橡皮锤敲击、振实砂浆至铺设高度后，将板块轻轻搬起，检查砂浆表面是否密实。如发现有空虚之处，应用砂浆填补并再次铺上板块敲实，直至板材表面高度及与邻近石材关系基本满足要求、结合层砂浆紧密为止，然后正式镶铺。先在水泥砂浆结合层上满浇一层水灰比为0.5的素水泥浆（或刮在板块底面，2～3mm厚），再正式铺板块并用橡皮锤敲实，高度、缝隙、水平度符合要求为止。

（5）擦缝养护。铺贴后3d内禁止上人走动。在铺贴24h后开始洒水养护，3d后用1:1细砂浆灌缝至2/3高度，再用同色水泥浆擦缝，并将面层清理干净，继续养护3～7d。

4. 注意事项

（1）浅色石材，粘结水泥浆应采用白水泥调制。高档浅色石材铺贴时，其水泥砂浆结合层也宜采用白水泥调制。

（2）踢脚板可先安装，也可铺地面后安装。先装的踢脚板底要低于地面5mm。

（3）对铺贴好的板材应及时用湿布清洁表面，避免污染。

（4）做好养护和保护。对于浅色或高档石材在擦缝清理后，可先铺盖塑料薄膜，再铺盖地垫和胶合板等保护，并防止水泡串色。

二、石材饰面板安装

用石材作为饰面材料，是一种高档做法，造价高，施工要求严格。石材饰面板可分为天然石材和人造石材。前者包括大理石板、花岗石板、青石板等；后者包括预制水磨石板、人造大理石和花岗石板、合成装饰板等。按石材表面加工方法分为天然面、麻面、条纹面、粗磨面、光面、镜面等。

小规格的饰面板（指边长不大于400mm），当安装高度不超过1m时，常采用与釉面砖类似的粘贴方法安装，不再赘述。大规格的饰面板则需使用一定的联结件来安装。

（一）湿挂法

湿挂法亦称湿作业法或挂装灌浆法。这是一种传统安装方法，施工简单，但速度慢，易产生空鼓和“泛碱”现象，因而使用范围受到限制。其施工工艺流程为：基体处理→绑扎钢筋网→预拼编号→固定绑丝→板块就位及临时固定→灌浆→清理及嵌缝。为了阻止水泥砂浆析出的氢氧化钙渗透到石材表面而“泛碱”，石材在安装前需进行防碱背涂处理。

石材安装构造见图9-12。该种方法由于仅能用于高度较小的部位，且存在较多弊病，已逐渐被干挂法取代。

（二）干挂法

干挂法是将石材饰面板通过连接件固定于结构表面的施工方法。它在板块与基体之间形成空腔，受结构变形影响较小，抗震能力强，施工速度快，并可避免泛碱现象，现已成为石材饰面板安装的主要方法。

对表面较平整的钢筋混凝土墙体，一般采用直接干挂法，即通过不锈钢连接件将板材与结构墙体直接连接；对于表面不平整的混凝土墙体、非钢筋混凝土墙体或利用饰面板造型的墙体等，则需采用骨架干挂法，即石材挂在固定于主体结构的金属骨架上，形成石材幕墙。其常见构造见图9-13。

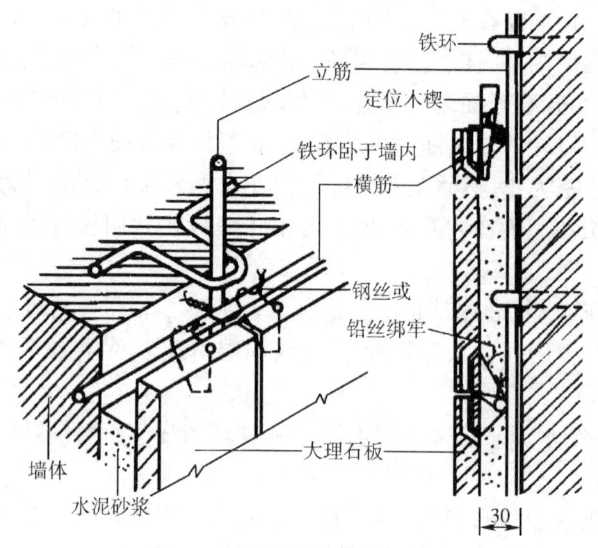

图 9-12　湿作业法安装固定示意

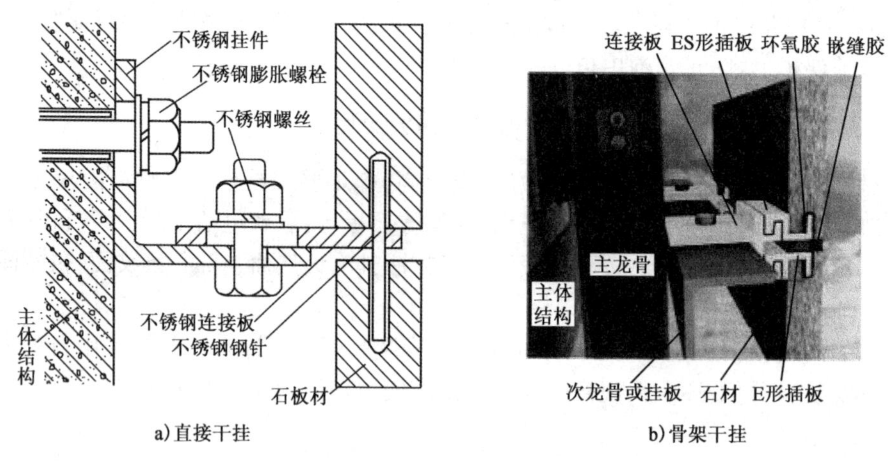

a)直接干挂　　b)骨架干挂

图 9-13　干挂工艺构造示意图

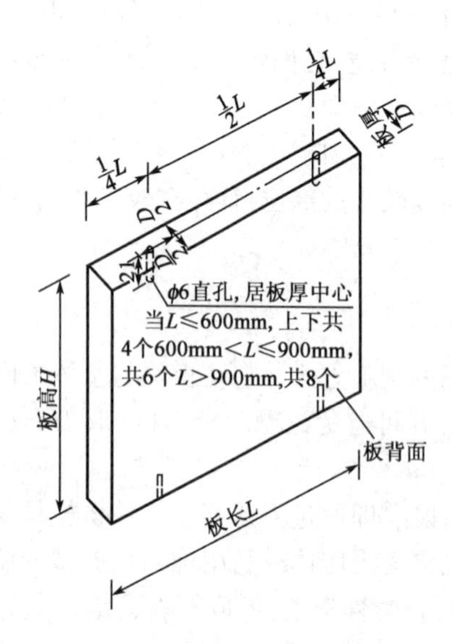

图 9-14　板材钻孔或开槽位置及数量

直接干挂法的施工工艺流程是：墙面修整、弹线、打孔→固定连接件→安装板块→调整固定→嵌缝→清理。

1. 准备

石材安装前，对混凝土墙体表面应进行凿平修整，弹出石材安装的位置线。在板材的上、下顶面钻孔或开槽，槽孔深度为 21～25mm，孔径或槽宽为 6mm。其位置及数量见图 9-14。钻孔或开槽应在专用模具上进行，以确保位置准确。

2. 固定连接件

按设计图纸及板材钻孔位置，准确地在结构墙上弹出水平线并做好标记，然后按点打孔。打孔可使用 ϕ12.5 钻头的冲击钻，孔深应为 60～80mm。成孔后，安放膨胀螺栓将挂板固定，用扳手拧紧，安装节点如图 9-14。挂板及联结板开有不同方向的槽形孔，以便于安装时调节位置（图 9-15）。

3. 安装固定板材

板材的安装由下而上分层依次进行。先将上部不锈钢挂板临时安装在墙面膨胀螺栓上，再将连接板用 $\phi8$ 螺栓与挂板临时固定；将石板下部孔槽内涂抹胶粘剂，并套在下部连接件伸出的锚固针（或板）上；调整对位后，向孔槽缝隙内填胶，将长 50mm 的 $\phi5$ 连接钢针（或锚固板）插入石板上部孔（槽）内，调整垂直度、平整度和水平度，将各个螺栓紧固。钢针或锚固板进入孔（槽）的深度不小于 20mm（图 9-15）。

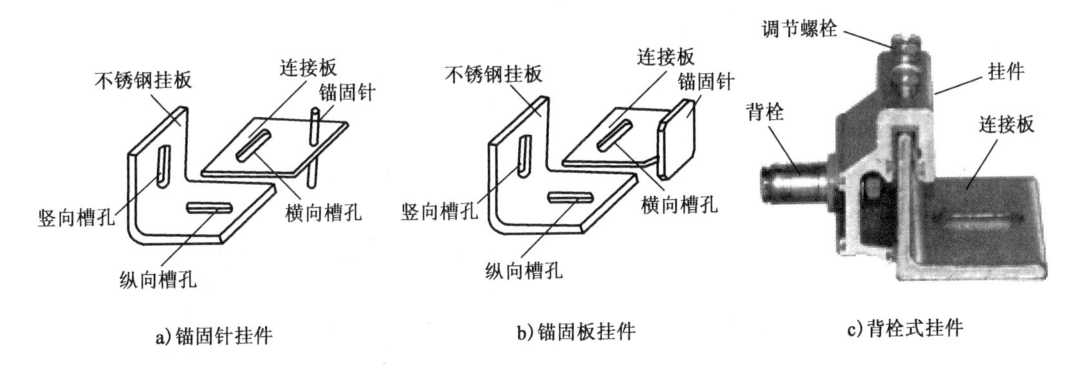

图 9-15　可三向调节的干挂件

骨架干挂法是在主体结构埋件上固定竖向主龙骨，安装次龙骨后在其上临时固定连接板、安装插板和石材，调整并紧固连接板螺栓，构造见图 9-13b）。

近年来，每块石材可单独拆卸的连接方法及相应挂件得到广泛应用。如背栓挂件（图 9-15c）、ES 插板挂件（图 9-13b）等。背栓挂件是在石材背面用柱椎式钻头钻孔，安装背栓和挂插件（每块板 4 个点），然后再安装到与次龙骨临时固定的连接件上（图 9-16），它不仅可用于墙面，还易于悬吊安装或任意角度拼挂造型。板材单独连接，可避免应力积累和集中；当主体结构发生较大位移或温差较大时，不会在板材内部产生过大附加应力，特别适于高层和抗震建筑。此外也便于板材的更换。

4. 嵌缝

每一施工段安装后经检查无误，可清扫拼接缝，填塞聚乙烯泡沫嵌条，随后用胶枪嵌注密封硅胶。嵌缝构造见图 9-17。

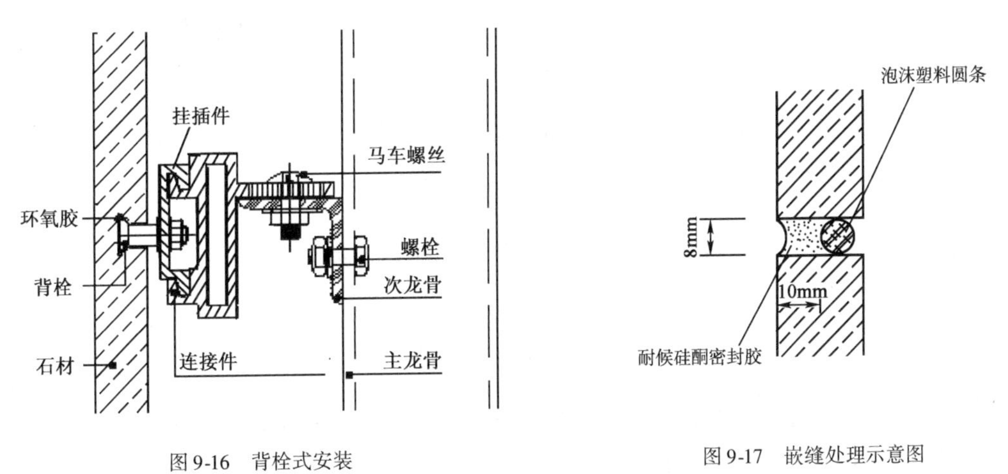

图 9-16　背栓式安装

图 9-17　嵌缝处理示意图

三、建筑幕墙安装

建筑幕墙是指由金属构件与各种板材组成的悬挂在主体结构上的围护结构。它如同罩在建筑物外的一层薄薄的帷幕。建筑幕墙是现代科学技术的产物和象征,广泛用于各种大型、重要的高层建筑的外装饰和围护墙。

建筑幕墙按其面板种类可分为玻璃幕墙、金属幕墙、石材幕墙、木质幕墙及组合幕墙等。幕墙一般均由骨架结构和幕墙构件两大部分组成。骨架通过连接件悬挂于主体结构上,而幕墙构件则安装在骨架上。幕墙的一般构造见图9-18。

金属幕墙、石材幕墙及木质幕墙一般均将骨架隐蔽起来,而玻璃幕墙按结构特点,可分为框式(明框、隐框、半隐框)、挂架式、单元式和全玻璃幕墙四种形式。挂架式玻璃幕墙是将四角钻孔的玻璃,通过不锈钢四爪挂件与骨架连接而成。单元式是将骨架与面板等在工厂组装成单元体,运至现场后直接吊装。全玻璃幕墙则是采用大块钢化玻璃或夹层钢化玻璃竖立或悬挂而成,多用于建筑物首层较开阔的部位。

框式幕墙的骨架是由竖向和横向龙骨用相应的连接件组成的承力结构,常用具有防腐层的型钢或铝合金专用龙骨和连接件,并以配套的不锈钢固定件与主体结构上的埋件连接。

玻璃幕墙多采用中空玻璃作为幕墙构件。它是由两层或两层以上的玻璃构成,中间充入干燥气体,周边铝框内填充干燥剂,以保证玻璃间的干燥度,外边用高强、高气密性复合黏结剂将玻璃与铝框粘结密封,见图9-19。外层玻璃多为钢化或复合型安全玻璃,且在其里侧进行镀膜等功能性处理。

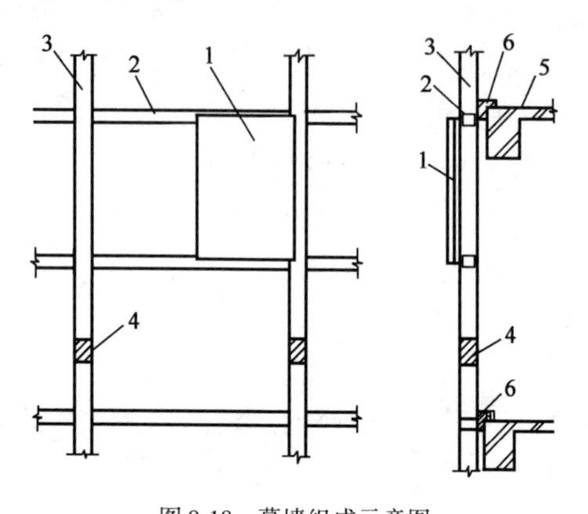

图9-18 幕墙组成示意图

1-幕墙构件;2-横梁;3-立柱;4-立柱活动接头;5-主体结构;6-立柱悬挂点

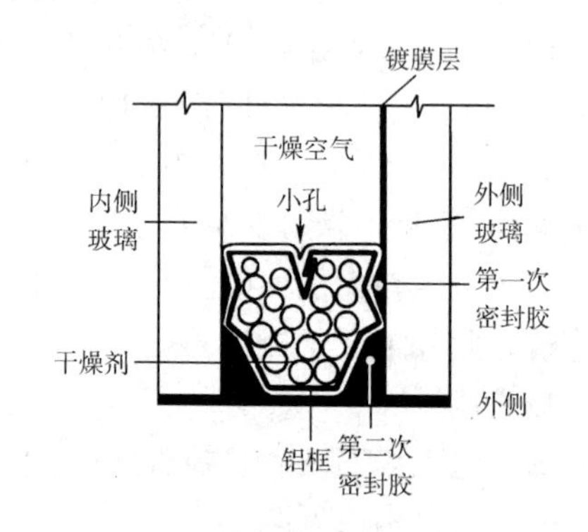

图9-19 中空玻璃构造示意

各种幕墙的施工方法基本相同,对于有框架的幕墙,其安装工艺流程为:放线→框架立柱安装→框架横梁安装→幕墙构件安装→嵌缝及节点处理。

第四节 门窗与吊顶工程

一、门窗安装工程

门窗是建筑物的重要组成部分。由于在隔热、保温、密闭、隔音、防火、防盗等功能和装饰效果以及保护环境等方面的要求越来越高,木窗、实腹及空腹钢窗的使用受到限制。目前,塑料门窗、铝合金门窗、涂色镀锌钢板门窗、木门、不锈钢门、玻璃门等已成为主流。

门窗安装在满足装饰效果及使用功能要求的同时,必须保证牢固。对于能通视的成排成列的门窗,安装时应拉通线,以减少偏差。

(一)塑料及铝合金门窗的安装

塑料门窗、铝合金门窗、涂色镀锌钢板门窗均为材质较软的成品门窗,施工工艺顺序及安装方法类似。这类门窗装饰性及保温、密闭功能强,但强度较低、刚度差、易损伤,因而,必须采用后塞口施工。按其安装构造,可分为带副框安装和不带副框安装两种。

一般施工工艺顺序为:检查洞口尺寸、抹底灰→框上安装连接铁件→立樘子、校正→连接铁件与墙体固定→框边填塞软质材料→做洞口饰面面层→注密封膏→安装玻璃→安装五金件→清理→撕下保护膜。

1. 施工准备

塑料及铝合金门窗的安装应在内外墙体湿作业(抹灰、贴砖等)完成后进行,否则应采取有效保护措施。带有副框的门窗,其副框可在湿作业前进行。

(1)材料与工具。按设计要求仔细核对门窗的型号、规格、开启形式、开启方向和组合门窗的组合件、附件是否齐全。拆除门窗的包装物,但不得撕去门窗的外保护膜,逐一检查有无损坏。准备好电锤、手枪钻、射钉枪等机具和所需安装工具。

(2)检查及处理洞口。结构洞口与门窗框之间的间隙应根据墙面装饰的做法而定,清水墙宜为10mm;一般抹灰墙面为15～20mm;贴面砖为20～25mm;石材墙面为40～50mm。窗下框与洞口间隙还应考虑室内窗台做法,可根据设计要求确定。洞口尺寸合格后,在其周边抹3～5mm厚1:3水泥砂浆底灰,用木抹子搓平并划毛。

(3)在洞口内按设计要求弹好门窗安装准线,准备好安装脚手架及安全设施。

2. 安装施工

(1)安装连接铁件。先在门窗框上用$\phi 3.2$mm的钻头钻孔,拧入$\phi 4$mm×15mm自攻螺钉将连接件固定。连接铁件应采用1.5mm厚、宽度不小于15mm的镀锌钢板。连接铁件及固定点的位置应距门窗角、中横框、中竖框150～200mm,中间固定点间距不大于600mm(图9-20)。

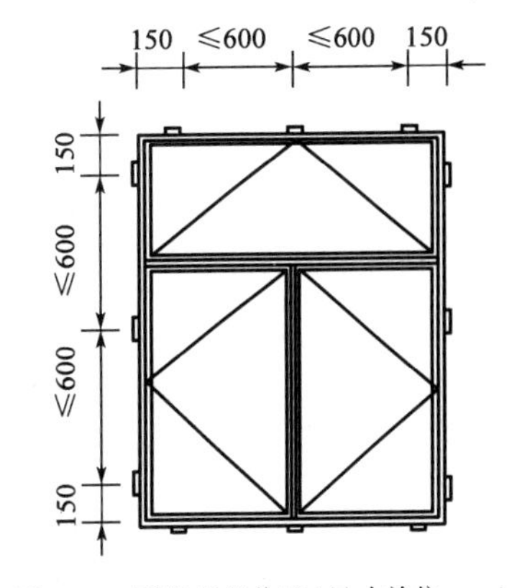

图9-20　固定点的位置(尺寸单位:mm)

(2)立框与固定。

①把门窗框放进洞口的安装线上就位,用对拔木楔临时固定,校正其正、侧面垂直度、对角线和水平度,合格后将木楔打紧。木楔应塞在边框、中竖框、中横框等能受力的部位。门窗框临时固定后,应及时开启门窗扇,反复开关检查灵活度。如有问题应及时调整。

②混凝土墙洞口应采用射钉或膨胀螺栓固定连接件(图9-21),砖墙洞口应采用塑料胀管螺钉或水泥钉固定,每个连接件不宜少于2只螺钉,且应避开砖缝。固定点距结构边缘不得小于50mm。

(3)填缝与嵌胶。门窗洞口面层抹灰前,在门窗周围缝隙内挤入硬质聚氨酯发泡剂等闭孔弹性材料,使之形成柔性连接,以适应温度变形。洞口周边抹面层砂浆硬化后,内外周边打密封胶密封。

保温、隔声窗的洞口周边抹灰时，室外侧应采用5mm厚的片材，将抹灰层与窗框临时隔开，抹灰厚度应超出窗框(图9-22)。待抹灰层硬化后，应撤去片材，并将嵌缝膏挤入抹灰层与窗框缝隙内。

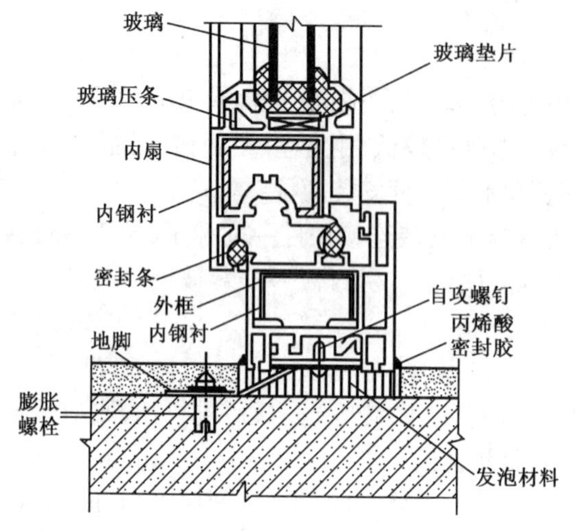

图9-21　门窗用膨胀螺栓固定的节点

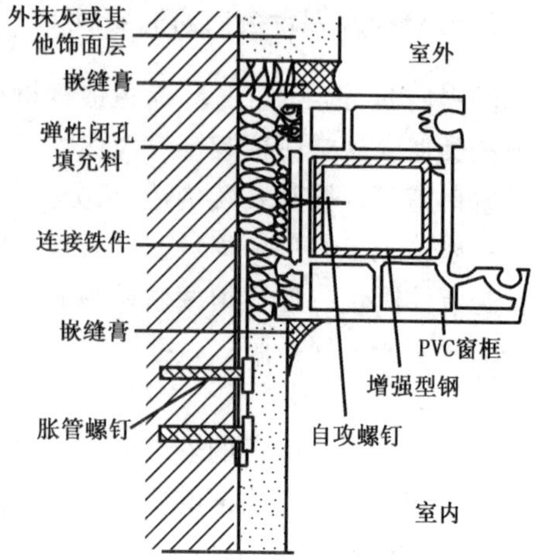

图9-22　保温隔声窗的填缝处理

(4)安装五金件。安装五金件时，必须先在框上钻孔，然后用自攻螺丝拧入。严禁锤击钉入。

(5)安装玻璃。对可拆卸的门窗扇，可先在扇上装好玻璃，再把扇装到框上；对固定门窗，可在安框后，调正调平再装玻璃。

玻璃不得与框扇的槽口直接接触，应在玻璃四边垫上不同厚度的橡胶垫块。在其下部靠近门窗扇的承重点应垫放承重垫块；其他部位的定位垫块，应采用聚氯乙烯胶粘贴固定。

3. 安装要求

门窗及附件质量应符合设计要求和有关标准的规定。门窗安装的位置、开启方向符合设计要求。预埋件的数量、位量、埋设及连接方法必须符合要求，固定点及间距正确，框、扇安装牢固，推拉门窗扇有防脱落措施。门窗扇开关灵活、关闭严密，无倒翘。门窗与墙体间缝隙用闭孔材料填嵌饱满，表面密封胶粘结牢固，嵌缝光滑、顺直、无裂纹。

(二) 钢质防火门的安装

防火门是为满足建筑防火要求而大量使用的一种门，一般还具有防盗、保温、隔音等功能，广泛用于防火分区、楼梯间和电梯间、外门、住宅户门等。

按耐火极限，防火门分为甲、乙、丙三级，耐火极限分别为1.2h，0.9h和0.6h。按材质分为钢质、复合玻璃和木质防火门，其中钢质防火门应用最广。

钢质防火门是采用优质冷轧钢板作为门扇、门框的结构材料，经冷加工成型。门扇内部填充耐火材料。其构造见图9-23。

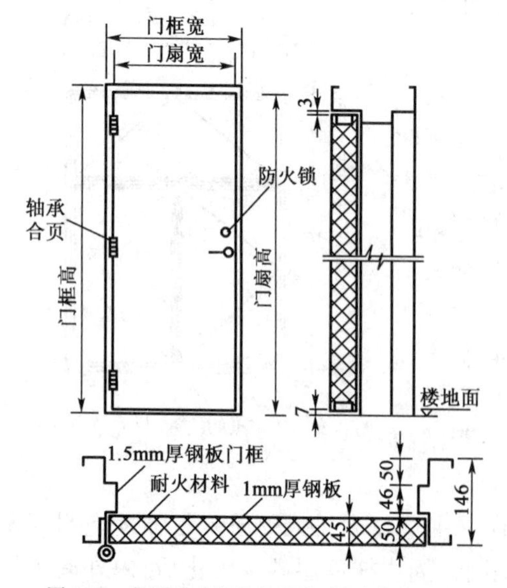

图9-23　钢质防火门构造示意(尺寸单位：mm)

1. 施工工艺顺序

防火门安装施工工艺顺序：弹线→立框→临时固定、找正→固定门框→门框填缝→安装门扇→五金安装→检查清理。

2. 施工要点

(1)安装连接件。

①门洞两侧应预先做好预埋铁件或钻孔安装 $\phi12$ 膨胀螺栓，其位置应与门框连接点相符，见图 9-24。当门框宽度为 1.2m 以上时，在其顶部也应设置两个连接点。

②在门框上安装 Z 形铁脚，以备与预埋铁件或膨胀螺栓焊接，见图 9-25。

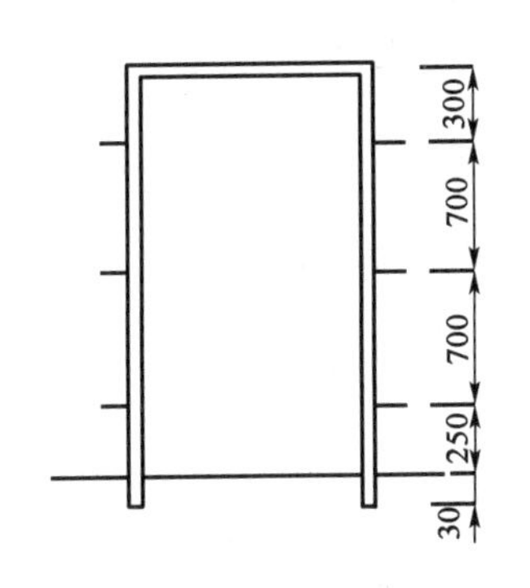

图 9-24 防火门连接点的位置(尺寸单位：mm)

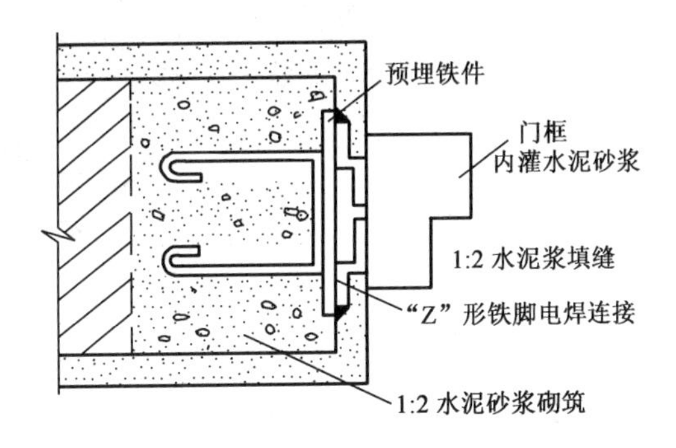

图 9-25 门框与预埋件的连接

(2)安门框。按设计要求的尺寸、标高和方向，弹出门框位置线。

立框前，先拆掉门框下部的拉结板；洞口两侧地面应预留凹槽，门框要埋入地坪以下 20mm。将门框按线就位，用木楔在四角做临时固定，同时在框口内的中间和下部各放一水平木方撑紧。门框校正合格、检查无误后，将门框铁脚与预埋件焊牢，撤掉木楔和支撑，然后在门框两上角墙上开洞，向框内灌注 M10 水泥素浆，凝固后方可安装门扇。水泥浆的养护期为 21d，冬季施工应注意防冻。

(3)填缝。门框周边缝隙用 1∶2 水泥砂浆嵌塞牢固，应保证与墙体结成整体。凝固并有一定强度后，进行洞口及墙体、地面抹灰。

(4)安装门扇及附件。抹灰干燥后，安装门扇、五金配件和有关防火装置。门扇关闭后，门缝应均匀平整，开启自由轻便，不得有过紧、过松和反弹现象；五金件和防火装置应灵活有效，满足各自功能要求。

二、吊 顶 工 程

吊顶是现代室内装饰的重要组成部分，它直接影响整个建筑空间的装饰风格与效果，同时还具有保温、隔热、隔声、防火及照明、通风等功能。吊顶按构造特点可分为固定式、活动式、开敞式和金属板吊顶等类型。吊顶主要由吊杆、龙骨、罩面板三部分组成。其一般构造如图 9-26 所示。

(一)吊顶施工

吊顶施工应在顶棚内的通风、空调、消防、电器线路等管线及设备已安装完毕，且做完墙、地湿作业项目后进行。施工工艺顺序：弹线→固定吊杆→安装大龙骨→按水平标高线调整大龙骨→大龙骨底部弹线→安装中、小龙骨→固定边龙骨→安装横撑龙骨→安装罩面板。

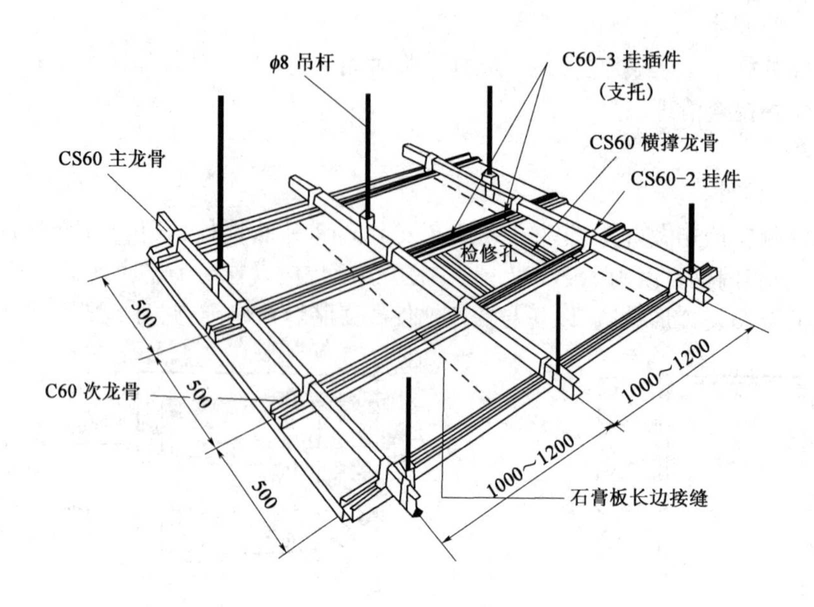

图 9-26　轻钢龙骨石膏板吊顶构造(尺寸单位:mm)

1. 弹线

根据吊顶的设计标高,在四周墙壁上弹出龙骨的水平控制线,再在水平控制线上画出主、次龙骨分档位置线,在顶板底面标出吊点位置。

2. 固定吊杆

吊杆是吊顶的重要承重部件,可用钢筋或镀锌铁丝制作。现常用镀锌通丝吊杆。非上人吊顶吊杆的直径可为 4 ~ 6mm,而上人吊顶不得小于 8mm。吊杆间距一般为 900 ~ 1200mm,并保证主龙骨距墙不大于 100mm,端部的悬挑长度不大于 300mm。吊杆与结构连接方法如图 9-27所示。

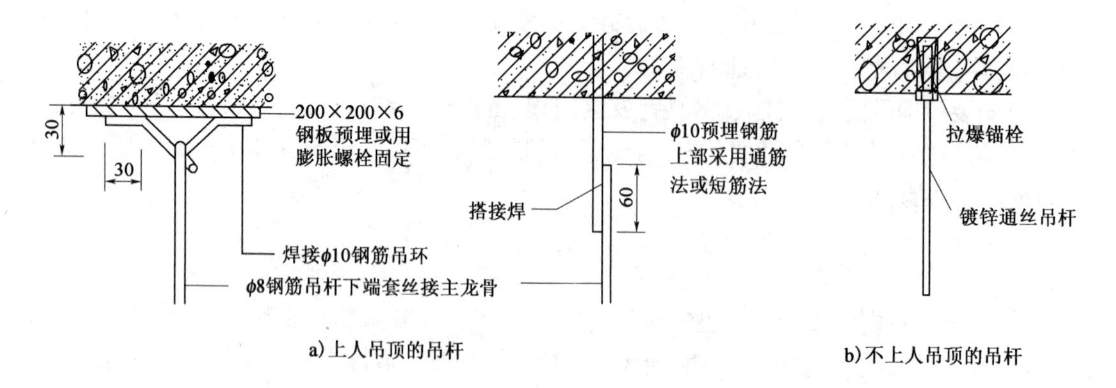

图 9-27　吊杆的固定(尺寸单位:mm)

3. 安装龙骨

吊顶龙骨有轻钢龙骨、铝合金龙骨和木龙骨。龙骨一般有主次之分。主龙骨主要起承重作用,不但要承受其下部的吊顶荷载,对上人吊顶还需承受检修人员的荷载,因此必须满足强度、刚度要求。次龙骨的连接与布置间距必须满足面层安装和平整度的要求。

先将主龙骨通过吊挂件与吊杆连接,然后按标高线调整大龙骨的标高,使之水平。固定时应拧紧吊挂件上下的两个螺母,将其锁固,如图 9-28 所示。对于较大房间,主龙骨应按短跨长度的 1/200～1/300 起拱。

次龙骨安装前，应先在主龙骨底部弹线，安装时用专用挂件与主龙骨固定牢固。次龙骨及横撑龙骨的间距应满足罩面板安装的构造要求。

主、次龙骨长度方向均可用接插件接长，但相邻龙骨的接头要错开。龙骨的安装，均需按照弹线位置从一端依次安装到另一端。如果有高低跨，按先高后低安装。对于检修孔、上人孔、通风箅子等部位，应及时留口并安装封边龙骨。

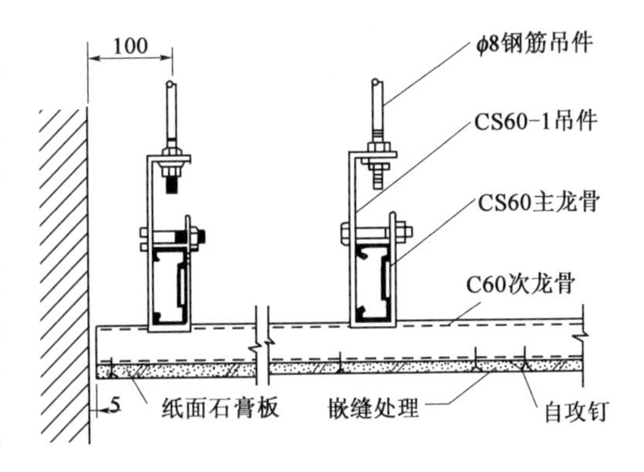

图 9-28　轻钢龙骨纸面石膏板吊顶的节点构造

4. 安装罩面板

吊顶面层板的作用因其材料或装饰要求不同而有所区别，有的就是吊顶的面层，有的则作为另覆装饰层的基层。吊顶面层板必须满足各种功能要求（如吸音、隔热、保温、防火等）和装饰效果要求。吊顶板的种类繁多，常采用轻质材料拼装。

根据吊顶的类型及罩面板的种类，常用安装方法有以下几种：

(1) 搭装法。将装饰罩面板直接搭放在 T 形龙骨组成的格框内。对于较轻罩面板，需用压板或木条固定，以防被风掀起，如图 9-29 所示。

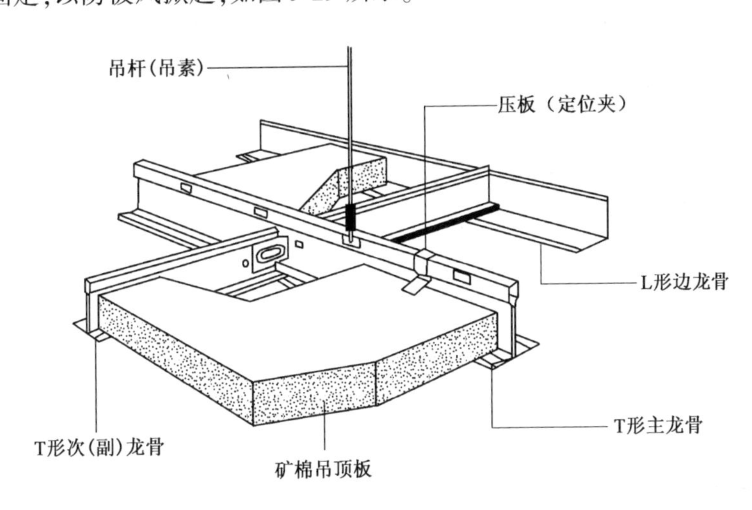

图 9-29　矿棉吸声板平放搭装示意图

(2) 嵌入法。该种板材带有企口暗缝，安装时将 T 形龙骨两肢嵌入板的企口缝内，见图 9-30。

(3) 粘贴法。将装饰罩面板用胶黏剂直接粘贴在龙骨上，如玻璃吊顶等。

(4) 钉固法。将装饰罩面板用螺丝钉、自攻螺丝等固定在龙骨上，钉子应排列整齐。如纸面石膏板，钉距不大于 170mm，距板边 15mm，钉头略沉入板面，如图 9-28 所示。

(5) 卡固法。多用于铝合金板吊顶，板材与龙骨直接卡接固定，如图 9-31 所示。

(二) 施工注意事项

(1) 吊顶龙骨及罩面板在运输、储存及安装过程中应做好保护，防止变形、污损、划痕。

(2) 吊顶龙骨不得悬吊在设备、管线上。较大灯具处应做加强龙骨，重型灯具及吊扇等应

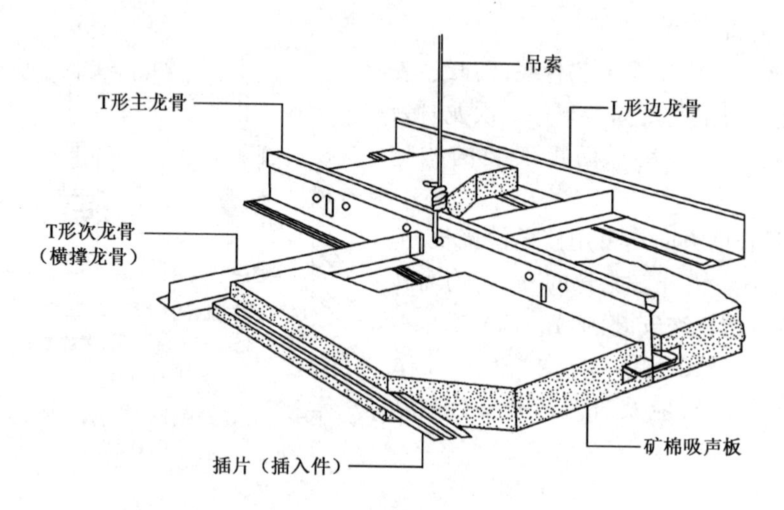

图9-30　矿棉吸声板的企口板嵌插安装示意图

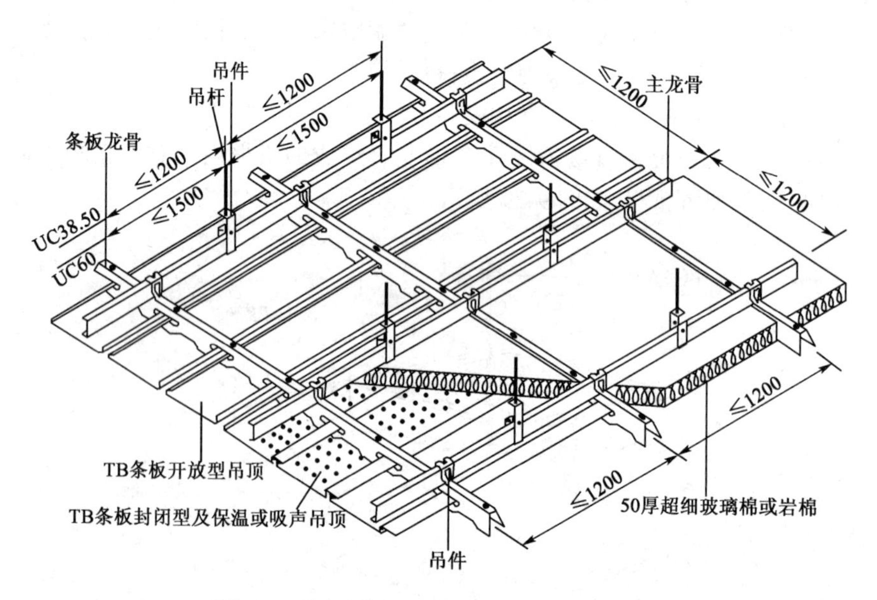

图9-31　铝合金条板吊顶构造示意(尺寸单位:mm)

单独悬挂,严禁安装在吊顶龙骨上。

(3)吊顶工程的预埋件、钢吊杆等均应进行防锈处理;木龙骨、木吊杆、木饰面板等必须进行防火处理,并满足规范规定。

(4)罩面板安装,需在吊顶内的管线及设备调试及验收完成,且龙骨安装完毕并通过隐蔽工程检查验收后进行。

第五节　涂饰与裱糊工程

一、涂 饰 工 程

涂饰是将涂料涂敷于基体表面,且与基体有很好地粘结,干燥后形成完整的装饰、保护膜层。涂料涂饰是当今建筑饰面广泛采用的一种方式,它具有施工方便、装饰效果较好、经久耐用、便于更新等优点。

涂饰工程按照涂装的部位可分为外墙、内墙面、墙裙、顶棚、地面、门窗、家具及细部工程涂饰等。建筑涂料的产品种类繁多，按涂料成膜物质的组成不同可分为油性涂料、有机高分子涂料、无机高分子涂料、复合涂料；按涂料分散介质（稀释剂）的不同可分为溶剂型涂料、水乳型涂料、水溶型涂料；按涂料所形成涂膜的质感可分为薄涂料、厚涂料、复层涂料等。

（一）涂饰施工的程序与条件

1. 施工程序

涂饰施工应在抹灰工程、地面工程、木装修工程、水暖工程、电气工程等全部完工并经验收合格后进行。门窗的面层涂饰、地面涂饰应在墙面、顶棚等装修工程完毕后进行。

建筑物中的细木制品、金属构件和制品，如为工厂制作组装，其涂饰宜在生产制作阶段完成，安装后再做最后一遍涂饰；如为现场制作组装，则组装前应先刷一遍底子油（干性油、防锈涂料等），待安装后再进行涂饰。

金属管线及设备的防锈涂料和第一遍银粉涂料，应在设备、管道安装就位前涂刷。最后一遍银粉涂料应在顶、墙涂饰完成后再涂刷。

2. 施工条件

涂饰施工时，混凝土或抹灰基体的含水率，涂刷溶剂型涂料时不得大于 8%；涂刷乳液型涂料时不得大于 10%；木材制品的含水率不得大于 12%，以免水分蒸发造成涂膜起泡、针眼和粘结不牢。

在正常温度气候条件下，抹灰面的龄期不得少于 14d、混凝土龄期不得少于 30d，方可进行涂料施工，以防止发生化学反应，造成涂料变色和流淌。

涂饰施工的环境温度和湿度必须符合所用涂饰的要求，以保证其正常成膜和硬化。室外涂饰工程施工过程中，应注意气候的变化，遇大风、雨、雪及风沙等天气时不应施工。

（二）涂饰施工

1. 基层处理

根据涂料对基层材质材性、坚实程度、附着能力、清洁度、干燥程度、平整度、酸碱度等的要求，做好基层处理。其主要工作内容包括基层清理和修补。

（1）混凝土及砂浆基层。为保证涂膜能与基层牢固粘结在一起，基层表面必须干净、坚实，无酥松、脱皮、起壳、粉化等现象，缺棱掉角处应用 1∶3 水泥砂浆（或聚合物水泥砂浆）修补，表面的麻面、缝隙及凹陷处应用腻子填补修平。新建筑物的混凝土或抹灰基层应涂刷抗碱封闭底漆，旧墙面在涂刷涂料前应清除疏松的旧装饰层，并涂刷界面剂。

（2）木材与金属基层。为保证涂膜与基层粘结牢固，木材表面的灰尘、污垢和金属表面的油渍、锈斑、焊渣、毛刺等必须清除干净。木料表面的裂缝等应用石膏腻子填补密实、刮平收净，并用砂纸磨光。木材基层的缺陷处理好后，表面上应作打底子处理，使基层表面具有均匀吸收涂料的性能，以保证面层的色泽均匀一致。金属表面应刷防锈漆，涂饰前表面不得有湿气。

2. 刮腻子与磨平

基层必须刮腻子数遍予以找平、填平孔眼和裂缝，并在每遍腻子干燥后用砂纸打磨，保证基层表面平整光滑。

腻子的种类应根据基体材料、所处环境及涂料种类确定。如室外墙面常采用水泥类腻子，室内的厨房、卫生间墙面必须使用耐水腻子，木材表面应使用石膏类腻子，金属表面应使用专用金属面腻子。刮腻子的遍数，应视涂饰工程的质量等级、基层表面的平整度和所用的涂料品种而定，但总厚度一般不得超过5mm，否则应采取加固措施。

腻子层应平整、坚实、牢固，无粉化、起皮和裂缝。磨平后，表面用洁净的潮布掸净。

3. 涂饰方法与要求

(1)一般规定。涂料的溶剂(稀释剂)、底层涂料、腻子等均应合理地配套使用。涂料使用前应调配好，在涂饰前及涂饰过程中，必须充分搅拌，以免沉淀。用于同一表面的涂料，应避免色差。涂料的黏度或稠度应根据施工方法、施工季节、温度、湿度等调整合适，使其在涂饰时不流坠、不显刷纹。如需稀释，应用该种涂料所规定的稀释剂稀释。

涂饰遍数应根据工程的质量等级而定。涂饰溶剂型涂料时，后一遍涂料必须在前一遍涂料干燥后进行；涂饰乳液型和水溶性涂料时，后一遍涂料必须在前一遍涂料表干后进行。每遍涂层不宜过厚，应涂刷均匀，各层结合牢固。

(2)涂饰方法。涂饰的基本方法有刷涂、滚涂、喷涂、刮涂、弹涂和抹涂等。常用工具见图9-32。

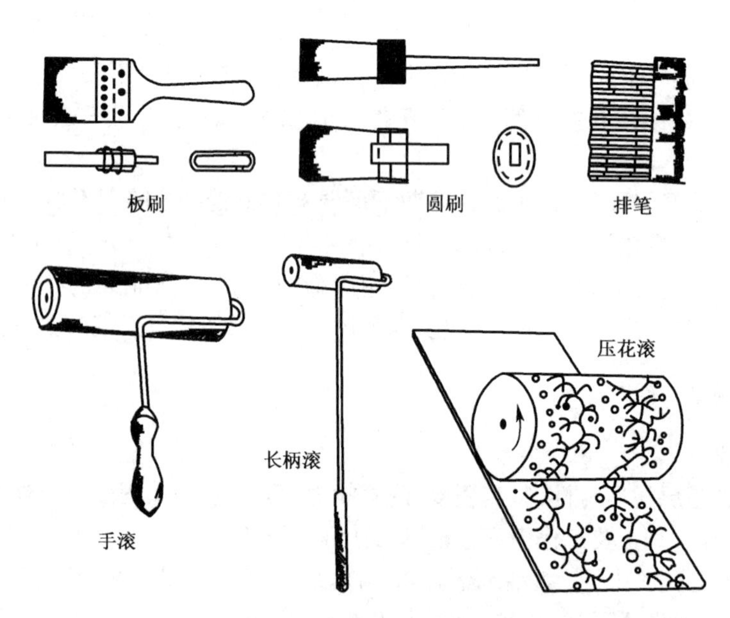

图9-32 常用油刷、排笔及涂料滚

①刷涂。刷涂是用毛刷、排笔等工具在物体表面上涂刷涂料。其特点为：工具设备简单、操作方便、适应性广，除极少数流平性较差或干燥太快的涂料不宜采用刷涂外，大部分薄质涂料或云母片状厚质涂料均可采用。用刷涂法施工，涂料浪费少，不易污染环境和非涂饰部位；但存在费工时、劳动强度大及装饰性能较差等缺点。

刷涂顺序是先左后右、先上后下、先难后易、先边后面。施工中一般分为开油、横油、斜油、竖油和理油四个步骤。对流平性较差、挥发性快的涂料，不可反复过多回刷。

②滚涂。滚涂是利用涂料滚进行涂饰。这种施工方法具有施工设备简单、操作方便、工效高、涂饰质量好及对环境无污染等优点。但边角处仍需用排笔、油刷刷涂。常用涂料滚是长毛绒滚筒，也有可在涂层上滚压出花纹的橡胶或绒面压花滚筒。

滚涂施工时，蘸料要均匀，开始滚动时要慢，用力要轻，防止飞溅和流淌。滚涂的涂膜应厚薄均匀，平整光滑，不流挂，不漏底。饰面式样要符合设计要求，花纹图案完整清晰，匀称一致，颜色和谐。

③喷涂。喷涂是利用压力或压缩空气将涂料分布于物体表面的一种施工方法。喷涂的涂层厚度较均匀，外观质量好，工效高，适于大面积施工，并可以通过调整涂料黏度、喷嘴大小及排气量，获得不同质感的装饰效果。各种涂料均可进行喷涂，外墙使用更为广泛。

喷涂作业时，设备压力要稳定，手握喷枪要稳，涂料出口应与被涂面垂直（图 9-33）；喷枪（或喷斗）移动时应与喷涂面保持平行，距离一般应控制在 40～60cm 左右，运行速度适宜且应保持一致，运行路线如图 9-34。每次直线喷涂长度为 70～80cm 后，拐弯 180°向后喷涂下一行。相邻两行喷涂面的重叠宽度，应控制在喷涂宽度的 1/2～1/3，以便使涂层厚度比较均匀，色调基本一致。

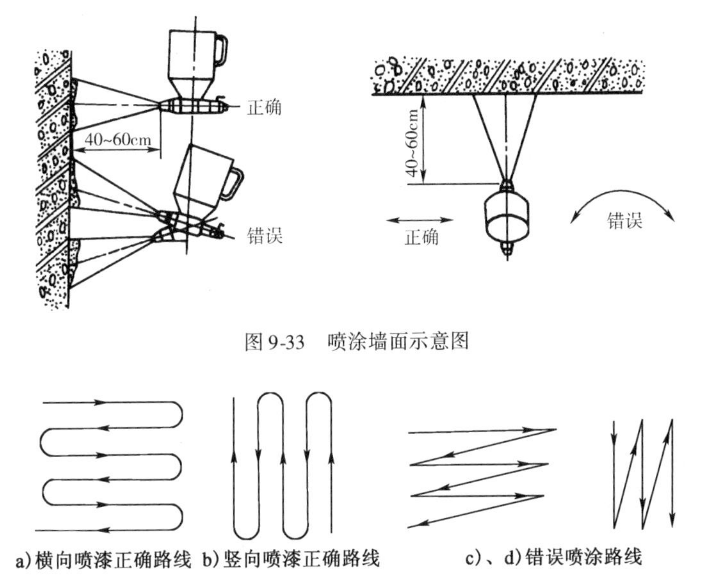

图 9-33　喷涂墙面示意图

图 9-34　喷涂行走路线示意

喷涂施工质量要求为：涂膜应厚度均匀、颜色一致、平整光滑，不应出现露底、皱纹、流挂、针孔、气泡和失光现象。

④刮涂。刮涂是利用刮板将涂料均匀地批刮于待涂面上，形成厚度为 1～2mm 的厚涂层。这种方法多用于地面厚层涂饰的施工，如聚合物水泥厚质地面涂料及合成树脂厚质地面涂料等作业。

⑤弹涂。它是利用弹涂器中转动的弹棒，将涂料以点状弹到被涂面上的一种施工方法。若用多种颜色的涂料分别弹涂，可使不同色点相互衬托，增加饰面的装饰效果。

⑥抹涂。抹涂施工主要是将纤维涂料抹涂成薄层涂料饰面，使之形成硬度很高、类似汉白玉、大理石等天然石料的装饰效果，是一种室内外高级装饰涂层的施工方法。由于抹涂的厚度薄、工艺要求较严格，因此要求操作者必须有熟练的抹灰技术，并熟悉涂料的性能和工艺要求。

二、裱 糊 工 程

采用粘贴的方法，把可折卷的软质面材固定在墙、柱、顶棚上的施工称为裱糊工程。近年来，纸壁纸、PVC 壁纸用量逐渐减少，“绿色”壁纸和高档壁纸，如用丝、羊毛、麻等纤维织成的纺织物壁纸,用草、麻、木材、树叶等自然植物制成的天然材料壁纸,金属壁纸,无纺贴墙布等等成为主流。

(一)作业条件

裱糊属于室内精装修工程,应在除地毯、活动家具及表面饰物以外的所有工程均已完成后进行,且基体已干燥,如混凝土和抹灰的含水率不大于8%,木材制品的含水率不大于12%。环境温度应不低于10℃,施工过程中和干燥前应无穿堂风。电气和其他设备已安装完,影响裱糊的设备或附件(如插座、开关盒盖等)应临时拆除。

(二)施工步骤与要点

裱糊工程的工艺顺序一般为:基层处理→刮腻子→涂刷封底涂料→润纸刷胶→裱糊→清理修整。

1. 基层处理

(1)基层表面及接缝处理。墙上、顶棚上的钉帽应嵌入基层表面,并用腻子填平。外露的钢筋、铁丝件均应清除、打磨,并涂刷防锈漆不少于两道。油污等用碱水清洗并用清水冲净。板块接缝及不同基体材料的对接处,应嵌填接缝材料并粘贴接缝带。混凝土及抹灰面涂刷抗碱封闭底漆。

(2)刮腻子。混凝土及抹灰面应满刮腻子,将气孔、麻点等填刮平整、光滑。每遍应薄刮,干燥、打磨后再刮另一层。厚度过大时应采取防裂加固措施。常用腻子配比为:石膏:乳胶:2%缩甲基纤维素溶液=10:0.6:6,也可用成品耐水腻子。腻子层应平整光滑,阴阳角线通畅、顺直,无裂纹、崩角,无砂眼、麻点。

(3)涂刷封底涂料。封底涂料的主要作用是封闭基底,防止壁纸、墙布因受潮脱落,且利于刷胶及减小基层吸水率。封底涂料一般采用封闭乳胶漆,或用酚醛清漆与汽油或松节油按1:3的配比来调配。涂料可喷或刷,一遍成活,应均匀不漏底。封底前,腻子必须干透,表面尘土、污垢应清理干净;若有泛碱部位,应用9%的稀醋酸清洗。

2. 弹控制线

为保证裱糊时纸幅垂直、图案连贯端正,在底漆干燥后应弹出水平、垂直线,作为操作时的依据。线的颜色应与基层相近。

弹线时应从墙面阴角处开始,按壁纸的标准宽度找规矩,将窄条纸的裁切边留在阴角处,阳角处不得有接缝。遇有门窗洞口时,应以其立边分划,以便于折角贴出洞口侧立边,如图9-35所示。

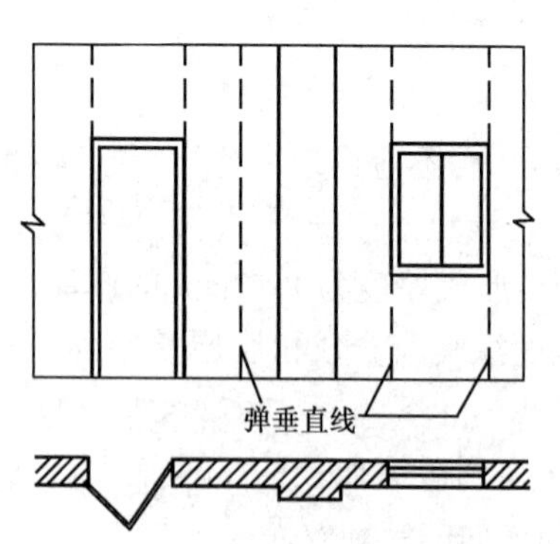

图9-35 墙面弹线位置示意图

3. 测量与裁纸

对一般壁纸,先量出墙顶(或挂镜线)到墙脚(踢脚线上口)的高度,考虑修剪量,两端各留出30~50mm。

对有图案的壁纸,应将图形自墙的上部开始对花,统筹规划,小心裁割并编号,以便按顺序粘贴。裁好的壁纸要卷起平放。

4. 润纸

壁纸遇水会膨胀，干燥会收缩，如塑料壁纸在幅宽方向的自由膨胀率为0.5% ~1.2%，收缩率为0.2% ~0.8%。如果未能让纸充分胀开就涂胶上墙，纸虽被固定，但会继续吸湿膨胀产生鼓泡，或边贴边胀产生皱折，不能成活。因此，一般均需先浸泡或刷水闷纸等处理。

塑料壁纸刷胶前可用排笔在纸背刷水，保持10min达到充分膨胀的目的。复合纸质壁纸由于湿强度较差，禁止浸水或刷水闷纸，可在壁纸背面均匀刷胶后，将胶面对胶面折叠，放置4 ~8min后上墙。纺织纤维壁纸也不宜闷水，裱贴前只需用湿布在纸背稍揩一下即可达到润纸的目的。金属壁纸浸水1 ~2min即可。

对于遇水膨胀情况不了解的壁纸，可取其一小条试贴，隔日观察接缝效果及纵、横向收缩情况，以确定施工工艺。

5. 涂刷胶黏剂

胶黏剂应据壁纸材料及基层部位选用。目前市场上有多种成品壁纸胶粉，使用较方便。

几种壁纸刷胶的方法如下：

(1)PVC壁纸。裱糊墙面时，可只在墙基层面上刷胶，在裱糊顶棚时则需在基层与纸背上都刷胶。刷胶时，基层表面涂胶宽度要比壁纸宽约30mm。纸背涂胶后，纸背与纸背反复对叠(图9-36)，可避免胶污染正面和过快干燥。

(2)对于较厚的壁纸，如植物纤维壁纸，应对基层和纸背都刷胶。

(3)金属壁纸使用专用的壁纸粉胶，应边在纸背面刷胶边在圆筒上卷绕，以免出现折痕，见图9-37。

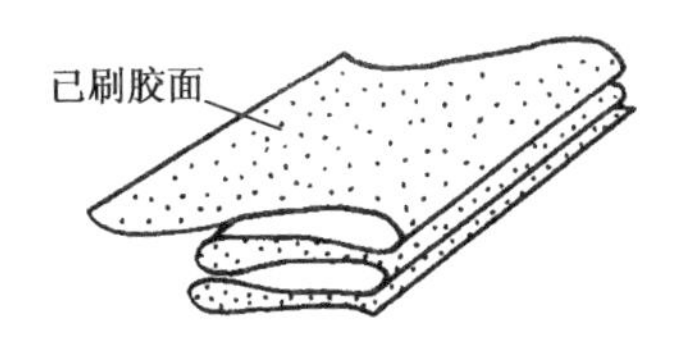

图9-36　壁纸刷胶后的对叠法

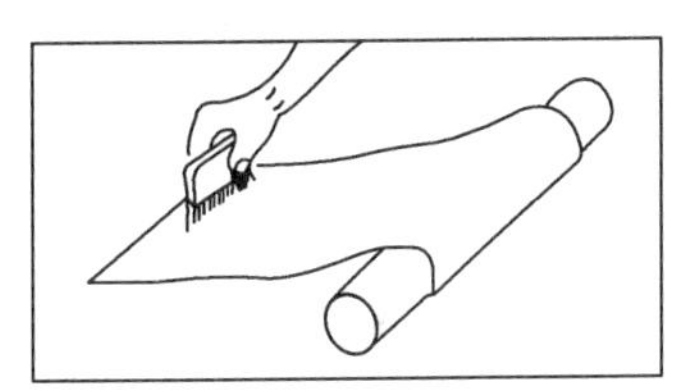

图9-37　金属壁纸刷胶法

6. 裱糊壁纸

裱糊壁纸的顺序，原则上应先垂直面后水平面，先细部后大面。贴垂直面时先上后下，贴水平面时，先高后低，从墙面所弹垂线开始至阴角处收口。每幅纸首先要挂垂直，后对花纹拼缝，再用刮板用力抹压平整。方法与要求如下：

(1)裱贴。先将壁纸上部对位粘贴，使边缘靠着垂直准线，轻轻压平，再由中间向外用刷子将上半截敷平，然后用壁纸刀将多余部分割去(图9-38)。再粘贴下半截，修齐踢脚板与墙壁间的角落。壁纸基本贴平后，再用胶皮刮板由上而下、由中向两边抹刮，使壁纸平整贴实，并排净气泡和多余的胶液。

(2)拼缝。一般壁纸的图案直到纸的边缘，因此裱贴时采用拼缝贴法。拼贴时先对图案，后拼缝，从上至下图案吻合后，再用刮板斜向刮胶，将接缝挤紧严密，并用湿毛巾揩净挤出的胶液。对发泡壁纸、复合壁纸禁止使用刮板赶压，只可用毛巾或板刷赶压，以免损坏花形或出现死褶。

(3)阴阳角处理。阳角处不可拼缝或搭接，应包角压实，接缝处距阳角的距离不得小于20mm。阴角处应采用搭接连接，搭接宽度不得小于3mm。搭接处，先贴的转角壁纸在里层，最后收口的壁纸不得转角，并要保持垂直无毛边，如图9-39所示。

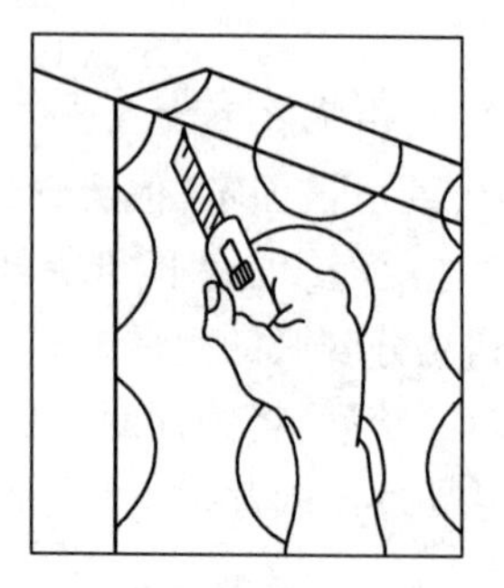

图 9-38　裱贴后裁割多余部分壁纸

图 9-39　阴角处裱贴

(4)压实。当壁纸裱贴后的 40 ~ 60min 胶液黏性最大,此时需用橡胶滚或有机玻璃刮板按顺序再压实一遍,以使墙纸与基面更好地贴合,使缝口更紧密。

7. 修整

壁纸裱糊后,应进行全面检查修补。表面的胶水、斑污应及时擦净,翘角、翘边应补胶压实;气泡处用注射针头排气,注入胶液后压实。如表面有皱褶时,可在胶液未干时轻刮,最后将各处的多余部分用壁纸刀小心裁去。

(三)施工质量要求

壁纸、墙布应粘贴牢固,不得有漏贴、补贴、脱层、空鼓和翘边。各幅拼接应横平竖直,花纹、图案吻合,无离缝和搭接,在距离墙面 1.5m 处正视不显拼缝。表面平整,色泽一致,不得有波纹起伏、气泡、裂缝、皱折及斑污,斜视应不见胶痕。

第十章

施工组织概论

土木工程施工组织是研究工程建设组织安排与系统管理的客观规律的一门学科。其任务就是根据土木工程产品及生产的特点、国家基本建设方针、工程建设程序以及相关技术和方法，对整个施工过程作出计划与安排，使工程施工取得相对最佳的效果。

第一节 概 述

一、土木工程产品及其生产的特点

土木工程产品在其体形、功能、构造组成、所处空间、投资特征等方面，较其他产品存在明显的差异。由于产品本身的特点，也决定了其生产过程的特殊性，主要表现在以下几个方面。

1. 产品的固定性与生产的流动性

各种建筑物和构筑物都是通过基础固定于地基上，其建造和使用地点在空间上是固定不动的，这与一般工业产品有着显著区别。

产品的固定性决定了生产的流动性。一般的工业产品都是在固定的工厂、固定的车间或固定的流水线上进行生产，而土木工程产品则是在不同的地区、或不同的现场、不同的部位组织工人、机械围绕同一产品进行生产。因而，参与生产的人员以及所使用的机具、材料只能在不同的地区、不同的建造地点及不同的高度空间流动，使得生产难以做到稳定、连续、均衡。

2. 产品的多样性与生产的单件性

土木工程的产品不但要满足各种使用功能的要求，还要达到某种艺术效果，体现出地区特点、民族风格以及物质文明与精神文明的特色，同时也受到材料、技术、经济、地区的自然条件等多种因素的影响和制约，使得其产品类型多样、姿色迥异、变化纷繁。

产品的固定性和多样性决定了产品生产的单件性。即每一个土木工程产品必须单独设计和单独组织施工，不可能批量生产。即使是选用标准设计、通用构配件，也往往由于施工条件的不同、材料供应方式及施工队伍构成的不同，而采取不同的组织方案和施工方法，也即生产过程不可能重复进行，只能单件生产。

3. 产品的庞大性与生产的综合性、协作性

土木工程产品为了达到其使用功能的要求，满足所用材料的物理力学性能要求，需要占据广阔的平面与空间，耗用大量的物质资源，因而其体形大、高度大、重量大。产品庞大这一特点，对材料运输、安全防护、施工周期、作业条件等方面产生不利的影响；同时，也为我们综合各个专业的人员、机具、设备，在不同部位进行立体交叉作业创造了有利条件。

由于产品体型庞大、构造复杂，需要建设、设计、施工、监理、构配件生产、材料供应、运输等各个方面以及各个专业施工单位之间的通力协作。在企业内部要组织多专业、多工种的综合作业，在企业外部，需要城市规划、勘察设计、消防、公用事业、环境保护、质量监督、科研试验、交通运输、银行财政、机具设备、能源供应、劳务等社会各部门和各领域的协作配合。可见，土木工程产品的生产具有复杂的综合性、协作性。只有协调好各方面关系，才能保质保量如期完成工程任务。

4. 产品的复杂性与生产的干扰性

土木工程产品涉及范围广、类别杂，做法多样、形式多变；它需使用数千种不同规格的材料；要与电力照明、通风空调、给水排水、消防、电信等多种系统共同组成；要使技术与艺术融为一体，这都充分体现了产品的复杂性。

在工程的实施过程中，受政策法规、合同文件、设计图纸、人员素质、材料质量、能源供应、场地条件、周围环境、自然气候、安全隐患、基体特征与质量要求等多种因素的干扰和影响，必须在精神上、物质上做好充分准备，以提高抗干扰的能力。

5. 产品投资大，施工工期紧

土木工程产品的生产属于基本建设的范畴，需要大量的资金投入。由于工程量大、工序繁多、工艺复杂，交叉作业及间歇等待多，再加上各种因素的干扰，使得生产周期较长，占用流动资金大。建设单位（业主）为了尽早使投资发挥效益，往往压限工期；施工单位为获得较好的效益，需寻求合理工期，并恰当安排资源投入。

以上特点对工程的组织实施影响很大，必须根据各个工程的具体情况，编制切实可行的施工组织设计，采取先进可靠的施工组织与管理方法，以保证工程圆满完成。

二、土木工程的施工程序

施工是工程建设的一个主要阶段，必须加强科学管理，严格按照施工程序开展工作。施工程序是指在整个工程实施阶段所必须遵循的一般顺序。按其先后顺序分为：承接任务、施工规划、施工准备、组织施工、竣工验收、回访保修等六个步骤，现分述如下。

1. 承接施工任务，签订施工合同

目前，承接施工任务的方式主要是招投标式，即参加投标，中标得到的。它已成为建筑企业承揽工程的主要渠道，也是建筑业市场成交工程的主要形式。承接工程项目后，施工单位必须与建设单位（业主）签订施工合同，以减少不必要的纠纷，确保工程的实施和结算。

2. 调查研究，做好施工规划

施工合同签订后，施工总承包单位首先应对当地技术经济条件、气候条件、地质条件、施工环境、现场条件等方面作进一步调查分析，做好任务摸底。其次要部署施工力量，确定分包项目，寻求分包单位，签订分包合同。此外要派先遣人员进场，做好施工准备工作。

3. 落实施工准备，提出开工报告

施工准备工作是保证按计划完成施工任务的关键和前提，其基本任务是为施工创造必要

的技术和物质条件。施工准备工作通常包括技术准备、物资准备、劳动组织准备、施工现场准备和施工场外准备等几个方面。当一个项目进行了图纸会审,批准了施工组织设计、施工图预算;搭设了必需的临时设施,建立了现场组织管理机构;人力、物力、资金到位,能够满足工程开工后连续施工的要求时,施工单位即可向主管部门申请开工。

4. 组织施工,加强管理

开工报告获批准后,即可进行工程的全面施工。此阶段是整个工程实施中最重要的一个阶段,它决定了施工工期、产品质量、成本和施工企业的经济效益。因此,要做好四控(质量、进度、安全、成本控制)、四管(现场、合同、生产要素、信息管理)和一协调(搞好协调配合)。具体要做好以下几个方面的工作:

(1)严格按照设计图纸和施工组织设计进行施工;

(2)注意协调配合,及时解决现场出现的矛盾,做好调度工作;

(3)把握施工进度,做好控制与调整,确保施工工期;

(4)采取有效的质量管理手段和保证质量措施,执行各项质检制度,确保工程质量;

(5)做好材料供应工作,执行材料进场检验、保管、限额领料制度;

(6)管理好技术档案,做好图纸及洽商变更、检验记录、材料合格证等技术资料管理;

(7)注重成品的保养和保护工作,防止成品的丢失、污染和损坏;

(8)加强施工现场平面图管理,及时清理场地,强化文明施工,保证道路畅通;

(9)控制工地安全,做好消防工作;

(10)加强合同、资金等管理工作,提高企业的经济效益与社会效益。

5. 竣工验收,交付使用

竣工验收是施工的最后一个阶段,是对建设项目设计和施工质量的全面考核,也是一个法定的手续。根据国家有关规定,所有建设项目和单项工程建完后,必须进行工程检验与备案。凡是质量不合格的工程不准交工、不准报竣工面积,当然也不能交付使用。

在工程验收阶段,施工单位应首先自检合格,确认具备竣工验收的各项要求,并经监理单位认可后,向建设单位提交“工程验收报告”;然后由建设单位组织设计、施工、监理等单位进行核查,并形成“工程竣工验收报告”;再由项目主管部门和地方政府部门组织验收,通过后,施工单位与建设单位办理竣工结算和移交手续。

6. 保修回访,总结经验

在法定及合同规定的保修期内,对出现质量缺陷的部位进行返修,以保证满足原有的设计质量和使用要求。国家规定,房屋建筑工程的基础工程、主体结构工程在设计合理使用年限内均为保修期,防水工程的保修期为 5 年,装饰装修及所安装的设备保修期为 2 年。通过定期回访和保修,不但方便用户、提高企业信誉,同时也为以后施工积累经验。

三、组织施工的原则

在组织工程项目施工过程中,应遵循以下几项基本原则。

1. 认真贯彻国家的建设法规和制度,严格执行建设程序

国家有关建设的法律法规是规范建筑活动的准绳,在改革与管理实践中逐步建立和完善的施工许可制度、从业资格管理制度、招标投标制度、总承包制度、发承包合同制度、工程监理制度、安全生产管理制度、工程质量责任制度、竣工验收制度等是规范建筑行业的重要保证,这对建立和完善建筑市场的运行机制,加强建筑活动的实施与管理,提供了重要的方法和依据。

因此,在进行施工组织时,必须认真地学习、充分地理解并严格贯彻执行。

建设程序,是指建设项目从决策、设计、施工到竣工验收整个建设过程中各个阶段的顺序关系。不同阶段具有不同的内容,各阶段之间又有着不可分割的联系,既不能相互替代,也不许颠倒或跳越。坚持建设程序,工程建设就能顺利地进行,就能充分发挥投资的经济效益;反之,违背了建设程序,就会造成混乱,影响质量、进度和成本,甚至对工程建设带来严重的危害。

2. 遵循施工工艺和技术规律,合理安排施工程序和顺序

施工展开程序和施工顺序,是指各分部工程或各分项工程之间先后进行的次序,它是土木工程产品生产过程中阶段性的固有规律。由于土木工程产品的生产活动是在同一场地上进行,一般情况下,前面的工作不完成,后面的工作就不能开始。但在空间上可组织立体交叉、搭接施工,这是组织管理者在遵循客观规律的基础上,争取时间、减少消耗的主要体现。

虽然,施工展开程序和施工顺序是随着工程项目的规模、施工条件与建设要求的不同而有所不同,但其遵循共同的客观规律。例如在对建筑物施工时,常采用"先准备,后施工";"先地下,后地上";"先结构,后围护";"先主体,后装饰";"先土建,后设备"的展开程序。又如,在混凝土柱这一分项工程中,施工顺序是扎筋→支模→浇筑混凝土。其中任何一道工序都不能颠倒或省略,这不仅是施工工艺的要求,也是保证质量的要求。

3. 采用流水作业法和网络计划技术组织施工

流水作业是组织土木工程施工的有效方法,可使施工连续、均衡、有节奏地进行,以达到合理使用资源,充分利用空间和时间的目的。网络计划技术是计划管理的科学方法,具有逻辑严密、层次清晰、关键问题明确,可进行计划优化、控制和调整,有利于计算机在计划管理中应用等优点,因而,在组织施工时应尽量采用。

4. 科学地安排冬、雨期施工项目,确保全年生产的连续性和均衡性

为了确保全年连续、均衡地施工,并保证质量和安全,节约工程费用,在组织施工时,应充分了解当地的气象条件和水文地质条件,尽量避免把土方工程、地下工程、水下工程安排在雨季和洪水期施工,避免把防水工程、外装饰工程安排在冬期施工;高空作业、结构吊装则应避免在雷暴季节、大风季节施工。对那些必须在冬雨期施工的项目,则应采取相应的技术措施,以确保工程质量和施工安全。

5. 贯彻工厂预制和现场预制相结合的方针,提高建筑工业化程度

建筑工业化的一个重要前提条件是广泛采用预制装配式构件。在拟定构件预制方案时,应贯彻工厂预制和现场预制相结合的方针,把受运输和起重设备限制的大型、重型构件放在现场预制;将大量的中小型构件交由工厂预制。这样,既可发挥工厂批量生产的优势,又可解决受运输、起重设备限制的主要矛盾。

6. 充分发挥机械效能,提高机械化程度

机械化施工可加快工程进度,减轻劳动强度,提高劳动生产率。为此,在选择施工机械时,应考虑能充分发挥机械的效能,并使主导工程的大型机械(如土方机械、吊装机械)能连续作业,以减少机械费用;同时,还应采取大型机械与中小型机械相结合、机械化与半机械化相结合、扩大机械化施工范围、实现综合机械化等方法,以提高机械化施工程度。

7. 采用先进的施工技术和科学的管理方法

先进的施工技术和科学的管理方法相结合,是保证工程质量,加速工程进度,降低工程成本,促进技术进步,提高企业素质的重要途径。因此,在编制施工组织设计及组织工程实施中,应尽可能采用新技术、新工艺、新材料、新设备和科学的管理方法。

8. 合理布置施工现场，尽量减少暂设工程

精心地规划、合理地布置施工现场，是提高施工效率、节约施工用地，实现文明施工，确保安全生产的重要环节。尽量利用原有建筑物、已有设施、正式工程、地方资源为施工服务，是减少暂设工程费用、降低工程成本的重要途径。

第二节　施工准备工作

施工准备是工程项目施工的重要阶段之一，其基本任务是为拟建工程的施工建立必要的技术和物质条件，统筹安排施工力量和施工现场。施工准备工作也是施工企业搞好目标管理、推行技术经济承包的重要依据，同时还是土建施工和设备安装顺利进行的根本保证。因此认真地做好施工准备工作，对于发挥企业优势、合理供应资源、加快施工速度、提高工程质量、降低工程成本、增加经济效益、赢得社会信誉、实现管理现代化等均具有重要意义。

施工准备工作的优劣，将直接影响建筑产品生产的全过程。实践证明，凡是重视施工准备工作，积极为拟建工程创造一切施工条件，其工程的施工就会顺利地进行；凡是不重视施工准备工作，就会给工程的施工带来麻烦和损失，甚至带来灾难，其后果不堪设想。

一、施工准备工作的分类

1. 按施工准备工作的范围分

按工程项目施工准备工作的范围不同，一般可分为全场性施工准备、单位工程施工条件准备和分部（分项）工程作业条件准备等三种。

（1）全场性施工准备。它是以一个建筑工地为对象而进行的各项施工准备。其特点是准备工作的目的、内容都是为全场性施工服务的。它不仅要为全场性的施工活动创造有利条件，而且要兼顾单位工程施工条件的准备。

（2）单位工程施工条件准备。它是以一个建筑物或构筑物为对象而进行的施工条件准备工作。其特点是准备工作的目的、内容都是为单位工程施工服务的。它不仅为该单位工程在开工前做好一切准备，而且要为分部（分项）工程或冬雨季施工进行作业条件的准备。

（3）分部、分项工程作业条件准备。对某些施工难度大、技术复杂的分部、分项工程，如降低地下水位、基坑支护、大体积混凝土、防水工程、大跨度结构吊装等，还要单独编制工程作业设计，并对其所采用的材料、机具、设备及安全防护设施等分别进行准备。

2. 按所处的施工阶段分

按所处的阶段不同，施工准备可分为开工前和各施工阶段开始前的准备。

（1）开工前的施工准备。它是在拟建工程正式开工之前所进行的一切施工准备工作。其目的是为拟建工程正式开工创造必要的条件。它既可能是全场性的施工准备，又可能是单位工程施工条件的准备。

（2）各施工阶段前的施工准备。它是在拟建工程开工之后，每个施工阶段正式开工之前所进行的一切施工准备工作。其目的是为该施工阶段正式开工创造必要的条件。如混合结构住宅的施工，一般可分为基础工程、主体结构工程、屋面工程和装饰装修工程等施工阶段，每个施工阶段的施工内容不同，所需要的技术条件、物质条件、组织要求和现场布置等方面也不同，因此，在每个施工阶段开工之前，都必须做好施工准备工作。

综上可见：施工准备工作不仅是在拟建工程开工之前，而且贯穿于整个建造过程的始终。

二、施工准备工作计划

为落实各项施工准备工作，加强检查和监督，必须编制施工准备工作计划，如表10-1所示。

施工准备工作计划表　　表10-1

序号	施工准备项目	简要内容	负责单位	负责人	起止时间		备　注
					月　日	月　日	

为了加快施工准备工作的进度，必须加强建设单位、设计单位和施工单位之间的协调工作，密切配合，建立健全施工准备工作的责任制度和检查制度，使施工准备工作有领导、有组织、有计划和分期分批地进行。

三、施工准备工作的内容

不同范围或不同阶段的施工准备工作，在内容上有所差异。但主要内容一般包括：技术准备、物资准备、劳动组织准备、施工现场准备和施工场外准备工作。

（一）技术准备

技术准备是施工准备工作的核心，对工程的质量、安全、费用、工期控制具有重要意义，因此必须认真做好。其主要内容如下：

1.熟悉与审查图纸

（1）熟悉与审查施工图纸的目的。为了使工程技术与管理人员充分了解和掌握施工图纸的设计意图、结构与构造特点和技术要求，以保证能够按照图纸的要求顺利地进行施工；同时发现施工图纸中存在的问题和错误，使其改正在施工开始之前。因此必须认真地熟悉与审查图纸。

（2）熟悉与审查施工图纸的内容：

①审查施工图纸是否完整、齐全，以及设计图纸和资料是否符合国家规划、方针和政策；

②审查施工图纸与说明书在内容上是否一致，以及施工图纸与其各组成部分之间有无矛盾和错误；

③审查建筑与结构施工图在几何尺寸、标高、说明等方面是否一致，技术要求是否正确；

④审查工业项目的生产设备安装图纸及与其相配合的土建施工图纸在坐标、标高上是否一致，土建施工能否满足设备安装的要求；

⑤审查地基处理与基础设计同拟建工程地点的工程地质、水文地质等条件是否一致，以及建筑物与地下构筑物、管线之间的关系；

⑥明确拟建工程的结构形式和特点；摸清工程复杂、施工难度大和技术要求高的分部（分项）工程或新结构、新材料、新工艺，明确现有施工技术水平和管理水平能否满足工期和质量要求，找出施工的重点、难点；

⑦明确建设期限，分期分批投产或交付使用的顺序和时间；明确建设单位可以提供的施工条件。

(3)熟悉与审查施工图纸的程序。熟悉与审查施工图纸的程序通常分为自审阶段、会审阶段和现场签证三个阶段。

①自审阶段。施工单位收到拟建工程的施工图纸和有关设计资料后，应尽快地组织有关工程技术、管理人员熟悉和自审图纸，并记录对图纸的疑问和建议。

②会审阶段。图纸会审一般由建设单位或监理单位主持，设计单位和施工单位参加，三方共同进行。图纸会审时，首先由设计单位的工程主设计人向与会者说明拟建工程的设计依据、意图和功能要求，并对特殊结构、新材料、新工艺和新技术提出要求。然后施工单位根据自审记录以及对设计意图的了解，提出对施工图纸的疑问和建议。最后在统一认识的基础上，对所研讨的问题逐一地做好记录，形成"图纸会审纪要"，由建设单位正式行文，参加单位共同会签、盖章，作为与设计文件同等作用的技术文件和指导施工的依据，同时也是建设单位与施工单位进行工程结算的依据。

③现场签证阶段。在拟建工程施工的过程中，如果发现施工的条件与施工图纸的条件不符，或者发现图纸中仍然有错误，或者因为材料的规格、质量不能满足设计要求，或者因为施工单位提出了合理化建议，需要对施工图纸进行修改时，应遵循技术核定和设计变更的签证制度，进行图纸的施工现场签证。如果设计变更的内容对拟建工程的规模、投资影响较大时，要报请项目的原批准单位批准。施工现场的图纸修改、技术核定和设计变更资料，都要有正式的文字记录，归入拟建工程施工档案，作为指导施工、竣工验收和工程结算的依据。

2.原始资料调查分析

为了做好施工准备工作，拟定出先进合理、切合实际的施工组织设计，除了要掌握有关拟建工程方面的资料外，还应该进行实地勘测和调查，以获得第一手资料。调查重点包括：

(1)自然条件调查分析。主要内容包括：建设地区水准点和绝对标高等情况；地质构造、土的性质和类别、地基土的承载力、地震级别和裂度等情况；河流流量和水质及水位变化等情况；地下水位、含水层厚度和水质等情况；气温、雨、雪、风和雷电等情况；土的冻结深度和冬雨季时间等。

(2)技术经济条件调查分析。主要内容包括：建设地区地方施工企业的状况；施工现场的状况；当地可利用的地方材料状况；主要材料供应状况；地方能源和交通运输状况；地方劳动力和技术水平状况；当地生活供应、教育和医疗卫生状况；当地消防、治安状况和参加施工单位的力量状况等。

3.编制施工预算

施工预算是根据施工图纸、施工组织设计或施工方案、施工定额等文件进行编制的。它是施工企业内部控制各项费用支出、考核用工、签发施工任务单、限额领料、进行经济核算的依据，也是进行工程分包的依据。

4.编制施工组织设计

工程项目施工生产活动是非常复杂的物质财富再创造的过程。为了正确处理人与物、主体与辅助、工艺与设备、专业与协作、供应与消耗、生产与储存、使用与维修以及它们在空间布置、时间安排之间的关系，必须根据拟建工程的规模、结构特点和建设单位的要求，在原始资料调查分析的基础上，编制出一份能切实指导该工程全部施工活动的科学方案，即施工组织设计。

施工组织设计是用以指导施工组织与管理、施工准备与实施、施工控制与协调、资源的配置与使用等全面性的技术、经济文件；通过编制施工组织设计，可以针对工程的特点，根据施工环境的各种具体条件，按照客观的施工规律，制订拟建工程的施工方案，确定施工顺序、施工方法、劳动组织和技术组织措施；可以确定施工进度，控制工期；可以有序地组织材料、机具、设备、劳动力需要量的供应和使用；可以合理地利用和安排为施工服务的各项临时设施；可以合理地部署施工现场，确保文明施工、安全施工；可以分析施工中可能产生的风险和矛盾，以便及时研究解决问题的对策、措施；可以将工程的设计与施工、技术与经济、施工组织与施工管理、施工全局规律与施工局部规律、土建施工与设备安装、各部门之间、各专业之间有机地结合，相互配合，统一协调。

(二)物资准备

物资准备是保证施工顺利进行的基础。其内容主要包括建筑材料的准备、构(配)件和制品的加工、建筑安装机具的准备和生产工艺设备的准备。在工程开工之前，要根据各种物资的需要量计划，分别落实货源，组织运输和安排储备，以保证工程开工和连续施工的需要。

物资准备工作程序如图10-1所示。

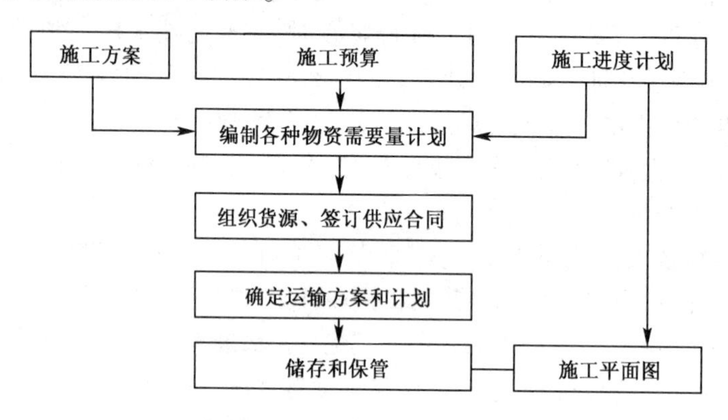

图10-1 物资准备工作程序图

(三)劳动组织准备

劳动组织准备的范围，包括对大型综合建设项目的劳动组织准备、对单位工程的劳动组织准备。这里仅以一个单位工程为例，说明其劳动组织准备工作的内容。

1. 建立施工项目领导机构

根据工程的规模、结构特点和复杂程度，确定施工项目领导机构的形式、名额和人选；遵循合理分工与密切协作相结合的原则；把有施工经验、有开拓精神、工作效率高的人选入领导机构；认真执行因事设职、因职选人的原则。

2. 建立精干的施工队组

按施工组织方式的要求，确定建立混合施工队组或专业施工队组。认真考虑专业工种的合理配合，技工和普工的比例要满足合理的劳动组合要求。

3. 集结施工力量，组织劳动力进场

按照开工日期和劳动力需要量计划，组织工人进场，并安排好职工的生活。同时要进行安全、防火和文明施工等方面的教育。

4. 向施工队组、工人进行计划与技术交底

进行计划与技术交底的目的是把拟建工程的设计内容、施工计划和施工技术要求等，详尽

地向施工队组和工人讲解说明。这是落实计划和技术责任制的必要措施。

交底应在单位工程或分部(项)工程开工前进行。交底的内容,通常包括:工程的施工进度计划、月(旬)作业计划;施工工艺、质量标准、安全技术措施、降低成本措施和施工验收规范的要求;新结构、新材料、新技术和新工艺的实施方案和保证措施;有关部位的设计变更和技术核定等事项。

交底工作应该按照管理系统逐级进行,由上而下直到队组工人。交底的方式有书面形式、口头形式和现场示范形式等。在交底后,队组人员要认真进行分析研究,弄清工程关键部位、操作要领、质量标准和安全措施,必要时应该根据示范交底进行练习,并明确任务,做好分工协作安排,同时建立、健全岗位责任制和保证措施。

5. 建立、健全各项管理制度

工地的管理制度是各项施工活动顺利进行的保证。无章可循是危险的,有章不循也会带来严重后果,因此必须建立、健全各项管理制度。工地的管理制度通常包括:施工图纸学习与会审制度、技术责任制度、技术交底制度、工程技术档案管理制度、材料及主要构配件和制品的检查验收制度、材料出入库制度、机具使用保养制度、职工考勤和考核制度、安全操作制度、工程质量检查与验收制度、工地及班组经济核算制度等。

(四)施工现场准备

施工现场是施工的活动空间,其准备工作主要是为工程创造有利的施工条件和物资保证。其具体内容如下:

1. 做好施工场地的控制网测量

按照建筑总平面图及给定的永久性坐标控制网和水准控制基桩,进行场区施工测量,设置场区的永久性坐标桩、水准基桩,建立场区工程测量控制网。

2. 完成“三通一平”

“三通一平”是指水通、电通、道路畅通和场地平整。

(1)水通。水是施工现场生产、生活、消防不可或缺的资源。工程开工前,必须按照施工平面图的要求,落实水源、接通管线,同时做好地面排水系统,为施工创造良好的环境。

(2)电通。电是施工现场的主要动力来源。工程开工前,要按照施工组织设计的要求,接通电力和电讯设施,并做好蒸汽、压缩空气等其他能源的供应,确保施工现场动力设备和通信设备的正常运行。

(3)道路畅通。现场道路是组织施工物资运输的动脉。工程开工前,必须按照施工总平面图的要求,修好施工现场的永久性道路(包括场区铁路、场区公路)以及必要的临时性道路,形成完整通畅的运输道路网,为物资进场和堆放创造有利条件。

(4)场地平整。首先要拆除妨碍施工的建筑物或构筑物、迁移树木,然后根据建筑总平面图规定的标高,确定平整场地的施工方案,进行场地平整工作。

3. 做好施工现场的补充勘探

为进一步明确地下状况或有特殊需要时,应及时做好现场的补充勘探,以便拟定相应施工方案或处理方案,保证施工的顺利进行和消除隐患。

4. 建造临时设施

按照施工总平面图的布置和施工设施需要量计划,建造临时设施,为正式开工准备生产、办公、生活和仓库等临时用房,以及设置消防保安设施。

5. 组织施工机具进场

根据施工机具需要量计划,组织施工机具进场。并根据施工平面图要求,将施工机具安置在规定的地点或仓库。对于固定的机具要进行就位、组装、保养和调试等工作,对所有施工机具都必须在开工之前进行检查和试运转。

6. 组织材料进场

根据材料、构(配)件和制品的需要量计划组织进场,按照施工总平面图规定的地点和方式进行储存或堆放。

7. 提出材料的试验、试制申请计划

材料进场后,及时提出建筑材料的试验申请计划,如钢材的机械性能试验、混凝土或砂浆的配合比试验等计划。

8. 做好新技术项目的试制、试验和人员培训

对施工中的新技术项目,应根据有关规定和相关资料,认真进行试制和试验。为正式施工积累经验,并做好人员培训工作。

9. 做好季节性施工准备

按照施工组织设计的要求,认真落实冬季、雨季和高温季节施工项目的施工设施和技术组织措施。

(五)施工场外准备

在做好施工现场准备工作之外,还需做好现场外的协调工作。其具体内容如下:

1. 材料设备的加工和订货

建筑材料、构(配)件和建筑制品大部分都必须外购,尤其工艺设备需要全部外购。必须根据需要量计划与建材加工、设备制造部门或单位签订供货合同,保证及时供应。

2. 施工机具租赁或订购

对本单位缺少且需要的施工机具,应根据需要量计划,与有关单位或部门签定订购合同或租赁合同。

3. 做好分包工作

由于施工单位本身的力量和施工经验所限,有些专业工程,如大型土石方工程、结构安装工程以及特殊构筑物工程的施工分包给有关单位,效益可能更佳。这就必须在施工准备工作中,按原始资料调查中了解的有关情况,选定理想的协作单位。根据欲分包工程的工程量,完成日期、工程质量要求和工程造价等内容,与其签订分包合同,保证实施。

4. 向主管部门提交开工申请报告

在施工准备工作进行到一定程度,能够保证开工后连续施工时,应该及时地填写开工申请报告,并上报监理及主管部门批准。

第三节　施工组织设计

施工组织设计是指导工程投标与签订承包合同、指导施工准备和施工全过程的全局性的技术经济文件,也是对施工活动的全过程进行科学管理的重要依据。

一、施工组织设计的分类

（一）按编制的目的与阶段分

根据编制的目的与编制阶段的不同，施工组织设计可划分为两类：一类是投标前编制的投标施工组织设计，另一类是签订工程承包合同后编制的实施性施工组织设计。两类施工组织设计的区别见表10-2。

两类施工组织设计的区别　　表10-2

种　类	服务范围	编制时间	编制者	主要特性	追求的主要目标
投标施工组织设计	投标与签约	经济标书编制前	经营管理层	规划性	中标和经济效益
实施性施工组织设计	施工准备至验收	签约后开工前	项目管理层	作业性	施工效率和效益

投标施工组织设计是投标书的重要组成部分，是为取得工程承包权而编制的，它的主要作用是在技术上、组织上和管理手段上论证投标书中的投标报价、施工工期和施工质量三大目标的合理性和可行性，对招标文件提出的要求做出明确、具体的承诺，对工程承包中需要业主提供的条件提出要求。

实施性施工组织设计是在中标、合同签订后，承包商根据合同文件的要求和具体的施工条件，对其进行修改、充实、完善，并经监理工程师审核同意而形成的施工组织设计。

（二）按编制对象分

按照编制所针对的工程对象与作用的不同，实施性施工组织设计可分为施工组织总设计、单位工程施工组织设计和分部分项工程施工方案等三类。

1. 施工组织总设计

施工组织总设计是以一个建筑群、一条公路或一个特大型单项工程为编制对象，对整个建设工程的施工过程和施工活动进行全面规划，统筹安排，并对各单位工程的施工组织进行总体性指导、协调和阶段性目标控制与管理的综合性指导文件。它确定了工程建设总工期、各单位工程开展的顺序及工期、主要工程的施工方案、总体进度安排、各种资源的配置计划、全工地性暂设工程及准备工作、施工现场的总体布局等。由此可见，施工组织总设计是总的战略性部署，是指导全局性施工的技术、经济纲要，对整个项目的施工过程具有统筹规划、重点控制的作用。

2. 单位工程施工组织设计

单位工程施工组织设计是以一个单体工程（如一幢住宅楼、一座工业厂房、一个构筑物或一段公路、一座桥梁）为编制对象，用以指导施工全过程中各项生产技术、经济活动，控制工程质量、安全等各项目标的综合性管理文件。它是对单位工程的施工过程和施工活动进行全面规划和安排，据以确定各分部分项工程开展的顺序及工期、主要分部分项工程的施工方法、施工进度计划、各种资源的配置计划、施工准备工作及施工现场的布置，对单位（子单位）工程的施工过程起指导和制约作用。

3. 分部分项工程施工方案

它是以某些重要的分部工程或较大较难的、技术复杂的、采用新技术新工艺施工的分部、分项工程（如大型工业厂房或公共建筑物的基础、混凝土结构、钢结构安装、高级装饰装修等分部工程；深基坑支护、大型土石方开挖、垂直运输、脚手架、预应力混凝土、特大构件吊装等分项工程）以及专项工程（如深基坑开挖、土壁支护、地下降水、模板工程、脚手架工程等）为编制对象编制的，是对施工组织设计的细化和补充，用以指导其施工活动的技术文件。其内容详细、具体，可操作性强，是直接指导施工作业的依据。

二、施工组织设计的作用

投标施工组织设计的主要作用，是指导工程投标与签订工程承包合同，并作为投标书的一项重要内容（技术标）和合同文件的一部分。实践证明，在工程投标阶段编好施工组织设计，充分反映施工企业的综合实力，是实现中标、提高市场竞争力的重要途径。

实施性施工组织设计是进行施工准备，规划、协调、指导工程项目全部施工活动的全局性的技术经济文件。其主要作用，是指导施工准备工作和施工全过程的进行。主要体现在：可以统一规划和协调复杂的施工活动，保证施工有条不紊地进行；能够使施工人员心中有数，工作处于主动地位；能够对施工进度、质量、成本、技术与安全实施控制，实现对施工全过程进行科学管理的目的。实践证明，编制好施工组织设计是实现科学管理、提高工程质量、降低工程成本、加快工程进度、预防安全事故的可靠保证。

三、施工组织设计的内容

施工组织设计的种类不同，其编制的内容也有所差异，但都要根据编制的目的与实际需要，结合工程对象的特点、施工条件和技术水平进行综合考虑，做到切实可行、经济合理。各种施工组织设计中，其主要内容一般均要包含如下几个方面。

1. 工程概况

工程概况主要概括地说明工程的性质、规模，建设地点，结构特点，建筑面积，施工期限，合同的要求；本地区地形、地质、水文和气象情况；施工力量；劳动力、机具、材料、构件等供应情况；施工环境及施工条件等。

2. 施工部署

施工部署是对项目实施过程做出的统筹规划和全面安排，包括项目施工主要目标、施工顺序及空间组织、施工组织安排等。它是施工组织设计的纲领性内容，施工组织设计的其他内容都需围绕施工部署的原则编制。

3. 施工方案或方法

施工方案或方法是确定主要施工过程的施工方法、施工机械、工艺流程、组织措施等。它直接影响着施工进度、质量、安全以及工程成本，同时也为技术和资源的准备、各种计划制订及合理布置现场提供依据。因此，要遵循先进性、可行性、安全性和经济性兼顾的原则，结合工程实际，拟定可行的几种方案或方法，进行定性、定量分析，通过技术经济评价，择优选用。

4. 施工进度计划

施工进度计划反映了最佳施工方案在时间上的安排。确定出合理可行的计划工期，并使工期、成本、资源等通过计算和调整达到优化配置，符合目标的要求；使工程有序地进行，做到连续和均衡施工。

5. 施工平面布置

施工现场平面布置，是施工方案及进度计划在空间上的全面安排。它是把投入的各种资源如材料、机具、设备、构件、道路、水电网路和生产、生活临时设施等，合理地排布在施工场地上，使整个现场能井然有序、方便高效、确保安全，能实现文明施工。

6. 施工管理计划

主要包括控制进度、质量、安全、环境及成本等方面的管理计划。

四、施工组织设计的编制与审批

(一) 投标施工组织设计的编制

投标施工组织设计的编制质量对能否中标具有重要意义，编制时要积极响应招标书的要求，明确提出对工程质量和工期的承诺以及实现承诺的方法和措施。其中，施工方案要先进、合理，针对性、可行性强；进度计划和保证措施要合理可靠，质量措施和安全措施要严谨、有针对性；主要劳动力、材料、机具设备计划应合理；项目主要管理人员的资历和数量要满足施工需要，管理手段、经验和声誉状况等要适度表现。

(二) 实施性施工组织设计的编制

1. 编制方法

(1) 对实行总包和分包的工程，由总包单位负责编制施工组织设计，分包单位在总包单位的总体部署下，负责编制所分包工程的施工组织设计。

(2) 负责编制施工组织设计的单位要确定主持人和编制人，并召开由业主、设计单位及施工分包单位参加的设计要求和施工条件交底会。根据合同工期要求、资源状况及有关的规定等问题进行广泛认真地讨论，拟定主要部署，形成初步方案。

(3) 对构造复杂、施工难度大以及采用新工艺和新技术的工程项目，要进行专业性的研究，组织专门会议，邀请有经验的人员参加，集中群众智慧，为施工组织设计的编制和实施打下坚实的群众基础。

(4) 要充分发挥各专业、各职能部门的作用，吸收他们参加施工组织设计的编制和审定，以发挥企业整体优势，合理地进行交叉配合的程序设计。

(5) 较完整的施工组织设计方案提出之后，要组织参编人员及单位进行讨论，逐项逐条地研究、修改后确定，形成正式文件后，送主管部门审批。

2. 编制要求

编制施工组织设计必须在充分研究工程的客观情况和施工特点的基础上，根据合同文件的要求，并结合本企业的技术、管理水平和装备水平，从人力、财力、材料、机具和施工方法等五个环节入手，进行统筹规划、合理安排、科学组织，充分利用时间和空间，力争以最少的投入取得产品质量好、成本低、工期短、效益好、业主满意的最佳效果。在编制时应做到以下几点：

(1) 方案先进、可靠、合理、针对性强，符合有关规定。如施工方法是否先进，工期上技术上是否可靠，施工顺序是否合理，是否考虑了必要的技术间歇，施工方法与措施是否切合本工程的实际情况，是否符合技术规范要求等。

(2) 内容繁简适度。施工组织设计的内容不可能面面俱到，要有侧重点。对简单、熟悉的施工工艺不必详细阐述，而对那些高、新、难的施工内容，则应较详细地阐述施工方法并制定有效措施，以做到详略并举，因需制宜。

(3) 突出重点，抓住关键。对工程上的技术难点、协调及管理上的薄弱环节、质量及进度控制上的关键部位等应重点编写，做到有的放矢，注重实效。

(4)留有余地,利于调整。要考虑到各种干扰因素对施工组织设计实施的影响,编制时应适当留出更改和调整的余地,以达到能够继续指导施工的目的。

(三)施工组织设计的审批

施工组织设计编制后,应履行审核、审批手续。施工组织总设计应由建设单位或被委托承包单位的技术负责人审批,经总监理工程师审查后实施;单位工程施工组织设计应由承包单位技术负责人审批,经总监理工程师审查后实施;分部、分项或专项工程施工方案应由项目技术负责人审批,经监理工程师审查后实施。

对基坑支护与降水、土方开挖、模板工程、起重吊装、脚手架拆除、爆破、建筑幕墙的安装、预应力结构张拉、隧道工程、桥梁工程施工等危险性较大的分部分项工程,所编制的安全专项施工方案,应由承包单位的专业技术人员及专业监理工程师进行审核、承包单位技术负责人和总监理工程师签字后实施。其中深基坑工程(深度5m以上或地质条件和周围环境及地下管线极其复杂)、地下暗挖工程、高大模板工程(水平构件模板支撑系统高度超过8m,或跨度超过18m,施工总荷载大于$10kN/m^2$或集中线荷载大于15kN/m)、30m及以上高空作业的工程、深水作业工程、爆破工程等,承包单位还应在审签前组织不少于5人的专家组,对施工方案进行论证审查。

五、施工组织设计的贯彻、检查与调整

施工组织设计的编制只是为实施拟建工程施工提供了一个可行的理想方案。要使这个方案得以实现,必须在施工实践中认真贯彻、执行施工组织设计。因此,要在开工前组织有关人员熟习和掌握施工组织设计的内容,逐级进行交底,提出对策措施,保证其贯彻执行;要建立和完善各项管理制度,明确各部门的职责范围,保证施工组织设计的顺利实施;要加强动态管理,及时处理和解决施工中的突发事件和出现的主要矛盾;要经常地对施工组织设计执行情况进行检查,必要时进行调整和补充,以适应变化的、动态的施工活动的需要,保证控制目标的实现。

施工组织设计的贯彻、检查和调整,是一项经常性的工作,必须随着工程的进展不断地反复进行,并贯穿于工程项目施工活动的全过程。

第十一章

流水施工方法

流水作业能使生产过程连续、均衡并有节奏地进行,是一种科学有效的生产组织方法,因而在国民经济各个生产领域得到广泛应用。它能合理地使用资源、充分利用时间和空间、减少不必要的消耗、实现专业化生产、提高作业效率,对缩短工期、降低造价、提高质量有着显著的作用。

在土木工程中有大量的工作面可以利用,为组织流水施工创造了有利的条件;但由于产品体型大、数量少,且施工内容繁杂、各施工过程间的干扰较大,这就要求有较高的流水施工组织水平。本章主要讨论流水施工的基本概念、基本参数与组织方法,为在施工中灵活运用打下基础。

第一节　流水施工的基本概念

一、组织施工的三种方式

在土木工程施工中,根据工程的特点、工艺流程、工期要求、资源供应状况、平面及空间布置要求等,可采用依次施工、平行施工和流水施工等不同组织方式,下面举例予以说明。

某工程项目有甲、乙、丙三栋相同的房屋基础,主要施工工序包括开挖基槽、砌砖基础和回填肥槽,其每栋的施工过程、工程量、劳动量及人员和时间的安排如表 11-1。

某工程一栋房屋基础施工的有关参数　　表 11-1

施工过程	工程量	产量定额	劳动量	班组人数	施工天数	工种
挖土方	240m^3	6 m^3/工日	40 工日	8	5	普工
砌砖基	60 m^3	1 m^3/工日	60 工日	12	5	瓦工
回填土	200 m^3	4 m^3/工日	50 工日	10	5	灰土工

当采用不同的施工组织方式时,其施工进度、总工期及表示资源需求状况的劳动力动态曲线见图 11-1。

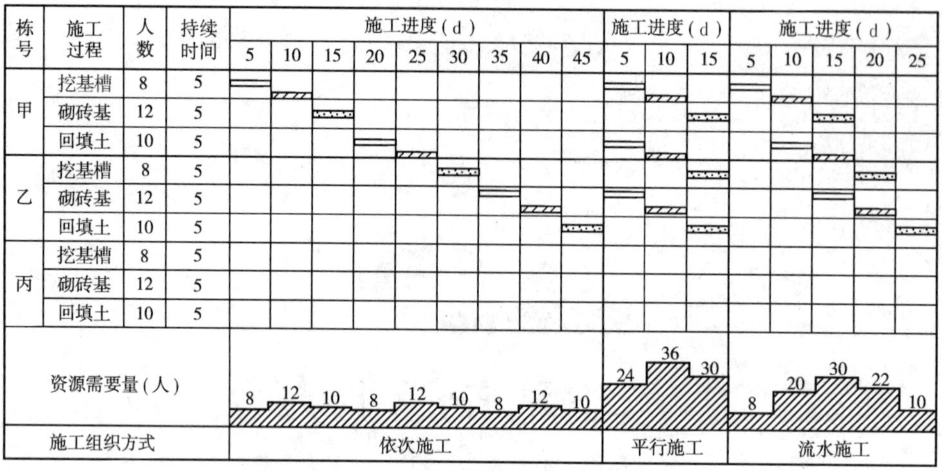

栋号	施工过程	人数	持续时间	施工进度(d)									施工进度(d)			施工进度(d)				
				5	10	15	20	25	30	35	40	45	5	10	15	5	10	15	20	25
甲	挖基槽	8	5																	
	砌砖基	12	5																	
	回填土	10	5																	
乙	挖基槽	8	5																	
	砌砖基	12	5																	
	回填土	10	5																	
丙	挖基槽	8	5																	
	砌砖基	12	5																	
	回填土	10	5																	
资源需要量(人)				8	12	10	8	12	10	8	12	10	24	36	30	8	20	30	22	10
施工组织方式				依次施工									平行施工			流水施工				

图 11-1　三种施工组织方式比较图

▭ 示普工；▨ 示瓦工；▩ 示灰土工

各种组织方式的形式、特点及适用范围如下：

1. 依次施工

依次施工也称顺序施工，是按照施工对象依次进行的组织方式。各施工队则按工艺顺序依次在施工对象上完成工作，见图 11-1 中依次施工栏。

依次施工是一种最基本、最原始的施工组织方式，具有以下特点：

(1)由于未能充分利用工作面去争取时间，导致工期过长；

(2)采用专业队施工时，各专业队不能连续作业，而造成窝工现象，使劳动力及施工机具等资源均不能充分利用；

(3)若采用一个工作队完成全部施工任务，则不能实现专业化施工，不利于提高劳动生产率和施工质量；

(4)单位时间内投入的劳动力、材料及施工机具等资源量较少，有利于资源供应的组织；

(5)施工现场的组织、管理比较简单。

由上可见，依次施工方式仅适用于施工场地小、资源供应不足、工期要求不紧的情况下，组织由所需各个专业工种构成的混合工作队施工。

2. 平行施工

平行施工是所有施工对象同时开工，齐头并进，同时完工的组织方式，见图 11-1 中平行施工栏。其特点如下：

(1)充分利用了工作面，争取了时间，从而大大缩短了工期；

(2)若组织专业队施工时，劳动力的需求量极大，且无连续作业的可能，材料、机具等资源也无法均衡利用；

(3)若采用混合队施工，则不能实现专业化施工，不利于提高施工质量和劳动生产率；

(4)单位时间内投入的资源量成倍增长，不利于资源供应的组织工作，且造成临时设施大量增加，费用高、场地紧张；

(5)施工现场的组织、管理复杂。

这种组织方式只适用于工期十分紧迫、资源供应充足、工作面及工作场地较为宽裕、不过多计较代价时的抢工工程。

3. 流水施工

流水施工是施工对象按照一定的时间间隔依次开工，各工作队按照一定的时间间隔依次在各个施工对象上完成自己的工作，不同的工作队同时在不同的施工对象上进行平行作业的组织方式，见图 11-1 流水施工栏。

从图中可以看出，在一个栋号（施工对象）中，前一个工种队组完成工作撤离工作面后，后一个工种队组立即进入，使工作面不出现或尽量少出现间歇，从而可有效地缩短工期；此外，就某一个专业队组而言，在一个栋号完成工作后立即转移到另一个栋号，保证了工作的连续性，避免了窝工现象，既有利于缩短工期又使劳动力得到了合理充分地利用。图中，从第一天初开始，每 5d 有一个栋号开工，从第 15d 末开始每 5d 有一个栋号完工，实现了均衡生产。从劳动力动态曲线可以看出，工程初期劳动力（包括其他资源）逐渐增加，后期逐渐减少，如果栋号很多，则中期 30 人的状态将保持很长时间，即资源投入保持均衡。也就是说，在正常情况下，每 5d 供应一个栋号的全部材料、机具、劳动力等。流水施工具有以下特点：

（1）充分利用工作面和人员，争取了时间，使得工期较短；

（2）各工作队实现了专业化施工，有利于提高劳动生产率和工程质量；

（3）各专业队能够连续施工，避免了窝工现象；

（4）单位时间内投入的劳动力、施工机具、材料等资源量较均衡，有利于资源供应的组织；

（5）为现场文明施工和科学管理创造了有利条件。

由以上特点不难看出，流水施工能充分利用时间和空间，实现连续、均衡地生产，因而得到了广泛的应用。

二、流水施工的技术经济效果

通过上述的比较可以看出，流水施工在工艺划分、时间安排和空间布置上都体现出了科学性、先进性和合理性，具有显著的技术经济效果，主要体现在以下几点：

（1）工作队及工人实现了专业化生产，有利于提高技术水平、有利于技术革新，从而有利于保证施工质量，减少返工浪费和维修费用。

（2）工人实现了连续性单一作业，便于改善劳动组织、操作技术和施工机具，增加熟练技巧，有利于提高劳动生产率（一般可提高 30% ~50%），加快施工进度。

（3）由于资源消耗均衡，避免了高峰现象，有利于资源的供应与充分利用，减少现场暂设工程，从而可有效地降低工程成本（一般可降低 6% ~12%）。

（4）施工具有节奏性、均衡性和连续性，减少了施工间歇，从而可缩短工期（比依次施工可缩短 30% ~50%），尽早发挥工程项目的投资效益。

（5）施工机械、设备和劳动力可以得到合理、充分地利用，减少了浪费，有利于提高经济效益。

（6）由于工期短、效率高、用人少、资源消耗均衡，可以减少现场管理费和物资消耗，实现合理储存与供应，从而有利于提高综合经济效益。

三、组织流水施工的步骤

组织流水施工一般按以下步骤进行：

（1）将整个工程按施工阶段分解成若干个施工过程，并组织相应的专业队，使每个施工过程分别由固定的专业队完成。

(2)把建筑物在平面或空间上划分成若干个流水段(或称施工段),以形成“批量”的假定产品,而每一个段就是一个假定产品。

(3)确定各专业队在各段上的工作持续时间,即“流水节拍”。

(4)组织各专业队按一定的施工工艺,配备必要的机具,依次地、连续地由一个流水段转移到另一个流水段,反复地完成同类工作。

(5)组织不同的工作队在完成各自施工过程的时间上适当地搭接起来,使得各个工作队在不同的流水段上同时进行作业。

四、流水施工的表达方式

流水施工的表达方式主要包括水平图表、垂直图表及网络图三种形式。

1. 水平图表

水平图表又称横道图,是表达流水施工最常用的方法。它的左半部分是按照施工的先后顺序排列的施工对象或施工过程;右半部分是施工进度,用水平线段表示工作的持续时间,线段上标注工作内容或施工对象。如某项目有甲、乙、丙、丁四栋房屋的抹灰工程,其流水施工的横道图表达见图11-2。

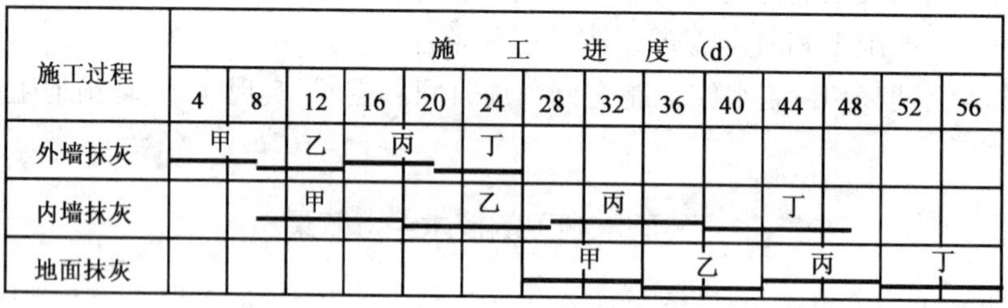

施工过程
施 工 进 度 (d)
4 8 12 16 20 24 28 32 36 40 44 48 52 56
外墙抹灰
甲 乙 丙 丁
内墙抹灰
甲 乙 丙 丁
地面抹灰
甲 乙 丙 丁

图11-2 横道图形式

2. 垂直图表

垂直图表也称垂直图,如图11-3所示,横坐标表示流水施工的持续时间,纵坐标表示施工对象或施工段的编号,每条斜线段表示一个施工过程或专业队的施工进度,其斜线的斜率不同表达了进展速度的差异。垂直图表一般只用于表达各项工作连续作业状况的施工进度计划。

栋号
施 工 进 度 (d)
4 8 12 16 20 24 28 32 36 40 44 48 52 56
丁
丙
乙
甲
外墙抹灰
内墙抹灰
地面抹灰

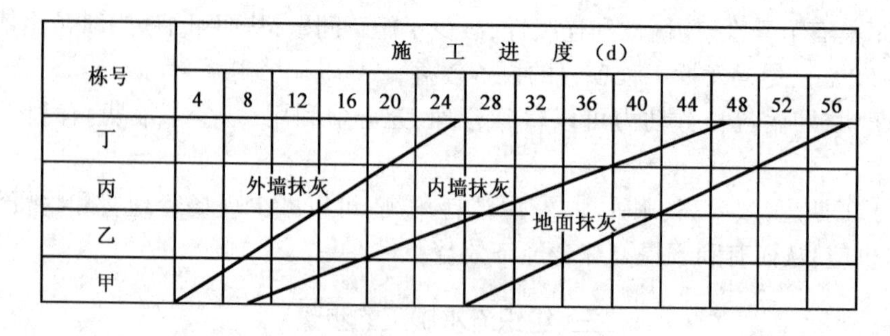

图11-3 垂直图

3. 网络图

流水施工的网络图表达形式详见第十二章。

第二节　流水施工的参数

在组织流水施工时，用以表达流水施工在施工工艺、空间布置和时间排列方面开展状态的参量，统称为流水参数，主要包括工艺参数、空间参数和时间参数三大类。流水参数是影响流水施工组织的节奏和效果的重要因素。

一、工艺参数

是用以表达流水施工在施工工艺上的开展顺序及其特性的参量，均称为工艺参数，主要包括施工过程数和流水强度。

1. 施工过程数(n)

(1)施工过程。任何一项工程的施工都包含有若干个施工过程。根据组织流水的范围，施工过程既可以是分项工程，又可以是分部工程，也可以是单位工程等。划分施工过程时，应根据工程的类型、进度计划的性质、工程对象的特征来确定。

(2)施工过程数的确定。施工过程数是流水施工的基本参数之一。施工过程数的多少，应依据工程性质与复杂程度、进度计划的类型、施工方案、施工队(组)的组织形式等确定。组入流水的施工过程数量不宜过多，应以主导施工过程为主，力求简洁。对于占用时间很少的施工过程可以忽略；对于工作量较小且由一个专业队组同时或连续施工的几个施工过程可合并为一项，以便于组织流水。

划分施工过程后要组织相应的专业施工队组。通常一个施工过程由一个专业队独立完成，此时施工过程数(n)和专业队数(n')相等；当几个专业队负责完成一个施工过程或由一个专业队完成几个施工过程时，其施工过程数与专业队数则不相等。如安装玻璃、油漆施工可合也可分，因为有的是混合班组，有的是单一工种班组。

2. 流水强度(V)

流水强度是指参与流水施工的某一施工过程在单位时间内所需完成的工程量，又称流水能力或生产能力，如绑扎钢筋施工过程的流水强度是指每个工作班需扎筋数量。计算公式如下：

$$V = \sum_{i=1}^{X} R_i \cdot S_i \qquad (11\text{-}1)$$

式中：V——某施工过程的流水强度；

R_i——投入某施工过程的第 i 种资源量(工人数或机械台数)；

S_i——某施工过程的第 i 种资源的产量定额；

X——投入某施工过程的资源种类数。

二、空间参数

在组织流水施工时，用以表达流水施工在空间布置上所处状态的参量，均称为空间参数，包括工作面、施工层和施工段等。

1. 工作面(A)

在组织流水施工时，某专业工种施工时为保证安全生产和有效操作所必须具备的活动空间，称为该工种的工作面。工作面的大小，应根据该工种工程的计划产量定额、操作规程和安全施工技术规程的要求来确定。工作面确定的合理与否,将直接影响工人的劳动生产效率和施工安全,因此,应合理确定。常见工种工程的工作面见表 11-2。

常见工种工程所需工作面参考数据

表 11-2

工作项目	每个技工的工作面	工作项目	每个技工的工作面
砌砖基础	7.6 m/人	外墙抹灰	16 m^2/人
砌砖墙	8.5 m/人	内墙抹灰	18.5 m^2/人
砌空心砌块填充墙	12 m/人	墙面刮腻子、刷乳胶漆	40m^2/人
现浇钢筋混凝土柱	2.45 m^3/人(机拌、机捣)	贴内外墙面砖	7 m^2/人
现浇钢筋混凝土梁板	3.50 m^3/人(机拌、机捣)	铺楼地面石材	16 m^2/人
铺屋面卷材	18.5 m^2/人	铝合金、塑料门窗安装	12 m^2/人

利用工作面的概念可以计算各施工段上容纳的工人数,其计算公式为:

施工段上可容纳的工人数 = 最小施工段上的工作面/每个工人所需的最小工作面

2. *施工层数*(r)

在组织流水施工时,为了满足结构构造及专业工种对施工工艺和操作高度的要求,需将施工对象在竖向上划分为若干个操作层,这些操作层就称为施工层。施工层的划分,要按施工工艺的具体要求及建筑物、楼层和脚手架的高度情况来确定。如一般房屋的结构施工、室内抹灰等,可将每一楼层作为一个施工层;对单层厂房的围护墙砌筑、外墙抹灰、外墙贴砖等,可将每步架或每个水平分格作为一个施工层;对高层建筑的室内外装饰施工,也可将几个楼层作为一个施工层。

3. *施工段数*(m)

在组织流水施工时,通常把施工对象在平面上划分成劳动量大致相等的若干个区段,这些区段就叫施工段或流水段。施工段的个数是流水施工的基本参数之一。施工段可以是固定的,也可以对不同的阶段或不同的施工过程采用不同的分段位置和段数,但由于固定的施工段便于组织流水施工而应用较广。

(1)分段的目的。划分施工段是流水施工的基础。一般情况下,一个施工段内只安排一个施工过程的专业队进行施工。只有前一个施工过程的专业队完成了在该段的工作,后一个施工过程的专业队才能进入该段作业。由此可见,分段的目的就是要保证各个专业队有自己的工作空间,避免工作中的相互干扰,使得各队能够同时、在不同的空间上进行平行作业,进而达到缩短工期的目的。流水段划分形式如图 11-4。

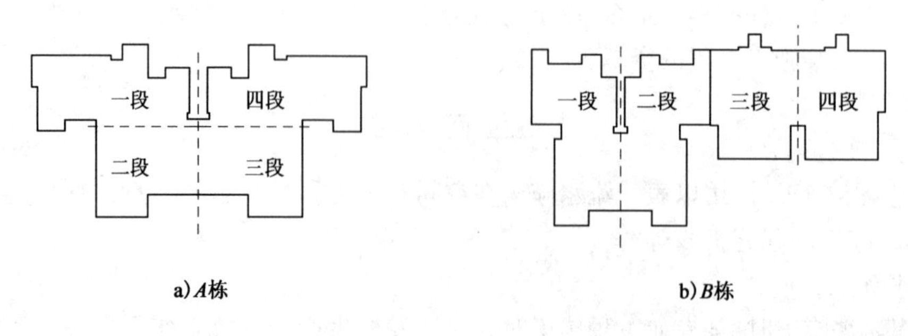

图 11-4 某住宅小区 A、B 栋住宅楼结构施工阶段流水段划分示意

对于竖向分层、平面分段的工程进行流水施工组织时,其总施工段数 = 施工层数 × 每层分段数。例如,一幢 28 层全现浇剪力墙结构住宅楼,其结构层数就是施工层数,每层分为 4 个施工段,则总施工段数为 112 段。

(2)划分施工段的原则。施工段的数目要适当,太多则使每段的工作面过小,影响工作效率或不能充分利用人员和设备而影响工期;太少则难以流水,造成窝工。因此,为了使分段科学合理,应遵循以下原则:

①同一专业队在各个施工段上的劳动量应大致相等,相差不宜超过 15%,以便于组织等节奏流水。

②分段要以主导施工过程为主,段数不宜过多,以免使工期延长。

③施工段的大小应满足主要施工过程工作队对工作面的要求,以保证施工效率和安全。

④分段位置应有利于结构的整体性和外观效果。应尽量利用沉降缝、伸缩缝、防震缝作为分段界线;或者以混凝土施工缝、后浇带,砌体结构的门窗洞口以及装饰的分格、阴角等作为分段界线,以减少留槎,便于连接和修复。

⑤当施工有层间关系,分段又分层时,若要保证各队连续施工,则每层段数(m)应大于或等于施工过程数(n)及施工队组数(n'),以保证施工队能及时向另一层转移。例如:

某两层砖混结构房屋的主要施工过程为砌墙、楼板施工,拟组织一个瓦工队和一个楼板队(包括模板、钢筋、混凝土工)进行流水施工,即 $n = n' = 2$。在工作面及材料供应充足、人和机械数量不变的情况下,其三种不同分段流水的组织方案,见图 11-5。

方案	施工过程	施工进度(d)																特点分析
		2	4	6	8	10	12	14	16	18	20	22	24	26	28	30	32	
方案1 $m=1$ ($m<n'$)	砌墙			一层			瓦工间歇				二层							工期长;工作队间歇。一般不允许
	楼板							一层			楼板队间歇				二层			
方案2 $m=2$ ($m=n'$)	砌墙	一.1		一.2		二.1		二.2										工期较短;工作队连续;工作面不间歇。较为理想
	楼板			一.1		一.2		二.1		二.2								
方案3 $m=4$ ($m>n'$)	砌墙	一.1	一.2	一.3	一.4	二.1	二.2	二.3	二.4									工期短;工作队连续;工作面间歇(层间)。允许,且有时必要
	楼板		一.1	一.2	一.3	一.4	二.1	二.2	二.3	二.4								

图 11-5 不同分段方案的流水施工状况与特点

方案 1 由于不分段(即每个楼层为一段),在瓦工队完成一层砌墙后,楼板队进入该层施工楼板,瓦工队没有工作面只能停歇等待;当二层砌墙时,由于楼板队没有工作面而被迫停歇。两个队交替间歇,不但工期延长,而且出现大量的窝工现象。这在工程上一般是不允许的。

方案 2 是将每层分为两个流水段,使得流水段数与施工过程数(或工作队数)相等。在一层 2 段砌墙完成后,楼板队也已经完成一层 1 段的楼板安装,瓦工队可随即到二层 1 段砌墙。在工艺允许的情况下,既保证了每个专业队连续工作,又使得工作面不出现间歇,也大大缩短了工期。可见这是一个较为理想的方案。

方案 3 是将每个楼层分为四个施工段,既满足了工艺、技术的要求,又保证了每个专业连续作业。但在第一层每段楼板安装后,都因为人员问题未能及时进行上一层相应施工段的墙体砌筑,即每段都出现了施工层之间的工作面间歇。这种工作面的间歇一般不会造成费用增加,而且在某些施工过程中可起到满足技术要求、保证施工质量、利于成品保护的作用,因此,这种间歇不但是允许的，而且有时是必要的。如温度较低时，楼板混凝土就必须有更多的强度增长时间。

显然，方案3更有利于工程质量和施工的顺利进行，但应注意，m 值也不能过大，否则会造成工作面不足或材料、人员、机具过于集中，影响效率和效益，且易发生事故。

三、时间参数

在组织流水施工时，用以表达流水施工在时间排列上所处状态的参数，称为时间参数，包括流水节拍、流水步距、流水工期、搭接时间、技术间歇时间和组织管理间歇时间等。

1. 流水节拍(t)

在组织流水施工时，一个专业队在一个施工段上施工作业的持续时间，称为流水节拍。它是流水施工的基本参数之一。

流水节拍的大小，关系着施工人数、机械、材料等资源的投入强度，也决定了工程流水施工的速度、节奏感的强弱和工期的长短。节拍大时工期长，速度慢，资源供应强度小；节拍小则反之。同时，流水节拍值的特征将决定流水组织方式。当节拍值相等或有倍数关系时，可以组织有节奏的流水；当节拍值不等也无倍数关系时，只能组织非节奏流水。

影响流水节拍数值大小的因素主要有：项目施工时所采取的施工方案、各施工段投入的劳动力人数或施工机械台数、工作班次，以及该施工段工程量的多少。其数值的确定，可按以下几种方法进行：

(1)定额计算法。根据各施工段的工程量、能够投入的资源（人、机械和材料）量进行计算，计算公式如下：

$$t_i = \frac{P_i}{R_i \cdot N_i} \tag{11-2}$$

式中：t_i——某专业队在第 i 施工段的流水节拍；

R_i——某专业队投入的工作人数或机械台数；

N_i——某专业队的工作班次；

P_i——某专业队在第 i 施工段的劳动量（单位：工日）或机械台班量（单位：台班），

$$P_i = \frac{Q_i}{S_i} \text{或} P_i = Q_i \cdot H_i$$

Q_i——某专业队在第 i 施工段要完成的工程量；

S_i——某专业队的计划产量定额；

H_i——某专业队的计划时间定额。

(2)工期计算法。对已经确定了工期的工程项目，往往采用倒排进度法。其流水节拍的确定步骤如下：

①根据工期要求，按经验或有关资料确定各施工过程的工作持续时间。

②据每一施工过程的工作持续时间及施工段数确定出流水节拍。当该施工过程在各段上的工程量大致相等时，其流水节拍可按下式计算：

$$t_i = \frac{T_i}{rm_i} \tag{11-3}$$

式中：t_i——流水节拍；

T_i——某施工过程的工作持续时间；

m_i——某施工过程划分的施工段数；

r——施工层数。

(3)经验估算法。它是根据以往的施工经验，结合现有的施工条件进行估算。为了提高其准确程度，往往先估算出该施工过程流水节拍的最长、最短和最可能三种时间，然后采用加权平均的方法，求出较为可行的流水节拍值。这种方法也称为三时估算法，计算公式如下：

$$t_i = \frac{a_i + 4c_i + b_i}{6} \tag{11-4}$$

式中：t_i——某施工过程在某施工段上的流水节拍；

a_i、b_i、c_i——某施工过程在某施工段上的最短、最长、最可能估计时间。

无论采用上述哪种方法，在确定流水节拍时均应注意以下问题：

(1)确定专业队人数时，应尽可能不改变原有的劳动组织状况，以便领导；且应符合劳动组合要求，即满足进行正常施工所必须的最低限度的班组人数及其合理组合(如班组中技工和普工的合理比例及最少人数)，使其具备集体协作的能力。此外还应考虑工作面的限制。

(2)确定机械数量时，应考虑机械设备的供应情况和工作效率及其对场地的要求。

(3)受技术操作或安全质量等方面限制的施工过程(如砌墙受每日施工高度的限制)，在确定其流水节拍时，应当满足其作业时间长度、间歇性或连续性等限制的要求。

(4)应考虑材料和构配件供应能力和储存条件对施工进度的影响和限制。

(5)根据工期的要求，选取恰当的工作班制。当工期较为宽松，工艺上又无连续施工要求时，可采取一班制；否则，应适当增加班次。

(6)为了便于组织施工、避免转移时浪费工时，流水节拍值尽量取整。

2. 流水步距(K)

在组织流水施工时，相邻两个专业队在符合施工顺序、满足连续施工、不发生工作面冲突的条件下，相继投入工作的最小时间间隔，称为流水步距。

在图11-5中，对方案2与方案3进行比较可以看出，流水步距的大小直接影响着工期，步距越大则工期越长，反之则工期越短。步距的长短也与流水节拍有着一定关系。

流水步距的长度，要根据需要及流水方式经计算确定，一般应满足以下基本要求：

(1)始终保持前、后两个施工过程的合理工艺顺序。

(2)尽可能保持各施工过程的连续作业。

(3)使相邻两施工过程在满足连续施工的前提下，在时间上能最大限度地搭接。

3. 流水工期(T)

流水工期是指从第一个专业队投入流水施工开始，到最后一个专业队完成流水施工为止的整个持续时间。由于一项工程往往由许多流水组构成，因此流水工期并非工程的总工期。

4. 搭接时间(C)

在组织流水施工时，有时为了缩短工期，在前一个施工过程的专业队还未撤出某一施工段时，就允许后一个施工过程的专业队提前进入该段施工，两者在同一施工段上同时施工的时间称为搭接时间。如主体结构施工阶段，梁板支模完成一部分后可以提前插入钢筋绑扎工作。

5. 间歇时间

组织流水施工时，除要考虑相邻专业队之间的流水步距外，有时还需根据技术要求或组织安排，相邻两个施工过程在时间上不能衔接施工而留出必要的等待时间，这个"等待时间"即称为间歇。按间歇的性质不同可分为工艺间歇和组织间歇，按位置不同又可分为施工过程间歇和层间间歇。

1)工艺间歇时间(S)

由于材料性质或施工工艺的要求所需等待的时间称为工艺间歇,如楼板混凝土浇筑后,需养护一定时间才能进行后道工序作业;墙面抹灰后,需经一定干燥和消解时间才能进行涂饰或裱糊;屋面水泥砂浆找平层施工后,需经养护、干燥后方可进行防水层的施工等。

2)组织间歇时间(G)

由于施工组织、管理方面的原因,要求的等待时间称为组织间歇,如施工人员及机械的转移、砌筑墙身前的弹线、钢筋隐检验收以及幕墙龙骨安装前进行锚栓拉拔试验等。

3)施工过程间歇时间(Z_1)

在同一个施工层内,相邻两个施工过程之间的工艺间歇或组织间歇统称为施工过程间歇时间。

4)层间间歇时间(Z_2)

在相邻两个施工层之间,前一施工层的最后一个施工过程与后一个施工层相应施工段上的第一个施工过程之间的工艺间歇或组织间歇统称为层间间歇。如现浇钢筋混凝土框架结构施工中,当第一层第一段的楼面混凝土浇筑完毕后,需养护一定时间后才能进行第二层第一段的柱钢筋绑扎施工。

需要注意的是,在组织流水施工时必须分清该工艺间歇或组织间歇是属于施工过程间歇还是属于层间间歇。在划分流水段时,施工过程间歇和层间间歇均需考虑;而在计算工期时,则只考虑施工过程间歇。

第三节　流水施工的组织方法

根据组织流水施工的工程对象,流水施工可分为分项工程流水、分部工程流水、单位工程流水和群体工程流水。按组织流水的空间特点,可分为流水段法和流水线法。流水段法常用于建筑、桥梁等体型宽大、构造较复杂的工程,而流水线法常用于管线、道路、隧道等体型狭长的工程。按流水节拍的特征,流水施工又可分为有节奏流水和无节奏流水,其中有节奏流水又分为等节奏流水和异节奏流水。

流水施工的基本方式包括全等节拍流水、成倍节拍流水、分别流水法等三种,其中前两种属有节奏流水,而分别流水法属无节奏流水,见图 11-6。下面分别阐述其组织方法。

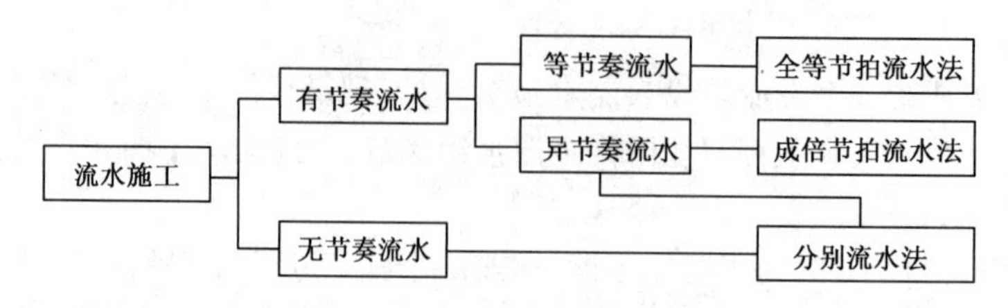

图 11-6　流水施工按节拍特征的分类

一、全等节拍流水

全等节拍流水也称固定节拍流水。它是在各个施工过程的流水节拍全部相等(为一固定值)的条件下,组织流水施工的一种方式。这种组织方式使施工活动具有较强的节奏感。

(一)形式与特点

1. 全等节拍流水的形式

如某现浇混凝土框架结构工程,其柱施工包含有绑钢筋、支模板、浇混凝土三个施工过程,分为①~④四个段施工,节拍均为1d。要求模板支设完毕后,各段均需1d验收(属施工过程间的组织间歇)后方允许浇筑混凝土。其施工进度表的形式见图11-7。

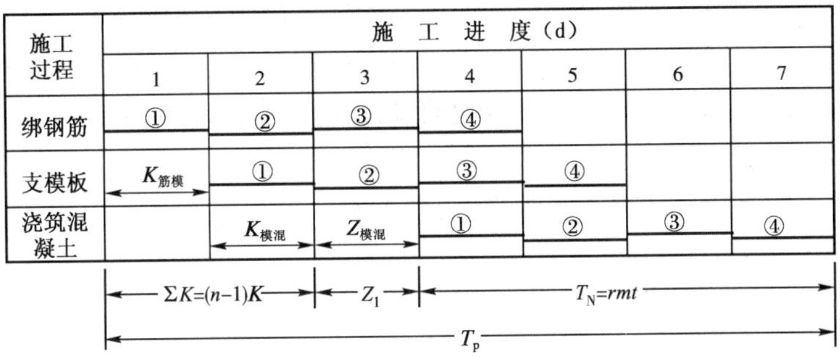

施工过程	施工进度(d)						
	1	2	3	4	5	6	7
绑钢筋	①	②	③	④			
支模板	$K_{筋模}$	①	②	③	④		
浇筑混凝土		$K_{模混}$	$Z_{模混}$	①	②	③	④

$\Sigma K=(n-1)K$　Z_1　$T_N=rmt$

T_p

图11-7　全等节拍流水形式

2. 全等节拍流水的特点

由图11-7可看出,全等节拍流水具有以下特点:

(1) 流水节拍全部彼此相等,为一常数。

(2) 流水步距彼此相等,而且等于流水节拍,即:

$$K_{1,2}=K_{2,3}=\cdots\cdots=K_{n-1,n}=K=t(常数)$$

(3)专业队总数(n')等于施工过程数(n)。

(4) 每个专业队都能够连续施工。

(5) 若没有间歇要求,可保证各工作面均不停歇。

(二)组织步骤与方法

1. 划分施工过程,组织施工队组

划分施工过程时,应以主导施工过程为主,力求简洁,且对每个施工过程均应组织相应的专业施工队。

2. 确定施工段数 m

分段应根据工程具体情况遵循分段原则进行。对于只有一个施工层或上下层的施工过程之间不存在相互干扰或依赖,即没有层间关系时,只要保证总的层段数等于或多于同时施工的工作队数即可。相反,当有层间关系时,则每层的施工段数应分下面两种情况确定:

(1)当无工艺与组织间歇要求时,可取 $m=n$,即可保证各队均能连续施工。

(2)当有工艺与组织间歇要求时,既要保证各专业队都有工作面而能连续施工,又要留出间歇的工作面,故应取 $m>n$。此时每层有 $m-n$ 个施工段空闲,由于流水节拍为t,则每层的空闲时间为$(m-n)t=(m-n)K$。令一个楼层(或施工层)内各施工过程的工艺、组织间歇时间之和为$\sum Z_1$,楼层(或施工层)之间的工艺、组织间歇时间为 Z_2,且施工段上除$\sum Z_1$ 和 Z_2 外无空闲,则:$(m-n)K=\sum Z_1+Z_2$。

(3)当专业队之间允许搭接时,可以减少工作面数量。如每层内各施工过程之间的搭接时间总和为$\sum C$,则:$(m-n)K=-\sum C$。

所以,每层的施工段数 m 的最小值可按下式确定:

$$m = n + \frac{\sum Z_1}{K} + \frac{Z_2}{K} - \frac{\sum C}{K} \tag{11-5}$$

为了保证间歇时间满足要求,当计算结果有小数时,应只入不舍取整数;当每层的 $\sum Z_1$、Z_2 或 $\sum C$ 不完全相等时,应取各层中最大的 $\sum Z_1$、Z_2 和最小的 $\sum C$ 进行计算。

3. 确定流水节拍 t

流水节拍可按前述方法与要求确定。但为了保证各施工过程的流水节拍全部相等,必须先确定出一个最主要施工过程(工程量大、劳动量大或资源供应紧张)的流水节拍 t_i,然后令其他施工过程的流水节拍与其相等并配备合理的资源,以符合固定节拍流水的条件。

4. 确定流水步距 K

全等节拍流水常采用等节奏等步距施工,常取 $K = t$ 。

5. 计算流水工期 T_p

由图 11-6 可以看出,全等节拍流水施工的工期为:

$T_p = \sum K + T_N = (n-1)K + rmt + \sum Z_1 - \sum C$,而 $K = t$,所以:

$$T_p = (rm + n - 1)K + \sum Z_1 - \sum C \tag{11-6}$$

式中:$\sum K$——流水步距的总和;

T_N——最后一个施工队的工作持续时间;

$\sum Z_1$——各相邻施工过程间的间歇时间之和;

$\sum C$——各相邻施工过程间的搭接时间之和;

r——施工层数。

6. 绘制流水施工进度表(略)。

(三)应用举例

【例 11-1】 某装饰装修工程为两层,采取由上至下的流向施工,整个工程的数据见表 11-3。若限定流水节拍不得少于 3d,油工最多只有 15 人,抹灰后需间歇 4d 方准许安门窗。试组织全等节拍流水。

某装饰装修工程的主要施工过程与数据 表 11-3

施工过程	工程量	产量定额	劳动量
砌筑隔墙	$300m^3$	$1m^3$/工日	300 工日
室内抹灰	9000 m^2	15 m^2/工日	600 工日
安塑钢门窗	2400 m^2	6 m^2/工日	400 工日
顶、墙涂料	10000 m^2	$20m^2$/工日	500 工日

【解】 (1)确定每层段数 m:该工程虽非单层,但施工过程并无层间依赖或干扰关系,每层施工段数可大于、小于或等于施工过程数。故考虑工期要求、工作面情况及资源供应状况等因素,每层分为 5 个流水段,即 $m = 5$。

顶、墙涂料每段劳动量为 $P_{涂} = 500/(2 \times 5) = 50$(工日)

其余各施工过程每段劳动量见表 11-4。

(2)确定流水节拍 t：由于油工数量有限，最多只有 15 人，故“顶、墙涂饰”为主要施工过程。其流水节拍为：$t_{涂}=50/15=3.33$，取 $t_{涂}=4\text{d}>3\text{d}$，满足要求。

实际需要油工人数：$R_{涂}=50/4=12.5$，取 13 人，其他工种配备人数见表 11-4。

各施工过程流水节拍及工种人数配备计算表 表 11-4

施工过程	总劳动量	每段劳动量	节拍	人数
砌筑隔墙	300 工日	30 工日	4	8
室内抹灰	600 工日	60 工日	4	15
安塑钢门窗	400 工日	40 工日	4	10
顶、墙涂饰	500 工日	50 工日	4	13

(3)确定流水步距 K：取 $K=t=4\text{d}$

(4)计算流水工期 T_p：$T_p=(rm+n-1)K+\sum Z_1-\sum C$

$$=(2\times5+4-1)\times4+4-0=56(\text{d})$$

(5)画施工进度表：施工进度表见图 11-8。

施工过程	施工进度(d)													
	4	8	12	16	20	24	28	32	36	40	44	48	52	56
砌筑隔墙	2.①	2.②	2.③	2.④	2.⑤	1.①	1.②	1.③	1.④	1.⑤				
室内抹灰	K=4	2.①	2.②	2.③	2.④	2.⑤	1.①	1.②	1.③	1.④	1.⑤			
安塑钢门窗		K=4	Z_1=4	2.①	2.②	2.③	2.④	2.⑤	1.①	1.②	1.③	1.④	1.⑤	
顶、墙涂料				K=4	2.①	2.②	2.③	2.④	2.⑤	1.①	1.②	1.③	1.④	1.⑤

图 11-8 全等节拍流水施工进度表

【例 11-2】 某工程由 A、B、C 三个分项工程组成，该工程均划分为四个施工段，每个分项工程在各个施工段上的流水节拍均为 4d，要求 A 完成后，它的相应施工段至少要有组织间歇时间 1d，为缩短计划工期，允许 B 与 C 平行搭接时间为 1d。试组织其流水施工。

【解】 (1)确定流水步距 K：为全等节拍流水，取 $K=t=4\text{d}$；

(2)流水段数 m：已知 $m=4$ 段；

(3)计算流水工期 T_p：

$$T_p=(rm+n-1)K+\sum Z_1-\sum C$$
$$=(1\times4+3-1)\times4+1-1=24(\text{d})$$

(3)绘制流水施工横道图：流水施工横道图见图 11-9。

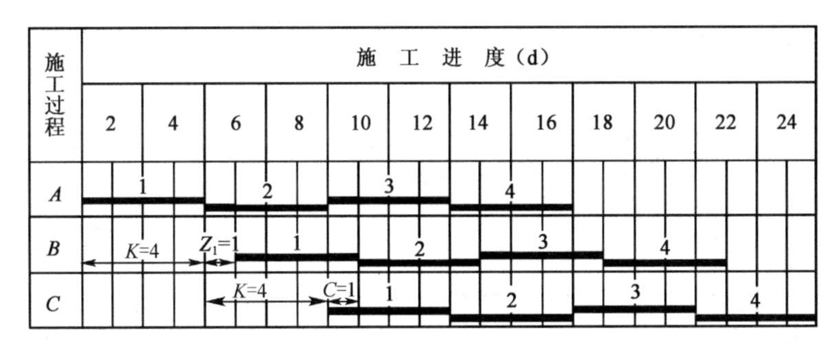

图 11-9 流水施工横道图

二、成倍节拍流水

在进行全等节拍流水设计时,可能遇到下列问题:非主要施工过程所需要的人数或机械设备台数超出工作面允许容纳量;人数不符合最小劳动组合要求;施工过程的工艺对流水节拍有限制等。这时,只能按其要求和限制来调整这些施工过程的流水节拍。这就可能出现同一个施工过程的节拍全都相等,而不同施工过程的节拍虽然不等,但同为某一常数的倍数,从而构成了组织成倍节拍流水的条件。

(一)形式与特点

1. 成倍节拍流水的形式

【例 11-3】 某二层房屋的室内装修工程,划分为墙面抹灰 、楼地面铺设地砖两个主要施工过程,每层分作两个流水段,拟组织抹灰工队和石工队自上而下进行流水施工。考虑技术要求,抹灰的流水节拍定为 4d,楼地面铺设地砖的流水节拍为 2d。在工作面足够,总的人员数不变的条件下,分段流水的组织方案及效果见图 11-10 和表 11-5。

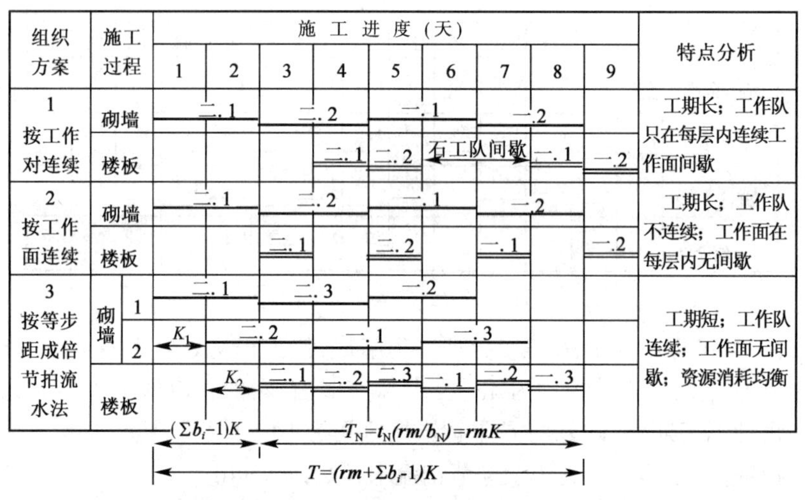

图 11-10 成倍节拍流水施工的形式与特点

三种组织方案的劳动力数量表 表 11-5

方案	施 工 过 程	劳动量(工日)	施 工 队	作业时间(d)	人 数	人数合计
1	抹灰	480	抹灰	16	30	60
	铺砖	240	石工	8	30	
2	抹灰	480	抹灰	16	30	60
	铺砖	240	石工	8	30	
3	抹灰	480	抹灰 1 队	12	20	60
			抹灰 2 队	12	20	
	铺砖	240	石工	12	20	

由图 11-10 和表 11-5 可以看出,当施工过程间的节拍不等,但同为某一常数的倍数时,如果按照工作队或工作面连续去组织流水施工,不但工期较长,而且出现不必要的工作面或工作

队间歇,均不够理想。如果采用等步距成倍节拍流水的组织方案,通过调整施工组织结构(将抹灰工由一个施工队增加为两个),在工作面足够、作业总人数不变或基本不变的情况下,可取得工期最短、步距相等、工作队和工作面都能连续的类似于全等节拍流水的较好效果。这里,我们主要讨论这种等步距的成倍节拍流水(也称加快成倍节拍流水)。

2. 成倍节拍流水的特点

(1)同一个施工过程的流水节拍均相等,而各施工过程之间的节拍不等,但同为某一常数的倍数。

(2)流水步距彼此相等,且等于各施工过程流水节拍的最大公约数。

(3)专业队总数(n')大于施工过程数(n)。

(4)每个专业队都能够连续施工。

(5)若没有间歇要求,可保证各工作面均不停歇。

(二)组织步骤与方法

(1)使流水节拍满足上述条件。

(2)计算流水步距 K:取 K 等于各施工过程流水节拍的最大公约数。

(3)计算各施工过程需配备的队组数 b_i:用流水步距 K 去除各施工过程的节拍 t_i,即

$$b_i = t_i/K \tag{11-7}$$

式中:b_i——施工过程 i 所需的工作队组数;

t_i——施工过程 i 的流水节拍。

(4)确定每层施工段数 m:

①没有层间关系时,应根据工程具体情况遵循分段原则进行分段,并使总的层段数等于或多于同时施工的专业队组数。

②有层间关系时,每层的最少施工段数应据下面两种情况分别确定:

a. 无工艺与组织间歇要求或搭接要求时,可取 $m = n'(n' = \sum b_i)$,以保证各队组均有自己的工作面;

b. 有工艺与组织间歇要求或搭接要求时,

$$m = n' + \frac{\sum Z_1}{K} + \frac{Z_2}{K} - \frac{\sum C}{K} \tag{11-8}$$

式中:n'——施工队组数总和($n' = \sum b_i$);

Z_1——相邻两施工过程间的间歇时间(包括技术性的、组织性的);

Z_2——层间的间歇时间(包括技术性的、组织性的);

C——相邻两施工过程间的搭接时间。

当计算出的流水段数有小数时,应只入不舍取整数,以保证足够的间歇时间;当各施工层间的 $\sum Z_1$ 或 Z_2 不完全相等时,应取各层中的最大值进行计算。

(5)计算计划工期 T_p:由图 11-10 可得出:

$$T_p = \sum K + T_N = (rm + n' - 1)K + \sum Z_1 - \sum C \tag{11-9}$$

式中符号同前。

(6)绘制流水施工进度表,见图 11-10 方案 3。

(三)应用举例

【例 11-4】 某构件预制工程有扎筋、支模、浇筑混凝土三个施工过程,分两层叠浇。各施工过程的流水节拍确定为 $t_{筋} = 4d$,$t_{模} = 4d$,$t_{混} = 2d$。要求底层构件混凝土浇筑后,需养护 2d,

才能进行第二层的施工。在保证各专业队连续施工的条件下，求每层施工段数，并编制流水施工方案。

【解】 由题知施工层数 $r=2$，无施工过程间歇（$\sum Z_1=0$），层间工艺间歇 $Z_2=2\text{d}$，层内各施工过程之间无搭接时间（$\sum C=0$）。

（1）确定流水步距 K：取各施工过程流水节拍的最大公约数，即 $K=2\text{d}$。

（2）确定各施工队组数 b_i：

扎筋　$b_{钢}==t_{钢}/K=4/2=2$（个）

支模　$b_{模}=t_{模}/K=4/2=2$（个）

浇混凝土　$b_{混}=t_{混}/K=2/2=1$（个）

（3）确定每层流水段数 m：

$$
\begin{aligned}
m &= n'+(\sum Z_1/K)+(Z_2/K)-(\sum C/K)\\
&=(2+2+1)+0+2/2-0=6（段）
\end{aligned}
$$

（4）计算流水工期 T_p：

$$
\begin{aligned}
T_p &= (rm+n'-1)K+\sum Z_1-\sum C\\
&=(2\times6+5-1)\times2+0-0=32(\text{d})
\end{aligned}
$$

（5）绘制流水施工水平指示图表，见图 11-11。

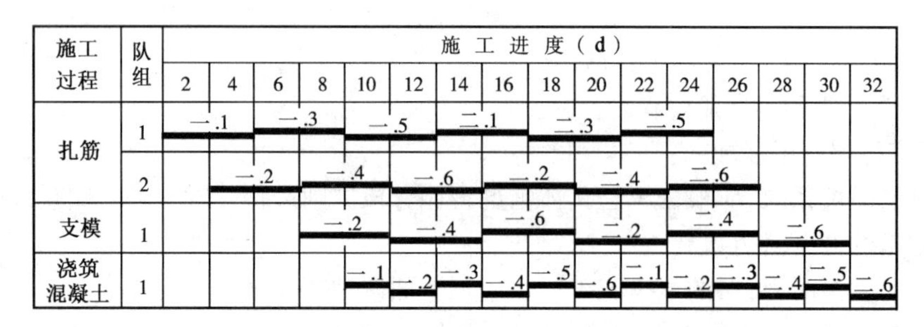

图 11-11　成倍节拍流水施工进度表

（四）需注意的问题

理论上只要各施工过程的流水节拍能有最大公约数，均可采用这种成倍节拍流水组织方式。但如果其倍数差异较大，往往难以配备足够的施工队组，或者难以满足各个队组的工作面及资源要求，则这种组织方法就不可能实际应用。

三、分 别 流 水

在工程项目实际施工中，通常每个施工过程在各个施工段上的工程量彼此不等，或各个专业队的生产效率相差悬殊，导致大多数的流水节拍也彼此不等，因而不可能组织成全等节拍流水或等步距成倍节拍流水。在这种情况下，往往利用流水施工的基本概念，在满足施工工艺要求、符合施工顺序的前提下，使相邻的两个专业队既不互相干扰，又能在开工的时间上最大限度地搭接起来，形成每个专业队组都能连续作业的无节奏流水施工。这种流水施工组织方式，称为分别流水。

（一）形式与特点

某工程分为①～④四个施工段，划分为甲、乙、丙三个主要施工过程，组织相应的三个专业队组进行施工，施工顺序为甲→乙→丙。他们在各段上的流水节拍分别为：甲——6、4、4、8

周；乙——2、6、4、4 周；丙——6、4、6、4 周。其流水施工方案见图 11-12。

由图 11-12 可以看出，分别流水施工具有以下特点：

(1) 各施工过程在各施工段上的流水节拍不全相等；

(2) 流水步距不尽相等；

(3) 专业队数等于施工过程数；

(4) 在一个施工层内每个专业队都能够连续施工；

(5) 施工段可能有空闲时间。

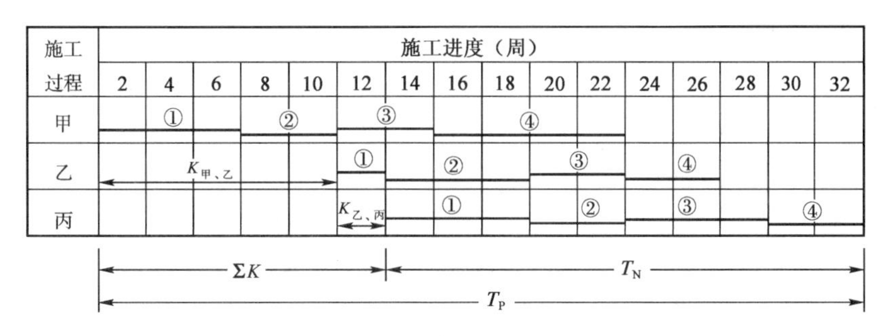

图 11-12 分别流水施工的形式

(二) 组织步骤

(1) 分解施工过程，组织相应的专业施工队。

(2) 划分施工段，确定施工段数。

(3) 计算每个施工过程在各个施工段上的流水节拍。

(4) 计算各相邻施工队间的流水步距：

常采用"节拍累加数列错位相减取其最大差"作为流水步距，其计算步骤如下：

①根据专业队在各施工段上的流水节拍，求累加数列；

②按照施工顺序，分别将相邻两个施工过程的节拍累加数列错位相减，即将后一施工过程的节拍累加数列向右移动一位，再上下相减；

③相减的结果中数值最大者，即为该两施工过程专业队之间的流水步距。

(5) 计算流水工期：

$$T_p = \sum K + T_N + \sum Z_1 - \sum C \tag{11-10}$$

式中：$\sum K$——各相邻两个专业队之间的流水步距之和；

T_N——最后一个专业队总的工作延续时间；

$\sum Z_1$——各施工过程之间的间歇(包括工艺间歇与组织间歇)时间之和；

$\sum C$——各相邻施工过程之间的搭接时间之和。

(6) 绘制流水施工进度表。

(三) 应用举例

【例 11-5】 某基础工程分为 4 个施工段，有基槽开挖、基础施工、肥槽回填三个施工过程。各施工过程在各段上的流水节拍分别为：开挖——3、4、2、3d；基础——2、3、3、2d；回填——2、2、3、2d。要求开挖施工后须经 3d 验槽及地基处理才能进行基础施工，允许回填与基础施工最多搭接 1d。试组织流水施工，要求工期最短且各队能连续作业。

【解】 根据已有条件,该工程只能采用分别流水法组织无节奏流水。

(1)确定流水步距:

基槽开挖的节拍累加数列	3	7	9	12	
基础施工的节拍累加数列		2	5	8	10
差值	3	5	4	4	-10

取最大差值,即 $K_{挖,基}=5\mathrm{d}$

基础施工的节拍累加数列	2	5	8	10	
肥槽回填的节拍累加数列		2	4	7	9
差值	2	3	4	3	-9

取最大差值,即 $K_{基,填}=4\mathrm{d}$

(2)计算流水工期:

$$T_p=\sum K+T_N+\sum Z_1-\sum C=(5+4)+9+3-1=20(\mathrm{d})$$

(3)绘制流水施工进度表,见图 11-13。

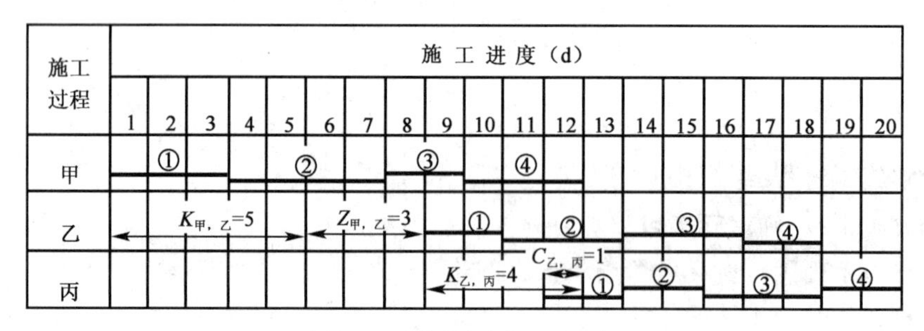

图 11-13 分别流水施工进度表

(四)需要注意的问题

(1)分别流水法是流水施工中最基本的组织方法。它不仅在流水节拍不规则的条件下使用,对于在成倍节拍流水那种流水节拍有规律的条件下,当施工段数、施工队组数以及工作面或资源状况不能满足相应要求时,也可以按分别流水法组织施工。

(2)若上述例题是指在一个施工层内的 4 个流水段,则在其他施工层应继续保持各施工过程间的流水步距,这样才可避免相邻施工过程在工作面上发生冲突的现象。具体组织方法见下面内容。

(五)多施工层无节奏流水的组织方法

在组织多施工层流水时,为了保证每个施工队既要在每个施工层内连续作业,又要不出现工作面冲突和施工队的时间冲突,且实现有规律地作业,则需将其他施工层的施工进度线在保持流水步距不变的情况下整体移动调整。

在第一个施工层按照前述方法组织流水的前提下,以后各层何时开始,主要受空间和时间两方面限制。所谓空间限制,是指前一个施工层任何一个施工段工作未完,则后一施工层的相应施工段就没有施工的空间;所谓时间限制,是指任何一个施工队未完成前一施工层的工作,则后一施工层就没有时间开始进行。这都将导致全部工作后移。

每项工程具体受到哪种限制，取决于其流水段数及流水节拍的特征。可用施工过程持续时间的最大值(T_{max})与流水步距的总和($K_{总}$)之关系进行判别，即：

(1)当 $T_{max}<K_{总}$ 时，除一层以外的各施工层施工只受空间限制，可按层间工作面连续来安排第一个施工过程施工，其他施工过程均按已定步距依次施工。各施工队都不能连续作业。

(2)当 $T_{max}=K_{总}$ 时，流水安排同上，但具有 T_{max} 值施工过程的施工队可以连续作业。

上述两种情况的流水工期为：

$$T_p=r\sum K+(r-1)K_{层间}+T_{\mathrm{N}} \tag{11-11}$$

当有间歇和搭接要求时：

$$T_p=r\sum K+(r-1)K_{层间}+T_{\mathrm{N}}+(r-1)Z_1+\sum Z_2-\sum C \tag{11-12}$$

(3)当 $T_{max}>K_{总}$ 时，具有 T_{max} 值施工过程的施工队可以全部连续作业，其他施工过程可依次按与该施工过程的步距关系安排作业。若 T_{max} 值同属几个施工过程，则其相应施工队均可以连续作业。该情况下的流水工期为：

$$\begin{aligned}T_p&=r\sum K+(r-1)K_{层间}+T_N+(r-1)(T_{max}-K_{总})\\&=r\sum K+(r-1)(T_{max}-\sum K)+T_N\end{aligned} \tag{11-13}$$

当有间歇和搭接要求时：

$$T_p=r\sum K+(r-1)(T_{max}-\sum K)+T_N+(r-1)Z_1+\sum Z_2-\sum C \tag{11-14}$$

式中：$K_{总}$——施工过程之间及相邻的施工层之间的流水步距总和(即 $K_{总}=\sum K+K_{层间}$)；

T_{max}——一个施工层内各施工过程中持续时间的最大值，即 $T_{max}=\max\{T_1,T_2,\cdots T_N\}$；

r——施工层数；

$\sum K$——施工过程之间的流水步距之和；

$K_{层间}$——施工层之间的流水步距；

T_N——最后一个施工过程在一个施工层的施工持续时间；

Z_1——施工层之间的间歇时间；

$\sum Z_2$——在一个施工层中施工过程之间的间歇时间之和；

$\sum C$——在一个施工层中施工过程之间的搭接时间之和。

【例 11-6】 某工程为三个施工层，每层分为四段，有 A、B、C 三个施工过程，施工顺序为 $A\to B\to C$。各施工过程在各段上的流水节拍分别为：A——1、3、2、2；B——1、1、1、1；C——2、1、2、3。试编制流水施工计划。

【解】 (1)确定流水步距：仍按"节拍累加数列错位相减取其最大差"方法计算，见表 11-6。

例 11-6 的流水步距计算 表 11-6

A 的节拍累加数列	1	4	6	8				差值之大值	流水步距 K
B 的节拍累加数列		1	2	3	4				
C 的节拍累加数列			2	3	5	8			
A 的节拍累加数列				1	4	6	8		
A、B 数列差值	1	3	4	5	-4			5	$K_{AB}=5$
B、C 数列差值		1	0	0	-1	-8		1	$K_{BC}=1$
C、A 数列差值			2	2	1	2	-8	2	$K_{层间}=2$

(2)流水方式判别：$T_{max}=8$(见表 11-6 中的节拍累加值)，属于施工过程 A 和 C。$K_{总}=5+1+2=8$，$T_{max}=K_{总}$，则 A 和 C 的施工队均可全部连续作业。

(3)计算流水工期:$T_p = r\sum K + (r-1)K_{层间} + T_N = 3 \times (5+1) + (3-1) \times 2 + 8 = 30\text{d}$

(4)绘制施工进度表:二、三层需先绘出 A、C 的进度线,再依据步距关系绘出 B 的进度线,见图 11-14。

施工过程	施工进度																													
	1	2	3	4	5	6	7	8	9	10	11	12	13	14	15	16	17	18	19	20	21	22	23	24	25	26	27	28	29	30
A	①		②		③		④		①		②		③		④		①		②		③		④							
B		$K_{A,B}=5$				①	②	③	④					①	②	③	④					①	②	③	④					
C					$K_{B,C}=1$			①	②		③		④			①	②		③		④			①	②		③		④	

图 11-14　例 11-6 的流水施工进度表(双线为第二层的进度线,其后的单粗线为第三层的进度线)

无节奏流水施工形式对于单个施工层的工程而言没有节奏感,但对于有多个施工层的工程来说,它不但能够使每一个施工队在每一个施工层中都连续作业,而且能够在各个施工层之间有规律地施工和停歇,可以说存在着一定的规律和节奏。因此,组织好多施工层无节奏流水施工具有重要的理论和实践意义。

四、流 水 线 法

对道路、管线、沟渠等延伸较长的线性工程所组织的流水施工称流水线法。其组织步骤如下:

(1)将工程对象划分成若干个施工过程,并组织相应的专业队;

(2)通过分析,找出主导施工过程;

(3)根据主导施工过程专业队的生产能力确定其移动速度;

(4)依据这一速度,确定其他施工过程工作队的移动速度并配备相应的资源;

(5)根据工程特点及施工工艺、施工组织要求,确定流水步距和间歇、搭接时间;

(6)组织各工作队按照工艺顺序相继投入施工,并以一定的速度沿着线性工程的长度方向不断向前移动。

如某管道工程长 1600m,包括挖沟、铺管、焊接和回填四个主要施工过程,拟组织四个相应的专业队流水施工。经分析,挖沟是主导施工过程,每天可完成 100m;其他施工过程经资源配备也按此速度向前推进;流水步距可取 2d,要求焊接后需经 2d 检查验收方可回填。其流水施工进度计划见图 11-15。

施工过程	施工进度(d)											
	2	4	6	8	10	12	14	16	18	20	22	24
挖沟												
铺管	$K=2$											
焊接		$K=2$										
回填			$K=2$	$Z_1=2$								

图 11-15　某管道工程流水线法施工进度计划

流水线法施工工期为：

$$T_p = \frac{L}{V} + (n' - 1)K + \sum Z_1 - \sum C \tag{11-15}$$

式中：L——线性工程总长度；

V——移动速度（每个步距时间移动的距离）；

n'——工作队数；

K——流水步距；

Z_1——施工过程间的间歇时间；

C——施工过程间的搭接时间。

本例中，$L/V = 1600/100 = 16\text{d}$，$n' = 4$，$K = 2\text{d}$，$\sum Z_1 = 2\text{d}$，$\sum C = 0$，流水工期为：

$$T_p = 16 + (4 - 1) \times 2 + 2 - 0 = 24(\text{d})$$

第四节　应 用 示 例

一、现浇剪力墙住宅结构的流水施工组织

某现浇钢筋混凝土剪力墙结构高层住宅，采用大模板施工。为节约费用，只配备一套工具式钢制大模板。流水施工组织要点如下：

（1）结构施工阶段包括绑扎安装墙体钢筋、安装墙体大模板、浇筑墙体混凝土、拆大模板、支楼板模板、绑扎楼板钢筋、浇筑楼板混凝土等七个主要施工过程。其中扎墙体钢筋、安装大模板、支楼板模板、扎楼板钢筋四项为主导施工过程。墙体大模板拆除及安装均由安装队完成，考虑周转要求，清晨拆除前一段后再进行本段的安装，而拆除墙模的施工段即可安装楼板模板。墙体及楼板混凝土浇筑均安排在晚上进行。

（2）组织扎墙体钢筋、拆装墙体大模板、楼板支模、楼板扎筋和浇筑墙及板混凝土五个工作队的流水施工。

（3）由于浇筑混凝土在晚上进行，最多有四个工作队同时作业；且施工期间气温较高，混凝土墙体拆模及楼板上人强度经一夜养护均能满足要求，认为无间歇要求，故每层划分为四个施工段。

（4）流水节拍及流水步距均定为1天，组织全等节拍流水施工，见图11-16。

由图中可以看出，在正常情况下，各队都实现了连续、均衡作业，工作面也没有空闲。正常情况下每四天完成一个楼层。

二、现浇框架办公楼结构的流水施工组织

某二层现浇钢筋混凝土框架结构办公楼，柱距8.1m×8.1m，办公楼宽3×8.1m＝24.3m、长10×8.1m＝81m，中间有两道变形缝（间距27m），其剖面如图11-17。流水施工组织要点如下：

（1）考虑既不影响结构的整体性，又要使每段工程量大致相等、劳动量均匀，且满足工作面要求。故以变形缝为界，每层分为三个施工段。

（2）主要施工过程包括：扎柱子钢筋，支柱子、梁及楼板模板，绑扎梁、板钢筋，浇筑柱、梁、板混凝土四项。楼梯施工并入楼板。

施工过程	工作队	施工进度（d）																	
		1		2		3		4		5		6		7		8		9	
		日	晚	日	晚	日	晚	日	晚	日	晚	日	晚	日	晚	日	晚	日	晚
扎墙筋	*A*	一.1		一.2		一.3		一.4		二.1		二.2		二.3		二.4		三.1	
拆、安墙模	*B*			一.1		一.2		一.3		一.4		二.1		二.2		二.3		二.4	
浇墙混凝土	*C*				一.1		一.2		一.3		一.4		二.1		二.2		二.3		二.4
支板模	*D*					一.1		一.2		一.3		一.4		二.1		二.2		二.3	
扎板筋	*E*							一.1		一.2		一.3		一.4		二.1		二.2	
浇板混凝土	*C*								一.1		一.2		一.3		一.4		二.1		二.2

图 11-16　某现浇剪力墙住宅结构标准层全等节拍流水施工进度计划

(3)由于流水段数少于施工过程数，故按工种组织钢筋、木工、混凝土三个专业队流水施工。

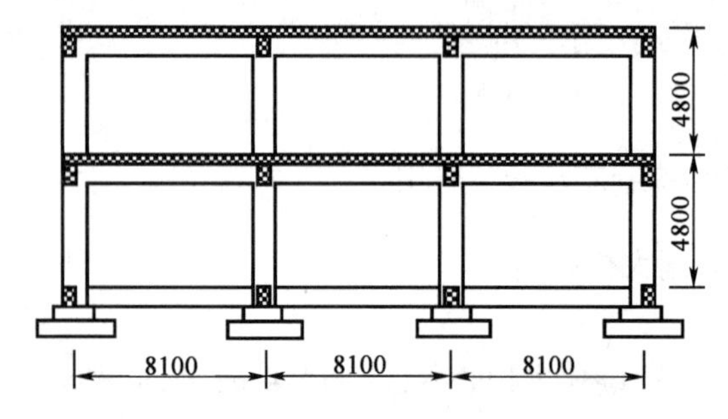

图 11-17　现浇框架办公楼结构剖面(尺寸单位:mm)

(4)以支模板为主导施工过程，确保木工队在每层、每段上连续作业。其余施工过程的专业队通过适当配备，按施工顺序要求、保证工作面合理衔接进行施工。

(5)为保证各段混凝土浇筑不留施工缝，同一施工段内采取三班制连续作业。但由于工艺限制，混凝土工作队在每层、每段之间均不能连续作业。

流水施工进度计划见图 11-18。由图中可看出，各施工过程均为等节奏施工;工作面搭接合理;保证了层间间歇要求;不但木工队实现了连续作业，钢筋队在中间较长时间内也实现了连续作业(图 11-18 中箭线所指即为钢筋队作业的流动情况)，其巧妙之处在于钢筋队完成两项工作的流水节拍之和与木工队相等(1 + 3 = 4)。

施工过程	每段劳动量（工日）	人数	节拍	施工进度（d）														
				2	4	6	8	10	12	14	16	18	20	22	24	26	28	30
扎柱筋	10	10	1	一.1		一.2		一.3		二.1		二.2		二.3				
支模板	80	20	4		一.1		一.2		一.3		二.1		二.2		二.3			
扎梁板筋	36	12	3				一.1		一.2		一.3		二.1		二.2		二.3	
浇混凝土	60	30	2					一.1		一.2		一.3		二.1		二.2		二.3

图 11-18　某现浇框架办公楼结构分别流水施工进度计划

第十二章

网络计划技术

网络计划技术是随着现代科学技术和工业生产的发展而产生的,是一种科学的计划管理方法。它在20世纪50年代后期出现于美国,60年代开始在我国得到推广和应用。目前网络计划方法已广泛地应用于各个部门、各个领域。特别是工程建设部门,无论是在项目的招投标,还是在项目的规划、实施与控制等各个阶段,都发挥着重要作用,逐渐成为项目管理的核心技术及重要组成部分。

第一节　网络计划的一般概念

一、网络计划的基本原理

利用网络图的形式表达一项工程中具体工作组成以及相互间的及逻辑关系,经过计算分析,找出关键工作和关键线路,并按照一定目标使网络计划不断完善,以选择最优方案;在计划执行过程中进行有效的控制和调整,力求以较小的消耗取得最佳的经济效益和社会效益。

二、网络图、网络计划与网络计划技术

(1)网络图是由箭线和节点按照一定规则组成的用来表示工作流程的有向、有序的网状图形。网络图分为双代号网络图和单代号网络图两种形式。由一条箭线与其前后两个节点来表示一项工作的网络图称为双代号网络图;而由一个节点表示一项工作,以箭线表示工作顺序的网络图称为单代号网络图,见图12-1。

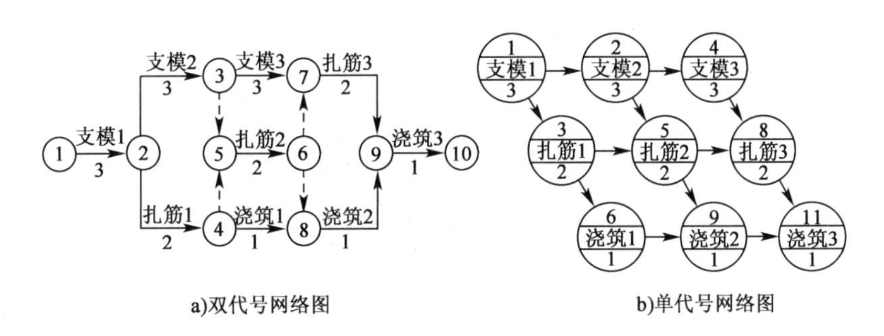

图12-1　网络图形式

(2)网络计划是指在网络图中加注工作的时间参数等而形成的进度计划。目前土木工程中常用的网络计划有:双代号网络计划、单代号网络计划、时标网络计划、搭接网络计划等。

(3)网络计划技术是指用网络计划对任务的工作进度进行安排和控制,以保证实现预定目标的计划管理技术。

三、网络计划的特点

目前常用的工程进度计划表达形式有横道计划和网络计划两种。它们虽具有同样的功能,但特点却有较大的差异。横道计划是以横向线条结合时间坐标来表示各项工作的起止时间和先后顺序,整个计划由一系列的横道组成。而网络计划是以箭线和节点组成的网状图形来表示的施工进度计划。

例如,某构件制作工程分三段进行施工,有支模、扎筋、浇筑混凝土三个施工过程,各施工过程的流水节拍分别为3d、2d、1d。该工程进度计划用网络图表达如图12-1所示,用横道图形式表达见图12-2。

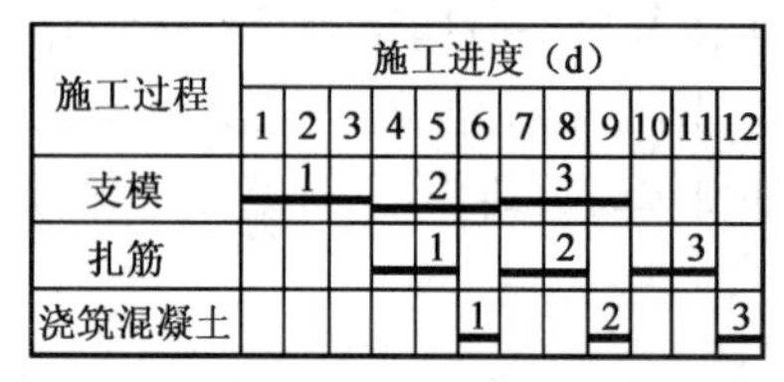

a)工作面连续，工作队有间歇

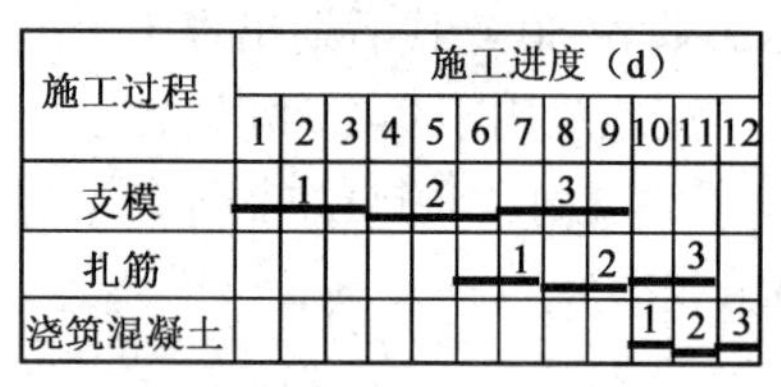

b)工作队连续，工作面有间歇

图12-2　横道图形式

横道图计划的优点是易于编制,简单、明了、直观;因为有时间坐标,各项工作的起止时间、作业持续时间、工作进度、总工期,以及流水作业状况都能一目了然;对人力和其他资源的计算也便于按图叠加。其缺点是不能全面地反映出各项工作之间的相互关系和影响,不便进行各种时间参数的计算,不能反映哪些是主要的、关键性的工作,看不出计划中的潜力所在,不能用计算机进行计算和优化。这些缺点,不利于对施工管理工作的改进和加强。

网络计划的优点,是把工程项目中的各有关工作组成了一个有机的整体,能全面而明确地反映出各项工作之间的相互制约和相互依赖的关系;可以进行各种时间参数的计算,能在工作繁多、错综复杂的计划中找出影响工期的关键工作和关键线路,便于管理人员抓住主要矛盾,集中精力确保工期,避免盲目抢工;通过对各项工作存在机动时间的计算,可以更好地运用和调配人员与设备,节约人力、物力,达到降低成本的目的;在计划执行过程中,当某一项工作因故提前或拖后时,能从网络计划中预见到对其后续工作及总工期的影响程度,便于采取措施;可以利用计算机进行计划的编制、计算、优化和调整。它的缺点是,流水作业表达不清晰;对一般的网络计划,不能利用叠加法计算各种资源的需要量。

总之,网络计划技术可以为施工管理提供多种信息,有助于管理人员合理地组织生产,知道管理的重点应放在何处,怎样缩短工期,在哪里有潜力,如何降低成本等,从而有利于加强工程管理。可见,网络计划既是一种有效的计划表达方法,又是一种科学的工程管理方法。

第二节　双代号网络计划

双代号网络计划在国内应用较为普遍,它易于绘制成带有时间坐标的网络计划图而便于优化和使用。但逻辑关系表达较复杂,常需使用虚工作。

一、双代号网络图的构成

双代号网络图由箭线、节点、节点编号、虚箭线、线路等五个基本要素构成。对于每一项工作而言，其基本形式如图 12-3。

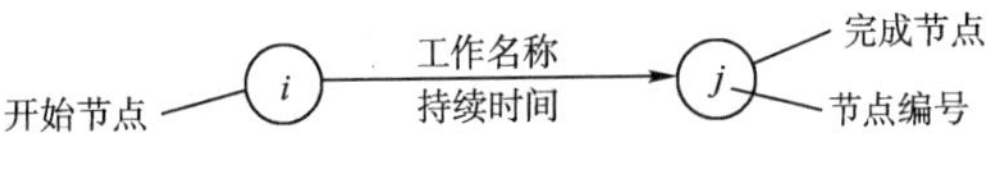

开始节点 i 工作名称 持续时间 j 完成节点 节点编号

图 12-3　双代号网络图的基本形式

1. 箭线

在双代号网络图中，一条箭线表示一项工作，如砌墙、抹灰等。而工作所包括的范围可大可小，既可以是一道工序，也可以是一个分项工程或一个分部工程，甚至是一个单位工程。

每项工作的进行必然要占用一定的时间，往往也要消耗一定的资源（如劳动力、材料、机械设备）。对于仅占用时间而不消耗资源的施工过程（如墙面刷涂料前抹灰层的“干燥”），也应视为一项工作，用一条箭线来表示。

在无时标的网络图中，箭线的长短并不反映该工作占用时间的长短。箭线的形状可以是水平直线，也可以是折线或斜线，但最好画成水平直线或带水平直线的折线。在同一张网络图上，箭线的画法要统一。

箭线所指的方向表示工作进行的方向，箭线的尾端表示该项工作的开始，箭头端则表示该项工作的结束。工作名称应标注在水平箭线的上方或垂直箭线的左侧，工作的持续时间则标注在水平箭线的下方或垂直箭线的右侧，如图 12-3 所示。

2. 节点

在双代号网络图中，节点代表一项工作的开始或结束，常用圆圈表示。箭线尾部的节点称为该箭线所示工作的开始节点，箭头端的节点称为该工作的完成节点。在一个完整的网络图中，除了最前的起点节点和最后的终点节点外，其余任何一个节点都具有双重含义——既是前面工作的完成点，又是后面工作的开始点。

节点仅为前后两项工作的交接点，只是一个“瞬间”概念，因此它既不消耗时间，也不消耗资源。

3. 节点编号

在双代号网络图中，一项工作可以用其箭线两端节点的编号来表示，以方便查找与使用。

对一个网络图中的所有节点应进行统一编号，且不得有重号现象。对于每一项工作而言，其箭头节点的号码应大于箭尾节点的号码，即顺箭线方向由小到大，如图 12-3 中，j 应大于 i。编号宜在绘图完成、检查无误后，顺着箭头方向依次进行。为了便于修改和调整，可不连续编号。

4. 虚箭线

虚箭线又称虚工作，它表示一项虚拟的工作，用带箭头的虚线表示，如图 12-4 中的②→③。由于是虚拟的工作，故没有工作名称和工作持续时间。箭线过短时可用实箭线表示，但其工作持续时间必须用“0”标出。虚工作的特点是既不消耗时间，也不消耗资源。

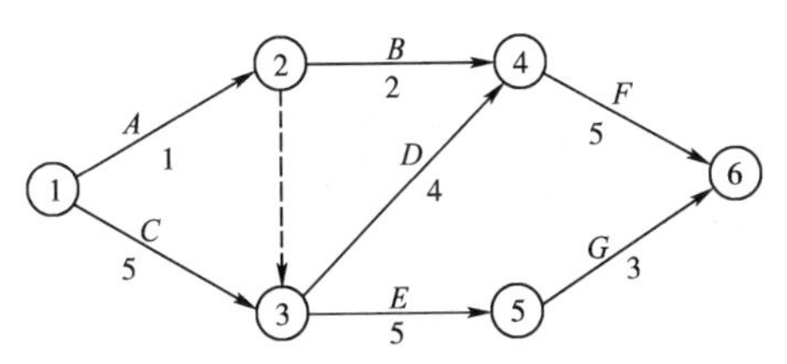

图 12-4　双代号网络图（工作持续时间的单位为“d”）

虚箭线可起到联系、区分和断路作用，是双代号网络图中表达一些工作之间的相互联系、相互制约关系，从而保证逻辑关系正确的必要手段。

5. 线路

在网络图中,从起点节点开始,沿箭线方向顺序通过一系列箭线与节点,最后到达终点节点所经过的通路叫线路。线路可依次用该通路上的节点代号来记述,也可依次用该通路上的工作名称来记述。如图 12-4 所示网络图的线路有:①→②→④→⑥(8d);①→②→③→④→⑥(10d);①→②→③→⑤→⑥(9d);①→③→④→⑥(14d);①→③→⑤→⑥(13d),共 5 条。

每条线路都有确定的完成时间(括号内数据),它等于该线路上各项工作持续时间的总和,也是完成这条线路上所有工作的计划工期。图 12-4 中,第四条线路耗时最长(14d),对整个工程的完工起着决定性的作用,称为关键线路;其余线路均称为非关键线路。处于关键线路上的各项工作称为关键工作。关键工作完成的快慢将直接影响整个计划工期的实现。关键线路常采用粗线、双线或其他颜色的箭线突出表示。

除关键工作外的工作都称为非关键工作,它们都有机动时间(即时差)。利用非关键工作的机动时间可以科学合理地调配资源和对网络计划进行优化。

二、双代号网络图的绘制

(一)绘图的基本规则

(1)必须正确表达已定的逻辑关系。在绘制网络图时,要根据工艺顺序和施工组织的要求,正确地反映各项工作之间的先后顺序和相互制约、相互依赖的关系。常见几种逻辑关系的表示方法见表 12-1。

双代号网络图中各工作逻辑关系的表示方法　　表 12-1

序　号	工作之间的逻辑关系	网络图中的表示方法	说　　明
1	A 完成后进行 B		A 制约着 B,B 依赖着 A
2	A 完成后进行 B、C	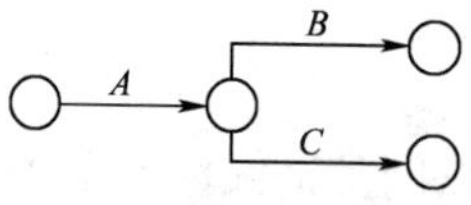	A 工作制约着 B、C 工作的开始,B、C 为平行工作
3	C 在 A、B 完成后才能开始	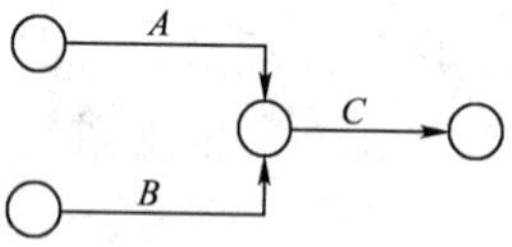	C 工作依赖着 A、B 工作,A、B 为平行工作
4	A 完成后进行 C,A、B 均完成后进行 D	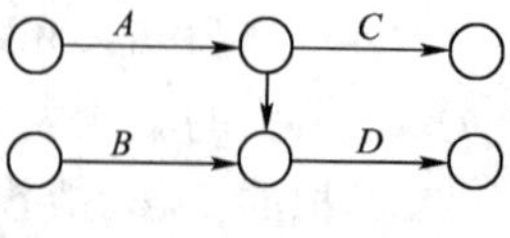	D 与 A 之间引入了虚工作,从而正确地表达了它们之间的制约关系
5	A、B 完成后进行 C,B、D 完成后进行 E	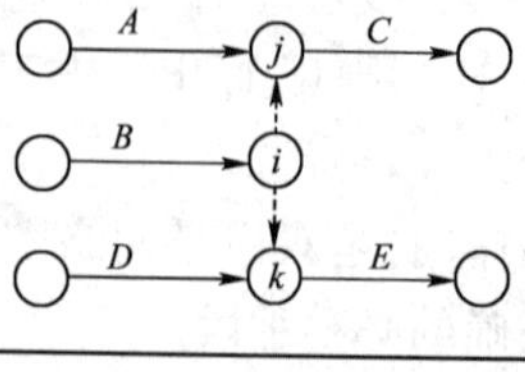	虚工作 $i-j$ 反映出 C 工作受到 B 工作的制约;虚工作 $i-k$ 反映出 E 工作受到 B 工作的制约

续上表

序　号	工作之间的逻辑关系	网络图中的表示方法	说　　明
6	A 完成后进行 C、D，B 完成后进行 D、E		虚工作反映出 D 工作受到 A 和 B 工作的制约
7	A、B 两项工作分三个施工段，平行施工		每个工种工程建立专业工作队，在每个施工段上进行流水作业。虚工作表达了工作面关系

(2)只能有一个起点节点和一个终点节点(多目标网络计划除外)，否则，就不是完整的网络图。所谓起点节点是指只有外向箭线而无内向箭线的节点，如图 12-5a)所示；终点节点则是只有内向箭线而无外向箭线的节点，如图 12-5b)所示。

(3)严禁出现循环回路。在网络图中，如果从一个节点出发沿着某一条线路移动，又可回到原出发节点，则图中存在着循环回路。如图 12-6 中的②→③→④→②即为循环回路，它使得工程永远不能完成。若 B 和 D 是反复进行的工作，则每次部位不同，不可能在原地重复，应使用新的箭线表示。

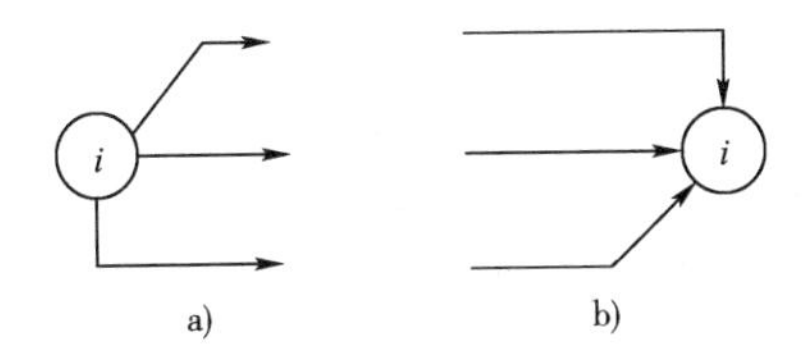

图 12-5　起点节点和终点节点

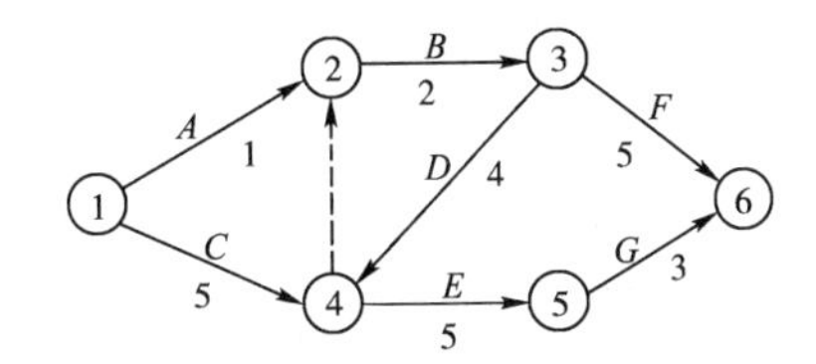

图 12-6　有循环回路错误的网络图

(4)不允许出现相同编号的工作。在网络图中，两个节点之间只能有一条箭线并只表示一项工作，用前后两个节点的编号即可代表这项工作。例如，砌隔墙与埋设墙内的电线管同时开始、同时完成，在图 12-7a)中，这两项工作的编号均为 3－4，出现了重名现象，容易造成混乱。遇到这种情况，应增加一个节点和一条虚箭线，从而既表达了这两项工作的平行关系，又区分了它们的代号，如图 12-7b)、c)所示。

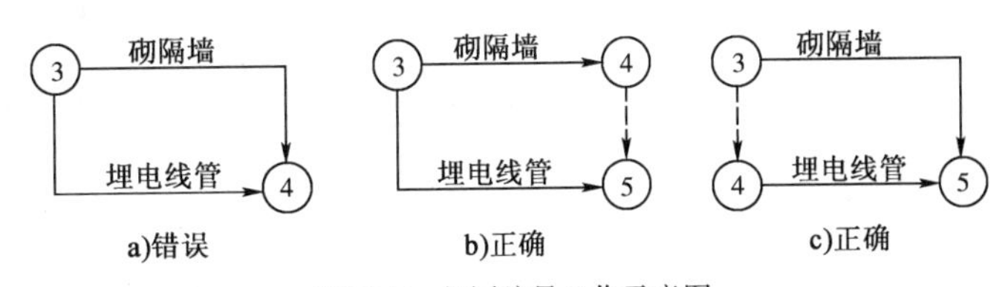

图 12-7　相同编号工作示意图

(5)不允许出现无开始节点或无完成节点的工作。如图 12-8a)，“抹灰”为无开始节点的工作，其意图是表示“砌墙”进行到一定程度时开始抹灰。但反映不出“抹灰”的准确开始时刻，也无法用代号代表抹灰工作，这在网络图中是不允许的。正确的画法是：将“砌墙”划分为

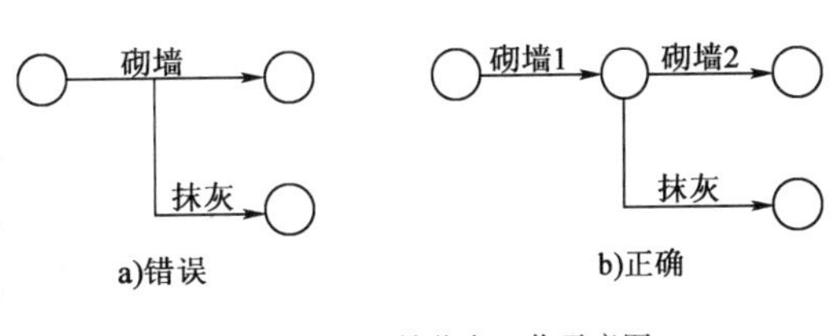

图 12-8　无开始节点工作示意图

两个施工段,引入一个节点,使抹灰工作就有了开始节点,如图 12-8b)。同理,在无完成节点时,也可采取同样方法进行处理。

(6)严禁出现带双向箭头的箭线或无箭头的连线。

(二)绘制网络图的要求与方法

(1)网络图要布局规整、条理清晰、重点突出。绘制网络图时,应尽量采用水平箭线和垂直箭线而形成网格结构,尽量减少斜箭线,使网络图规整、清晰。其次,应尽量把关键工作和关键线路布置在中心位置,尽可能把密切相连的工作安排在一起,以突出重点,便于使用。

(2)交叉箭线的处理方法。绘制网络图时,应尽量避免箭线交叉,必要时可通过调整布局达到目的,如图 12-9 所示。当箭线交叉不可避免时,应采用"过桥法"表示,如图 12-9a)中的 2 - 3工作。

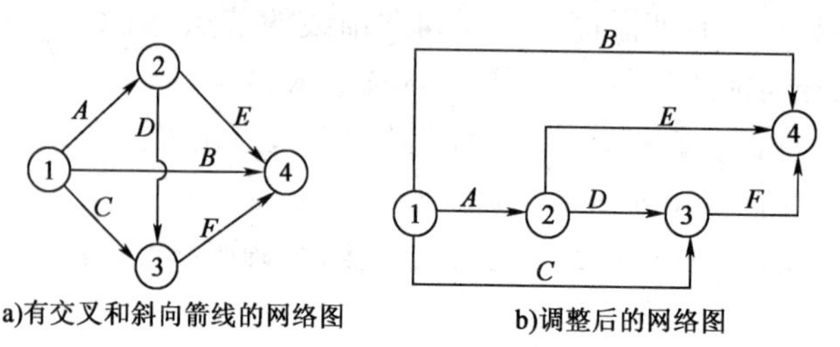

图 12-9　交叉箭线的处理方法

(3)起点节点和终点节点的"母线法"。在网络图的起点节点有多条外向箭线、终点节点有多条内向箭线时,可以采用母线法绘图,如图 12-10所示。对中间节点处有多条外向箭线或多条内向箭线者,在不至于造成混乱的前提下也可采用母线法绘制。

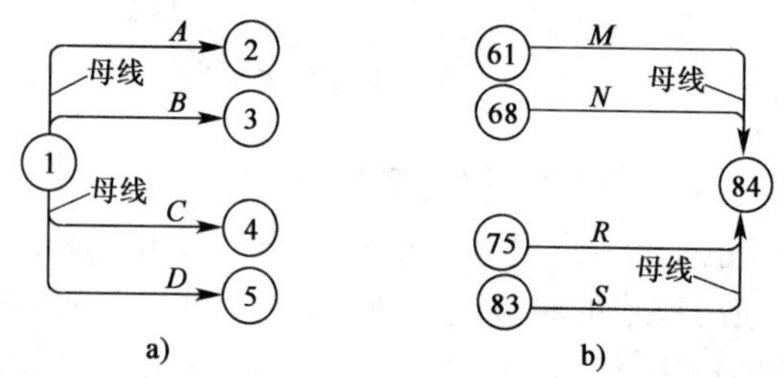

图 12-10　使用母线画法

(4)网络图的排列方法。为了使网络计划更形象、更清楚地反映出工程施工的特点,绘图时宜采用适当的排列方法,并使网络图在水平方向较长。

①按组织关系排列,如图 12-11a)所示,能够突出反映各施工层段之间的组织关系,明确地反映队组的连续作业状况。

②按工艺关系排列,如图 12-11b)所示,能突出反映各施工过程之间的工艺和各工作队之间的关系。

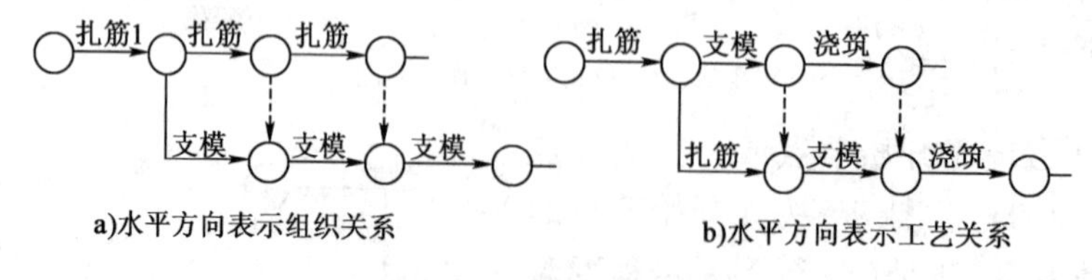

图 12-11　网络图的排列方法

(5)尽量减少不必要的箭线和节点。如图 12-12a)所示,该图逻辑关系正确,但过于繁琐,给绘图和计算带来不必要的麻烦。对于只有一进一出两条箭线,且其中一条为虚箭线的节点(如③、⑥节点),在取消该节点及虚箭线不会出现相同编号的工作时,即可将这些不必要的虚箭线和节点去掉，使网络图既不改变其逻辑关系，又简单明了，如图12-12b）所示。

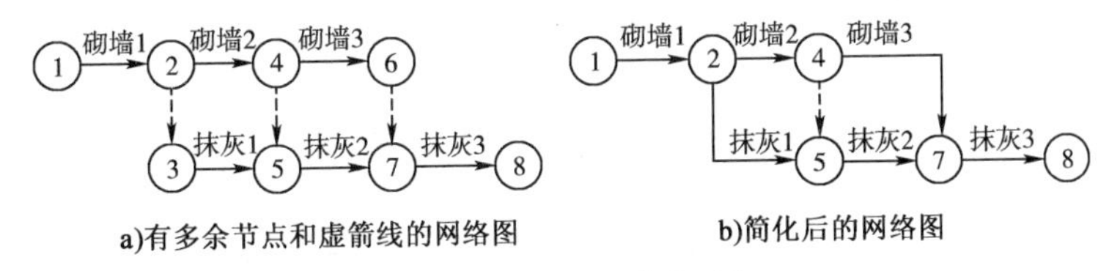

图12-12 网络图的简化示意

（三）绘图示例

【例12-1】 根据表12-2给出的条件，绘制双代号网络图。

某工程的基本情况　　表12-2

工作名称	A	B	C	D	E	F	G	H	I
持续时间	3	5	2	4	5	2	6	5	2
紧前工作	—	A	—	—	C	CD	AEF	F	GH

表12-2中给出了9项工作及其各自的持续时间和紧前工作。若知道了各项工作的紧后工作也可以绘制出网络图。

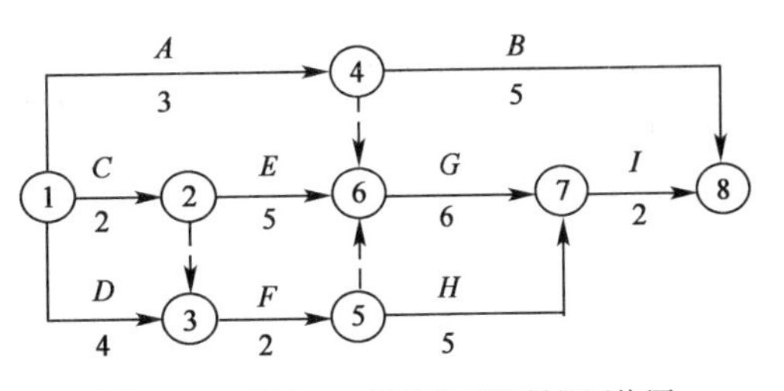

图12-13 据表3-2所给条件绘制的网络图

绘图时一定要按照给定的逻辑关系逐步绘制，绘出草图后再作整理，最后进行节点编号。网络图绘制如图12-13所示。由于A、C、D都没有紧前工作，故均为起始工作，从起点节点画出。B、I未作为其他工作的紧前工作，故为终结工作，均收归终点节点。绘图时要正确使用虚箭线。绘图后，要认真检查紧前工作或紧后工作与所给定的逻辑关系是否相同，有无多余或缺少；检查起点节点和终点节点是否各只有一个；检查网络图是否达到最简化，有无多余的虚箭线；再检查工作名称、持续时间是否正确，节点编号是否从小到大，有无两项工作使用了同一对编号的错误。

【例12-2】 某工程分为三个施工段，施工过程及其延续时间为：砌围护墙及隔墙12d，内外抹灰15d，安塑料门窗9d，喷刷涂料18d。拟组织瓦工、抹灰工、木工和油工四个专业队进行施工，试绘制双代号网络图。

绘图时应按照施工的工艺顺序和流水施工的要求进行，要遵守绘图规则，特别是要符合逻辑关系。当第一段砌墙后，瓦工转移到第二段砌墙，为第一段抹灰提供了工作面，抹灰工可开始第一段抹灰；同理第一段抹灰完成后，可安装第一段塑料门窗。第二段砌墙后，瓦工转移到第三段，为第二段抹灰提供了工作面，但第二段抹灰并不能进行，还需待第一段抹灰完成后才有人员、机具等，因此，需要用虚箭线来表达这种资源转移的组织关系。如图12-14中③、④节点间的虚箭线就起到了这样的组织联系作用。同理，第二段安门窗不但要待第二段抹灰完成来提供工作面，还需第一段门窗安完以提供人员等资源，因此，必须在⑤、⑥节点间引虚箭线。图中，由于“涂1”是第一段最后一项工作，将其箭线直接折向节点⑧，作为“涂2”的资源条件。

图12-14中，第三段各施工过程仍按第二段的画法画出了全部网络图，标注了工作名称、持续时间，并进行了节点编号。但该图中存在严重的逻辑关系错误。

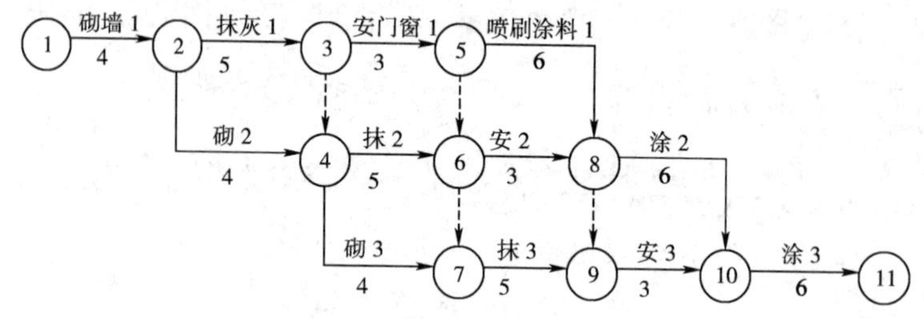

图 12-14　有逻辑关系错误的网络图

图 12-14 中的错误在于,“砌墙 3”从节点④画出,由于③、④节点间虚箭线的联系,使得“抹灰 1”成了“砌墙 3”的紧前工作。而实际上第三段砌墙(即“砌墙 3”)与第一段抹灰(即抹灰 1)之间既无工艺关系,也无工作面关系,更没有资源依赖关系。也就是说,无论第一段抹灰进行与否,第三段砌墙都可进行,两者之间根本没有逻辑关系。同理,第三段抹灰受到第一段安门窗的控制,第三段安门窗受到第一段涂料的控制,都是逻辑关系错误。

上述这种逻辑关系错误,主要是通过④、⑥、⑧这种“两进两出”节点引发的。因此,绘图中,当出现这种“两进两出”或“两进两出”以上的“多进多出”节点时,要认真检查有无逻辑关系错误。对于这种错误,应通过增加节点和虚箭线,来切断没有逻辑关系的工作之间的联系,这种方法称为“断路法”。如图 12-15 中,将引发错误的各节点前均增加了一个节点和一条虚箭线,使错误得到改正。

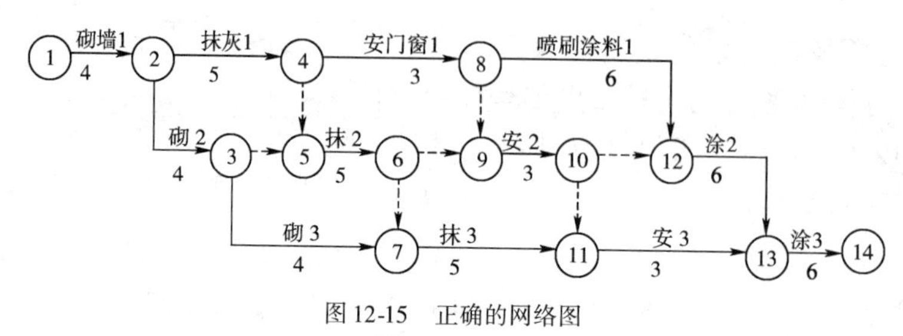

图 12-15　正确的网络图

三、双代号网络计划时间参数的计算

(一)概述

网络图绘制,只是用网络的形式表达出了工作之间的逻辑关系。还必须通过计算求出工期,得到一定的时间参数。

1. 计算的目的

(1)求出工期。网络图绘制后,需通过计算求出按该计划执行所需的总时间,即计算工期。然后,要结合任务委托人的要求工期,综合考虑可能和需要,确定出工程的计划工期。因此,计算工期是拟定工程计划工期的基础,也是检查计划合理性的依据。

(2)找出关键线路。前面介绍关键线路时,是在列出网络图的各条线路后,找出其耗时最长的线路即为关键线路。而对于较大或较复杂的网络图,线路很多,难以一一理出,必须通过计算来找出关键线路和关键工作。以便对网络图进行调整优化,并在施工过程中抓住主要矛盾。

(3)计算出时差。时差是在工作或线路中存在的机动时间。通过计算时差可以看出每项非关键工作有多少可以利用的机动时间,在非关键线路上有多大的潜力可挖,以便向非关键线路去要劳动力、要资源，调整其工作开始及持续的时间，以达到优化网络计划和保证工期的目的。

2. 计算条件

本章只研究肯定型网络计划。因此，其计算必须是在工作、工作的持续时间以及工作之间的逻辑关系都已确定的情况下进行。

3. 计算内容

网络计划的时间参数主要包括：每项工作的最早可能开始和完成时间、最迟必须开始和完成时间、总时差、自由时差等六个参数及计算工期。

4. 计算手段与方法

对于较为简单的网络计划，可以采用人工计算，复杂者应采用计算机程序进行编制、绘图与计算。相应的工程项目计划管理软件都具备这种功能。但人工计算是基础，掌握计算原理与方法是理解时间参数的意义、使用计算机软件和调整、应用用网络计划的必要条件。

常用的计算方法有图上计算法、表上计算法等。计算时，可以直接计算出工作的时间参数，也可以先计算出节点的时间参数，再推算出工作的时间参数。下面，主要介绍工作时间参数的图上计算法和利用节点标号快速计算工期与寻求关键线路的方法。

(二) 图上工作计算法

首先，应明确几个名词，见图 12-16。对于正在计算的某项工作，称为本工作；紧排在本工作之前的工作，都叫本工作的紧前工作；紧排在本工作之后的各项工作，都叫本工作的紧后工作。

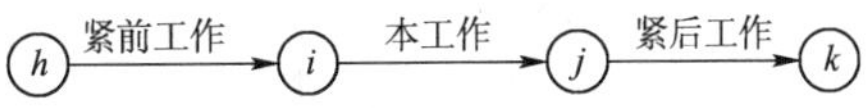

图 12-16　本工作的紧前、紧后工作

各工作的时间参数计算后，应标注在水平箭线的上方或垂直箭线的左侧。标注的形式及每个参数的位置见图 12-17。

此外，网络计划的各种参数计算必须依据统一的时刻标准。因此，规定无论工作的开始时间或完成时间，都一律以时间单位的刻度线上所标时刻为准，即“某天以后开始”，“第某天末完成”。如图 12-18 所示，称工程的第一项工作 A 是从“0 天以后开始”（实际上是从第 1 天开始），“第 3 天末完成”。称它的紧后工作 B 在“3 天以后开始”（而实际上是从第 4 天开始），“第 5 天末完成”。

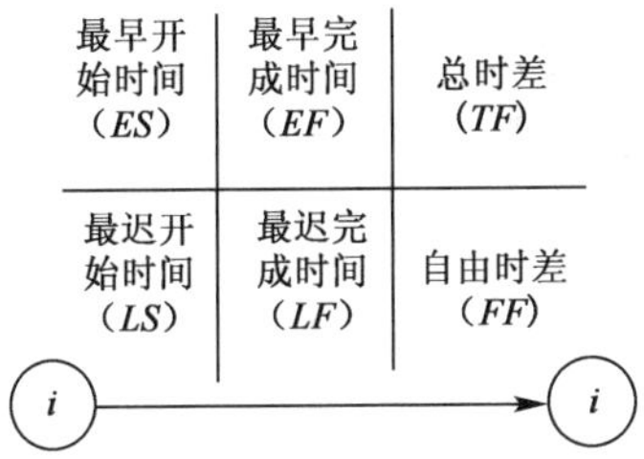

最早开始时间（ES）	最早完成时间（EF）	总时差（TF）
最迟开始时间（LS）	最迟完成时间（LF）	自由时差（FF）

图 12-17　时间参数标注形式

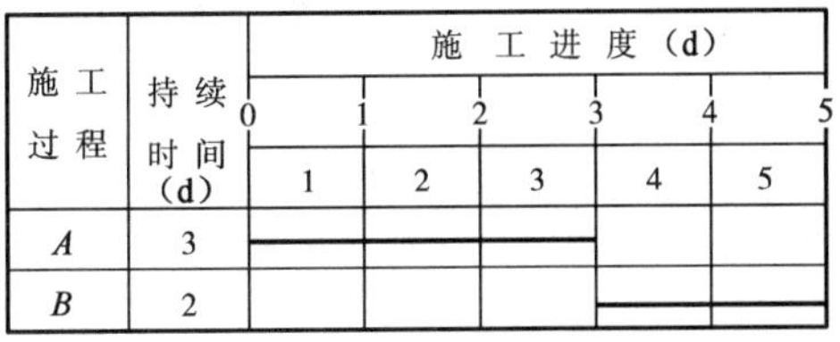

施工过程	持续时间（d）	施工进度（d） 0–1	1–2	2–3	3–4	4–5
		1	2	3	4	5
A	3					
B	2					

图 12-18　开始与完成时间示意图

1. “最早时间”的计算

最早时间包括工作最早开始时间和工作最早完成时间。

(1) 工作最早开始时间（ES）。工作最早开始时间亦称工作最早可能开始时间。它是指紧前工作全都完成，具备了本工作开始的必要条件的最早时刻。工作 $i-j$ 的最早开始时间用 ES_{i-j} 表示。

①计算顺序。由于最早开始时间是以紧前工作的最早完成时间为依据，因此该种参数的计算，必须从起点节点开始，顺箭线方向逐项进行，直到终点节点为止。

②计算方法。凡与起点节点相连的工作都是计划的起始工作，当未规定其最早开始时间ES_{i-j}时，其值都定为零。即：

$$ES_{i-j}=0 \quad (其中\ i=1) \tag{12-1}$$

所有其他工作的最早开始时间，均取其各紧前工作最早完成时间（EF_{h-i}）中的最大值。即：

$$ES_{i-j}=\max\{EF_{h-i}\} \tag{12-2}$$

（2）工作最早完成时间（EF）。它是指工作按最早开始时间开始时，可能完成的最早时刻。其值等于该工作最早开始时间与其持续时间（D_{i-j}）之和。计算公式为：

$$EF_{i-j} = ES_{i-j} + D_{i-j} \tag{12-3}$$

在某项工作的最早开始时间计算后，应立即将其最早完成时间计算出来，以便于其紧后工作的计算。

（3）计算示例。

【例12-3】 计算图12-4所示网络图各项工作的最早开始和最早完成时间。将计算出的工作参数按要求标注于图上，见图12-19。

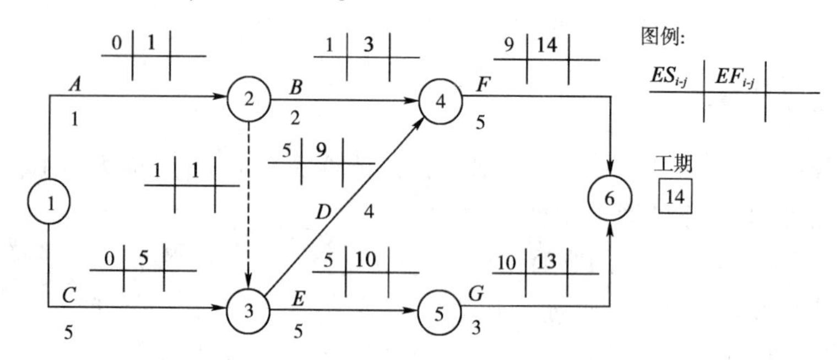

图12-19 用图上计算法计算工作的最早时间

其中，工作1－2、工作1－3均是该网络计划的起始工作，所以$ES_{1-2}=0$，$ES_{2-3}=0$。工作1－2的最早完成时间为$EF_{1-2}=ES_{1-2}+D_{1-2}=0+1=1$d末。同理，工作1－3的最早完成时间为$EF_{1-3}=0+5=5$d末。

工作2－4的紧前工作是1－2，因此2－4的最早开始时间就等于工作1－2的完成时间，为1d以后；工作2－4的完成时间为1＋2＝3d末。同理，工作2－3的最早开始时间也为1d以后，完成时间为1＋0＝1d末。在这里需要注意，虚工作也必须同样进行计算。

工作3－4有1－3和2－3两个紧前工作，应待其全都完成，3－4才能开始，因此3－4的最早开始时间应取1－3和2－3最早完成时间的大值，即$ES_{3-4}=\max\{5,1\}=5$d以后；工作3－4的最早完成时间$EF_{3-4}=ES_{3-4}+D_{3-4}=5+4=9$d末。同理，工作3－5的最早开始时间也为5d以后，最早完成时间为5＋5＝10d末。

其他工作的计算与此类似，计算结果见图12-19。

（4）计算规则。通过以上的计算分析，可归纳出最早时间的计算规则，概括为："顺线累加，逢多取大"。

2. 确定网络计划的工期

当全部工作的最早开始与最早完成时间计算完后，若假设终点节点后面还有工作，则其最早开始时间即为该网络计划的"计算工期"。本例中，计算工期$T_C=14$d。

有了计算工期，还须确定网络计划的"计划工期"T_P。当未对计划提出工期要求时，可取

计划工期 $T_P = T_C$。当上级主管部门提出了"要求工期"T_r 时，则应取计划工期 $T_P \leq T_r$。本例中，由于没有规定要求工期，所以将计算工期就作为计划工期，即：$T_P = T_C = 14\text{d}$。

3."最迟时间"的计算

工作最迟时间包括"最迟开始"和"最迟完成"两个时间参数。

(1)最迟完成时间(LF)。工作最迟完成时间亦称工作最迟必须完成时间。它是指在不影响整个工程任务按期完成的条件下，一项工作必须完成的最迟时刻。工作 $i-j$ 的最迟完成时间用 LF_{i-j} 表示。

①计算顺序。该计算需依据计划工期或紧后工作的要求进行。因此，应从网络图的终点节点开始，逆着箭线方向朝起点节点依次逐项计算，也即形成一个逆箭线方向的减法过程。

②计算方法。网络计划中最后(结束)工作 $i-n$ 的最迟完成时间 LF_{i-n} 应按计划工期 T_P 确定。即

$$LF_{i-n} = T_P \tag{12-4}$$

其他工作 $i-j$ 的最迟完成时间，等于其各紧后工作最迟开始时间中的最小值。就是说，本工作的最迟完成时间不得影响任何紧后工作，进而不影响工期。计算公式如下：

$$LF_{i-j} = \min\{LS_{j-k}\} \tag{12-5}$$

(2)最迟开始时间(LS)。工作的最迟开始时间亦称最迟必须开始时间。它是在保证工作按最迟完成时间完成的条件下，该工作必须开始的最迟时刻。计算方法如下：

$$LS_{i-j} = LF_{i-j} - D_{i-j} \tag{12-6}$$

(3)计算示例。若图 12-20 所得到的计算工期被确认为计划工期时，该网络计划的最迟时间计算如下：

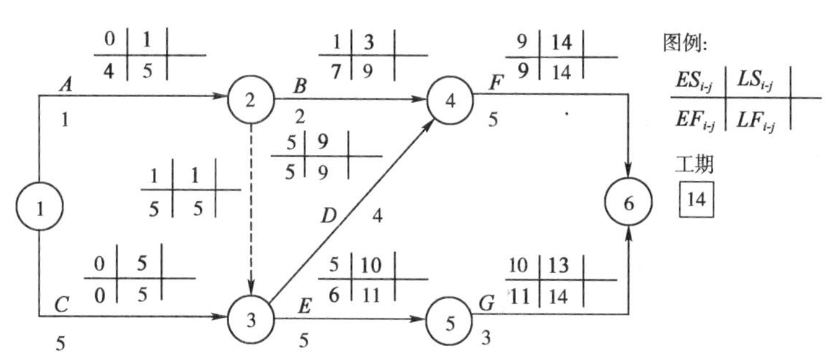

图 12-20 用图上计算法计算工作的最迟时间

图中，4－6 和 5－6 均为结束工作，所以最迟完成时间就等于计划工期。即：

$$LF_{4-6} = LF_{5-6} = 14\text{d}$$

工作 4－6 需持续 5d，故其最迟开始时间为 14－5＝9d 以后；工作 5－6 需持续 3d，故其最迟开始时间为 14－3＝11d 以后。

工作 3－5 的紧后工作是 5－6，而 5－6 的最迟开始时间是 11d 以后，所以工作 3－5 最迟要在 11d 末完成；则 3－5 的最迟开始时间为 11－5＝6d 以后。

工作 3－4 的紧后工作是 4－6，而 4－6 的最迟开始时间是 9d 以后，所以 3－4 最迟要在 9d 末完成；则 3－4 的最迟开始时间为 9－4＝5d 以后。

工作 1－3 的紧后工作有 3－4 和 3－5 两项，其最迟开始时间分别为 5d 以后和 6d 以后，最小值为 5，所以 1－3 最迟要在 5d 末完成；则 1－3 的最迟开始时间为 5－5＝0d 以后。

其他工作的最迟时间计算与此类似，计算结果见图 12-20。

(4)计算规则。通过以上计算分析,可归纳出工作最迟时间的计算规则,即“逆线累减,逢多取小”。

4. 工作时差的计算

工作时差是指在网络图的非关键工作中存在的机动时间,或者说是最多允许推迟的时间。时差越大,工作的时间潜力也越大。常用的时差有工作总时差和工作自由时差。

(1)总时差(TF)。总时差是指在不影响计划工期的前提下,一项工作可以利用的机动时间。

①计算方法。工作总时差等于工作最早开始时间到最迟完成时间这段极限活动范围,再扣除工作本身必需的持续时间所剩余的差值。用公式表达如下:

$$TF_{i-j} = LF_{i-j} - ES_{i-j} - D_{i-j} \tag{12-7}$$

经稍加变换可得:

$$TF_{i-j} = LF_{i-j} - (ES_{i-j} + D_{i-j}) = LF_{i-j} - EF_{i-j} \tag{12-8}$$

或

$$TF_{i-j} = (LF_{i-j} - D_{i-j}) - ES_{i-j} = LS_{i-j} - ES_{i-j} \tag{12-9}$$

从式(12-8)和式(12-9)中可看出,利用已求出的本工作最迟与最早开始时间或最迟与最早完成时间相减,都可方便地算出本工作的总时差。如图12-21所示,工作1-2的总时差为4-0=4或5-1=4,将其标注在图上双十字的右上角。其他计算结果见图。

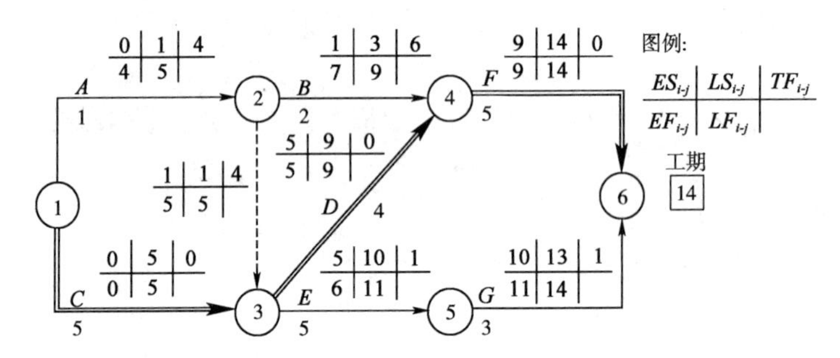

图12-21 用图上计算法计算工作的总时差

②计算目的。通过总时差的计算,可以方便地找出网络图中的关键工作和关键线路。总时差为“0”者,意味着该工作没有机动时间,即为关键工作(当计划工期与计算工期不相等时,总时差为最小值者是关键工作)。由关键工作所构成的线路,就是关键线路。在图12-21中,双箭线所表示的①→③→④→⑥即为关键线路。在一个网络计划中,关键线路至少有一条,但不见得只有一条。

工作总时差是网络计划调整与优化的基础,是控制施工进度、确保工期的重要依据。需要注意,若利用工作总时差,将可能影响其后续工作的最早开工时间(但不影响最迟开始时间),可能引起相关线路上各项工作时差的重分配。

(2)自由时差(FF)。自由时差是指在不影响其紧后工作最早开始的前提下,一项工作可以利用的机动时间。自由时差是总时差的一部分,其值不会超过总时差。

①计算方法。用紧后工作的最早开始时间减本工作的最早完成时间即可。用公式表达如下:

$$FF_{i-j} = ES_{j-k} - EF_{i-j} \tag{12-10}$$

对于网络计划的结束工作,应将计划工期看作紧后工作的最早开始时间进行计算。

如图12-22所示,工作1-2的最早完成时间为1d末,而其紧后工作2-3和2-4的最早开始时间为 1d 以后，所以工作 1－2 的自由时差为 1－1＝0。工作 2－4 的自由时差为 9－3＝6d。工作 5－6 是结束工作，所以其自由时差应为 14－13＝1d。其他工作的计算结果见图。

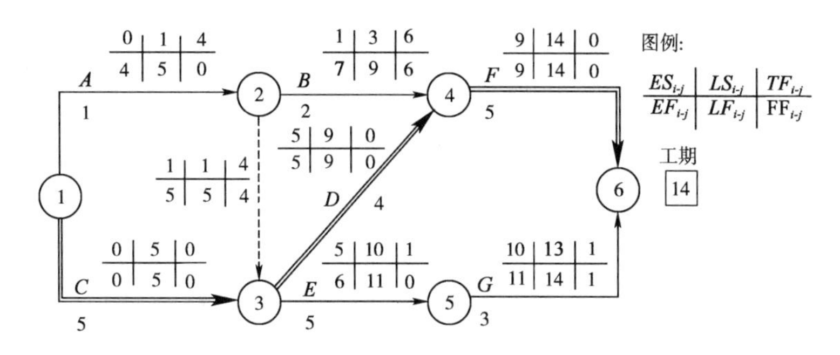

图 12-22　用图上计算法计算工作的时间参数

最后工作的自由时差均等于总时差。当计划工期等于计算工期时，总时差为零者，自由时差亦为零。当计划工期不等于计算工期时，最后关键工作的自由时差与其总时差相等，其他关键工作的自由时差均为零。

②计算目的。自由时差的利用不会对其他工作产生影响，因此常利用它来变动工作的开始时间或增加持续时间，以达到工期调整和资源优化的目的。

（三）用节点标号法计算工期并确定关键线路

前面所述利用总时差确定关键线路的方法，是必须在最早、最迟时间及总时差计算完毕后才能找出关键线路。当只需要求出工期和找出关键线路时，可采用节点标号法。其步骤如下：

（1）设网络计划起点节点的标号值为零，即 $b_1=0$。

（2）顺箭线方向逐个计算节点的标号值。每个节点的标号值，等于以该节点为完成节点的各工作的开始节点标号值与相应工作持续时间之和的最大值。即：

$$b_j = \max\{b_i + D_{i-j}\} \tag{12-11}$$

将标号值的来源节点及得出的标号值标注在节点上方。

（3）节点标号完成后，终点节点的标号值即为计算工期。

（4）从网络计划终点节点开始，逆箭线方向按源节点寻求出关键线路。

【例 12-4】 某已知网络计划如图 12-23 所示，试用标号法求出工期并找出关键线路。

【解】 （1）设起点节点标号值 $b_1=0$。

（2）对其他节点依次进行标号。各节点的标号值计算如下，并将源节点号和标号值标注在图 12-24 中。

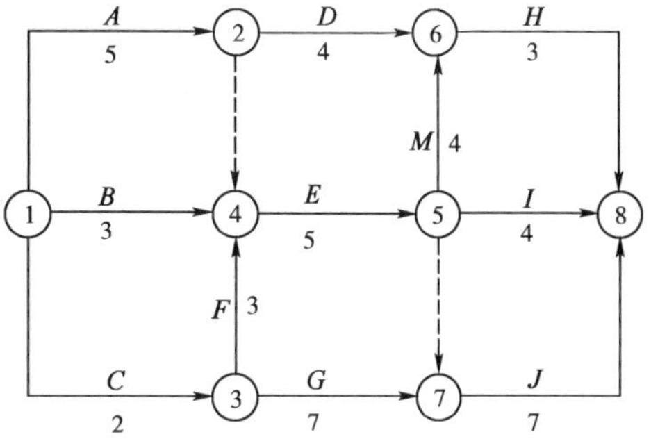

图 12-23　某工程网络图

$b_2=b_1+D_{1-2}=0+5=5$

$b_3=b_1+D_{1-3}=0+2=2$

$b_4=\max\{(b_1+D_{1-4}),(b_2+D_{2-4}),(b_3+D_{3-4})\}=\max\{(0+3),(5+0),(2+3)\}=5$

$b_5=b_4+D_{4-5}=5+5=10$

$b_6=b_5+D_{5-6}=10+4=14$

$b_7 = b_5 + D_{5-7} = 10 + 0 = 10$

$b_8 = \max\{(b_5 + D_{5-8}), (b_6 + D_{6-8}), (b_7 + D_{7-8})\} = \max\{(10+4), (14+3), (10+5)\}$
$= 17$

(3)该网络计划的工期为17d。

(4)根据源节点逆箭线寻求出关键线路。两条关键线路见图12-25中双线所示。

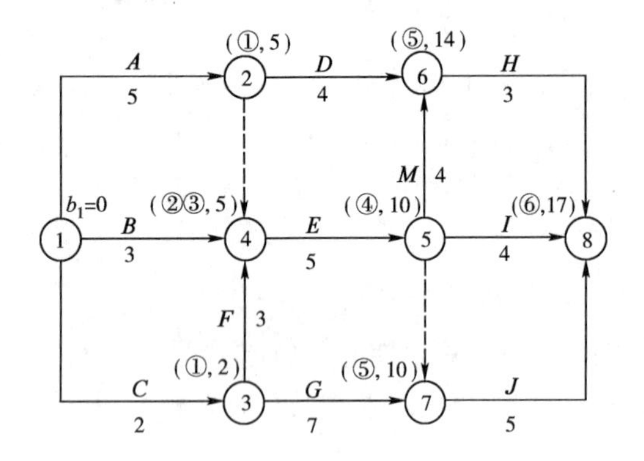

图12-24 对节点进行标号

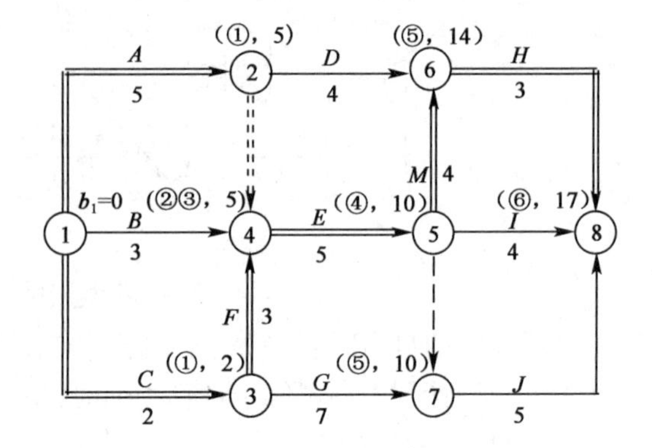

图12-25 据源节点逆线找出关键线路

第三节 单代号网络计划

单代号网络计划的逻辑关系容易表达,且不用虚箭线,便于检查和修改,易于编制搭接网络计划。但不易绘制成时标网络计划,使用不直观。

一、单代号网络图的绘制

(一)构成与基本符号

1. 节点

节点是单代号网络图的主要符号,用圆圈或方框表示。一个节点代表一项工作或工序,因而它消耗时间和资源。节点的一般表达形式如图12-26所示。

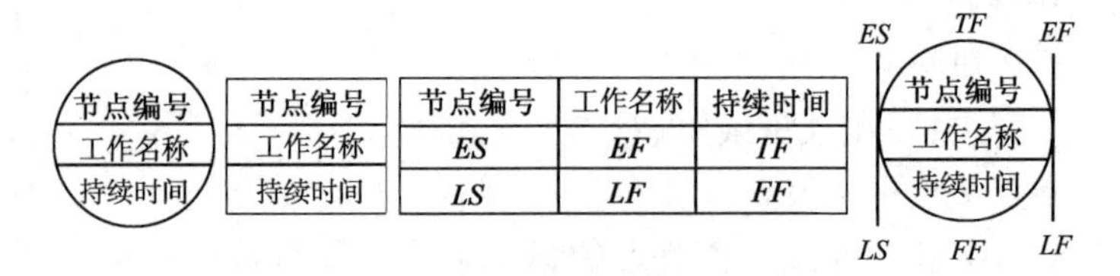

图12-26 单代号网络图节点形式

2. 箭线

箭线在单代号网络图中,仅表示工作之间的逻辑关系,它既不占用时间,也不消耗资源。箭线的箭头表示工作的前进方向,箭尾节点表示的工作是箭头节点的紧前工作。

3. 编号

每个节点都必须编号,作为该节点工作的代号。一项工作只能有唯一的一个节点和唯一的一个代号,严禁出现重号。编号要由小到大,即箭头节点的号码要大于箭尾节点的号码。

(二)单代号网络图绘制规则

绘制单代号网络图的规则与双代号网络图基本相同,主要包括以下几点:

(1)正确表达逻辑关系,见表 12-3。

单代号网络图工作逻辑关系表示方法 表 12-3

序　号	工作之间的逻辑关系	网络图中的表示方法
1	*A* 工作完成后进行 *B* 工作	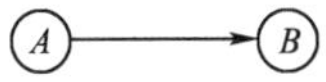 *A*→*B*
2	*B*、*C* 工作都完成后进行 *D* 工作	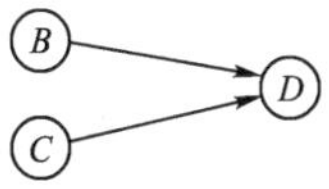 *B*→*D*，*C*→*D*
3	*A* 工作完成后进行 *C* 工作,*B* 工作完成后进行 *C*、*D* 工作	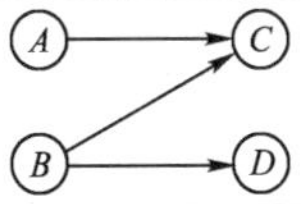 *A*→*C*，*B*→*C*，*B*→*D*
4	*A*、*B* 工作均完成后进行 *C*、*D* 工作	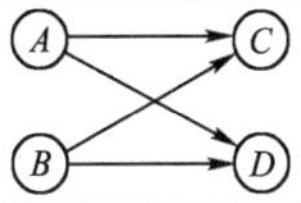 *A*→*C*，*A*→*D*，*B*→*C*，*B*→*D*

(2)严禁出现循环回路。

(3)严禁出现无箭尾节点或无箭头节点的箭线。

(4)只能有一个起点节点和一个终点节点。当开始的工作或结束的工作不止一项时,应设虚拟起点节点(S_t)或终点节点(F_{in}),以避免出现多个起点或多个终点。

如某工程有四个分项工程,逻辑关系为:*A*、*B* 两工作同时开始,*A* 工作完成后进行 *C* 工作,*B* 工作完成后可同时进行 *C*、*D* 工作。在此,最前面两项工作(*A*、*B*)同时开始,而最后两项工作(*C*、*D*)又可同时结束,则其单代号网络图就必须虚拟开始节点和结束节点,见图 12-27。

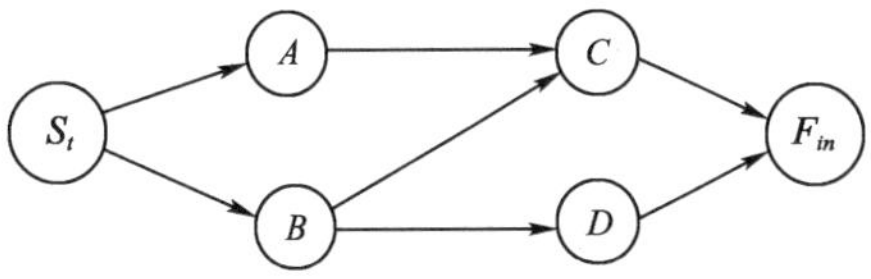

图 12-27　带虚拟节点的网络图

(三)单代号网络图绘制示例

【例 12-5】 某工程分为三个施工段,施工过程及其延续时间为:砌围护墙及隔墙 12d,内外抹灰 15d,安铝合金门窗 9d,喷刷涂料 12d。拟组织瓦工、抹灰工、木工和油工四个专业队组进行施工,试绘制单代号网络图。

【解】 按照给定的逻辑关系绘制,然后进行节点编号,见图 12-28。

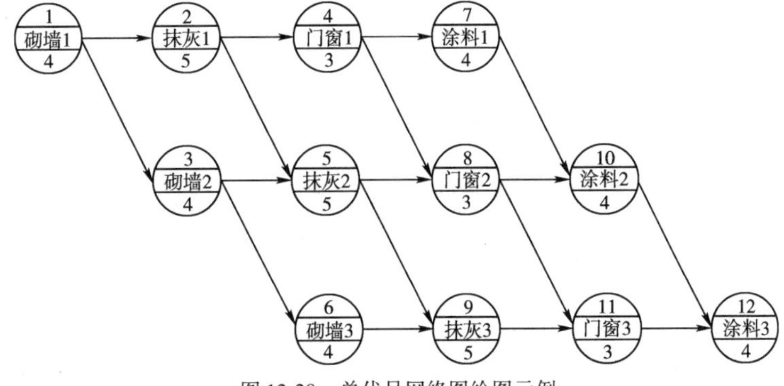

图 12-28　单代号网络图绘图示例

二、单代号网络计划时间参数的计算

单代号网络计划时间参数的概念与双代号网络计划相同。以图 12-29 所示网络图为例，说明其时间参数计算方法与过程，计算结果见图 12-29。

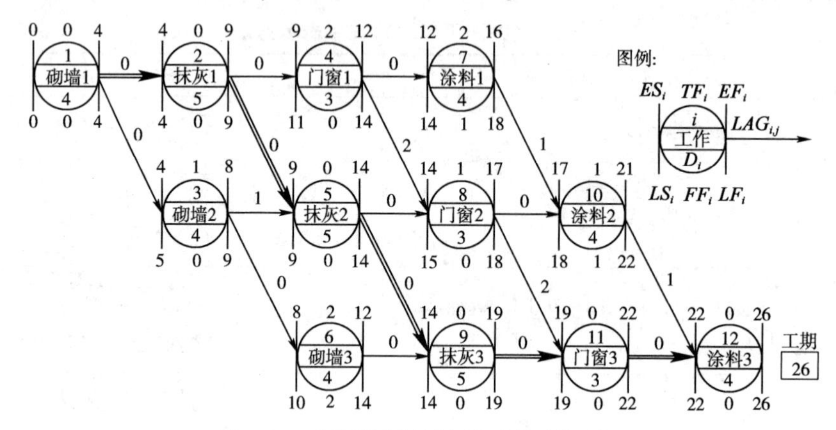

图 12-29 单代号网络计划时间参数计算示例

1. 工作最早时间的计算

从起点节点开始，顺箭头方向依次进行，“顺线累加，逢多取大”。

（1）最早开始时间（ES）。起点节点（起始工作）的最早开始时间如无规定，其值为零；其他工作的最早开始时间等于其紧前工作最早完成时间的最大值。即：

$$ES_i = \max\{EF_h\} \tag{12-12}$$

（2）最早完成时间（EF）。一项工作的最早完成时间就等于其最早开始时间与本工作持续时间之和。即：

$$EF_i = ES_i + D_i \tag{12-13}$$

图 12-29 的最早开始时间和最早完成时间计算如下：

$ES_1 = 0$

$EF_1 = ES_1 + D_1 = 0 + 4 = 4$

$ES_2 = EF_1 = 4$

$EF_2 = ES_2 + D_2 = 4 + 5 = 9$

……；

$ES_5 = \max\{EF_2, EF_3\} = \max\{9, 8\} = 9$

$EF_5 = ES_5 + D_5 = 9 + 5 = 14$

……

计算结果标注于图 12-29 中。

终点节点的最早完成时间即为计算工期 T_c。无“要求工期”时，取计划工期等于计算工期 T_P。

2. 相邻两项工作时间间隔的计算

时间间隔（LAG）是指相邻两项工作之间可能存在的最大间歇时间。i 工作与 j 工作的时间间隔记为 $LAG_{i,j}$。其值为后项工作的最早开始时间与前项工作的最早完成时间之差。计算公式为：

$$LAG_{i,j} = ES_j - EF_i \tag{12-14}$$

按式（12-14）计算图 12-29 的时间间隔为：

$LAG_{11,12} = ES_{12} - EF_{11} = 22 - 22 = 0$

$LAG_{10,12} = ES_{12} - EF_{10} = 22 - 21 = 1$

……

将计算结果标注于两节点之间的箭线上，见图 12-29。

3. 工作总时差的计算

工作总时差（TF）应从网络计划的终点节点开始，逆着箭线方向依次逐项计算。

（1）终点节点所代表工作 n 的总时差 TF_n 值应为：

$$TF_n = T_P - EF_n \tag{12-15}$$

（2）其他工作 i 的总时差 TF_i 应为：

$$TF_i = \min\{TF_j + LAG_{i,j}\} \tag{12-16}$$

图 12-29 的工作总时差计算如下：

$TF_{12} = T_P - EF_{12} = 26 - 26 = 0$

$TF_{11} = TF_{12} + LAG_{11,12} = 0 + 0 = 0$

$TF_{10} = TF_{12} + LAG_{10,12} = 0 + 1 = 1$

$TF_9 = TF_{11} + LAG_{9,11} = 0 + 0 = 0$

$TF_8 = \min\{(TF_{10} + LAG_{8,10}), (TF_{11} + LAG_{8,11})\}$

$\quad = \min\{(1 + 0), (0 + 2)\} = 1$

……

依此类推，可计算出其他工作的总时差，标注于图 12-29 的节点上部。

4. 工作自由时差的计算

工作自由时差（FF）的计算没有顺序要求，按以下规定进行：

（1）终点节点所代表工作 n 的自由时差 FF_n 值应为：

$$FF_n = T_P - EF_n \tag{12-17}$$

（2）其他工作 i 的自由时差 TF_i 应为：

$$FF_i = \min\{LAG_{i,j}\} \tag{12-18}$$

图 12-29 的工作自由时差计算如下：

$FF_{12} = T_P - EF_{12} = 26 - 26 = 0$

$FF_{11} = LAG_{11,12} = 0$

$FF_{10} = LAG_{10,12} = 1$

$FF_9 = LAG_{9,11} = 0$

$FF_8 = \min\{LAG_{8,10}, LAG_{8,11}\} = \min\{0, 2\} = 0$

……

依此类推，可计算出其他工作的自由时差，标注于图 12-29 的节点下部。

5. 工作最迟时间的计算

（1）最迟完成时间：

①终点节点的最迟完成时间等于计划工期。即：

$$LF_n = T_P \tag{12-19}$$

②其他工作的最迟完成时间等于其各紧后工作最迟开始时间的最小值。即：

$$LF_i = \min\{LS_j\} \tag{12-20}$$

或等于本工作最早完成时间与总时差之和。即：

$$LF_i = EF_i + TF_i \tag{12-21}$$

根据公式(12-19)和公式(12-21)计算图12-29的最迟完成时间如下：

$LF_{12} = T_P = 26$

$LF_{11} = EF_{11} + TF_{11} = 22 + 0 = 22$

$LF_{10} = EF_{10} + TF_{10} = 21 + 1 = 22$

……

依此类推,计算结果标注于图12-29。

(2)最迟开始时间。工作的最迟开始时间等于其最迟完成时间减去本工作的持续时间。即：

$$LS_i = LF_i - D_i \tag{12-22}$$

或等于本工作最早开始时间与总时差之和。即：

$$LS_i = TF_i + ES_i \tag{12-23}$$

根据公式(12-22)计算图12-29的最迟开始时间如下：

$LS_{12} = LF_{12} - D_{12} = 26 - 4 = 22$

$LS_{11} = LF_{11} - D_{11} = 22 - 3 = 19$

$LS_{10} = LF_{10} - D_{10} = 22 - 4 = 18$

……

依此类推,计算结果标注于图12-29。

以上各项时间参数的计算顺序是：$ES_i \to EF_i \to T_c \to T_P \to LAG_{i,j} \to TF_i \to FF_i \to LF_i \to LS_i$。此外,也可以按双代号网络图的计算方法进行计算,其计算顺序是：$ES_i \to EF_i \to T_c \to T_P \to LF_i \to LS_i \to TF_i \to FF_i \to LAG_{i,j}$。

6.确定关键工作和关键线路

同双代号网络图一样,总时差为最小值的工作是关键工作。当计划工期等于计算工期时,总时差最小值为零,则总时差为零的工作就是关键工作。

单代号网络图的关键线路宜通过工作之间的时间间隔 $LAG_{i,j}$ 来判断,即自终点节点至起点节点的全部 $LAG_{i,j} = 0$ 的线路为关键线路。图12-29的关键线路见图中双线。

第四节　双代号时标网络计划

一、时标网络计划的特点

时标网络计划是以时间坐标为尺度编制的网络计划。它通过箭线长度及节点的位置,可明确表达工作的持续时间及工作之间的时间关系,是目前应用最广的网络计划形式。它综合了前述的标时网络计划和横道图计划的优点。具有以下特点：

(1)能够清楚地展现计划的时间进程,不但工作间的逻辑关系明确,而且时间关系也一目了然,大大方便了使用。

(2)直接显示各项工作的开始与完成时间、工作的自由时差和关键线路,可大大节省编制时的计算量;也便于使用中的调整及执行中的控制。

(3)可以通过叠加确定各个时段的材料、机具、设备及人力等资源的需要量。利于制订施工准备计划和资源需要量计划,也为进行资源优化提供了便利。

(4)由于箭线的长度受到时间坐标的制约，故绘图比较麻烦；且修改其中一项就可能引起整个网络图的变动，因此，宜利用计算机程序软件进行该种计划的编制与管理。

二、时标网络计划的绘制

(一)绘制要求

(1)时标网络计划需绘制在带有时间坐标的表格上。其时间单位应在编制计划之前根据需要确定，可以小时、天、周、旬、月等为单位，构成工作时间坐标体系，也可同时加注日历，更能方便使用。时间坐标可以标注在图的顶部、底部或上下都标注。

(2)节点中心必须对准时间坐标的刻度线，以避免误会。

(3)以实箭线表示工作，以虚箭线表示虚工作，以水平波形线表示自由时差或与紧后工作之间的时间间隔。

(4)箭线宜采用水平箭线或水平段与垂直段组成的箭线形式，不宜用斜箭线。虚工作必须用垂直虚箭线表示，其自由时差应用水平波形线表示。

(5)时标网络计划宜按最早时间编制，以保证实施的可靠性。

(二)绘制方法

时标网络计划的编制应在绘制草图后，直接进行绘制或经计算后按时间参数绘制。

1. 按时间参数绘制法

该法是先绘制出标时网络计划，计算出时间参数并找出关键线路后，再绘制成时标网络计划。具体步骤如下：

(1)绘制时标表。

(2)将每项工作的箭尾节点按最早开始时间定位在时标表上，其布局应与标时网络计划基本相当，然后编号。

(3)用实箭线形式绘制出工作箭线，当某些工作箭线的长度不足以达到该工作的完成节点时，用波形线补足，箭头画在波形线与节点连接处。

(4)用垂直虚箭线绘制虚工作，虚工作的自由时差也用水平波形线补足。

2. 直接绘制法

该法是不计算网络计划的时间参数，直接按草图或逻辑关系及各项工作的延续时间绘制时标网络计划。绘制步骤如下：

(1)绘制时标表。

(2)将起点节点定位于时标表的起始刻度线上。

(3)按工作的持续时间在时标表上绘制起点节点的外向箭线。

(4)工作的箭头节点必须在其所有的内向箭线绘出以后，定位在这些内向箭线中最晚完成的实箭线箭头处。

(5)某些内向实箭线长度不足以到达该箭头节点时，用波形线补足。虚箭线应垂直绘制，如果虚箭线的开始节点和结束节点之间有水平距离时，也以波形线补足。

(6)用上述方法自左至右依次确定其他节点的位置。

(三)绘制示例

【例 12-6】 某装修工程有三个楼层，有吊顶、顶墙涂料和铺木地板三个施工过程。其中每层吊顶确定为三周、顶墙涂料定为两周、铺木地板定为一周完成。试绘制时标网络计划。

先绘制其标时网络计划草图，见图 12-30。再按上述要求绘制时标网络计划，如图 12-31 所示。绘图时，应使节点尽量向左靠，并避免箭线向左斜。当工期较长时，宜标注持续时间。

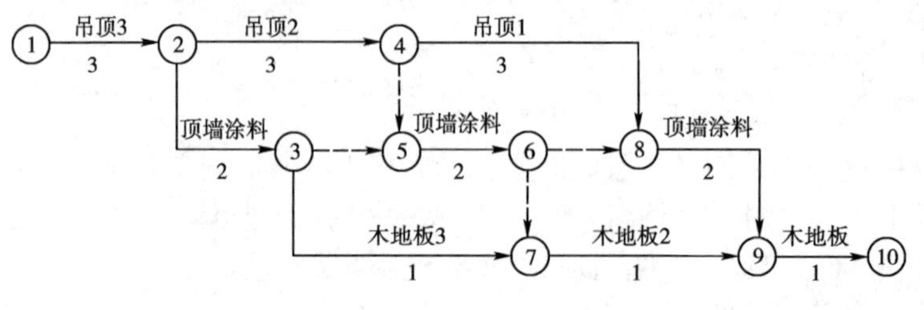

图 12-30　标时网络计划

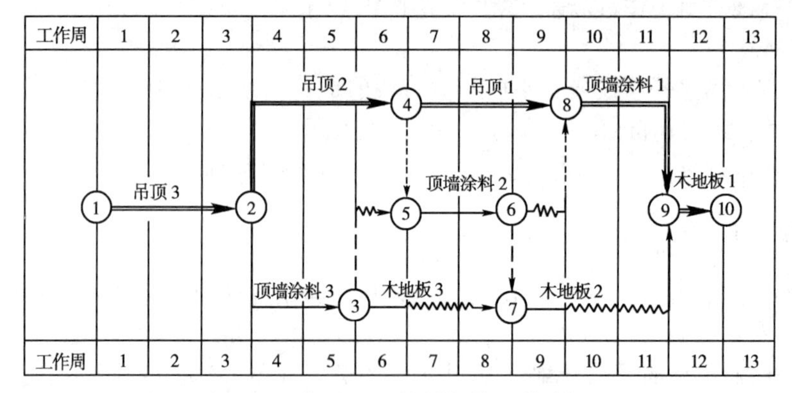

图 12-31　据图 12-30 绘制的时标网络计划

三、时标网络计划关键线路和时间参数的判定

1. 关键线路的判定与表达

自时标网络计划图的终点节点至起点节点逆箭线方向观察，自始至终无波形线的线路即为关键线路。在图 12-31 中，①→②→④→⑧→⑨→⑩为关键线路。关键线路要用粗线、双线或彩色线明确表达。

2. 时间参数的判定与推算

(1)“计划工期”的判定。终点节点与起点节点所在位置的时标差值即为“计划工期”。当起点节点处于时标表的零点时，终点节点所处的时标点即是计划工期。图 12-31 所示网络计划的工期为 12 周。

(2)最早时间的判定。工作箭线箭尾节点中心所对应的时标值，为该工作的最早开始时间。箭头节点中心或与波形线相连接的实箭线右端的时标值，为该工作的最早完成时间。如图 12-31 中，“顶墙涂料 3”的最早开始时间为 3 周以后(实际上是第四周)，最早完成时间为第五周末；“木地板 3”的最早开始时间为 5 周以后(实际上是第六周)，最早完成时间为第六周末。

(3)自由时差值的判定。在时标网络计划中，工作的自由时差值等于其波形线的水平投影长度。如图 12-31 中，“木地板 3”的自由时差为 2 周。

(4)总时差的推算。在时标网络计划中，工作的总时差应自右向左逐个推算。

①以终点节点为完成节点的工作，其总时差为计划工期与本工作最早完成时间之差。即：

$$TF_{i-n} = T_P - EF_{i-n} \tag{12-24}$$

②其他工作的总时差,等于诸紧后工作总时差的最小值与本工作自由时差之和。即:

$$TF_{i-j} = min\{TF_{j-k}\} + FF_{i-j} \tag{12-25}$$

如图12-31中,“木地板1”和“顶墙涂料1”的总时差均为0;“木地板2”的总时差为0 + 2 = 2d;虚工作6 - 8的总时差为0 + 1 = 1d,6 - 7的总时差为2 + 0 = 2d;“木地板3”的总时差为2 + 2 = 4d;“顶墙涂料2”有6 - 7、6 - 8两项紧后工作,其总时差为:

$$TF_{5-6} = \min\{TF_{6-8}, TF_{6-7}\} + FF_{5-6} = \min\{1,2\} + 0 = 1d$$

必要时,可在计算后将总时差标注在波形线或实箭线之上。

(5)最迟时间的推算。由于已知最早开始时间和最早完成时间,又知道了总时差,故工作的最迟完成和最迟开始时间可分别用以下两公式算出:

$$LF_{i-j} = TF_{i-j} + EF_{i-j} \tag{12-26}$$

$$LS_{i-j} = TF_{i-j} + ES_{i-j} \tag{12-27}$$

如图12-31中,“木地板3”的最迟完成时间为4 + 6 = 10周末,最迟开始时间为4 + 5 = 9周以后(即第10周)。

第五节　网络计划的优化

网络计划的优化,就是在满足既定的约束条件下,按某一目标,对网络计划进行不断检查、评价、调整和完善,以寻求最优方案的过程。网络计划的优化有工期优化、费用优化和资源优化三种。费用优化又叫时间成本优化;资源优化分为资源有限—工期最短的优化和工期固定—资源均衡的优化。

一、工期优化

工期优化是在网络计划的工期不满足要求时,通过压缩计算工期以达到要求工期目标,或在一定约束条件下使工期最短的过程。

工期优化一般是通过压缩关键工作的持续时间来达到优化目标。而缩短工作持续时间的主要途径,就是增加人力和设备等施工力量、加大施工强度、缩短间歇时间。因此,在确定需缩短持续时间的关键工作时,应按以下几个方面进行选择:

(1)缩短持续时间对质量和安全影响不大的工作。

(2)有充足备用资源的工作。

(3)缩短持续时间所需增加资源(人员、材料、机械、费用)最少的工作。

可以根据以上要求直接选择需缩短时间的工作。也可按各方面因素对工程的影响程度,分别设置计分分值,将需缩短持续时间的工作分项进行评价打分,从而得到“优先选择系数”。对系数小者,应优先考虑压缩。

在优化过程中,要注意不能将关键工作压缩成非关键工作,但关键工作可以被动地(即未经压缩)变成非关键工作,关键线路也可以因此而变成非关键线路。当优化过程中出现多条关键线路时,必须将各条关键线路的持续时间压缩同一数值,否则不能有效地将工期缩短。

网络计划的工期优化步骤如下:

(1)求出计算工期并找出关键线路及关键工作。

(2)按要求工期计算出工期应缩短的时间目标ΔT:

$$\Delta T = T_c - T_r \tag{12-28}$$

式中：T_c——计算工期；

T_r——要求工期。

(3)确定各关键工作能缩短的持续时间。

(4)将应优先缩短的关键工作压缩至最短持续时间，并找出新关键线路。若此时被压缩的工作变成了非关键工作，则应将其持续时间回延，使之仍为关键工作。

(5)若计算工期仍超过要求工期，则重复以上步骤，直到满足工期要求或工期已不能再缩短为止。

需要注意：当所有关键工作的持续时间都已达到其能缩短的极限，或虽部分关键工作未达到最短持续时间但已找不到继续压缩工期的方案，而工期仍未满足要求时，应对计划的技术、组织方案进行调整(如采取技术措施、改变施工顺序、采用分段流水或平行作业等)，或对要求工期重新审定。

【例 12-7】 已知某网络计划如图 12-32 所示。图中箭线下方或右侧的括号外为正常持续时间，括号内为最短持续时间；箭线上方或左侧的括号内为优选系数。假定要求工期为 15d，试对其进行工期优化。

【解】 (1)用标号法求出在正常持续时间下的关键线路及计算工期。如图 12-33 所示，关键线路为 ADH，计算工期为 18d。

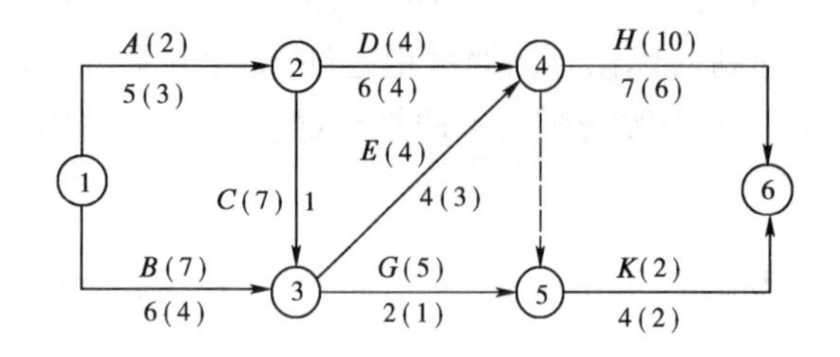

图 12-32 某工程的网络计划

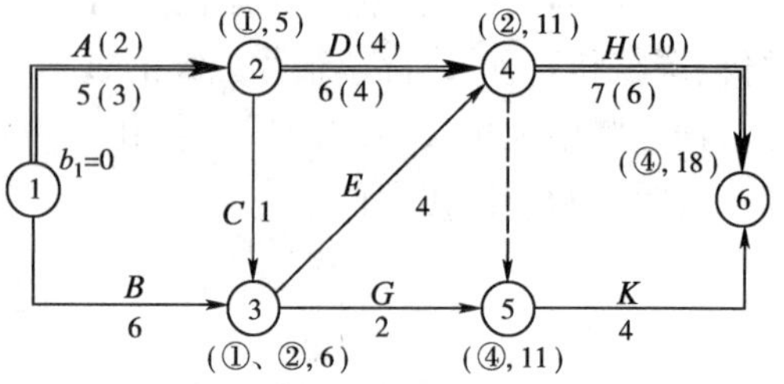

图 12-33 初始网络计划

(2)计算应缩短的时间：$\Delta T = T_c - T_r = 18 - 15 = 3$d。

(3)选择应优先缩短的工作。各关键工作中 A 工作的优先选择系数最小。

(4)压缩工作的持续时间。将 A 工作压缩至最短持续时间 3d，用标号法找出新关键线路，如图 12-34 所示。此时关键工作 A 压缩后成了非关键工作，故需将其松弛，使之成为关键工作，现将其松弛至 4d，找出关键线路如图 12-35 所示，此时 A 又成了关键工作。图中有两条关键线路，即 ADH 和 BEH。其计算工期 $T_c = 17$d，应再缩短的时间为：$\Delta T_1 = 17 - 15 = 2$d。

(5)由于计算工期仍大于要求工期，故需继续压缩。图 12-35 中，有五个压缩方案：

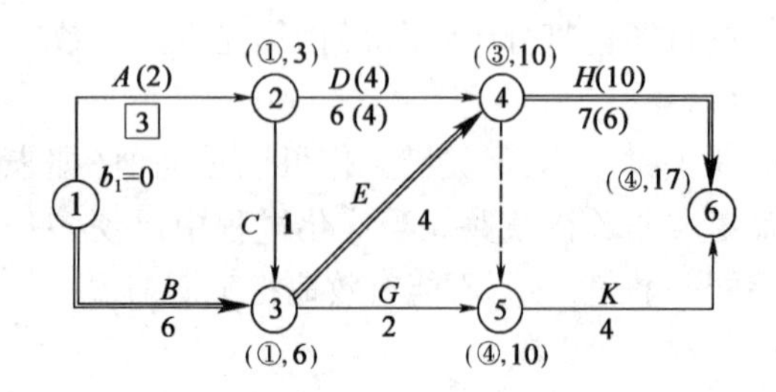

图 12-34 将 A 缩短至最短的网络计划

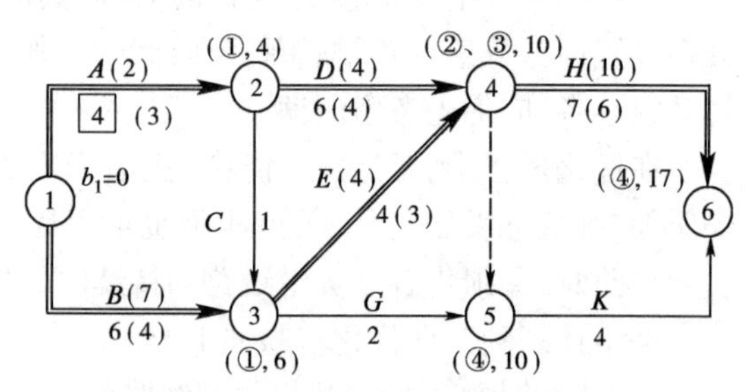

图 12-35 第一次压缩后的网络计划

①压缩 A、B,组合优选系数为 $2+7=9$;

②压缩 A、E,组合优选系数为 $2+4=6$;

③压缩 D、E,组合优选系数为 $4+4=8$;

④压缩 D、B,组合优选系数为 $4+7=11$;

⑤压缩 H,优选系数为 10。

应压缩优选系数最小者,即压 A、E。将这两项工作都压缩至最短持续时间 3,亦即各压缩 1d。用标号法找出关键线路,如图 12-36 所示。此时关键线路只有两条,即:ADH 和 BEH;计算工期 $T_c=16\text{d}$,还应缩短 $\Delta T_2=16-15=1\text{d}$。由于 A 和 E 已达最短持续时间,不能被压缩,可假定它们的优选系数为无穷大。

(6)由于计算工期仍大于要求工期,故需继续压缩。前述的五个压缩方案中前三个方案的优选系数都已变为无穷大,现还有两个方案:

①压缩 B、D,优选系数为 $7+4=11$;

②压缩 H,优选系数为 10。

采取压缩 H 的方案,将 H 压缩 1d,持续时间变为 6d。得出计算工期 $T_c=15\text{d}$,等于要求工期,已满足了优化目标要求。优化方案如图 12-37 所示。

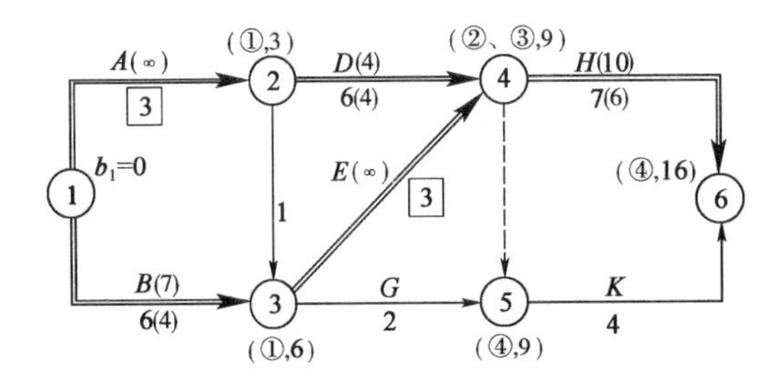

图 12-36　第二次压缩后的网络计划

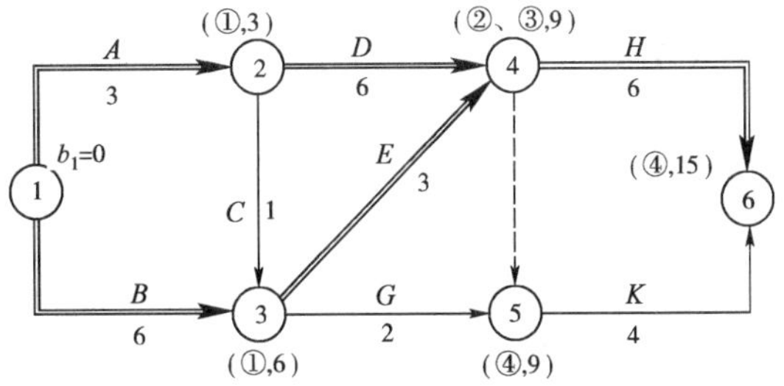

图 12-37　优化后的网络计划

上述网络计划的工期优化方法是一种技术手段,是在逻辑关系一定的情况下压缩工期的一种有效方法,但绝不是唯一的方法。事实上,在一些较大的工程项目中,调整好各专业之间及各工序之间的搭接关系,组织立体交叉作业和平行作业,适当调整网络计划中的逻辑关系,对缩短工期有着更重要的意义。

二、费用优化

在一定范围内,工程的施工费用随着工期的变化而变化,在工期与费用之间存在着最优解的平衡点。费用优化就是寻求最低成本时的最优工期及其相应进度计划,或按要求工期寻求最低成本及其相应进度计划的过程。因此费用优化又叫工期—成本优化。

1. 工期与成本的关系

工程的成本包括工程直接费和间接费两部分。在一定时间范围内,工程直接费随着工期的增加而减少,而间接费则随着工期的增加而增大,它们与工期的关系曲线见图 12-38。工程的总成本曲线是将不同工期的直接费和间接费叠加而成,其最低点就是费用优化所寻求的目标。该点所对应的工期,就是网络计划成本最低时的最优工期。

就某一项工作而言,根据工作的性质不同,其直接费和持续时间之间的关系,通常有连续型变化和非连续型变化两种。

(1)当费用与持续时间关系曲线呈连续型变化时,可近似用直线代替,如图 12-39 所示,以方便地求出直接费费用增加率(简称直接费率)。

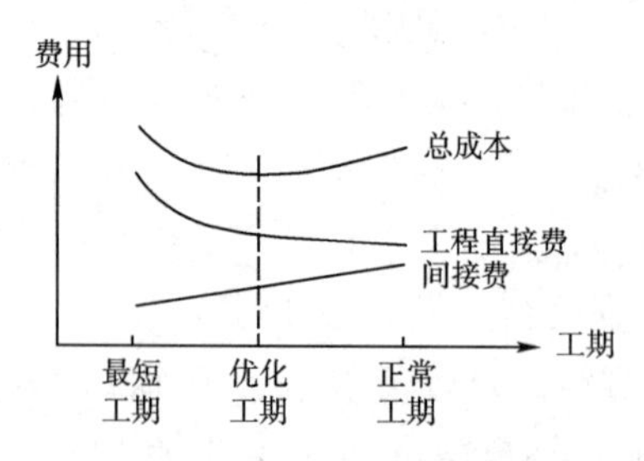

图 12-38 工期—费用关系曲线

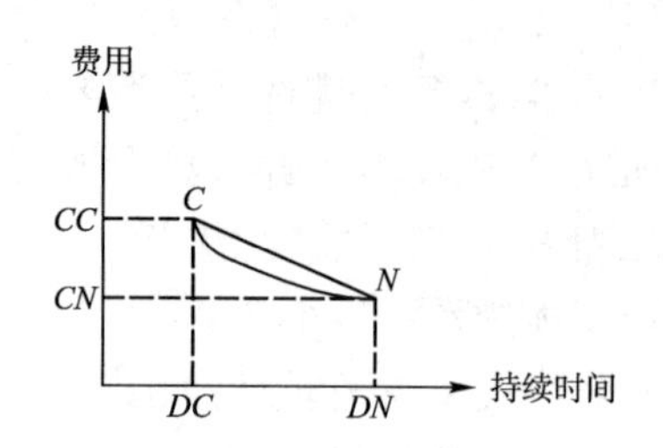

图 12-39 连续型的时间—直接费关系

如工作 $i-j$ 的直接费率 a_{i-j}^{D}:

$$a_{i-j}^{D}=\frac{CC_{i-j}-CN_{i-j}}{DN_{i-j}-DC_{i-j}} \tag{12-29}$$

式中:$CC_{i\text{-}j}$——工作 $i\text{-}j$ 的最短持续时间直接费;

$CN_{i\text{-}j}$——工作 $i\text{-}j$ 的正常持续时间直接费;

$DN_{i\text{-}j}$——工作 $i\text{-}j$ 的正常持续时间;

$DC_{i\text{-}j}$——工作 $i\text{-}j$ 的最短持续时间。

【例 12-8】 某工作的正常持续时间为 6d,所需直接费为 2000 元,在增加人员、机具及进行加班的情况下,其最短时间 4d,而直接费为 2400 元,则直接费率为:

$$a_{i-j}^{D}=\frac{2400-2000}{6-4}=200(\text{元}/\text{d})$$

(2)有些工作的直接费与持续时间是根据不同施工方案分别估算的,找不到变化关系曲线,所以不能用数学公式计算,只能在几个方案中进行选择。

2. 费用优化的方法与步骤

工期—费用优化的基本方法是,从网络计划的各工作持续时间和费用关系中,依次找出既能使计划工期缩短、又能使得其费用增加最少的工作,不断地缩短其持续时间,同时考虑间接费叠加,即可求出工程成本最低时的相应最优工期或工期指定时相应的最低工程成本。优化步骤如下:

(1)计算初始网络计划的工程总直接费和总费用。网络计划的工程总直接费等于各工作的直接费之和,用 $\sum C_{i-j}^{D}$ 表示。

当工期为 t 时,网络计划的总费用 C_t^T 为:

$$C_t^T=\sum C_{i-j}^{D}+a^{ID}\cdot t \tag{12-30}$$

式中:a^{ID}——工程间接费率,即工期每缩短或延长一个单位时间所需减少或增加的费用。

(2)计算各项工作的直接费率。

(3)找出网络计划中的关键线路并求出计算工期。

(4)逐步压缩工期,寻求最优方案。

当只有一条关键线路时,将直接费率最小的一项工作压缩至最短持续时间,并找出关键线路。当有多条关键线路时,就需压缩一项或多项直接费率或组合直接费率最小的工作,并将其中正常持续时间与最短持续时间的差值最小的为幅度进行压缩,并找出关键线路。若被压缩工作变成了非关键工作,则应减少对它的压缩时间,使之仍为关键工作。但关键工作可以被动地(即未经压缩)变成非关键工作,关键线路也可以因此而变成非关键线路。

在确定了压缩方案以后，必须将被压缩工作的直接费率或组合直接费率值与间接费率进行比较，如等于间接费率，则已得到优化方案；如小于间接费率，则需继续压缩；如大于间接费率，则在此之前的小于间接费率的方案即为优化方案。

（5）绘出优化后的网络计划图。绘图后，在箭杆上方注明直接费，箭杆下方注明优化后的持续时间。

（6）计算优化后网络计划的总费用。

【例 12-9】 已知网络计划如图 12-40 所示，图中箭线下方或右侧括号外数字为正常持续时间，括号内为最短持续时间；箭线上方或左侧括号外数字为正常直接费，括号内为最短时间直接费。间接费率为 0.7 万元/d，试对其进行费用优化。

【解】 （1）用标号法找出网络计划中的关键线路并求出计算工期。

如图 12-41 所示，关键线路为 *ACEH* 和 *ACGK*，计算工期为 21d。

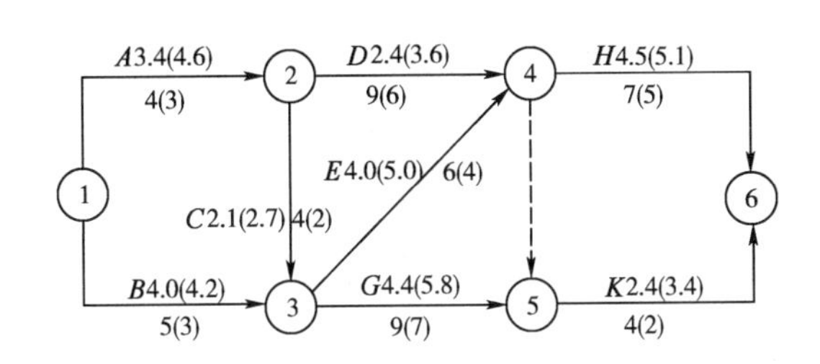

图 12-40 例 12-10 的网络计划

注：费用单位：万元；时间单位：d。

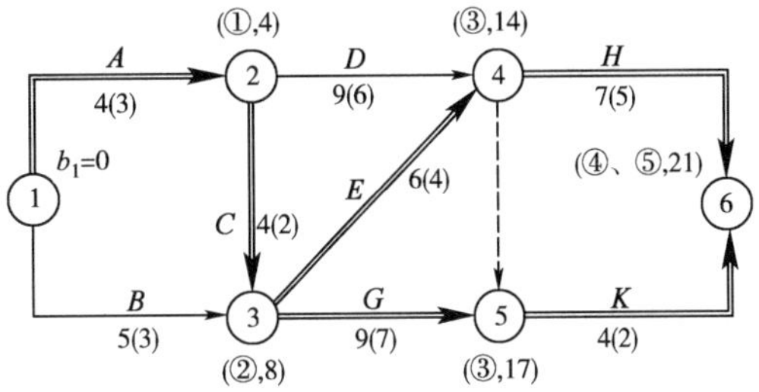

图 12-41 网络计划的工期和关键线路

（2）计算工程总直接费和总费用。

工程总直接费：$\sum C_{i-j}^{D} = 3.4 + 4.0 + 2.1 + 2.4 + 4.0 + 4.4 + 4.5 + 2.4 = 27.2$（万元）

工程总费用：

$$C_{21}^{T} = \sum C_{i-j}^{D} + a^{ID} \cdot t = 27.2 + 0.7 \times 21 = 41.9（万元）$$

（3）计算各项工作的直接费率：

$$a_{1-2}^{D} = \frac{CC_{1-2} - CN_{1-2}}{DN_{1-2} - DC_{1-2}} = \frac{4.6 - 3.4}{4 - 3} = 1.2（万元/d）$$

$$a_{1-3}^{D} = \frac{4.2 - 4.0}{5 - 3} = 0.1（万元/d）$$

……

依此类推，将计算结果标于水平箭线上方或竖向箭线左侧括号内，见图 12-42。

（4）逐步压缩工期，寻求最优方案。

①进行第一次压缩。有两条关键线路 *ACEH* 和 *ACGK*，直接费率最低的关键工作为 *C*，其直接费率为 0.3 万元/d（以下简写为 0.3），小于间接费率 0.7 万元/d（以下简写为 0.7）。尚不能判断是否已出现优化点，故需将其压缩。现将 *C* 压至最短持续时间 2d，找出关键线路，如图 12-43 所示。

由于 *C* 被压缩成了非关键工作，故需将其松弛，使之仍为关键工作，且不影响已形成的关键线路 *ACEH* 和 *ACGK*。第一次压缩后的网络计划如图 12-44 所示。

②进行第二次压缩。现已有 *ADH*、*ACEH* 和 *ACGK* 三条关键线路。共有 7 个压缩方案：

a. 压 *A*，直接费率为 1.2；

b. 压 *C*、*D*，组合直接费率为 0.3 + 0.4 = 0.7；

c. 压 C、H,组合直接费率为 0.3 +0.3 =0.6;

d. 压 D、E、G,组合直接费率为 0.4 +0.5 +0.7 =1.6;

e. 压 D、E、K,组合直接费率为 0.4 +0.5 +0.5 =1.4;

f. 压 G、H,组合直接费率为 0.7 +0.3 =1.0;

g. 压 H、K,组合直接费率为 0.3 +0.5 =0.8。

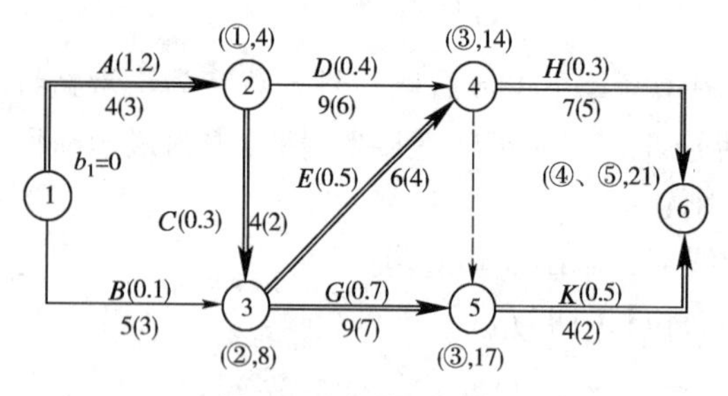

图 12-42 初始网络计划

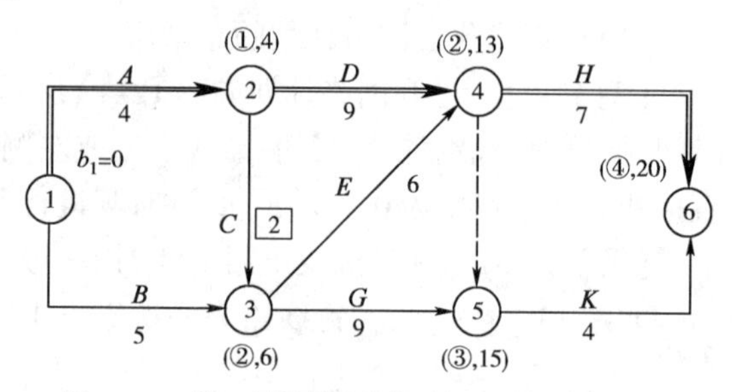

图 12-43 将 C 压至最短持续时间 2d 时的网络计划

采用直接费率和组合直接费率最小的第 3 方案,即压 C、H,组合直接费率为 0.6,小于间接费率 0.7,尚不能判断是否已出现优化点,故应继续压缩。由于 C 只能压缩 1d,H 随之只可压缩 1d。压缩后,用标号法找出关键线路,此时关键线路只有 ADH 和 $ACGK$ 两条。第二次压缩后的网络计划如图 12-45 所示。

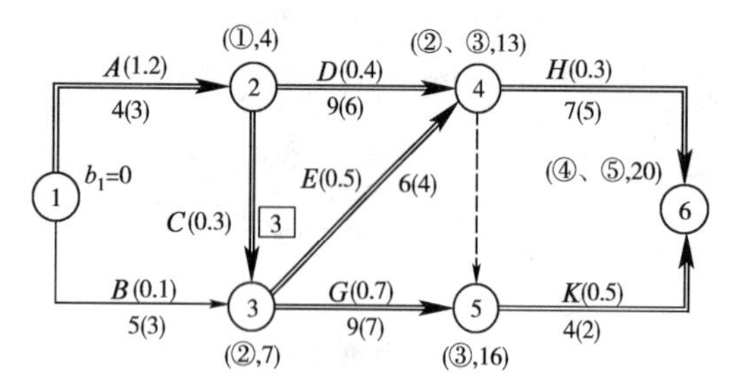

图 12-44 第一次压缩后的网络计划

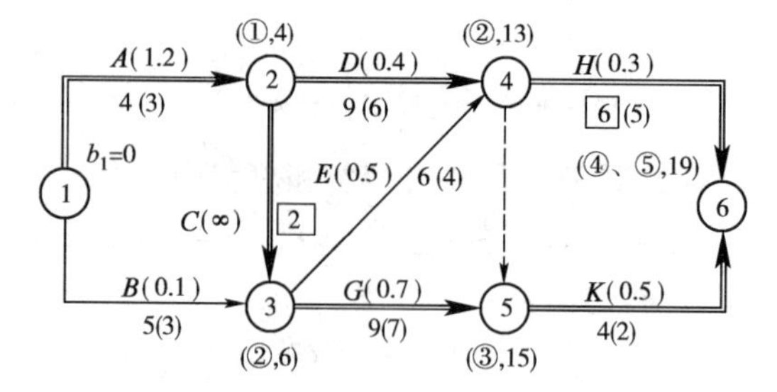

图 12-45 第二次压缩后的网络计划

③进行第三次压缩。如图 12-45 所示,由于 C 的费率已变为无穷大,故只有 5 个压缩方案:

a. 压 A,直接费率为 1.2;

b. 压 D、G,组合直接费率为 0.4 +0.7 =1.1;

c. 压 D、K,组合直接费率为 0.4 +0.5 =0.9;

d. 压 G、H,组合直接费率为 0.7 +0.3 =1.0;

e. 压 H、K,组合直接费率为 0.3 +0.5 =0.8。

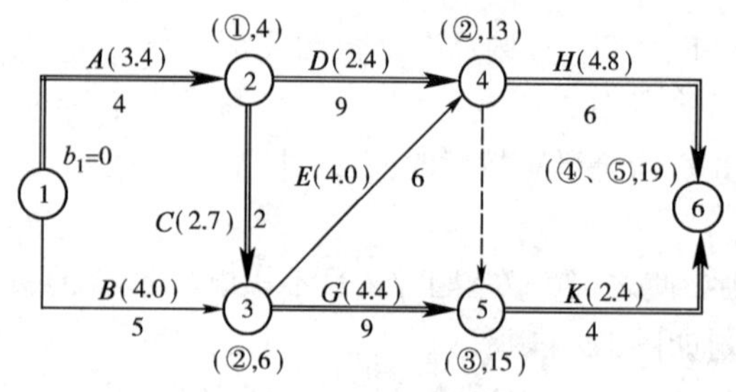

图 12-46 优化后的网络计划

由于各压缩方案的直接费率均已大于间接费率 0.7,已出现优化点。故第二次压缩后的网络计划即为优化网络计划,如图 12-45 所示。

(5)绘出优化网络计划。如图 12-46 所示,图中被压缩工作压缩后的直接费确定如下:

①工作 C 已压至最短持续时间,直接费为 2.7 万元;

②工作 H 压缩 1d,直接费为:$4.5+0.3\times1=4.8$(万元)。

(6)计算优化后的总费用：

$$C_{19}^{T}=\sum C_{i-j}^{D}+a^{ID}\cdot t=(3.4+4.0+2.7+2.4+4.0+4.4+4.+2.4)+0.7\times19$$
$$=28.1+13.3=41.4(\text{万元})$$

总费用较优化前减少了 41.9 − 41.4 = 0.5(万元)。

三、资源优化

资源是为完成施工任务所需的人力、材料、机械设备和资金等的统称。完成一项工程任务所需的资源量基本上是不变的，不可能通过资源优化将其减少。资源优化是通过改变工作的开始时间，使资源按时间的分布符合优化目标，包括在资源有限时如何使工期最短，当工期一定时如何使资源均衡。

资源优化宜在时标网络计划上进行，本处只介绍各项工作均不切分的优化方法。

1."资源有限，工期最短"的优化

该优化是通过调整计划安排，以满足资源限制条件，并使工期增加最少的过程。

(1)优化的方法：

①若所缺资源仅为某一项工作使用，则只需根据现有资源重新计算该工作持续时间，再重新计算网络计划的时间参数，即可得到调整后的工期。如果该项工作延长的时间在其时差范围内时，则总工期不会改变；如果该项工作为关键工作，则总工期将顺延。

②若所缺资源为同时施工的多项工作使用，则必须后移某些工作，但应使工期延长最短。调整的方法是将该处的一些工作移到另一些工作之后，以减少该处的资源需用量。如该处有两个工作 $m-n$ 和 $i-j$，则有 $i-j$ 移到 $m-n$ 之后或 $m-n$ 移到 $i-j$ 之后两个调整方案，如图 12-47所示。

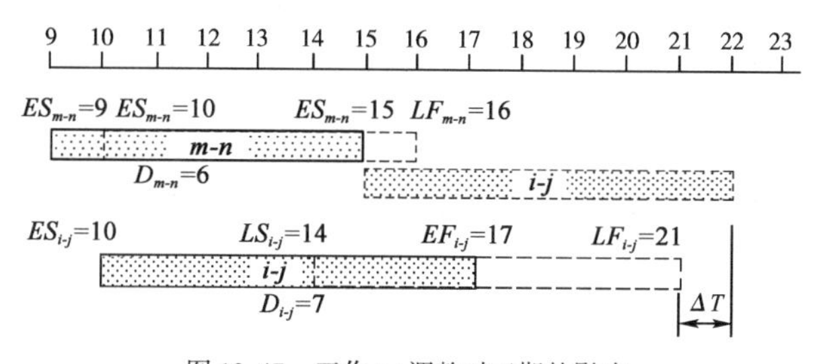

图 12-47　工作 i-j 调整对工期的影响

将 $i-j$ 移至 $m-n$ 之后时，工期延长值：

$$\begin{aligned}\Delta T_{m-n,i-j}&=EF_{m-n}+D_{i-j}-LF_{i-j}\\&=EF_{m-n}-(LF_{i-j}-D_{i-j})\\&=EF_{m-n}-LS_{i-j}\end{aligned}\tag{12-31}$$

当工期延长值 $\Delta T_{m-n,i-j}$ 为负值或 0 时，对工期无影响；为正值时，工期将延长。故应取 ΔT 最小的调整方案。即要将 LS 值最大的工作排在 EF 值最小的工作之后。如本例中：

方案 1：将 $i-j$ 排在 $m-n$ 之后，则

$$\Delta T_{m-n,i-j}=EF_{m-n}-LS_{i-j}=15-14=1$$

方案 2：将 $m-n$ 排在 $i-j$ 之后，则

$$\Delta T_{i-j,m-n}=EF_{i-j}-LS_{m-n}=17-10=7$$

应选方案 1。

当 min{EF} 和 max{LS} 属于同一工作时，则应找出 EF_{m-n} 的次小值及 LS_{i-j} 的次大值代替，而组成两种方案。即：

$$\Delta T_{m-n,i-j} = (\text{次小 } EF_{m-n}) - \max\{LS_{i-j}\} \tag{12-32}$$

$$\Delta T_{m-n,i-j} = \min\{EF_{m-n}\} - (\text{次大 } LS_{i-j}) \tag{12-33}$$

取小者的调整顺序。

(2)优化步骤。

①检查资源需要量。从网络计划开始的第 1 天起，从左至右计算资源需用量 R_t，并检查其是否超过资源限量 R_a。如果整个网络计划都满足 $R_t < R_a$，则该网络计划就已经达到优化要求；如果发现 $R_t > R_a$，就应停止检查而进行调整。

②计算和调整。先找出发生资源冲突时段的所有工作，再按式(12-31)或式(12-32)、式(12-33)计算 $\Delta T_{m-n,i-j}$，确定调整的方案并进行调整。

③重复以上步骤，直至出现优化方案为止。

【例 12-10】 已知网络计划如图 12-48 所示，图中箭线上方为资源强度，箭线下方为持续时间，若资源限量 $R_a = 12$，试对其进行资源有限—工期最短的优化。

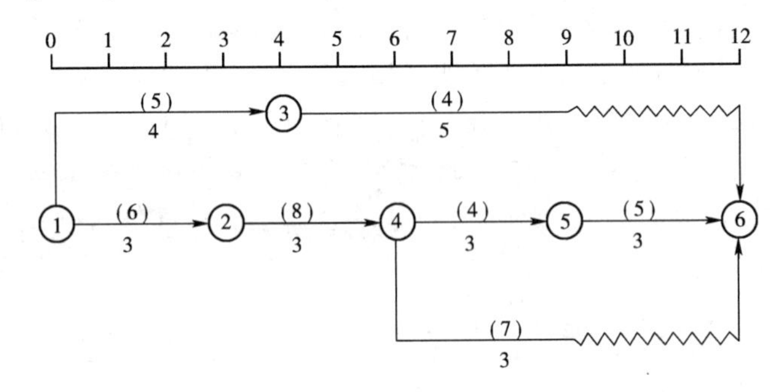

图 12-48 某工程网络计划

【解】 (1)计算资源需量。如图 12-49 所示，计算至第 4d 时，$R_4 = 13 > R_a = 12$，故需进行调整。

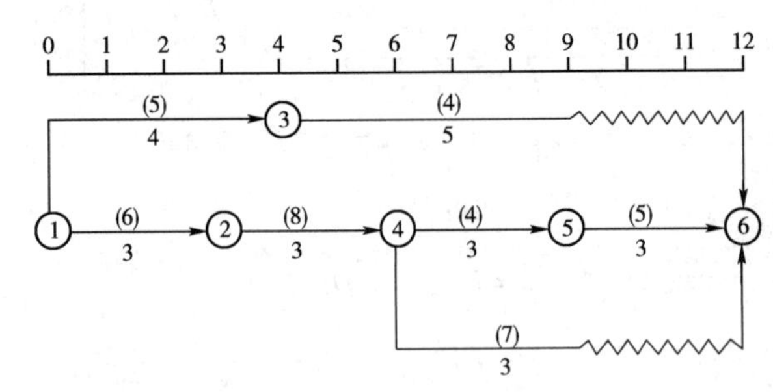

图 12-49 计算资源需要量，直至多于资源限量时

(2)选择方案与调整。冲突时段的工作有 1－3 和 2－4，调整方案为：

方案一：1－3 移至 2－4 之后。从图中可知：

$EF_{2-4} = 6$；由 $ES_{1-3} = 0$，$TF_{1-3} = 3$，得 $LS_{1-3} = 0 + 3 = 3$，则：

$\Delta T_{2-4,1-3} = EF_{2-4} - LS_{1-3} = 6 - 3 = 3$

方案二：2－4 移至 1－3 之后。从图中可知：$EF_{1-3} = 4$；由 $ES_{2-4} = 3$，$TF_{2-4} = 0$，得 $LS_{2-4} =$

$3+0=3$，则：

$$\Delta T_{1-3,2-4}=EF_{1-3}-LS_{2-4}=4-3=1$$

决定采用工期增量较小的第二方案，绘出其网络计划如图12-50所示。

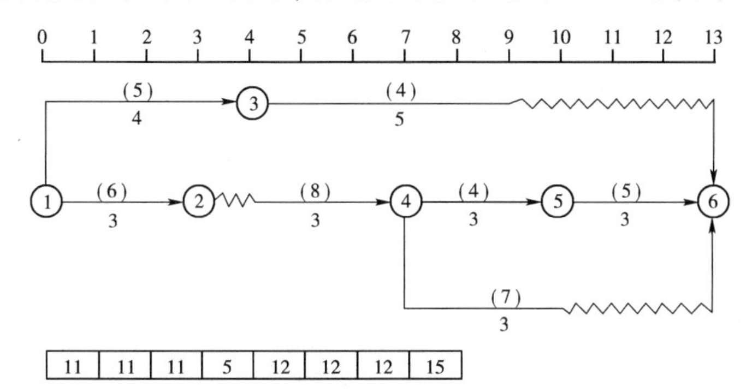

图12-50　第一次调整，并继续检查资源需要

(3)再计算资源需要量。如图12-50，计算至第8天，$R_8=15>R_a=12$，故需进行第二次调整。

(4)进行第二次调整。发生资源冲突时段的工作有3－6、4－5和4－6三项。计算调整所需参数，见表12-4。

冲突时段工作参数表　　表12-4

工作代号	最早完成时间 EF_{i-j}	最迟开始时间 $LS_{i-j}=ES_{i-j}+TF_{i-j}$
3－6	9	8
4－5	10	7
4－6	11	10

从表12-5中可看出，最早完成时间的最小值为9，属3-6工作；最迟开始时间的最大值为10，属4－6工作。因此，最佳方案是将4－6移至3－6之后，其工期增量将最小，即：$\Delta T_{3-6,4-6}=9-10=-1$。工期增量为负值，意味着工期不会增加。调整后的网络计划见图12-51。

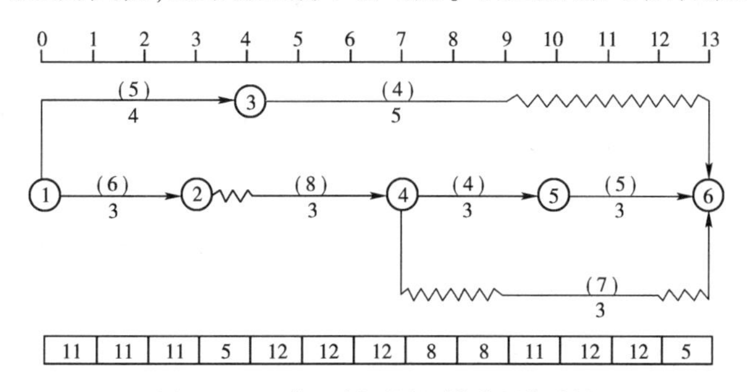

图12-51　经第二次调整得到优化网络计划

(5)再次计算资源需要量。如图12-51，自始至终资源的需要量均小于资源限量，已达到优化要求。

2."工期固定，资源均衡"的优化

该优化是通过调整计划安排，在工期不变的条件下，使资源需要量尽可能均衡的过程。资源均衡可以有效地缓解供应矛盾、减少临时设施的规模，从而有利于工程组织管理，并可降低工程费用。常用优化方法有削高峰法和方差值最小法。在此只介绍方差值最小法。

(1)方差值(σ^2)最小法的基本原理。方差值是指每天计划需要量 R_t 与每天平均需要量 R_m 之差的平方和的平均值,即

$$\sigma^2 = \frac{1}{T}\sum_{t=1}^{T}[R_t - R_m]^2 \tag{12-34}$$

为使计算简便,将上式展开并作如下变换:

$$\sigma^2 = \frac{1}{T}\sum_{t=1}^{T}[R_t^2 - 2R_tR_m + R_m^2] = \frac{1}{T}\sum_{t=1}^{T}R_t^2 - 2\frac{1}{T}\sum_{t=1}^{T}R_tR_m + R_m^2$$

而 $\frac{1}{T}\sum_{t=1}^{T}R_t = R_m$,代入上式得:

$$\sigma^2 = \frac{1}{T}\sum_{t=1}^{T}R_t^2 - R_m^2 \tag{12-35}$$

上式中 T 与 R_m 为常数,因此,只要 R_t^2 最小就可使得方差值 σ^2 最小。

(2)优化的步骤与方法。

①按最早时间绘出符合工期要求的时标网络计划,找出关键线路,求出各非关键工作的总时差,逐日计算出资源需要量或绘出资源需要量动态曲线。

②优化调整的顺序。由于工期已定,只能调整非关键工作。其顺序为:自终点节点开始,逆箭线逐个进行。对完成节点为同一个节点的工作,须先调整开始时间较迟者。

在所有工作都按上述顺序进行了一次调整之后,再按该顺序逐次进行调整,直至所有工作既不能向右移也不能向左移为止。

③工作可移性的判断。由于工期已定,故关键工作不能移动。非关键工作能否移动,主要看是否能削峰填谷或降低方差值。判断方法如下:

a. 若将工作 k 向右移动一天,则在移动后该工作完成的那一天的资源需要量应等于或小于右移前工作开始那一天的资源需要量。也就是说,不得出现削了高峰后又填出新的高峰。若用 r_k 表示 k 工作的资源强度,i、j 分别表示工作移动前开始和完成的那一天,则应满足下式要求:

$$R_{j+1} + r_k \leqslant R_i \tag{12-36}$$

b. 若将工作 k 向左移动一天,则在左移后该工作开始那一天的资源需要量应等于或小于左移前工作完成那一天的资源需要量,否则也会产生削峰又填谷成峰的问题。即应符合下式要求:

$$R_{i-1} + r_k \leqslant R_j \tag{12-37}$$

c. 若将工作 k 右移一天或左移一天不能满足上述要求时,则可考虑在其总时差范围内,右移或左移数天后能否使资源需要量更加均衡。

向右移动时,判别式为:

$$[(R_{j+1} + r_k) + (R_{j+2} + r_k) + (R_{j+3} + r_k) + \cdots] \leqslant [R_i + R_{i+1} + R_{i+2} + \cdots] \tag{12-38}$$

向左移动时,判别式为:

$$[(R_{i-1} + r_k) + (R_{i-2} + r_k) + (R_{i-3} + r_k) + \cdots] \leqslant [R_j + R_{j-1} + R_{j-2} + \cdots] \tag{12-39}$$

【例 12-11】 已知网络计划如图 12-52 所示。箭线上方数字为该工作每日资源需要量,箭线下数字为持续时间,试对其进行工期固定—资源均衡的优化。

【解】 (1)未调整时的资源需要量方差值为:

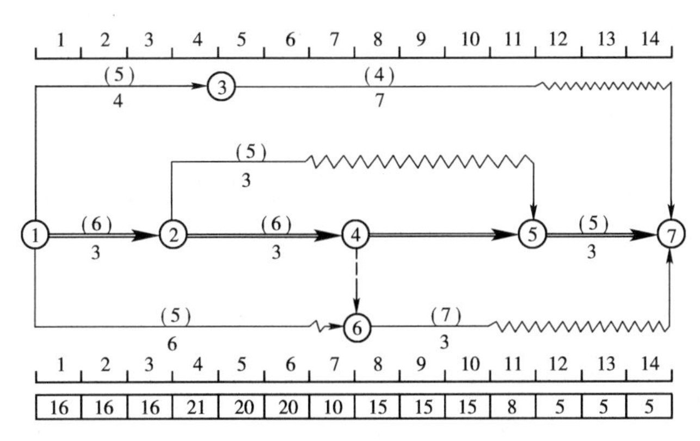

图 12-52 某工程初始网络计划

$$\sigma^2 = \frac{1}{T}\sum_{t=1}^{T} R_t^2 - R_m^2$$

式中：

$$R_m = [16\times3+21\times1+20\times2+10\times1+15\times3+8\times1+5\times3]/14 = 13.36$$

$$\sigma^2 = [16^2\times3+21^2\times1+20^2\times2+10^2\times1+15^2\times3+8^2\times1+5^2\times3]/14-13.36 = 30.3$$

(2)向右移动工作6-7，按式(13-42)判断如下：

$R_{11}+r_{6-7}=8+7=15 \quad = \quad R_8=15$ （可右移1天）

$R_{12}+r_{6-7}=5+7=12 \quad < \quad R_9=15$ （可再右移1天）

$R_{13}+r_{6-7}=5+7=12 \quad < \quad R_{10}=15$ （可再右移1天）

此时，已将6－7移至其原有位置之后，能否再移动需待列出调整表后进行判断，如表12-5所示。

移动工作6-7后的资源调整表 表12-5

时间	1	2	3	4	5	6	7	8	9	10	11	12	13	14
原资源量	16	16	16	21	20	20	10	15	15	15	8	5	5	5
调整量								−7	−7	−7	+7	+7	+7	
现资源量	16	16	16	21	20	20	10	8	8	8	15	12	12	5

从表12-5可看出，工作6－7还可向右移动，即

$R_{14}+r_{6-7}=5+7=12 \quad < \quad R_{11}=15$ （可右移1天）

至此工作6-7已移到网络计划的最后，不能再移。移动后的资源需要量变化情况见表12-6。

移动工作6-7后的资源调整表 表12-6

时间	1	2	3	4	5	6	7	8	9	10	11	12	13	14
原资源量	16	16	16	21	20	20	10	8	8	8	15	12	12	5
调整量											−7			+7
现资源量	16	16	16	21	20	20	10	8	8	8	8	12	12	12

(3)向右移动工作3－7：

$R_{12}+r_{3-7}=12+4=16 \quad < \quad R_5=20$ （可右移1天）

$R_{13}+r_{3-7}=12+4=16 \quad < \quad R_6=20$ （可再右移 1 天）

$R_{14}+r_{3-7}=12+4=16 \quad > R_7=10$ （不能右移）

此时资源需要量变化情况如表 12-7 所示。

移动工作 3-7 后的资源调整表 表 12-7

时间	1	2	3	4	5	6	7	8	9	10	11	12	13	14
原资源量	16	16	16	21	20	20	10	8	8	8	8	12	12	12
调整量					-4	-4						+4	+4	
现资源量	16	16	16	21	16	16	10	8	8	8	8	16	16	12

（4）向右移动工作 2－5：

$R_7+r_{2-5}=10+5=15 \quad < \quad R_4=21$ （可右移 1 天）

$R_8+r_{2-5}=8+5=13 \quad < \quad R_5=16$ （可再右移 1 天）

$R_9+r_{2-5}=8+5=13 \quad < \quad R_6=16$ （可再右移 1 天）

此时，已将 2-5 移至其原有位置之后，能否再移动需待列出调整表后进行判断，如表 12-8 所示。

移动工作 2-5 后的资源调整表 表 12-8

时间	1	2	3	4	5	6	7	8	9	10	11	12	13	14
原资源量	16	16	16	21	16	16	10	8	8	8	8	16	16	12
调整量				-5	-5	-5	+5	+5	+5					
现资源量	16	16	16	16	11	11	15	13	13	8	8	16	16	12

从表 12-8 可看出，工作 2－5 还可向右移动，即

$R_{10}+r_{2-5}=8+5=13 \quad < \quad R_7=15$ （可右移 1 天）

$R_{11}+r_{2-5}=8+5=13 \quad = \quad R_8=13$ （可再右移 1 天）

从图 12-52 中可以看出，工作 2-5 已无时差，不能再向右移动。此时资源需要量变化情况如表 12-9 所示。

再移动工作 2-5 后的资源调整表 表 12-9

时间	1	2	3	4	5	6	7	8	9	10	11	12	13	14
原资源量	16	16	16	16	11	11	15	13	13	8	8	16	16	12
调整量							-5	-5		+5	+5			
现资源量	16	16	16	16	11	11	10	8	13	13	13	16	16	12

为了明确看出其他工作能否右移，绘出经以上调整后的网络计划，如图 12-53。

（5）向右移动工作 1－6：

$R_7+r_{1-6}=10+5=15 \quad < \quad R_1=16$ （可右移 1 天）

$R_8+r_{1-6}=8+5=13 \quad < \quad R_2=16$ （可再右移 1 天）

$R_9+r_{1-6}=13+5=18 \quad > \quad R_3=16$ （不能右移）

此时资源需要量变化情况如表 12-10 所示。

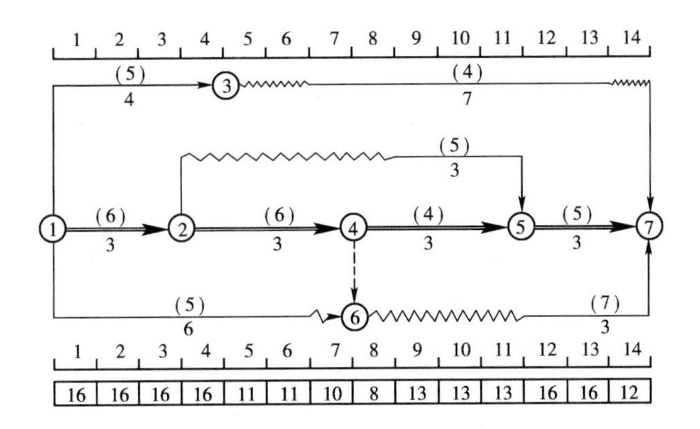

图 12-53　右移 6－7、3－7、2－5 后的网络计划

移动工作 1－6 后的资源调整表　　　　表 12-10

时间	1	2	3	4	5	6	7	8	9	10	11	12	13	14
原资源量	16	16	16	16	11	11	10	8	13	13	13	16	16	12
调整量	－5	－5					＋5	＋5						
现资源量	11	11	16	16	11	11	15	13	13	13	13	16	16	12

(6)可明显看出,工作 1－3 不能向右移动。

至此,第一次向右移动已经完成,其网络计划如图 12-54。

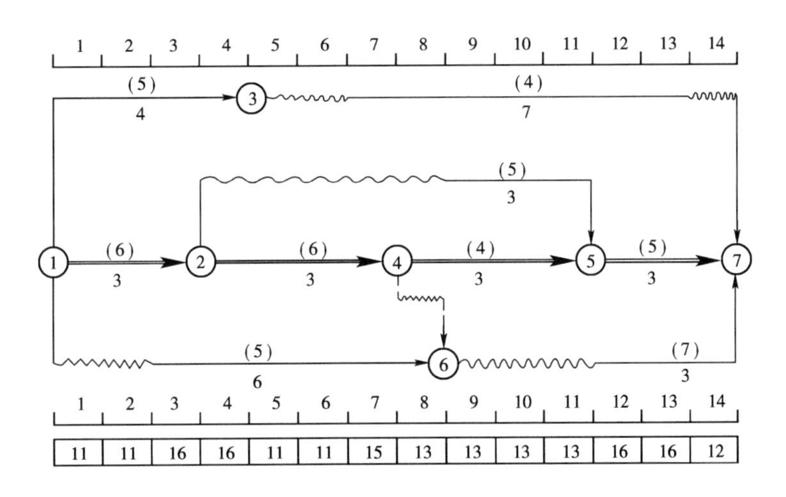

图 12-54　向右移动一遍后的网络计划

(7)由图 12-54 可看出,工作 3－7 可以向左移动,故进行第二次移动,按式(12-37)判断如下:

$R_6 + r_{3-7} = 11 + 4 = 15 \quad < \quad R_{13} = 16$　　　　(可左移 1 天)

$R_5 + r_{3-7} = 11 + 4 = 15 \quad < \quad R_{12} = 16$　　　　(可再左移 1 天)

至此,工作 3－7 已移动最早开始时间,不能再移动。

其他工作向左移或向右移均不能满足式(12-36)或式(12-37)的要求。至此已完成该网络计划的优化。优化后的网络计划见图 12-55。

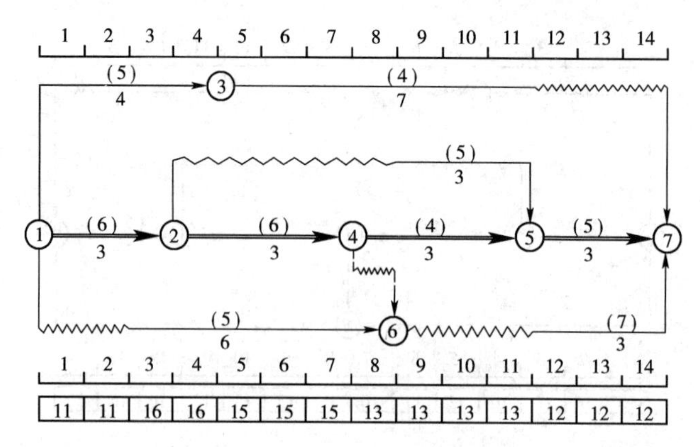

图 12-55　优化后的网络计划

(8)计算优化后方差值：

$$\sigma^2 = \frac{1}{14}[11^2 \times 2 + 16^2 \times 2 + 15^2 \times 3 + 13^2 \times 4 + 12^2 \times 3] - 13.36^2 = 2.72$$

与初始网络计划比较，方差值降低了：$\frac{30.30 - 2.72}{30.30} \times 100\% = 91.02\%$。可见，经优化调整后，资源均衡性有了较大幅度的好转。

第十三章

单位工程施工组织设计

单位工程施工组织设计是以一个单体工程为编制对象,用以指导拟建工程实施全过程中的生产技术、经济活动,以及控制质量、安全等各项目标的综合性管理文件。它是在工程中标、签订承包合同后,由项目经理组织,在项目技术负责人领导下进行编制,是施工前的一项重要技术准备工作。在开工前,应将其呈报企业批准,并报送总监理工程师审查确认。

第一节 概　　述

一、单位工程施工组织设计的作用与任务

单位工程施工组织设计是对施工过程和施工活动进行全面规划和安排,据以确定各分部分项工程开展的顺序及工期、主要分部分项工程的施工方法、施工进度计划、各种资源的供需计划、施工准备工作及施工现场的布置。因而,它对落实施工准备,保证施工有组织、有计划、有秩序地进行,实现质量好、工期短、成本低和安全、高效的良好效果有着重要作用。

单位工程施工组织设计的任务主要有以下几个方面:

(1)贯彻施工组织总设计对该工程的规划精神以及施工合同的要求。

(2)拟定施工部署、选择确定施工方法和机械,落实建设意图。

(3)编制施工进度计划,确定合理的搭接配合关系,保证工期目标的实现。

(4)确定各种物资、劳动力、机械的配置计划,为施工准备、调度安排及布置现场提供依据。

(5)合理布置施工场地,充分利用空间,减少运输和暂设费用,保证施工顺利和安全。

(6)制订实现质量、进度、成本和安全目标的具体计划,为施工项目管理提出技术和组织方面的指导性意见。

二、单位工程施工组织设计的内容

由于不同工程对象在工程性质、结构及规模,施工的地点、时间与条件,施工管理的形式与水平等方面存在较大差异,单位工程施工组织设计的内容及深度广度也有所不同,但一般应包括以下内容:

(1)编制依据。主要包括:施工合同,设计文件,相关的法律法规、规范规程,当地技术经

济条件等。

(2)工程概况。主要包括:工程基本情况,各专业设计概况,施工条件及工程特点分析等。

(3)施工部署。主要包括:确立管理目标,制定部署原则,确定项目组织机构及岗位职责,划分任务,明确各参建单位间的协调配合关系,确定施工展开程序。

(4)主要施工方案。包括:划分流水段,确定流向及施工顺序,选择主要分部分项工程的施工方法和施工机械等。

(5)施工进度计划。主要包括:划分施工项目,计算工程量、劳动量和机械台班量,确定各施工项目的持续时间和流水节拍,绘制进度计划图表等内容。

(6)施工准备与资源配置计划。施工准备主要包括技术准备、现场准备等内容;资源配置计划主要包括劳动力、物资等的配置计划。

(7)施工现场平面布置。主要包括:确定起重运输机械的位置,布置运输道路,布置搅拌站、加工棚、仓库及材料、构件堆场,布置临时设施和水电管线等内容。

(8)主要管理计划。主要包括:保证工期、质量、安全、成本目标的措施与计划,保护环境、文明施工以及分包管理措施与计划等。

以上各项内容中,施工部署、施工方案、进度计划和施工平面图分别突出了施工中的组织、技术、时间和空间四大要素,是施工组织设计的最主要内容,应重点研究和筹划。

三、编 制 程 序

单位工程施工组织设计应在调查研究、明确工程特点与环境特点的基础上,拟定施工部署、编制施工方案、编制各种计划、布置施工现场、拟定管理措施、计算各项指标,经过反复讨论、修改后,报请上级部门和监理机构批准。具体编制程序见图13-1所示。

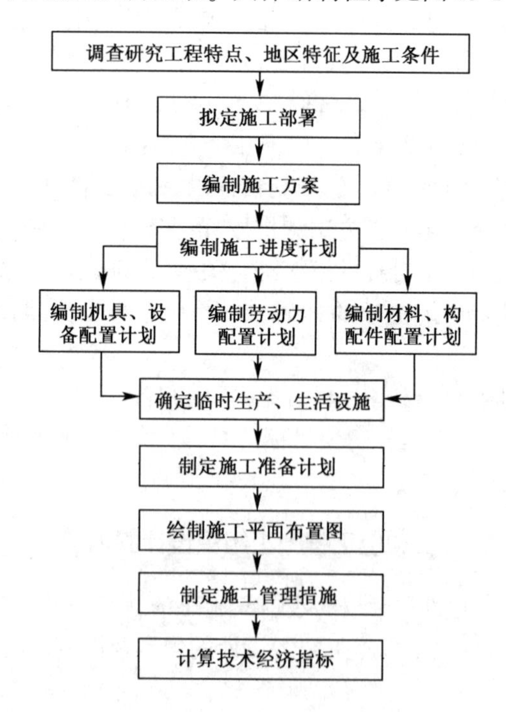

图13-1 单位工程施工组织设计的编制

四、编 制 依 据

编制单位工程施工组织设计时,应依据以下内容:

(1)与工程建设有关的法律、法规和文件;

(2)国家现行有关规范、标准和技术经济指标;

(3)工程所在地区行政主管部门的批准文件,建设单位对施工的要求;

(4)工程施工合同或招投标文件;

(5)工程设计文件;

(6)施工现场条件,工程地质及水文地质、气候等自然条件;

(7)与工程有关的资源供应情况;

(8)施工企业的生产能力、机械设备状况、技术水平;

(9)施工组织总设计等。

以上内容是单位施工组织设计编制过程中需依据的内容,而在单位施工组织设计文件中,必须明确的编制依据包括:

(1)本单位工程的施工合同、设计文件;

(2)与工程建设有关的国家、行业和地方的法律、法规、规范规程、标准、图集;

(3)施工组织总设计等。

五、工程概况的编写

工程概况是对拟建工程的基本情况、施工条件及工程特点作概要性介绍和分析。其编写目的,一是可使编制者进一步明确工程情况,做到心中有数,以便使设计切实可行、经济合理;二是可使审批者能较正确、全面地了解工程的设计与施工条件,从而判定施工方案、进度安排、平面布置及技术措施等是否合理可行。

工程概况的编写应力求简单明了,常以文字叙述或表格形式表现,并辅之以平、立、剖面简图。工程概况主要包括以下内容。

1. 工程基本情况

主要说明拟建工程的名称、建设单位、建造地点;工程的性质、用途;资金来源及工程投资额;开竣工日期;设计单位、监理单位、施工单位名称及资质等级;上级有关文件或要求;施工图纸情况(齐全否、会审情况等);施工合同签订情况等。

2. 工程设计特点及主要工作量

主要说明工程的设计特点及主要工作量,如房屋的建筑、结构、装饰、设备等。包括:建筑面积及层数、层高、总高、平面形状及尺寸,功能与特点;基础的种类与埋深、构造特点,结构的类型,构件的种类、材料、尺寸、重量、位置特点,结构的抗震设防情况等;内外装饰的材料、种类、特点;设备的系统构成、种类、数量等。

对新材料、新结构、新工艺及施工要求高、难度大的施工过程应着重说明。对主要的工作量、工程量应列出数量表,以明确施工的重点。

3. 施工条件

主要说明建设地点的位置、地形、周围环境,工程地质,不同深度的土壤分析,地下水位、水质;当地气温、主导风向、风力、雨量、冬雨期时间、冻结期与冻层厚度,地震烈度等;场地“三通一平”情况,施工现场及周围环境情况,交通运输条件;材料、构件、加工品的供应情况;施工单位的施工机械、运输工具、劳动力的投入能力,内部承包方式、劳动组织形式、施工技术和管理水平;现场临时设施的解决方法等。

4. 工程施工特点

通过对工程设计特点、建设地点特征及施工条件等的分析,找出施工的重点、难点和关键问题,以便在选择施工方案、组织物资供应、配备技术力量及进行施工准备等方面采取有效措施。

第二节　施工部署与施工方案

一、施 工 部 署

单位工程的施工部署,是对整个单位工程的施工进行总体的布置和安排,主要包括:确定项目组织机构,明确岗位职责,划分施工任务,制定管理目标,拟定部署原则,明确各参建单位间的协调配合关系等。

(一)确定项目组织机构及岗位职责

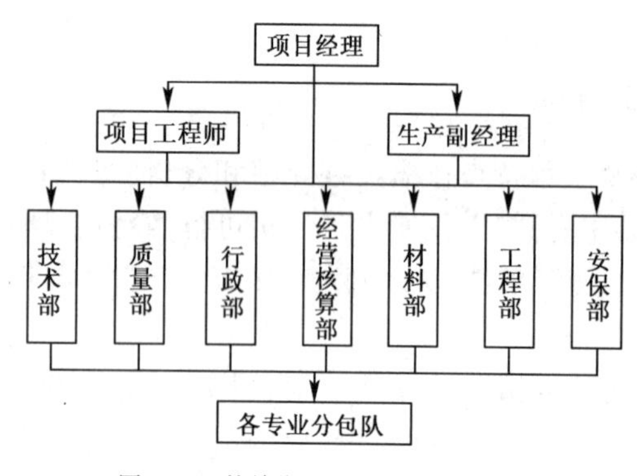

图 13-2　某单位工程施工组织机构图

确定项目组织机构,主要包括确定组织机构形式、确定组织管理层次、制定岗位职责,选定管理人员等。确定组织机构形式时,需考虑项目的性质、施工企业类型、人员素质、管理水平等因素。某工程建立的项目组织机构构成如图 13-2。

(二)制定施工管理目标

根据施工合同的约定和政府行政主管部门的要求,制定工程实施的工期、质量、安全目标,制定文明施工、消防、环境保护等方面的管理目标。其中,工期目标应以施工合同或施工组织总设计要求为依据,拟定出总工期目标和各主要施工阶段(如基础、主体、装饰装修)的工期控制目标。质量目标应按合同约定或投标承诺,拟定出总目标和分解目标。质量总目标如:确保省优、市优(长城杯、扬子杯等),争创国优(鲁班奖);分解目标指各分部工程拟达到的质量等级(优良、合格)。安全目标应按政府主管部门和企业要求以及合同约定,拟定出事故等级、伤亡率、事故频率的限制目标。

施工管理目标必须满足或高于合同目标,作为编制各种计划、措施及进行工程管理和控制的依据。

(三)确定施工展开程序

施工展开程序是指单项或单位工程中各分部工程、各专业工程或各施工阶段的先后施工关系。

1. 一般建筑工程的施工展开程序

一般工程的施工应遵循“先准备后开工”,“先地下后地上”,“先主体后围护”,“先结构后装饰”,“先土建后设备”的程序原则。但施工展开程序并非一成不变,其影响因素很多,特别是随着建筑工业化的发展和施工技术的进步,有些程序将发生变化。

(1)"先准备后开工"是指正式施工前,应先做好各项准备工作,以保证开工后施工能顺利、连续地进行。

(2)"先地下后地上"是指在地上工程开始前,尽量把地下管线和设施、土方及基础等做好或基本完成,以免对地上施工产生干扰或影响质量、造成浪费。地下工程施工还应本着先深后浅的程序,管线施工应本着先场外后场内、先主干后分支的程序。

(3)"先主体后围护"主要指排架、框架或框架剪力墙结构的房屋,其围护结构应滞后于主体结构,以避免相互干扰,利于提高质量、保护成品和施工安全。

(4)"先结构后装饰"是指房屋的装饰装修工程应在结构全部完成或部分完成后进行。对多层建筑,结构与装饰以不搭接为宜;而高层应尽量搭接施工,以缩短工期。有些构件也可做好装饰层后再行安装(即"先装饰、后结构"),但应确实能保证装饰质量、缩短工期、降低成本。

(5)"先土建后设备"是指土建施工先行,水、电、暖、卫、燃等管线及设备随后进行。施工中土建与设备管线常进行交叉作业,但前者需为后者创造施工条件。在装饰装修阶段,还要从保证质量和保护成品的角度处理好两者的关系。

2. 工业厂房的施工程序

工业厂房施工,应根据厂房的类型及生产设备的性质、体量、安装方法和要求等因素,安排土建施工与生产设备安装间的合理施工展开程序,使其能相互创造工作面,减少干扰或重复施工,以缩短工期、提高质量。一般有以下三种程序:

(1)先土建后设备。一般机械工业厂房,当土建主体结构完成后,即可进行设备安装;有精密设备的工业厂房,应在土建和装饰工程全部完成后才能进行设备安装。这种施工程序称为"封闭式施工"。其优点是土建施工较为方便。

(2)先设备后土建。对某些重型工业厂房,如冶金、发电厂房等,一般应先安装生产设备,然后再建造厂房。由于设备需露天安装,故这种施工程序称为"敞开式施工"。

(3)土建与设备安装平行施工。某些厂房,当土建施工为设备安装创造了必要条件后,同时又可采取措施防止设备污染时,设备安装与土建施工可同时进行,两者相互配合,互相创造施工条件,可缩短工期、节约费用,尽早发挥投资效益。如建造水泥厂时,平行施工最为经济。

3. 示例

(1)某高层住宅楼的施工展开程序如图13-3。

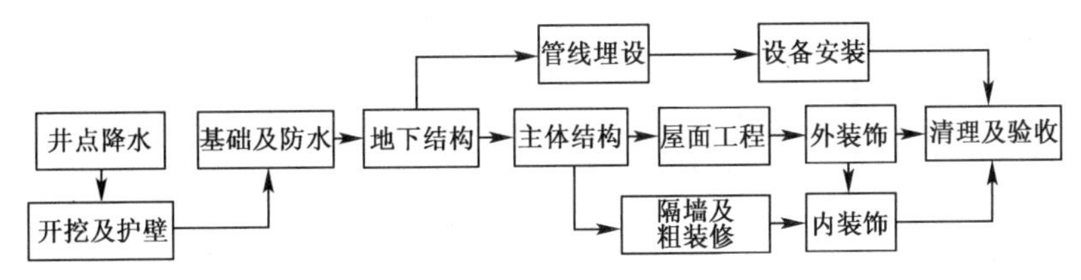

图13-3 某高层住宅楼施工展开程序安排

(2)某合同段高速公路的施工展开程序如图13-4。

(四)确定时间和空间安排

针对工程特点和合同工期要求,确定各分部工程时间控制,包括开始时间和完成时间、各分部工程之间的搭接关系等,为制订施工进度计划和组织生产提供依据。

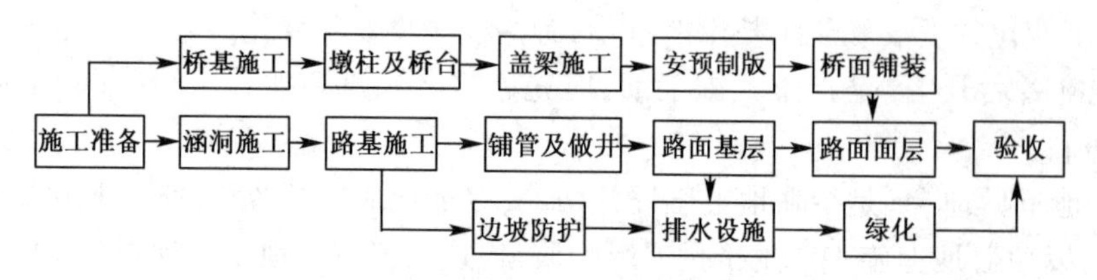

图 13-4　某合同段高速公路的施工展开程序安排

一般较大的房屋建筑工程可分为基坑工程、地下结构、主体结构、二次结构、屋面工程、外装修、内装修(粗装修、精装修)等几大阶段。其中基坑工程施工阶段应尽量避开冬、雨期,外装修湿作业应避开冬期,室内精装修应在屋面防水完成后进行。

在时间安排上应贯彻空间占满,时间连续,均衡协调有节奏,并适当留有余地的原则。为保证工程按计划完成,一般均需要采用主体和二次结构、主体和设备管线安装埋设、主体和装饰装修、设备安装和装饰装修的搭接作业和立体交叉施工。为了使二次结构、安装、装饰装修施工较早插入,工程应分批进行验收。如地下结构完成后及时验收,主体结构按楼层分几个批次验收等。

二、拟定施工方案

施工方案是施工组织设计的核心,一般包括划分施工段、确定施工的起点流向、确定施工顺序、选择主要施工方法和施工机械等内容。施工方案合理与否直接关系到工程的质量、成本和工期,因此,必须在认真熟悉图纸、明确工程特点和施工任务、充分研究施工条件、正确进行技术经济比较的基础上拟定。

(一)划分施工段

划分施工段是将施工对象在空间上划分成多个施工区域,以适应流水施工的要求,使多个专业队组能在不同的施工段上平行作业,并可减少机具、设备及周转材料(如模板)的配置量,从而缩短工期、降低成本,使生产连续、均衡地进行。

1.分段应注意的问题

(1)各段的工程量或同一工种的工作量应大致相等,以便组织节奏流水。

(2)保证结构的整体性及建筑、装饰的外观效果,尽量利用结构变形缝、防震缝或混凝土施工缝、装饰装修的分格缝或墙体阴角等处作为分段界限。如某钢筋混凝土框架结构办公楼工程,结构施工阶段分为三个流水施工段,如图 13-5。其二、三段的分段界限利用了结构变形缝;一、二段以梁板混凝土施工缝的位置作为分段位置,较为合理。

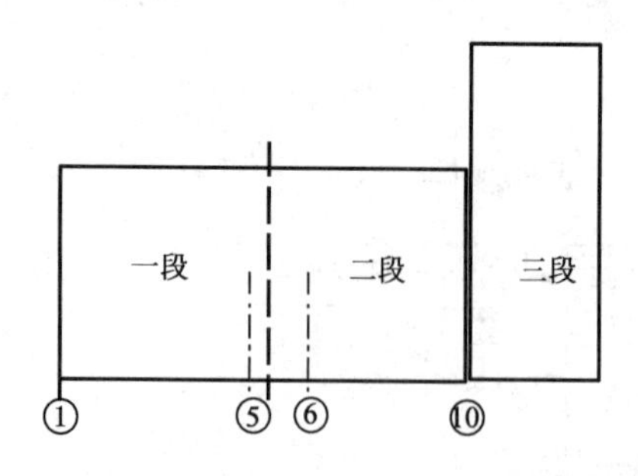

图 13-5　某办公楼结构施工分段示意

(3)施工段个数应与主导施工过程数(或主要工种个数)相协调。要以主导施工过程为主形成工艺组合,在保证各主导施工过程(或主要工种)都有工作面的条件下,尽量减少施工段,以避免工作面狭窄或工期延长。

(4)每段的大小要与劳动组织相协调,以保证工人有足够的工作面、机械能发挥其能力。

(5)不同的施工阶段,其流水组织方法、主导施工过程数及机具配备均可能不同,可采用不同的分段。

2. 几种常见建筑物和道路的分段

(1)多层砖混住宅。基础应少分段或不分段,以利于整体性。结构阶段应以2~3个单元为1段,每层分2~3段以上,面积小而不便于分段施工时,宜组织各栋号间流水。外装饰每层可按墙面分段。内装饰可将每个单元作为一个施工段,或每个楼层分为2~3个施工段。

(2)现浇框架结构公共建筑。独立柱基础时常按模板配置量分段。结构阶段的施工工序较多,宜按施工工种的个数(如钢筋、模板、混凝土三大工种)确定施工段数,即每层宜分为3段以上,每段宜含有10~15根柱子以上的面积。

(3)大模板施工高层住宅。该类建筑多为有地下室的筏板基础或箱形基础,往往有整体性和防水要求,因此地下部分最好不分段或少分段。当有后浇带时可按后浇带位置分段。主体结构阶段的最主要施工过程有四个:扎墙筋、安装大模板、支楼板模板、扎楼板钢筋,因此,每层不宜少于4个施工段,以便于流水,如图13-6。

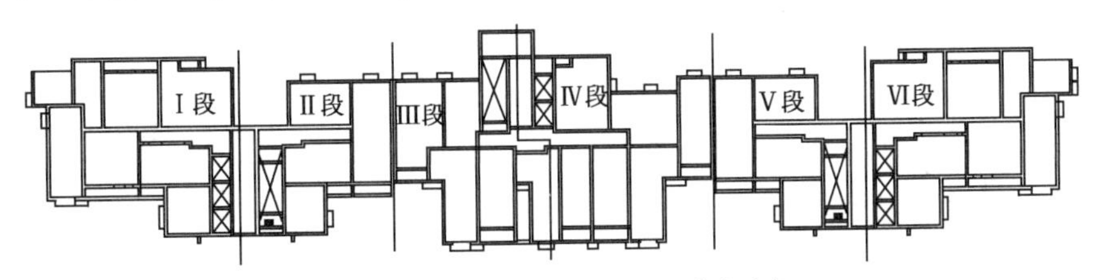

图13-6　某高层住宅楼结构施工分段示意

(4)路基路面。路面基层铺筑时,每段长度不得少于150m,以减少接槎,提高机械作业效率。当铺筑水泥稳定土基层时,每段长度取决于水泥的凝结时间、气候条件、施工机械及运输车辆的效率和数量、操作的熟练程度等,一般以200m为宜。

(二)确定施工起点流向

施工起点流向是指在平面空间及竖向空间上,施工开始的部位及其流动方向。它将确定各分部或分项工程在空间上的合理施工顺序。

对单层建筑物,要确定出各区、段或跨间在平面上的施工流向;对多高层建筑物,还应确定出各楼层间在竖向上的施工流向。特别是装饰装修工程阶段,不同的竖向流向可产生较大的质量、工期和成本差异。

确定施工起点流向时应考虑以下因素:

(1)建设单位的要求。建设单位对生产、使用要求在先的部位应先施工。

(2)车间的生产工艺过程。先试车投产的段、跨优先施工,按生产流程安排施工流向。

(3)施工的难易程度。技术复杂、进度慢、工期长的部位或层段应先施工。

(4)构造合理、施工方便。如基础施工应"先深后浅",一般为由下向上(逆筑法除外);屋面卷材防水层应由檐口铺向屋脊;使用模板相同的施工段连续进行以减少更换运输;有外运土的基坑开挖应从距大门的远端开始等。

(5)保证质量和工期。如室内装饰及室外装饰面层的施工一般宜自上至下进行(石材除外),有利于成品保护,但需结构完成后开始,使工期拉长;当工期极为紧张时,某些施工过程(如隔墙、抹灰等)也可自下至上,但应与结构施工保持足够的安全间隔;对高层建筑,也可采取沿竖向分区,在每区内自上至下的装饰施工流向,既可使装饰工程提早开始而缩短工期,又易于保证质量和安全。自上至下的流向还应根据建筑物的类型、垂直运输设备及脚手架的布置等，选择水平向下或垂直向下的流向，如图 13-7。

（三）确定施工顺序

确定施工顺序就是在已定的施工展开程序和流向的基础上，按照施工的技术规律和合理的组织关系，确定出各分项工程之间在时间上的先后顺序和搭接关系，以期做到工艺合理、保证质量、安全施工、充分利用工作面、争取时间、缩短工期的目的。

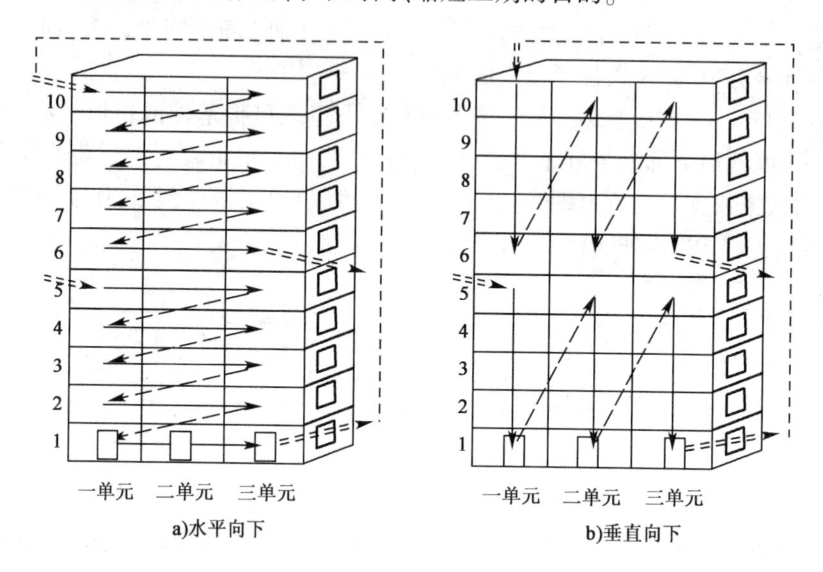

图 13-7　高层建筑装饰装修分区向下的流向

1. 确定施工顺序的基本原则

(1)符合施工工艺及构造要求。例如支模板后方可浇筑混凝土；钢筋混凝土柱子需先扎筋后支模，而楼板则需先支模后扎筋；钢、木门窗框安装后，再做墙面、地面抹灰，以保证挤嵌牢固。

(2)与施工方法及采用的机械协调。例如采用预制楼板的砖混结构，在圈梁钢筋及模板安装后，一般施工方法为“浇筑圈梁混凝土”，而采用硬架支模施工方法则为“安装预制楼板”。地下防水“外贴法”与“内贴法”施工顺序不同。单厂结构吊装时，如果采用分件吊装法，选用自行杆式起重机时，则吊装的施工顺序为：全部承重柱→全部吊车梁、连系梁→全部屋盖系统；如果使用桅杆式起重机，就要采用综合吊装法，则吊装的施工顺序为：第一个节间的全部构件→第二节间全部构件→……

(3)考虑施工组织的要求。有些施工过程可能有多种可行的顺序安排，这时应考虑便于施工，有利于人员、机械安排，可缩短工期的组织方案来安排施工顺序。如砖混住宅的地面下的灰土垫层，可安排在基础及房心回填后立即铺压，也可在装饰阶段的地面混凝土垫层施工前铺压。显然，前者利于运输，便于人员和机械安排，而后者则可为水、暖管线施工提供较长的时间。又如单厂柱基旁有深于柱基的大型设备基础时，先施工设备基础较厂房完工后再做设备基础更安全、节约，易于组织，但预制场地及吊装开行将受到设备基础的影响。

(4)保证施工质量。确定施工顺序应以有利于保证施工质量为前提。例如在确定楼地面与顶棚、墙面抹灰的顺序时，先做水泥砂浆楼地面，可防止由于顶棚、墙面落地灰（白灰砂浆或混合砂浆）清理不净而造成的楼地面空鼓。又如白灰砂浆墙面与水泥砂浆墙裙的连接处，先抹墙裙就有利于其粘结牢固、防止空鼓剥落。

(5)有利于成品保护。成品保护直接关系到产品质量,施工顺序是否合理又是成品保护的关键一环。特别是在装饰装修阶段更应重视。如室外墙面抹灰材料需通过室内运输,则抹灰宜先室外后室内;室内楼地面抹灰先房间、后楼道、再楼梯,逐渐退出;上层楼面抹灰完成后做下层的顶棚和墙面,减少渗、滴水损坏。又如吊顶内的设备管线经检验试压合格后,再安装吊顶面板;铝合金及塑料门窗框需在墙面抹灰后安装,以减少损坏;油漆后再贴壁纸、地毯最后铺设,以避免污染。

(6)考虑气候条件。例如土方施工避开冬雨季;在雨季到来之前,先做完屋面防水及室外抹灰,再做室内装饰装修;在冬季到来前,先安装门窗及玻璃,以便在有保温或供暖条件下进行室内施工操作。

(7)符合安全施工的要求。例如装饰装修施工与结构施工至少要隔一个楼层进行;脚手架、护身栏杆、安全网等应配合结构施工及时搭设;现浇楼盖模板的支撑拆除,不但要待混凝土达到拆模强度要求,还应保持连续支撑 2 ~ 3 个楼层以上,以分散和传递上部的施工超载。

2. 一般钢筋混凝土框架结构教学楼、办公楼的施工顺序

这种建筑的施工,一般可分为五个分部工程,即基础工程、主体结构工程、屋面工程、内外装饰工程、水电暖卫等管线与设备安装工程。施工顺序及安排要求如下:

(1)基础工程。一般施工顺序为:定位放线→挖土(柱基坑、槽或大开挖)→打钎、验槽→(地基处理)→浇混凝土垫层→扎柱基钢筋及柱子插铁→支柱基模板→浇柱基础混凝土→养护、拆柱基模板→支地梁模板→扎地梁钢筋→浇地梁混凝土→养护、拆地梁模板→砌墙基→(暖气沟施工)→肥槽及房心填土。

地基处理应根据地基土的实际情况,若打钎中发现地下障碍物、坟穴、古墙古道、软弱土层等,按验槽时确定的处理方法处理。不需处理则无此项。挖土和做垫层的施工安排要紧凑,当有冻、泡或晾槽可能时,挖土应留保护层,待做垫层时清底,以防地基土受到破坏。基坑(槽)回填应在基础墙做好且具有抵抗填筑荷载能力后及时进行,以避免雨水浸泡,并为后续工程施工创造条件。室内地面垫层下的房心土宜与基坑(槽)回填同时填筑,但要注意水、暖、卫管沟处的填筑高度,或与管沟施工配合进行。

(2)主体结构工程。主体结构为现浇钢筋混凝土框架,主要构件为柱子、梁和楼板。其每层的施工顺序一般为:抄平、放线→扎柱筋→支柱模→浇柱混凝土→养护、拆柱模→支梁底模→扎梁筋→支梁侧模、板模→扎板底层筋→设备管线预埋敷设→扎板上层筋→隐检验收→浇梁、板混凝土→养护→拆梁、板模。

在结构施工之前,即应安装塔吊,保证及时浇筑首层柱子的混凝土。脚手架应随结构施工及时搭设,在梁板支模前,必须完成该楼层的脚手架搭设。楼梯应与梁板同时施工。梁板混凝土达到上人施工的强度(不低于 1.2MPa)以后方可进行上一层的施工作业;当养护到拆模强度且与结构施工层间隔 2 ~ 3 个楼层后,方可拆除梁、板底模的支撑。

(3)装饰装修工程。装饰装修工程应待主体结构完成并经验收合格后进行。其主要工作包括砌筑围护墙及隔墙、墙面抹灰、楼地面砖铺贴、安装门窗、吊顶安装、油漆涂料等分项工程。其中砌墙、室内外抹灰是主导施工过程。安排装饰工程的施工顺序,关键在于确定其施工的空间顺序,以保证施工质量和安全、保护成品、缩短工期为主要目的,组织好立体交叉和平行流水作业。

室内与室外装饰装修施工的相互干扰较小,一般说来,先室外后室内有利于脚手架的及时

拆除、周转,并避免脚手架联结构杆对室内装修的影响,也有利于室内成品的保护(室外抹灰等材料一般均由室内运输)。但室外装饰要注意气候条件,尽量避开不利季节。

室外装饰可自上而下先施工里层,再自上而下进行面层施工。面层施工应随脚手架逐步拆除进行,最后完成勒脚、台阶、散水。

室内抹灰工程在同一层内的顺序一般为:楼地面→墙面。由于楼地面使用的砂浆强度高,先楼地面可防止由于顶板及墙面抹灰落地砂浆清理不净而造成的空鼓。但楼地面做完后需养护7d以上,使墙面及其他后续工序推迟,工期拉长;也不利于楼地面的保护。当工期较紧时,也可按墙面→楼地面的顺序施工,但做楼地面前须注意做好基层的清理。楼梯间和踏步易在施工期间受到破坏,故常在其他部位抹灰完成后,自上而下统一进行,并封闭养护。

若室内墙面抹灰后刷涂料,而楼地面为铺地砖时,则应先做墙面抹灰,后进行地砖铺贴,满足养护要求后,再进行腻子涂料施工。

某办公楼装饰施工顺序为:砌围护墙及隔墙→安钢门框、窗衬框→外墙抹灰→养护、干燥→拆脚手架及外墙涂料施工→室内墙面抹灰→安室内门框或包木门口→铺贴楼地面砖→养护→吊顶安装→安装塑料窗→木装饰→顶、墙腻子、涂料→安门扇→木制品油漆→检查整修。

(4)屋面工程。屋面工程在主体结构完成后应及早进行,以避免因屋面板的温度变形而影响结构,也为顺利进行室内装饰装修创造条件。

屋面工程可以和粗装修工程(砌墙及内外抹灰)平行施工。一般屋面按构造自下向上分层次进行。正置式屋面的常用施工顺序为:铺设找坡层→铺保温层→铺抹找平层→养护、干燥→涂刷基层处理剂→铺防水层→检查验收→做保护层。

屋面工程开始前,需先做好水箱间、天窗、烟道、排气孔等设施;找平层经养护并充分干燥后方可进行防水层施工。

(5)水、电、暖、卫、燃等与土建的关系。水、电、暖、卫、燃等工程需与土建工程交叉施工,且应紧密配合,以保证质量、便于施工操作、有利于成品保护作为确定配合关系的原则。一般配合关系如下:

①在基础工程施工时,应将上下水管沟和暖气管沟的垫层、墙体做好后再回填土。

②在主体结构施工时,应在砌墙和现浇钢筋混凝土楼板施工的同时,预留上下水、暖气立管的孔洞及配电箱等设备的孔洞,预埋电线管、接线盒及其他预埋件。

③在装饰装修施工前,应完成各种管道、设备箱体的安装及电线管内的穿线。各种设备的安装应与装饰装修工程穿插配合进行。

④室外上下水及暖气等管道工程,可安排在基础工程之前或主体结构完工之后进行。

3.现浇剪力墙结构高层住宅的施工顺序

该类建筑的施工,一般也可分为基础工程、主体结构工程、屋面工程、内外装饰工程、水电暖卫气等管线与设备安装等五个分部工程。其基础、主体结构、内外装饰工程的施工顺序及安排如下,其他分部工程与上述框架结构办公楼基本相同,不再赘述。

(1)基础工程。对于有两层地下室、地下水位较高时,其地下部分施工顺序如下:

测量放线→降低水位→挖土及做土钉墙支护→人工清底→打钎拍底、验槽→浇垫层→砌筑基础防水保护墙→底板防水及保护层→绑基础底板及部分墙体筋→浇底板混凝土→养护→绑墙柱钢筋→支墙柱模→浇墙柱混凝土→支梁板模→绑梁板筋→浇梁板混凝土→进入上一层墙柱及梁板施工→地下室外墙防水→防水保护及土方回填→拆除降水井点。

土钉墙与土方开挖配合进行,每开挖一个土钉层距深的土层做一步土钉墙。卷材防水采用外贴法施工。楼梯与梁板同时施工,脚手架搭设应在梁板支模前完成。防水保护及土方回填应配合进行。拆除降水井点时,地上结构应施工至一定高度,防止地下水上升所产生的浮力对建筑物造成影响。

(2)结构工程。墙体采用大模板施工时,结构标准层的施工顺序一般如下:

提升外挂架→测量放线→绑扎墙体钢筋→管线预埋及洞口预留→支门窗洞口模→隐检验收→安装大模板→浇墙体混凝土→养护、拆墙模→支楼板模板→绑楼板钢筋及管线预埋→验收→浇筑楼板混凝土→养护→拆楼板模板。

楼板混凝土达到1.2MPa强度后,即可进行上一楼层的施工。拆除楼板模板除需满足底模板拆除对混凝土的强度要求外,还需与结构施工层间隔2~3个楼层,以分散和传递施工荷载(结构施工荷载远大于设计荷载),避免损坏已完结构。

(3)内装修。内装修的施工顺序一般如下:

测量放线→砌筑室内隔墙→安装门框→室内抹灰→卫生间防水→安装塑料窗及包门口→贴厨、卫墙砖→做厨卫吊顶→铺贴厨、卫和阳台地砖及踢脚→安装厨、卫设备→刮卧室及起居室顶、墙腻子并喷涂料→铺卧室及起居室木地板→安门扇。

由于结构采用清水混凝土施工工艺,混凝土构件表面不做抹灰层,仅在砌筑的隔墙及楼、电梯间的地面抹灰。水、电等管线配合装饰装修施工,及时预留、预埋和安装。

(4)外装修。外装修的施工顺序一般如下:

外墙基层质量缺陷处理→做外墙外保温→砂浆保护找平层→养护干燥→外墙喷涂→防滑坡道、台阶、散水。

4.一般高速公路工程的施工顺序

(1)箱涵工程。其施工顺序一般如下:

测量放线→土方开挖→垫层→底板钢筋→支设底板模板→浇底板混凝土→支设内模→墙、顶钢筋绑扎→支设外模→浇筑混凝土→回填土→锥坡及洞口铺砌。

(2)钢筋混凝土中桥工程。其施工顺序一般如下:

测量放线→钻孔灌注桩基础→墩柱→桥台、盖梁→支座安装→预制空心板吊装→湿接头绑筋→混凝土浇筑→桥面混凝土铺装层施工→护栏。

(3)路基路面工程。其施工顺序一般如下:

测量放线→基底处理→路堑开挖及路基填筑→通信管道施工→石灰土底基层摊铺辗压→混合料基层摊铺辗压→养护7d→透层、封层处理→铺压底面层→铺压上面层→边坡防护及排水设施。

以上阐述了部分常见工程的施工顺序。但土木工程施工是一个复杂的过程,由于结构和构造、使用材料、现场条件、施工环境、施工方案等的不同,对施工过程划分及施工方法的确定均会产生较大的影响,从而有不同的施工顺序安排。此外,随着建筑工业化的发展及新材料、新技术的出现,其施工内容及施工顺序也将随之变化。

(四)主要施工方法和施工机械的选择

主要施工方法的选择,是根据建筑物(或构筑物)的设计特点、工程量的大小、工期长短、资源供应情况及施工地点特征等因素,经过选择比较,确定出各主要分部分项工程的施工方法和施工机械。

1. 选择施工方法的基本要求

(1)要以主要的分部(分项)工程为主。选择施工方法和所采用的机械时,应着重考虑主要的分部(分项)工程。对于按照常规做法和较熟悉的一般分项工程则不必详细拟定,只要提出应该注意的一些特殊问题即可。主要的分部(分项)工程一般是指:

①工程量大、施工工期长,在单位工程中占据重要地位的分部(分项)工程,如钢筋混凝土结构的模板、钢筋、混凝土工程。

②施工技术复杂的或采用新技术、新工艺、新结构及对工程质量起关键作用的分部(分项)工程,如现浇预应力结构构件、地下室防水等。

③不熟悉的特殊结构工程或由专业施工单位施工的特殊专业工程,如深基坑的护坡与降水、网架结构安装、升板结构的楼板提升等。

④对工程安全影响较大的分部(分项)工程,如垂直运输、高大模板、脚手架工程等。

对重要的分部(分项)工程,施工方法拟定应详细而具体,必要时应按有关规定编制单独的分部(分项)专项方案或作业设计。

(2)要符合施工组织总设计的要求。若施工项目属于建设项目中的一项,则应遵循施工组织总设计对该工程的部署和规定。

(3)要满足施工工艺及技术要求。选择和确定的施工方法与机械必须满足施工工艺及其技术要求,如结构构件的安装方法、预应力结构的张拉方法及机具均应能够实施,并能满足质量、安全等诸方面要求。

(4)要提高工厂化、机械化程度。单位工程施工,应尽可能提高工厂化、机械化的施工程度,以利于建筑工业化的发展,同时也是降低造价、缩短工期、节省劳动力、提高工效及保护环境的有效手段。如钢筋混凝土构件、钢结构构件、门窗及幕墙、预制磨石、钢筋加工、砂浆及混凝土拌制等尽量采用专业工厂加工制作,减少现场加工。各主要施工过程尽量采用机械化施工,并充分发挥各种机械设备的效率。

(5)要符合可行、合理、经济、先进的要求。选择和确定施工方法与施工机械,首先要具有可行性,即能够满足本工程施工的需要并有实施的可能性;其次要考虑其经济合理性和技术先进性。必要时应做技术经济分析。

(6)要符合质量、安全和工期要求。采用的施工方法及所用机械的性能对工程质量、安全及施工速度起着至关重要的作用。如土方开挖的方法、基坑支护的形式、降低水位的方法和设备、垂直运输方法和机械、地下防水层的施工方法、脚手架的形式与构造、模板的种类与构造、钢筋的连接方法、混凝土的拌制运输与浇筑等应重点考虑。

2. 选择施工方法的对象

一般情况下,对房屋建筑施工方法的选择应主要围绕以下项目和对象:

(1)测量放线。

①选择确定测量仪器的种类、型号与数量;

②确定测量控制网的建立方法与要求;

③平面定位、标高控制、轴线引测、沉降观测的方法与精度要求;

④测量管理(如交验手续、复合、归档制度等)方法与要求。

(2)土石方与地基处理工程。

①确定土方开挖的方式、方法,机械型号及数量,开挖流向、层厚等;

②放坡要求或土壁支撑方法、排降水方法及所需设备;

③确定石方的爆破方法及所需机具、材料；

④拟定土石方的调配、存放及处理方法；

⑤确定土石方填筑的方法及所需机具、质量要求；

⑥地基处理方法及相应的材料、机具设备等。

(3)基础工程。

①基础的垫层、基础砌筑或混凝土基础的施工方法与技术要求；

②大体积混凝土基础的浇筑方案、设备选择及防裂措施；

③桩基础的施工方法及施工机械选择；

④地下防水的施工方法与技术要求等。

(4)混凝土结构工程。

①钢筋加工、连接、运输及安装的方法与要求；

②模板种类、数量及构造，安装、拆除方法，隔离剂的选用；

③混凝土拌制和运输方法、施工缝设置、浇筑顺序和方法、分层高度、工作班次、振捣方法和养护制度等。

应特别注意大体积混凝土、防水混凝土等的施工，注意模板的工具化和钢筋、混凝土施工的机械化。

(5)结构安装工程。

①根据选用的机械设备确定吊装方法，安排吊装顺序、机械布置及行驶路线；

②构件的制作及拼装、运输、装卸、堆放方法及场地要求；

③确定机具、设备型号及数量，提出对道路的要求等。

(6)现场垂直、水平运输。

①计算垂直运输量(有标准层的要确定标准层的运输量)；

②确定不同施工阶段垂直运输及水平运输方式、设备的型号及数量、配套使用的专用工具设备如砖车、砖笼、吊斗、混凝土布料杆、卸料平台等；

③确定地面和楼层上水平运输的行驶路线，合理地布置垂直运输设施的位置；

④综合安排各种垂直运输设施的任务和服务范围。

(7)脚手架及安全防护。

①确定各阶段脚手架的类型，搭设方式，构造要求及搭设、使用要求；

②确定安全网及防护棚等设置。

(8)屋面及装饰装修工程。

①屋面材料的运输方式，屋面各分项工程的施工操作及质量要求；

②装饰装修材料的运输及储存方式；

③装饰装修工艺流程和劳动组织、流水方法；

④主要装饰装修分项工程的操作方法及质量要求等。

(9)特殊项目。对于采用新结构、新材料、新技术、新工艺及高耸或大跨结构、重型构件，以及水下施工、深基础和软弱地基等项目，应按专项单独选择施工方案。其内容包括阐明工艺流程，需要的平面、剖面示意图，施工方法、劳动组织，技术要求，质量、安全注意事项，施工进度，材料、构件和机械设备需要量等。

对深基坑支护、降水，以及爆破、高大或重要模板及支架、脚手架、大体积混凝土、结构吊装等，应进行相应的设计计算，以保证方案的安全性和可靠性。

3. 选择施工机械应注意的问题

施工机械化是现代化大生产的显著标志。施工机械对施工工艺、施工方法有直接的影响,对加快速度、提高质量、保证安全、节约成本等起着至关重要的作用。施工机械选择的内容主要包括机械的类型、型号和数量。选择时应遵循可行、经济、合理的原则,主要考虑下述问题:

(1)适用性。施工机械选择时,应根据工程特点,首先选择适宜主导工程的施工机械。如垂直运输,当建筑物高度不大而长度较大时,宜选择轨道式塔式起重机;当建筑物高度较大而长度、宽度不太大时,宜选择固定附着式;当建筑物高度及平面尺寸均较大时,则宜选择爬升式。再如,对桥梁安装工程,当工程量较大而集中时,可采用生产率较高的架桥机;但当工程量小或分散时,则采用吊车较为经济。在选择起重机型号时,应使起重机性能满足起重量、起重高度、起重半径和起重臂长等的要求,并对起重力矩进行验算。

(2)协调性。施工机械应相互配套,生产能力应协调,以充分发挥主导施工机械的效率。如挖土机确定后,运土汽车的数量应保证挖土机能够连续工作,以充分发挥其生产效率。又如,对于高层建筑或结构复杂的建筑物(构筑物),其主体结构施工的垂直运输需要多种机械的组合。当混凝土量不大时,采用塔式起重机和施工电梯组合方案;当混凝土量较大时,则宜采用塔式起重机、施工电梯和混凝土泵的组合方案等。

(3)通用性。在同一工地上,施工机械的种类和型号应尽可能少,并适当利用多功能机械,以利于维修和管理,减少转移。对于工程量大的工程应采用专用机械;对于工程量小而分散的工程,则应尽量采用多用途的施工机械,如挖土机既可用于挖土也可用于装卸、拆除等。

(4)经济性。在选用施工机械时,应尽量选用施工单位现有机械,以减少资金的投入。若施工单位现有机械不能满足工程需要时,则通过技术经济分析,决定租赁或购买。

(五)施工方案的技术经济评价

任何一个分部分项工程,都有若干个可行的施工方案,如何找出工期短、质量高、安全可靠、成本低廉、劳动安排合理的较优方案,就需要通过技术经济评价来完成。

施工方案的技术经济评价涉及的因素多而复杂,一般只对一些主要分部(分项)工程的施工方案进行技术经济比较,有时也需对一些重大工程项目的总体施工方案进行全面技术经济评价。施工方案的技术经济评价,有定性评价和定量评价两种方法。

1. 定性分析评价

它是结合施工经验,选择定性指标对各个方案进行分析比较,从而选出较优方案。定性指标主要有:

(1)施工操作难易程度和施工可靠性,技术上是否可行。

(2)获得机械的可能性,能否充分发挥现有机械的作用。

(3)劳动力(尤其是特殊专业工种)能否满足需要。

(4)对冬、雨期施工的适应性。

(5)实现文明施工的可能性。

(6)为后续工程创造有利条件的可能性。

(7)保证质量措施的可靠性。

2. 定量分析评价

它是通过计算各方案的几个主要技术经济指标,进行综合分析比较。评价的方法有:

(1)多指标分析法。它是用工期指标、劳动量指标、质量指标、成本指标等一系列单个的技术经济指标,对各个方案进行分析对比,从中优选的方法。

(2)综合指标分析法。它是以多指标分析方法为基础,将各指标按重要性程度定出数值,在对各方案定出相应每个指标的分值,然后计算得到综合指标值,以最大者为优。

第三节　施工计划的编制

在单位工程施工组织设计中,需要编制的施工计划主要包括施工进度计划、资源配置计划和施工准备计划等。

一、施工进度计划

单位工程施工进度计划是以施工方案为基础,根据规定的工期和资源供应条件,遵循各施工过程合理的工艺顺序,统筹安排各项施工活动而编制,以指导现场施工的安排,确保施工进度和工期。进度计划也是编制劳动力、机械及各种物资配置计划的依据。

根据工程规模大小、结构的复杂程度、工期长短及工程的实际需要,单位工程施工进度计划可分为控制性计划和指导性计划。控制性进度计划是以分部工程作为施工项目划分对象,用以控制各分部工程的施工时间及它们之间互相配合、搭接关系的一种进度计划,常用于工程结构较为复杂、规模较大、工期较长或资源供应不落实、工程设计可能变化的工程。指导性进度计划是以分项工程作为施工项目划分对象,具体确定各主要施工过程的施工时间及相互间搭接、配合的关系。对于任务具体而明确、施工条件基本落实、各种资源供应基本满足、施工工期不太长的工程均应编制指导性进度计划;对编制控制性进度计划的单位工程,当各分部工程或施工条件基本落实后,也应在施工前编制出指导性进度计划,不能以"控制"代替"指导"。在工程实施过程中,还应根据指导性进度计划编制实施性进度计划,即未来旬或周的滚动式计划,以具体指导工程施工。

单位工程施工进度计划通常用横道图或网络图形式表达。横道计划能较为形象直观地表达各施工过程的工程量、劳动量、使用工种、人(机)数、起始时间、持续时间及各施工过程间的搭接、配合关系。而网络计划能表示出各施工过程之间相互制约、相互依赖的逻辑关系,能找出关键工序和关键线路,能优化进度计划,更便于用计算机管理,体现了管理的现代化和先进性。

单位工程施工进度计划编制应依据以下资料:施工总进度计划、施工方案、预算文件、施工定额、资源供应状况、开竣工日期及工期要求、气象资料及有关规范等。

编制进度计划的程序与要求如下述。

(一)划分施工项目

施工项目是包括一定工作内容的施工过程,它是进度计划的基本组成单元。划分时应注意以下要求:

(1)项目的多少、划分的粗细程度,取决于进度计划的类型及需要。对于控制性的施工进度计划,其项目划分应较粗些,一般以一个分部工程(如基础工程、主体结构工程、屋面工程、装饰工程等)作为一个项目。对于指导性的施工进度计划,其项目划分应细些,要将每个分部工程(如基础工程中的挖土、验槽、地基处理、垫层施工……)包括的各主要分项工程均一一列出。

(2)适当合并、简明清晰。项目划分过细、过多,会使进度图表庞杂,重点不突出。故在绘制图表前,应对所列项目分析整理、适当合并。如对工程量较小的同一构件的几个项目应合为一项(如地圈梁的扎筋、支模、浇筑混凝土、拆模可合并为“地圈梁施工”一项);对同一工种同时或连续施工的几个项目可合并为一项(如砌内墙、砌外墙可合并为“砌内外墙”);对工程量很小的项目可合并到邻近项目中(如木踢脚安装可合并到木地板安装中)。

(3)列项要结合施工部署和施工方法。即要与所确定的施工顺序及施工方法一致,不得违背。项目排列的顺序也应符合施工的先后顺序,并编排序号、列出表格。

(4)不占工期的间接施工过程(如委托加工厂进行的构件预制及其运输过程等)不列项。

(5)列项要考虑施工组织的形式。对专业施工单位或大包队所承担的部分项目有时可合为一项。如住宅工程中的水暖电卫等设备安装,在土建施工进度计划中可列为一项。

(6)工程量及劳动量很小的项目(如零星砌筑、零星混凝土、零星抹灰、局部油漆、测量放线、局部验收、少量清理等)可合并列为“其他工程”一项。“其他工程”的劳动量可作适当估算,现场施工时,灵活掌握,适当安排。

(二)计算工程量

列项后,应计算出每项的工程量。计算应依据施工图纸及有关资料、工程量计算规则及已定的施工方法进行。计算时应注意以下几个问题:

(1)工程量的计量单位要与所用定额一致。

(2)要按照方案中确定的施工方法计算。如挖土是否放坡、坡度大小、是否留工作面,是挖单坑还是挖槽或大开挖,不同方案其工程量相差甚大。

(3)分层分段流水者,若各层段工程量相等或出入很小时,可只计算出一层或一段的工程量,再乘以其层段数而得出该项目的总的工程量。

(4)利用预算文件时,要适当摘抄和汇总。对计量单位、计算规则和包含内容与施工定额不符的项目,应加以调整、更改、补充或重新计算。

(5)合并项目中的各项应分别计算,以便套用定额,待计算出劳动量后再予以合并。

(6)“水、暖、电、卫设备安装”等可不计算,或由其专业承包单位计算并安排详细计划。

(三)计算劳动量及机械台班量

计算出各项目的工程量并查找、确定出该项目定额后,可按下式计算出其劳动量或机械台班量:

$$P_i = Q_i/S_i = Q_i \cdot H_i \tag{13-1}$$

式中:P_i——某施工项目所需的劳动量(工日)或机械台班量(台班);

Q_i——该施工项目的工程量(实物量单位);

S_i——该施工项目的产量定额(单位工日或台班完成的实物量);

H_i——该施工项目的时间定额(单位实物量所需工日或台班数)。

采用定额时应注意以下问题:

(1)应参照国家或本地区的劳动定额及机械台班定额,并结合本单位的实际情况(如工人技术等级构成、技术装备水平、施工现场条件等),研究确定出本工程或本项目应采用的定额水平。

(2)合并施工项目有如下两种处理方法:

①将合并项目中的各项分别计算劳动量(或台班量)后汇总,将总量列入进度表中;

②合并项目中的各项为同一工种施工(或同一性质的项目)时,可采用各项目的平均定额作为合并项目的定额。平均时间定额的计算方法见式(13-2)。

$$\bar{H}=\frac{\sum_{i=1}^{n}P_i}{\sum_{i=1}^{n}Q_i}=\frac{Q_1H_1+Q_2H_2+\cdots+Q_nH_n}{Q_1+Q_2+\cdots+Q_n} \tag{13-2}$$

(四)确定施工项目的持续时间

施工项目的持续时间最好是按正常情况确定,以降低工程费用。待初始计划编制后,再结合实际情况进行调整,可有效地避免盲目抢工而造成浪费。具体确定方法有以下两种:

(1)根据可供使用的人员或机械数量和正常施工的班制安排,计算出施工项目的持续时间,如公式(13-3)。

$$T_i=\frac{P_i}{R_i\cdot b_i} \tag{13-3}$$

式中:T_i——某施工项目的持续时间(d);

P_i——该施工项目的劳动量(工日)或机械台班量(台班);

R_i——为该施工项目每天提供或安排的班组人数(人)或机械台数(台);

b_i——该施工项目每天采用的工作班制数(1~3班工作制)。

在安排某一施工项目的施工人数或机械台数时,除了要考虑可能提供或配备情况外,还应考虑工作面大小、最小劳动组合要求、施工现场及后勤保障条件及机械的效率、维修和保养停歇时间等因素,以使其数量安排切实可行。

在确定工作班制时,一般当工期允许、劳动力和施工机械周转使用不紧迫、施工项目的施工方法和技术无连续施工要求的条件下,通常采用一班制。当某些项目有连续施工的技术要求(如基础底板浇筑、滑模施工等)、或组织流水的要求以及经初排进度未能满足工期要求时,可适当组织二班制或三班制工作,但不宜过多,以便使进度计划留有充分的余地,并缓解现场劳力、物资供应紧张和避免费用增加。

(2)根据工期要求或流水节拍要求,确定出某个施工项目的施工持续时间,再按照采用的班制配备施工人数或机械台数,如公式(13-4)。

$$R_i=\frac{P_i}{T_i\cdot b_i} \tag{13-4}$$

式中符号意义同前。

所配备的人数或机械数应符合现有情况或供应情况,并符合现场条件、工作面条件、最小劳动组合及机械效率等诸方面要求,否则应进行调整或采取必要措施。

(3)对于无定额可查或受施工条件影响较大者,可采用“三时估算法”,参见第十二章中确定流水节拍的相关内容。

不管采用上述哪种方法确定持续时间,当施工项目是采用施工班组与机械配合施工时,都必须验算机械与人员的配合能力,否则其持续时间将无法实现或造成较大浪费。

(五)绘制施工进度计划图表

在做完以上各项工作后,即可绘制施工进度计划表(横道图)或网络图。

1. 横道图

指导性进度计划横道图表的表头形式如表13-1所示，绘制的步骤、方法与要求如下：

施工进度计划表　　　表13-1

序号	工程名称		工程量		时间定额	劳动量		机械量		工作班制	每班人(机)数	持续时间	施工进度														
	分部	分项	数量	单位		工种	工日数	型号	台班数				××××年×月														×月
													2	4	6	8	10	12	14	16	18	20	22	24	26	28	…
1																											
2																											
3																											
…																											

(1)填写施工项目名称及计算数据。填写时应按照分部分项工程施工的先后顺序依次填写。垂直运输机械的安装、脚手架搭设及拆除等项目也应按照需用日期或与其他项目的配合关系顺序填写。填写后应检查有无遗漏、错误或顺序不当等。

(2)初排施工进度。根据施工方案及其确定的施工顺序和流水方法以及计算出的工作持续时间，依次画出各施工项目的进度线（经检查调整后，以粗实线段表示）。初排时应注意以下要求：

①按分部分项工程的施工顺序依次进行，一般总体上采用分别流水法，力争在某些分部工程或某一分部工程的几个分项工程中组织节奏流水。

②分层分段施工的项目应分层分段画进度线，并标注其层段名称，以明确其施工的流向。

③据工艺上、技术上及组织安排上的关系，确定各项目间是连接施工、搭接施工、还是间隔施工。

④尽量使主要工种连续作业，避免出现同一组劳动力（或同一台机械）在不同施工项目中同时使用的冲突现象，最好能通过带箭头的虚线明确主要专业班组人员的流动情况。

⑤注意某些施工过程所要求的技术间歇时间，如混凝土浇筑与拆模间的养护时间；屋面水泥砂浆找平层需经养护和干燥方可铺设防水层等。

⑥尽量使施工期内每日的劳动力用量均衡。

(3)检查与调整。初排进度后难免出现较多的矛盾和错误，必须认真地检查、调整和修改。

①注意检查以下内容：

a. 总工期。工期不得超出规定，但也不宜过短，否则将造成浪费且影响质量和安全。

b. 从全局出发，检查各施工项目在技术上、工艺上、组织上是否合理。

c. 检查各施工项目的持续时间及起、止时间是否合理，特别应注意那些对工期起控制作用的施工项目。如果工期不符合要求，则需首先修改这些主导项目的持续时间或起止时间，即通过调整其施工人数（或机械台数）、班制或改变与其他施工项目的搭接配合关系，而达到调整工期之目的。

d. 有立体交叉或平行搭接施工的项目，在工艺上、质量上、安全上有无问题。

e. 技术上与组织上的间歇时间是否合理，有无遗漏。

f. 有无劳动力、材料、机械使用过分集中，或出现冲突的现象；施工机械是否能得到充分利用。

g. 冬雨期施工项目的质量、安全有无保证,其持续时间是否合理。

②对不合要求的部分进行调整和修改。调整主要是针对工期和劳动力、材料等的均衡性及机械利用程度。调整的方法一般有:增加或缩短某些分项工程的施工持续时间;在施工顺序允许的情况下,将某些分项工程的施工时间向前或向后移动;必要时,还可以改变施工方法和施工组织。调整或修改时需注意以下问题:

a. 调整或修改某一项可能影响若干项,因此必须从全局性要求和安排出发进行调整。

b. 修改或调整后的进度计划,其工期要合理,施工顺序要符合工艺、技术要求。

c. 进度计划应积极可靠,并留有充分余地,以便在执行中能根据情况变化进行调整。

通过调整的进度计划,其劳动力、材料等需要量应较为均衡,主要施工机械的利用应较为合理。劳动力消耗情况可用劳动力动态曲线图表示,其消耗的均衡性可用劳动力不均衡系数(高峰人数与平均人数的比值)判别。正常情况下,该系数不宜大于2,最好控制在1.5以内。

2. 网络计划

为了提高进度计划的科学性,便于用计算机进行优化和管理,应使用网络计划形式。编制要求如下:

(1)根据列项及各项之间的关系,先绘制无时标的网络计划图,经调整修改后,最好绘制时标网络计划,以便于使用和检查。

(2)对较复杂的工程可先安排各分部工程的计划,然后再组合成单位工程的进度计划。

(3)安排分部工程进度计划时应先确定其主导施工过程,并以它为主导,尽量组织节奏流水。

(4)施工进度计划图编制后要找出关键线路,计算出工期,并判别其是否满足工期目标要求。如不满足,应进行调整(优化)。然后绘制资源动态曲线(主要是劳动力动态曲线),进行资源均衡程度的判别。如不满足要求,再进行资源优化,主要是“工期规定、资源均衡”的优化。

(5)优化完成后再绘制出正式的单位工程施工进度网络计划图。

值得注意的是,在编制施工进度计划图表时,最好使用计划管理应用程序软件,利用计算机进行编制。不但可大大加快编制速度、提高计划图表的表现效果,还能使计划的优化易于实现,更有利于在计划的执行过程中进行控制与调整,以实现计划的动态管理。

二、资源配置计划

资源配置计划是根据施工进度计划编制的,包括劳动力、材料、构配件、加工品、施工机具等的配置计划。它是组织物资供应与运输、调配劳动力和机械的依据,是组织有秩序、按计划顺利施工的保证,同时也是确定现场临时设施的依据。

(一)劳动力配置计划

劳动力配置计划主要用于调配劳动力和安排生活福利设施。其编制方法,是将单位工程施工进度计划所列各施工过程按每天(或每旬、每月)所需的人数分工种进行汇总,即可得出相应时间段所需各工种人数。表格形式见表13-2。

单位工程劳动力配置计划　表 13-2

序号	工种名称	总需要量（工日）	需要工人人数及时间												
			×月			×月			×月			×月			…
			上旬	中旬	下旬	上旬	中旬	下旬	上旬	中旬	下旬	上旬	中旬	下旬	…

(二)主要材料配置计划

材料配置计划，主要用以组织备料、确定仓库或堆场面积和组织运输。其编制方法是将进度表或施工预算中所计算出的各施工过程的工程量，按材料名称、规格、使用时间及其消耗定额和储备定额进行计算汇总，得出每天(或旬、月)材料需要量。其表格形式见表 13-3。

主要材料配置计划　表 13-3

序　号	材 料 名 称	规　　格	需要量		供 应 时 间	备　　注
			单位	数量		

(三)构、配件和半成品配置计划

构配件和加工半成品配置计划主要用于落实加工订货单位，组织加工、运输和确定堆场或仓库。应根据施工图纸及进度计划、储备要求及现场条件编制。其表格形式见表 13-4。

构、配件和半成品配置计划　表 13-4

序号	品名	规格	图号、型号	需要量		使用部位	加工单位	供应日期	备注
				单位	数量				

(四)施工机具、设备配置计划。

施工机具、设备包括施工机械、主要工具、特殊和专用设备等。其配置计划主要用以确定机具、设备的供应日期，安排进场、工作和退场日期。可根据施工方案和进度计划进行编制。其表格形式见表 13-5。

施工机具、设备配置计划　表 13-5

序号	机具、设备名称	类型、型号或规格	需要量		货源	进场日期	使用起止时间	备注
			单位	数量				

第四节　施工准备与施工平面布置

一、施工准备

施工准备是根据施工部署、施工进度计划和资源配置计划编制的,是施工前进行各项准备工作和进行现场平面布置的依据。施工准备主要包括技术准备和现场准备。

1. 技术准备

技术准备是指为完成单位工程施工任务,在技术方面所需进行的准备工作,主要有:

(1)图纸的准备,如图纸的学习与会审。

(2)施工计量、测量器具配置计划。

(3)技术工作计划,如分部分项工程施工方案编制计划、试验检验工作计划、样板项和样板间制作、技术培训计划等。

(4)新技术项目推广计划,即新技术、新工艺、新材料、新设备等"四新"项目在本工程中推广应用计划。

(5)测量方案,如高程引测、建筑物定位、变形观测等。

2. 现场准备

现场准备是指结合实际需要和现场条件,阐明开工前的现场安排及现场使用,主要有:

(1)施工水、电、热源的引入与设置。包括用量计算、管线设计和设施配置,确定线路及引入方法等。

其中,临时供水设计包括水源选择,取水设施、贮水设施、用水量计算(据生产用水、机械用水、生活用水、消防用水),配水布置,管径的计算等。

临时供电设计包括用电量计算、电源选择,电力系统选择和配置。用电量主要由施工用电(电动机、电焊机、电热器等)和照明用电构成。如果是扩建的单位工程,可计算出总用电数,由建设单位解决,不另设变压器;若为独立的单位工程,应根据计算出的用电量选择变压器、配置导线和配电箱等设施。

(2)生产、办公、生活临时设施的搭建。主要是确定需要的数量,结构形式,搭建的时间、方法与要求等。

(3)材料、垃圾堆放场地的设置。

(4)临时道路、围墙修建及场地硬化的形式、做法与要求。

(5)设置雨、污水管沟、沉淀池及排水设施等。

3. 列出施工准备工作计划表

准备工作计划表格形式见表13-6。

施工准备工作计划表　　表13-6

序号	准备工作名称	准备工作内容	主办部门	协办部门	完成日期	负责人
1						
2						
…						

二、施工平面布置

单位工程施工平面布置是对一幢建筑物(或构筑物)的施工现场进行规划布置,并设计出平面布置图。它是施工组织设计的主要组成部分,是布置施工现场、进行施工准备工作的重要依据,也是实现文明施工、节约土地、降低施工费用的先决条件。其绘制比例一般为1:200~500。

(一)设计内容

单位工程施工平面图上应包含的内容有:

(1)建筑总平面图上标出的已建和拟建的地上和地下的一切建筑物、构筑物及管线的位置和尺寸。

(2)测量放线标桩、地形等高线和取舍土方的地点。

(3)起重机的开行路线、控制范围及其他垂直运输设施的位置。

(4)构件、材料、加工半成品及施工机具的堆场。

(5)生产、生活用临时设施。包括搅拌站、高压泵站、各种加工棚、仓库、办公室、道路、供水管线、供电线路、宿舍、食堂、消防设施、安全设施等。

(6)必要的图例、比例尺、方向及风向标记。

(二)设计依据

设计单位工程施工平面图应依据:建筑总平面图、施工图、现场地形图;气象水文资料、现有水源电源、场地形状与尺寸、可利用的已有房屋和设施情况;施工组织总设计;本单位工程的施工方案、进度计划、施工准备及资源供应计划;各种临时设施及堆场设置的定额与技术要求;国家、地方的有关规定等。

设计时,应对材料堆场、临时房屋、加工场地及水电管线等进行适当计算,以保证其适用性和经济性。

(三)设计原则

1. 布置紧凑、少占地

在确保能安全、顺利施工的条件下,现场布置与规划要尽量紧凑,少征施工用地,既能节省费用,也有利于管理。

2. 尽量缩短运距、减少二次搬运

各种材料、构件等要根据施工进度安排,有计划地组织分期分批进场;合理安排生产流程,将材料、构件尽可能布置在使用地点附近,需进行垂直运输者,应尽可能布置在垂直运输机械附近或有效控制范围内,以减少搬运费用和材料损耗。

3. 尽量少建临时设施,所建临时设施应方便使用

在能保证施工顺利进行的前提下,应尽量减少临时建筑物或有关设施的搭建,以降低临时设施费用;应尽量利用已有的或拟建的房屋、道路和各种管线为施工服务;对必需修建的房屋尽可能采用装拆式或临时固定式;布置时不得影响正式工程的施工,避免反复拆建;各种临时设施的布置,应便于生产使用或生活使用。

4. 要符合劳动保护、安全防火、保护环境、文明施工等要求

现场布置时，应尽量将生产区与生活区分开；要保证道路畅通，机械设备的钢丝绳、缆风绳以及电缆、电线、管道等不得妨碍交通；易燃设施（如木工棚、易燃品仓库）和有碍人体健康的设施，应布置在下风处并远离生活区；要依据有关要求设置各种安全、消防、环保等设施。需特别注意：易燃易爆危险品库房与在建工程的防火间距不应小于15m，可燃材料堆场及其加工场、固定动火作业场与在建工程的防火间距不应小于10m，其他临时用房、临时设施与在建工程的防火间距不应小于6m。

根据上述原则并结合施工现场的具体情况，可设计出多个不同的布置方案，应通过分析比较、取长补短，选择或综合出一个最合理、安全、经济、可行的平面布置方案。

进行布置方案的比较时，可依据以下指标：施工用地面积；场地利用率；场内运输量，临时设施及临时建筑物的面积及费用；施工道路的长度及面积；水电管线的敷设长度；安全、防火及劳动保护、环境保护、文明施工等是否能满足要求；且应重点分析各布置方案满足施工要求的程度。

（四）设计步骤与要求

1. 场地的基本情况

根据建筑总平面图、场地的有关资料及实际状况，绘出场地的形状并标准尺寸；已建和拟建的建筑物或构筑物；已有的水源、电源及水电管线、排水设施；已有的场内、场外道路；围墙；需保护的树木、房屋或其他设施等。

2. 起重及垂直运输机械的布置

起重及垂直运输机械的布置位置，是施工方案与现场安排的重要体现，是关系到现场全局的中心一环。它直接影响到现场施工道路的规划、构件及材料堆场的位置、加工机械的布置及水电管线的安排，因此应首先考虑。

（1）塔式起重机的布置。塔式起重机一般应布置在场地较宽的一侧，且行走式塔吊的轨道应平行于建筑物的长度方向，以利于堆放构件和布置道路，充分利用塔吊的有效服务范围。附着式塔吊还应考虑附着点的位置。此外还要考虑塔吊基础的形式和设置要求，保证其安全性及稳定性等。

当建筑物平面尺寸或运输量较大，需群塔作业时，应使相交塔吊的臂杆有不小于5m的安装高差，并规定各自转动方向和角度，以防止相互干扰和发生安全事故。

塔吊距离建筑物的尺寸，取决于最小回转半径和凸出建筑物墙面的雨篷、阳台、挑檐尺寸及外脚手架的宽度。对于轨道行走式塔吊，应保证塔吊行驶时与凸出物有不少于0.5m的安全距离；对于附着式塔吊还应符合附着臂杆长度的要求。

塔吊布置后，要绘出其服务范围。原则上建筑物的平面均应在塔吊服务范围以内，尽量避免出现“死角”。塔吊的服务范围及主要运输对象的布置示例如图13-8所示。

塔吊的布置位置不仅要满足使用要求，还要考虑安装和拆除的方便。

（2）自行式起重机。采用履带式、轮胎式或汽车式等起重机时，应绘制出吊装作业时的停位点、控制范围及其开行路线。

（3）固定式垂直运输设备。布置井架、门架或施工电梯等垂直运输设备，应根据机械性能、建筑平面的形状和尺寸、施工段划分情况、材料来向和运输道路情况而定。其目的是充分发挥机械的能力并使地面及楼面上的水平运距最小或运输方便。垂直运输设备应布置在阳台

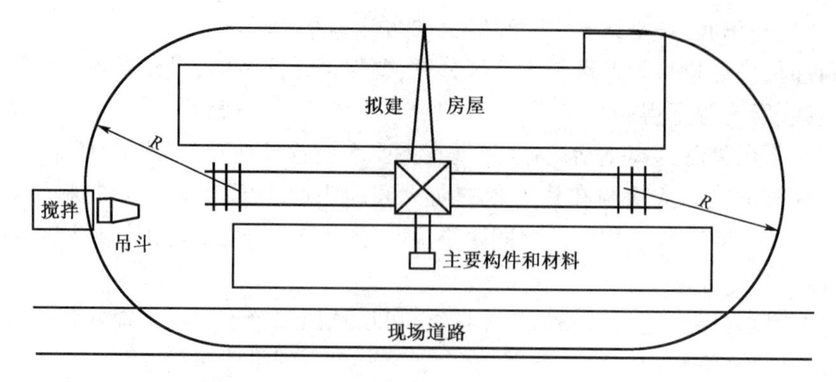

图 13-8　轨道式塔吊的服务范围

或窗洞口处,以减少施工留槎、留洞和拆除垂直运输设备后的修补工作。

垂直运输设备离开建筑物外墙的距离,应视屋面檐口挑出尺寸及外脚手架的搭设宽度而定。卷扬机的位置应尽量使钢丝绳不穿越道路,距井架或门架的距离不宜小于 15m 的安全距离,也不宜小于吊盘上升的最大高度(使司机的视仰角不大于 45°);同时要保证司机视线好,距拟建工程也不宜过近,以确保安全。

当垂直运输设备与塔吊同时使用时,应避开塔吊布置,以免设备本身及其缆风绳影响塔吊作业,保证施工安全。

(4)混凝土输送泵及管道。在钢筋混凝土结构中,混凝土的垂直运输量约占总运输量的 75% 以上,输送泵的布置至关重要。

混凝土输送泵应设置在供料方便、配管短、水电供应方便处。当采用搅拌运输车供料时,混凝土输送泵应布置在大门附近,其周围最好能停放两辆搅拌车,以保证供料的连续性,避免停泵或吸入空气而产生气阻;当采用现场搅拌供应方式时,混凝土输送泵应靠近搅拌机,以便直接供料(需下沉输送泵或提高搅拌机)。

泵位直接影响配管长度、输送阻力和效率。泵位布置时应尽量减少管道长度,少用弯管和软管。垂直向上的运输高度较大时,应使地面水平管的长度不小于垂直管长度的 1/4,且不小于 15m,否则应在距泵 3 ~ 5m 处设截止阀,以防止反流。倾斜向下输送时,地面水平管应转 90°弯,并在斜管上端设排气阀;高差大于 20m 时,斜管下端应有不少于 5 倍高差的水平管,或设弯管、环形管,以防止停泵时混凝土坠流而使泵管进气。

3. 布置运输道路

现场主要道路应尽可能利用已有道路,或先建好永久性道路的路基(待施工结束时再铺路面)。不具备以上条件时应铺设临时道路。

现场道路应按材料、构件运输的需要,沿仓库和堆场进行布置。为使其畅行无阻,宜采用环形或"U"形布置,否则应在尽端处留有车辆回转场地。路面宽度应符合规定,单行道应为 3 ~ 4m,双车道不小于 5.5m;消防车道净宽和净空高度均不小于 4m。道路的转弯半径应满足运输车辆转弯要求,一般单车道不少于 9m,双车道不少于 7m。路基应经过设计,路面要高出施工场地 10 ~ 15cm,雨季还应起拱,道路两侧设排水沟。

4. 搅拌站、加工棚、仓库和材料、构件的布置

现场搅拌站、仓库和材料、构件堆场的位置应尽量靠近使用地点且在垂直运输设备有效控制范围内,并考虑到运输和装卸料的方便。布置时,应根据用量大小分出主次。

(1)搅拌站。现场搅拌站包括混凝土(或砂浆)搅拌机、粗细集料堆场、水泥库(罐)、白灰

库、称量设施等。砂、石、水泥、白灰等拌和材料应围绕搅拌机布置,并根据上料及称量方式,确定其与搅拌机的关系。同时这些材料的堆场或库房应布置在道路附近,以方便材料进场。

有大体积混凝土基础时,搅拌站可布置在基坑边缘附近,待混凝土浇筑后再转移。搅拌站应搭设搅拌机棚,并设置排水沟和污水沉淀池。

为了减少拌和物的运距,搅拌站应尽可能布置在垂直运输机械附近。当用塔吊运输时,搅拌机的出料口宜在塔吊的服务范围之内,以便就地吊运;当采用泵送运输时,搅拌机的出料口在高度及距离上应能与输送泵良好配合,使拌和物能直接卸入输送泵的料斗内。

(2)加工棚、场。钢筋加工棚及加工场、木加工棚、水电及通风加工棚均可离建筑物稍远些,尽量避开塔吊,否则应搭设防护棚。各种加工棚附近应设有原材料及成品堆放场(库),原料堆放场地应考虑来料方便而靠近道路,成品堆放应便于向使用地点运输。如钢筋成品及组装好的模板等,应分门别类地存放在塔吊控制范围内。对产生较大噪声的加工棚(如搅拌棚、电锯房等),应采取隔音封闭措施。

(3)预制构件。根据起重机类型和吊装方法确定构件的布置。采用塔吊安装的多层结构,应将构件布置在塔吊服务范围内,且应按规格、型号分别存放,保证运输和使用方便。成垛堆放构件时,其高度应符合强度及稳定性要求,各垛间应保留检查、加工及起吊所要求的间距。

各种构件应根据施工进度安排及供应状况,分期分批配套进场,但现场存放量不宜少于两个流水段或一个楼层的用量。

(4)材料和仓库。仓库和材料堆场的面积应经计算确定,以适应各个施工阶段的需要。布置时,可按照材料使用的阶段性,在同一场地先后可堆放不同的材料。根据材料的性质、运输要求及用量大小,布置时应注意以下几点:

①对大宗的、重量大的和先期使用的材料,应尽可能靠近使用地点和起重机及道路,少量的、轻的和后期使用的可布置在稍远的地点。

②对模板、脚手架等需周转使用的材料,应布置在装卸、吊运、整理方便且靠近拟建工程的地方。

③对受潮、污染、阳光辐射后易变质或失效的材料和贵重、易丢失、易损坏、有毒的材料及工具、小型机械等必须入库保管,或采取有效堆放措施,其位置应利于保管、保护和取用。

④对易燃、易爆和污染环境的材料(如防水卷材库、涂料库、木材场、石灰库等)应设置在下风向处,且易燃、易爆材料还应远离火源。

5. 布置行政管理及文化、生活、福利用临时设施

这类临时设施包括:各种生产管理办公用房、会议室、警卫传达室、宿舍、食堂、开水房、医务、浴室、文化文娱室、福利性用房等。在能满足生产和生活的基本需求下,尽可能少建。如有可能,尽量利用已有设施或正式工程,以节约费用和场地。必须修建时,应根据需要确定面积,并进行必要的设计。

布置临时房屋时,应保证使用方便、不妨碍拟建工程及待建管线工程施工,应避开塔吊作业范围和高压线路,距离运输道路1m以上,距易燃物库房或用火生产区不小于30m,且各栋之间距离不少于5m。锅炉房、厨房等用明火的设施应设在下风向处。临时房屋应采用不燃材料搭建,层数不应超过3层,每层建筑面积不大于300m^2。当层数为3层或每层面积大于200m^2时,应设置不少于2部疏散楼梯,保证房间门至疏散楼梯的最大距离不大于25m;房屋的开间、进深尺寸应依据结构形式,不宜过大,宿舍房间不应大于30m^2,其他房间不宜大于100m^2。

6. 布置临时水电管网及设施

(1)供水设施。临时供水要经过计算、设计,然后进行布置。单位工程的供水干管直径不应小于 100mm,支管径为 40mm 或 25mm。管线布置应使线路长度最短,常采用枝状布置。消防水管和生产、生活用水管可合并设置。管线宜暗埋,在使用点引出,并设置水龙头及阀门。管线宜沿路边布置,且不得妨碍在建或拟建工程施工。

消防用水一般利用城市或建设单位的永久性消防设施。如自行安排,应符合以下要求:消防水管直径不小于 100mm;一般现场消火栓服务半径不大于 50m,消火栓宜布置在转弯处的路边,距路不大于 2m,距房屋不少于 5m 也不应大于 25m。消火栓周围 3m 之内不能堆料或有障碍物,并设置明显标志。

高层建筑施工需设有效容积不应少于 $10m^3$ 的蓄水池、不少于两台高压水泵以及施工输水立管和不少于 2 根不小于 100mm 管径的消防竖管。每个楼层均应设临时消防接口、消防水枪、水带及软管,消防接口的间距不应大于 30m。

(2)排水设施。为了便于排除地面水和地下水,要及时修通永久性下水道,并结合现场地形和排水需要,设置明或暗排水沟。

(3)供电设施。临时用电包括施工用电(电动机、电焊机、电热器等)和照明用电。变压器应布置在现场边缘高压线接入处,离地应大于 50cm,在四周 1m 以外设置高度大于 1.7m 的围栏,并悬挂警告牌。配电线路宜布置在围墙边或路边,架空设置时电杆间距为 25 ~ 35m;架空高度不小于 4m(橡皮电缆不小于 2.5m),跨车道处不小于 6m;距建筑物或脚手架不小于 4m,距塔吊所吊物体的边缘不得小于 2m。不能满足上述距离要求或在塔吊控制范围内时,宜埋设电缆,深度不小于 0.6m,电缆上下均铺设不少于 50mm 厚的细砂,并覆盖砖、石等硬质保护层后再覆土,穿越道路或引出处应加设防护套管。

配电系统应设置配电柜或总配电箱、分配电箱、开关箱,实行三级配电。总配电箱下可设若干个分配电箱(分配电箱可设置多级);一个分配电箱下可设若干个开关箱;每个开关箱只能控制一台设备。开关箱距用电器位置不得超过 3m,距分配电箱不超过 30m。固定式配电箱上部应设置防护棚,周围设保护围栏。

(五)需注意的问题

土木工程施工是一个复杂多变的生产过程,随着工程的进展,各种机械、材料、构件等陆续进场,又逐渐消耗、变动,因此,施工平面图应分阶段进行设计,但各阶段的布置应彼此兼顾。施工道路、水电管线及各种临时房屋不要轻易变动,也不应影响室外工程、地下管线及后续工程的进行。

第五节　施工管理计划与技术经济指标

一、主要施工管理计划的制定

施工管理计划包括进度管理计划、质量管理计划、安全管理计划、环境管理计划、成本管理计划以及其他管理计划等内容。在编制施工组织设计时,各项管理计划可单独成章,也可穿插在相应章节中。各项管理计划的制定,应根据项目的特点有所侧重。编制时,必须符合国家和地方政府部门有关要求,正确处理成本、进度、质量、安全和环境等之间的关系。

(一)进度管理计划

施工进度管理应按照项目施工的技术规律和合理的施工顺序,保证各工序在时间上和空间上顺利衔接。主要内容包括:

(1)对施工进度计划进行逐级分解,通过阶段性目标的实现保证最终工期目标。

(2)建立施工进度管理的组织机构并明确职责,制订相应管理制度。

(3)针对不同施工阶段的特点,制订进度管理的相应措施,包括施工组织措施、技术措施和合同措施等。

(4)建立施工进度动态管理机制,及时纠正施工过程中的进度偏差,并制订特殊情况下的赶工措施。

(5)根据项目周边环境特点,制订相应的协调措施,减少外部因素对施工进度的影响。

(二)质量管理计划

质量管理计划应按照《质量管理体系要求》(GB/T 19001),在施工单位质量管理体系的框架内编制。主要内容包括:

(1)按照工程项目要求,确定质量目标并进行目标分解。

(2)建立项目质量管理的组织机构并明确职责。

(3)制订符合项目特点的技术和资源保障措施、防控措施,如原材料、构配件、机具的要求和检验,主要的施工工艺、主要的质量标准和检验方法,夏季、冬季和雨季施工的技术措施,关键过程、特殊过程、重点工序的质量保证措施,成品、半成品的保护措施,工作场所环境以及劳动力和资金保障措施等。

(4)建立质量过程检查制度,并对质量事故的处理做出相应规定。

(三)安全管理计划

建筑施工安全事故(危害)通常分为七大类:高处坠落、机械伤害、物体打击、坍塌倒塌、火灾爆炸、触电、窒息中毒。安全管理计划应针对项目具体情况,建立安全管理组织,制订相应的管理目标、管理制度、管理控制措施和应急预案等。安全管理计划可参照《职业健康安全管理体系规范》(GB/T 28001),在施工单位安全管理体系的框架内编制。主要内容包括:

(1)确定项目重要危险源,制定项目职业健康安全管理目标。

(2)建立有管理层次的项目安全管理组织机构并明确职责。

(3)根据项目特点,进行职业健康安全方面的资源配置。

(4)建立具有针对性的安全生产管理制度和职工安全教育培训制度。

(5)针对项目重要危险源,制订相应的安全技术措施;对达到一定规模的危险性较大的分部(分项)工程和特殊工种的作业,应制订专项安全技术措施的编制计划。

(6)根据季节、气候的变化,制订相应的季节性安全施工措施。

(7)建立现场安全检查制度,并对安全事故的处理做出相应规定。

(四)环境管理计划

施工中常见的环境因素包括大气污染、垃圾污染、施工机械的噪声和振动、光污染、放射性污染、生产及生活污水排放等。环境管理计划可参照《环境管理体系要求及使用指南》(GB/T

24001),在施工单位环境管理体系的框架内编制。主要内容包括:

(1)确定项目重要环境因素,制订项目环境管理目标。

(2)建立项目环境管理的组织机构并明确职责。

(3)根据项目特点,进行环境保护方面的资源配置。

(4)制订现场环境保护的控制措施。

(5)建立现场环境检查制度,并对环境事故的处理做出相应规定。

(五)成本管理计划

成本管理计划应以项目施工预算和施工进度计划为依据进行编制。主要内容包括:

(1)根据项目施工预算,制订项目施工成本目标。

(2)根据施工进度计划,对项目施工成本目标进行阶段分解。

(3)建立施工成本管理的组织机构并明确职责,制订相应管理制度。

(4)采取合理的技术、组织和合同等措施,控制施工成本。

(5)确定科学的成本分析方法,制订必要的纠偏措施和风险控制措施。

(六)其他管理计划

其他管理计划宜包括绿色施工管理计划、防火保安管理计划、合同管理计划、组织协调管理计划、创优质工程管理计划、质量保修管理计划以及对施工现场人力资源、施工机具、材料设备等生产要素的管理计划等。

其他管理计划可根据项目的特点和复杂程度加以取舍。各项管理计划的内容应有目标,有组织机构,有资源配置,有管理制度和技术、组织措施等。

二、技术经济指标

在单位工程施工组织设计的编制基本完成后,通过计算各项技术经济指标,作为对施工组织设计评价和决策的依据。主要指标及计算方法如下:

1. 总工期

从破土动工至竣工的全部日历天数,它反映了施工组织能力与生产力水平。可与定额规定工期或同类工程工期相比较。

2. 单方用工

指完成单位合格产品所消耗的主要工种、辅助工种及准备工作的全部用工。它反映了施工企业的生产效率及管理水平,也可反映出不同施工方案对劳动量的需求。

$$\text{单方用工}=\frac{\text{总用工数(工日)}}{\text{建筑面积}(\text{m}^2)}$$

3. 质量优良品率

这是施工组织设计中确定的重要控制目标,主要通过保证质量措施实现,可分别对单位工程、分部分项工程进行确定。

4. 主要材料(如三大材)节约指标

节约材料亦为施工组织设计中确定的控制目标,靠材料节约措施实现。包括:

$$\text{主要材料节约量}=\text{预算用量}-\text{施工组织设计计划用量}$$

$$\text{主要材料节约率}=\frac{\text{主要材料计划节约额(元)}}{\text{主要材料预算金额(元)}}\times 100\%$$

5. 大型机械耗用台班数及费用

机械台班数反映机械化程度和机械利用率,通过以下两式计算:

$$单方耗用大型机械台班数 = \frac{耗用总台班(台班)}{建筑面积(m^2)}$$

$$单方大型机械费用 = \frac{计划大型机械台班费(元)}{建筑面积(m^2)}$$

6. 降低成本指标

$$降低成本额 = 预算成本 - 施工组织设计计划成本$$

$$降低成本率 = \frac{降低成本额(元)}{预算成本(元)} \times 100\%$$

预算成本是根据施工图按预算价格计算的成本,计划成本是按施工组织设计所确定的施工成本。降低成本率的高低,可反映出不同施工组织设计所产生的不同经济效果。

第六节 某综合楼工程施工组织设计实例

一、工 程 概 况

1. 工程基本情况及设计特点

本工程为一座高层办公楼,用地面积为 6800m²,建筑物占地面积为 1249m²。平面为矩形,南北长为 36.4m,东西向宽度为 34.3m,地下两层,地上 15 层,总建筑面积为 18828m²。±0.000 相当于绝对标高 42.4m,基底标高为 -10.4m,建筑物最高点 67.30m。具体形状、尺寸见平、立、剖面简图(略)。

地下二层平时为停车场,战时为六级人防,层高 3.9m;地下一层为变配电间及其他设备用房,层高 5.4m。首层为接待厅、餐厅及办公用房,层高 5.1m,二层为会议室及多功能用房,3~15 层为办公用房,15 层顶设有电梯机房及水箱间。

外墙面装饰为茶色玻璃幕墙、灰色磨光花岗岩及铝合金幕墙,屋顶为上人屋面。建筑物内设有四部电梯、三部楼梯。

本工程为现浇框架—剪力墙结构,按 8 度抗震设防,采用筏板基础。钢筋为 HPB235 和 HRB400 级;混凝土:基底垫层 C15 混凝土,±0.000 以下为 C30S6 抗渗混凝土,±0.000 以上为 C30~C50 混凝土。填充墙材料为陶粒混凝土空心砌块和加气混凝土块。

2. 地点特征

场地地形平坦,场区内无障碍物,周围无住宅区。根据地质勘察报告,地表以下有 0.8~2.0m 回填土,其下是粉土和粗砂土,持力层为砂土层,承载力 $f_k = 250\text{N/m}^2$。静止水位埋深为 -4.3m,为潜水层,对混凝土无腐蚀性。每年 12 月至来年 2 月为冬季,6、7 月为雨季。

3. 施工条件及工程特点

本工程场地较小,各种临时设施均需由施工单位自行解决。基础埋深较大,建筑物较高,垂直运输量大;工期紧迫,施工难度较大。

二、施 工 部 署

1. 组织机构与任务分工

项目组织机构及各职能部门主要任务分工见图 13-9。

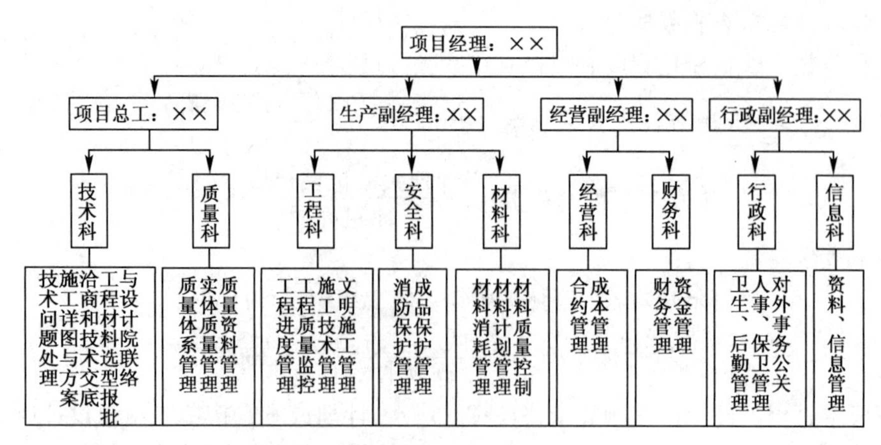

图 13-9 项目组织机构及职能部门任务分工

2. 施工原则要求

按先地下后地上的原则，将工程划分为基础、主体结构、内外装修和收尾竣工四个阶段。

(1)基础工程。降水、挖土及护坡完成后，浇混凝土垫层，做底板防水层，浇筏形基础混凝土，再做两层地下结构，再做外墙防水层及回填土。设置土钉墙应在留足防水操作面情况下，以少回填土为原则。

(2)主体结构。要紧密围绕模板、钢筋、混凝土这三大工序组织施工，注意计算好支模材料量及钢筋供应量。

(3)内外装修。要在结构进行到一定高度及时插入墙体砌筑和内部粗装修，在结构完成后全面进入内外装修。组织立体交叉和流水作业，安排好各工序的搭接。

(4)收尾竣工。要抓紧收尾工作，抓好破活修理、收头，并做好成品保护。

总之，土建、水、暖、动、电、卫及设备安装等各工种、工序之间要密切配合，合理安排，组织流水施工，做到连续均衡生产。

3. 任务划分

项目部总承包，土方开挖由机械公司完成，地下及结构劳务由××公司承包，水电队负责水、暖、电、动、卫工程，室内后期装修组织两个施工队同时进行。电梯由建设单位委托生产厂家进行安装调试，玻璃幕墙、石材幕墙及铝合金门窗等委托生产厂家制作并安装，防水工程由项目部委托生产厂家施工。一切工序必须按照综合进度计划合理穿插作业。

4. 主要工期控制

(1)开工奠基定于 2012 年 4 月 1 日。

(2)降水、土方开挖及护坡工程控制在 2012 年 5 月 15 日完成。

(3) ±0.000 以下控制在 2012 年 7 月 25 日完成。

(4)主体结构工程控制在 2013 年 1 月 25 日前完成。

(5)装饰装修工程控制在 2013 年 6 月 10 日前完成。

5. 流水段划分

地下施工不分段，主体分为 1、2 两段(图 13-10)，两段工程量基本相等。

6. 施工顺序安排

(1)基础工程。定位放线→降水→挖土方土钉墙施工→钎探、验槽→浇混凝土垫层→底板防水保护墙、防水层、保护层→绑底板及反梁钢筋→浇底板混凝土→反梁模板、混凝土→地下二层墙及柱的钢筋、模板、混凝土→拆模养护→地下二层顶板及梁的模板、钢筋、混凝土→地下一层墙及柱的钢筋、模板、混凝土→拆模养护→地下一层顶板及梁的模板、钢筋、混凝土→养护→防水层→保护墙及回填土→拆除井点设备。

(2)结构工程。标准层顺序:放线→绑扎柱子、剪力墙钢筋→支柱墙模板→浇柱墙混凝土→支梁底模→扎梁筋→支梁侧模、顶板模→扎顶板钢筋(水电管预埋)→浇梁板混凝土→养护→拆模。

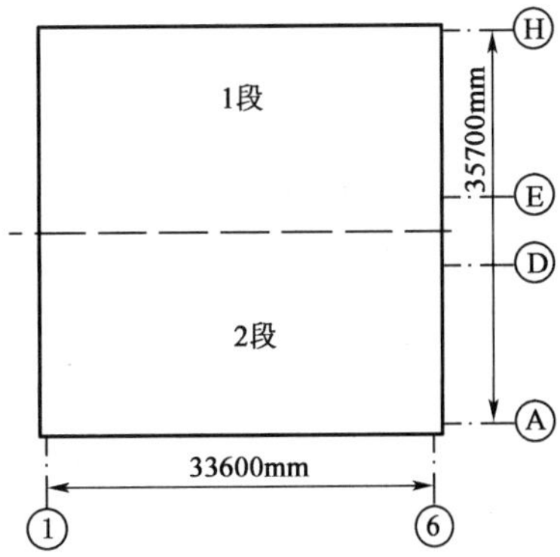

图 13-10　分段示意图

(3)装饰装修工程。

①室内装修:结构处理→二次结构施工→墙体、楼地面抹灰→水、电、设备管线安装→搭脚手架→贴墙面砖→吊顶龙骨→铺楼地面花岗石或地砖→、门窗安装→吊顶板、窗帘盒→挂镜线安装、木装饰工程→粉刷油漆→灯具安装→清理→竣工。

②室外装修:屋面工程→安装吊篮架子→结构处理幕墙龙骨→幕墙面层→细部处理→台阶、散水→清理。

三、主要施工方法

1. 测量工程

(1)本工程的位置由设计总平面图及规划红线桩确定,现场设标高控制网和轴线控制网。标高控制网应根据复核后的水准点引测,闭合差不应超过 $\pm 5\text{mm}\sqrt{n}$或 $\pm 20\text{mm}\sqrt{L}$,经有关部门验收后方可使用。

(2)对于本工程的竖向控制,采取在每层设 4 个主控点,用激光经纬仪向上投测,各层均应由首层 ±0.000 为初始控制点。层间垂直度测量偏差不应超过 3mm;建筑物全高测量偏差不应超过 $3H/10000$,且不大于 15mm。

2. 降水、护坡桩工程

采用深管井井点降水,土钉墙支护,详见降水、护坡方案。

3. 土方工程

(1)由于基础深度大、土方量大、场地狭小,边坡坡度为 1:0.1,土方随开挖随做土钉墙,坡脚距垫层间留足 100mm 支设模板位置。

(2)现场配备两台 WY-100 反铲挖土机,土方分步开挖,第一步挖至 -2.6m(自然地坪为 -0.6m),然后做第一步土钉墙。以后每步挖深 1.5m,随后进行土钉墙施工,直至槽底。槽底预留 200mm 厚由人工清底,以达到不扰动基础下老土为目的。若挖土超过设计槽底,不允许回填,按验槽意见处理。

(3)挖土机下车的坡道,利用设计的地下停车场下车坡道。

(4)随清底及时跟进机械打钎进行钎探,及时请勘察、设计、甲方及监理共同验槽。

4. 基础施工

基础分底板、墙、顶板三次浇筑。筏形基础底板采取斜面分层连续浇筑方案,底板以上反梁进行二次浇筑。采用商品混凝土,浇底板时的运输量不少于 $50\text{m}^3/\text{h}$,以保证不出现冷缝。基础底板混凝土施工详见《大体积混凝土施工方案》。

(1)基础模板。墙体模板采用 60 系列组合钢模板拼制,用型钢龙骨组拼。外墙对拉螺栓采用工具式止水螺栓。梁、板模板采用18厚胶合板模板,用碗扣式钢支柱排架支模。

(2)变形缝止水带用夹板与钢筋牢固固定,接头处采用焊接连接。振捣混凝土时不得碰撞、触动止水带。外墙的穿墙管道处,先预埋带止水环和法兰的套管。

(3)卷材防水层施工。墙体防水层采用外贴法施工。找平层应抹压密实,阴阳角要抹成圆弧状。卷材要按规范要求做附加层,搭接长度不小于100mm,与基层粘贴牢固。卷材进场必须有产品合格证,经现场取样复试合格后方可使用。底板下卷材铺贴后,需经检查验收合格方可做保护层。墙体防水层施工及验收后,要及时保护并配合回填。

(4)防水混凝土养护。防水混凝土保湿养护不得少于14昼夜。基础底板表面可先覆盖一层塑料薄膜,待混凝土强度达到1.2MPa后,再覆盖草袋养护。墙体模板拆除后,应派专人喷水养护,保持湿润。

5. 钢筋工程

本工程钢筋主要在现场加工成型。所用钢筋的合格证必须齐全,经复验合格后使用。

(1)钢筋的规格不符合设计要求时,应与设计人员洽商处理,不得任意代用。

(2)直径在20mm以上的钢筋采用剥肋滚轧直螺纹连接,其他采用搭接连接。所有钢筋均采取现场散绑成型。

(3)筏基底板、顶板钢筋较密,上下层钢筋应分两次隐检。

(4)墙体钢筋横筋在外,竖筋在内。墙、柱钢筋接头上下错开50%,位置不在箍筋加密区。

(5)地下室的防水混凝土,迎水面钢筋保护层厚度为50mm。任何接头、管线、埋件、支架等均不得碰触模板。

(6)顶板钢筋绑扎时,注意与预埋于楼板内的水电管配合,保证钢筋绑扎到位。

(7)在浇筑混凝土前,墙、柱钢筋必须设置定位支架。

(8)为减轻塔吊压力,钢筋的进场可安排在夜间进行。

(9)浇筑混凝土时,必须派专人整理钢筋,防止变形、移位、开扣或垫块脱落。

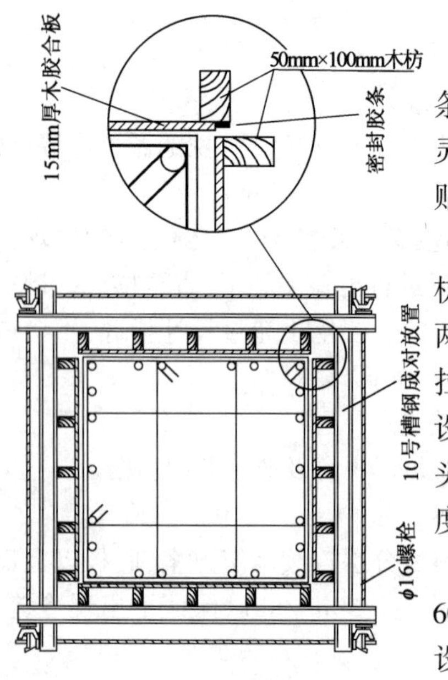

图13-11 柱模板组装图

6. 模板工程

本工程模板量大、构件形状尺寸变化多。为适应多变条件,柱、梁和楼板模板使用覆膜竹胶合板模板,墙体采用灵活性较强的60系列钢模体系。所有模板接缝处必须粘贴海绵密封条挤紧。

(1)柱模板。按柱子的尺寸拼成每面一片,50×100木枋作肋,间距不大于200mm。安装时先安两侧内模,再安装两外面模板。柱箍采用10号槽钢和直径16mm的螺纹钢拉杆构成,柱箍间距不大于600mm,见图13-11。柱子每边设两道支撑及一根拉杆,固定于事先预埋在楼板内的钢筋头和钢筋环上,用经纬仪控制、花篮螺栓调节校正模板垂直度。支撑及拉杆与地面板夹角不大于45°。

(2)梁模板。梁模采用双排碗扣架子支柱,间距600mm,下垫通长脚手板。支柱顶部设置丝杠U形托,底部设可调底座,支柱之间设水平拉杆并加设剪刀撑。主龙骨用100mm×100mm木枋。覆膜竹胶合板模板钉于50mm×

100mm 木枋次龙骨上,预制成底模和侧模板,可周转使用。支模时,按设计标高调整支柱高度后安装梁底模板,梁底跨中起拱高度宜为跨长的 0.2%。绑扎完梁钢筋清除杂物后安装侧模板,用钢管三脚架支撑固定梁侧模板。梁高超过 700mm 者,侧模中间穿 Φ14 对拉螺栓拉结,间距不大于 600mm,防止胀模,构造见图 13-12。

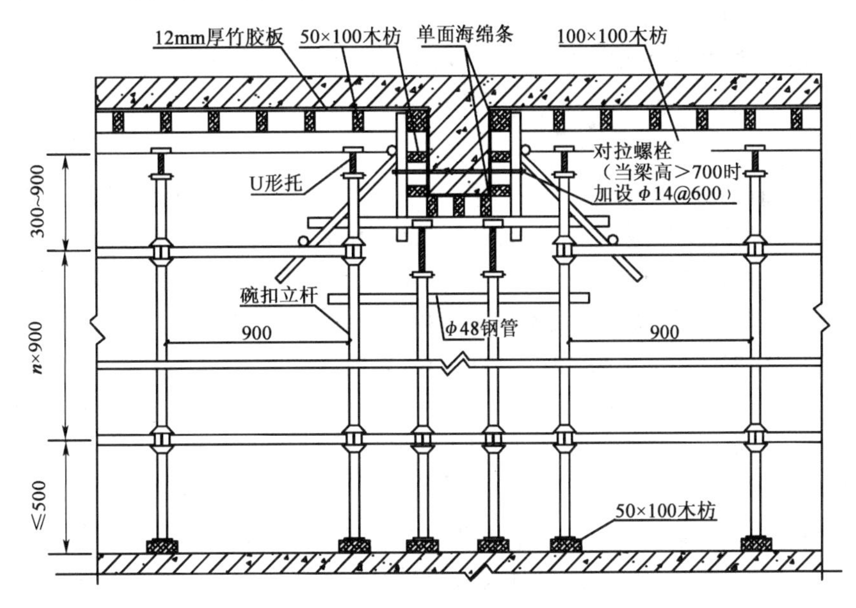

图 13-12　梁板模板构造图(尺寸单位:mm)

(3)楼板模板。支柱下垫通长脚手板,从边跨一侧开始安装支柱,同时安装 100mm × 100mm 木枋主龙骨,最后调节支柱高度将大龙骨找平并起拱 0.2%。次龙骨采用 50mm × 100mm 木枋,间距 300mm。构造见图 13-12。胶合板模板从一侧开始铺设,与小龙骨钉接固定。铺完后,用水准仪测量模板标高,进行校正。拼缝处粘贴密封条,保证严密。

(4)剪力墙模板。按位置线安装门洞口模板,下预埋件或木砖后,把预先拼好的一面模板按位置线就位,然后安装拉杆或斜撑,安装塑料套管和穿墙螺栓,清扫墙内杂物,再安另一侧模板,调整斜撑(拉杆)使模板垂直后,拧紧穿墙螺栓。模板安装完毕后,检查扣件、螺栓是否紧固,接缝及下口是否严密,再办预检手续。

7. 混凝土工程

混凝土采用集中搅拌的商品混凝土,由搅拌站直接供应至现场。现场设置搅拌站供局部使用。基础底板混凝土采用两台汽车泵浇筑,其他部位均采用地泵运输,并配合移置式布料杆进行浇灌。应注意以下几个方面:

(1)混凝土浇筑前,必须在罐车内进行二次搅拌。混凝土从搅拌机中卸出到入模浇筑完毕不得超过 2h。

(2)混凝土自由倾落高度不得超过 1.5m,柱子高度超过 3m 者,必须使用串筒浇筑。

(3)浇筑混凝土时,应设专人看筋、看模,注意观察模板、钢筋、预埋孔洞、预埋件和插筋有无移动、变形或堵塞情况,发现问题及时处理。

(4)现浇混凝土表面按抄定的标高控制,板面应用抹子抹平。

(5)柱子混凝土浇筑前先垫 50 ~ 100mm 厚与混凝土同成分的水泥砂浆。混凝土每层浇筑厚度不超过 600mm。

(6)梁板混凝土同时浇筑,自柱节点处向跨中用赶浆法浇筑。施工缝采用快易板留设,位置在1/3跨度处,接浇混凝土应按规定工艺处理。

(7)浇筑混凝土后,应立即清除钢筋上的混凝土、砂浆污渍。

(8)常温时混凝土养护时间不少于7d,抗渗混凝土不少于14d。

(9)按规范做好混凝土试块,留足试块数量。试块在浇筑地点取样,同条件养护试块采用带锁钢筋笼安放在施工层,与结构构件同时养护。标养试块拆模后及时送入标养室养护。

8. 砌筑工程

(1)填充墙砌筑前,应根据设计要求和框架施工结果,在允许偏差范围内,适当调整墙的内外皮线,以提高外墙面和高大空间内墙面的垂直度和平整度,减薄抹灰基层厚度。

(2)填充墙的皮数画在柱子面上,砌筑时应拉线控制。拉墙钢筋每两皮砌块设置一道,预先植筋,不得遗漏,钢筋压入墙内长度不少于600mm,端部做180°弯钩。门窗洞口做好构造柱及现浇过梁,构造柱钢筋与上下梁板中打入的膨胀螺栓焊接。

(3)砌筑加气混凝土墙时,墙根砌三皮页岩砖,保证踢脚基层不空;墙顶处用小砖斜砌,与梁底或板底顶紧,砌筑时间应晚于墙体7d以上,并按设计要求加抗震铁卡。

9. 架子工程

由于肥槽回填较晚,结构施工阶段采用悬挑工字钢梁搭设双排扣件式钢管外脚手架,在6层和12层两次卸载。装修阶段使用工具式吊篮架子。详细做法见架子施工方案。

10. 垂直运输及水平运输方法

(1)结构施工时选用1台QTZ800塔式起重机,臂长45m,覆盖整个建筑物及混凝土搅拌棚、钢筋场、模板场等。

(2)地上结构施工混凝土采用HBT80泵配合移置式布料杆进行运输和浇灌。

(3)装修阶段选用一部双笼施工电梯。

(4)现场材料、构件倒运,用汽车与塔吊或汽车吊配合作业。

塔吊和施工电梯的选择计算、基础及附着设置,倒料平台设计、安装及使用要求等详见垂直运输方案。

11. 装饰装修工程

在主体结构施工至5层时插入二次结构,随后开始内部粗装修。待结构封顶后,全面展开屋面及内外装修工程。由于采取立体交叉作业,需协调好各方关系,保证工程质量,做好成品保护。详细施工方法将另作装修工程方案。

12. 水电暖卫工程

结构施工中,水、暖、电、卫、通风、设备安装及电梯安装工程,均应和土建项目密切配合,各专业施工单位均应派专人负责,及时预埋预留,不得遗漏。在室内装修前,要将所有立管做好。

四、施工进度计划

本工程合同工期为17.5个月。故此,在每层结构模板拆除后,立即进行墙体砌筑和抹灰工程,待10层抹灰完成后,开始向下进行室内精装作业,15层抹灰完成后,进行15~11层室内精装工程,综合控制计划见图13-13。

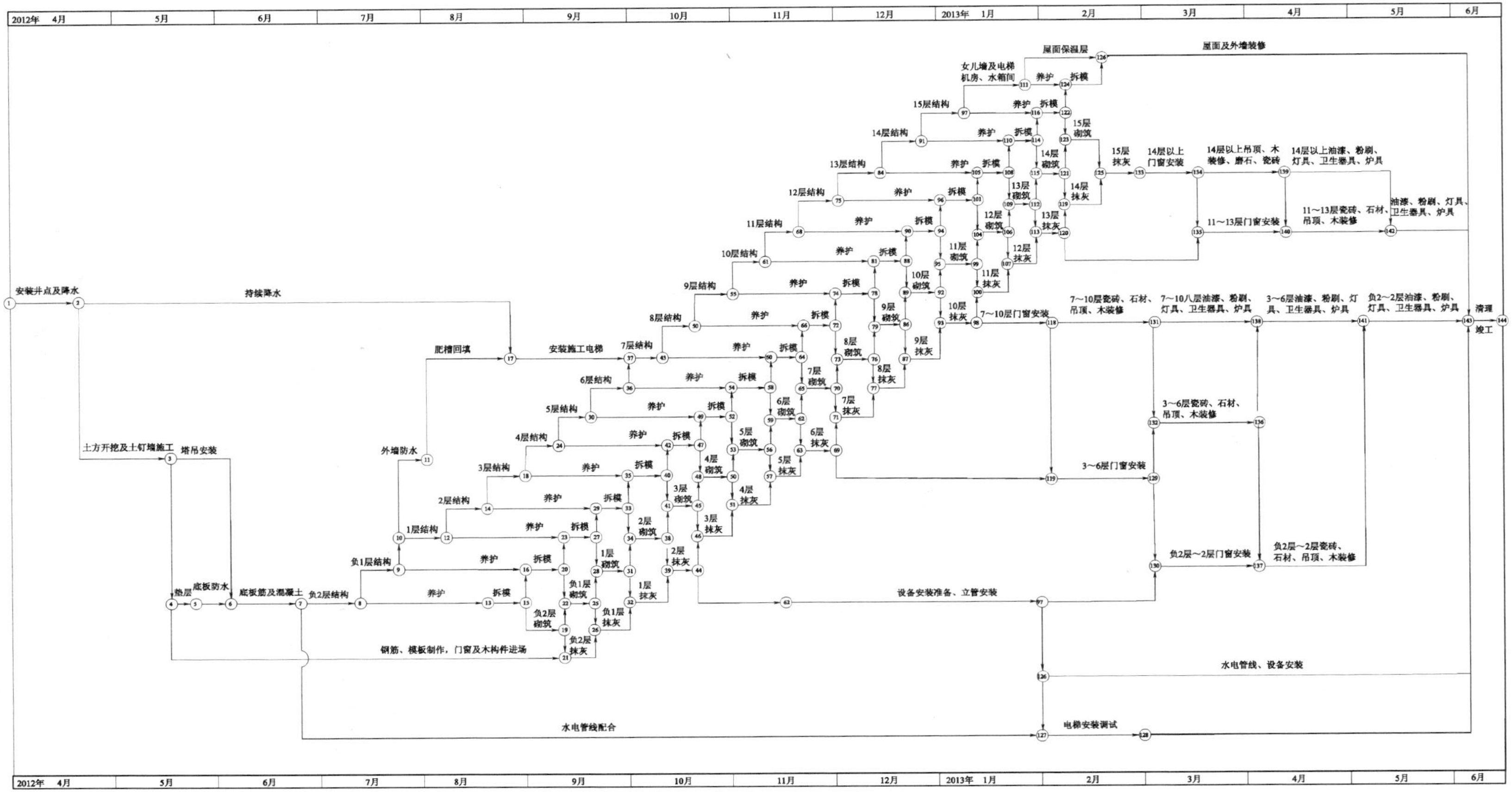

图13-13 某办公楼工程施工进度控制性网络计划

五、施 工 准 备

抓好施工现场的“三通一平”工作，即水通、电通、道路通和场地平整；搭建好生产和生活设施，落实好生产和技术准备工作。

1. 技术准备

(1)在接到施工图纸后，各级技术人员、施工人员要认真熟悉图纸，技术部门负责组织好图纸会审。会审时应特别注意审查建筑、结构、上下水、电气、热力、动力等图纸是否矛盾，发现问题及时提出，争取在施工前办好一次性洽商，同时确定各工程项目的做法、材料、规格，为翻样和加工订货创造条件。

(2)摸清设计意图，编制施工组织设计和较复杂的分项工程施工方案。

(3)根据规划局提供的红线和高程，引入建筑物的定位线和标高。

(4)根据现场情况，分阶段做好现场的平面布置。

(5)提出大型机具计划，编制加工订货计划。

2. 生产准备

(1)平整场地。场地自然地坪为46.90～47.16m，与建筑物室外标高49.00m尚有2m左右差距，施工前期不能填土，开挖时应计算好以后回填土方量。但开挖前应有统一的竖向设计，以利雨季排水。原则上雨水向北排至大街下水道。

在平整场地的同时，按施工平面布置图完成现场道路施工，采用级配砂石硬化场地，混凝土铺设路面。

(2)测量定位。本工程结构形状复杂，要计算好必要的定位点，根据甲方所提供的红线桩测设，标高由甲方提供的水准点引入。定位点和标高必须经甲方核验，并办好验收手续。

(3)工地临时供水。

①用水量计算：

a. 现场施工用水量 q_1，以用水量最大的楼板混凝土浇筑用水量计算：

$$q_1 = K_1 \cdot \frac{\sum Q_1 \cdot N_1 \cdot K_2}{8 \times 3600} = 1.15 \times \frac{100 \times 2000 \times 1.5}{8 \times 3600} = 12.0(\mathrm{L/s})$$

式中：K_1——未预计的施工用水系数(取1.15)；

Q_1——工程量(取浇筑混凝土 $100\mathrm{m}^3$/班)；

N_1——施工用水定额(取 $2000\mathrm{L/m}^3$)；

K_2——现场施工用水不均衡系数(取1.5)。

b. 施工现场生活用水量 q_2，按施工高峰期人数 $P_1 = 400$ 人计算：

$$q_2 = \frac{P_1 \cdot N_2 \cdot K_3}{b \times 8 \times 3600} = \frac{400 \times 30 \times 1.3}{1.5 \times 8 \times 3600} = 0.36(\mathrm{L/s})$$

式中：N_2——施工现场生活用水定额(取30L/人·日)；

K_3——施工现场生活用水不均衡系数(取1.3)；

b——每天工作班数(取1.5)。

c. 生活区生活用水量 q_3：

$$q_3 = \frac{P_2 \cdot N_3 \cdot K_4}{24 \times 3600} = \frac{500 \times 80 \times 1.3}{24 \times 3600} = 0.60(\mathrm{L/s})$$

式中：P_2——生活区居民人数(取500人)；

N_3——生活区昼夜全部生活用水定额(取80L/人·日);

K_4——生活区用水不均衡系数(取1.3)。

d. 消防用水量 q_4:因施工现场面积在25ha以内,居民区在5000人以内,所以

$$q_4 = 10 + 10 = 20(L/s)$$

e. 总用水量 Q:

因为 $q_1 + q_2 + q_3 = 12.96 < q_4 = 20$,且工地面积小于5ha;

所以 $Q = q_4$,再增加10%以补偿水管漏水损失,即:

$$Q = 1.1 \times 20 = 22(L/s)$$

②管径的选择:

$$d = \sqrt{\frac{4Q}{\pi \cdot v \cdot 1000}} = \sqrt{\frac{4 \times 22}{3.14 \times 1.3 \times 1000}} = 0.147(m)$$

式中:v——管网中水流速度,取 $v = 1.3m/s$。

给水干管选用150mm管径的铸铁水管,满足现场使用要求。

③管线布置。从原有供水干管接进 ϕ150mm 临时供水干管,引入现场后分为两路各 ϕ100mm 管线。其中一路引入暂设泵房,作为高层消防和施工用水;另一路引入现场,作为场地消防及生产、生活用水,见施工平面布置图。

(4)施工用电。

①施工用电量计算。本工程结构施工阶段用电量最大,故按该阶段计算。

a. 主要机电设备用电量见表13-7。

机电设备用电统计表 表13-7

名　　称	单　　位	数　　量	单台用电量(kW)	用电量(kW)
H3/36B 塔式起重机	台	1	88.3	88.3
外用电梯	台	2	15	30
400L 搅拌机	台	3	11	33
电焊机	台	4	28	112
……				
振捣器	台	4	1.5	6
合计	电动机用电 $\sum P_1 = 207.8kW$		电焊机用电 $\sum P_2 = 112kVA$	

b. 室内照明:$5W/m^2$,共计$10000m^2$

$$\sum P_3 = 5 \times 10000 = 50(kW)$$

c. 室外照明:$1W/m^2$,共计$20000m^2$

$$\sum P_4 = 1 \times 20000 = 20(kW)$$

d. 总用电量 P:

$$P = 1.05 \sim 1.1(K_1 \frac{\sum P_1}{\cos\varphi} + K_2 \sum P_2 + K_3 \sum P_3 + K_4 \sum P_4)$$

式中:$\cos\varphi$——电动机的平均功率因数(取0.75);

K_1、K_2、K_3——分别为动力设备、电焊机、室内照明、室外照明的需要系数(K_1 取0.5,K_2 取0.6,K_3 取0.8,K_4 取1),则:

$$P = 1.05 \times (0.5 \times \frac{207.8}{0.75} + 0.6 \times 112 + 0.8 \times 50 + 1 \times 20) = 265.5(kVA)$$

②电源选择。甲方可提供560kVA变压器供电,满足施工要求。

③场内干线选择。用电电流为: $I=\frac{P}{\sqrt{3}\cdot U\cdot\cos\varphi}=\frac{265.5\times1000}{\sqrt{3}\times380\times0.75}=538(\mathrm{A})$

按导线截面容许电流值,选用185mm^{2}铜芯橡皮线。

④布置线路。施工用电直接从甲方提供的560kVA变电室接用,按施工平面图布置架设,设置分配电箱,各用电处设闸箱。

(5)搭设临时用房。办公、卫生所、工具房、仓库、水泥库、搅拌站、锅炉房、钢筋棚、木工棚、厕所等均需按平面布置搭设。

(6)做好各种材料、构件、建筑配件成品及半成品的加工订货准备工作,根据生产安排,提出加工订货计划,明确进场时间。

六、劳动力及主要机具计划

1. 劳动力安排

由于工期紧、工程量大,预计用20万个工日,工期18个月,故需劳动力充足。

(1)结构施工期间,按四个混合班组共320人考虑。

(2)装修施工期间,按六个混合班组,共420人考虑。

正常情况下,每天安排两班轮流施工,充分利用工作面,达到缩短工期的目的。

劳动力具体需要情况详见劳动力配置计划表及柱状图(略)。

2. 主要机具计划

主要施工机械及工具需用计划表(略)。

七、施工现场平面布置

现场场地狭窄,施工用房和材料堆放场地要周转使用,各种构件、材料、成品、半成品均需分期、分批进场。工程装修阶段,可用首层作为施工班组用房和库房。

主体结构阶段的施工现场平面布置详见图13-14。

八、各项技术与组织措施

1. 保证质量的措施

(1)建立多层次的质量保证体系(图略),动员全体人负参加群众性的质量管理活动。

(2)根据工程部位及月度计划,由项目技术质量负责人提出质量管理重点项目与具体实施要求,并及时总结工作,做到重点把关,消除隐患。

(3)认真贯彻执行施工验收规范中各项质量要求和质量标准的规定,以及专项工程施工要点的具体要求。

(4)做好质量预控设计,搞好质量成本,真正做到多快好省。

(5)各分部分项工程施工前,主管工长必须做好技术交底、质量交底。施工过程中执行三检(自检、互检、交接检),发现问题及时纠正。

(6)凡分包单位,必须承担工程质量的全面责任,保证验收合格,办好验收手续。

(7)按施工部位进度要求,认真做好隐检、预检工作,检查资料及时归档。

(8)对构成质量事故的处理,要严格按有关规定执行。凡造成重大经济损失、影响工程进度的恶性事故,必须追究责任,严肃处理。

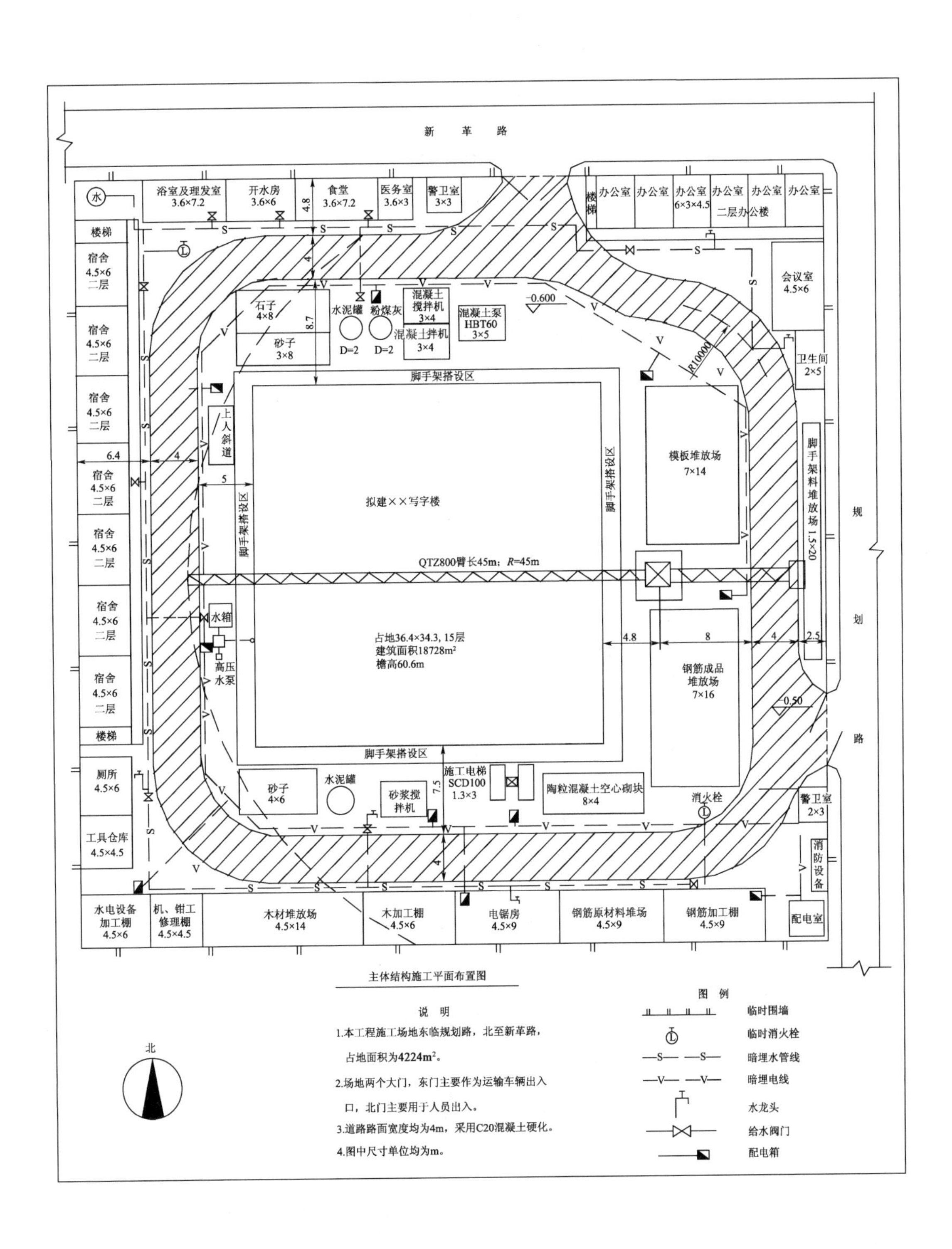

图 13-14　某办公楼结构阶段施工平面布置图(尺寸单位:m)

(9)坚持“样板制”。各分项工程,尤其是装饰装修工程,必须先做好样板,经有关人员确认之后,方能进行全面施工。

(10)各项工程必须严格办理隐检、预检及分项分部验收手续。项目经理部及有关分包单位,要列出各项验收计划,明确检验内容及负责人。

2. 安全措施

(1)建立以项目经理为核心的现场安全生产、文明施工领导小组(组织机构图略),组织做好以安全为核心的现场施工活动,做好宣传、教育工作。

(2)护坡柱、降水井施工成孔后,盖好井口,以防施工人员落入。

(3)临时用电采用三相五线制,做保护接零,接地电阻不大于4Ω。

(4)电气设备应加强管理和检查,防止漏电、触电事故,雨季应采取防雨防雷措施。

(5)基坑四周搭设护身栏。

(6)搭设脚手架前做好架子方案,施工中严格按架子方案及安全规定执行。各种架子及安全设施必须经过安全部门检查验收后方可使用。

(7)电梯井、楼梯均应设防护栏杆及安全网。施工现场一切孔洞必须加门、加盖、设围栏和警告标志。

(8)进入现场必须戴安全帽。

3. 消防措施

(1)现场成立义务消防队,配备适用的消防器材,随时做好灭火准备。

(2)施工现场设4个临时消火栓,消火栓周围3m内不准堆放任何物料,并设置明显标志牌。

(3)施工现场严禁吸烟。各种临时用火必须向有关部门领取用火证,并配备专人看火。

(4)电闸箱、电焊机、砂轮机、变压器等电器设备的附近不得堆放易燃物品。

(5)北、西两侧大门不得停放车辆,保证现场道路通畅。

4. 文明施工及环境保护措施

(1)施工现场平面布置必须符合施工组织设计的平面布置图。

(2)严格执行分片包干和个人岗位责任制,使整个现场做到清洁、整齐、文明。

(3)施工现场道路采用150mm厚C20混凝土铺设,场地铺碎石渣硬化,必须平整、坚实,并有排水沟。现场经常洒水,防止扬尘。

(4)各种材料、构件要分规格码放整齐。

(5)水泥采取罐存,白灰粉设封闭库房。设置封闭竖向垃圾道及现场垃圾棚。

(6)搅拌机采用喷雾装置,搅拌站及混凝土泵站设沉淀池。

(7)设置封闭锯木房,减少噪声污染。

5. 降低成本措施和成品保护措施

(1)做好胶合板模板的封边保护,减少切割,采取强有力的保管措施,增加周转次数。

(2)直条钢筋采用闪光对焊接长,然后下料,减少料头;粗钢筋采用剥肋滚压直螺纹连接技术,预计节约钢筋15万元。

(3)混凝土掺用减水剂,节约水泥250t。

(4)确实保证结构工程质量,保证结构几何尺寸准确,避免内外装修面抹灰加厚以及剔凿用工。

(5)组织好工序搭接,防止工序倒置损坏成品。

(6)对后期门窗、玻璃、墙面、吊顶、灯具、设备等,根据具体情况制订保护措施。

(7)设专人负责现场保卫及成品保护,减少丢失和损坏。

第十四章

施工组织总设计

施工组织总设计是以整个建设项目或群体工程为编制对象，根据初步设计或扩大初步设计图纸及其他资料和现场施工条件而编制，对整个建设项目进行全面规划和统筹安排，是指导全场性的施工准备工作和施工全局的纲要性技术经济文件，一般是由总承包单位或大型项目经理部的总工程师主持编制。

第一节　概　　述

一、任务与作用

施工组织总设计的任务，是对整个建设工程的施工过程和施工活动进行总的战略性部署，并对各单项工程（或单位工程）的施工进行指导、协调及阶段性目标控制。其主要作用包括：为组织全工地性施工业务提供科学方案；为做好施工准备工作、保证资源供应提供依据；为施工单位编制生产计划和单位工程施工组织设计提供依据；为建设单位编制工程建设计划提供依据；为确定设计方案的施工可行性和经济合理性提供依据。

二、内　　容

施工组织总设计一般包括如下内容：

（1）编制依据；

（2）工程项目概况；

（3）施工部署及主要项目的施工方案；

（4）施工总进度计划；

（5）总体施工准备；

（6）主要资源配置计划；

（7）施工总平面布置；

（8）目标管理计划及技术经济指标。

三、编 制 程 序

施工组织总设计的编制程序如图 14-1 所示。该编制程序是根据施工组织总设计中各项内容的内在联系而确定的。其中,调查研究是编制施工组织总设计的准备工作,目的是获取足够的信息,为编制施工组织总设计提供依据。施工部署和施工方案是第一项重点内容,是编制施工进度计划和进行施工总平面图设计的依据。施工总进度计划是第二项重点内容,必须在编制了施工部署和施工方案之后进行,且只有编制了施工总进度计划,才具备编制其他计划的条件。施工总平面图是第三项重点内容,需依据施工方案和各种计划需求进行设计。

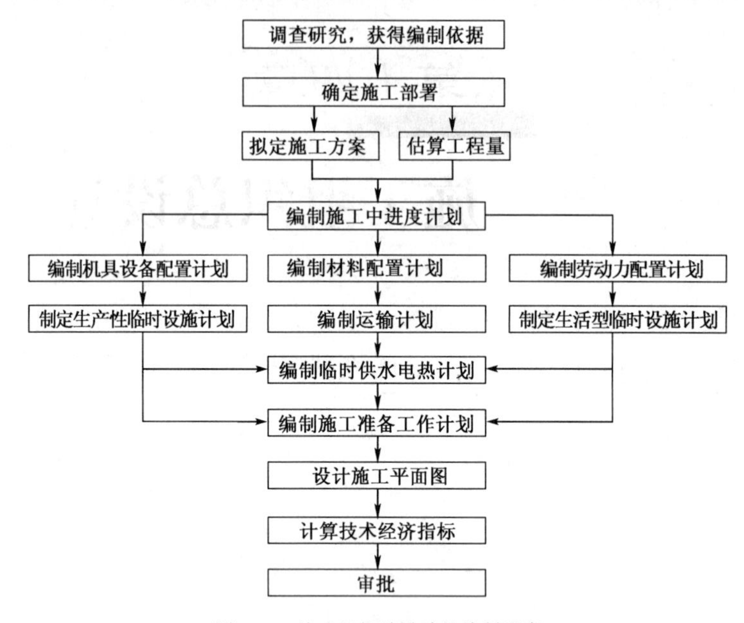

图 14-1　施工组织总设计的编制程序

四、编制依据

为了保证施工组织总设计的编制工作顺利进行,且能在实施中切实发挥指导作用,编制时必须密切地结合工程实际情况。主要编制依据如下:

1. 计划文件及有关合同

主要包括:国家批准的基本建设计划、可行性研究报告、工程项目一览表、分期分批施工项目和投资计划;地区主管部门的批件、施工单位上级主管部门下达的施工任务计划;招投标文件及签订的工程承包合同;工程材料和设备的订货指标;引进材料和设备供货合同等。

2. 设计文件及有关资料

主要包括:建设项目的初步设计、扩大初步设计或技术设计的有关图纸、设计说明书、建筑区域平面图、建筑总平面图、建筑竖向设计、总概算或修正概算等。

3. 施工组织纲要

施工组织纲要也称投标(或标前)施工组织设计。它提出了施工目标和初步的施工部署,在施工组织总设计中要深化部署,履行所承诺的目标。

4. 现行规范、规程和有关规定

包括与本工程建设有关的国家、行业和地方现行的法律、法规、规范、规程、标准、图集等。

5. 工程勘察和技术经济资料

工程勘察资料包括建设地区的地形、地貌、工程地质及水文地质、气象等自然条件。

技术经济资料包括:建设地区可能为建设项目服务的建筑安装企业、预制加工企业的人力、设备、技术和管理水平；工程材料的来源和供应情况；交通运输情况；水、电供应情况；商业和文化教育水平和设施情况等。

6. 类似建设项目的施工组织总设计和有关总结资料

此类资料具有借鉴和参考作用。

五、工程概况的编写

工程概况是对整个工程项目的总说明，一般应包括以下内容。

1. 工程项目的基本情况及特征

该项内容是要描述工程的主要特征和工程的全貌，为施工组织总设计的编制及审核提供前提条件。因此，应写明以下内容：

(1)工程名称、性质、建设地点，建设总期限。

(2)占地总面积，建设总规模(建筑面积，管线和道路长度，生产能力)，总投资。

(3)建安工作量，设备安装台数或吨数。应列出工程构成表和工程量汇总表，如表14-1。

(4)建设单位、承包和分包单位及其他参建单位等基本情况。

(5)工程组成及每个单项(单位)工程设计特点，新技术的复杂程度。

(6)建筑总平面图和各单项、单位工程设计交图日期以及已定的设计方案等。

主要建筑物和构筑物一览表 表14-1

序号	单项工程名称	建筑结构特征	建筑面积(m^2)	占地面积(m^2)	层数	构筑物体积(m^3)	备注
1							
2							
…							

2. 承包的范围

依据合同约定，明确总承包范围、各分包单位的承包范围。

3. 建设地区特征

包括以下内容：

(1)气象、地形、地质和水文情况，场地周围环境情况。

(2)劳动力和生活设施情况。当地劳务市场情况，需在工地居住的人数，可作为临时宿舍、食堂、办公、生产用房的数量。水电暖卫设施、食品供应情况，邻近医疗单位情况，周围有无有害气体和污染企业，地方疾病情况，民族风俗习惯等。

(3)地方建筑生产企业情况。

(4)地方资源情况。

(5)交通运输条件。

(6)水、电和其他动力条件。

4. 施工条件

应说明主要设备供应情况；主要材料和特殊物资供应情况；参加施工的各单位生产能力与技术与管理水平情况。

5. 其他内容

如有关本建设项目的决议、合同或协议；土地征用范围、数量和居民搬迁时间；需拆迁与平整场地的要求等。

第二节　施工部署与施工方案

施工部署与施工方案是对整个建设项目通盘考虑、统筹规划后，所做出的战略性决策，明确了项目施工的总体设想。它是施工组织总设计的核心，直接影响建设项目的进度、质量、成本三大目标的实现。

一、施工部署

施工部署主要内容包括：明确项目的组织体系、部署原则、区域划分、进度安排、展开程序和全场性准备工作规划等。

1. 项目组织体系

项目组织体系应包含建设单位、承包和分包单位及其他参建单位，应以框图表示，明确各单位在本项目的地位及负责人，见图14-2。

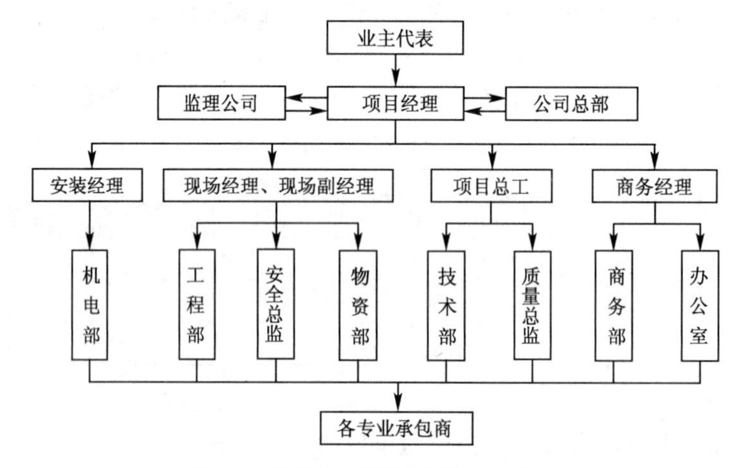

图14-2　某建设工程项目的管理组织机构

注：人员姓名及部门负责人姓名已略去

2. 施工区域(或任务)的划分与组织安排

在明确施工项目管理体制、组织机构和管理模式的条件下，划分各参与施工单位的任务，明确总包与分包的关系，建立施工现场统一的组织领导机构及职能部门，确定综合的和专业化的施工组织，明确各单位之间分工与协作关系，确定各分包单位分期分批的主攻项目和穿插项目。

3. 施工控制目标

在合同文件中规定或施工组织纲要中承诺的建设项目的施工总目标，单项工程的工期、成本、质量、安全、环境等目标。其中工期、成本、质量的量化目标见表14-2。

施工控制目标　　　　表14-2

序号	单项工程名称	建筑面积(m^2)	控制工期			控制成本(万元)	控制质量(合格或优良等)
			工期(月)	开工日期	竣工日期		
1							
2							
…							

4. 确定项目展开程序

根据建设项目施工总目标及总程序的要求，确定分期分批施工的合理展开程序。在确定展开程序时，应主要考虑以下几点：

(1)在满足合同工期要求的前提下，分期分批施工。这既有利于保证项目的总工期，又可在全局上实现施工的连续性和均衡性，减少暂设工程数量，降低工程成本。至于分几批施工，还应根据其使用功能、业主要求、工程规模、资金情况等，由甲、乙双方共同研究确定。

(2)统筹安排各类施工项目，保证重点，兼顾其他，确保按期交付使用。按照各工程项目的重要程度和复杂程度，优先安排的项目包括：

①甲方要求先期交付使用的项目；

②工程量大、构造复杂、施工难度大、所需工期长的项目；

③运输系统、动力系统，如道路、变电站等；

④可供施工使用的项目。

(3)一般应按先地下后地上、先深后浅、先干线后支线、先管线后筑路的原则进行安排。

(4)注意工程交工的配套，使建成的工程能迅速投入生产或交付使用，尽早发挥该部分的投资效益。

(5)避免已完工程的使用与在建工程的施工相互妨碍和干扰，使使用和施工两方便。

(6)注意资源供应与技术条件之间的平衡，以便合理地利用资源，促进均衡施工。

(7)注意季节的影响，将不利于某季节施工的工程提前或推后，如大规模土方和深基坑工程要避开雨季；寒冷地区的房屋工程尽量在入冬前封闭等，但应保证不影响质量和工期。

5. 主要施工准备工作的规划

主要指全现场的准备，包括思想、组织、技术、物资等准备。首先应安排好场内外运输主干道、水电源及其引入方案；其次要安排好场地平整方案、全场性排水、防洪；还应安排好生产、生活基地，做出构件的现场预制、工厂预制或采购规划。

二、主要项目施工方案的拟定

对于主要的单项或单位工程及特殊的分项工程，应在施工组织总设计中拟定其施工方案，其目的是进行技术和资源的准备工作，也为工程施工的顺利开展和工程现场的合理布局提供依据。

所谓主要单项或单位工程，是指工程量大、工期长、施工难度大、对整个建设项目的完成起关键作用的建筑物或构筑物，如生产车间、高层建筑等；特殊的分项工程指桩基、大跨结构、重型构件吊装、特殊外墙饰面工程等。

施工方案的内容包括：确定施工起点流向、施工程序、主要施工方法和施工机械等。

选择大型机械应注意其可能性、适用性、经济合理性及技术先进性。可能性是指利用自有机械或通过租赁、购置等途径可以获得的机械；适用性是指机械的技术性能满足使用要求；经济合理性是指能充分发挥效率、所需费用较低；先进性是指性能好、功能多、能力强、安全可靠、便与保养和维修。大型机械应能进行综合流水作业，在同一个项目中应减少其装、拆、运的次数。辅机的选择应与主机配套。

选择施工方法时，应尽量扩大工业化施工范围，努力提高机械化施工程度，减轻劳动强度，提高劳动生产率，保证工程质量，降低工程成本，确保按期交工，实现安全、环保和文明施工。

第三节　施工总进度计划

施工总进度计划是对施工现场各项施工活动在时间上所做的安排，它是施工部署在时间上的具体体现。其编制是根据施工部署等要求，合理确定每个独立交工系统及其单项工程的控制工期，合理安排它们之间的施工顺序和搭接关系。其作用在于能够确定各个单项工程的施工期限以及开竣工日期；同时也为制订资源配置计划、临时设施的建设和进行现场规划布置提供依据。

一、编 制 原 则

(1)合理安排各单项工程或单位工程之间的施工顺序，优化配置劳动力、物资、施工机械等资源，保证建设工程项目在规定的工期内完工。

(2)合理组织施工，保证施工的连续、均衡、有节奏，以加快施工速度，降低成本。

(3)科学地安排全年各季度的施工任务，充分利用有利季节，尽量避免停工和赶工，从而在保证质量的同时节约费用。

二、编 制 步 骤

1. 划分项目并计算工程量

根据批准的总承建任务一览表，列出工程项目一览表并分别计算各项目的工程量。由于施工总进度计划主要起控制作用，因此项目划分不宜过细，可按确定的工程项目的开展程序进行排列，应突出主要项目，一些附属的、辅助的及小型项目可以合并。

计算各工程项目工程量的目的，是为了正确选择施工方案和主要的施工、运输机械，初步规划各主要项目的流水施工，计算各项资源的需要量。因此，工程量只需粗略计算。可依据设计图纸及相关定额手册，分单位工程计算主要实物量。将计算所得的各项工程量填入工程量总表及总进度计划表头中(表14-3)。

施工总(综合)进度计划　　表14-3

序号	单项工程名称	土建工程指标		设备安装指标		造价(万元)			进度计划							
		单位	数量	单位	数量	合计	建设工程	设备安装	××年				××年			
									Ⅰ	Ⅱ	Ⅲ	Ⅳ	Ⅰ	Ⅱ	Ⅲ	Ⅳ
1																
2																
…																
资源动态图		施工总进度计划的技术经济指标分析：														

注：进度线应将土建工程、设备安装工程等以不同线条表示。

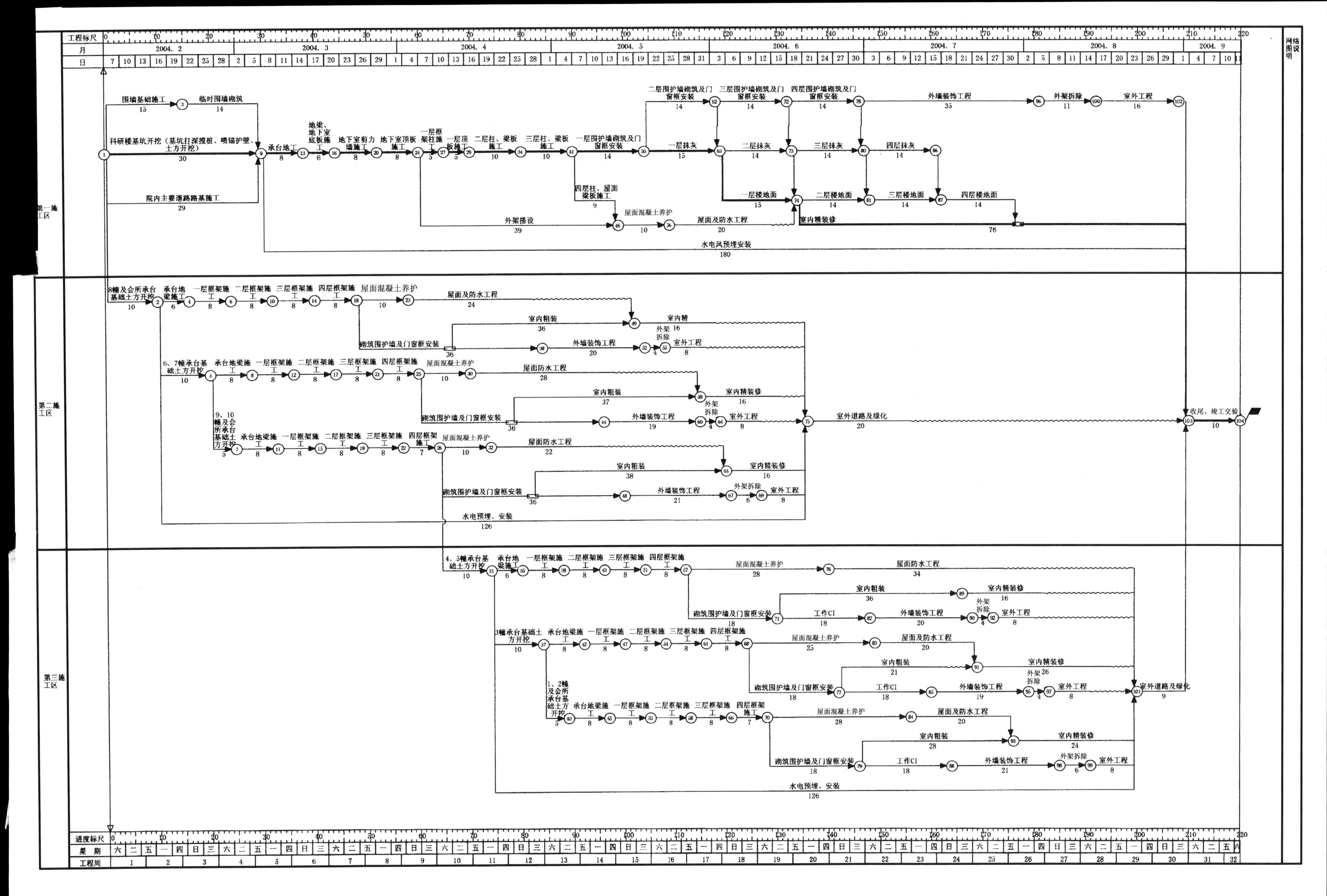

图14-3 某科研楼及配套工程施工进度计划网络图

2. 确定各单位工程的施工期限

工程施工期限的确定，要考虑工程类型、结构特征、装修装饰的等级、工程复杂程度、施工管理水平、施工方法、机械化程度、施工现场条件与环境等因素。但工期应控制在合同工期以内。无合同工期的工程，应按工期定额或类似工程的经验确定。

3. 确定各单位工程的开竣工时间和相互搭接关系

根据建设项目总工期、总的展开程序和各单位工程的施工期限，即可进一步安排各施工项目的开竣工时间和相互搭接关系。安排时应注意以下要求：

(1)保证重点，兼顾一般。在安排进度时，同一时期施工的项目不宜过多，以避免人力、物力过于分散。因此要分清主次，抓住重点。对工程量大、工期长、质量要求高、施工难度大的单位工程，或对其他工程施工影响大、对整个建设项目的顺利完成起关键性作用的工程应优先安排。

(2)尽量组织连续、均衡地施工。安排施工进度时，应尽量使各工种施工人员、施工机具在全工地内连续施工，尽量实现劳动力、材料和施工机具的消耗量均衡，以利于劳动力的调度、原材料供应和临时设施的充分利用。为此，应尽可能在工程项目之间组织“群体工程流水”，即在具有相同特征的建筑物或工程之间组织主要工种流水施工，从而实现人力、材料和施工机具的综合平衡。此外，还应留出一些附属项目或零星项目作为调节项目，穿插在主要项目的流水施工中，以增强施工的连续性和均衡性。

(3)满足生产工艺要求。对工业项目要以配套投产为目标，区分各项目的轻重缓急，把工艺调试在前的、占用工期较长的、工程难度较大的排在前面。

(4)考虑经济效益，减少贷款利息。从货币时间价值观念出发，尽可能将投资额少的工程安排在最初年度内施工，而将投资额大的安排在最后，以减少投资贷款的利息。

(5)考虑个体施工对总体施工的影响。安排施工进度时，要保证工程项目的室外管线、道路、绿化等其他配套设施能连续、及时地进行。因此，必须恰当安排各个建筑物、构筑物单位工程的起止时间，以便及时拆除施工机械设备、清理室外场地、清除临时设施，为总体施工创造条件。

(6)全面考虑各种条件的限制。安排施工进度时，还应考虑各种客观条件如施工企业的施工力量、各种原材料及机具设备的供应情况、设计单位提供图纸的时间、建设单位的资金投入与保证情况、季节环境情况等的限制。

4. 编制可行性施工总进度计划

可行性施工总进度计划可以用横道图或网络图形式表达。由于在工程实施过程中情况复杂多变，施工总进度计划只能起到控制性作用，故不必过细，否则将不便于优化。

编制时，应尽量安排全工地性的流水作业。安排时应以工程量大、工期长的单项工程或单位工程为主导，组织若干条流水线，并以此带动其他工程。

施工总(综合)进度计划表形式见表14-3。

5. 编制正式施工总进度计划

可行性施工总进度计划绘制完成后，应对其进行检查，包括是否满足总工期及起止时间的要求、各施工项目的搭接是否合理、资源需要量动态曲线是否较为均衡。

如发现问题应进行优化。主要方法是改变某些工程的起止时间或调整主导工程的工期。如果是利用计算机程序编制计划，还可分别进行工期优化、费用优化及资源优化。经调整符合要求后，编制正式的总进度计划。某研究院工程施工网络计划见图14-3。

第四节　资源配置计划与总体施工准备

资源配置计划的编制需依据施工部署和施工总进度计划,重点确定劳动力及材料、构配件、加工品及施工机具等主要物资的需要量和时间,以便组织供应、保证施工总进度计划的实现;同时也为场地布置及临时设施的规划准备提供依据。

一、劳动力配置计划

劳动力配置计划是确定暂设工程规模和组织劳动力进场的依据。它是根据工程量汇总表、施工准备工作计划、施工总进度计划、概(预)算定额和有关经验资料,分别确定出每个单项工程专业工种的劳动量、工人数和进场时间,然后逐项按月或季度汇总,得出整个建设项目劳动力配置计划,如表 14-4 所示,并在表下绘制出劳动力动态曲线柱状图。

劳动力配置计划　　表 14-4

序号	单项工程名称	工种名称	劳动量(工日)	需要量(人)														
				20××年										20××年				
				3	4	5	6	7	8	9	10	11	12	1	2	3	4	…
1																		
…																		
合计																		

注:工种名称除生产工人外,应包括附属、辅助用工(如运输、构件加工、材料保管等)以及服务和管理用工。

二、物资配置计划

1. 主要材料和预制品配置计划

主要材料和预制品配置计划是组织材料和预制品加工、订货、运输、确定堆场和仓库的依据。它是根据施工图纸、工程量、消耗定额和施工总进度计划而编制的。

根据各工种工程量汇总表所列各建筑物主要施工项目的工程量,查相关定额或指标,便可得出所需的材料、构配件和半成品的需要量。然后根据总进度计划表,大致估算出某些主要材料在某季度某月的需要量,从而编制出材料、构配件和半成品的配置计划,如表 14-5 所示。

主要材料和预制品配置计划　　表 14-5

序号	单项工程名称	材料和预制品					需要量											
		编号	品名	规格	单位	总量	20××年							20××年				
							6	7	8	9	10	11	12	1	2	3	4	…
1	1号教学楼																	
…		…																
合计																		

注:①主要材料可按型钢、钢板、钢筋、管材、水泥、木材、砖、砌块、砂、石、防水卷材等分别列表。

②需要量按月或季度编制。

2. 主要施工机具和设备配置计划

该计划是组织机具供应、计算配电线路及选择变压器、进行场地布置的依据。主要施工机具可根据施工总进度计划及主要项目的施工方案和工程量,套定额或按经验确定。根据施工部署、施工方案、施工总进度计划、主要工种工程量和机械台班产量定额而确定;运输机具的需要量根据运输量计算。上述汇总结果可参照表 14-6。

施工机具和设备配置计划 表 14-6

序号	单项工程名称	施工机具和设备					需要量								
							20××年					20××年			
		编码	名称	型号	单位	电功率	8	9	10	11	12	1	2	3	…
1															
…															
合计															

注:机具、设备名称可按土方、钢筋混凝土、起重、金属加工、运输、木加工、动力、测试、脚手架等分类填写。需要量按月或季度编制。

3. 大型临时设施计划

大型临时设施计划应本着尽量利用已有或拟建工程的原则,按照施工部署、施工方案、各种配置计划,并根据业务量和临时设施计算结果进行编制。计划表形式见表 14-7。

大型临时设施计划 表 14-7

序号	项目	名称	需用量		利用现有建筑	利用拟建永久工程	新建	单价(元/m^2)	造价(万元)	占地(m^2)	修建时间
			单位	数量							
1											
…											
合计											

注:项目名称包括生产、生活用房,临时道路,临时用水、用电和供热系统等。

三、总体施工准备

总体施工准备包括技术准备、现场准备和资金准备。其主要内容包括:

(1)土地征用、居民拆迁和现场障碍拆除工作。

(2)确定场内外运输及施工用干道,水、电来源及其引入方案。

(3)制定场地平整及全场性排水、防洪方案。

(4)安排好生产和生活基地建设,包括混凝土集中搅拌站,预制构件厂,钢筋、木材加工厂,机修厂及职工生活福利设施等。

(5)落实材料、加工品、构配件的货源和运输储存方式。

(6)按照建筑总平面图要求,做好现场控制网测量工作。

(7)组织新结构、新材料、新技术、新工艺试制、试验和人员培训。

(8)编制各单位工程施工组织设计和研究制订施工技术措施等。

应根据施工部署与施工方案、资源计划及临时设施计划编制准备工作计划表。其表格形式如表 14-8 所示。

主要施工准备工作计划表　　表 14-8

序号	准备工作名称	准备工作内容	主办单位	协办单位	完成日期	负责人
1						
2						
…						

第五节　全场性暂设工程

在工程项目正式开工之前,要按照施工准备工作计划的要求,建造相应的暂设工程,以满足施工需要,为工程项目创造良好的施工环境。暂设工程的类型及规模因工程而异,主要有:工地加工厂组织,工地仓库组织,工地运输组织,办公及福利设施组织,工地供水和供电组织。

一、临时加工厂及作业棚

加工厂及作业棚属生产性临时设施,包括:混凝土及砂浆搅拌站、混凝土构件预制场、木材加工厂、钢筋加工厂、金属结构加工厂等;木工作业棚、电锯房、钢筋作业棚、锅炉房、发电机房、水泵房等现场作业棚房;各种机械存放场所。所有这些设施的建筑面积主要取决于设备尺寸、工艺过程、安全防火等要求,通常可参考有关经验指标等资料确定。

对于钢筋混凝土构件预制厂、锯木车间、模板、细木加工车间、钢筋加工棚等,其建筑面积可按下式计算:

$$F = \frac{K \times Q}{T \times S \times \alpha} \tag{14-1}$$

式中:F——所需建筑面积(m^2);

K——不均衡系数,取1.3~1.5;

Q——加工总量;

T——加工总时间(月);

S——每平方米场地月平均加工量定额;

α——场地或建筑面积利用系数,取0.6~0.7。

常用各种临时加工厂的面积可参考建筑施工手册相应指标。

二、临时仓库与堆场

仓库有各种类型,其中"转运仓库"是设置在火车站、码头和专用线卸货场的仓库;"中心仓库"(或称总仓库)是储存整个工地(或区域型建筑企业)所需物资的仓库,通常设在现场附近或区域中心;"现场仓库"就近设置;"加工厂仓库"是专供本厂储存物资的仓库。以下主要介绍中心仓库和现场仓库。

1.确定储备量

材料储备既要确保施工的正常需要,又要避免过多积压,以减少仓库面积和投资,减少管理费用和占压资金。通常的储备量是以合理储备天数来确定,同时考虑现场条件、供应与运输条件以及材料本身的特点。材料的总储备量一般不少于该种材料总用量的20%~30%。

(1)建筑群的材料储备量按下式计算：

$$q_1 = K_1 Q_1 \tag{14-2}$$

式中：q_1——总储备量；

K_1——储备系数，型钢、木材、用量小或不常使用的材料取0.3～0.4，用量多的材料取0.2～0.3；

Q_1——该项材料的最高年、季需要量。

(2)单位工程材料储存量按下式计算：

$$q_2 = \frac{n \cdot Q}{T} \tag{14-3}$$

式中：q_2——现场材料储备量；

n——储备天数；

Q——计划期内材料、半成品和制品的总需要量；

T——需要该项材料的施工天数，大于n。

2. 确定仓库或堆场面积

按材料储备期可用下式计算：

$$F = \frac{q}{P} \tag{14-4}$$

式中：F——仓库或堆场面积(m^2)，包括通道面积；

q——材料储备量(q_1或q_2)；

P——每平方米能存放的材料、半成品和制品的数量，见表14-9。

部分材料储存参考数据表 表14-9

序号	材料名称	储备天数(d)	每平方米储存量(P)	堆置高度(m)	仓库类型
1	工字钢、槽钢	40～50	0.8～0.9t	0.5	露天
2	电线电缆	40～50	0.3t	2.0	库或棚
3	木材	40～50	0.8m^3	2.0	露天
4	原木	40～50	0.9m^3	2.0	露天
5	成材	30～40	0.7m^3	3.0	露天
6	水泥	30～40	1.4t	1.5	库
7	生石灰(袋装)	10～20	1～1.3t	1.5	棚
8	砂、石子(人工堆置)	10～30	1.2	1.5	棚
9	砂、石子(机械堆置)	10～30	2.4	3.0	露天
10	混凝土砌块	10～30	1.4m^3	1.5	露天
11	砖	10～30	1.4m^3	1.5	露天
12	黏土瓦、水泥瓦	10～30	0.25	1.5	棚
13	水泥混凝土管	20～30	0.5t	1.5	露天
14	防水卷材	20～30	15～24卷	2.0	库
15	钢筋骨架	3～7	0.12～0.18t	—	露天

续上表

序号	材料名称	储备天数(d)	每平方米储存量(*P*)	堆置高度(m)	仓库类型
16	金属结构	3~7	0.16~0.24t	—	露天
17	钢门窗	10~20	0.65t	2	棚
18	模板	3~7	0.7m^3	—	露天
19	轻质混凝土制品	3~7	1.1m^3	2	露天
20	水、电及卫生设备	20~30	0.35t	1	棚、库各约占1/4

注：储备天数根据材料特点及来源、供应季节、运输条件等确定。一般现场加工的成品、半成品或就地供应的材料取表中低值，外地供应及铁路运输或水运者取高值。

三、运输道路

工地运输道路应尽量利用永久性道路，或先修筑永久性道路路基并铺设简易路面。主要道路应布置成环形、U形，次要道路可布置成单行线，但应有回车场。现场临时道路的技术要求及路面的种类和厚度见表14-10、表14-11。

简易道路的技术要求 表14-10

指标名称	单位	技术标准
设计车速	km / h	≤20
路基宽度	m	双车道6.5~7，单车道4.5~5；困难地段3.5
路面宽度	m	双车道6~6.5；单车道3.5~4
平面曲线最小半径	m	平原、丘陵地区20；山区15；回头弯道12
最大纵坡	%	平原地区6；丘陵地区8；山区11
纵坡最短长度	m	平原地区100；山区50
桥面宽度	m	4~4.5
桥涵载重等级	t	1.3倍车、载总重

临时道路的路面种类和厚度 表14-11

序号	路面种类	特点及其使用条件	路基土壤	路面厚度(cm)	材料配合比
1	混凝土路面	雨天照常通车，可通行较多车辆，强度高，不扬尘，造价高	一般土	15~20	强度等级：不低于C20
2	级配砾石路面	雨天照常通车，可通行较多车辆，但材料级配要求严格	砂质土	10~15	黏土：砂：石子=1:0.7:3.5
			黏质土或粉土	14~18	
3	碎（砾）石路面	雨天照常通车，碎（砾）石本身含土较多，不加砂	砂质土	10~18	碎（砾）石>65%，当地土<35%
			砂质土或粉土	15~20	
4	炉渣或矿渣路面	可维持雨天通车，通行车辆较少，当附近有此项材料可利用时	一般土	10~15	炉渣或矿渣75%，当地土25%
			较松软时	15~30	
5	风化石屑路面	雨天不通车，通行车辆较少，附近有石屑可利用时	一般土	10~15	石屑90%，黏土10%

四、办公及福利设施

1. 办公及福利设施类型

(1)行政管理和生产用房。包括:工地办公室、传达室、消防、车库及各类行政管理用房和辅助性修理车间等。

(2)居住生活用房。必要时包括家属宿舍,职工单身宿舍、食堂、医务室、招待所、小卖部、浴室、理发室、开水房、厕所等。

(3)文化生活用房。包括:俱乐部、图书室、邮亭、广播室等。

2. 办公、生活及福利临时设施的规划

(1)确定工地人数

①直接参加施工生产的工人,也包括机械维修、运输、仓库及动力设施管理人员等。

②行政及技术管理人员。

③为工地上居民生活服务的人员。

④以上各项人员的家属。

上述人员的比例,可按国家有关规定或工程实际情况计算。

(2)确定办公、生活及福利设施建筑面积。工地人数确定后,就可按实际经验或面积指标计算出所需建筑面积。计算公式如下:

$$S = N \times P \tag{14-5}$$

式中:S——建筑面积(m^2);

N——人数;

P——建筑面积指标,详见表14-12。

行政、生活福利临时设施建筑面积参考指标 表14-12

序号	临时房屋名称		单位	参考指标	指标使用方法
1	办公室		m^2/人	3~4	按使用人数
2	宿舍	双层床	m^2/人	2.0~2.5	(扣除不在工地住人数)
		单层床	m^2/人	3.5~4.0	(扣除不在工地住人数)
		家属宿舍	m^2/人	16~25	视工期长短、距基地远近,取0~30%
3	食堂		m^2/人	0.5~0.8	按高峰就餐人数
4	食堂兼礼堂		m^2/人	0.6~0.9	按高峰年平均人数
5	其他	其他合计	m^2/人	0.5~0.6	按高峰年平均人数
		医务所	m^2/人	0.05~0.07	按高峰年平均人数,不小于30m^2
		浴室	m^2/人	0.07~0.1	按高峰年平均人数
		理发室	m^2/人	0.01~0.03	按高峰年平均人数
		俱乐部	m^2/人	0.1	按高峰年平均人数
		小卖部	m^2/人	0.03	按高峰年平均人数,不小于40m^2
		招待所	m^2/人	0.06	按高峰年平均人数
		托儿所	m^2/人	0.03~0.06	按高峰年平均人数
		其他公用	m^2/人	0.05~0.10	按高峰年平均人数

续上表

序号	临时房屋名称		单位	参考指标	指标使用方法
6	小型设施	开水房	m^2	10 ~ 40	
		厕所	m^2/人	0.02 ~ 0.07	按工地平均人数
		工人休息室	m^2/人	0.15	按工地平均人数
		自行车棚	m^2/人	0.8 ~ 1.0	按骑车上班人数

所需要的各种生活、办公房屋,应尽量利用施工现场及其附近的永久性建筑物。不足的部分修建临时建筑物。

(3)临时房屋的形式及尺寸。临时建筑物修建时,应遵循经济,适用、装拆方便的原则,按照当地的气候条件、工期长短、本单位的现有条件以及现场暂设的有关规定确定结构类型和形式。

临时房屋的形式主要分为活动式和固定式。活动式房屋搭设快捷,移动运输方便,可重复利用。其中彩钢夹心板活动房屋使用更为广泛,它外观整洁,有较好的保温、防火性能,可建1 ~3层,能节约场地。一般房屋净高2.6m以上,进深3.3 ~5.7m,开间3.3 ~3.6m,可多开间连通使用。固定式临时房屋常采用砖木结构,常用尺寸及布置要求见表14-13。

常用固定式临时房屋主要尺寸　　表14-13

序号	房屋用途	跨度(m)	开间(m)	檐高(m)	布置说明
1	办公室	4 ~ 5	3 ~ 4	2.5 ~ 3.0	窗口面积,约为地面的1/8
2	宿舍	5 ~ 6	3 ~ 4	2.5 ~ 3.0	床板距地0.4 ~ 0.5m,过道1.2 ~ 1.5m
3	工作间、机械房、材料库	6 ~ 8	3 ~ 4	按具体情况定	
4	食堂兼礼堂	10 ~ 15	4	4.0 ~ 4.5	剧台进深,约10m,须设足够的出入口
5	工作棚、停机棚	8 ~ 10	4	按具体情况定	
6	工地医务室	4 ~ 6	3 ~ 4	2.5 ~ 3.0	

五、工地供水

工地临时供水主要包括生产用水、生活用水和消防用水三种。生产用水又包括工程施工用水、施工机械用水;生活用水又包括施工现场生活用水和生活区生活用水。

1.确定用水量

(1)工程施工用水量:

$$q_1 = K_0 \sum \frac{Q_1 \cdot N_1}{b} \times \frac{K_1}{8 \times 3600} \tag{14-6}$$

式中:q_1——施工工程用水量(L/s);

K_0——未预见的施工用水系数(1.05 ~ 1.15);

Q_1——施工高峰期日工程量(以实物计量单位表示);

N_1——施工用水定额;见表14-14;

b——每天工作班次;

K_1——用水不均衡系数,见表14-15。

(2)施工机械用水量：

$$q_2 = K_0 \sum Q_2 \cdot N_2 \cdot \frac{K_2}{8 \times 3600} \tag{14-7}$$

式中：q_2——施工机械用水量(L/s)；

K_0——未预见的施工用水系数(1.05～1.15)；

Q_2——同种机械台数(台)；

N_2——施工机械用水定额；

K_2——施工机械用水不均衡系数，见表14-15。

(3)施工现场生活用水量：

$$q_3 = \frac{P_1 N_3 K_3}{b \times 8 \times 3600} \tag{14-8}$$

式中：q_3——施工现场生活用水量(L/s)；

P_1——施工现场高峰期生活人数；

N_3——施工现场生活用水定额，视当地气候、工程而定，参见表14-16；

K_3——施工现场生活用水不均衡系数，见表14-15；

b——每天工作班次。

(4)生活区生活用水量：

$$q_4 = \frac{P_2 N_4 K_4}{24 \times 3600} \tag{14-9}$$

式中：q_4——生活区生活用水量(L/s)；

P_2——生活区居民人数(人)；

N_4——生活区昼夜全部用水定额，见表14-16；

K_4——生活区用水不均衡系数，见表14-15。

(5)消防用水量：消防用水量 q_5 见表14-17。

(6)总用水量 Q：

①当$(q_1+q_2+q_3+q_4)<q_5$时，则$Q=q_5+(q_1+q_2+q_3+q_4)/2$；

②当$(q_1+q_2+q_3+q_4)>q_5$时，则$Q=q_1+q_2+q_3+q_4$；

③当$(q_1+q_2+q_3+q_4)<q_5$，且工地面积小于5hm^2时，则$Q=q_5$。

最后计算的总用水量，还应增加10%，以补偿不可避免的水管渗漏损失。

施工用水(N_1)参考定额　　表14-14

序号	用水对象	单位	耗水量	序号	用水对象	单位	耗水量
1	浇混凝土全部用水	L/m^3	1700～2400	11	浇砖湿润	L/m^3	130～170
2	搅拌普通混凝土	L/m^3	250	12	搅拌砂浆	L/m^3	300
3	搅拌轻质混凝土	L/m^3	300～350	13	浇硅酸盐砌块	L/m^3	300～350
4	搅拌热混凝土	L/m^3	300～350	14	砌筑石材全部用水	L/m^3	50～80
5	混凝土自然养护	L/m^3	200～400	15	墙面抹灰全部用水	L/m^2	30
6	冲洗模板	L/m^2	5	16	楼地面垫层及抹灰	L/m^2	190
7	搅拌机清洗	L/台班	600	17	现制水磨石	L/m^2	300
8	冲洗石子	L/m^3	800	18	墙面石材(灌浆法)	L/m^2	15
9	洗砂	L/m^3	1000	19	墙面瓷砖	L/m^2	20
10	砌砖工程全部用水	L/m^3	150～250	20	素土路面、路基	L/m^2	0.2～0.3

用水不均衡系数 表 14-15

符　号	用 水 类 型	不均衡系数
K_1	施工工程用水 生产企业用水	1.5 1.25
K_2	施工机械、运输机械用水	2.0
K_3	施工现场生活用水	1.3～1.5
K_4	生活区生活用水	2.0～2.5

生活用水量(N_3、N_4)参考定额 表 14-16

序号	用 水 对 象	单　位	耗　水　量
1	工地全部生活用水	L/人·日	100～120
2	生活用水(盥洗、饮用)	L/人·日	25～30
3	食堂	L/人·日	15～20
4	浴室(淋浴)	L/人·次	50
5	洗衣	L/人·日	30～35
6	理发室	L/人·次	15
7	医院	L/病床·日	100～150

消防用水量 表 14-17

序号	用 水 部 位	用 水 项 目	按火灾同时发生次数计	耗水流量(L/s)
1	居住区	5000 人以内 10000 人以内 25000 人以内	一次 二次 二次	10 10～15 15～20
2	施工现场	25ha 以内 每增加 25ha 递增	二次	10～15 5

2. 选择水源

工地临时供水的水源,有供水管道和天然水源两种。应尽可能利用现有永久性供水设施或现场附近已有供水管道。若无供水管道或其供水量难以满足使用要求时,方考虑使用江、河、水库、泉水、井水等天然水源。选择水源时应注意下列因素:

(1)水量充足可靠;

(2)生活饮用水、生产用水的水质,应符合要求;

(3)尽量与农业、水利综合利用;

(4)取水、输水、净水设施要安全、可靠、经济;

(5)施工、运转、管理和维护方便。

3. 确定供水系统

在没有市政管网供水的情况下,需设置临时供水系统。临时供水系统由取水设施、贮水构筑物(水塔及蓄水池)、输水管和配水管线综合而成。

(1)确定取水设施。取水设施一般由进水装置、进水管和水泵组成。取水口距河底(或井底)一般不小于0.5m。给水工程所用水泵有离心泵、潜水泵等。所选用的水泵应具有足够的抽水能力和扬程。

(2)确定贮水构筑物。一般有水池、水塔或水箱。在临时供水时,如水泵房不能连续抽水,则需设置贮水构筑物。其容量以每小时消防用水决定,但不得少于 10 ~ 20m^3。贮水构筑物(水塔)高度应按供水范围、供水对象位置及水塔本身的位置来确定。

(3)确定供水管径。在计算出工地的总需水量后,可按下式计算供水管径:

$$D = \sqrt{\frac{4Q \times 1000}{\pi \cdot v}} \tag{14-10}$$

式中:D——供水管内径(mm);

Q——用水量(L/s);

v——管网中水的流速(m/s),见表 14-18。

临时水管经济流速表 表 14-18

项　次	管　径	流速(m/s)	
		正常时间	消防时间
1	支管 $D<100$mm	2	
2	生产消防管道 $D=100 \sim 300$mm	1.3	>3.0
3	生产消防管道 $D>300$mm	1.5 ~ 1.7	2.5
4	生产用水管道 $D>300$mm	1.5 ~ 2.5	3.0

(4)选择管材。临时给水管道材料应根据管道尺寸和压力进行选择,一般干管为钢管或铸铁管,支管为钢管。

六、工地供电

工地临时供电组织包括:计算用电总量,选择电源,确定变压器,确定导线截面面积,布置配电线路和配电箱。

1. 工地总用电量计算

施工现场用电量大体上可分为动力用电和照明用电两类。在计算用电量时,应考虑全工地使用的电力机械设备、工具和照明的用电功率;施工总进度计划中,施工高峰期同时用电数量;各种电力机械的情况。总用电量可按下式计算:

$$P = (1.05 \sim 1.1)\left(K_1 \frac{\sum P_1}{\cos\varphi} + K_2 \sum P_2 + K_3 \sum P_3 + K_4 \sum P_4\right) \tag{14-11}$$

式中: P——供电设备总需要容量(kVA);

P_1——电动机额定功率(kW);

P_2——电焊机额定容量(kVA);

P_3——室内照明容量(kW);

P_4——室外照明容量(kW);

$\cos\varphi$——电动机的平均功率因数(施工现场最高为 0.75 ~ 0.78,一般为 0.65 ~ 0.75);

K_1、K_2、K_3、K_4——需要系数,见表 14-19。

需 要 系 数 *K* 值 表 14-19

用 电 名 称	数 量	需要系数	
		K	数值
电动机	3～10台	K_1	0.7
	11～30台		0.6
	30台以上		0.5
加工厂动力设备			0.5
电焊机	3～10台	K_2	0.6
	10台以上		0.5
室内照明		K_3	0.8
室外照明		K_4	1.0

如施工中需用电热时，应将其用电量计入总量。单班施工时，最大用电负荷量以动力用电量为准，不考虑照明用电。

各种机械设备以及室外照明用电可参考有关定额。

2. 选择电源

选择临时供电电源，通常有如下几种方案：

(1)完全由工地附近的电力系统供电，包括在全面开工之前将永久性供电外线工程完成，设置临时变电站。

(2)先将工程项目的永久性变配电室建成，直接为施工供应电能。

(3)工地附近的电力系统能供应一部分，工地需增设临时电站以补充不足。

(4)利用附近的高压电网，申请临时加设配电变压器。

(5)工地处于新开发地区，还没有电力系统时，完全由自备临时电站供给。

在拟定方案时，应根据工程实际情况，经过分析比较后确定。

3. 确定变压器

现场所需变压器的功率可由下式计算：

$$P = K\left(\frac{\sum P_{\max}}{\cos\varphi}\right) \tag{14-12}$$

式中：P——变压器输出功率(kVA)；

K——功率损失系数，取1.05；

$\sum P_{\max}$——各施工区最大计算负荷(kW)；

$\cos\varphi$——功率因数。

根据计算所得容量，选用足够功率的变压器。

4. 确定配电导线截面积

配电导线要正常工作，必须具有足够的机械强度、能够耐受电流通过所产生的温升，电压损失在允许范围内。因此，选择配电导线有以下三种方法：

(1)按机械强度确定。导线必须具有足够的机械强度，以防止受拉或机械损伤而折断。在不同敷设方式下，按机械强度要求的导线最小截面可参考有关资料。

(2)按允许电流选择。导线必须能承受负荷电流长时间通过所引起的温升。

①三相五线制线路上的电流可按下式计算：

$$I = \frac{P}{\sqrt{3} \cdot V \cdot \cos\varphi} \tag{14-13}$$

②二线制线路可按下式计算：

$$I = \frac{P}{V \cdot \cos\varphi} \tag{14-14}$$

式中：I——电流值(A)；

P——功率(W)；

V——电压(V)；

$\cos\varphi$——功率因数，临时电网取0.7～0.75。

考虑导线的容许温升，各类导线在不同的敷设条件下具有不同的持续容许电流值。在选择导线时，电流不能超过该值。

(3)按容许电压降确定。为了使导线引起的电压降控制在一定限度内，配电导线的截面可用下式确定：

$$S = \frac{\sum P \cdot L}{C \cdot \varepsilon} \tag{14-15}$$

式中：S——导线断面积(mm^2)；

P——负荷电功率或线路输送的电功率(kW)；

L——送电路的距离(m)；

C——系数，视导线材料、送电电压及配电方式而定；

ε——容许的相对电压降(即线路的电压损失百分比)，照明电路中容许电压降不应超过2.5%～5%。

选择导线截面时应同时满足上述三项要求，即以求得的三个截面面积中最大者为准，从导线的产品目录中选用线芯。通常先根据负荷电流的大小选择导线截面，然后再以机械强度和允许电压降进行复核。

第六节　施工总平面布置

施工总平面布置是按照施工部署、施工方案和施工总进度计划及资源需用量计划的要求，将施工现场作出合理的规划与布置，以总平面图表示。其作用是正确处理全工地施工期间所需各项设施和永久建筑与拟建工程之间的空间关系，以指导现场实现有组织、有秩序和文明施工。

一、设计的内容

1. 永久性设施

包括整个建设项目已有的建筑物和构筑物、其他设施及拟建工程的位置和尺寸。

2. 临时性设施

已有和拟建为全工地施工服务的临时设施的布置，包括：

(1)场地临时围墙,施工用的各种道路;
(2)加工厂、制备站及主要机械的位置;
(3)各种材料、半成品、构配件的仓库和主要堆场;
(4)行政管理用房、宿舍、食堂、文化生活福利等用房;
(5)水源、电源、动力设施、临时给排水管线、供电线路及设施;
(6)机械站、车库位置;
(7)一切安全、消防设施。

3. 其他

其他内容包括:永久性测量放线标桩的位置;必要的图例、方向标志、比例尺等。

二、设计的依据

(1)建筑总平面图、地形图、区域规划图和建设项目区域内已有的各种设施位置。
(2)建设地区的自然条件和技术经济条件。
(3)建设项目的工程概况、施工部署与施工方案、施工总进度计划及各种资源配置计划。
(4)各种现场加工、材料堆放、仓库及其他临时设施的数量及面积尺寸。
(5)现场管理及安全用电等方面有关文件和规范、规程等。

三、设计的原则

(1)执行各种有关法律、法规、标准、规范与政策。
(2)尽量减少施工占地,使整体布局紧凑、合理。
(3)合理组织运输,保证运输方便、道路畅通,减少运输费用。
(4)合理划分施工区域和存放场地,减少各工程之间和各专业工种之间的相互干扰。
(5)充分利用各种永久性建筑物、构筑物和已有设施为施工服务,降低临时设施的费用。
(6)生产区与生活区适当分开,各种生产生活设施应便于使用。
(7)应满足环境保护、劳动保护、安全防火及文明施工等要求。

四、设计的步骤与要求

(一)绘出整个施工场地范围及基本设施位置

包括场地的围墙和已有的建筑物、道路、构筑物以及其他设施的位置和尺寸。

(二)布置新的临时设施及堆场

1. 场外交通的引入

设计施工总平面图时,首先应研究确定大宗材料、成品、半成品、设备等进入工地的运输方式。

(1)铁路运输。一般大型工业企业,厂区内都设有永久性铁路专用线,通常可将其提前修建,以便为工程施工服务。但由于铁路的引入将严重影响场内施工的运输和安全,因此,引入点宜在靠近工地的一侧或两侧。

(2)水路运输。当大量物资由水路运入时,应首先考虑原有码头的运用和是否增设专用码头问题。要充分利用原有码头的吞吐能力；当需增设码头时，卸货码头不应少于两个，且宽度应大于2.5m，一般用石或钢筋混凝土结构建造。

(3)公路运输。当大量物资由公路运入时，一般先将仓库、加工厂等生产性临时设施布置在最经济合理的地方，然后再布置通向场外的公路线。

2.仓库与材料堆场的布置

库房和料场通常考虑设置在运输方便、位置适中、运距较短并且安全防火的地方，并应区别不同材料、设备和运输方式来设置。

(1)当采用铁路运输时，仓库通常沿铁路线布置，并且要留有足够的装卸前线。

(2)当采用水路运输时，一般应在码头附近设置转运仓库，以缩短船只在码头上的停留时间。

(3)当采用公路运输时，仓库的布置较灵活。一般中心仓库布置在工地中央或靠近使用地点，也可以布置在工地入口处。大宗材料的堆场和仓库，可布置在相应的搅拌站、加工场或预制场地附近。砖、瓦、砌块和预制构件等直接使用的材料应布置在施工对象附近，以免二次搬运。

3.加工厂布置

各种加工厂布置，应以方便使用、安全防火、运输费用最少、不影响建筑安装工程正常施工为原则。一般应将加工厂集中布置在工地边缘，且与相应的仓库或材料堆场靠近。

(1)混凝土搅拌站。当现浇混凝土量大时，宜在工地设置集中搅拌站；当运输条件较差时，以分散搅拌为宜。

(2)预制加工厂。一般设置在建设单位的空闲地带上，如材料堆场专用线转弯的扇形地带或场外临近处。

(3)钢筋加工厂。当需进行大量的机械加工时，宜设置中心加工厂，其位置应靠近预件构件加工厂；对于小型构件和简单的钢筋加工，可在靠近使用地点布置钢筋加工棚。

(4)木材加工厂。要视加工量、加工性质和种类，决定是设置集中加工场还是分散的加工棚。一般原木、锯材堆场布置在铁路、公路或水路沿线附近，木材加工场亦应设置在这些地段附近；锯木、成材、细木加工和成品堆放，应按工艺流程布置，并应设置在施工区的下风向边缘。

(5)金属结构、锻工、电焊和机修等车间，由于生产上相互联系密切，应尽可能布置在一起。

4.布置内部运输道路

根据各加工厂、仓库及各施工对象的相对位置，研究货物转运图，区分主、次道路，进行道路的规划。规划时应考虑以下几点：

(1)合理规划，节约费用。在规划临时道路时，应充分利用拟建的永久性道路，提前建成或者先修路基和简易路面，作为施工所需的道路，以达到节约投资的目的。若地下管网的图纸尚未出全，则应在无管网地区先修筑临时道路，以免开挖管沟时破坏路面。

(2)保证通畅。道路应有两个以上进出口，末端应设置回车场地。且尽量避免与铁路交叉。若有交叉，交角应大于30°，最好为直角相交。场内道路干线应采用环形布置，主要道路宜采用双车道，宽度不小于6m；次要道路宜采用单车道，宽度不小于3.5m。消防车道的宽度不少于4m，且与在建工程、临时用房、可燃材料堆场及其加工场的距离不宜小于5m，也不宜大于40m。

(3)选择合理的路面结构。道路的路面结构,应当根据运输情况和运输工具的类型而定。对永久性道路应先建成混凝土路面基层;场区内的干线和施工机械行驶路线,最好采用碎石级配路面,以利修补。场内支线一般为砂石路。

5. 行政与生活临时设施的布置

行政与生活临时设施包括:办公室、汽车库、职工休息室、开水房、小卖部、食堂、俱乐部和浴室等,要根据工地施工人数计算其建筑面积。应尽量利用建设单位的生活基地或其他永久性建筑,不足部分另行建造。

全工地性行政管理用房宜设在工地入口处,以便对外联系;也可设在工地中间,便于全工地管理。工人用的福利设施应设置在工人较集中的地方,或工人必经之处。生活基地应设在场外,距工地500~1000m为宜。食堂可布置在工地内部或工地与生活区之间。

6. 临时水电管网的布置

当有可以利用的水源、电源时,可将其先接入工地,再沿主要干道布置干管、主线,然后与各用户接通。临时总变电站应设置在高压电引入处,不应放在工地中心;临时水池应放在地势较高处。

(1)供水管网的布置。供水管网应尽量短,布置时应避开拟建工程的位置。水管宜采用暗埋铺设,有冬季施工要求时,应埋设至冰冻线以下。有重型机械或需从路下穿过时,应采取保护措施。高层建筑施工时,应设置水塔或加压泵,以满足水压要求。

根据工程防火要求,应设置足够的消火栓。消火栓一般设置在易燃建筑物、木材、仓库等附近,与建筑物或使用地点的距离不得大于25m,也不得小于5m。消火栓管径宜为100mm,沿路边布置,间距不得大于120m,每5000m^2现场不少于一个,距路边的距离不得大于2m。

(2)供电线路布置。供电线路宜沿路边布置,但距路基边缘不得小于1m。一般用钢筋混凝土杆或梢径不小于140mm的木杆架设,杆距不大于35m;电杆埋深不小于杆长的1/10加0.6m,回填土应分层夯实。架空线最大弧垂处距地面不小于4m,跨路时不小于6m,跨铁路时不小于7.5m;架空电线距建筑物不小于6m。在塔吊控制范围内应采用暗埋电缆等方式。

应该指出,上述各设计步骤是互相联系、互相制约的,在进行平面布置设计时应综合考虑、反复修正。当有几种方案时,尚应进行方案比较、优选。

图14-4为某大学教学、科研、办公楼工程结构施工总平面图。该工程项目的上部结构由多栋高层建筑形成庭院形式,中心设置单层会议中心,工程量大、复杂,场地狭小。

五、施工总平面图的绘制要求

施工总平面图的比例一般为1:1000或1:2000,绘制时应使用规定的图例或以文字标明。在进行各项布置后,经综合分析比较,调整修改,形成施工总平面图,并作必要的文字说明,标上图例、比例、指北针等。完成的施工总平面图要比例正确,图例规范,字迹端正,线条粗细分明,图面整洁美观。

许多大型建设项目的建设工期很长,随着工程的进展,施工现场的面貌及需求将不断改变。因此,应按不同施工阶段分别绘制施工总平面图。

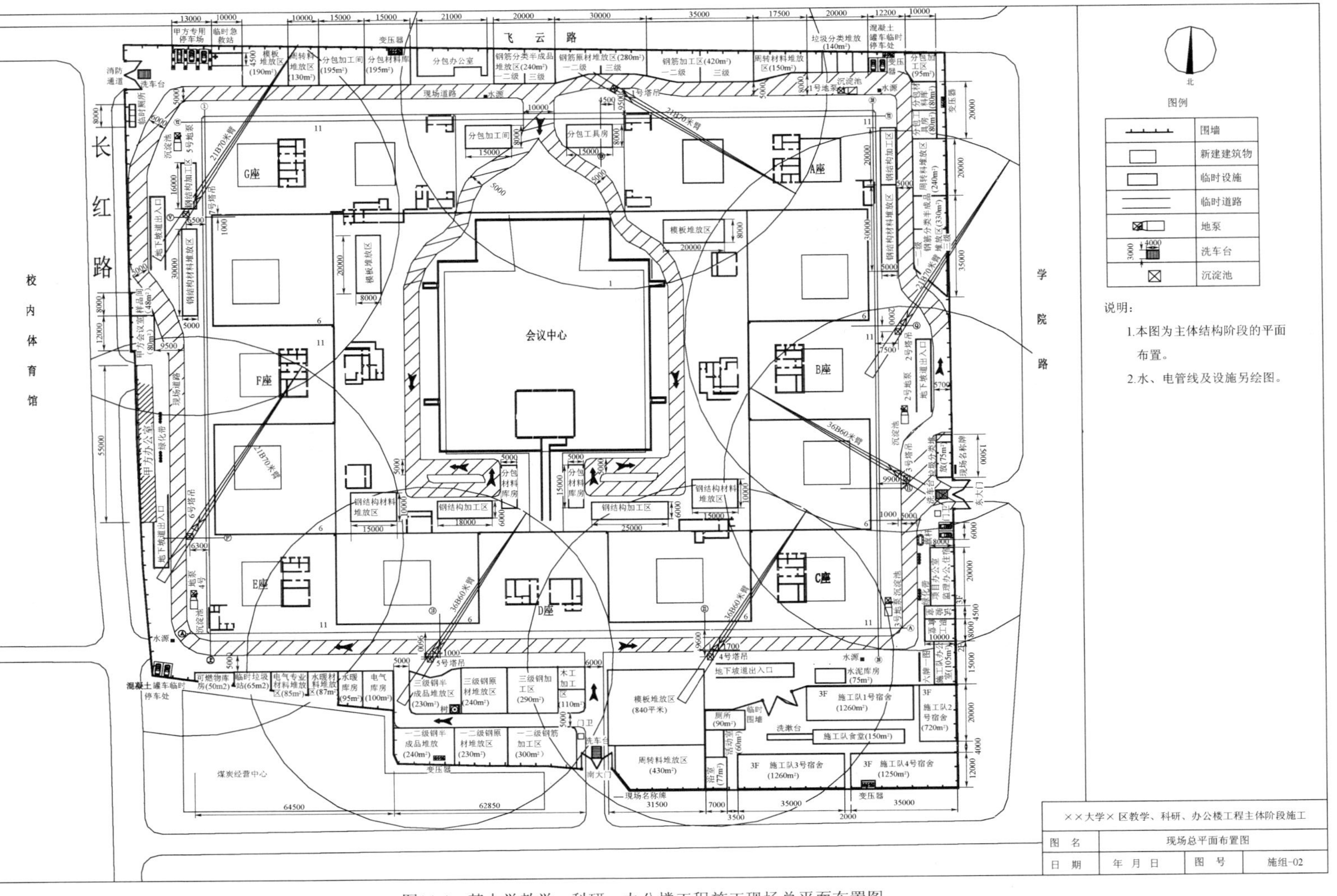

图14-4 某大学教学、科研、办公楼工程施工现场总平面布置图

第七节　目标管理计划及技术经济指标

一、目标管理计划

目标管理计划主要阐述质量、进度、节约、安全、环保等各项目标的要求、建立保证体系、制定所需采取的主要措施。

1. 质量管理计划

建立施工质量管理体系。按照施工部署中确定的施工质量目标要求，以及国家质量评定与验收标准、施工规范和规程有关要求，找出影响工程质量的关键部位或环节，设置施工质量控制点，制订施工质量保证措施（包括：组织、技术、经济、合同等方面的措施）。

2. 进度保证计划

根据合同工期及工期总体控制计划，分析影响工期的主要因素，建立控制体系，制订保证工期的措施。

3. 施工总成本计划

根据建设项目的计划成本总指标，制订节约费用、控制成本的措施。

4. 安全管理计划

确定安全组织机构，明确安全管理人员及其职责和权限，建立健全安全管理规章制度（含安全检查、评价和奖励），制订安全技术措施。

5. 文明施工及环境保护管理计划

确定建设项目施工总环保目标和独立交工系统施工环保目标，确定环保组织机构和环保管理人员，明确施工环保事项内容和措施，如现场泥浆、污水和排水，防烟尘和防噪声，防爆破危害、打桩振害，地下旧有管线或文物保护，卫生防疫和绿化工作，现场及周边交通环境保护等。

二、技术经济指标

为了考核施工组织总设计的编制质量以及将产生的效果，应计算下列技术经济指标：

1. 施工工期

施工工期是指建设项目从施工准备到竣工投产使用的持续时间。应计算的相关指标有：

(1)施工准备期。是从施工准备开始到主要项目开工为止的全部时间；

(2)部分投产期。是从主要项目开工到第一批项目投产使用的全部时间；

(3)单位工程工期。指建设项目中各单位工程从开工到竣工的全部时间。

2. 劳动生产率

(1)全员劳动生产率(元/人·年)；

(2)单位用工(工日/m^2 竣工面积)；

(3)劳动力不均衡系数：

$$\text{劳动力不均衡系数} = \frac{\text{施工期高峰人数}}{\text{施工期平均人数}}$$

3. 工程质量

说明合同要求的质量等级和施工组织设计预期达到的质量等级。

4. 降低成本

(1)降低成本额：

$$降低成本额 = 承包成本 - 计划成本$$

(2)降低成本率：

$$降低成本率 = \frac{降低成本额}{承包成本额}$$

5. 安全指标

以发生的安全事故频率控制数表示。

6. 机械指标

(1)机械化程度：

$$机械化程度 = \frac{机械化施工完成的工作量}{总工作量}$$

(2)施工机械完好率；

(3)施工机械利用率。

7. 预制化施工水平

$$预制化施工程度 = \frac{在工厂及现场预制的工作量}{总工作量}$$

8. 临时工程

(1)临时工程投资比例：$临时工程投资比例 = \frac{全部临时工程投资}{建安工程总值}$

(2)临时工程费用比例：$临时工程费用比例 = \frac{临时工程投资 - 回收费 + 租用费}{建安工程总值}$

9. 节约成效

分别计算节约钢材、木材、水泥三大材节约的百分比，节水情况，节电情况。

参考文献

[1]《建筑施工手册》编写组.建筑施工手册[M].5版.北京:中国建筑工业出版社,2012.

[2] 刘宗仁.土木工程施工[M].北京:中国高等教育出版社,2003.

[3] 刘津明,韩明.土木工程施工[M].天津:天津大学出版社,2001.

[4] 谢尊渊,方先和.建筑施工[M].北京:中国建筑工业出版社,1988.

[5] 廖代广.土木工程施工技术[M].武汉:武汉理工大学出版社,2002.

[6] 吴成材.钢筋连接技术手册[M].北京:中国建筑工业出版社,1999.

[7] 李继业.建筑施工技术[M].北京:科学出版社,2001.

[8] 中央电大建筑施工课程组编.建筑施工技术[M].北京:中央广播电视大学出版社,2000.

[9] 张长友,白锋.建筑施工技术[M].北京:中国电力出版社,2004.

[10] 周树发.建筑施工[M].北京:中国铁道出版社,2000.

[11] 郭正兴.土木工程施工[M].2版.南京:东南大学出版社,2012.

[12] 孙沛平.建筑施工技术[M].北京:中国建筑工业出版社,1998.

[13] 杨嗣信.建筑工程模板施工手册[M].北京:中国建筑工业出版社,1997.

[14] 穆静波,王亮.建筑施工—多媒体辅助教材[M].2版.北京:中国建筑工业出版社,2012.

[15] 刘津明,孟宪海.建筑施工[M].北京:中国建筑工业出版社,2001.

[16] 毛鹤琴.土木工程施工[M].武汉:武汉工业大学出版社,2000.

[17] 穆静波.建筑装饰装修施工技术[M].北京:中国劳动社会保障出版社,2003.

[18] 应惠清.土木工程施工[M].上海:同济大学出版社,2001.

[19] 孙震.建筑施工技术[M].北京.中国建材工业出版社,1996.

[20] 重庆建筑大学,同济大学,哈尔滨建筑大学.建筑施工[M].3版.北京:中国建筑工业出版社,2000.

[21] 天津大学,清华大学.建筑施工[M].北京:中国建筑工业出版社,2001.

[22] 钟晖,栗宜民,艾合买提·依不拉音.土木工程施工[M].重庆:重庆大学出版社,2001.

[23] 何亚伯.建筑装饰装修施工工艺标准手册[M].2版.北京:中国建筑工与出版社,2010.

[24] 阎西康.土木工程施工[M].北京:中国建材出版社,2000.

[25] 张长友.建筑施工技术[M].北京:中国电力出版社,2004.

[26] 邬永华,何光.建筑施工技术[M].上海:东华大学出版社,2004.

[27] 杜拱辰.现代预应力混凝土结构[M].北京:中国建筑工业出版社,1988.

[28] 林太珍,饶斌.高效预应力混凝土工程实践[M].北京:中国建筑工业出版社,1993.

[29] 傅温.高效预应力混凝土工程技术[M].北京:中国民航出版社,1996.

[30] 杜拱辰,米祥友.世纪之交的预应力新技术[M].北京:专利文献出版社,1998.

[31] 邓学钧.路基路面工程[M].北京:人民交通出版社,2002.2.

[32] 张新天.道路工程[M].北京:中国水利水电出版社,2001.11.

[33] 叶国铮.道路与桥梁工程概论[M].北京:人民交通出版社,1999.5.

[34] 杨文渊.桥梁施工工程师手册[M].北京:人民交通出版社,1997.7.
[35] 杨文渊.道路施工工程师手册[M].北京:人民交通出版社,1997.12.
[36] 罗娜.桥梁工程概论[M].3版.北京:人民交通出版社,2013.7.
[37] 穆静波.施工组织[M].北京:清华大学出版社,2013.
[38] 彭圣浩.建筑工程施工组织设计实例应用手册[M].3版.北京:中国建筑工业出版社,2008.
[39] 穆静波.土木工程施工习题集[M].北京:中国建筑工业出版社,2014,4.